U0906947

中 国 国 家 标 准 汇 编

2008 年修订-87

中国标准出版社　编

中 国 标 准 出 版 社

北　京

图书在版编目（CIP）数据

中国国家标准汇编：2008年修订.87/中国标准出版社编.—北京：中国标准出版社，2009

ISBN 978-7-5066-5582-8

Ⅰ.中…　Ⅱ.中…　Ⅲ.国家标准-汇编-中国-2008　Ⅳ.T-652.1

中国版本图书馆CIP数据核字（2009）第203973号

中国标准出版社出版发行
北京复兴门外三里河北街16号
邮政编码:100045

网址 www.spc.net.cn
电话:68523946　68517548
中国标准出版社秦皇岛印刷厂印刷
各地新华书店经销

*

开本 880×1230　1/16　印张 35.5　字数 1 086 千字
2009年12月第一版　2009年12月第一次印刷

*

定价 200.00 元

出 版 说 明

1.《中国国家标准汇编》是一部大型综合性国家标准全集。自1983年起，按国家标准顺序号以精装本、平装本两种装帧形式陆续分册汇编出版。它在一定程度上反映了我国建国以来标准化事业发展的基本情况和主要成就，是各级标准化管理机构，工矿企事业单位，农林牧副渔系统，科研、设计、教学等部门必不可少的工具书。

2.《中国国家标准汇编》收入我国每年正式发布的全部国家标准，分为"制定"卷和"修订"卷两种编辑版本。

"制定"卷收入上年度我国发布的、新制定的国家标准，顺延前年度标准编号分成若干分册，封面和书脊上注明"20××年制定"字样及分册号，分册号一直连续。各分册中的标准是按照标准编号顺序连续排列的，如有标准顺序号缺号的，除特殊情况注明外，暂为空号。

"修订"卷收入上年度我国发布的、被修订的国家标准，视篇幅分设若干分册，但与"制定"卷分册号无关联，仅在封面和书脊上注明"20××年修订-1，-2，-3，……"字样。"修订"卷各分册中的标准，仍按标准编号顺序排列(但不连续)；如有遗漏的，均在当年最后一分册中补齐。需提请读者注意的是，个别非顺延前年度标准编号的新制定的国家标准没有收入在"制定"卷中，而是收入在"修订"卷中。

读者配套购买《中国国家标准汇编》"制定"卷和"修订"卷则可收齐上一年度我国制定和修订的全部国家标准。

3. 由于读者需求的变化，自1996年起，《中国国家标准汇编》仅出版精装本。

4. 2008年制修订国家标准共5946项。本分册为"2008年修订-87"，收入新制修订的国家标准4项。

中国标准出版社

2009年10月

出版说明

目　　录

GB/T 16264.2—2008　信息技术　开放系统互连　目录　第2部分:模型 …… 1
GB/T 16264.3—2008　信息技术　开放系统互连　目录　第3部分:抽象服务定义 …… 256
GB/T 16264.4—2008　信息技术　开放系统互连　目录　第4部分:分布式操作规程 …… 363
GB/T 16264.5—2008　信息技术　开放系统互连　目录　第5部分:协议规范 …… 483

ICS 35.100.70
L 79

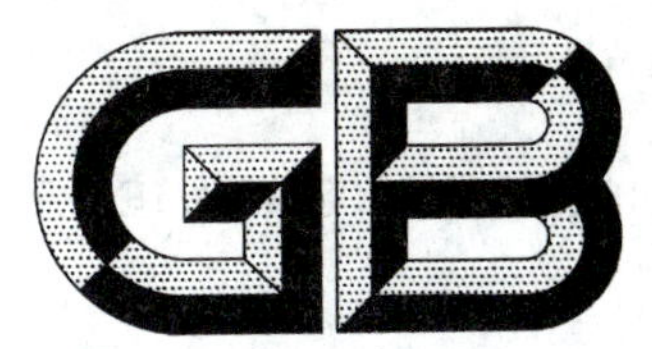

中华人民共和国国家标准

GB/T 16264.2—2008/ISO/IEC 9594-2:2005
代替 GB/T 16264.2—1996

信息技术 开放系统互连 目录 第2部分:模型

Information technology—Open Systems Interconnection—The Directory—Part 2:Models

(ISO/IEC 9594-2:2005 Information technology—Open Systems Interconnection—The Directory:Models,IDT)

2008-08-06 发布　　2009-01-01 实施

中华人民共和国国家质量监督检验检疫总局
中国国家标准化管理委员会 发布

前　言

GB/T 16264《信息技术　开放系统互连　目录》包括以下 10 个部分：

——第 1 部分：概念、模型和服务的概述；

——第 2 部分：模型；

——第 3 部分：抽象服务定义；

——第 4 部分：分布式操作规程；

——第 5 部分：协议规范；

——第 6 部分：选定的属性类型；

——第 7 部分：选定的客体类；

——第 8 部分：公钥和属性证书框架；

——第 9 部分：复制(待发布)；

——第 10 部分：公用目录管理机构的系统管理用法(待发布)。

本部分是 GB/T 16264 的第 2 部分。

本部分等同采用 ISO/IEC 9594-2:2005《信息技术　开放系统互连　目录　模型》，仅有编辑性修改。

本部分代替 GB/T 16264.2—1996。

本部分与 GB/T 16264.2—1996 的差异在于增加了下列各项内容：

——目录管理模型；

——目录管理和操作信息模型；

——目录模式；

——目录服务管理；

——DSA 模型；

——DSA 信息模型；

——DSA 操作框架；

——扩充了 GB/T 16264.2—1996 中各章条内容。

本部分的附录 A～附录 H 是规范性附录，附录 I～附录 T 是资料性附录。

本部分由中华人民共和国信息产业部提出。

本部分由全国信息技术标准化技术委员会归口。

本部分起草单位：中国电子技术标准化研究所。

本部分主要起草人：徐冬梅、冯惠、张翠、胡顺。

本部分于 1996 年首次发布，本次为第一次修订。

引　　言

GB/T 16264 的本部分连同本标准其他部分是为方便信息处理系统之间的互连以提供目录服务而制定的。所有这些系统的集合，连同它们所拥有的目录信息可被视为一个整体，被称为“目录”。目录所拥有的信息，总称为目录信息库(DIB)，典型地被用于方便客体之间的通信、与客体的通信或有关客体的通信等，这些客体如应用实体、个人、终端和分布列表等。

目录在开放系统互连中扮演了重要角色，其目标是，在它们自身的互连标准之外做最少的技术约定的情况下，允许下述各种信息处理系统之间的互连：

——来自不同生产厂商；

——具有不同的管理；

——具有不同的复杂程度，以及

——有不同的年代。

本部分为目录提供一组不同的模型，作为其他部分参考的框架。这些模型包括总体(功能)模型、管理机构模型、提供关于目录信息的目录用户和管理用户视图的通用目录信息模型、通用目录系统代理(DSA)和 DSA 信息模型以及操作框架和安全模型。

例如，通用目录信息模型描述了客体的相关信息如何分组，形成该客体的目录条目以及那些信息如何为客体提供名(称)。

通用 DSA 和 DSA 信息模型以及操作框架为目录的分布提供了支持。

本部分提供了通用目录信息模型的专门化以支持对目录模式的管理。

本部分提供了一些基础框架，在此框架基础上，其他标准化组织和业界论坛可以定义工业配置集。在这些框架中定义为可选的许多特性，可通过配置集的说明，在某种环境下作为必选特性来使用。目前 ISO/IEC 9594 的第 5 版是原有国际标准第 4 版的修订和增强，但不是替代。在系统实现时仍可以声明为符合第 4 版。然而，在某些方面，将不再支持第 4 版(即不再消除一些报告上来的错误)。建议在系统实现时尽快符合第 5 版。

第 5 版详细定义了目录协议的第 1 版和第 2 版。

第 1 版和第 2 版仅定义了协议第 1 版。本版本(第 5 版)中定义的许多服务和协议被设计为可运行在第 1 版下。然而，一些增强的服务和协议，如署名错误，只有包含在操作中的所有的目录条目都协商支持协议第 2 版时才可运行。无论协商的是哪一版，第 5 版中所定义的服务之间的差异和协议之间的差异，除了那些特别分配给第 2 版的外，都可以使用 GB/T 16264.5—2008 中定义的扩展规则调节。

本部分使用术语“第 1 版系统”来指遵循国际标准第 1 版的所有系统，即 ISO/IEC 9594:1990 版本；本部分使用术语“第 2 版系统”来指遵循国际标准第 2 版本的所有系统，即 ISO/IEC 9594:1995 版本；本部分使用术语“第 3 版系统”来指遵循国际标准第 3 版的所有系统，即 ISO/IEC 9594:1998 版本；本部分使用术语“第 4 版系统”来指遵循国际标准第 4 版的所有系统，即 ISO/IEC 9594:2001 版本的第 1 部分到第 10 部分；本部分使用术语“第 5 版系统”来指遵循国际标准第 5 版的所有系统，即 ISO/IEC 9594:2005 版本。

GB/T 16264—1996 是参照 ISO/IEC 9594:1990 而制定的。我国没有制定与国际标准第 2 版、第 3 版、第 4 版对应的国家标准。本部分提到的版本号是指国际标准的版本号。

附录 A 是规范性附录，总结了本标准中 ASN.1 客体标识符的用法。

附录 B 是规范性附录，提供了 ASN.1 模块。

附录 C 是规范性附录，提供了子模式管理模式的 ASN.1 定义。

附录D是规范性附录,提供了服务管理的ASN.1模块定义。

附录E是规范性附录,提供了基本访问控制的ASN.1模块定义。

附录F是规范性附录,提供了一个ASN.1模块定义,该模块中包含了所有与DSA操作属性类型相关的定义。

附录G是规范性附录,提供了一个ASN.1模块定义,该模块中包含了与操作绑定管理操作相关的所有定义。

附录H是规范性附录,提供了一个ASN.1模块定义,该模块中包含了与增强的安全相关的所有定义。

附录I是资料性附录,对与树型结构相关的数学术语进行了概述。

附录J是资料性附录,描述了在设计名(称)时可以考虑的一些准则。

附录K是资料性附录,对模式的不同方面提供了一些示例。

附录L是资料性附录,提供了与基本访问控制许可相关的语义方面的概述。

附录M是资料性附录,提供了基本访问控制用法的一个扩展示例。

附录N是资料性附录,描述了一些DSA特定条目的组合。

附录O是资料性附录,提供了对知识建模的框架。

附录P是资料性附录,描述了一个名(称)是可替代辨别名还是主辨别名,它是否可以包括可替代值以及它是否可以包括上下文信息等的判断准则。

附录Q是资料性附录,描述了子过滤器的概念。

附录R是资料性附录,描述了如何对家族成员进行命名的建议和示例。

附录S是资料性附录,介绍了命名概念和相关的考虑。

附录T是资料性附录,以字母表顺序列出了本部分中定义的术语。

信息技术 开放系统互连 目录 第2部分:模型

第一篇:综述

1 范围

GB/T 16264的本部分中定义的模型为GB/T 16264的其他部分提供了一个概念框架和术语框架,这些部分规定了目录的各种特性。

功能模型和管理机构模型定义了目录进行功能分布和管理分布的方法。通用DSA和DSA信息模型以及操作框架也是为支持目录分布而提供的。

通用目录信息模型分别从目录用户和主管部门用户的角度描述了DIB的逻辑结构。事实上,但在这些模型中,目录是分布的而不是集中的,是不可见的。

本部分提供了通用目录信息模型的专门化以支持对目录模式的管理。

GB/T 16264—2008的其他部分使用了本部分中定义的概念,对通用信息和DSA模型进行专门化定义以提供特定的信息、特定的DSA和操作模型,用以支持特定的目录能力(如复制):

a) 目录提供的服务(在GB/T 16264.3—2008中定义)是根据信息框架的概念而描述的:这就允许所提供的服务在某种程度上独立于DIB的物理分布;

b) 规定了目录的分布式操作(在GB/T 16264.4—2008中定义),以此可以提供上述服务,并因此可以维护该逻辑信息结构,即使该DIB实际上是高度分布的;

c) 规定了目录的组成部分所提供的用以提高目录整体性能的复制能力(在ISO/IEC 9594-9中定义)。

安全模型为规范访问控制机制建立了一个框架。它为在DIT的特定部分内有效标识访问控制方案提供了一种机制,并且定义了三种灵活的、特定的访问控制方案,这些模式广泛适用于各种不同的应用以及使用风格。通过使用如密码和数字签名等机制,安全模型还为保护目录操作的保密性和完整性提供了一个框架,它使用了ISO/IEC 9594-8中定义的鉴别框架以及GB/T 18237.1—2000中定义的通用高层安全工具。

DSA模型为目录组件操作规范建立了一个框架,包括:

a) 目录功能模型描述了目录是如何表示为一个或多个组件(每个组件为一个DSA);

b) 目录分布模型描述了一些原则,按照这些原则,DIB条目和条目拷贝可以在DSA间分布;

c) DSA信息模型描述了目录用户以及DSA内存储的操作信息的结构;

d) DSA操作框架描述了为获得特定目标(例如影像),构造DSA之间特定合作形式定义的方法。

2 规范性引用文件

下列文件中的条款通过GB/T 16264的本部分的引用而成为本部分的条款。凡是注日期的引用文件,其随后所有的修改单(不包括勘误的内容)或修订版均不适用于本部分,然而,鼓励根据本部分达成协议的各方研究是否可使用这些文件的最新版本。凡是不注日期的引用文件,其最新版本适用于本部分。

GB/T 9387.1—1998 信息技术 开放系统互连 基本参考模型 第1部分:基本模型(idt ISO/IEC 7498-1:1994)

GB/T 9387.2—1995 信息处理系统 开放系统互连 基本参考模型 第2部分:安全体系结构(idt ISO 7498-2:1989)

GB/T 9387.3—1995 信息处理系统 开放系统互连 基本参考模型 第3部分:命名与编址(idt ISO 7498-3:1989)

GB/T 16262.1—2006 信息技术 抽象语法记法一(ASN.1) 第1部分:基本记法规范(ISO/IEC 8824-1:2002,IDT)

GB/T 16262.2—2006 信息技术 抽象语法记法一(ASN.1) 第2部分:信息客体规范(ISO/IEC 8824-2:2002,IDT)

GB/T 16262.3—2006 信息技术 抽象语法记法一(ASN.1) 第3部分:约束规范(ISO/IEC 8824-3:2002,IDT)

GB/T 16262.4—2006 信息技术 抽象语法记法一(ASN.1) 第4部分:ASN.1规范的参数化(ISO/IEC 8824-4:2002,IDT)

GB/T 16264.1—2008 信息技术 开放系统互连 目录 第1部分:概念、模型和服务的概述(ISO/IEC 9594-1:2005,IDT)

GB/T 16264.3—2008 信息技术 开放系统互连 目录 第3部分:抽象服务定义(ISO/IEC 9594-3:2005,IDT)

GB/T 16264.4—2008 信息技术 开放系统互连 目录 第4部分:分布式操作规程(ISO/IEC 9594-4:2005,IDT)

GB/T 16264.5—2008 信息技术 开放系统互连 目录 第5部分:协议规范(ISO/IEC 9594-5:2005,IDT)

GB/T 16264.6—2008 信息技术 开放系统互连 目录 第6部分:选定的属性类型(ISO/IEC 9594-6:2005,IDT)

GB/T 16264.7—2008 信息技术 开放系统互连 目录 第7部分:选定的客体类(ISO/IEC 9594-7:2005,IDT)

GB/T 17965—2000 信息技术 开放系统互连 高层安全模型(idt ISO/IEC 10745:1995)

GB/T 18237.1—2000 信息技术 开放系统互连 通用高层安全 第1部分:概述、模型和记法(idt ISO/IEC 11586-1:1996)

GB/T 18794.2—2002 信息技术 开放系统互连 开放系统安全框架 第2部分:鉴别框架(idt ISO/IEC 10181-2:1996)

GB/T 18794.3—2003 信息技术 开放系统互连 开放系统安全框架 第3部分:访问控制框架(ISO/IEC 10181-3:1996,IDT)

ISO/IEC 9594-8:2005 信息技术 开放系统互连 目录:公钥和属性证书框架

ISO/IEC 9594-9:2005 信息技术 开放系统互连 目录:复制

ISO/IEC 9594-10:2005 信息技术 开放系统互连 目录:公用目录管理机构的系统管理用法

ISO/IEC 9834-1:2005 信息技术 开放系统互连 OSI登记机构的操作规程:一般规程和ASN.1客体标识符树的顶级弧

ISO/IEC 10021-2 信息技术 消息处理系统(MHS):总体结构

ISO/IEC 10021-4:2003 信息技术 消息处理系统(MHS):消息传送系统 抽象服务定义和规程

CCITT 建议 X.800:1991 CCITT应用的开放系统互连安全体系结构

IETF RFC 3377:2002 轻量级目录访问协议(v3):技术规范

3 术语和定义

下列术语和定义适用于GB/T 16264的本部分。

3.1 通信定义

本部分使用GB/T 16264.5中定义的术语：

a) 应用实体 *application entity*；

b) 应用层 *application Layer*；

c) 应用进程 *application process*。

3.2 基本目录定义

本部分使用GB/T 16264.1中定义的术语：

a) 目录 *directory*；

b) 目录访问协议 *Directory Access Protocol*；

c) 目录信息库 *Directory Information Base*；

d) 目录操作绑定管理协议 *Directory Operational Binding Management Protocol*；

e) 目录系统协议 *Directory System Protocol*；

f) (目录)用户 *(Directory) user*。

3.3 分布式操作定义

本部分使用GB/T 16264.4中定义的术语：

a) 访问点 *access point*；

b) 分等级操作绑定 *hierarchical operational binding*；

c) 名(称)解析 *name resolution*；

d) 非特定分等级操作绑定 *non-specific hierarchical operational binding*；

e) 相关的分等级操作绑定 *relevant hierarchical operational binding*。

3.4 复制定义

下列术语在ISO/IEC 9594-9中定义：

a) 高速缓冲拷贝 *cache-copy*；

b) 使用者引用 *consumer reference*；

c) 条目拷贝 *entry-copy*；

d) 主DSA *master DSA*；

e) 主影像 *primary shadowing*；

f) 复制区 *replicated area*；

g) 复制 *replication*；

h) 次影像 *secondary shadowing*；

i) 影像使用者 *shadow consumer*；

j) 影像提供者 *shadow supplier*；

k) 影像的DSA特定条目 *Shadowed DSA-Specific Entry*；

l) 影像 *shadowing*；

m) 提供者引用 *supplier reference*。

本部分定义的术语在每一章开头的适当位置。为便于参考，在本部分的附录T中提供了这些术语的索引。

4 缩略语

GB/T 16264的本部分使用如下缩写词：

ACDF	访问控制决策功能	(Access Control Decision Function)
ACI	访问控制信息	(Access Control Information)
ACIA	访问控制内部区	(Access Control Inner Area)

ACSA	访问控制特定区	(Access Control Specific Area)
ADDMD	公共目录管理域	(Administration Directory Management Domain)
ASN.1	抽象语法记法一	(Abstract Syntax Notation One)
AVA	属性值断言	(Attribute Value Assertion)
BER	(ASN.1)基本编码规则	((ASN.1) Basic Encoding Rules)
DACD	目录访问控制域	(Directory Access Control Domain)
DAP	目录访问协议	(Directory Access Protoco)
DIB	目录信息库	(Directory Information Base)
DISP	目录信息影像协议	(Directory Information Shadowing Protocol)
DIT	目录信息树	(Directory Information Tree)
DMD	目录管理域	(Directory Management Domain)
DMO	域管理组织	(Domain Management Organization)
DOP	目录操作绑定管理协议	(Directory Operational Binding Management Protocol)
DSA	目录系统代理	(Directory System Agent)
DSE	DSA 特定条目	(DSA-Specific Entry)
DSP	目录系统协议	(Directory System Protocol)
DUA	目录用户代理	(Directory User Agent)
HOB	分等级操作绑定	(Hierarchical Operational Binding)
LDAP	轻量级目录访问协议	(Lightweight Directory Access Protocol)
NHOB	非特定分等级操作绑定	(Non-specific Hierarchical Operational Binding)
NSSR	非特定下级引用	(Non-Specific Subordinate Reference)
PRDMD	专用目录管理域	(Private Directory Management Domain)
RDN	相关可辨别名	(Relative Distinguished Name)
RHOB	相关的分等级操作绑定	(适当情况下,指 HOB 或 NHOB) (Relevant Hierarchical Operational Binding (a HOB or NHOB,as appropriate))
SDSE	影像 DSE	(Shadowed DSE)

5 约定

术语"目录规范(或本目录规范)"指的是 GB/T 16264.2—2008。术语"系列目录规范"指的是 GB/T 16264 的所有部分。

本目录规范使用术语"第 1 版系统"来指遵循系列目录规范第 1 版的所有系统,即 1988 年版本的 CCITT X.500 系列建议书和 GB/T 16264—1996 版本。本目录规范使用术语"第 2 版系统"来指遵循系列目录规范第 2 版本的所有系统,即 1993 版本的 ITU-T X.500 系列建议书和 ISO/IEC 9594:1995 版本。本目录规范使用术语"第 3 版系统"来指遵循系列目录规范第 3 版的所有系统,即 1997 版本的 ITU-T X.500 系列建议书和 ISO/IEC 9594:1998 版本。本目录规范使用术语"第 4 版系统"来指遵循系列目录规范第 4 版的所有系统,即 ISO/IEC 9594:2001 年版本的第 1 到第 10 部分。

本目录规范使用术语"第 5 版系统"来指遵循系列目录规范第 5 版的所有系统,即 GB/T 16264—2008 版本的第 1 到第 7 部分以及 ISO/IEC 9594:2005 年版本的第 8 到第 10 部分。

本目录规范使用粗体字体来表示 ASN.1 符号。若在常规文本中要表示 ASN.1 的类型和值时,为了区别于常规文本,使用了粗体字表示。为了表示过程的语义而引用过程名时,为了区别于常规文本,使用了粗体字表示。访问控制许可使用斜体字表示。

第二篇:目录模型概述

6 目录模型

6.1 定义

本部分使用下列术语和定义:

6.1.1

公共管理机构　administrative authority

域管理组织的一个代理机构,负责目录管理的不同方面。

6.1.2

公共目录管理域　administration directory management domain;ADDMD

由管理部门管理的目录管理区(DMD)。

注:术语"管理"指公共远程通信管理部门或提供公共远程通信服务的组织。

6.1.3

目录管理和操作信息　directory administrative and operational information

出于目录管理和操作的目的而使用的信息。

6.1.4

DIT 域　DIT domain

由 DSA 所拥有的构成一个 DMD 的全球 DIT 的一部分。

6.1.5

目录管理域　directory management domain;DMD

由一个单独的组织所管理的一个或多个 DSA 以及零个或多个 DUA 的集合。

6.1.6

域管理组织　domain management organization

管理一个 DMD(以及相应的 DIT 域)的组织。

6.1.7

目录用户信息　directory user information

关于用户及其应用的感兴趣的信息。

6.1.8

目录系统代理　directory system agent;DSA

一个 OSI 应用进程,是目录的一个组成部分。

6.1.9

(目录)用户　(directory) user

目录的端用户,即访问目录的实体或人员。

6.1.10

目录用户代理　directory user agent;DUA

OSI 的一个应用进程,它在访问目录过程中代表某一个用户。

注:DUA 可能还会提供一个本地范围的便利工具以帮助用户构成请求并解释响应。

6.1.11

客户机 LDAP　client LDAP

一个应用进程,表示通过轻量级目录访问协议(LDAP)来访问目录的用户。

6.1.12

LDAP 请求者　LDAP requestor

一个 DSA,能够通过轻量级目录访问协议(LDAP)来发起请求,并且能够理解和处理 LDAP 的响应。

6.1.13

LDAP 响应者　LDAP responder

一个 DSA，能够理解并响应轻量级目录访问协议(LDAP)的请求。

6.1.14

LDAP 服务器　LDAP server

一个组成目录的应用进程，它拥有 DIB 的一部分，并且能够通过轻量级目录访问协议(LDAP)对请求进行响应。

6.1.15

专用目录管理域　private directory management domain; PRDMD

由公共主管部门之外的组织所管理的一个目录管理域(DMD)。

6.2　目录及其用户

目录是一个信息仓库，这个仓库被称为目录信息库(DIB)。为用户提供的目录服务实际上是关于对这些信息的各种方式的访问。

目录提供的服务在 GB/T 16264.3—2008 中定义。

一个目录用户(如一个人或一个应用进程)通过访问目录而获得目录服务。更准确地说，是一个目录用户代理(DUA)或一个轻量级目录访问协议(LDAP)的客户机代表每个用户去真正地访问目录，并与目录交互以获取其服务。目录提供一个或多个访问可进行的访问点。上述概念如图 1 所示。

DUA 表现为一个应用进程。在任何一个通信实例中，每个 DUA 都确切地代表一个目录用户。

目录表现为一个或多个应用进程的集合，这些应用进程被称为目录系统代理(DSA)和/或轻量级目录访问协议(LDAP)服务器，每个 DSA 或 LDAP 服务器都提供零个、一个或多个访问点。关于 DSA 的更详细描述，见 21.2。

注 1：一些开放系统可能会为实际用户(如应用进程或人员等)获取信息提供一个集中式的 DUA 功能。这个对目录来说是透明的。

注 2：DUA 功能和一个 DSA 可以处于同一个开放系统中，并且可以在实现时选择是否让一个或多个 DUA 在 OSI 环境中作为可视的应用实体。

注 3：一个 DUA 可以有本地特性和结构，这些不在本目录规范的定义范围之内。例如，一个表示目录人类用户的 DUA 可能会提供一个本地范围的便利工具来帮助它的用户构成请求并解释响应。

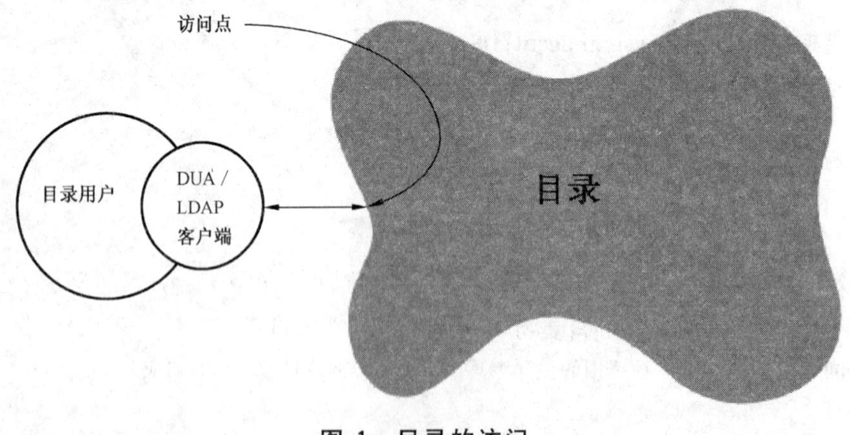

图 1　目录的访问

6.3　目录和 DSA 信息模型

6.3.1　通用模型

目录信息可能分成如下的类：

——用户信息：由用户置于目录内或者代表用户；随后被用户所管理或者代表用户。第 3 部分提供

了该信息的一个模型;或者

——管理和操作信息:由目录拥有,以适应各种不同的管理和操作需求。第5部分提供了该信息的一个模型。另外在第5部分还提供了一个关于用户信息模型、管理和操作信息模型之间关系的规范。

这些模型从不同方面表达了DIB视图,被认为是通用目录信息模型。

目录信息模型描述了目录作为一个整体如何来表示信息。作为一起操作的DSA集合的目录成分从该模型中得出。另一方面,DSA信息模型与DSA以及DSA应拥有的信息尤其相关,以使组成目录的DSA集合能够共同实现目录信息模型。DSA信息模型在本部分第22章到23章提供。

DSA信息模型是一个通用的模型,描述了DSA所拥有的信息以及这些信息与DIB和DIT之间的关系。

DSA信息模型所表示的一些信息可以通过目录抽象服务来访问,但不是全部信息。因此,如果对本系列目录规范中描述的全部信息都通过目录抽象服务来进行管理是不可能的。可以预见到的是,对DSA信息的管理最初应当是一个本地事物,但到最后应该会部署一些通用的系统管理服务来提供对DSA信息模型中描述的所有信息的访问。

6.3.2 特定的信息模型

对于作为整体的目录和它的组件,在通用模型制定以后,特定的信息模型需要对目录及其组件操作的特别方面进行标准化。

通用的目录信息模型为下述特定的信息模型建立了一个框架:

——访问控制信息模型;

——子模式信息模型;

——集合属性信息模型。

相应的,通用的DSA信息模型为下述特定的信息模型建立了一个框架:

——DSA分布知识的模型;

——DSA复制知识的模型。

6.4 目录管理机构模型

目录管理域(DMD)是由单个单独的组织所管理的一个或多个DSA以及零个或多个DUA的集合。

由(DSA组成的)目录管理域(DMD)所拥有的全球DIT的那部分被称为*DIT域*。在DMD和DIT域之间是一对一的对应关系。当提及对目录功能组件的管理时,使用术语"DMD"。当提及对目录信息的管理时,使用术语"DIT域"。与该术语相关的两个要点是:

——一个DIT域由一个或多个不相交的DIT子树组成(见11.5)。一个DIT域不得包含全球DIT的根;

——当管理的两个方面(目录功能组件管理和目录信息管理)放在一起考虑时,术语"DMD"作为一般术语使用。

管理某个DMD(以及关联的DIT域)的组织被称为一个*域管理组织(DMO)*。

注1:域管理组织可能是一个管理部门(即一个公共远程通信管理部门,或者其他提供公共远程通信服务的组织),在这种情况下,被管理的DMD被称做公共目录管理域(ADDMD);否则,它就是一个专用目录管理域(PRD-MD)。应当认识到的是,关于ITU-T成员对专用目录系统的支持,这种指配属于国家法规的框架之内。因此,提供目录服务的主管部门可以提供所描述的技术可能性,也可不提供。专用目录管理域的内部操作和配置不在本目录规范的定义范围之内。

图2举例说明了DMO、DMD和DIT域之间的关系。

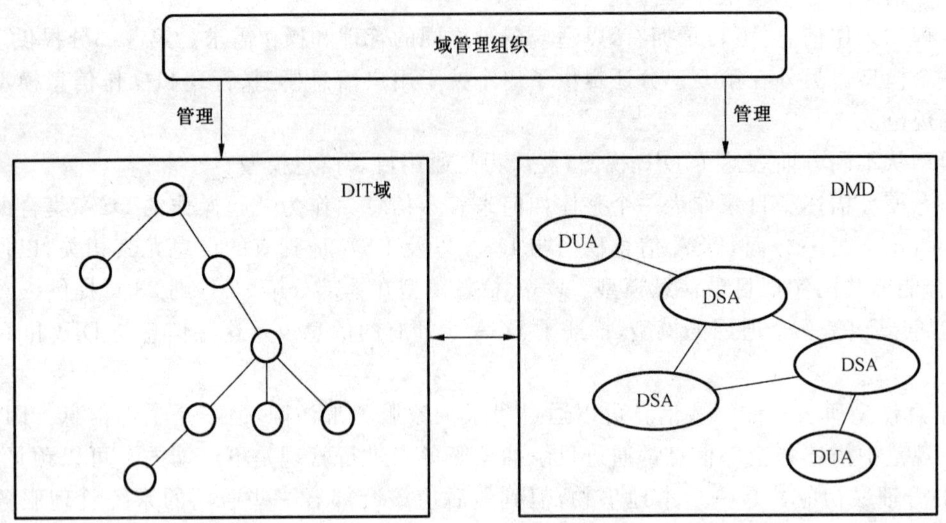

图 2 目录管理

由DMO对DUA进行管理意味着DMO对该DUA负有服务的责任，例如：维护，或在某些情况下被DMO拥有。DMO可以选择或不选择使用本系列目录规范来管理DMD域内DUA和DSA之间的任何交互。

与目录管理的不同特性相关的域管理组织(DMO)的代理机构被称为*管理机构*。“管理权力”指的是由域管理组织授予某个管理机构的用以执行策略的权力。

注2：目录管理机构模型在第四篇规定。

为便于引用，如在搜索规则中，可给DMD分配一个客体标识符(DMD-id)。

第三篇：目录用户信息模型

7 目录信息库

7.1 定义

本部分使用下列术语和定义：

7.1.1

别名条目 alias entry

一个包含用于为客体或者别名条目提供可替换名信息的“别名”类的项。

7.1.2

祖(条目) ancestor

组成一个复合条目的家族成员所形成的层次结构中的根条目。

7.1.3

复合条目 compound entry

表示一个客体，该客体由家族成员组成，且这些家族成员分层次地组织起来形成一个或多个条目的家族。

7.1.4

派生条目 derived entry

在搜索结果中的条目信息，其包含的属性值是通过从一个或多个目录条目中获取的原始数据进行结合而得到的。

7.1.5

直接上级类　direct superclass

相对于子类而言，直接派生子类的客体类。

7.1.6

目录信息库　directory information base;DIB

目录提供访问的完整信息集合，通过使用操作可阅读和操纵其中的信息段。

7.1.7

目录信息树　directory information tree;DIT

DIB 可被看作一棵树，除根以外的树的顶点都是目录条目。

注：只有在与信息的树型结构相关的上下文内，才使用术语“DIT”来替代“DIB”。

7.1.8

(目录)条目　(directory) entry

DIB 内的已命名的信息集合，DIB 由条目组成。

7.1.9

家族　family

复合条目内表示特定信息类的由家族成员条目所组成的具有层次结构的子集。复合条目内每个家族的根是一个祖先，但除了共享这一个祖先外，家族之间不共享公共成员。在一个复合条目内，每一个家族内直接包含在祖先下的成员都具有一个共同类(结构客体类)，以此将一个家族同其他家族区分开来。

7.1.10

家族成员　family member

组成一个复合条目的层次结构条目集合中的成员。

7.1.11

直接上级　immediate superior

相对于一个特定的条目或客体而言(它应当根据其所意向的上下文有明确定义)的直接上级条目或客体。

7.1.12

直接上级条目　immediately superior entry

相对于特定条目而言，直接上级条目是在 DIT 的一个弧的初始顶点上，而该特定条目是在弧的终结顶点上。

7.1.13

直接上级客体　immediately superior object

相对于特定客体而言，直接上级客体的客体条目是下一级客体的任何条目(客体条目或别名条目)的直接上级。

7.1.14

(关注的)客体　object (of interest)

“世界”中的任何事物，这里所说的“世界”通常是指远程通信和信息处理或是它们的某一部分，这些事物可被标识(能够被命名)，在 DIB 中保持的信息应是有意义的。

7.1.15

客体类　object class

共享某些特性的可被标识的客体(或可以设想的客体)族。

7.1.16

客体条目　object entry

DIB 中的一个条目，该条目是 DIB 中关于某个客体的主要信息集合，因此可以说，该条目在 DIB 中代表了该客体。

7.1.17

相关条目 related entries

(目录)条目的一个集合,该集合中的每个条目都在 DIB 中拥有感兴趣的特定现实世界中的客体信息。该集合中的不同条目可能会包含关于现实世界中客体的不同类型的信息,甚至可能包含矛盾的信息。

注 1:相关条目集合中信息的取值取决于每个条目的标识与现实世界之间的可靠度。

注 2:相关条目处于不同的 DIT 中且拥有相同的标识名是可能的,但不是必要的。同样的,非相关条目拥有相同的标识名也是可能的;然而,建议相同的标识名仅用于相关条目。

7.1.18

子类 subclass

相对于一个或多个上级类而言——子类是从一个或多个上级类派生而来的。子类的成员共享其上级类的所有特性,并且拥有这些上级类成员所没有的附加特性。

7.1.19

下级 subordinate

上级的相反面。

7.1.20

上级类 superclass

相对于子类而言——指某个子类的直接上级类,或是其直接上级类的上级类(递归定义)。

7.1.21

上级 superior

(应用于条目或客体的)直接上级,或是其直接上级的上级(递归定义)。

7.2 客体

目录的目标是拥有某个现实“世界”中存在的有意义的*客体*(*或多个客体*)的信息,并提供对这些信息的访问。一个客体可以是该现实世界中可被标识(可被命名)的任何事物。

注 1:一般来说,‘世界’指的是远程通信和信息处理世界或该世界的某一部分。

注 2:目录中的客体可能不是与现实世界中的“真实”事物有确切的对应关系。例如,现实世界中的人可能会被当做两个不同的客体:一个商务人士和一个小区居民,正如目录所关注的。在本目录规范中,并没有定义如何进行映射,映射工作由目录用户和提供者根据他们所应用的上下文进行。

*客体类*是共享某些特性的客体(或可想象到的客体)的家族,该家族可被标识。每个客体都至少属于一个客体类。客体类可能是其他客体类的*子类*,在这种情况下,子类的所有成员客体都可被认为是上级类的成员客体。子类还可以有子类,依此类推,可以形成任意深度。

7.3 目录条目

DIB 由*(目录)条目*组成。一个条目是一个已命名的信息集合。

有 4 种类型的条目:

——*客体条目*:表示 DIB 中某个特定客体信息的主要集合。对于任何一个特定的客体,都有且仅有一个客体条目或复合条目(见 8.10)来表示。可以说,一个客体条目代表了一个客体。一个客体条目或者是一个单个条目或者是一个由代表该客体的所有条目共同组成的复合条目。

——*别名条目*:用来为一个客体条目(可能是一个复合条目的祖先,但不会是孩子家族成员)提供替代名(称)的条目。

——*子条目*:代表 DIB 内的用来满足目录管理和操作需求的信息集合。子条目在第 5 部分讨论。

——*家族成员*:是用来组成复合条目的一种特殊的条目。复合条目的祖先也是一个家族成员。

目录条目的用户视图结构在图 3 中表示，并在 8.2 中描述。

每个条目都包含一个客体类指示以及该条目所属的上级类。

有一些客体条目是出于目录管理的目的而特别设计的。这些条目被称为管理条目。目录用户一般不关心这些条目，并且将这些条目与其他客体条目一同看待。

7.4 目录信息树(DIT)

为了满足对一个大型 DIB 进行分布和管理的需求，并且能够确保这些条目被无二义性地命名并被快速查找到，扁平式结构多半是不可行的。因此，采用了一种客体间通常存在的一种层次式关系(例如，一个人工作在某个部门，这个部门属于一个组织，而这个组织又在一个国家设立了总部等)，将条目组织为一棵树，这棵树被称为*目录信息树(DIT)*。

注：关于树型结构的概念和术语的介绍见附录 I。

DIT 的组成部分解释如下：

a) 顶点(vertices)是条目。客体条目可能是叶顶点或非叶顶点，而别名条目总是叶顶点。而树的根不是这样的条目，但如果在方便的时候(例如，在下面的 b)和 c)的定义中)，也可以将根看做是一个空的客体条目(见下面的 d))。

b) 弧(arcs)定义了顶点(也即条目)间的关系。从顶点 A 到顶点 B 的弧意味着 A 上的条目是 B 上条目的*直接上级条目(直接上级)*，相反的，B 上的条目是 A 上条目的*直接下级条目(直接下级)*。一个特定条目的*上级条目(上级)*是其直接上级以及直接上级的上级(递归定义)，一个特定条目的*下级条目(下级)*是其直接下级以及直接下级的下级(递归定义)。

c) 由条目所表示的客体具有其下级的命名机构，或者与其下级的命名权有密切关系(见第 8 章)。

d) 根代表 DIB 命名权的最高级别。

客体间的上级/下级关系可以从客体条目间的上下级关系中推派生。若一个客体是另一个客体的*直接上级客体(直接上级)*，当且仅当第一个客体的客体条目是第二个客体的任意客体条目的直接上级的情况下才成立。*直接下级客体*、*直接下级*、*上级*和*下级*等都有类似的含义。

客体间所允许的上级/下级关系由 DIT 的结构定义(见 13.7)所决定。

除了与目录条目相关的信息外，目录还维护了一些与目录条目的集合相关的附加信息。这样的集合可形成(DIT 的)子树或是子树精选(当不是一个真正的树型结构时)，见本部分第 12 章。

8 目录条目

8.1 定义

本目录规范使用下列术语和定义：

8.1.1

锚属性　anchor attribute

一个在相关的子模式中定义的具有友人的用户属性。可以使用一个锚属性将友人属性包含在所选择的属性集合中，或者匹配一个搜索操作，而不需要该友人属性真正出现在条目中。

8.1.2

属性　attribute

一种特定类型的信息。条目由属性构成。

8.1.3

用户属性　user attribute

一种表示用户信息的属性。

8.1.4

属性层次　attribute hierarchy

属性的一种特性，可以允许某个用户属性类型从另一个更通用的用户属性类型中派生出来。这两个属性类型定义之间的关系即为层次性的(决定了与这些属性类型相应的属性的某些行为)。

8.1.5

属性子类型(子类型) attribute subtype (subtype)

一个属性类型A与另一个属性类型B相关,可以基于以下两种事实,一种是A从B派生而来,在这种情况下,A是B的直接子类型;另一种是A从作为B的子类型的某个属性类型派生而来,在这种情况下,A是B的间接子类型。

8.1.6

属性的上级类型(上级类型) attribute supertype (supertype)

一个属性类型B与另一个属性类型A相关,可以基于以下两种事实,一种是A从B派生而来,在这种情况下,B是A的直接上级类型;另一种是A从作为B的子类型的某个属性类型派生而来,在这种情况下,B是A的间接上级类型。

8.1.7

属性类型 attribute type

是属性的一个组成部分,指示了该属性所赋予的信息的类。

8.1.8

属性值 attribute value

由一个属性类型所指示的信息类的一个具体实例。

8.1.9

属性值断言 attribute value assertion

关于条目中存在的一个特定类型的属性值的一个命题,根据该属性类型所规定的匹配规则,该命题可能是正确的、错误的或是未定义的。

8.1.10

辅助客体类 auxiliary object class

一个描述了条目或条目类的客体类,且该客体类不用于DIT的结构规格说明。

8.1.11

集合属性 collective attribute

一种用户属性,该属性的值在一个条目集合内的每个成员中都是相同的。

8.1.12

上下文 context

与用户属性值相关联的一种特性,该特性规定了用来决定属性值适用性的信息。

8.1.13

上下文断言 context assertion

一个决定属性值适用性的命题,根据上下文类型和该类型的特定上下文值,该命题可能是正确的或错误的。

8.1.14

上下文类型 context type

上下文的一个组成部分,指示了上下文的类型或目的。

8.1.15

上下文列表 context list

与一个属性值相关的上下文的集合。

8.1.16

上下文值 context value

由上下文类型所指示的特性的一个具体实例。

8.1.17

派生属性　derived attribute

一个属性,其值或值集的全部或部分是计算出的,而不是直接存储的。

8.1.18

派生客体类值　derived object class value

一个客体类的值,该值的出现不受用户的管理,而是计算出的。派生客体类值被归类为抽象的。

8.1.19

直接属性引用　direct attribute reference

(在目录和 DSA 抽象服务中)表示对一个或多个属性值的引用,是通过使用属性类型标识符来实现的。

8.1.20

可辨别值　distinguished value

一个条目中的属性值,可出现在该条目的相关可辨别名中。

8.1.21

哑属性　dummy attribute

被定义为用户属性的一个属性,但是该属性永远不会出现在一个条目中。只有锚属性可以是一个哑属性。

8.1.22

条目集合　entry collection

属于一个明确定义的 DIT 子树或子树精选中的条目的集合。

8.1.23

友人属性　friend attributes

与某个特定用户属性(已知为一个锚属性)相关联的用户属性的集合,由管理机构将其关联起来,当指定了锚属性时,友人属性将包含在返回的属性集中,或者当某个谓词中包含了关于锚属性的条件时,则友人属性可潜在地用来匹配该谓词。

8.1.24

间接属性引用　indirect attribute reference

(在目录和 DSA 抽象服务中)表示对一个或多个属性值的引用,是通过使用相应属性类型的上级类型标识符来实现的。

8.1.25

匹配规则　matching rule

一种规则,组成了目录模式的一部分,该规则通过一个特定的与条目的属性值相关的声明(一个匹配规则断言)允许这些条目被选择。

8.1.26

匹配规则断言　matching rule assertion

关于条目中存在的属性值是否与匹配规则所定义的条件相匹配的一个命题,该命题可能是正确的、错误的或是未定义的。

8.1.27

操作属性　operational attribute

一种表示操作和/或管理信息的属性。

8.1.28

结构客体类　structural object class

一种用于规范 DIT 结构的客体类。

8.1.29

条目的结构客体类　structural object class of an entry

条目的结构客体类与某个特定条目相关,单个结构客体类用于确定应用到该条目上的 DIT 内容规则和 DIT 结构规则。该客体类由操作属性structuralObjectClass 所指示。该客体类是条目的结构客体类上级类链中的最下级客体类。

8.2 总体结构

如图 3 所示,一个条目由一系列的属性组成。

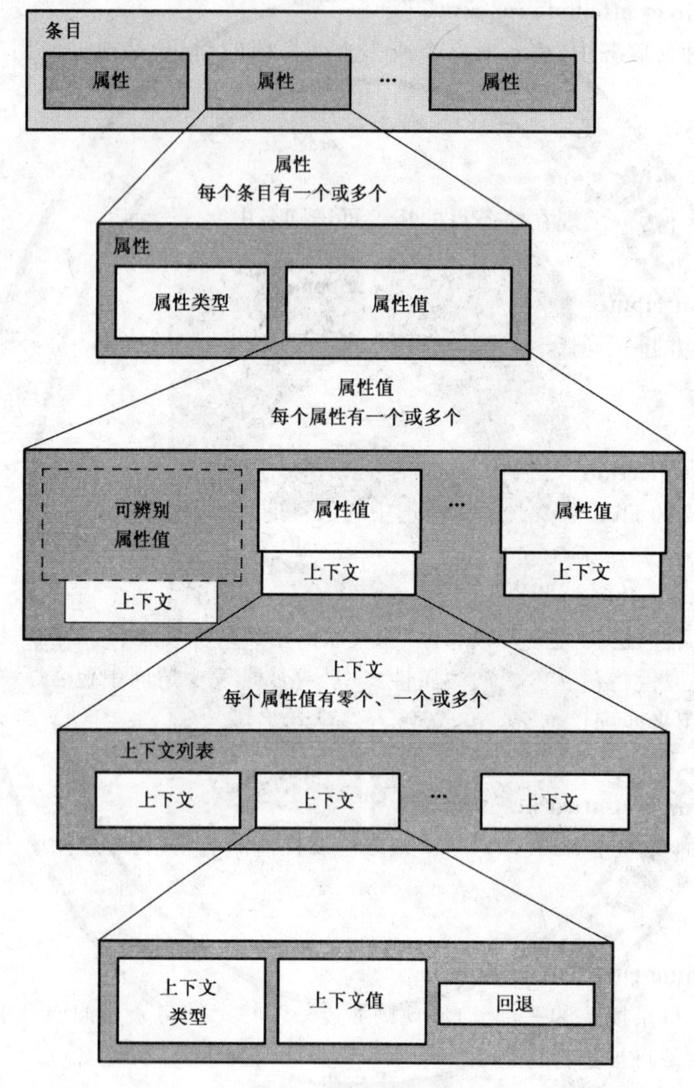

图 3　条目的结构

每个属性都提供了关于该条目相应客体的一部分信息,或者描述了该客体的某方面特性。

注 1:可能出现在条目中的属性示例包括:命名信息如客体的人名,地址信息如电话号码等。一个属性由属性类型和相应的属性值组成,属性类型描述了该属性所表示的信息类,属性值是出现在条目中的该信息类的具体实例。一个用户属性值在其上下文列表中,可能有零个、一个或多个与该值相关联的上下文。操作属性值不得有上下文。

注 2:属性类型、属性值和上下文分别在本部分 8.4、8.5 和 8.8 中描述。操作属性在第 12 章描述。

```
Attribute ::= SEQUENCE{
    type        ATTRIBUTE.&id ({ SupportedAttributes }),
    values      SET SIZE (0..MAX) OF ATTRIBUTE.&TYPE({SupportedAttributes}{@type}),
```

```
valuesWithContext SET SIZE (1..MAX) OF SEQUENCE {
        value              ATTRIBUTE.&Type ({SupportedAttributes}{@type}),
        contextList        SET SIZE (1..MAX) OF Context } OPTIONAL }
```

一个属性可能被设计为单值或多值。目录必须确保单值的属性仅有一个单独的取值,该值可能拥有一个上下文列表,将某些特性与该属性值相关联起来。已存储的属性必须至少有一个值,但是在准备存储或从存储处获取的过程中,可能会出现没有值的情况(例如由于属性值被访问控制隐藏)。

8.3 客体类

客体类用于目录中出于如下几种目的:

——对客体以及与这些客体相应的条目进行描述和分类;

——适当的时候,可以控制目录的操作;

——与 DIT 结构规则规范联合起来,可以调整条目在 DIT 中的位置;

——与 DIT 内容规则规范联合起来,可以调整条目中所包含的属性;

——标识条目的类,相应的管理机构将这些类与某个具体策略相关联起来。

某些类需要进行国际标准化,而其他类只需要由国内管理机构和/或专用组织定义即可。这就意味着将有许多各自独立的组织机构负责定义客体类,并无二义性地标识它们。这就需要在定义一个客体类的时候,使用一个客体标识符来标识每个客体类。用于该目的的表示法在本部分 13.3.3 中定义。

注 1:一个管理机构可能会使用一些客体类,这些客体类不同于在目录规范中已经定义并登记的有用客体类。管理机构可能会自己定义和登记客体类,如为了补充本目录规范中已经定义的那些客体类。

客体类(一个子类)可能从一个客体类(它的直接*上级类*)派生而来,而该上级类又是从另一个更通用的客体类派生而来。对于结构客体类,这个过程在最高层的通用客体类top 处终止。一个客体类的直到最上级客体类的上级类的有序集合,是该客体类的*上级类链*。

客体类可能从两个或多个直接上级类(这些上级类不是同一个上级类链上的部分)中派生而来。这种派生子类的特性被称为"*多继承*"。

条目客体类或家族成员客体类的规范标识了某个属性是必选的,还是可选的;该规范也可应用于其子类。可以说,子类*继承*了它的上级类的必选和可选属性的规范。一个子类的规范可能会指示其上级类中的某个可选属性在该子类中是必选的。

如果客体类定义了一个具有友人属性的锚属性,该锚属性是可选的或必选的,则该客体类自动地包含友人属性作为其可选属性,而不必在任何客体类定义或任何内容规则中再进行说明。

如果某个哑属性是一个锚属性的话,则一个客体类可能会定义该哑属性作为必选或可选属性。如果一个客体类将某个虚拟锚属性类型定义为必选或可选属性,则该锚属性不得出现在该客体类的条目中,但是,如果定义为必选属性,则必须至少有它的一个友人属性出现。然而,如果客体类将某个非虚拟的锚属性类型定义为必选属性类型时,则该锚属性类型的一个属性必须出现。

如果内容规则中排斥的话,则友人属性类型不得出现。

有 3 种类型的客体类:

——抽象客体类;

——结构客体类;和

——辅助客体类。

注 2:本目录规范不限制子类的定义一定是与上级通用于同一类型(即抽象、结构或辅助);然而,管理者应当注意到,在某些情况下,与 LDAP 服务器的交互可能会受到不利的影响,尤其是当使用辅助客体的子类是结构客体,或者相反时,影响最明显。

每个客体类是且仅是上述类型中的一种,并且无论在目录中遇到什么情况都保持同一种类型。每个客体类的定义都必须指定该客体类所属的类型。

所有的条目都必须是客体类top 和至少一个其他客体类的成员。

8.3.1 抽象客体类

一个抽象客体类主要用于派生其他客体类，提供这些客体类的一些公共特性。一个条目不能仅属于某个抽象客体类。

top 是一个抽象客体类，是所有结构客体类的上级类。

除了用于派生其他客体类，一个抽象客体类的值还可以是一个派生值；也就是说，该值是由目录计算得出或推导得出的。例如，一个特定条目的parent 客体类值是通过从已存在的家族成员、辅助客体类 child 以及该条目的直接下级等进行计算或推导而得出的。

8.3.2 结构客体类

为了在 DIT 的结构规范中使用而定义的客体类被称为"*结构客体类*"。结构客体类用于与条目相应的客体名(称)结构的定义中。

一个客体条目或别名条目有且仅有一个结构客体类的上级类链，该链的最下级客体类是一个单独的结构客体类。该结构客体类被称为"*条目的结构客体类*"。

结构客体类与关联条目相关：

——遵从某个结构客体类的条目应当表示该客体类所限定的现实世界中的客体；

——DIT 的结构规则仅涉及结构客体类；条目的结构客体类用于定义该条目在 DIT 中的位置；

——条目的结构客体类，与相应的 DIT 内容规则一起，可用于控制一个条目的内容。

条目的结构客体类不得被修改。

8.3.3 辅助客体类

使用目录的某些特定应用将会经常发现定义一个*辅助客体类*是很有用的，辅助客体类可用于构造各种类型的条目。例如，消息处理系统使用辅助客体类"MHS 用户"(ISO/IEC 10021-2)来为条目类型定义一个包含必选和可选消息处理属性的包，而该条目类型的结构客体类是多样的，如组织人员或小区居民。

在某些环境下，有一种需求，能够为一个特定类(也可能是标准化的类)的条目所允许的属性列表中增加项或删除项。

上述需求可以通过定义并使用一个具有语义的、在本地团体中已知的并由本团体来维护的辅助客体类来实现，如果需要的话，该辅助客体类可以进行改变。

上述需求还可以通过使用 DIT 内容规则定义工具来动态地(即不需登记)从 DIT 特定点上的条目中增加或去除属性来实现(见 13.3.3)。

辅助客体类描述了条目或条目的类。

因此，一个条目除了是一个结构客体类的成员外，还可能是一个或多个辅助客体类的成员。

一个条目的辅助客体类可能会随着时间而改变。

注：未登记的客体类设施，为支持本款讨论的要求，曾在系列目录第 1 版存在。为支持 DIT 内容规则，该设施不再支持。

8.3.4 客体类定义与本目录规范的第 1 版

使用本目录规范第 1 版中的术语所定义的客体类，不能被分类为结构客体类、辅助客体类或抽象客体类。

使用本目录规范第 1 版中的术语所定义的别名客体类，可能被规定为或者抽象客体类，辅助客体类或者结构客体类，并且相应地被部署在子模式中。

8.4 属性类型

一些属性类型需要进行国际标准化，而其他属性类型只需要由国内管理机构和专用组织定义即可。这就意味着将有许多各自独立的组织机构负责定义属性类型，并无二义性地标识它们。这就需要在定义一个属性类型的时候，使用一个客体标识符来标识每个属性类型。可以使用在 13.4.8 中定义的ATTRIBUTE 信息客体类表示法。一个属性类型定义如下：

AttributeType∷＝ATTRIBUTE.&id

一个条目中的所有属性应是可区分的属性类型。

某些属性可能不需要在条目中存储或被访问，但需要在操作中携带以传递信息(例如诊断信息)，这些信息可以被表示为属性。其他属性，被称为“*控制属性*”，作为其定义的一部分，根据属性中的信息规定一个可被执行的特殊程序。一个控制属性可能会在操作中规定，并放置在条目中等等。可以参见GB/T 16264.6—2008 的 7.5.3 中的示例。

有许多目录所了解并为其使用的属性类型，它们是：

a) objectClass ——每个条目中都会具有该类型的属性，该属性类型指示了客体所属于的客体类和上级类。

b) aliasedEntryName ——每个别名条目中都会具有该类型的属性，该属性类型保存着别名条目所引用的条目的名(称)(见 8.5)。

这些属性在 13.4.8 中定义。

在客体条目或别名条目中宜出现或可能出现的用户属性的类型，由应用于该指定客体类的规则以及该条目的 DIT 内容规则(见 13.8)所决定。子条目中可能出现的属性类型由系统模式规则所决定。

一些目录条目可能会包含一些特殊的，但一般来说对目录用户不可见的属性。这些属性被称为“操作属性”，用来满足对目录的管理和操作需求。操作属性的更详细讨论见本部分第 5 篇。

8.5 属性值

属性定义也包括规定该属性的每个值都应当遵守的句法和数据类型。使用 13.4.8 中定义的ATTRIBUTE 信息客体类表示法，一个属性值被定义为：

AttributeValue∷＝ATTRIBUTE.&Type

属性值可能被指定为“可辨别值”，在这种情况下，该属性值可以组成此条目的相关可辨别名(见 9.3)。正如在 9.3 中所描述的，拥有多个由上下文所区分的可辨别值是可能的。

客户端提供的属性值存储在目录中。比较值是短暂的，且不得影响所存储的值。

8.6 属性类型层次结构

在定义属性类型的时候，一些更通用的属性类型的特性可能被作为定义的基础。新的属性类型从更通用的属性类型派生而来，新的属性类型是更通用属性类型的“直接子类型”，更通用的属性类型被称为“上级类型”。

属性的层次结构可以允许以不同的粒度对 DIB 进行访问。这可以通过使用特定的属性类型标识符(一个指向该属性的直接引用)或更通用的属性类型标识符(间接引用)来访问属性的值组件而实现。

语义上相关的属性可能会置于一个层次关系中，更具体属性是更通用属性的下级。如果引用更通用的属性类型会让搜索或查询属性及属性值的工作更简单，这样规定的过滤项将对更具体类型和更通用类型做同样的评估；为更通用的属性类型所指定的上下文断言也会应用到更具体的类型。

若下级具体类型被选择作为搜索结果中的一部分要被返回，则这些类型在可用情况下必须返回。若更通用的类型被选择作为搜索结果中的一部分要被返回，则更通用类型和具体类型在可用情况下都必须返回。属性值必须总是作为其属性类型的值而返回。

对于一个包含了某个属性类型值的条目而言，如果该属性类型属于某个属性层次结构，则此类型宜明确包含在该条目所属的客体类的定义中，或者应用于该条目的 DIT 内容规则允许此属性类型。

出于管理条目以及用户对条目内容进行修改的目的，在属性层次结构中的所有属性类型都必须是不同的，而且是无关的。

存储在目录客体条目或别名条目中的属性值应当有且仅有一个属性类型。当属性值被初次加到条目中时，应规定其类型。

8.7 友人属性

友人属性是由管理机构指定的一种用户属性，这些属性在某些实际情况下，与一个特定的锚属性相关。若某个锚属性被规定要在某个阅读或搜索操作的返回结果中返回，则这种特性将允许该锚属性的友人属性也被返回，且服从服务和管理控制（包括访问控制、搜索规则等）。类似的，在一个搜索谓词的过滤项中如果指定了某个锚属性，且如果针对友人属性的匹配规则与被提议的值一致时，则相应的友人属性可用来满足该谓词。

如果在某条目的客体类值的必选或可选列表中包含了一个锚属性，说明该锚属性允许包含在条目中，则相应的友人属性也可被允许包含在条目中，除非被内容规则所排斥。如果锚属性不是一个必选属性，则即使友人属性出现在条目中，它也可能不在条目中出现。

任何一个用户属性都能够被设计为子模式内的一个锚属性。

注 1：作为一个锚属性的示例，考虑一个假设的属性commsAddr，在某个特定的子模式中，该属性拥有友人属性为通信地址属性类型，如电话号码、E-mail 地址、URL 等。

锚-友人关系既不是可互换的，也不是可传递的：

——如果一个锚属性 A 具有友人 B，并不能推派生 A 是 B 的友人；

——如果一个锚属性 A 具有友人 B，B 具有友人 C，并不能推派生 C 是 A 的友人。

如果一个属性 A 是某个锚属性的友人属性，则 A 的所有子类型也是该锚属性的友人。然而，并不能推派生 A 的上级类型也是该锚属性的友人。

设计某个属性为友人属性，并没有赋予其特殊的访问控制或搜索规则保护，除非它与锚客体类的成员关联起来（这样，该友人属性就自动成为锚客体类的一个成员）。

注 2：目前，访问控制和搜索规则并没有专门为了特权或保护，而使用客体类作为定义属性集的方法。

8.8 上下文

信息模型可以通过与属性值的某些特性相关联而得到细化，这些特性被称为上下文。任何一个用户属性值都可能与一个上下文列表相关联，列表中的上下文提供了能够用来判断属性值适用范围的附加信息。

注 1：例如，可以使用上下文将一个属性值与某种具体的语言或地点相关联起来。

每个上下文都包括一个类型字段，一个由类型字段决定其句法的值字段以及一个fallback 标志。使用 13.9 定义的CONTEXT 信息客体类表示法，一个上下文定义如下：

```
Context::=SEQUENCE{
    contextType      CONTEXT.&id({SupportedContexts}),
    contextValues    SET SIZE(1..MAX)OF CONTEXT.&Type({SupportedContexts}{@contextType}),
    fallback         BOOLEAN DEFAULT FALSE}
```

contextType 是一个OBJECT IDENTIFIER，在 13.9 定义的CONTEXT 信息客体类进行规定，它规定了上下文所表示的特定特性。

contextValues 是contextType 所规定的特性的一个或多个值的集合，这些值与某个具体属性值相关联。

fallback 用来为与一个上下文类型相关的特定行为规定一个或多个属性值。一个属性值除了具有与其相关联的上下文类型相应的任何特定contextValues 外，如果该属性值的某个给定contextType 的fallback 值为TRUE，则该属性值：

- 被认为与给定的contextType 的任意值相关联，但是同一属性的其他值都不与其相关联。因此，在基于为contextValues 进行匹配的规则与该属性任意值的匹配中失败的该上下文类型的一个上下文断言，须与针对该上下文类型的fallback 为TRUE 的任意属性值相匹配。

注 2：例如，试图选择与某种特定语言相关的属性值，如果没有任何一个属性值与该选定的语言相关联，则应当遵循那些fallback 设定为 TRUE 的属性值。

- 被认为是需要在一个操作期间内保留的值，该操作对某个给定属性类型的属性值进行了重置。如果该属性类型所关联的上下文的fallback 被设置为FALSE 时，则修改操作（重置值）将删除该选定属性类型的所有值。

注 3:值修改(值重置)在 GB/T 16264.3—2008 的 11.3.2 中描述。

如果属性值没有上下文,或者有上下文列表,但列表中没有包括某个具体类型的上下文时,则此属性值在该具体类型的所有上下文值中都可应用。

注 4:例如,基于语言上下文中的法语上下文值来选择时,如果一个属性值没有指定任何一个语言上下文与其相关联时,则该属性值会被选中(同样的,特定的具有法语上下文的属性值也会被选中)。

在一个属性值上下文列表中的所有上下文须具有不同的上下文类型。

与属性值相关联的上下文信息可以与属性值一起被获取(例如,为了区别这些属性值)。目录的用户也可能会在目录操作中使用上下文来细化选择和查询信息。

8.9 匹配规则

8.9.1 概述

对目录来说,极为重要的是应当具备一种能够根据与条目所具有的属性值相关的断言,从 DIB 中选择一个条目集的能力。

匹配规则就是通过构造一个与条目的属性值相关的特定断言来对条目进行选择。

断言的最基本类型就是属性值断言(AVA)。更复杂的断言可以使用匹配规则断言来支持。一个匹配规则断言是一个关于条目中存在的属性值是否与匹配规则所定义的条件相匹配的一个命题,该命题取值可能为真、假或未定义。

属性值断言或匹配规则断言可以根据与断言相关的匹配规则进行评估。

匹配规则的定义是通过对下述几个方面进行规定完成的:

——规则所支持的属性句法的范围;

——规则所支持的特定的匹配类型;

——表达每个特定匹配类型的声明所需的句法;

——需要时,从属性句法的值中派生一个断言句法值的规则。

注:对于为了支持某个具体应用而可能定义的匹配规则并没有限制。然而,为了支持某个具体应用而定义的规则可能不会被 DUA 和 DSA 广泛支持。在任何可能的时候,在 GB/T 16264.6—2008 中定义的匹配规则都应当比新定义的匹配规则优先使用。

有时,在匹配规则与所支持的匹配类型之间具有一对一的对应关系。例如,目录抽象服务支持一种“存在匹配规则”以检测条目中某个属性是否存在。

有时,在匹配规则与所支持的匹配类型之间具有多对多的对应关系。例如,目录抽象服务支持一种“通用排序规则”允许对匹配类型进行大于或等于和小于或等于排序。

8.9.2 属性值断言

属性值断言(AVA)是关于某个特定类型的属性值是否存在于条目中的一个命题,根据该属性类型所规定的匹配规则,该命题可能为真、假或未定义。它包括一个属性类型、一个声明的属性值以及一个可选的与该属性值相关的上下文断言。

```
AttributeValueAssertion ::=SEQUENCE{
    type              ATTRIBUTE. &id({SupportedAttributes}),
    assertion         ATTRIBUTE. &equality-match. &AssertionType({SupportedAttributes}{@type}),
    assertedContexts  CHOICE {
        allContexts        [0]  NULL,
        selectedContexts   [1]  SET SIZE (1..MAX) OF ContextAssertion } OPTIONAL }
ContextAssertion ::=SEQUENCE {
    contextType       CONTEXT. &id({SupportedContexts}),
    contextValues         SET SIZE (1..MAX) OF
```

CONTEXT. &Assertion ({SupportedContexts}{@contextType}))

AVA 中assertion组件的句法由为该属性类型定义的相等匹配规则来决定，可能不同于属性本身的句法。

8.9.2.1 AVA 的评估

一个 AVA 取值是：

a） 未定义的，如果下述任何一项都符合：

1） 属性类型是未知的；

2） 属性值没有相等匹配规则；

3） 属性值不符合属性相等匹配规则中的声明句法所指示的数据类型；

注：一般来说，2)和 3)指示一个错误的 AVA；然而，1)项可能出现在本地情况下(例如没有配置一个特定的 DSA 来支持该特定的属性类型)。

b） 真，如果条目包含该类型的一个属性，该属性包含一个值，且该值包含与 8.9.2.2 所描述的assertedContexts 相匹配的一个上下文；

c） 假，与上述真的情况相反。

8.9.2.2 assertedContexts 或上下文断言缺省值的使用

在AttributeValueAssertion 中包含assertedContexts 字段是可选的。如果指定了assertedContexts 字段，则assertion 仅对使得assertedContexts 取值为真的那些属性值进行判断，如 8.9.2.3 所定义的。

如果 AttributeValueAssertion 中没有提供 assertedContexts 字段，则可能有一个缺省的上下文断言以一种同样的方式应用；即 assertion 仅对使得缺省上下文断言取值为真的那些属性值进行判断，如 8.9.2.3 所定义。有 3 个潜在的资源可用于缺省的上下文断言：在整体上为操作而规定，在 DIT 的子条目内可用以及在 DSA 本地可用。它们的应用如下所述：

1） 如果在一个AttributeValueAssertion 中没有提供assertedContexts 字段，且作为 GB/T 16264.3—2008 的 7.3 中定义的operationContexts 的一部分，提供了该给定类型的上下文断言，这些上下文断言是在整体上为操作而提供的，则须应用此上下文明；

2） 如果用户没有为 AVA 提供assertedContexts，且对于给定的属性类型没有任何上下文断言是整体上为操作而提供的，则须应用控制该条目的上下文断言子条目(如果有的话)内的给定属性类型的缺省上下文断言，如 14.7 所描述的；

3） 如果没有上述步骤 1)和 2)中的上下文断言，则 DSA 可能会为给定的属性类型应用一个本地定义的缺省上下文断言。这样的一个缺省值须典型地反映一些本地参数，如 DSA 所使用的语言或 DSA 所部属的位置，或者当前时间等，但 DSA 有可能会对它所响应的不同 DUA 做出不同的裁剪；

4） 如果上述资源中没有任何一个上下文断言可用，则assertion 须根据该属性的所有值进行评估。

8.9.2.3 assertedContexts 的评估

在下列情况下，assertedContexts 取值为真：

a） 规定了allContexts (这种方式允许上下文断言优先于任何缺省的上下文断言，否则如果在AttributeValueAssertion 中省略了assertedContexts 字段的话，就会应用这些缺省上下文断言)；或者

b） 如 8.9.2.4 中所描述的，selectedContexts 中的每个ContextAssertion 取值都为真。

8.9.2.4 ContextAssertion 的评估

在下述情况下，某个特定属性值的ContextAssertion 取值为真：

a） 属性值具有ContextAssertion 中相同contextType 的上下文，且根据对contextType 进行匹配的定义，该上下文任意存储的contextValues 与任意一个所声明的contextValues 相匹配；或者

b) 属性值没有包含所声明的contextType 的任何上下文;或者

c) 该属性没有其他的属性值可以满足上述 8.9.2.2 中 1)或 2)所描述的ContextAssertion,但是该属性值确实包含所声明的contextType 的一个上下文,且fallback 设置为TRUE。

8.9.3 属性类型声明

属性类型声明是一个命题,根据所关联的上下文,该命题取值可能为真、假或未定义。

```
AttributeTypeAssertion ::=SEQUENCE{
    type                  ATTRIBUTE.&id({SupportedAttributes}),
    assertedContexts      SEQUENCE SIZE(1..MAX) OF ContextAssertion   OPTION-
AL}
```

8.9.3.1 属性类型声明的评估

属性类型声明的取值为:

a) 未定义,如果属性类型未知,或者条目中没有包含该属性;

b) 真:如果条目包含该类型的一个属性,该属性包含一个或多个属性值,且属性值包含与 8.9.3.2 所描述的assertedContexts 相匹配的一个上下文;

c) 假,与上述真的情况相反。

8.9.3.2 assertedContexts 或上下文断言缺省值的使用

在AttributeValueAssertion 中包含assertedContexts 字段是可选的。如果指定了assertedContexts 字段,则根据 8.9.2.4 描述的规则,至少对一个属性值而言,assertedContexts 须为真。

如果AttributeValueAssertion 中没有指定assertedContexts 字段,则可能有一个缺省的上下文断言以一种同样的方式应用;即根据 8.9.2.4 描述的规则,至少对一个属性值而言,缺省的上下文断言须为真。用于缺省上下文断言的潜在资源如 8.9.2.2 所述。

8.9.4 内嵌的匹配规则断言

目录能够理解的相关匹配规则的分类如下所述,这些规则的语义被广泛地理解,并应用到许多不同类型的属性值中:

——出现;

——相等;

——子串;

——排序;

——近似匹配。

与这些匹配规则分类相关的匹配类型的声明句法内嵌在目录抽象服务中:

——present 句法用于出现规则;

——equality 句法用于相等规则;

——greaterOrEqual 和lessOrEqual 句法用于排序规则;

——initial,any 和final 句法用于子串规则;

——approximateMatch 句法用于近似匹配规则。

present 句法可以用于任意类型的任意属性。可以对某个特定类型的某个任意值的出现执行出现匹配测试。

具体的相等匹配规则、子串匹配规则和排序匹配规则等在属性类型定义时,可以与属性类型相关联。当使用目录抽象服务内嵌的句法对相等、排序和子串规则的声明进行评估时,会用到这些具体规则。如果没有提供具体规则,则与这些属性相关的声明取值为“未定义”。

ApproximateMatch 句法支持近似匹配规则,它的定义属于 DSA 的内部问题。

8.9.5 匹配规则要求

为了使目录的行为方式是一致的和良好定义的,有必要对应当与内嵌入目录抽象服务中的句法一起使用的匹配规则进行某些限定。

对于一个相等匹配规则,如果该规则中的声明句法与该匹配规则所应用的属性句法不同,则须提供从属性句法的一个值如何推派生声明句法的一个值的规则。

用于命名属性的相等匹配规则须是可传递的和可交换的,并且其声明句法应与属性句法相一致。

一个可传递的匹配规则的特性是:如果一个值 a 与另一个值 b 相匹配;且如果该值 b 与第三个值 c 相匹配;则使用此规则,值 a 与值 c 也匹配。

一个可交换的匹配规则的特性是:如果一个值 a 与另一个值 b 相匹配,则该值 b 与值 a 也相匹配。属性presentationAddress 是一个示例,该属性所支持的属性句法的匹配规则是不可交换的。

对于某个特定的属性类型,相等规则和排序规则(如果两者都存在)须至少在以下方面总是相关的:两个值如果使用相等关系来判断是相等的,当且仅当它们使用排序关系来判断也是相等的。另外,排序关系应当是良好排序的,也就是说,对于所有的 x,y 和 z,如果根据排序关系,x 在 y 之前,y 在 z 之前,则 x 一定在 z 之前。

注:这些需求隐含着如果排序被定义的话,同时也定义了相等。

对于某个特定的属性类型,相等规则和子串规则(如果两者都存在的话)应当至少在以下方面总是相关:对于所有 x 和 y,如果根据相等关系来判断它们是匹配的,则对于所有的 z,根据子串关系来判断,与值 x 的声明评估结果和与值 y 的声明评估结果都应当是相等的。也就是说,如果使用相等匹配规则来判断两个值是不能区分的,则使用子串匹配规则来判断两个值也是不能区分的。

8.9.6 客体标识符和可辨别名的相等匹配规则

有很多相等匹配规则用于评估属性值断言,本标准已知这些匹配规则并且为其使用。这些规则包括:

——objectIdentifierMatch :该规则用于匹配具有ObjectIdentifier 句法的属性。

——distinguishedNameMatch :该规则用于匹配具有DistinguishedName 句法的属性。

8.10 条目集合

8.10.1 概述

由于某种共同的特性或相关客体的共享关系,客体条目和别名条目的集合可具有某种公共特性(如对于集合中的每个条目,某些属性具有相同的值)。这些条目的集合被称为一个"条目集合"。

条目集合可能会包含客体条目和别名条目,这些条目由于它们在 DIT 中的位置而相互关联。这些集合被规定为子树或子树精选,将在第五篇中描述。

根据第五篇定义的管理限制,一个条目可属于多个条目集合。

8.10.2 集合属性

当用户属性被条目集合中的条目所共享时,该用户属性被称为"*集合属性*"。

这种情况也是允许的,即同一个集合属性可以独立地与两个或多个条目集合相关联。在这种情况下,条目的集合属性有多个值。因此,集合属性应当总是被规定为多值的。

尽管集合属性对于目录查询操作的用户来说是一个条目属性,但在目录信息模型中,它们与其他条目属性是不同的。这种不同体现在,对于目录修改操作的用户来说,集合属性是不能通过它们所在的条目被管理的(即不能被修改),而应当通过它们相关的子条目来管理。

注:这些值的独立资源是不会显示给目录查询操作的用户的。

对于要出现在某个条目中的集合属性,该属性类型的出现务必得到管理该条目的 DIT 内容规则的许可。

条目可能会明确地排斥某个具体的集合属性。这可以通过使用属性collectiveExclusions 来实现,将在 12.7 描述,并在 14.6 定义。

8.11 复合条目和条目家族

一个复合条目是一种特殊的条目,由家族成员条目组成。这些家族成员构成了一个层次结构,因此提供了关于复合条目所代表的客体的层次化组织的信息。复合条目在 DIT 中由一个祖先家族成员所代表,该家族成员是包含所有家族成员的一棵树的根结点。

出于过滤或信息获取的目的,家族成员自身可以组织成一个或多个家族。每个家族是一棵子树;除了共享的根结点(即祖先)外,不同的家族之间没有共同的家族成员。因此,一个家族包含一个祖先和一个下级家族成员的集合。

除祖先外,一个家族由属于同一结构客体类的所有直接下级家族成员所组成。它们的下级成员,如果存在的话,也是同一家族的组成部分,但不依赖于它们的结构客体类。

这些概念如图 4 所示。

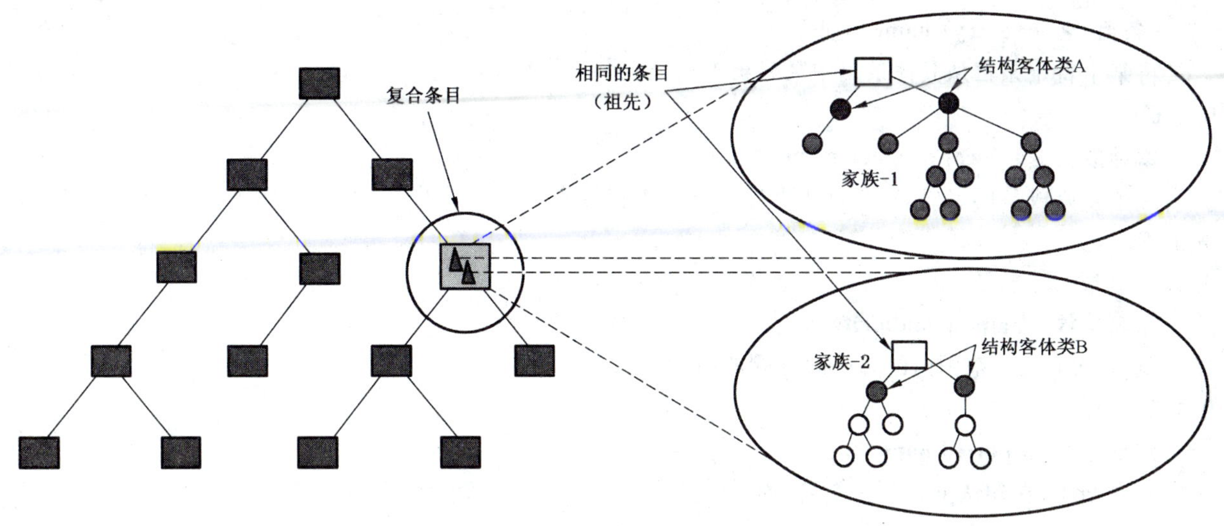

图 4　条目家族

家族树中是孩子的家族成员标记为辅助客体类child 。如果某个条目出现了child 客体类值,则其直接上级条目将自动使用抽象客体类值parent 来标记。一个在家族子树中既是parent 又是child 的条目将由两个客体类值同时标记。祖先是唯一一个不是孩子的家族成员。复合条目的构造是通过将条目标记为child 客体类值而完成的。

非祖先家族成员的每个下级本身都应当是一个家族成员,并且被标记为child 客体类值。

这些客体类的 ASN.1 定义见 13.3.3。

复合条目的所有的家族成员须处于与祖先一样的命名上下文中。家族成员不允许为别名条目。别名不得指向孩子家族成员。

9　名(称)

9.1　定义

本目录规范使用下列定义:

9.1.1

别名,别名名(称)　alias,alias name

一个客体的可替代名(称),通过使用别名条目来提供。

9.1.2

(别名)解除引用　(alias) dereferencing

将一个客体的别名名(称)转换为客体的可辨别名的过程。

9.1.3

(条目的)可辨别名　distinguished name (of an entry)

每个客体条目、别名条目和子条目都至少有一个可辨别名。如果某个条目或其任何上级条目的任何一个 RDN 中包括一个属性,该属性拥有多个由上下文所区分(见 9.3 的描述)的可辨别值,则该条目须具有多个由上下文所区分的可辨别名。其中,*主辨别名*是这样的一个可辨别名,即该可辨别名中每个 RDN 都是由属性的主可辨别值作为构造 RDN 的主要值。

9.1.4

(目录)名 (directory) name

将某个特定客体从其他客体中区分出来的结构。一个名应当是无二义性的(也就是说,仅能够标识一个客体);然而,它不是必须是唯一的(也就是说,它并不是能够无二义性地标识该客体的唯一的名)。

9.1.5

(条目)名 (entry) name

将某个特定条目从其他条目中区分出来的结构。

9.1.6

本地成员名 local member name

某个家族成员的名(称),通过从祖先一直到正在讨论的该成员的 RDN 顺次构造而成,但不包括祖先的 RDN。

9.1.7

命名机构 naming authority

负责 DIT 某个范围内的名(称)分配的组织机构。

9.1.8

声称名 purported name

一个结构,在句法上它是一个名(称),但还没有显示其是一个合法的名(称)。

9.1.9

相关可辨别名 relative distinguished name;RDN

一个或多个属性类型与属性值对的集合,每个属性类型和属性值对都与条目的一个不同的辨别属性值相匹配。

9.2 名(称)概述

*(目录的)名*是一个将某个特定客体从其他所有客体的集合中区分出来的结构。一个名(称)应当是无二义性的,也就是说,仅能够标识一个客体;然而,它不必是唯一的,也就是说,它并不是能够无二义性地标识该客体的唯一的一个名(称)。(目录的)名也可以标识一个条目。该条目或者是一个表示客体的客体条目,或者是一个别名条目,该别名条目中包含了可以帮助目录对表示了客体的条目进行定位的信息。

注 1:因此,一个客体的名(称)集合中包含了该客体的一系列别名以及该客体的可辨别名。

一个客体可以被分配一个可辨别名,但不一定要在目录中有一个条目来表示;但是如果在目录中有一个客体条目来表示该客体的话,则该可辨别名便是客体条目应当具有的名(称)。

按照句法的定义,每个客体或条目的名(称)是相关可辨别名的一个有序序列(见 9.3)。

```
Name ::=CHOICE{--目前仅有一种可能--rdnSequence   RDNSequence}
RDNSequence ::=SEQUENCE OF RelativeDistinguishedName
DistinguishedName ::=RDNSequence
```

注 2:以不同于本文所描述的其他方式构造的名(称),可能作为将来的扩展。

一个客体名(称)的每个初始子序列同时也是另一个客体的名(称)。在这样确定的客体序列中,即以根开始,以被命名的客体结束,每个客体都是序列中紧跟其后的客体的直接上级。

一个假设的名(称)也是指一个结构,其在句法上是一个名(称),但还没有显示其是一个合法的名(称)。

9.3 相关可辨别名

每个客体和条目都至少有一个相关可辨别名(RDN)。一个客体或别名条目的 RDN 由一个属性类型和值(以及可选的上下文列表)对的集合组成,使用相等匹配规则和可应用的上下文匹配规则,每个属性类型和值对都与条目的一个不同的辨别属性值相匹配。

任何用于RDN中的属性都可能有不止一个由上下文所区分的可辨别值，如下所述。这就为同一个客体提供了可替代的RDN。在一个属性的可辨别值(由上下文所区分)集合中，有且仅有一个值被设计为主可辨别值。一个客体的*主相关可辨别名*由组成该RDN的属性集的主可辨别值的集合组成。当在协议中传送时，RDN中的每个属性都显示了主可辨别值(如果存在的话)，并且可能还可选地包含与值相关的上下文以及符合该上下文的其他可替代属性值。在这种情况下，根据所应用的相等匹配规则和上下文匹配规则，每个属性值及其上下文都与条目中这种属性类型的一个特定的可辨别属性值相匹配。

注1：能够使用相等匹配规则，是因为对于命名属性而言，属性句法与相等匹配规则的声明句法是相同的。

类似的，对于命名属性中用于区分可辨别值的上下文而言，其上下文句法和上下文断言句法也是相同的。

具有同一个特定直接上级的所有条目的RDN是不同的，与所关联的上下文列表无关。由条目的相关命名机构负责通过正确地分配辨别属性值来确保如此。RDN的分配被认为是一个管理性事物，可能需要在相关的组织或管理部门之间进行协商，也可能不需要。本目录规范不提供这样的协商机制，并且不会假定它是如何执行的。

```
RelativeDistinguishedName ::= SET SIZE(1..MAX) OF AttributeTypeAndDistinguishedValue
AttributeTypeAndDistinguishedValue ::= SEQUENCE{
    type                ATTRIBUTE.&id({SupportedAttributes}),
    value               ATTRIBUTE.&Type({SupportedAttributes}{@type}),
    primaryDistinguished      BOOLEAN DEFAULT TRUE,
    valuesWithContext SET SIZE(1..MAX) OF SEQUENCE{
    distingAttrValue        [0]     ATTRIBUTE.&Type ({SupportedAttributes}{@type}) OPTIONAL,
    contextList                     SET SIZE (1..MAX) OF Context } OPTIONAL}
```

在组成RDN的集合中，为条目中包含了可辨别值的每个属性都包含了且仅包含了一个AttributeTypeAndDistinguishedValue，也就是说，一个给定的属性类型不会在同一个RDN中出现两次。

被指定出现在RDN中的一个属性值被称为一个可辨别值。同一个属性可能还具有不是可辨别值的其他值，因此这些其他值可能不用于RDN中。只有当一个属性的可辨别值根据相关联的上下文有所区分时，属性才可能有多个可辨别值。这就允许一个客体可以具有多个由上下文所区分的可替代名(称)。这种情况仅会出现在一个属性可能拥有多个可辨别值的情况下。在那种情况下，这些可辨别值须具有包含同一个上下文类型的上下文列表，列表中的每个上下文值须规定对于给定的任何一个特定上下文，仅有一个可辨别值是可应用的。

对于某个给定的条目，其RDN的构造是通过从每个具有可辨别值的属性中选用一个可辨别值来完成的。最简单的情况是一个条目仅有一个可辨别值，因此就仅有一个使用该可辨别值构造的RDN。一个条目中可以有不止一个属性能够用于构造RDN。如果每个起作用的属性都仅有一个可辨别值，则该条目有一个唯一的由每个属性的可辨别值所构造的RDN。如果任何一个起作用的属性都有多个由上下文所区分的可辨别值，则该条目会有多个RDN，每个RDN是通过使用可能的组合之一构造而成的，为每个组成RDN的属性类型选择一个不同的可辨别值则形成一个可能的组合。

条目的每个RDN都应当为每个组成RDN的给定属性类型包含一个type和value对。primaryDistinguished用于指示value是该属性类型的主可辨别值。valuesWithContext用于在需要时，为value中的辨别属性值传送上下文列表。它还可用于在一个单独的RDN中，传送同一属性类型的某些或所有其他可辨别值。每个distingAttrValue都伴随着它的contextList。仅对于出现在value中的可辨别值，distingAttrValue字段才能够被忽略；这就是该值的上下文列表是如何出现在RDN中的。

对于条目中给定的属性类型有且仅有一个可辨别值被认为是该属性类型的“*主可辨别值*”。在构造客体的主相关可辨别名时，应当在AttributeTypeAndDistinguishedValue中的value中使用该值(见9.8和9.6)。主相关可辨别名是一个RDN，在该RDN中，RDN中每个属性的主可辨别值都出现在RDN的每个AttributeTypeAndDistinguishedValue的value组件中。上下文和可替代可辨别值可能会出现在每个AttributeTypeAndDistinguishedValue的valuesWithContext组件中。

必要时,可通过完全地替换起作用的所有属性的所有可辨别值来对 RDN 进行修改。

如同其他条目一样,家族成员也有 RDN。一个 RDN 能够由多个属性类型和值对组成。仅有主 RDN 可用。一个家族成员的本地成员名(称)是从祖先开始一直向下直到该成员的 RDN 的序列。祖先的本地成员名(称)为一个空序列。

注 2:RDN 被设计为长期的,因此目录的用户可以存储客体的可辨别名(例如,在目录内)而不必考虑其是否被废弃。因此对 RDN 的修改应当非常谨慎。

注 3:修改一个非叶条目的 RDN,将自动修改其下级条目的名(称)。

注 4:组成 RDN 的一个特定属性类型和值的上下文是否可用,与 RDN 中的其他部分以及可辨别名中的其他 RDN 的相关上下文之间是相互独立的。

注 5:例如,一个条目的合法可辨别名的构造,可以通过将该条目的 RDN'Language = French'与其上级条目的 DN "Language=English"组合而成。

9.4 名(称)匹配

在目录的操作中,经常需要判断两个名(称)是否匹配。这就要求相应的 RDN 要匹配。这里将描述通用的名(称)匹配方法;关于名(称)匹配特定用途的特别方法在其他适当的地方进行描述。

如果一个声称的 RDN 中的每个 AttributeTypeAndDistinguishedValue 字段都与目标 RDN 中同一属性类型的 AttributeTypeAndDistinguishedValue 字段相匹配,则可以说该声称的 RDN 与目标 RDN 相匹配。如果声称的 value 或声称的 AttributeTypeAndDistinguishedValue 字段中的任何 distingAttr-Value,都与目标 value 或目标 AttributeTypeAndDistinguishedValue 字段中的任何 distingAttrValue 相匹配,则称它们之间匹配。在声称的或目标的 AttributeTypeAndDistinguishedValue 字段中出现的 primaryDistinguished,将在匹配时被忽略。

注 1:能够使用相等匹配规则,是因为对于命名属性而言,属性句法与相等匹配规则的声明句法是相同的。

注 2:并不能够保证,一个给定命名属性的每个可辨别值都能出现在给定 RDN 的该属性类型的 Attribute-TypeAnd-DistinguishedValue 字段中。同一个客体可以使用同一属性类型的不同可辨别值(由上下文区别)来构造两个 RDN。如果对于每个给定的属性,其所使用的可辨别值的集合之间没有交集的话,则即使声称的 RDN 和目标 RDN 是同一客体的两个可替代 RDN,它们之间也不匹配。这种情况如何发生以及影响如何,取决于使用名(称)匹配的原因(例如,名(称)解析、访问控制、过滤等)。

如果由于上述原因,而使得匹配的属性值找不到,则两个 RDN 不匹配。如果匹配属性值找到了,则如果这两个值存在相关上下文的话,在相关上下文间还应当有一个匹配,这样才可以认为这两个属性类型和值对之间是匹配的。在声称的属性值的上下文列表中的每个上下文都应当被认为是与匹配的目标属性值的上下文列表之间形成了一个上下文断言,并且应评估为真(如 8.9.2.4 中的描述),这样的上下文才被认为是匹配的。在构造上下文断言时,声称的上下文中的 fallback 字段被忽略。

注 3:能够以这种方式使用声称的上下文作为上下文断言,是因为上下文断言句法和可能伴随可辨别值一起使用的上下文类型的上下文句法是相同的。

如果在声称的 RDN 中没有出现 valuesWithContext 字段,则应当应用在操作中提供的上下文断言,或者应用准备在操作中使用的缺省的上下文断言,如 8.9.2.2 所述。有一个例外情况是在目录操作中进行名(称)解析的过程中使用名(称)匹配,在那种情况下,如果在 valuesWithContext 中没有上下文断言可用时,则不必应用上下文断言。

9.5 操作中返回的名(称)

许多目录操作都返回条目的名(称)。当一个操作返回一个或多个条目的名(称)时,它须为每个条目都返回主辨别名,并可能返回其他的可替代辨别名的信息和上下文信息(见 GB/T 16264.3—2008 中 7.7)。

9.6 作为属性值存储或作为参数使用的名(称)

当名(称)作为其他一些属性的属性值被存储时,或者作为属性值在某些交换中被传递时(如一个别名指针),总会有这样的问题:即该名(称)可以是一个可替代辨别名还是必须是主辨别名,该名(称)是否可以包含可替代可辨别值以及该名(称)是否可以包含上下文信息等。本系列目录规范在必要的时候会指出这些特殊的限制。

注:附录 O 中包含了如何提高与前 3 版系统交互性的建议以及如何确保与名(称)上下文使用相关的可预知行为的建议。

9.7 可辨别名

一个给定客体的可辨别名是由表示客体的条目及其所有上级条目的 RDN 序列(以递减顺序排列)组成的。由于客体与客体条目间具有一对一关系,因此客体的可辨别名便是客体条目的可辨别名。

注 1:建议人类需要处理的客体可辨别名,应当是用户友好的。

注 2:GB/T 9387.3—1995 定义了一个主名(称)的概念。一个可辨别名可作为其所标识的客体的主名(称)使用。

注 3:由于仅包含了客体条目及其上级,因此可辨别名中永远不会包含别名条目。

别名条目同样也具有可辨别名,然而,该可辨别名不能作为一个客体的可辨别名。如果需要区分这两个概念,则我们使用全名"别名条目的可辨别名"来表示。如同客体条目的可辨别名,别名条目的可辨别名也是由别名条目及其所有上级条目的 RDN 序列(以递减顺序排列)组成的。

用这种方法定义根的可辨别名也是很方便的,尽管该名(称)永远都不会是一个客体的可辨别名。根的可辨别名被定义为一个空序列。

如果在一个客体的可辨别名内,当用于 RDN 的任意一个属性具有多个由上下文所区分的可辨别值时,则该客体将具有多个可辨别名。每个可辨别名都无二义性地标识了该客体。其中,主辨别名是每个 RDN 都是主 RDN 的可辨别名。在协议中传递时,主辨别名是这样构造的:在构成名(称)的每个 RDN 内,为每个属性的 AttributeTypeAndDistinguishedValue 字段中的 value 赋值为主可辨别值。可替代辨别名是这样构造的:在一个或多个 RDN 内,为属性赋值为可替代可辨别值。在某些情况下使用名(称)时,必须使用主辨别名。而另外一些情况下,也可以使用可替代辨别名。由于 RDN 内的 AttributeTypeAndDistinguishedValue 字段可能会在 valuesWithContext 组件中包含可替代可辨别值,因此,任何可辨别名在其 RDN 内可能包含可替代值。

注 4:当可辨别名内的一个 RDN 所使用的任意属性包含多个可辨别值时,则可认为该可辨别名包含可替代名。

一个可辨别名可能会包含上下文信息,该上下文信息存储在任意 RDN 的 valuesWithContext 组件内。在本系列目录规范中,无论名(称)在何种情况下使用,都应当指定名(称)是否应当为主辨别名,名(称)是否可能包含可替代值以及名(称)是否可能包含上下文信息等。如果没有显式的声明,则隐含着可以使用可替代辨别名,名(称)可能包含可替代值和/或上下文信息等。

注 5:在协议中使用主辨别名而非使用可替代辨别名的任何要求不必反映给终端用户。

图 5 示出了 RDN 和可辨别名概念的一个示例。

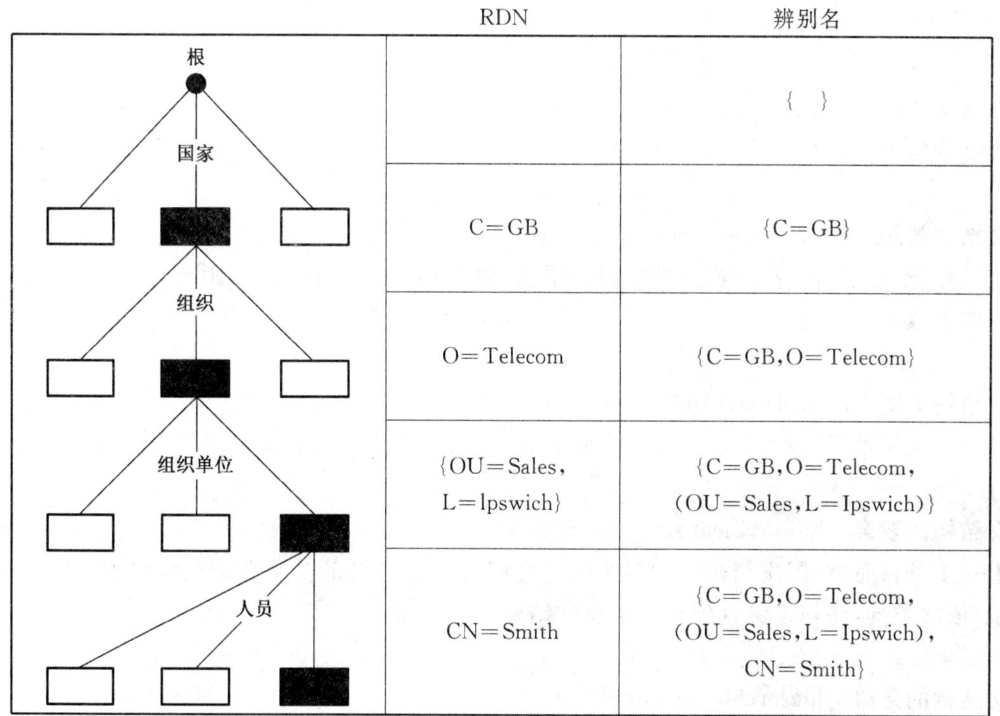

图 5 可辨别名的确定

9.8 别名名(称)

一个客体的别名,或称为别名名(称),是别名条目所指向的客体或客体条目的一个可替代名(称)。

每个别名条目的aliasedEntryName 属性内,都包含某个客体的名(称)。因此,别名条目的可辨别名也是该客体的一个名(称)。

注 1:存储在aliasedEntryName 属性内的名(称)指的是由别名指向的名(称)。它不一定必须是条目的可辨别名。

注 2:AliasedEntryName 属性的取值可能是主辨别名或任意可替代辨别名(如果存在的话)。如果没有使用主辨别名,则会影响到与前 3 版的 DSA 的一致性和互操作性。

一个别名名(称)到客体名(称)的转换被称为(别名的)"解除引用",过程如下:将在声称名中发现的别名名(称),系统地替换为相应的aliasedEntryName 属性的值。该过程可能要求对多个别名条目进行检查。

DIT 中的任何一个具体条目都可能拥有零个或多个别名名(称)。因此,多个别名条目可能会指向同一个条目。一个别名条目可能指向一个非叶结点的条目,也可能指向另一个别名条目。

一个别名条目不得有下级,因此一个别名条目始终是叶条目。

每个别名条目须属于alias 客体类,在 13.3.3 中定义。

家族成员不允许是别名条目。

10 层次结构组

10.1 定义

本目录规范使用下列术语和定义:

10.1.1

层次结构的孩子 hierarchical child

对于一个条目而言,层次结构中的孩子是一个条目,而它是该条目的层次结构中的双亲。

10.1.2

层次结构组 hierarchical group

一个层次结构组是条目(含复合条目)的一个集合,该集合构成了一棵不一定与 DIT 相关的逻辑树。

10.1.3

层次结构的叶子 hierarchical leaf

层次结构组中的一个没有孩子的条目。

10.1.4

层次结构的级 hierarchical level

一个整数,给出了从层次结构中的条目到层次结构顶端之间的距离,该距离是由条目和层次结构顶端之间链的个数来表示的。

10.1.5

层次结构的链 hierarchical link

这是一个通用术语,表示在层次结构中具有直接双亲/直接孩子关系的两个条目间的逻辑关系。

10.1.6

层次结构的双亲 hierarchical parent

对于一个条目而言,层次结构中的双亲指其直接层次结构双亲以及直接层次结构双亲的直接层次结构双亲,依次类推,递归定义直到包含了层次结构中的顶端。

10.1.7

层次结构的兄弟 hierarchical sibling

对于一个条目而言,层次结构中的兄弟是与其自身具有相同直接层次结构双亲的条目。

10.1.8

层次结构的兄弟的孩子 hierarchical sibling-child

对于一个条目而言，它的层次结构中的兄弟孩子是其层次结构中的所有兄弟的所有较低层的孩子的完整集合。

10.1.9

层次结构的顶端 hierarchical top

是层次结构组中的一个条目，该条目是层次的根结点。层次结构的顶端没有直接层次结构双亲。

10.1.10

直接层次结构孩子 immediately hierarchical child

对于一个条目而言，其直接层次结构孩子是一个条目，而它是这个条目的直接层次结构双亲。这个直接层次结构孩子不必一定是 DIT 中的一个直接下级条目。

10.1.11

直接层次结构双亲 immediately hierarchical parent

对于一个条目而言，其直接层次结构双亲是它在层次结构组中的直接上级条目。这个直接层次结构双亲不必一定是 DIT 中的一个直接上级条目。

10.2 层次结构关系

目录条目之间有一种以 DIT 方式所表达的层次结构关系。然而条目之间还可能具有另一种 DIT 结构所没有反映出的层次结构关系。例如，一个动态的组织可能不想在 DI 中直接反映其当前的组织形式，因为这样可能会频繁地改变 DIT 的结构。因此，在目录中就有一种需求，要求能够独立于 DIT 结构来反映某种层次结构关系。层次结构组便构造了这种关系。一个*层次结构组*构成了一棵逻辑树，其根被称为“*层次结构顶端*”。

通过查找层次结构关系，在一个搜索操作中，可能不仅能够获取到一个给定条目的信息，还能够获取到同一层次结构组中的其他条目的信息。

一个复合条目在层次结构组的上下文中被认为是一个单独的条目。其孩子家族成员不能以自己的名义作为层次结构组中的一个独立部分。

注：层次结构组用来对具有逻辑信息关系的不同客体的集合进行建模，这些特定的关系可能是临时的。相反的，复合条目是对由子客体所组成的客体进行建模，这些子客体间被认为是有层次关系的。

为了描述如何在层次结构组中进行导航，一种便利的方法是为组内的某个给定条目与其他条目之间的关系定义一些术语，如 10.1 所述。这些术语中，表示直接关系的术语与 DIT 中为条目关系所定义的术语之间是平行的，如*直接层次结构孩子*、*层次结构中的孩子*、*直接层次结构双亲*和*层次结构中的双亲*等。然而，为更远的关系定义术语也是一种便利方法。在某些情况下，一个用户可能会希望获取*层次结构中的兄弟*的信息，甚至这些兄弟的孩子的信息（*层次结构中的兄弟孩子*）等。

一个条目在某一时间点，只能是单个层次结构组中的成员。

一个层次结构组中的条目拥有如 14.9 所定义的操作属性。这些操作属性反映了该条目与组内其他条目之间的关系，包括该条目在组内所在的“*层次结构的级*”。当一个复合条目是层次结构组的组成部分时，由祖先拥有这些操作属性。

一个层次结构组必须完全处于某个特定服务管理区（见 16.3）外，或者完全包含在一个特定服务管理区内。一个层次结构组应当仅限于一个单独的 DSA 内。目录服务须检测到打破这些规则的企图，并且阻止这些企图。

10.3 层次结构组的排序序列

在某些情况下，如在传送一个层次结构组时，需要一个排序序列规则。一个层次结构的序列顺序来自层次结构组中的所有束，如下所述：

a) 顶端条目是序列中的第一个条目，跟在它后面的是处于一个完整束中的其余条目，一个完整的束指的是从顶端一直到层次结构的某个叶结点。选择哪一束作为第一束属于本地事情；

b) 被选择的下一束是之前没有被选择的束，且与之前选择的束之间有最多数量的公共条目。如

果有多条束在这方面的条件相同,则选择哪一束属于本地事情。仅有之前未包含在内的那些条目才能包含在序列中;

c) 重复 b)的过程,知道所有的束都包括进去。

第四篇:目录管理模型

11 目录管理机构模型

11.1 定义

本目录规范使用下列术语和定义:

11.1.1

管理区 administrative area

从管理的角度看到的 DIT 中的一棵子树。

11.1.2

管理条目 administrative entry

处于某个管理点上的一个条目。

11.1.3

管理点 administrative point

一个管理区的根顶点。

11.1.4

管理用户 administrative user

管理机构的一个代表。管理用户概念的完整定义不在本目录规范的定义范围之内。

11.1.5

自治管理区 autonomous administrative area

DIT 的一棵子树,其上的条目都被同一个管理机构所管理。自治管理区之间是不能重叠的。

11.1.6

DIT 域管理机构 DIT domain administration authority

一个负责对 DIT 的一部分进行管理的管理机构。

11.1.7

DIT 域策略 DIT domain policy

为 DIT 域定义的通用目标和可接受的过程的一个表达式。

11.1.8

DMD 管理机构 DMD administration authority

一个负责对某个 DMD 进行管理的管理机构。

11.1.9

DMD 策略 DMD policy

管理 DMD 内所有 DSA 操作的策略。

11.1.10

DMO 策略 DMO policy

由 DMO 定义的策略,根据 DMD 和 DIT 域策略来表示。

11.1.11

内部管理区 inner administrative area

一个特定的管理区,其范围完全包含在同一类型的另一个特定管理区范围内。

11.1.12

策略 policy

由管理机构确定的通用目标和可接受的过程的一个表达式。

11.1.13

策略属性 policy attribute

表示策略的任意目录操作属性的一个一般术语。

11.1.14

策略客体 policy object

策略涉及到的一个实体。

11.1.15

策略过程 policy procedure

一个规则,定义应当如何对策略客体集进行考虑以及基于此考虑应当执行哪些动作。

11.1.16

策略参数 policy parameter

一个策略过程,该过程的特性由某些策略参数来表示,这些策略参数由管理机构所配置(即选择)。

11.1.17

特定管理区 specific administrative area

自治管理区的一个子集(以子树的形式存在),为管理的某个特定方面而定义:如访问控制,子模式或条目集合管理等。如果定义了特定管理区,则一个自治管理区被分割为不同的具有某种特定类型的特定管理区。

11.1.18

特定管理点 specific administrative point

一个特定管理区的根顶点。

11.2 概述

目录信息模型的基本目标是考虑一个具有良好定义的条目集合,使得它们可以被当做一个单元进行一致地管理。本条澄清了权力机构应对管理所负的职责特性和范围以及他们通过何种方式来执行权力。

11.3 定义的策略概念提供了一种机制,通过这种机制管理机构可以执行对目录的控制。

目录管理模型的某些方面需要目录管理和操作信息模型(见第 12 章)的支持。这就允许对规范目录用户信息以及其他管理目的所需的信息进行建模。

目录管理模型的其他方面需要支持管理和操作信息在目录的不同组件间(即 DSA)进行分布。第 22 到 24 章描述了支持该需求的 DSA 信息模型。

11.3 策略

*策略*是由作为 DMO 代理的管理机构所确定的关于通用目标和可接受的过程的一个表达式。一个策略通过规则和方面来进行定义,其中,规则将被适当的目录强制执行,而方面指的是在其内部,一个管理用户的动作和特定责任有某种程度的自由。

一个管理机构通过如下方面来表示 DMO 策略:

——DIT 域策略;

——DMD 策略。

这些策略可能被表示为策略属性。DIT 策略的模型在 11.6 定义。

注:第 14 章定义了为支持对集合属性的管理而必需的系统模式。第 15 章定义了一个支持子模式管理策略的框架。第 17 章定义了一个支持访问控制策略的框架。

DMD 策略与作为分布式目录组件的 DSA 具体相关。这些 DMD 策略在 11.7 描述,定义了一个 DSA 管理的模型。

最后,还有一些策略是与外部事物(如 DMO 间的双边商定)相关的,本部分不再进行详细描述。

*策略客体*是策略所涉及到的实体(如子模式管理区便是一个策略客体)。

*策略规程*是一个规则，定义了应当如何对策略客体集进行考虑以及基于此考虑应当（在哪种环境下）执行哪些动作（例如，第15章定义了子模式管理的策略过程）。

一个策略规程的特性由某些*策略参数*来表示，这些策略参数由管理机构来配置（即选择）。

操作属性用来表示策略参数。这些属性的值构成了它所表示的策略参数的某些或全部表达式。

11.4 特定的管理机构

对DIT域的管理包括执行涉及不同方面的5大功能：

——命名管理；

——子模式管理；

——安全管理；

——集合属性管理；

——服务管理。

一个*特定的管理机*构是一个管理机构，负责DIT域策略的这些特定方面之一。

术语*命名机构*（见第9章）标识了管理机构所起的作用，这些作用涉及到对名（称）的分配以及对这些名（称）结构的管理等。一个子模式机构的作用是在一个子模式内实现这些命名结构。

术语*子模式机构*标识了管理机构所起的作用，这些作用涉及到对子模式策略的建立、管理和执行，而子模式策略可以在一个DIT域内控制条目的命名和内容。第15章描述了目录对子模式管理的支持。

术语*安全机构*（ISO/IEC 9594-8）标识了管理机构所起的作用，这些作用涉及到对安全策略的建立、管理和执行，安全策略可以控制目录的与DIT域内条目相关的行为。

术语*集合属性机构*标识了管理机构所起的作用，这些作用涉及到对DIT域内的集合属性（见12.7）的建立和管理。

术语*服务机构*标识了管理机构所起的作用，这些作用涉及到对服务约束和调整的建立和管理。

11.5 管理区和管理点

11.5.1 自治管理区

DIT内的每个条目都由一个且仅由一个管理机构来管理（该管理机构可能具有不同的作用）。一个*自治管理区*是DIT的一棵子树，其上的所有条目都由同一个管理机构来管理。

DIT域可被分割为一个或多个互不重叠的自治管理区。

如果一个DMO对一个或多个自治管理区的集合具有管理权力，则这些自治管理区是该DMO的DIT域，如图6所示。

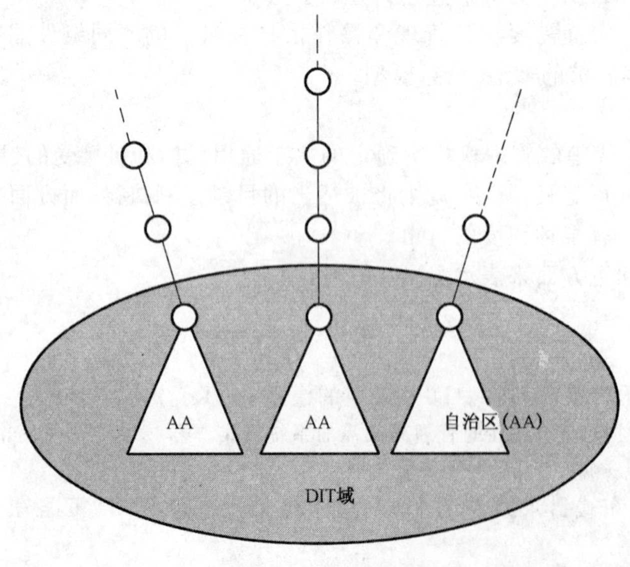

图6 一个DIT域

11.5.2 特定管理区

以同样的方式，一个管理机构可能会起到某个特定的作用，而管理区内的条目可能会由于这种特定的管理功能而被考虑。在这种上下文中，管理区被称为**特定管理区**。有5种类型的特定管理区：

——子模式管理区；

——访问控制管理区；

——集合属性管理区；

——上下文缺省管理区；

——服务管理区。

一个自治管理区可能被认为是隐含地为管理的每个特定方面都定义了一个单独的特定管理区。在这种情况下，在每个特定管理区和自治管理区间有确切的对应关系。

另一种可替换方式是，对于管理的每个特定方面，自治管理区可能被分割为相互不重叠的特定管理区。

如果为管理的每个方面进行了如上分割，则自治管理区内的每个条目将被包含在一个且仅包含在一个该方面的特定管理区内。

每个特定管理区都由一个特定的管理机构来负责。对于一个特定的管理方面，如果一个自治管理区未被分割，则一个特定的管理机构将负责整个自治管理区的该方面的管理。

11.5.3 内部管理区

出于安全或集合属性管理的目的，需要定义这些特定管理区中的*内部(管理)区*：

a) 为了表示授权的一个限定格式；或者

b) 为了管理或操作的便利(例如，一棵子树的管理点所在的DSA，与拥有子树内条目的DSA不同，在这种情况下，该子树可能会被设计为一个内部区，以便允许通过本地DSA进行管理)。

一个内部管理区可能嵌套在另一个内部管理区内。

内部区表示一个具有有限自治能力的区域。内部区内的条目由它们所在的特定管理区内的特定管理机构进行管理，同时也由它们所在的内部区的管理机构进行管理。前一个管理机构对规范这些条目的策略具有全局的控制能力；而后一个管理机构对前者授予的权限具有有限的控制能力。

是否允许内部区进行嵌套的规则，应当作为包含它们的特定管理方面的定义中的一部分。

11.5.4 管理点

对自治管理区范围的规定是隐含的，它包含DIT中的一个点(自治管理区所在子树的根)，即一个*自治管理点*(AAP)，从该点开始一直往下直至遇到另一个自治管理点，这期间的范围即为一个管理区，而另一个自治管理点则是另一个自治区的开始。

注1：DIT中根的直接下级是一个自治管理点。

若自治管理区没有为了管理的某个特定方面而被分割，则该方面的管理区与自治管理区是一致的。在这种情况下，自治管理点同时也是该特定管理方面的*特定管理点*。

当自治管理区为了管理的某个特定方面而被分割，则对每个特定管理区范围的规定，包括特定管理区所在子树的根，即*特定管理点*(SAP)，从该点开始一直往下直至遇到另一个(同一个管理方面的)特定管理点，这期间的范围即为特定管理区，而另一个特定管理点则是另一个特定管理区的开始。

特定管理区总是由它们所分割的自治管理区来定界的。

一个管理点可能是一个自治管理区的根，也可能是一个或多个特定管理区的根。

对一个(特定管理区内的)内部管理区范围的规定，包括内部管理区所在子树的根，即一个*内部管理点*(IAP)。一个内部管理区由其所在的特定管理区所定界。

自治管理区的根相应的管理点，表示一个DIT域(和DSA)的边界。也就是说，在DIT中它的直接上级必须由另一个DMD的管理机构进行管理。

注2：这就意味着一个DMO不能随意地将DIT域分割为自治管理区。

在目录信息模型中,一个管理点由一个拥有administrativeRole 属性的条目表示。该属性的值标识了管理点的类型,该属性在 14.3 定义。

第 22 到 24 章描述了管理区如何映射到 DSA 和 DSA 信息模型。

图 7 示例了一个自治管理区,为了某个特定的管理方面(如访问控制),该域被分割为两个特定管理区。在一个特定管理区内,创建了一个内嵌的内部管理区(如:因为该子树由另一个不同的 DSA 所拥有,不同于该特定管理区的其余部分)。

图 7 使用了缩写 AAP(自治管理点)、SAP(特定管理点)和 IAP(内部管理点)。

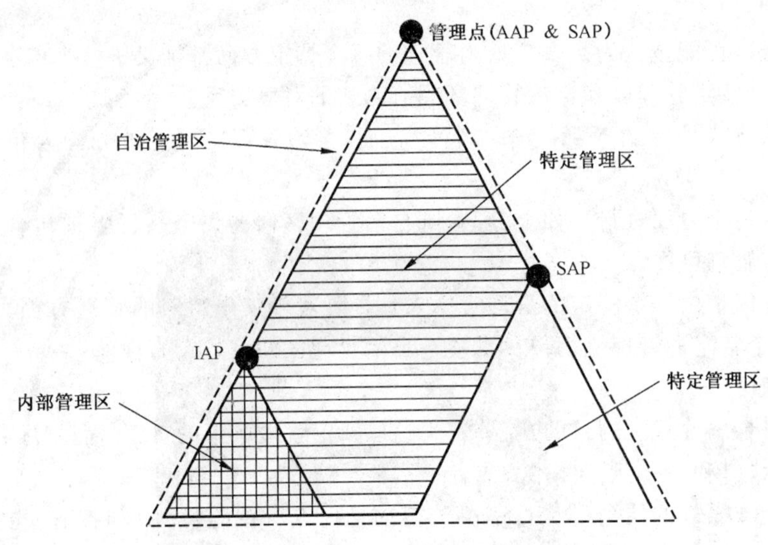

图 7　管理点和管理区

11.5.5　管理条目

一个处于管理点的条目被称为"*管理条目*"。管理条目可能有一种特殊的条目作为它的直接下级,它们被称为"*子条目*"。管理条目及其相关的子条目可被用于对相关管理区内的条目进行控制。

当使用内部管理区时,这些区的范围可能会有重叠。

因此,对于管理机构的每个特定方面,若有条目可能包含在多个与该特定管理方面所定义的内部区相关的子树或子树精选内,则需要定义管理信息的组合方法。

注:对于一个管理点而言,不必表示管理机构的每个特定方面。例如,可能有一个管理点,是自治管理区根结点的直接下级,它仅用于访问控制的目的。

11.6　DIT 域策略

一个 DIT 域策略具有如下组件:DIT 策略客体、DIT 策略规程和 DIT 策略参数。

一个表示 DIT 策略参数的操作属性被称为"*DIT 策略属性*"(如第 14 章定义的子模式管理操作属性便是 DIT 域策略属性)。

对于一个特定的 DSA,一个策略参数的可能取值与该组件动作的特定的、可实现的过程之间可能不是对应的。可能是这样一种情况,例如,DSA 缺乏技术能力来执行策略过程的所有方面(如实现一个特定的访问控制方案)。为了良好地定义一个策略过程,在其定义中,应当考虑这些情况。

特定的 DIT 域策略客体和属性在第 15 章定义,以支持子模式管理。

11.7　DMD 策略

一个*DMD 策略*是一个策略,涉及到对 DMD 中的一个或多个 DSA 的操作。一个 DMD 策略可能以一种统一的方式应用于 DMD 中的所有 DSA,或者应用于 DMD 中的一个 DSA 子集,或者应用于一个特定的 DSA。

一种 DMD 策略是为了限制,或者控制目录以及由一个或多个 DSA 所提供的 DSA 抽象服务。

这些限制的示例如下:

a) 将提供给目录用户(非管理用户)的基本服务限制为仅提供查找服务,根据 CCITT F.500 建议书的定义;

b) 对提供给间接访问 DSA(而是通过一个链接访问 DSA)的用户的服务进行限制,包括根据用户的请求是否经过一个可靠的路径来对用户进行区分;

c) 对直接访问 DSA 的用户所发出的请求进行限制,如果这类请求所要链接的 DMD 内的 DSA,已知应当遵循上一条中指示的限制类型时,则应对这类请求进行限制;

d) 对某些用户可以执行的搜索类型进行限制,并对这些搜索的特性加以限制(如放宽策略)。

第五篇:目录管理和操作信息模型

12 目录管理和操作信息模型

12.1 定义

本目录规范使用下列术语和定义:

12.1.1

基 base

由子树规范评定产生的子树的根顶点或子树精选的根顶点。

12.1.2

切除(集) chop

与基的下级名(称)相关的断言集合。

12.1.3

目录操作属性 directory operational attribute

在目录管理和操作信息模型中定义并可见的一个操作属性。

12.1.4

目录信息模式 directory system schema

与操作属性和子条目相关的规则和限制的集合。

12.1.5

条目 entry

指一个目录条目或一个扩展的目录条目,取决于使用该术语时的上下文(或者是用户及其应用,或者是目录的管理和操作)。

12.1.6

子条目 subentry

目录所了解的一类特殊的条目,用于保持与子树或子树精选相关的信息。

12.1.7

子树 subtree

位于一棵树的顶点上的客体和别名条目的一个集合。该术语的前缀“子”强调了该树的基(或根)顶点常常是 DIT 根的下级。

12.1.8

子树精选 subtree refinement

在一棵子树上明确指定的一个条目子集,这些条目不是位于单个子树的顶点上。

12.1.9

子树规范 subtree specification

一棵子树或子树精选的明确的规范。子树规范包括零或多个规范元素:基、切除(集)(chop)和规范过滤器。该定义术语为“明确的”(与管理区的定义形成对比),是因为从基下级开始的包含在子树或子树精选中的 DIT 部分是有明确规定的。

12.2 概述

从管理的角度来看，DIB 中所拥有的用户信息可以由管理和操作信息来补充，这些信息的表示包括：

——*操作属性*：表示用于控制目录操作的信息(如访问控制信息)，或者是由目录使用，表示其操作的某些方面特性(如时戳信息)；以及

——*子条目*：将某个属性集(如集合属性)的值与子条目范围内的条目相关联起来。子条目的范围是一棵子树或子树精选。

如图 8 所示，这些信息可能由管理机构或 DSA 置于目录中，并且由目录在执行操作时使用。

目录抽象服务中，与上述视图的目录信息相关的两个机制是：

——EntryInformationSelection：已扩展为允许对条目中的操作属性进行选择；以及

——已增加swbentries 服务控制：允许对客体或别名条目或子条目应用列表和搜索操作。

对操作信息的访问，如同对用户信息的访问一样，可能被访问控制机制所限制。

通过目录抽象服务，可以使得条目对目录用户可见，但是它们与最终存储它们的 DSA 间的关系是不可见的。在第 22 章到第 24 章中描述的 DSA 信息模型，表示了这些条目到 DSA 信息存储器之间的映射关系。

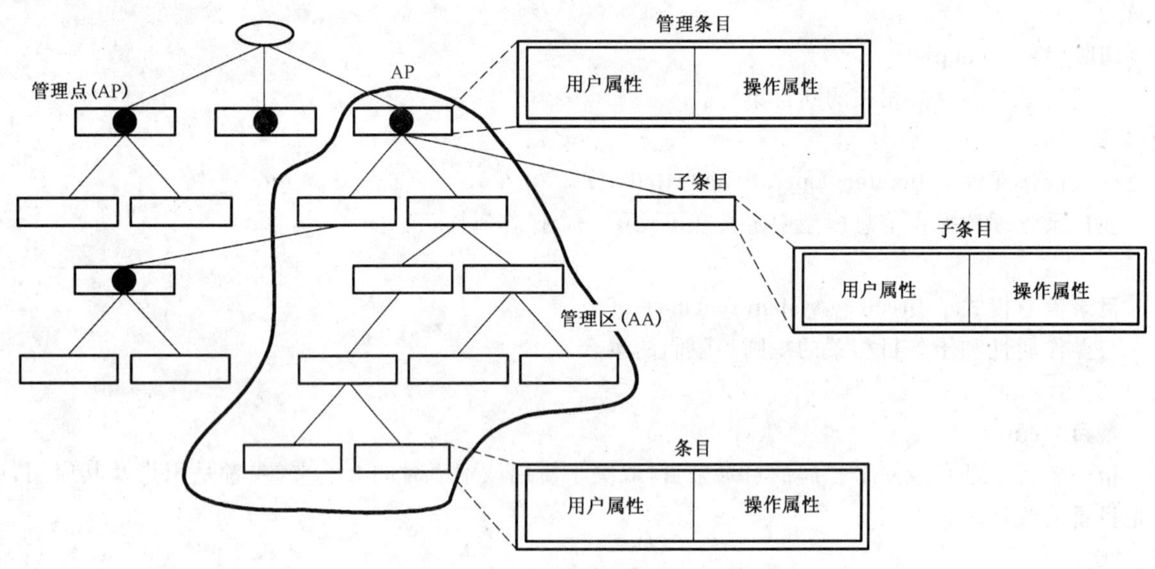

图 8 目录管理和操作信息模型

12.3 子树

12.3.1 概述

一棵子树是位于一棵树的顶点上的客体条目和别名条目的一个集合。子树不包含子条目。该术语的前缀"子"强调了该树的基(或根)顶点常常是 DIT 根的下级。

一棵子树从某个顶点开始，一直扩展到某个可标识的低层边界，可能扩展到叶结点。一棵子树总是在某个上下文内定义的，该上下文隐含地限定了该子树。例如，定义了一个复制区子树的顶点和低层边界由一个命名上下文所限定。类似的，定义了某个特定管理区的子树，其范围被限制到包围它的自治管理区的上下文中。

12.3.2 子树规范

子树规范是对处于某个特定顶点之下的条目子集的定义，该特定顶点构成了子树或子树精选的基。

可能会对子树的顶点和/或低层边界进行隐含定义，在这种情况下，它们由使用子树时的上下文所决定。

可能会使用本条所规定的机制对子树的顶点和/或低层边界进行明确定义。该机制还可能会用于规定非真正树型结构的子树精选。

注：在认识这些规范时，(子)树的拓扑概念是很有用的，尽管一个特定的规范可能决定的条目集并非是处于一个单独子树的顶点上。当集合中的条目不是处于一个单独子树的顶点上时，则使用术语子树精选。

一个子树的规范包括3个可选的规范元素，这些元素规定了子树的基客体，因此缩小了下级条目的集合。这3个规范元素为：

a) *基*：由子树规范评定所产生的子树或子树精选的根顶点；

b) *切除(集)*：与下级条目的名(称)相关的声明集合；以及

c) *规范过滤器*：一个应用于下级的过滤器所声明的能力的正确子集。

子树或子树精选的规范由下面的ASN.1类型表示：

```
SubtreeSpecification    ::=SEQUENCE{
    Base                    [0]  LocalName DEFAULT { },
                                 COMPONENTS OF ChopSpecification,
    specificationFilter     [4]  Refinement OPTIONAL }
```

——空序列规定整个管理区

该序列中的3个组件与上面所描述3个规范元素相对应。

当SubtreeSpecification的值标识了一个条目的集合，而这些条目都是位于一个单独子树的顶点上时，这样的集合被称为一棵“子树”；否则，这样的集合被称为一棵“子树精选”。

SubtreeSpecification类型为子树和子树精选的规范提供了一个具有通用目的的机制。该机制的任何具体应用都会精确地定义具体要规定的语义，并且可能会对SubtreeSpecification的组件加以限制或约束。

如果SubtreeSpecification中的每个组件都缺失的话(即类型SubtreeSpecification的值为一个空序列，{})，则这样指定的子树由SubtreeSpecification所使用时的上下文所隐含确定。

这些术语在图9中举例说明，这些子树都部署在管理区上下文内。

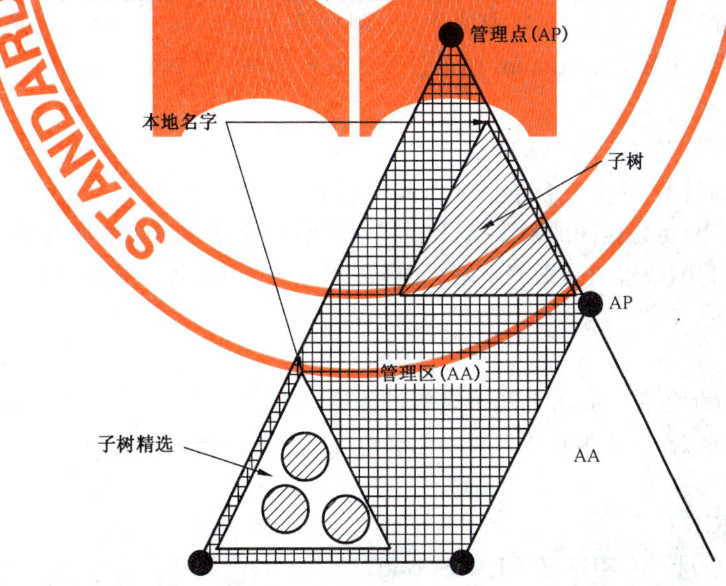

图9 管理区上下文内的子树和子树精选规范

12.3.3 基

SubtreeSpecification中的base组件表示子树或子树精选的根顶点。它可能是一个指定范围内的根顶点的下级条目，或者是一个指定范围的根顶点本身(缺省的情况)。

子树的根结点相对于所指定范围内的根结点的相对名(称)，是类型为LocalName的值：

LocalName ::=RDNSequence

注意当SubtreeSpecification中省略了LocalName字段时，则所指定范围内的根顶点和子树的根顶点是一致的。

用于对子树的根顶点命名的RDN须是主RDN。

12.3.4 切除(集)(Chop)规范

ChopSpecification组件包含了与基的下级的名(称)相关的声明集。它由类型为ChopSpecification的值组成：

```
ChopSpecification ::=SEQUENCE {
    SpecificExclusions [1]    SET SIZE (1..MAX) OF CHOICE {
        chopBefore            [0]    LocalName,
        chopAfter             [1]    LocalName } OPTIONAL,
    minimum                   [2]    BaseDistance DEFAULT 0,
    maximum                   [3]    BaseDistance OPTIONAL }
```

该类型允许用两种方法对一个以基开始的树型结构(或其子集)进行规范化：特殊例外和基距离。

如果在chopBefore或chopAfter内的RDN的任意一个属性有多个通过上下文来区分的可辨别值时，则须使用主可辨别值作为LocalName中的RDN的value的值。

12.3.4.1 特别例外

组件specificExclusions有两种形式：chopBefore和chopAfter，这两种形式可以单独使用或联合使用。

组件chopBefore定义了一个例外列表，每个例外都定义了一些限制点，这些限制点与其下级一起，将被排斥在子树或子树精选之外。限制点是由相对于基的LocalName所标识的一些条目。

组件chopAfter定义了一个例外列表，每个例外都定义了一些限制点，其下级将被排斥在子树或子树精选之外。限制点是由相对于基的LocalName所标识的一些条目。

12.3.4.2 最小值和最大值

这两个组件允许排除这样两类条目：在基之下，且RDN弧的个数为minimum的条目的所有上级条目；在基之下，且RND弧的个数为maximum的条目的所有下级条目。这种距离通过类型BaseDistance的值来表示：

```
BaseDistance ::=INTEGER (0..MAX)
```

出于切除(集)规范的目的，一个复合条目被当做一个独立的条目来计数。在一个复合条目内，所有的家族成员都被认为具有与祖先相同的基距离，因为它们是同一个逻辑条目的所有部分。

若minimum的值等于0(缺省值)，则表示基。如果组件maximum缺失则表示不对子树或子树精选的低限加以限制。

12.3.5 规范过滤器

组件specificationFilter包含了应用于基下级的过滤器(GB/T 16264.3—2008)所声明的能力的一个正确子集。只有使得过滤器评估为真的条目才能够包含在最终的子树精选中。它由类型Refinement的值组成：

```
Refinement ::=CHOICE {
    item        [0]    OBJECT-CLASS.&id,
    and         [1]    SET OF Refinement,
    or          [2]    SET OF Refinement,
    not         [3]    Refinement }
```

如果Refinement被评估为TRUE，则好像它是一个仅仅针对属性类型为objectClass的值执行了一个相等声明的过滤器一样。

如果一个家族成员根据此规范被排斥在子树之外，则其所有下级家族成员都将被排斥在外。

12.4 操作属性

有3种不同的操作属性：目录操作属性、DSA共享的操作属性和DSA特定的操作属性。

*目录操作属性*出现在目录信息模型中，并被用于表示控制信息（如访问控制信息）或其他由目录提供的信息（如指示某个条目是一个叶条目还是非叶条目）。

*DSA共享的操作属性*仅出现在DSA信息模型中，并且在目录信息模型中是完全不可见的。

*DSA特定的操作属性*仅出现在DSA信息模型中，并且在目录信息模型中是完全不可见的。

注：这些信息模型在第23章到第24章中描述。

每种操作属性的定义和用法都需要在适当的目录规范中进行规范。

12.5 条目

12.5.1 概述

从管理的角度来看，一个条目所拥有的用户信息可以通过操作属性所表示的管理和操作信息来补充。

目录使用客体通用性和应用于某个条目的DIT内容规则来控制条目所需的用户属性和允许放入条目中的用户属性。一个条目的操作属性由应用于该条目的目录系统模式（见第14章）来支配。

12.5.2 操作属性的访问

尽管一般来说是不可见的，但对目录抽象服务的授权用户（如管理用户）来说，条目内的目录操作属性可能会变得可见。而某些操作属性（如entryACI或modifyTimestamp等）可能对普通用户也是可见的。

12.6 子条目

12.6.1 概述

子条目是一种特殊类型的条目，是某个管理点的直接下级。它包含的属性所涉及的内容是与管理点相关的一棵子树（或子树精选）。子条目与它的管理点是同一个命名上下文（见第21章）中的一部分。

一个单独的子条目可能会服务于管理机构的所有方面或部分方面。可选的，一个管理机构的某个特定方面也可能会由一个或多个其子条目来处理。一个子模式管理机构最多允许一个子条目。访问控制机构和集合属性机构可能会拥有多个子条目。

在列表和搜索操作中不考虑子条目，除非在请求中包含了subentries服务控制。

子条目不应有下级。

与某个管理点相对应的子条目的结构如图10所示。

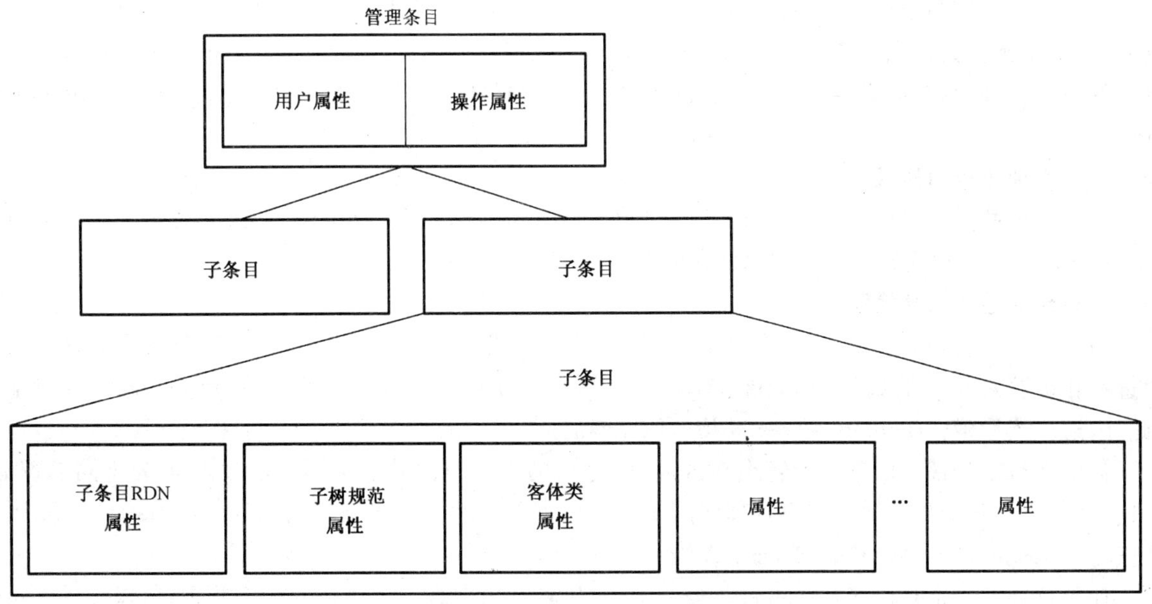

图10 子条目的结构

一个子条目由以下组成：

——一个commonName属性，在GB/T 16264.6—2008中规定，包含了子条目的RDN；

——一个subtreeSpecification属性，在第14章规定；

——一个objectClass属性，在第13章规定，指示了子条目在目录操作中的目的；

——其他取决于objectClass属性值的属性。

子条目还可能包含具有正确语义的操作属性(见12.6.4)。

12.6.2 子条目RDN属性

commonName属性用做子树标识符，可用于区分定义为某个特定管理条目的直接下级的不同子条目。

注：该属性的值可能会被选中作为代表管理机构的记忆符号。

子条目的commonName属性可能不包括由上下文所区分的多个可辨别值，仅允许使用一个单独的辨别值。

12.6.3 子树规范属性

subtreeSpecification属性定义了该子树所涉及的管理区内的条目集合。

12.6.4 客体通用性的用法

子条目的内容由子条目的属性objectClass的值所规定。

所有子条目的属性objectClass都须包含值subentry。客体类subentry是一个结构客体类，在第14章定义，用于在所有子条目内包含commonName、subtreeSpecification和objectClass属性。

为了规定其余的属性，须使用objectClass属性的其他值，这些值代表了子条目所允许的辅助客体类。

对这些其余值之一的语义定义包括零个或多个属性类型的标识符和规范，当属性objectClass取这些值时，这些属性类型应当或可能出现在子条目中。属性objectClass的值的语义定义须包括：

——指示一个条目是否可以包含在与某个特定目的相关的多个子树或子树精选内(如在子模式情况下可能不允许，但为了访问控制可能会被允许)；且假如这样的话，

——相关的子条目属性的组合效果，如果存在的话。

如果属性administrativeRole允许一个特定客体类的子条目做下级，则该子条目可能仅能作为一个管理条目的下级。

对于客体和别名条目，子条目所拥有的信息可以通过操作属性所表示的管理和操作信息来补充。例如，一个子条目允许包含条目ACI，只有在该ACI被相应的访问控制特定点的accessControlScheme属性的值所允许，且与该属性值一致的情况下才可以。类似的，一个子条目可能包含一个modifyTimestamp。

12.6.5 其他子条目属性

子条目内的其他属性取决于objectClass属性的值。例如，只要当objectClass属性的值中包含subschema时，一个子模式属性才可能包含在子条目中。

12.7 集合属性的信息模型

为了部署和管理集合属性，一个自治管理区可能会被指定为一个集合属性特定管理区。这就需要通过在相关管理条目的属性administrativeRole中取值为id-ar-collectiveAttributeSpecificArea来指示(此外，还应当取值autonomousArea以及其他可能的值)。

为了在特定的部分内部署和管理集合属性，这样的一个自治管理区可能会被分割为不同的部分。在这种情况下，每个集合属性特定管理区的管理条目可以通过在这些条目的属性administrativeRole中取值为id-at-collectiveAttributeSpecificArea来指示。

如果这样的一个自治管理区不进行分割，则对于集合属性有一个单独的特定管理区，该管理区包含了整个自治管理区。

另外，为了集合属性管理而定义的特定管理区可进一步划分为具有相同目的的嵌套内部区。每个内部管理区管理条目的administrativeRole 属性应通过id-ar-collectiveAttributeInnerArea 值的存在来指示上述情况。

一个条目集合及其相关的集合属性在目录信息模型中通过子条目来表示，该子条目被称为“*集合属性子条目*”，其objectClass 属性取值为id-sc-collectiveAttributeSubentry，如第 14 章所描述。该类的一个子条目可能是某个管理条目的直接下级，该管理条目的属性administrativeRole 包含值id-ar-collectiveAttributeSpecificArea 或id-ar-collectiveAttributeInnerArea 。

若在一个给定的集合属性区内有不同的条目集合，则每个条目集合都须有自己的子条目。

条目集合自身是通过子条目的操作属性subtreeSpecification 的值来定义的。该值定义了集合属性子条目的范围。子条目的用户属性是该条目集合的集合属性。

注 1：由于子树精选是基于客体类的，因此集合属性与客体条目之间的关联可以通过对这些条目的模式进行自然地扩展而实现。例如，一个组织的organizationalPerson 条目可能会通过一个适合组织内所有成员的集合属性集进行扩展，其方法是创建一个子条目，其相关的子树被细化为仅包含organizationalPerson 条目，该条目包含了组织的集合属性集。此外，需要定义该条目的 DIT 内容规则，以便允许集合属性在条目内可见。

集合属性类型和非集合属性类型在语义上是不同的。一个能够表示集合语义的属性类型须在定义时便指定其为一个集合属性类型。

注 2：当一个集合属性类型的值是独立资源时，目录所部署的合并过程，在 GB/T 16264.3—2008 中描述。

通过使用第 14 章定义的属性collectiveExclusions，集合属性可能会不允许出现在某个特定条目内。

12.8 上下文缺省值的信息模型

为了部署和管理上下文缺省值，一个自治管理区可能会被指定为一个上下文缺省值特定管理区。这就需要通过在相关管理条目的属性administrativeRole 中取值为id-ar-contextDefaultSpecificArea 来指示（此外，还应当取值id-ar-autonomousArea 以及其他可能的值）。

为了在特定部分内部署和管理上下文缺省值，这样的一个自治管理区可能会被分割为不同的部分。在这种情况下，每个上下文缺省值特定管理区的管理条目，都应当通过在条目的属性administrativeRole 中取值为id-ar-contextDefaultSpecificArea 来指示。

如果这样的一个自治管理区不进行分割，则对于上下文缺省值有一个单独的特定管理区，该管理区包含了整个自治管理区。

上下文缺省值在目录信息模型中通过子条目来表示，该子条目被称为“*上下文缺省值子条目*”，其objectClass 属性具有值id-sc-contextAssertionSubentry，如 14.7 所描述的。该类的一个子条目可能是某管理条目的直接下级，该管理条目的属性administrativeRole 中包含值id-ar-contextDefaultSpecificArea 。

上下文缺省值子条目定义了一个上下文断言集，在访问由子条目的操作属性subtreeSpecification 所确定的 DIT 一部分时，如果用户没有指定上下文断言可以应用到某个给定的属性类型，则会应用该声明集中的一个声明。缺省的上下文断言的应用在 8.9.2.2 以及 GB/T 16264.3—2008 的 7.6.1 描述。

第六篇：目录模式

13 目录模式

13.1 定义

本目录规范使用下列术语和定义：

13.1.1

属性句法 attribute syntax

用于表示属性值的 ASN.1 数据类型。

13.1.2

目录模式 directory schema

决定 DIB 特性的 DIT 结构、DIT 内容、DIT 上下文的用法、客体类以及属性类型、句法和匹配规则的一系列规则和约束的集合。目录模式体现为一系列互不重叠的子模式，每个子模式控制着一个自治管理区（或其中的一个子模式特定部分）内的条目。目录模式仅与目录用户信息相关。

13.1.3

（目录）子模式 (directory) subschema

一个自治管理区（或其中的一个子模式特定部分）内，决定 DIB 特性的 DIT 结构、DIT 内容、客体类以及属性类型、句法和匹配规则的一系列规则和限制的集合。

13.1.4

DIT 内容规则 DIT content rule

控制某个特定的结构客体类的条目内容的规则。它规定了在指定的结构客体类的条目中，允许出现的或不允许出现的辅助客体类和附加的属性类型。

13.1.5

DIT 上下文用法 DIT context use

控制可能与特定属性类型的属性值相关联的上下文类型的规则。它规定了该属性类型所允许的和必选的上下文类型。

13.1.6

DIT 结构规则 DIT structure rule

控制 DIT 结构的规则，它规定了所允许的上级条目与下级条目之间的关系。一个结构规则将一个名（称）格式以及相应的结构客体类，与其上级结构规则联系起来。这就使得由名（称）格式所标识的结构客体类的条目可以处于 DIT 内，并且是作为所指定的上级结构规则所控制的条目的下级。

13.1.7

（条目的）控制结构规则 governing structure rule (of an entry)

是应用于某个特定条目的一个单独的 DIT 结构规则。该规则通过操作属性governingStructureRule 来指示。

13.1.8

名（称）格式 name form

名（称）格式规定了某个特定结构客体类的条目所允许的 RDN。名（称）格式标识了一个已命名的客体类以及一个或多个用于命名（即：用于 RDN）的属性类型。名（称）格式是在 DIT 结构规则的定义中需要主要规范的部分。

注：名（称）格式被登记，且具有全球范围。DIT 结构规则不被登记，且其范围是与之相关联的管理区。

13.1.9

上级结构规则 superior structure rule

是关于一个特定条目的，控制该条目上级的 DIT 结构规则。

13.2 概述

目录模式是关于下面内容的一系列的定义和约束，包括：DIT 的结构，条目命名的可能方法，条目可能拥有的信息，用来表示这些信息的属性，为了便于搜索和查询这些信息所组织成的层次结构以及属性值在属性值和匹配规则断言中是如何匹配的等。

注 1：模式使得目录系统能够，例如：

——防止创建具有错误客体类的下级条目(如国家作为人的下级);

——防止向一个条目增加不适合该客体类的属性类型(如对人的条目增加一个序列号);

——防止增加一个句法与所定义的属性类型不匹配的属性值(如将可打印字符串赋值给比特串)。

从形式上,目录模式由下述部分组成:

a) *名(称)格式*定义:为结构客体类定义了基本的命名关系;

b) *DIT 结构规则*定义:定义了条目可能拥有的名(称)以及 DIT 中条目之间可能相互关联的方法;

c) *DIT 内容规则*定义:扩展了条目所允许具备的属性的规范,超出了条目的结构客体类所指示的那些属性;

d) *客体类*定义:分别定义了一个给定类型的条目中,必须出现的和可能出现的必选及可选属性的基本集合,并且指示了被定义的客体类的类型(见 7.3);

e) *属性类型*定义:标识了用以确定属性的客体标识符、句法、相关的匹配规则,是否为一个操作属性,如果是的话,其类型是什么,是否为一个集合属性,是否允许具有多个值以及该属性是否是从另外的属性类型派生而来等;

f) *匹配规则*定义:定义了匹配的规则;

g) *DIT 上下文用法*定义:控制可能与任意一个特定属性类型的属性值相关联的上下文类型。

图 11 中,一方面举例说明了模式和子模式定义之间的关系,另一方面举例说明了 DIT、目录条目、属性和属性值之间的关系。

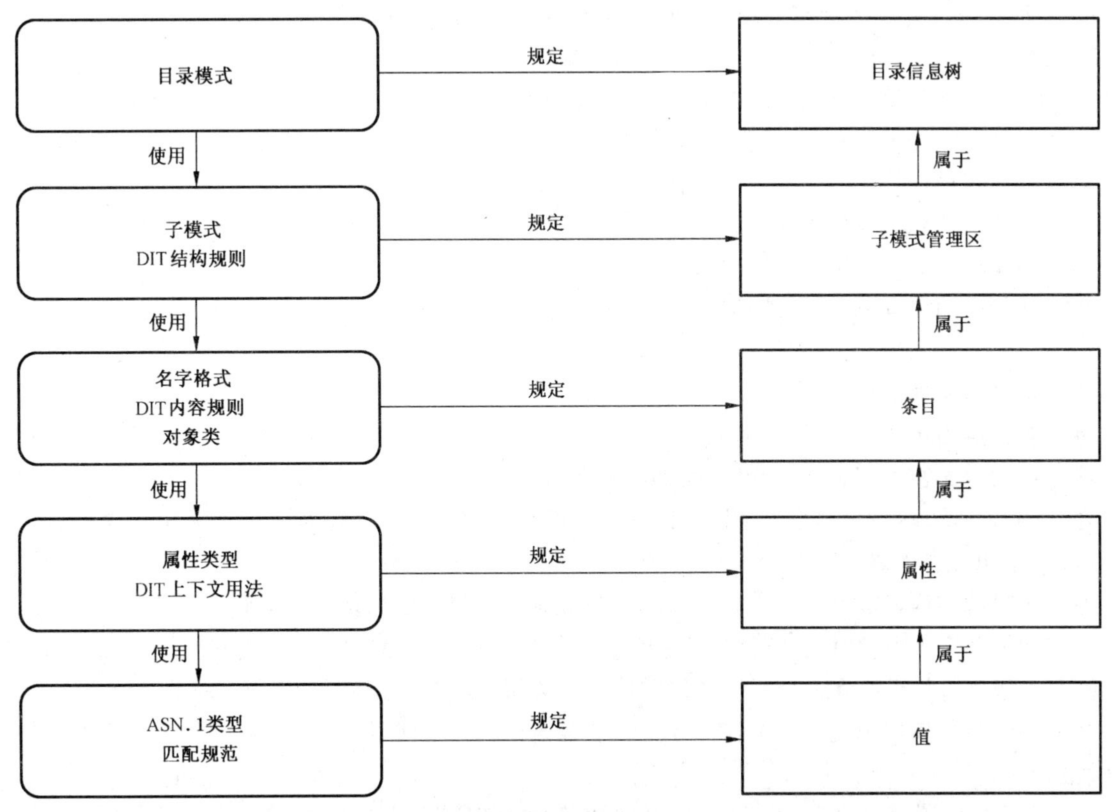

图 11 目录模式概述

对图 11 解释如下:

——左侧垂直列出的项表示模式的元素;

——右侧垂直列出的项表示相应的模式项的实例,是根据这些模式项所定义的规则进行实例化的;

——模式项之间的关系为示例中的“使用”关系;

——模式不同方面的实例之间的关系为示例中的“属于”关系。

如同DIB本身一样，目录模式也是分布式的。它体现为一系列互不重叠的子模式，每个子模式控制着一个自治管理区(或其中的一个子模式特定部分)内的条目。子模式管理机构建立组成子模式的规则和限制。

子模式的管理机构可能会选择使用本系列目录规范中定义的具有全球范围的目录模式中的单独元素：如名(称)格式、客体类和属性(类型和匹配规则)等。也可能会选择定义这些元素的替代方式来更好地符合自身的环境；再或者选择一种中间方式，既使用标准的模式元素又定义私有的模式元素。

子模式的管理机构定义模式元素的范围仅限于子模式，如：DIT结构规则、DIT内容规则和DIT上下文用法。另外，子模式的管理机构还可能会规定哪个属性类型应用哪个匹配规则。

目录模式仅与目录用户信息相关。尽管在本条所定义的表示法中提供了对操作信息规范的部分支持，但目录管理和操作信息的规范是目录系统模式所关心的。

注2：目录系统模式在第14章描述。

13.3 客体类定义

客体类的定义包括如下内容：

a) 指示该类是哪个客体类的子类；

b) 指示被定义的客体类是哪种类型；

c) 列出除了客体类所有上级类的*必选*属性类型外，该客体类的条目中还应当包含的必选属性类型；

d) 列出除了客体类所有上级类的*可选*属性类型外，该客体类的条目中还可能包含的可选属性类型；

e) 为客体类分配一个客体标识符。

注：集合属性不会出现在一个客体类定义的属性类型中。

13.3.1 子类划分

在子类划分中有一些限制，即：

——只有抽象客体类才能作为其他抽象客体类的上级类。

有一种特殊的客体类，每个结构客体类都是它的子类。该客体类被称为top 。top是一个抽象客体类。

13.3.2 客体通用性

每个条目应当包含一个类型为objectClass的属性，该属性标识了条目所属于的客体类及其上级类。该属性的定义在13.4.8中给出。该属性是多值的。

在objectClass属性中，须有一个值表示该条目的结构客体类，另外，对于其每个上级类都有一个相应的值。top可能被忽略。

一个条目的结构客体类不得改变。objectClass属性的初始值在条目创建时由用户提供。

当使用辅助客体类的时候，条目的objectClass属性值中可能会包含DIT内容规则所允许的辅助客体类及其上级类。如果存在一个所允许的辅助客体类的值，则该辅助客体类的上级类的值也应当存在。

当objectClass属性中包含一个辅助客体类的客体标识符值时，则条目应当包含该客体类所指示的必选属性。

注1：在每个条目中都应出现objectClass属性的需求在top客体类的定义中体现。

注2：由于一个客体类被认为是属于其所有的上级类的，因此，其直到top客体类的上级类链中的每个成员都在属性objectClass的值中表示出来(且上级类链中的任意值都可能被过滤器所匹配)。

注3：在修改objectClass属性时，可能会使用访问控制限制。

与所应用的DIT内容规则一起，目录为DIB中的每个条目都实施了所定义的客体类。任何试图要修改条目，但违反了条目客体类的定义，而条目的DIT内容规则又没有明确允许的，则这样的修改将失败。

注 4：特别地，目录一般来说还将：

a) 如果属性类型在条目的结构客体类的定义中没有定义，且条目的 DIT 内容规则不允许，则这样的属性类型不能被加入到该客体类的条目中；

b) 如果条目不具备相应的客体类所定义的一个或多个必选属性类型，则该条目不能被创建；

c) 条目的客体类所定义的必选属性类型不能被删除。

13.3.3 客体类规范

客体类被定义为OBJECT-CLASS 信息客体类的值：

```
OBJECT-CLASS    ::=     CLASS {
    &Superclasses           OBJECT-CLASS OPTIONAL,
    &kind                   ObjectClassKind DEFAULT structural,
    &MandatoryAttributes    ATTRIBUTE OPTIONAL,
    &OptionalAttributes     ATTRIBUTE OPTIONAL,
    &id                     OBJECT IDENTIFIER UNIQUE }
WITH SYNTAX {
    [ SUBCLASS OF           &Superclasses ]
    [ KIND                  &kind ]
    [ MUST CONTAIN          &MandatoryAttributes ]
    [ MAY CONTAIN           &OptionalAttributes]
    ID                      &id }

ObjectClassKind   ::=ENUMERATED {
    abstract      (0),
    structural    (1),
    auxiliary     (2) }
```

对于每个使用此信息客体类定义的客体类：

a) &Superclasses 是一个表示其直接上级类的客体类集合；

b) &kind 表示其类别；

c) &MandatoryAttributes 是属性的集合，该客体类的条目必须包含这些属性；

d) &OptionalAttributes 是属性的集合，该客体类的条目可能包含这些属性，如果一个属性既出现在必选属性集中，又出现在可选属性集中，则该属性必须被认为是必选的；

e) &id 为客体类分配的客体标识符。

之前提及的客体类(top 和alias)定义如下：

```
top  OBJECT-CLASS  ::={
    KIND              abstract
    MUST CONTAIN      { objectClass }
    ID                id-oc-top }

alias  OBJECT-CLASS  ::={
    SUBCLASS OF       { top }
    MUST CONTAIN      { aliasedEntryName }
    ID                id-oc-alias }
```

注 1：客体类 alias 没有为别名条目的 RDN 规定适当的属性类型。管理机构可能会定义 alias 类的子类来为别名条目的 RDN 规定有用的属性类型。

```
parent  OBJECT-CLASS  ::={
        KIND              abstract
        ID                id-oc-parent }

child  OBJECT-CLASS  ::={
        KIND              auxiliary
        ID                id-oc-child }
```

parent 客体类和child 客体类都不能与alias 客体类结合起来形成一个别名条目。

parent 客体类是根据直接下级家庭成员的出现而推派生的，标志为出现了child 客体类的值。它可能不能被直接管理。child 客体类的值被增加或删除，只有当增加或删除的结果与复合条目的结构保持一致时才可以(例如，家族成员的下级应当总是具有一个child 客体类)。

注 2：客体类parent 和child 没有为家族成员的 RDN 规定任何合适的属性类型。这种规定可以通过常规方法完成，即通过这些条目的适当的结构客体类和名(称)格式来完成。

13.4 属性类型定义

属性类型的定义包括如下内容：

a) 可选地指示该属性类型是某个之前定义的属性类型它的直接上级类型的子类型；

b) 规定该属性类型的属性句法；

c) 可选地指示该属性类型的相等、排序和/或子串匹配规则；

d) 指示该类型的属性是否应当仅具有一个值，或是可能具有多个值；

e) 指示该属性类型是操作属性还是用户属性；

f) 可选地指示一个用户属性类型是集合属性；

g) 可选地指示一个操作属性是不能被用户修改的；

h) 对于操作属性，指示其应用；

i) 为该属性类型分配一个客体标识符。

任何一个用户属性都可以被管理机构标识为一个具有友人属性的锚(anchor)属性。因此，属性类型的定义不需要指定一个锚属性的友人。这个可能会根据子模式的不同而不同。

13.4.1 操作属性

一些操作属性是由用户直接控制的。而在另外的情况下，操作属性的值是由目录控制的。在后一种情况下，操作属性的定义中应当指示不允许用户对属性值进行修改。

一个操作属性类型的规范须指示它的应用，须是如下所列的一种：

——目录操作属性(如访问控制属性)；

——DSA 共享的操作属性(如一个主访问点属性)；

——DSA 特定的操作属性(如一个拷贝状态属性)。

13.4.2 属性的层次结构

一个属性的层次结构须或者包括用户属性，或者包括操作属性，但不得两种都包括。因为，一个用户属性不得从操作属性派生而来，而一个操作属性也不得从用户属性派生而来。

作为另一个操作属性的子类型的操作属性应当具有与其上级类型相同的应用。

如果一个属性类型不是另一个属性类型的子类型，则在属性类型的定义中须规定属性句法和匹配规则(如果应用的话)。对属性句法的规定可以通过直接定义 ASN.1 数据类型而完成。

如果一个属性类型是某个指定类型的子类型，且在属性类型定义中没有规定属性句法时，在这种情况下，它的属性句法与其直接上级类型的属性句法相同。如果规定了属性句法，且该属性有一个直接上级类型，则所规定的句法须与上级类型的句法兼容，即每个符合该属性句法的可能取值也须符合上级类型的句法。

如果一个属性类型是另一个属性类型的子类型，则应用于上级类型的匹配规则也可应用于子类型，除非在子类型的定义中对其进行了扩展或修改。在定义一个子类型时，其上级类型定义的匹配规则可能不会被删除。

13.4.3 友人属性

一个锚属性的友人列表须只能包含用户属性。这种关系对友人属性的语义、句法或其他特性都不会加以限制。

注：一个锚属性可能被定义为一个哑属性。

13.4.4 集合属性

一个操作属性不得被定义为是集合属性。

一个用户属性可能被定义为是集合属性。这就表示同一个属性值可能会出现在一个条目集合中的多个条目中，并符合属性collectiveExclusions 的规定。

集合属性须是多值的。

13.4.5 派生属性

派生属性所包含的信息符合属性信息的句法，但是其值是返回后计算出的，而不是 DIB 中直接存储的。

引入派生属性family-information 用于目录服务中以便容纳家族信息。它的特性在 GB/T 16264.3—2008 的 7.7.1 定义。

DSA 也可能会使用派生属性技术来提供其他属性。例如，所有包含某个特定 DSA 的AccessPoint值的操作属性，可能(或应当)会从一个单独的信息源中派生一个适合管理的值。

13.4.6 属性句法

如果为某个属性类型规定了一个相等匹配规则，则目录须确保为该属性类型的每个取值都使用正确的属性句法。

13.4.7 匹配规则

在属性类型的定义中，可能会指定相等、排序和子串匹配规则。同一个匹配规则可以用于一个或多个这种类型的匹配，如果规则的语义允许这些多种不同类型的匹配的话。

注 1：在相应的匹配规则的定义中，应当反映出这个事实。

如果没有指定相等匹配规则，则目录将：

a) 认为该属性的值具有类型ANY，即目录不可能检查这些值是否与为属性所指示的数据类型或其他规则相符合；
b) 不允许该属性用于命名；
c) 不允许增加或删除多值属性的单个值；
d) 不能对属性值进行比较；
e) 不能使用该属性类型的值来评估AVA 。

如果指定了一个相等匹配规则，则目录将：

a) 认为该属性的值具有属性定义中(或该属性所派生的属性的定义中)的&Type 字段所定义的类型；
b) 在与属性相关的属性值断言的评估中，将使用指定的相等匹配规则；
c) 仅与一个当前存在的，具有适当数据类型(在属性类型定义中指定)的值进行匹配。

注 2：对于这样的属性，其相等匹配规则所使用的声明句法不同于属性类型的句法，本条也可以相同地应用于这样的属性。

如果没有指定排序匹配规则，则目录将认为任何一个使用目录抽象服务所提供的句法构造的排序匹配声明是未定义的。

如果没有指定子串匹配规则,则目录将认为任何一个使用目录抽象服务所提供的句法构造的子串匹配声明是未定义的。

一个属性类型应当仅规定应用于该属性的属性句法的匹配规则。

13.4.8 属性定义

属性可被定义为ATTRIBUTE 信息客体类的值:

```
ATTRIBUTE  ::=CLASS  {
    &derivation                     ATTRIBUTE OPTIONAL,
    &Type                           OPTIONAL,--或者是 &Type,或者是所需的 &derivation--
    &equality-match                 MATCHING-RULE OPTIONAL,
    &ordering-match                 MATCHING-RULE OPTIONAL,
    &substrings-match               MATCHING-RULE  OPTIONAL,
    &single-valued                  BOOLEAN DEFAULT FALSE,
    &collective                     BOOLEAN DEFAULT FALSE,
    &dummy                          BOOLEAN DEFAULT FALSE,
    --操作扩展--
    &no-user-modification           BOOLEAN  DEFAULT  FALSE,
    &usage                          AttributeUsage DEFAULT userApplications,
    &id                             OBJECT IDENTIFIER UNIQUE }
WITH SYNTAX {
    [ SUBTYPE OF                    &derivation ]
    [ WITH SYNTAX                   &Type ]
    [ EQUALITY MATCHING RULE        &equality-match ]
    [ ORDERING MATCHING RULE        &ordering-match ]
    [ SUBSTRINGS MATCHING RULE &substrings-match ]
    [ SINGLE VALUE                  &single-valued ]
    [ COLLECTIVE                    &collective ]
    [ DUMMY                         &dummy ]
    [ NO USER MODIFICATION          &no-user-modification  ]
    [ USAGE                         &usage ]
    ID                              &id }

AttributeUsage  ::=ENUMERATED {
        userApplications            (0),
        directoryOperation          (1),
        distributedOperation        (2),
        dSAOperation                (3) }
```

对于每个使用此信息客体类定义的属性:

a) &derivation 是一个属性,如果存在的话,被定义的属性是其子类型;

b) &Type 是属性句法。应当是一个 ASN.1 数据类型,但不得包含 EmbeddedPDV 的类型;

c) &equality-match 是它的相等匹配规则(如果存在的话);

d) &ordering-match 是它的排序匹配规则(如果存在的话);

e) &substrings-match 是它的子串匹配规则(如果存在的话);

f) &single-valued 将取值为TRUE,如果该属性是单值的,否则取值为FALSE;

g) &collective 将取值为TRUE，如果该属性是一个集合属性的话，否则取值为FALSE；

h) &dummy 将取值为TRUE，如果该属性是一个哑属性的话，否则取值为FALSE；

i) &no-user-modification 将取值为TRUE，如果该属性是一个不能被用户修改的操作属性的话；

j) &usage 指示了属性的操作用法。userApplications 表示该属性是一个用户属性，directoryOperation、distributedOperation 和dSAOperation 分别表示该属性是一个目录操作属性、分布式操作属性和 DSA 操作属性；

k) &id 是分配给该属性的客体标识符。

由目录已知并出于其自身目的而使用的在本目录规范的第 1 版中所定义的属性类型，如下所述：

```
objectClass   ATTRIBUTE   ::={
        WITH SYNTAX                        OBJECT IDENTIFIER
        EQUALITY MATCHING RULE             objectIdentifierMatch
        ID                                 id-at-objectClass }

aliasedEntryName   ATTRIBUTE ::={
        WITH SYNTAX                        DistinguishedName
        EQUALITY MATCHING RULE             distinguishedNameMatch
        SINGLE VALUE                       TRUE
        ID                                 id-at-aliasedEntryName }
```

注：在这些定义中涉及的匹配规则本身在 13.5.2 定义。

objectClass 属性和aliasedEntryName 属性被定义为用户属性，即使它们用于目录操作，而且在语义上也应当被定义为操作属性。这是因为在操作属性概念提出之前，这些客体已经被定义成为用户属性，因此为了方便实现了本目录规范不同版本的系统之间的互通，必须维持它们为用户属性。

13.5 匹配规则定义

13.5.1 概述

匹配规则的定义包括：

a) 可选地定义派生当前匹配规则的双亲匹配规则；

b) 定义匹配规则断言的句法；

c) 规定规则所支持的匹配的不同类型；

d) 定义适当的规则，以便为所提出的关于 DIB 内的目标属性值的声明进行评估赋值；

e) 为匹配规则分配一个客体标识符。

一个匹配规则应当用于为属性的属性值断言进行赋值，该属性指定此规则为它的相等匹配规则。在属性值断言(即属性值断言中的assertion 组件)中使用的句法是匹配规则的声明句法。

一个匹配规则可能会应用到具有不同属性句法的不同类型的属性中。

匹配规则的定义应当包括对匹配规则断言的句法规范以及如何用该句法的值来执行一个匹配的方法。这不要求对匹配规则可能应用的属性句法给出完整的规范。在定义为具有不同 ASN.1 句法的属性使用的匹配规则时，应当规定匹配是如何被执行的。

在一个子模式规范中所定义的匹配规则对于属性的适用性(超越了在这些属性类型的定义中所使用的匹配规则)是通过子模式规范操作属性matchingRuleUse 来指示的，该属性在 15.7.7 中定义。

13.5.2 匹配规则定义

匹配规则可被定义为 MATCHING-RULE 信息客体类的值：

```
MATCHING-RULE   ::=CLASS   {
```

```
    &ParentMatchingRules        MATCHING-RULE        OPTIONAL,
    &AssertionType                                   OPTIONAL,
    &uniqueMatchIndicator       ATTRIBUTE            OPTIONAL,
    &id                         OBJECT IDENTIFIER UNIQUE }

WITH SYNTAX  {
    [ PARENT                         &ParentMatchingRules ]
    [ SYNTAX                         &AssertionType ]
    [ UNIQUE-MATCH-INDICATOR         &uniqueMatchIndicator ]
    ID                               &id }
```

对于每个使用此信息客体类定义的匹配规则：

a) &ParentMatchingRules 字段，当被定义的匹配规则与两个或多个其他匹配规则的特性相结合时使用该字段。该字段中给出两个或多个为被定义的匹配规则提供基本特性（如匹配算法）的匹配规则的客体标识符；对于一个基本的匹配规则而言，该字段被忽略。

b) &AssertionType 字段，定义了使用该匹配规则的声明的句法；如果该字段被忽略，则声明句法与应用规则的属性的句法相同，除非匹配规则有相反的规定。如果该字段存在，则可能规定对可能存在的双亲匹配规则的限制，但是在这种情况下，它必须与双亲匹配规则的句法兼容（即符合&AssertionType 的一个值应当也符合其双亲匹配规则的&AssertionType ）。

c) &uniqueMatchIndicator 字段，是一个通知属性类型。若该字段存在，则表示要求唯一的匹配。对于一个基于映射的匹配规则（见 13.6），则意味着根据映射表进行的映射应当产生一个无二义性的结果。如果有多个匹配都符合映射表，则搜索请求将被拒绝，并在参数serviceError 中给出原因值为ambiguousKeyAttributes 。另外，本字段所规定类型的一个通知属性将在返回的错误中置于CommonResults 字段中。

注 1：在进行地理匹配时可能发生上述情况，例如，一个声明中指定“Newton ”是英国的一个地名；但有很多不同的城镇具有该名（称），因此必须通过一个限定符来进行区分（如“Newton,Cambs ”）。

d) &id 是为该匹配规则分配的客体标识符。

如果两个或多个匹配规则都用于ParentMatchingRules ，则结果是一个组合的匹配规则，并作为一个结果返回，其值符合AssertionType ，并使用如下规定的规则：

a) 如何任何一个双亲匹配规则的结果为TRUE ，则组合匹配规则须返回TRUE ；

b) 否则，如果任何一个双亲匹配规则的结果为FALSE ，则组合匹配规则须返回FALSE ；或者

c) 否则，组合匹配规则须返回UNDIFINED 。

下表显示了两个匹配规则 A 和 B 的组合规则；原则上，该表可以扩展到多维以覆盖 3 个或更多的双亲匹配规则，结果将具有类似的形式：

		规则A		
		TRUE	FALSE	UNDEFINED
规则B	TRUE	TRUE	TRUE	TRUE
	FALSE	TRUE	FALSE	FALSE
	UNDEFINED	TRUE	FALSE	UNDEFINED

通过上述规定的方法进行规则的组合，则可能获得合法的匹配，否则匹配将失败。

注 2：使用双亲匹配规则的一个特定用例是：将任意一个匹配规则与一个特定匹配规则。

ignoreIfAbsentMatch 组合起来。后一个匹配规则规定如果属性不存在的话，则过滤项将返回 TRUE；如果属性出现，则应用正常的匹配规则。这就规定了若搜索过滤器中规定的属性如果不存在的话，一个搜索过滤器如何来检查条目。见 GB/T 16264.6—2008 的 7.7.1。

匹配规则objectIdentifierMatch 定义如下：

```
objectIdentifierMatch   MATCHING-RULE   ::={
        SYNTAX          OBJECT IDENTIFIER
        ID              id-mr-objectIdentifierMatch }
```

某个类型为客体标识符的当前值与一个类型为客体标识符的目标值进行比较时，当且仅当两个客体标识符具有相同数量的整数组件，且第一个标识符的每个整数组件与第二个标识符的相应组件都相等的情况下，这两个客体标识符才被认为是匹配的。这个匹配规则是客体标识符的 ASN.1 类型定义所固有的。

objectIdentifierMatch 是一个相等匹配规则。

匹配规则distinguishedNameMatch 定义如下：

```
distinguishedNameMatch   MATCHING-RULE   ::={
        SYNTAX          DistinguishedName
        ID              id-mr-distinguishedNameMatch }
```

某个当前可辨别名值与一个目标可辨别名值进行比较时，当且仅当下述所有情况都为真时，这两个可辨别名值才被认为是匹配的：

a) 每个可辨别名值的 RDN 个数相同；

b) 每对相应的 RDN 都具有相同数量的 AttributeTypeAndValue；

c) 每对相应的 AttributeTypeAndValue(即它们都在每个相应的 RDN 内，且具有相同的属性类型)都具有与 9.4 的描述相匹配的属性值。

distinguishedNameMatch 是一个相等匹配规则。

13.6 放宽和收紧

*放宽*和*收紧*是两种功能，通过使用系统的方法来修改对一个或多个过滤项的匹配。如果执行了放宽功能，则以提高相似度的方式对匹配进行修改，使其得到更多的匹配条目。当匹配的条目低于某个最低值时，则执行放宽功能。当匹配的条目高于某个最高值时，则以类似的方法执行收紧功能。有两种方式的放宽和收紧：

a) 为某个特定属性类型所应用的匹配规则可逐步被替代匹配规则所替换，直到获得所要求的效果，或者直到用完所有的可能性，如 13.6.1 的描述；和

b) 放松和收紧功能可作为 13.6.2 所描述的*基于映射的匹配*中的一部分来应用。

13.6.1 匹配规则的替换

匹配规则的替换可被一个特定服务管理区(见 16.10.7)内的某个控制搜索规则所控制。它也可以被搜索请求中的用户所控制(见 GB/T 16264.3—2008 的 10.2.1)。在这两种情况下，都使用在 16.10 中定义的结构RelaxationPolicy 来控制这种替换。

通过匹配规则的替换而实现的放宽和收紧，是通过系统地替换所选属性之前所应用的匹配规则来修改过滤器动作，以便提供更张弛的(或更紧的)匹配。通过匹配规则的替换进行了放宽或收紧，则整个的搜索过程将针对搜索范围内的同一个条目集进行重新评估。重新评估可一直继续进行，直到不再需要放宽，或者直到获得了满意的结果(通过引用控制的RelaxationPolicy 元素，满意的结果指的是低于或等于maximum 值，或者高于minimum 值)。

结果是每个被重新评估的过滤器是保持不变的，但是用于评估过滤器的各个匹配规则在必要时将被替换(如图 12 所示)。放宽的评估可能会在逐个 DSA 的基础上进行，每个 DSA 之间使用不同的放宽；或者可能使用ChainingArguments 中的组件chainedRelaxation 来定义将要使用的放宽。

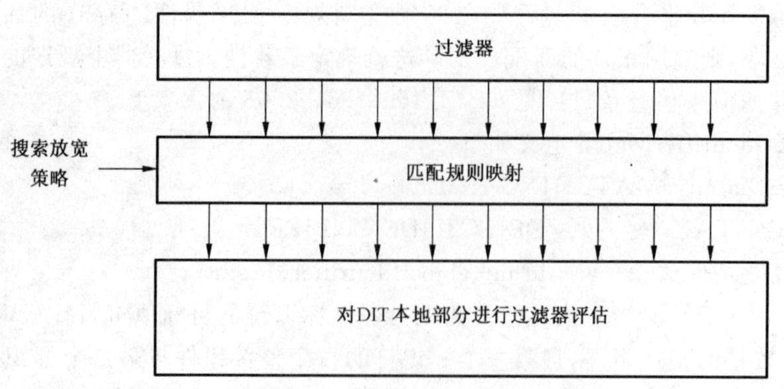

图 12 匹配规则的替换

当一个放宽策略将要被使用时，之前启动了一个本地搜索的DSA将为每个属性类型执行一个在放宽策略中指定的基本替换，基本替换是为这些属性定义的。

注1：基本替换的一个具体的实用的应用是：例如，对于属性类型localityName，当匹配规则更适合，且用户希望正确地表示substrings过滤项的时候，可以使用generalWordMatch匹配规则来替换caseIgnoreSubstringMatch匹配规则。

如果应用于某个特定DSA的搜索结果返回了太少的条目，则使用第一个放宽策略；如果返回的搜索结果还是太少，则使用下一个放宽策略；以此类推。

类似的，如果搜索结果返回了太多的条目，则以相似的方式使用第一个收紧策略。不能从收紧再逆转到放宽，或从放宽逆转到收紧。

使用一个MRSubstitution的集合应用于某个特定属性的放宽，将一直应用直到被另一个MRMapping所撤销。可以通过指定一个匹配规则来显式地撤销，或者通过忽略oldMatchingRule标识符来隐含地撤销。

如果根据之前的评估返回了太少的结果而执行了一个放宽评估，但根据该放宽评估又返回了太多的结果，则这些根据放宽评估所得出的部分或全部结果须被返回。如果根据之前的评估返回了太多的结果而执行了一个收紧评估，但根据该收紧评估又返回了太少的结果，则须返回根据之前的评估所得出的部分或全部结果。在任何一种情况下，放宽和收紧过程都应当停止。

一个可应用的放宽策略在适当时候可应用于filter或extendedFilter。

注2：因为放宽允许对普通过滤器的过滤项的评估进行放宽或收紧，因此，为了获得更复杂的过滤而使用扩展过滤器的必要性减少了。

一个DSA可能会在搜索结果中提供通知属性proposedRelaxation（见GB/T 16264.6—2008的5.12.15），在PartialOutcomeQualifier的notification子组件中提供。因此，这里的信息在后续的搜索请求中可用做用户所提供的放宽策略。

作为一个放宽策略的极端用例，该策略能够根据nullMatch匹配规则，使某个特定的过滤器被评估为TRUE（或FALSE，如果过滤项为否定的话）。

在一个特定服务管理区内，对搜索规则的合法性判断是在可能的基本替换完成后才执行的，正如同正在被评估的搜索请求所应用的搜索规则所指示的那样。一个控制搜索规则的选择，应在任何其他后续的匹配规则替换的选择之前，包括在搜索请求中指定的可能的基本替换。

13.6.2 基于映射的匹配

基于映射的匹配是与这样的搜索操作相关的，即在某些方式下，用户对现实世界的概念与目录常使用的理想化模型是不同的。例如，用户对位置名（称）以及这些位置之间关联关系的表示，可能与目录中对位置的表示是完全不同的。为了弥补这些差距以提高搜索的成功率，在用户对某些现实世界客体及其相互关系的概念和目录对同样客体的模型之间有必要进行映射。同样的映射也应当允许使用“模糊”匹配，即允许一些属性值反映比其精确的定义更多的内容。

注1：例如，一个用户可能会在过滤器中指定一个位置名（称），但是所查找的客体可能包括附近边界的位置。

基于映射的匹配可应用于白页搜索中的地理位置方面、黄页搜索中的商务分类方面等。

基于映射的匹配为了控制映射，会使用一些被称为“映射表”的中间表。基于映射的匹配的确切行为以及映射表的具体结构属于本地事物。然而，该技术的基本原则是共同的，如图 13 所示。

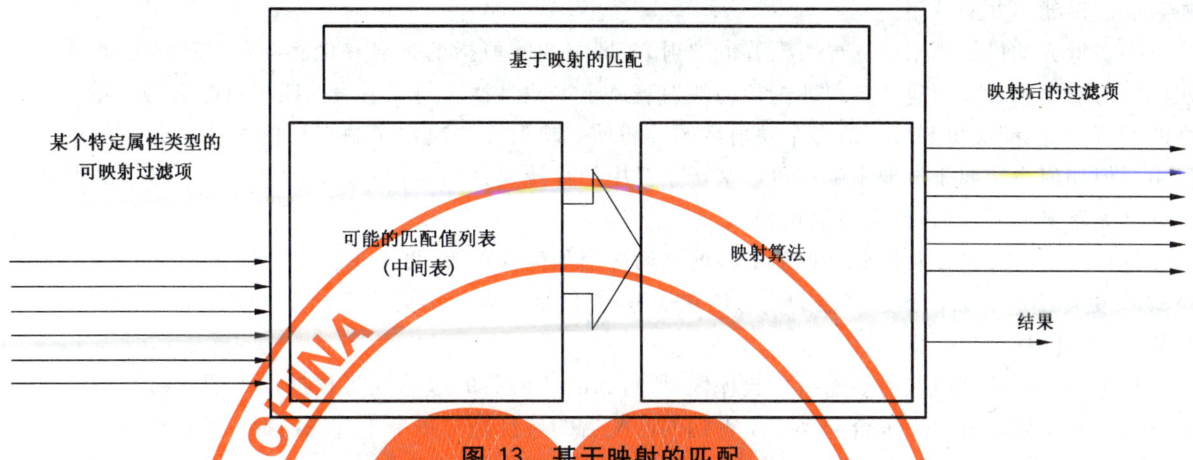

图 13　基于映射的匹配

使用该技术，某个指定属性类型的过滤项(*可映射的过滤项*)使用映射表和某种类型的映射算法完成一个映射过程。这样映射后，会形成一些被称为“*映射后的过滤项*”的新的过滤项，替代了可映射的过滤项。在异常情况下，将不执行映射，且异常的确切特性信息被返回。

映射后的过滤项的数量与可映射的过滤项的数量不一定相等，而且一般来说是不同的。

一个类型为extensibleMatch 的过滤项，但type 规范缺失，则该过滤项不能成为一个可映射的过滤项。

基于映射的映射可能属于 DSA 的本地事物。如果搜索评估是分布式的，而且在搜索的评估阶段有其他 DSA 的参与，则其他 DSA 可能会应用它们自己的基于映射的映射。然而，所使用的映射可以通过 ChainedArguments 中的chainedRelaxation 组件被传送到其他 DSA。

注 2：为了向用户提供一致的服务，在一个分布式搜索评估中可能参与的 DSA 的管理者应当考虑其映射表和映射功能是否是协调一致的。

图 14 举例说明了在现实世界和表示该世界的目录模型之间建立映射功能的原则。用户对现实世界有感知，这些感知可能不会考虑到现实世界的所有方面。而现实世界的一些方面对用户如何构造搜索请求的表达式是重要的，因此这些方面组成了表示现实世界的模型。这些模型构成了映射如何执行的基础。现实世界的精确模型一定是基于经验的，并且还要求基于所观察到的用户的搜索行为进行定期的修改。

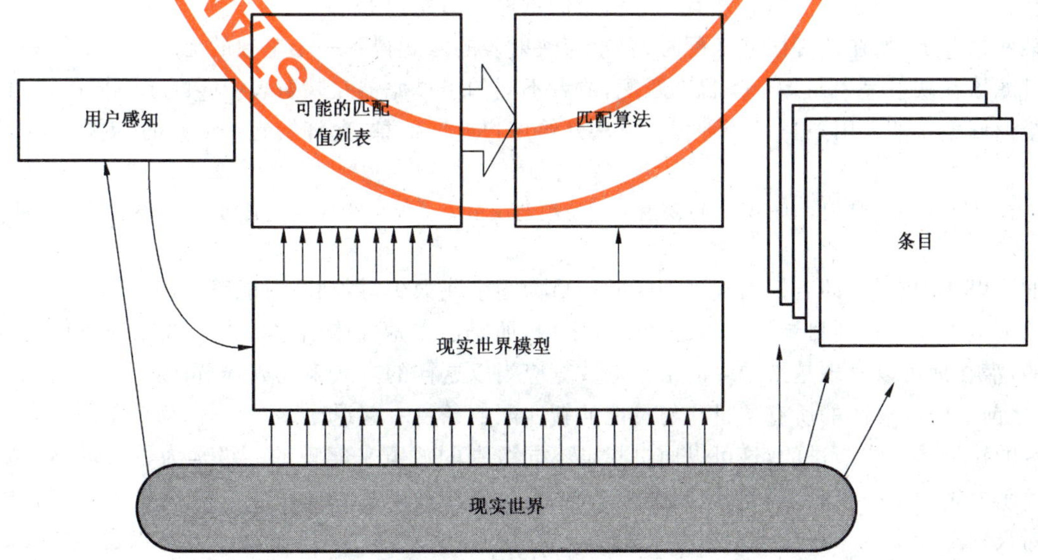

图 14　信息的推导

现实世界的模型可能仅包含用户在搜索请求中使用的属性类型的一个子集，并且可能仅有一个属性类型是相关的。例如，当考虑一个与现实世界的位置相关的模型时，仅需相应考虑与位置相关的属性类型即可。不涉及这些属性类型的过滤项将不被映射，但是在进行条目匹配时，这些过滤项将保留且与映射后的过滤项共同使用。

现实世界的模型用来建立*可匹配值*的映射表，即可匹配值指的是潜在地将与可映射的过滤项进行匹配的值的集合。如何建立该可匹配值的映射表属于本地事物。与映射表的匹配可能会得到零个或多个匹配，每个匹配又得到一个或多个映射后的过滤项。映射算法决定了映射后的过滤项如何应用到条目中。但如何决定属于本地事物。可以基于条目中的传统属性值，或可以基于安置在条目中的但在目录外则无意义的属性值，如数字标识符。

进行映射的方法以及得到映射后的过滤项后应当如何处理等，可参见 16.5 定义的子过滤器以及附录 Q 中更详细的定义。子过滤器的概念用在这里，仅仅是当做一个描述工具。在实现时可以使用任何其他可获得同样结果的算法。

每个子过滤器都与映射表进行比较评估，所得到的映射后的过滤项将根据详细的映射算法所指定的方法与非映射的过滤项组合起来。所得到的匹配后的条目是与每个子过滤器都匹配的联合体。

注 3：在许多情况下，可映射的过滤项将被映射后的过滤项的逻辑或所替代。

原则上，有两种不同的映射方式。每个可映射过滤项在同一时间能够被映射为一个过滤项；或者多个组合的可映射过滤项可被用于满足一个单独的与映射表的匹配。多个过滤项可应用于一个单独的基于映射的匹配，当且仅当它们是组合的过滤项时才可以，也就是说，作为一个单元包含在一个单独的子过滤器内。

注 4：例如，在一个子过滤器中两个不同的地理名(称)的逻辑与(AND)，能够用来指定一个单独的具有适当范围的地理位置，而如果单独使用每个地理名(称)，可能会确定出一个具有二义性的或大范围的地理位置。

过滤项与映射表的匹配，是通过使用该过滤项所隐含定义的或明确指定的匹配规则来执行的，可能是在控制搜索规则(如果有的话)或者搜索请求中指定的基本匹配规则的替换之后才执行的。

注 5：这可以包含一个复杂的匹配规则，如在 GB/T 16264.6—2008 中定义的通用字匹配**generalWordMatch**，允许字的旋转、字的截断以及近似字匹配等。

注 6：本系列目录规范不指定在实现时如何将相关的匹配规则组合成为组合的匹配规则。所希望的是在实现时，对所支持的过滤项和匹配规则能够进行何种组合给出限制。

如果一个过滤项或组合过滤项与映射表的匹配没有得到任何子过滤器的匹配结果时，即匹配获得的结果为 FALSE 或未定义，则将得到零个映射后的过滤项。如果在每个子过滤器中有可映射的过滤项，则搜索将不会有结果。然后必须有一个错误信息返回给用户。

在某些情况下，如在地理区域匹配时，要求与映射表的匹配得到一个单独的无二义性的结果。如果一个子过滤器在映射表中与多个条目都匹配，或者不同的子过滤器在映射表中匹配了不同的条目，则搜索可能会返回太多的无用条目。一种替代方法是给用户返回信息，允许发起一个新的、更好定位的搜索请求。

注 7：有一种更简单的情况，即仅核查可映射的过滤项与映射表。如果这种匹配成功，则可映射的过滤项将不被改变。

映射可以是动态的，即若搜索找到的匹配条目为零个或太少时，则映射能够被调整(放宽)。有关放宽执行的细节不在本系列目录规范的定义范围之内，而是由本地需求所决定的。放宽的执行可以是逐步渐进的，潜在地可以发现越来越多的条目。放宽应当以这样的方式来完成，即每当新执行了一个放宽步骤时，之前步骤所返回的所有条目将与可能的新匹配的条目一起返回。

放宽的执行是逐步渐进的，这可以通过指定不同级别的放宽来实现的。级别为零表示不放宽。级别为 1 表示放宽的第一级别，等等，依此类推。图 15 对逐步放宽机制给出了一个抽象的示例。放宽的每个不同级别都确切意味着什么不在本系列目录规范的定义范围之内。放宽级别可以通过Relaxation-Policy 结构来控制，该结构可能在搜索规则中提供，或搜索请求中提供，或两者中都提供。这就允许两种放宽，一种是基于映射的映射放宽，另一种是通过匹配规则替代的放宽，两者可以彼此同步起来，因为两种都能够通过RelaxationPolicy中指定的每一放宽步骤所决定。

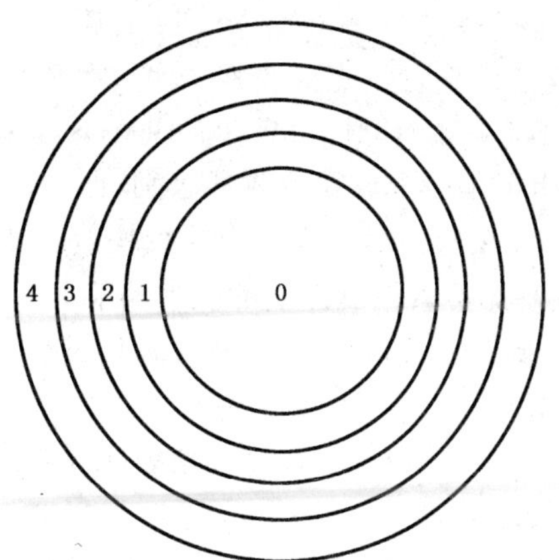

图 15 搜索放宽

extendedArea 搜索控制是一个整数，为基于映射的匹配算法的放宽级别的控制提供了一种替代方式。它是基于映射的映射算法的客户化的一部分，无论它是否能够被此搜索控制所控制。

如果extendedArea搜索控制在一个搜索请求中出现，且它被允许用于基于映射的算法中，则在RelaxationPolicy中的任何级别的规范，无论是否包含在搜索中或控制搜索规则中，都将被忽略。

当放宽方式被extendedArea搜索控制所控制时，includeAllAreas搜索控制选项规定了放宽的方式。如果设置了该选项，则放宽的执行如前所述，即如果放宽级别越高，则可能会有更多的条目返回(*包含放宽*)。如果没有设置该选项，则用户仅对相应于增量放宽的结果感兴趣(*排斥放宽*)。如果用户在逐步地执行放宽，且对之前返回结果中的条目不感兴趣，而仅对最后一步放宽的结果感兴趣时，后一种情况将比较适合。

注 8：并不能保证(特别是具有一个复杂的过滤器)用户不会得到之前已经检索到的某些条目，也不能保证那些感兴趣的所有条目都会返回。例如，在 Winkfield 寻找一家法国餐厅会失败；将其放宽到寻找 Winkfield 区内但不包括 Winkfield 的所有餐厅，则在搜索结果中会找到一家位于 Winkfield 的具有混合风味的 White Hart Inn 餐厅。

某些基于映射的匹配算法可能不支持排斥放宽，或者可能被客户化为不允许进行排斥放宽。在这种情况下，搜索控制选项includeAllAreas对该映射功能来说，应当被忽略，且可能的放宽应当作为包含放宽被执行。

在某些环境中，可能相对地能够指定放宽级别为负数，相当于一个收紧的匹配。在这种情况下，搜索控制选项includeAllAreas没有意义，如果存在则被忽略。对于所有类型的基于映射的匹配而言，收紧可能不是相对的。

一个 DSA 可能会同时支持多个映射功能，即拥有多个映射表以及其相应的映射算法。具有多个映射功能的理由如下：

a) 要执行的映射功能取决于应用类型。地理区域匹配(见 GB/T 16264.6—2008 的 7.8)是基于映射的匹配的一种特定的重要应用。其他的示例还有黄页搜索、书籍目录搜索中的基于映射的匹配等；

b) 在一个特定的应用中，如何执行映射的详细定义可能会根据具体条件而变化。例如，地理区域匹配的映射可能取决于地理地区(如体现在搜索的baseObject中)，或者取决于用户所尝试的搜索类型，即基于搜索过滤器中的信息。另外一个例子是，映射可能取决于请求所使用的语言。

如果同步应用了多个映射功能，且其中一个功能的执行引起了一个异常条件，则需要向用户报告，这时不要求实现去检查是否存在多个异常(但有可能是这样的)。

一个基于映射的映射规范(见以下)决定了extendedArea搜索控制是否可应用于一个正在讨论的

映射功能。如果有多个映射功能对于同一个搜索操作来说都是激活的,且其中的一些能够被extendedArea搜索控制所控制,则它们都将根据extendedArea搜索控制,并且如果可用的话,还将根据includeAllAreas搜索控制选项,来同步地执行放宽或收紧。

注9:之前给出的示例显示了多个基于映射的映射使用includeAllAreas时,将增加复杂度。

如果extendedArea搜索控制指定了一个放宽或收紧级别,但对于某些受此搜索控制影响的映射功能而言,DSA不支持这些级别,则DSA应当尽最大努力执行映射。如果extendedArea搜索控制指定了一个放宽或收紧级别,但对于所有受此搜索控制影响的映射功能而言,DSA都不支持这些级别,则应当在CommonResults的notification参数中,返回searchServiceProblem通知属性,取值为id-pr-unavailableRelaxationLevel。

注10:如果搜索操作的评估是分布在多个DSA中进行的,则这些DSA可能部署不同的映射功能给出不一致的结果,除非在DSA之间建立了某种协调。

尽管基于映射的匹配的细节定义属于本地事物,但还是可能定义基于映射的匹配的全局特性,即定义一个特定类型的匹配规则,它被称为"*基于映射的匹配规则*"。该匹配规则作为MATCHING-RULE信息客体类的一个实例而定义。然而,它与传统的匹配规则不同之处在于它不以常规方式指定匹配,因此不指定匹配的句法。然而,作为它定义的一部分,它给出了关于它的目的、它如何被应用以及如何处理异常条件等的规范,一个基于映射的匹配规则的特定特性可以通过一个从具有较低通用性(即已经参数化)的MAPPING-BASED-MATCHING信息客体类派生而来的ASN.1信息客体类的实例部分地描述出来。该信息客体类仅用来指定可能会客户化的方面。本目录规范不指定该信息客体类的实例如何存储以及在何处存储等,仅是通过某种方式,使其对DSA可用。

```
MAPPING-BASED-MATCHING
  { SelectedBy, BOOLEAN: combinable, MappingResult, OBJECT IDENTIFIER: matchingRule }  ::=

CLASS  {
        &selectBy            SelectedBy        OPTIONAL,
        &ApplicableTo        ATTRIBUTE,
        &subtypesIncluded    BOOLEAN      DEFAULT  TRUE,
        &combinable          BOOLEAN      (combinable),
        &mappingResults      MappingResult     OPTIONAL,
        &userControl         BOOLEAN      DEFAULT  FALSE,
        &exclusive           BOOLEAN      DEFAULT  TRUE,
        &matching-rule       MATCHING-RULE. &id  (matchingRule),
        &id                  OBJECT IDENTIFIER  UNIQUE }

WITH SYNTAX  {
        [ SELECT BY            &selectBy ]
        APPLICABLE TO          &ApplicableTo
        [ SUBTYPES INCLUDED    &subtypesIncluded ]
        COMBINABLE             &combinable
        [ MAPPING RESULTS      &mappingResults ]
        [ USER CONTROL         &userControl  ]
        [ EXCLUSIVE            &exclusive ]
        MATCHING RULE          &matching-rule
        ID                     &id }
```

MAPPING-BASED-MATCHING 信息客体类的字段规定如下：

a) &selectBy 字段是对规范的一个虚拟引用，该规范定义了如何选择信息客体类的一个具体实例来进行基于映射的映射。如果可应用的话，信息客体类的具体实例将通过一个 ASN.1 数据类型以及相应的文字描述来规定如何执行此选择。如果用户在搜索请求的 RelaxationPolicy 结构中提供了一个非空的 mapping 组件，则该字段应当被忽略；

注 11：原则上，同一个搜索请求能够选择不同派生信息客体类的多个可能的实例。

b) &ApplicableTo 字段规定了哪些过滤项应当被认为是可映射的过滤项，通过指定该过滤项的属性类型来完成。该字段所列出的属性类型对应的任何过滤项都应当可以进行基于映射的匹配。该字段必须存在。但该字段所列出的属性类型可能没有必要都出现在过滤器中。该值由该信息客体类的特定化信息客体实例决定。

c) &subtypesIncluded 字段值为布尔型，规定了一个派生的信息客体类的实例除了所指定的属性外，是否还能够接受&ApplicableTo 属性的子类型。如果该字段缺失，则表示允许接受子类型，如果他们没有被其他机制关闭的话。该值由派生的信息客体类的信息客体实例决定。

d) &combinable 字段值为布尔型，如果取值为 TRUE，则表示允许基于映射的匹配使用多个组合的过滤项来满足与映射表的匹配。combinable 是该字段值的一个虚拟引用，由该信息客体类的某个具体实例所决定。

e) &mappingResults 字段是对规范的一个虚拟引用，该规范规定了异常条件如何被上报。派生的信息客体类应定义一个 ASN.1 数据类型来上报相应的异常条件。

f) &userControl 字段值为布尔型，规定了派生的信息客体类的一个实例及其相关的基于映射的匹配规则是否能够被extendedArea 搜索控制所控制。

注 12：如果有多个基于映射的匹配都同时应用的话，可能这样是适当的，即仅让其中的一个允许使用extendedArea 搜索控制。

g) &exclusive 字段值为布尔型，规定了派生的信息客体类的一个实例及其相关的基于映射的匹配规则是否允许执行"排斥放宽"。该值如果存在的话，由派生的信息客体类的信息客体实例所决定。如果该值为 FALSE 或者如果 DSA 不对此基于映射的匹配支持排斥匹配，则该特定映射的行为将如同设置了includeAllAreas 搜索控制选项一样。

注 13：如果有多个基于映射的匹配都同时应用的话，可能这样是适当的，即仅让其中的一个允许排斥放宽。

h) &matching-rule 字段值的类型为客体标识符，标识了一个基于映射的匹配规则，该实例对此匹配规则提供了附加的规范，并且应当应用于基于映射的匹配。该字段值的虚拟引用matchingRule 由该信息客体类的某个具体实例所决定。所指定的匹配规则应当用于特定的基于映射的匹配。

i) &id 字段是为特定的基于映射的映射分配的客体标识符。

13.7 DIT 结构定义

13.7.1 概述

目录模式的一个基本方面是规范某个特定类的条目可能置于 DIT 的何处以及它是如何被命名的。考虑如下：

- DIT 内条目的层次关系(DIT 结构规则)；
- 用来构造条目 RDN 的一个或多个属性(名(称)格式)。

13.7.2 名(称)格式定义

名(称)格式的定义包括：

a) 指定要命名的客体类；

b) 指示此名(称)格式所应用的客体类条目的 RDN 中所用的必选属性；

c) 指示此名(称)格式所应用的客体类条目的 RDN 中可能使用的可选属性，如果有的话；

d) 为名(称)格式分配一个客体标识符。

如果对于某个给定的结构客体类的条目,需要有不同的命名属性集,则应当为每个用于命名的不同的属性集定义一个名(称)格式。

仅有结构化客体类可用于名(称)格式中。

对于存在于DIB某部分中的某个特定结构客体类的条目,至少应当有该客体类的一个名(称)格式包含在模式的可应用部分中。模式包含了所需要的附加名(称)格式。

RDN属性(或RDN属性集)没有必要从结构客体类的结构定义或别名客体类定义中指定的允许属性列表中选择。

注:命名属性由DIT内容规则来管理,且DIT上下文以与其他属性一样的方式使用该属性。

名(称)格式仅仅是构造DIT格式所要求的全部规范中的一个基本元素,DIT格式的需求由管理和命名机构提出,该机构可以决定某个给定的DIT领域的命名策略。DIT结构的其余方面的规范在13.7.5讨论。

13.7.3 名(称)格式规范

名(称)格式可能被定义为NAME-FORM信息客体类的值:

```
NAME-FORM  ::=CLASS  {
          &namedObjectClass         OBJECT-CLASS,
          &MandatoryAttributes      ATTRIBUTE,
          &OptionalAttributes       ATTRIBUTE OPTIONAL,
          &id                       OBJECT IDENTIFIER UNIQUE }

WITH SYNTAX  {
          NAMES                 &namedObjectClass
          WITH ATTRIBUTES       &MandatoryAttributes
          [ AND OPTIONALLY      &OptionalAttributes ]
          ID                    &id }
```

对于每个使用此信息客体类定义的名(称)格式:

a) &namedObjectClass字段标识了它所命名的结构客体类;

b) &MandatoryAttributes字段指示此名(称)格式所控制的RDN中必须出现的属性集;

c) &OptionalAttributes字段指示此名(称)格式所控制的RDN中可能出现的属性集;

d) &id是为名(称)格式所分配的客体标识符。

处于必选和可选属性列表中的所有属性类型都必须是不同的。

13.7.4 条目的结构客体类

某些子模式规范中将包括这样一些名(称)格式,这些名(称)格式是为在子模式中表示的结构客体类的每个上级类链的最多一个结构客体类所定义的。

某些子模式规范中将包括这样一些名(称)格式,这些名(称)格式是为在子模式中表示的结构客体类的每个上级类链的多个结构客体类所定义的。

在任何一种情况下,关于某个特定的条目,只有出现在条目的属性objectClass中的结构上级类链中的最下级结构客体类,才能决定应用于该条目的DIT内容规则和DIT结构规则。该类是条目的结构客体类,且由操作属性structuralObjectClass指示。

13.7.5 DIT结构规则定义

DIT结构规则是一个规范,由子模式管理机构提供,目录使用该规范在子模式范围内控制条目的放置位置和命名。每个客体和别名条目都被一个单独的DIT结构规则所控制。控制某个DIT子树的子模式将典型地包含多个DIT结构规则,以便允许在子树内有多种类型的条目存在。

一个 DIT 结构规则的定义包括：

a) 一个整数标识符，在子模式范围内唯一；

b) 指示由 DIT 结构规则所控制的条目的名(称)格式；

c) 所允许的上级结构规则的集合，如果需要的话。

子模式的 DIT 结构规则的集合规定了被子模式控制的条目的可辨别名格式。

DIT 结构规则允许一个给定子模式内的条目定购某个特定的名(称)格式。条目属性 DistinguishedName 中的"最后的 RDN(lastRDN)"组件的格式由控制条目的 DIT 结构规则中的名(称)格式所决定。

名(称)格式中的namedObjectClass 组件(名(称)格式的客体类)与条目的结构客体类应一致。

DIT 结构规则应当仅允许属于结构客体类的条目才能够被相关的名(称)格式所标识，而不允许属于结构客体类的任何子类的条目被该名(称)格式所标识。

对于某个特定的条目，控制条目的 DIT 结构规则被称为条目的"控制结构规则"。该规则可以通过检查条目的governingStructureRule 属性来进行确定。

对于某个特定的条目，控制条目上级的 DIT 结构规则被称为条目的"*上级结构规则*"。

一个条目可能仅仅作为另一个条目(上级)的下级而存在于 DIT 中，如果一个 DIT 结构规则存在于控制子模式中，且：

——为条目的结构客体类指示了名(称)格式；且

——或者将包含条目的上级结构规则作为一个可能的上级结构规则，或者不指定上级结构规则，在这种情况下，条目应当是一个子模式的管理点。

如果条目本身是一个子模式的管理点，但出于子模式管理的目的它没有被包含在它的子模式子条目中，则将使用其直接上级子模式管理区中的子模式来控制该条目。

作为管理点但没有子模式子条目的条目(如新创建的管理点条目)将没有控制结构规则。目录不得允许在这些条目的下面创建下级，直到增加了子模式子条目为止。

如果一个条目被转换为一个新的子模式管理点，则在新的子模式管理区内所有条目的控制结构规则将被自动转变为新的子模式隐含的控制结构规则。

13.7.6 DIT 结构规则规范

DIT 结构规则的抽象语法由下述 ASN.1 类型表示：

```
DITStructureRule  ::=SEQUENCE {
    ruleIdentifier              RuleIdentifier,
                                    --在子模式范围内应当唯一
    nameForm                    NAME-FORM.&id,
    superiorStructureRules      SET SIZE (1..MAX) OF RuleIdentifier OPTIONAL }

RuleIdentifier  ::=INTEGER
```

13.7.5 所列的定义的不同部分，与如上所定义的 ASN.1 类型的各组件之间的对应关系，如下所述：

a) ruleIdentifier 组件在子模式范围内唯一地标识了该 DIT 结构规则；

b) DIT 结构规则的nameForm 组件规定了该 DIT 结构规则所控制的条目的名(称)格式；

c) superiorStructureRules 组件标识了该规则所控制的条目所允许的上级结构规则。如果该组件被省略，则表示该 DIT 结构规则应用于一个子模式管理点。

提供了STRUCTURE-RULE 信息客体类来简化 DIT 结构规则的文档。

```
STRUCTURE-RULE  ::=CLASS {
    &nameForm                   NAME-FORM,
```

```
    &superiorStructureRules         STRUCTURE-RULE   OPTIONAL,
    &id                             RuleIdentifier }

WITH SYNTAX {
    NAME FORM                       &nameForm
    [ SUPERIOR RULES                &SuperiorStructureRules   ]
    ID                              &id }
```

13.8 DIT 内容规则定义

13.8.1 概述

DIT 内容规则规定了某个特定的结构客体类的条目所允许具有的内容，这是通过指定一个辅助客体类、必选属性、可选属性以及排斥属性等的集合来完成的。如果条目中允许有集合属性，则它们须被包含在 DIT 内容规则中。

DIT 内容规则的定义包括：

a) 指示本 DIT 内容规则所应用的结构客体类；

b) 可选地，指示本 DIT 内容规则所控制的条目允许的辅助客体类；

c) 可选地，指示本 DIT 内容规则所控制的条目需要的必选属性，但结构客体类和辅助客体类已经要求的除外；

d) 可选地，指示本 DIT 内容规则所控制的条目允许的可选属性，但结构客体类和辅助客体类已经要求的除外；

e) 可选地，从条目的结构客体类和辅助客体类的*可选*属性中，指示出不能出现在本 DIT 内容规则所控制的条目中的属性。

对于任何合法的子模式规范，对每个结构客体类最多定义一个 DIT 内容规则。

DIT 中的每个条目最多被一个 DIT 内容规则所控制。该规则可通过条目的structuralObjectClass 属性值来标识。

如果一个结构客体类没有 DIT 内容规则，则该类的条目必须仅包含结构客体类定义中所允许的属性。

条目的结构客体类上级类的 DIT 内容规则，不能应用于本条目。

由于 DIT 内容规则与某个结构客体类相关联，因此同一结构客体类的所有条目都将具有同一个 DIT 内容规则，而不论控制它们在 DIT 内所处位置的 DIT 结构规则。

被 DIT 内容规则所控制的条目，除了与 DIT 结构规则的结构客体类相关外，还可能与 DIT 内容规则所标识的辅助客体类的某个子集相关。这种相关关系体现在条目的objectClass 属性中。

条目的内容应当与它的objectClass 属性所指示的客体类保持一致，在如下方面：

——objectClass 属性所指示的客体类的必选属性必须总是出现在条目中；

——由 DIT 内容规则所指示的辅助客体类的可选属性（不是 DIT 内容规则附加的可选或必选属性）只有在objectClass 属性指示了这些辅助客体类的情况下，才可能存在于条目中。

与结构客体类或所指示的辅助客体类相关的必选属性不得被 DIT 内容规则所排除。

13.8.2 DIT 内容规则规范

DIT 内容规则的抽象语法由下述 ASN.1 类型表示：

```
DITContentRule  ::=SEQUENCE {
    structuralObjectClass        OBJECT-CLASS. &id,
    auxiliaries                  SET SIZE (1.. MAX) OF OBJECT-CLASS. &id   OPTIONAL,
    mandatory               [1]  SET SIZE (1.. MAX) OF ATTRIBUTE. &id      OPTIONAL,
    optional                [2]  SET SIZE (1.. MAX) OF ATTRIBUTE. &id      OPTIONAL,
```

```
precluded            [3] SET SIZE (1..MAX) OF ATTRIBUTE.&id      OPTIONAL }
```

13.8.1 中所列的定义部分，与如上所定义的 ASN.1 类型的各组件之间的对应关系，如下所述：

a) structuralObjectClass 组件标识了本 DIT 内容规则所应用的结构客体类；

b) auxiliaries 组件标识了本 DIT 内容规则所应用的条目允许的辅助客体类；

c) mandatory 组件指定了本 DIT 内容规则所应用的条目除了根据其结构客体类和辅助客体类必须包含的属性类型外，还必须包含的用户属性类型；

d) optional 组件指定了本 DIT 内容规则所应用的条目除了根据其结构客体类和辅助客体类可能包含的属性类型外，还可能包含的用户属性类型；

e) precluded 组件指定了结构客体类和辅助客体类中的可选用户属性类型的一个子集，该子集中的属性类型被本 DIT 内容规则所应用的条目所排除。

注：直接标识属性(如在必选属性、可选属性和排除属性列表中所列的属性)的内容规则仅应用于所指定的属性，而不能应用于子类型和友人属性。

提供了CONTENT-RULE 信息客体类来简化 DIT 内容规则的文档：

```
CONTENT-RULE  ::=CLASS {
    &structuralClass        OBJECT-CLASS.&id   UNIQUE,
    &Auxiliaries            OBJECT-CLASS       OPTIONAL,
    &Mandatory              ATTRIBUTE          OPTIONAL,
    &Optional               ATTRIBUTE          OPTIONAL,
    &Precluded              ATTRIBUTE          OPTIONAL }

WITH SYNTAX {
    STRUCTURAL OBJECT-CLASS          &structuralClass
    [ AUXILIARY OBJECT-CLASSES       &Auxiliaries ]
    [ MUST CONTAIN                   &Mandatory ]
    [ MAY CONTAIN                    &Optional ]
    [ MUST-NOT CONTAIN               &Precluded ] }
```

13.9 上下文类型定义

上下文类型的定义包括：

a) 规定上下文的句法；

b) 规定上下文断言的句法；

c) 可选地，规定上下文的缺省值；

d) 定义上下文的语义；

e) 规定如何执行匹配；

f) 规定上下文值如果缺失时的行为；以及

g) 为上下文类型分配一个客体标识符。

13.9.1 上下文值匹配

当前的上下文断言与已存储的同一上下文类型的某个上下文值相匹配，是根据上下文定义中匹配部分的描述而判断的。

13.9.2 上下文定义

上下文的定义使用CONTEXT 信息客体类：

```
CONTEXT  ::=CLASS  {
    &Type,
    &DefaultValue     OPTIONAL,
```

```
    &Assertion        OPTIONAL,
    &absentMatch      BOOLEAN  DEFAULT  TRUE,
    &id               OBJECT IDENTIFIER UNIQUE }

WITH SYNTAX {
    WITH  SYNTAX          &Type
    [ DEFAULT-VALUE       &DefaultValue ]
    [ ASSERTED  AS        &Assertion ]
    [ ABSENT-MATCH        &absentMatch ]
    ID                    & id    }
```

DEFAULT-VALUE将抵消ABSENT-MATCH的效果(1),而对定义了DEFAULT-VALUE的任意上下文都可以假定ABSENT-MATCH的效果(2),在这种情况下,ABSENT-MATCH字段能够被省略。

如果&defaultValue被指定,则要求增加值及其上下文的条目修改请求,应当符合下述预处理和后处理规范所定义的行为。

注:DSA没有义务按照下述的步骤精确地实现,只要最终的结果表现出同样的外部观察行为即可。

预处理

对于每个要求增加值及其上下文,或者删除值及其上下文,或者删除所有值及其上下文的Entry-Modification请求。对于每个应用于该属性类型的上下文类型,如果上下文类型定义时带有&defaultValue,则:

1) 如果上下文类型没有显式地列在请求中,则在请求中增加&defaultValue中定义的上下文类型;

2) 对于属性类型的每个已存储的属性值,如果属性值没有包含上下文类型,则在属性值中增加&defaultValue中定义的上下文类型。

正常处理

后处理

对于每个要求增加值及其上下文,或者删除值及其上下文,或者删除所有值及其上下文的Entry-Modification请求。对于每个应用于该属性类型的上下文类型,如果上下文类型定义时带有&defaultValue,则对于该属性类型的每个已存储的属性值:

3) 如果属性值没有上下文类型,则删除该属性值;

4) 如果属性值具有上下文类型,且该上下文类型仅有的上下文值为&defaultValue,则删除该上下文(但不删除属性值)。

如果&Assertion被省略,则上下文断言的句法与&Type相同。

在上下文定义中,如果指定&absentMatch值为FALSE,则有如下两种效果:

a) 一个属性值,如果没有具备所指定的上下文类型的上下文,则它被认为不具备该上下文类型的值。也就是说,如果一个属性值没有包含所声明的contextType的上下文,则ContextAssertion将被评估为FALSE;

b) 该上下文类型的上下文值中的fallback组件被认为设置为FALSE,而不管它的实际设定值。

在定义一个上下文时,在规范中应当包括对上下文语义的描述以及如何对匹配进行评估赋值的描述。

GB/T 16264.6—2008规定了所选择的上下文定义。

13.10 DIT 上下文用法定义

13.10.1 概述

DIT 上下文用法是一个规范，由子模式管理机构提供，该规范规定了可能与属性一起存储的允许的上下文类型以及应当与属性一起存储的必选的上下文类型。

DIT 上下文用法的定义包括：

a) 指示该用法所应用的属性类型；

b) 可选地，指示任何时候当属性被存储时，应当与该属性类型的值相关的必选上下文类型；

c) 可选地，指示任何时候当属性被存储时，可能与该属性类型的值相关的可选上下文类型。

如果对于某个给定的属性类型，没有定义 DIT 上下文用法，则该属性类型的值不得包含上下文列表。

对于给定的子模式管理区，对于某个给定的属性类型，可以仅有一个 DIT 上下文用法。DIT 上下文用法可能会定义为应用到所有的属性类型，在这种情况下，它应当是子模式中的唯一的 DIT 上下文用法。

13.10.2 DIT 上下文用法规范

DIT 上下文用法的抽象语法由下述 ASN.1 类型表示：

```
DITContextUse  ::=SEQUENCE  {
     attributeType                ATTRIBUTE.&id,
     mandatoryContexts        [1] SET SIZE (1..MAX) OF CONTEXT.&id OPTIONAL,
     optionalContexts         [2] SET SIZE (1..MAX) OF CONTEXT.&id OPTIONAL }
```

13.10.1 所列定义的各部分与如上所定义的 ASN.1 类型的各组件之间的对应关系，如下所述：

a) attributeType 组件标识了本 DIT 上下文用法所应用的属性类型，或者任意属性类型（取值为 id-oa-allAttributeTypes）；

b) mandatoryContexts 组件规定了任何时候当属性被存储时都必须与给定属性类型的属性值相关的上下文类型。如果该组件省略，则属性值可能没有上下文列表；

c) optionalContexts 组件规定了任何时候当属性被存储时，都可能与给定属性类型的属性值相关的上下文类型。如果该组件省略，但mandatoryContexts 组件存在，则所有的属性值出现时都应当具有必选的上下文类型，此外没有其他。如果该组件省略，且mandatoryContexts 组件也省略，则情况与该属性类型没有 DIT 上下文用法时相同，也就是说，给定属性类型的属性值不得具有相关的上下文列表。

提供了DIT-CONTEXT-USE-RULE 信息客体类来简化 DIT 上下文用法规则的文档。

```
DIT-CONTEXT-USE-RULE  ::=CLASS  {
   &attributeType                      ATTRIBUTE.&id  UNIQUE,
   &Mandatory                          CONTEXT     OPTIONAL,
   &Optional                           CONTEXT     OPTIONAL }

WITH SYNTAX  {
   ATTRIBUTE TYPE                      &attributeType
   [ MANDATORY CONTEXTS                &Mandatory ]
   [ OPTIONAL CONTEXTS                 &Optional ] }
```

13.11 友人定义

友人集的定义包括：

a) 规定具有该友人集的锚属性；

b) 规定该锚属性的友人属性集。

提供了FRIENDS信息客体类来简化友人集的文档：

```
FRIENDS  ::=CLASS {
    &anchor             ATTRIBUTE.&id UNIQUE,
    &Friends            ATTRIBUTE }

WITH SYNTAX {
    ANCHOR              &anchor
    FRIENDS             &Friends }
```

任何给定的属性在任何一个子模式中，都只能有一个友人集。

示例：

```
postal FRIENDS ::={
    ANCHOR              {postalAddress}
    FRIENDS     { physicalDeliveryOfficeName |
          postalCode |
          postOfficeBox |
          streetAddress }
```

14 目录系统模式

14.1 概述

目录系统模式是关于信息的一系列定义和限制，这些信息是目录本身为了正确操作而需要知道的。这些信息通过子条目和操作属性来规定。

注：系统模式使得目录系统能够，如：

——防止错误类型的子条目与管理条目相关联起来（例如，为一个仅被定义为安全管理条目的管理条目创建一个子模式子条目作为其下级）；

——防止为条目或子条目增加不正确的操作属性（例如，为一个用户条目增加一个子模式操作属性）。

从形式上，目录信息模式包含如下内容的集合：

a) 客体类定义：在这些客体类定义中定义了应当或可能出现在一个给定类的子条目中的属性；

b) 操作属性类型定义：规定了由目录所知并使用的操作属性的特性。

一个操作属性的完整定义包括对目录在操作中，使用和提供（如果合适的话）或管理属性的方法的规范。

目录系统模式是分布式的，如同 DIB 本身一样。每个管理机构建立了系统模式的一部分，将应用于该机构所管理的 DIB 的那些部分。

本目录规范中定义的目录系统模式是目录系统本身的一个完整组成部分。每个加入到目录系统中的 DSA 都要求对它的管理机构所建立的系统模式有一个完整的认识。一个管理区的系统模式可能被其管理机构使用本条所定义的表示法来进行定义。

目录系统模式不被 DIT 结构规则或内容规则所控制。当一个系统模式的元素被定义时，它应该提供规范规定它如何被使用以及它出现在 DIT 的什么位置等。

目录系统模式的特定方面在后续部分中规定。

为支持目录分布所需的目录系统模式在第 25 章到第 28 章规定。

14.2 支持管理和操作信息模型的系统模式

尽管使用第 13 章的表示法定义了subentry 和subentryNameForm，但子条目不被 DIT 结构规则或内容规则所控制。

14.2.1 子条目客体类

客体类subentry 是一个结构客体类，它的定义如下：

```
subentry  OBJECT-CLASS ::={
        SUBCLASS OF          { top }
        KIND                 structural
        MUST CONTAIN         { commonName | subtreeSpecification }
        ID                   id-sc-subentry }
```

14.2.2 子条目名(称)格式

名(称)格式subentryNameForm 允许使用commonName 属性对类subentry 的条目命名：

```
subentryNameForm  NAME-FORM  ::={
        NAMES                subentry
        WITH ATTRIBUTES      { commonName }
        ID                   id-nf-subentryNameForm }
```

子条目不得使用其他名(称)格式。

14.2.3 子树规范操作属性

操作属性subtreeSpecification 的语义在第 12 章规定，它的定义如下：

```
subtreeSpecification  ATTRIBUTE  ::={
    WITH SYNTAX      SubtreeSpecification
    USAGE            directoryOperation
    ID               id-oa-subtreeSpecification }
```

该属性出现在所有的子条目中；每个值都定义了一个条目集(可能是由客体类过滤器所选择提炼后的管理区的一部分)，这些条目集可能是子条目所定义的策略实施的客体。

注：允许在一个单独子条目中定义的某个单独的复杂策略(如一个搜索规则)，在一个管理区的不相交区域，用于多个客体类组合中。

14.3 支持管理模型的系统模式

在第 11 章定义的管理模型要求管理条目包含一个administrativeRole 属性，此属性指示了相关的管理区担任的一种或多种管理角色。

操作属性administrativeRole 的定义如下：

```
administrativeRole  ATTRIBUTE  ::={
    WITH SYNTAX                  OBJECT-CLASS.&id
    EQUALITY MATCHING RULE       objectIdentifierMatch
    USAGE                        directoryOperation
    ID                           id-oa-administrativeRole }
```

本目录规范定义的该属性的值可能为：

id-ar-autonomousArea
id-ar-accessControlSpecificArea
id-ar-accessControlInnerArea
id-ar-subschemaAdminSpecificArea
id-ar-collectiveAttributeSpecificArea
id-ar-collectiveAttributeInnerArea
id-ar-contextDefaultSpecificArea
id-ar-serviceSpecificArea

这些值的语义在第 12 章定义。

操作属性administrativeRole 还可用于规范允许作为一个管理条目下级的子条目。一个administrativeRole 属性所不允许的类的子条目不能作为管理条目的下级。

14.4 支持通用管理和操作需求的系统模式

下面的各条描述了子模式操作属性，这些属性与常规属性不同(即不是由条目所拥有的)，但可能被认为是“虚拟”属性，表示了可派生的信息(例如，从当前存在的操作属性、属性值以及其他信息等)。这些哑属性对于一个管理区内的所有条目都是合法的。因此，结果是这些子模式操作属性出现在每个条目中。

14.4.1 时戳

createTimestamp 指示条目被创建的时间：

```
createTimestamp   ATTRIBUTE   ::={
    WITH SYNTAX                         GeneralizedTime
                  ——GB/T 16262.1—2006 中 42.3 b)或 c)的定义
    EQUALITY MATCHING RULE              generalizedTimeMatch
    ORDERING MATCHING RULE              generalizedTimeOrderingMatch
    SINGLE VALUE                        TRUE
    NO USER MODIFICATION                TRUE
    USAGE                               directoryOperation
    ID                                  id-oa-createTimestamp }
```

modifyTimestamp 指示条目被最后修改的时间：

```
modifyTimestamp   ATTRIBUTE   ::={
    WITH SYNTAX                         GeneralizedTime
                  ——GB/T 16262.1—2006 中 42.3b)或 c)的定义
    EQUALITY MATCHING RULE              generalizedTimeMatch
    ORDERING MATCHING RULE              generalizedTimeOrderingMatch
    SINGLE VALUE                        TRUE
    NO USER MODIFICATION                TRUE
    USAGE                               directoryOperation
    ID                                  id-oa-modifyTimestamp }
```

subschemaTimestamp 指示条目的子模式子条目(见 15.3)创建的时间或最后修改的时间。在每个条目中都可用：

```
subschemaTimestamp   ATTRIBUTE   ::={
    WITH SYNTAX                         GeneralizedTime
          ——GB/T 16262.1—2006 中 42.3b)或 c)的定义
    EQUALITY MATCHING RULE              generalizedTimeMatch

    ORDERING MATCHING RULE              generalizedTimeOrderingMatch
    SINGLE VALUE                        TRUE
    NO USER MODIFICATION                TRUE
    USAGE                               directoryOperation
    ID                                  id-oa-subschemaTimestamp }
```

generalizedTimeMatch 和 generalizedTimeOrderingMatch 匹配规则在 GB/T 16264.6—2008 中定义。

14.4.2 条目修改者操作属性

操作属性creatorsName 指示创建一个条目的目录用户的可辨别名：

```
creatorsName  ATTRIBUTE  ::={
    WITH SYNTAX                     DistinguishedName
    EQUALITY MATCHING RULE          distinguishedNameMatch
    SINGLE VALUE                    TRUE
    NO USER MODIFICATION            TRUE
    USAGE                           directoryOperation
    ID                              id-oa-creatorsName }
```

操作属性modifiersName 指示最后修改条目的目录用户的可辨别名：

```
modifiersName  ATTRIBUTE  ::={
    WITH SYNTAX                     DistinguishedName
    EQUALITY MATCHING RULE          distinguishedNameMatch
    SINGLE VALUE                    TRUE
    NO USER MODIFICATION            TRUE
    USAGE                           directoryOperation
    ID                              id-oa-modifiersName }
```

这些操作属性应当使用主辨别名。

14.4.3 子条目标识操作属性

操作属性subschemaSubentryList 指示控制条目的子模式子条目。它在每个条目中都可用：

```
subschemaSubentryList  ATTRIBUTE  ::={
    WITH SYNTAX                     DistinguishedName
    EQUALITY MATCHING RULE          distinguishedNameMatch
    SINGLE VALUE                    TRUE
    NO USER MODIFICATION            TRUE
    USAGE                           directoryOperation
    ID                              id-oa-subschemaSubentryList }
```

操作属性accessControlSubentryList 标识影响条目的所有访问控制子条目。它在每个条目中都可用。

```
accessControlSubentryList  ATTRIBUTE  ::={
    WITH SYNTAX                     DistinguishedName
    EQUALITY MATCHING RULE          distinguishedNameMatch
    NO USER MODIFICATION            TRUE
    USAGE                           directoryOperation
    ID                              id-oa-accessControlSubentryList }
```

操作属性collectiveAttributeSubentryList 标识影响条目的所有集合属性子条目。它在每个条目中都可用：

```
collectiveAttributeSubentryList  ATTRIBUTE  ::={
    WITH SYNTAX                     DistinguishedName
    EQUALITY MATCHING RULE          distinguishedNameMatch
    NO USER MODIFICATION            TRUE
    USAGE                           directoryOperation
    ID                              id-oa-collectiveAttributeSubentryList }
```

操作属性contextDefaultSubentryList 标识了影响条目的所有上下文缺省子条目。它在每个条目中都可用：

```
contextDefaultSubentryList   ATTRIBUTE   ::={
        WITH SYNTAX                     DistinguishedName
        EQUALITY MATCHING RULE          distinguishedNameMatch
        NO USER MODIFICATION            TRUE
        USAGE                           directoryOperation
        ID                              id-oa-contextDefaultSubentryList }
```

操作属性serviceAdminSubentryList标识了影响条目的所有服务管理子条目,如果存在的话。它在受这些子条目影响的每个条目中都可用。

```
serviceAdminSubentryList   ATTRIBUTE   ::={
        WITH SYNTAX                     DistinguishedName
        EQUALITY MATCHING RULE          distinguishedNameMatch
        NO USER MODIFICATION            TRUE
        USAGE                           directoryOperation
        ID                              id-oa-serviceAdminSubentryList }
```

14.4.4 具有下级操作属性

操作属性hasSubordinates指示拥有该属性的条目下是否有任何一个下级条目存在。值为TRUE表示有下级存在。值为FALSE表示没有下级存在。如果该属性缺失,则关于该条目是否存在下级没有相应的信息可以提供。一般来说,该属性会告知是否存在下级,即使直接下级是被访问控制所隐蔽的——为了防止下级存在信息的泄漏,该操作属性本身也必须被访问控制所保护。

注:如果所有可能的下级都只有通过一个非特定的下级引用才可用时(见GB/T 16264.4—2008),或者如果唯一的下级为子条目或孩子家族成员时,则没有下级存在也可能会返回值为TRUE。

```
HasSubordinates ATTRIBUTE ::={
        WITH SYNTAX             BOOLEAN
        EQUALITY MATCHING RULE      booleanMatch
        SINGLE VALUE            TRUE
        NO USER MODIFICATION        TRUE
        USAGE               directoryOperation
        ID              id-oa-hasSubordinates }
```

14.5 支持访问控制的系统模式

如果一个子条目包含了预定的访问控制信息,则它的属性objectClass须包含值accessControlSubentry:

```
accessControlSubentry   OBJECT-CLASS   ::={
        KIND                auxiliary
        ID                  id-sc-accessControlSubentry }
```

这种客体类的子条目须精确地包含一个prescriptiveACI属性,其类型与相应的访问控制特定点的属性accessControlScheme的值相一致。

14.6 支持集合属性模型的系统模式

支持集合属性特定管理区或内部管理区的子条目定义如下:

```
collectiveAttributeSubentry   OBJECT-CLASS   ::={
        KIND                auxiliary
        ID                  id-sc-collectiveAttributeSubentry }
```

这种客体类的子条目须包含至少一个集合属性。

包含在这种客体类子条目中的集合属性,从概念上来说,在对子条目的subtreeSpecification属性值指定范围内的每个条目进行查询和过滤时都可应用,但它们是通过子条目进行管理的。

操作属性collectiveExclusions 允许条目排斥某些特定的集合属性:

```
collectiveExclusions    ATTRIBUTE    ::={
        WITH SYNTAX             OBJECT IDENTIFIER
        EQUALITY MATCHING RULE         objectIdentifierMatch
        USAGE               directoryOperation
        ID              id-oa-collectiveExclusions }
```

该属性对每个条目都是可选的。

OBJECT IDENTIFIER 的值id-oa-excludeAllCollectiveAttributes 可能会作为属性collectiveExclusions 的值出现,这样将表示所有的集合属性都被某个条目排斥在外。

14.7 支持上下文断言缺省值的系统模式

提供上下文断言的缺省值的子条目定义如下:

```
contextAssertionSubentry  OBJECT-CLASS  ::={
        KIND                auxiliary
        MUST CONTAIN         {contextAssertionDefaults}
        ID              id-sc-contextAssertionSubentry }
```

这种客体类的子条目须包含一个contextAssertionDefaults 属性:

```
contextAssertionDefaults    ATTRIBUTE    ::={
        WITH SYNTAX             TypeAndContextAssertion
        EQUALITY MATCHING RULE         objectIdentifierFirstComponentMatch
        USAGE               directoryOperation
        ID              id-oa-contextAssertionDefault    }
```

无论何时,当一个上下文被评估且用户没有提供上下文断言时,目录都将在控制被访问条目的上下文断言子条目中提供与该属性值相等的上下文断言的缺省值,如 8.9.2.2 的描述。

注:TypeAndContextAssertion 在 GB/T 16264.3—2008 的 7.6 定义(对该属性值的评估在 7.6.3 定义)。

14.8 支持服务管理模型的系统模式

```
serviceAdminSubentry   OBJECT-CLASS   ::={
        KIND              auxiliary
        MUST CONTAIN          { searchRules }
        ID             id-sc-serviceAdminSubentry }
```

这种客体类的子条目须包含一个searchRules 操作属性:

```
searchRules ATTRIBUTE ::={
        WITH SYNTAX           SearchRuleDescription
        EQUALITY MATCHING RULE    integerFirstComponentMatch
        USAGE             directoryOperation
        ID            id-oa-searchRules }


SearchRuleDescription   ::=SEQUENCE {
        COMPONENTS OF        SearchRule,
        name          [28]   SET SIZE (1 .. MAX) OF DirectoryString { ub-search } OPTIONAL,
        description        [29]   DirectoryString { ub-search } OPTIONAL }
```

操作属性searchRules 的值或者是一个包含实际搜索限制的搜索规则,或者是一个根本没有指定任何搜索限制的虚拟搜索规则。该虚拟搜索规则是通过id 值为零,且不包含serviceType 组件(或者不包含SearchRule中的除id和dmdId外的其他任何组件)来标识的。dmdId是为控制DMD赋予的一个标识符(见6.4)。

14.9 支持层次结构组的系统模式

```
hierarchyLevel ATTRIBUTE  ::={
        WITH SYNTAX          HierarchyLevel
        EQUALITY MATCHING RULE       integerMatch
        ORDERING MATCHING RULE       integerOrderingMatch
        SINGLE VALUE         TRUE
        NO USER MODIFICATION       TRUE
        USAGE            directoryOperation
        ID           id-oa-hierarchyLevel }

HierarchyLevel  ::=INTEGER

hierarchyBelow ATTRIBUTE  ::={
        WITH SYNTAX          HierarchyBelow
        EQUALITY MATCHING RULE       booleanMatch
        SINGLE VALUE         TRUE
        NO USER MODIFICATION       TRUE
        USAGE            directoryOperation
        ID           id-oa-hierarchyBelow }

HierarchyBelow  ::=BOOLEAN

hierarchyParent ATTRIBUTE  ::={
        WITH SYNTAX          DistinguishedName
        EQUALITY MATCHING RULE       distinguishedNameMatch
        SINGLE VALUE         TRUE
        USAGE            directoryOperation
        ID           id-oa-hierarchyParent }

hierarchyTop ATTRIBUTE  ::={
        WITH SYNTAX          DistinguishedName
        EQUALITY MATCHING RULE       distinguishedNameMatch
        SINGLE VALUE         TRUE
        USAGE            directoryOperation
        ID           id-oa-hierarchyTop }
```

操作属性hierarchyLevel须出现在作为某个层次结构组成员的任何条目中。目录应当负责创建和维护该属性。当条目不再是此层次结构组中的成员时,目录应当删除该属性。对于层次结构中的顶端(top),该属性值为零。在孩子家族成员中,不得出现该属性。

操作属性hierarchyBelow指示了条目是否具有层次结构孩子。值为TRUE表示存在层次结构孩子。值为FALSE或者该属性类型不存在,则表示不存在层次结构孩子。目录必须负责创建和维护该属性。当条目不再是此层次结构组中的成员时,目录必须删除该属性。

当一个新的条目或一个现有的条目变成层次结构的孩子时，必须在增加条目或修改条目操作中出现操作属性hierarchyParent。该属性的值必须为其直接层次结构双亲的可辨别名。如果其直接层次结构双亲为一个组合条目，则该值必须为其祖先的可辨别名。否则，目录必须返回一个修改错误，错误原因为parentNotAncestor。在一个孩子家族成员中，或者在非此层次结构组内的条目中，或者在层次结构的顶端条目中，都不得出现该属性。

操作属性hierarchyTop指向该层次结构组的顶端条目。由目录负责提供和维护该属性。该属性的值必须为顶端条目的可辨别名。如果顶端条目是一个复合条目，则该值必须是其祖先的可辨别名。在一个孩子家族成员中，或者在非此层次结构组内的条目中，或者在层次结构的顶端条目中，都不得出现该属性。

注：该属性提供了一个条目所属于的层次结构组的唯一标识符。

当一个层次结构组中的某个条目通过删除条目操作被删除后，则其所有的层次结构孩子都将从层次结构组中删除。

14.10 系统模式的维护

DSA应当负责维护子条目和操作属性与系统模式之间的一致性。系统模式不同方面的不一致性以及系统模式与子条目和操作属性间的不一致性，都不得发生。

当一个新的子条目加入到DIT中，或者对一个当前的子条目进行修改时，由目录来执行条目的增加和修改过程。目录应当判断所执行的操作是否会违反系统模式，如果违反的话，修改操作将失败。

特别地，目录应当确保增加到DIT中的子条目与administrativeRole属性的值是一致的，且子条目内的属性与子条目的objectClass属性的值是一致的。

属性administrativeRole的值可能会被修改，以便允许还未出现的子条目类可以成为管理条目的下级。但如果会引起当前的子条目变得不一致时，则属性administrativeRole的值不得被修改。

当操作属性的值由目录提供时，目录还应当确保这些值是正确的。

14.11 第一级下级的系统模式

对于作为DIT根的直接下级而创建的条目，目录施加了如下的规则和限制：

——所有的这些条目都必须被创建为管理点条目；

——这些条目的客体类和命名属性必须与GB/T 16264.1—2008中规定的一致。

15 目录模式管理

15.1 概述

对于全球DIT的目录模式的全面管理，是通过对组成全球DIT的各个DIT域自治管理区子模式进行独立管理来完成的。

在DIT域之间的边界上，对目录模式管理的一致性保证是DMO之间双边商定要解决的课题，不在本目录规范的定义范围之内。

出于管理某个DIT域的目的，而在本条定义的子模式管理能力包括：

a) 创建、删除和修改子模式子条目；

b) 为了允许DSA在操作绑定协议交互中包含模式信息，并允许DUA通过DAP来获取子模式信息，则需要支持发布机制；

c) 为了确保任何修改操作的执行都与所应用的子模式规范一致，可以对子模式进行调整。

15.2 策略客体

子模式策略客体可能是如下中的一种：

——子模式管理区；

——子模式管理区内的客体或别名条目；

——该客体或别名条目的用户属性。

为了管理子模式,自治管理区可能会被设计为一个子模式特定管理区。这应当通过在相关联的管理条目的administrativeRole 属性中出现值id-oa-subschemaAdminSpecificArea 来标识(除了出现值id-oa-autonomousArea 以及其他可能的值以外)。

为了为某些特定部分部署和管理子模式,这样的一个自治管理区可能会被分割为不同的部分。在这种情况下,每个子模式特定管理区的管理条目都是通过在这些条目的属性administrativeRole 中出现值id-oa-subschemaAdminSpecificArea 来标识的。

15.3 策略参数

子模式策略参数用于表示子模式管理机构的策略。这些参数以及用以表示参数的操作属性,包括:

——*DIT 结构*参数:用于定义子模式管理区的结构,并且用于存储已废弃的 DIT 结构规则的信息,这些结构规则可能还被某些条目标识为其控制 DIT 结构规则。该参数由操作属性 dITStructureRules 和 nameForms 来表示;

——*DIT 内容*参数:用于定义在子模式管理区内包含的客体和别名条目的内容类型,并且用于存储已废弃的 DIT 内容规则的信息,这些内容规则可能还被目录使用来判断某些条目的内容。该参数由操作属性 dITContentRules、objectClasses、attributeTypes、contextTypes、friends 和dITContextUse 来表示;

——*匹配能力*参数:用于定义在子模式管理区内定义的属性类型所应用的匹配规则所支持的匹配能力。该参数由操作属性matchingRules 和matchingRuleUse 来表示。

子模式管理机构将使用一个单独的子模式子条目来管理子模式管理区的子模式。出于这种目的,子模式子条目中包含了表示策略参数的操作属性,这些策略参数用于表示子模式的策略。子模式子条目中的属性subtreeSpecification 须指定整个的子模式管理区,即它须是一个空序列。

子模式子条目的定义如下:

```
subschema   OBJECT-CLASS   ::={
            KIND                 auxiliary
            MAY CONTAIN  {
                                 dITStructureRules  |
                                 nameForms  |
                                 dITContentRules  |
                                 objectClasses  |
                                 attributeTypes  |
                                 friends  |
                                 contextTypes  |
                                 dITContextUse  |
                                 matchingRules  |
                                 matchingRuleUse  }
            ID                   id-soc-subschema  }
```

子模式子条目的操作属性在 15.7 中定义。

15.4 策略规程

有两个与子模式管理相关的策略规程:

——子模式修改过程;和

——条目修改过程。

15.5 子模式修改过程

子模式管理机构可能以一种动态方式来管理子模式,包括执行受限的子模式修改。这种动态方式可能通过使用目录修改操作来修改子模式操作属性的值来实现,这种方式可以有效地修改子模式管理区中已生效的子模式。一个子模式管理机构还可能分别通过创建或删除子模式子条目来创建一个新的子模式区,或者删除已存在的子模式区。

子模式管理机构可以通过增加一个新规则、或者增加一个新的辅助客体、或者为某个已存在的规则增加一个必选或可选属性等方式等来扩展 DIT 结构规则或 DIT 内容规则,在扩展之前,所涉及的模式信息必须在子模式子条目的适当属性中描述。由 dITStructureRule、dITContentRule 或者 matchingRuleUse 等属性所(直接或间接)提及的名(称)格式、客体类、属性类型以及匹配规则等,不得从子模式子条目中删除。

已经登记的信息客体的定义,如客体类、属性类型、匹配规则以及名(称)格式等(即已经被分配了一个类型为客体标识符的名(称))都是静态的,不能被修改。对这些信息客体语义的修改要求分配一个新的客体标识符。

DIT 结构规则和 DIT 内容规则可能是活动的或是废弃的。只有活动的规则可用于规范 DIT。对废弃规则的标识和保留是为了提供一种管理上的便利,便于对根据旧的规则而增加的条目进行定位(或修改),尽管这些旧的规则已经被修改了。

在对 DIT 结构规则或 DIT 内容规则执行受限的修改,并引起 DIB 的不一致时,必须使用此废弃机制。否则,适当的活动规则将被直接修改。目录允许在任何时间删除废弃的规则。

注:在子模式操作属性中提供的废弃机制可以确保所有具有废弃模式的条目,能够在废弃的子模式操作属性被删除之前,还能被标识和修改。

子模式管理机构负责维护条目与活动子模式之间的一致性,可以通过采用目录抽象服务方式或通过其他本地方式来实现。可根据子模式管理机构的便利性来选择。不会定义何时对这种不一致条目执行调整。然而,如果在不一致条目被定位并修复之前就删除此废弃规则,将使得该任务更加困难。

15.6 条目增加和修改过程

任何时候,当一个新的条目被加入到 DIT 中,或一个已存在的条目被修改时,目录都会执行条目增加和修改过程。目录必须判断正在执行的操作是否会违反子模式策略。

特别地,目录必须确保增加到 DIT 中的条目与相应的活动 DIT 结构规则和 DIT 内容规则是相一致的。

目录必须允许对与其活动规则不一致的条目进行询问。

当目录被请求修改 DIB 时,它应当运用活动的规则。如果一个条目与其活动规则不一致,而如果修改条目的请求是为了修复目前的不一致,或者不会引起新的不一致时,则该请求须被允许。如果会引起新的不一致时,请求将失败。

在一个合法的子模式管理区内,对于任何一个合法的条目,在其结构客体类上级类链中,能够仅有一个最下级结构客体类。当一个条目被增加到 DIT 中时,目录将根据所提供的 objectClass 属性值来判断此最下级结构客体类,并且将该结构客体类通过条目的 structuralObjectClass 属性与条目关联起来。

当一个条目被创建时,必须提供属性 objectClass 的值,这样条目的内容就与控制该条目的 DIT 内容规则相一致起来。特别地,当属性 objectClass 的值标识了一个拥有上级类的特定客体类,且其上级类并非 top 时,则须提供所有这些上级类的值。否则,创建条目的目录操作将失败。

随后,目录用户可能会在属性 objectClass 中为条目的辅助客体类增加或删除值。在属性 objectClass 的值被修改后,条目的内容必须与控制此条目的 DIT 内容规则保持一致。特别地,当属性 objectClass 的值标识了一个拥有上级类的特定客体类,且其上级类并非 top,当该特定客体类被增加或删除时,则所有这些上级类的值也都必须被增加或删除,除非这些上级类还分别存在于与未被增加或删除的值相关的上级类链中。

15.7 子模式策略属性

后续的子条规定了子模式策略操作属性,这些属性将:

——出现在子模式子条目中。这些属性的值通过目录修改操作来进行管理,并使用了子模式子条目的可辨别名；

——可用于子模式所控制的所有条目的查询。

下面定义中使用的 ASN.1 参数数据类型DirectoryString { ub-schema }，在 GB/T 16264.6—2008 中定义。

相等匹配规则 integerFirstComponentMatch 和 objectIdentifierFirstComponentMatch 也在 GB/T 16264.6—2008 中定义。

出于管理的目的，许多人类可读的name 组件和一个description 组件可以可选地作为后续子条定义的多个子模式策略操作属性的组件。

后续子条定义的多个子模式策略操作属性包含了一个obsolete 组件。该组件用于指示该定义在子模式管理区内是活动的，还是废弃的。

15.7.1 DIT 结构规则操作属性

操作属性dITStructureRules 定义了在子模式内使用的 DIT 结构规则：

```
dITStructureRules ATTRIBUTE  ::= {
        WITH SYNTAX         DITStructureRuleDescription
        EQUALITY MATCHING RULE        integerFirstComponentMatch
        USAGE           directoryOperation
        ID              id-soa-dITStructureRule }

DITStructureRuleDescription  ::= SEQUENCE {
        COMPONENTS OF   DITStructureRule,
        name    [1]   SET SIZE (1..MAX) OF DirectoryString { ub-schema } OPTIONAL,
        description             DirectoryString { ub-schema } OPTIONAL,
        obsolete                BOOLEAN DEFAULT FALSE }
```

操作属性dITStructureRules 是多值的；每个值都定义了一个 DIT 结构规则。

dITStructureRule 中的组件与 13.7.6 中相应的 ASN.1 定义具有相同的语义。

15.7.2 DIT 内容规则操作属性

操作属性dITContentRules 定义了子模式内使用的 DIT 内容规则。该操作属性的每个值都被打上了它所属于的结构客体类的客体标识符的标签。

```
dITContentRules ATTRIBUTE  ::= {
        WITH SYNTAX           DITContentRuleDescription
        EQUALITY MATCHING RULE        objectIdentifierFirstComponentMatch
        USAGE           directoryOperation
        ID              id-soa-dITContentRules }

DITContentRuleDescription  ::= SEQUENCE {
        COMPONENTS OF                 DITContentRule,
        name             [4]   SET SIZE (1..MAX) OF DirectoryString { ub-schema } OPTIONAL,
        description             DirectoryString { ub-schema }        OPTIONAL,
        obsolete                BOOLEAN DEFAULT FALSE }
```

操作属性dITContentRules 是多值的，每个值都定义了一个 DIT 内容规则。

dITContentRule 中的组件与 13.8.2 中相应的 ASN.1 定义具有相同的语义。

15.7.3 匹配规则操作属性

操作属性matchingRules 规定了一个子模式内使用的匹配规则：

```
matchingRules   ATTRIBUTE   ::={
        WITH SYNTAX        MatchingRuleDescription
        EQUALITY MATCHING RULE        objectIdentifierFirstComponentMatch
        USAGE            directoryOperation
        ID            id-soa-matchingRules }

MatchingRuleDescription   ::=SEQUENCE {
        identifier                        MATCHING-RULE.&id,
        name         SET SIZE (1..MAX) OF DirectoryString { ub-schema }        OPTIONAL,
        description                    DirectoryString { ub-schema }        OPTIONAL,
        obsolete                        BOOLEAN                    DEFAULT FALSE,
        information       [0]   DirectoryString { ub-schema }                OPTIONAL }
                                                    ——描述了 ASN.1 句法
```

属性matchingRules 的值中的组件identifier 是标识了该匹配规则的客体标识符。

组件description 包含了与规则相关联的算法的自然语言描述。

组件information 包含了规则声明句法的 ASN.1 定义。

这一个 ASN.1 定义须作为一个可选的 ASN.1 输入产品，后跟一个可选的 ASN.1 分配产品，再后跟一个 ASN.1 类型产品。所有在目录模块中定义的类型名(称)都被隐含地输入进来，并且不需要显式地输入。所有的类型名(称)，无论是输入的还是通过分配定义的，都在本句法定义的本地使用。如果 ASN.1 类型包括一个用户定义的约束，且不是目录模块中定义的 ASN.1 类型之一，则约束中的最后一个用户定义的约束参数(UserDefinedConstraintParameter)应当是一个实际的参数，控制它的类型为 SyntaxConstraint ，且取值为分配给此约束的客体标识符。

```
        SyntaxConstraint ::=OBJECT IDENTIFIER
```

注 1：ASN.1 输入产品、分配产品以及类型产品在 GB/T 16262.1—2006 中定义。参数 UserDefinedConstraintParameter 在 GB/T 16262.3—2006 中定义。

注 2：典型的 ASN.1 定义只是一个类型名(称)。

操作属性matchingRules 是多值的；每个值都描述了一个匹配规则。

15.7.4 属性类型操作属性

操作属性attributeTypes 规定了子模式内使用的属性类型：

```
attributeTypes ATTRIBUTE ::={
        WITH SYNTAX        AttributeTypeDescription
        EQUALITY MATCHING RULE        objectIdentifierFirstComponentMatch
        USAGE            directoryOperation
        ID            id-soa-attributeTypes }

AttributeTypeDescription   ::=SEQUENCE   {
        identifier                ATTRIBUTE.&id,
        name            SET   SIZE (1..MAX) OF DirectoryString { ub-schema }   OPTIONAL,
        description            DirectoryString { ub-schema }        OPTIONAL,
        obsolete                BOOLEAN            DEFAULT   FALSE,
        information      [0]   AttributeTypeInformation }
```

属性attributeTypes 的值中的组件identifier 是标识了该属性类型的客体标识符。

操作属性attributeTypes 是多值的；每个值都描述了一个属性类型：

```
AttributeTypeInformation  ::=SEQUENCE  {
    derivation          [0]   ATTRIBUTE.&id OPTIONAL,
    equalityMatch       [1]   MATCHING-RULE.&id   OPTIONAL,
    orderingMatch       [2]   MATCHING-RULE.&id   OPTIONAL,
    substringsMatch     [3]   MATCHING-RULE.&id   OPTIONAL,
    attributeSyntax     [4]   DirectoryString { ub-schema }   OPTIONAL,
    multi-valued        [5]   BOOLEAN    DEFAULT TRUE,
    collective          [6]   BOOLEAN    DEFAULT FALSE,
    userModifiable      [7]   BOOLEAN    DEFAULT TRUE,
    application               AttributeUsage    DEFAULT   userApplications }
```

组件derivation、equalityMatch、attributeSyntax、multi-valued、collective 以及application 等与相应的信息客体类引入的表示法的对等部分具有相同的语义。

组件attributeSyntax 包括一个文本字符串，给出了属性句法的 ASN.1 定义。这个 ASN.1 定义应当与为匹配规则操作属性的information 组件的规定相同。

15.7.5 客体类操作属性

操作属性objectClasses 规定了子模式内使用的客体类。

```
objectClasses ATTRIBUTE  ::={
    WITH SYNTAX          ObjectClassDescription
    EQUALITY MATCHING RULE       objectIdentifierFirstComponentMatch
    USAGE           directoryOperation
    ID          id-soa-objectClasses }

ObjectClassDescription  ::=SEQUENCE  {
    identifier     OBJECT-CLASS.&id,
    name        SET SIZE (1..MAX) OF DirectoryString { ub-schema }  OPTIONAL,
    description     DirectoryString { ub-schema }          OPTIONAL,
    obsolete     BOOLEAN          DEFAULT FALSE,
    information      [0]  ObjectClassInformation }
```

属性objectClasses 的值中的组件identifier 是标识了该客体类的客体标识符。

操作属性objectClasses 是多值的；每个值都描述了一个客体类：

```
ObjectClassInformation  ::=SEQUENCE  {
    subclassOf         SET SIZE (1..MAX) OF OBJECT-CLASS.&id  OPTIONAL,
    kind         ObjectClassKind          DEFAULT structural,
    mandatories   [3]    SET SIZE (1..MAX) OF ATTRIBUTE.&id     OPTIONAL,
    optionals     [4]    SET SIZE (1..MAX) OF ATTRIBUTE.&id     OPTIONAL }
```

组件subclassOf、kind、mandatories 以及optionals 等与相应的信息客体类引入的表示法的对等部分具有相同的语义。

15.7.6 名(称)格式操作属性

操作属性nameForms 规定了子模式内使用的名(称)格式。

```
nameForms ATTRIBUTE  ::={
    WITH SYNTAX          NameFormDescription
    EQUALITY MATCHING RULE      objectIdentifierFirstComponentMatch
    USAGE           directoryOperation
```

```
    ID            id-soa-nameForms }

NameFormDescription   ::=SEQUENCE   {
    identifier        NAME-FORM.&id,
    name              SET SIZE (1..MAX) OF DirectoryString { ub-schema } OPTIONAL,
    description       DirectoryString { ub-schema } OPTIONAL,
    obsolete          BOOLEAN DEFAULT FALSE,
    information       [0]        NameFormInformation }
```

属性nameForms 的值中的组件identifier 是标识了该客体类的客体标识符。

操作属性nameForms 是多值的;每个值都描述了一个名(称)格式:

```
NameFormInformation   ::=SEQUENCE   {
    Subordinate       OBJECT-CLASS.&id,
    namingMandatories SET OF ATTRIBUTE.&id,
    namingOptionals        SET SIZE (1..MAX) OF ATTRIBUTE.&id OPTIONAL }
```

组件subordinate、mandatoryNamingAttributes 以及optionalNamingAttributes 等与相应的信息客体类引入的表示法的对等部分具有相同的语义。

15.7.7 匹配规则用法操作属性

操作属性matchingRuleUse 用于指示子模式内一个匹配规则所应用的属性类型:

```
matchingRuleUse ATTRIBUTE   ::={
    WITH SYNTAX         MatchingRuleUseDescription
    EQUALITY MATCHING RULE      objectIdentifierFirstComponentMatch
    USAGE               directoryOperation
    ID              id-soa-matchingRuleUse }

MatchingRuleUseDescription   ::=SEQUENCE   {
    identifier        MATCHING-RULE.&id,
    name              SET SIZE (1..MAX) OF DirectoryString { ub-schema }   OPTIONAL,
    description       DirectoryString { ub-schema }         OPTIONAL,
    obsolete          BOOLEAN                 DEFAULT FALSE,
    information       [0]         SET OF ATTRIBUTE.&id }
```

属性matchingRulesUse 的值中的组件identifier 是标识了该匹配规则的客体标识符。

值中的information 组件标识了匹配规则所应用的属性类型的集合。

15.7.8 结构客体类操作属性

DIT 中的每个条目都拥有一个操作属性structuralObjectClass,该操作属性指示了条目的结构客体类:

```
structuralObjectClass ATTRIBUTE ::={
    WITH SYNTAX                 OBJECT IDENTIFIER
    EQUALITY MATCHING RULE          objectIdentifierMatch
    SINGLE VALUE                TRUE
    NO USER MODIFICATION                TRUE
    USAGE                   directoryOperation
    ID                  id-soa-structuralObjectClass }
```

15.7.9 控制结构规则操作属性

DIT中的每个条目,除了没有子模式子条目的管理点条目外,都拥有一个操作属性governingStructureRule,该操作属性指示了条目的控制结构规则:

```
governingStructureRule ATTRIBUTE  ::={
        WITH SYNTAX                 INTEGER
        EQUALITY MATCHING RULE          integerMatch
        SINGLE VALUE                 TRUE
        NO USER MODIFICATION              TRUE
        USAGE               directoryOperation
        ID              id-soa-governingStructureRule }
```

15.7.10 上下文类型操作属性

操作属性contextTypes规定了在子模式内使用的上下文类型。

```
contextTypes ATTRIBUTE  ::={
        WITH SYNTAX     ContextDescription
        EQUALITY MATCHING RULE      objectIdentifierFirstComponentMatch
        USAGE           directoryOperation
        ID          id-soa-contextTypes }

ContextDescription  ::=SEQUENCE  {
        identifier                  CONTEXT.&id,
        name            SET SIZE (1..MAX) OF DirectoryString {ub-schema}  OPTIONAL,
        description             DirectoryString { ub-schema }          OPTIONAL,
        obsolete                BOOLEAN             DEFAULT FALSE,
        information     [0]       ContextInformation }
```

属性contextTypes的值中的组件identifier是标识了该上下文类型的客体标识符。

操作属性contextTypes是多值的;每个值都描述了一个上下文类型:

```
ContextInformation  ::=SEQUENCE  {
        syntax                  DirectoryString { ub-schema } ,
        assertionSyntax         DirectoryString { ub-schema } OPTIONAL }
```

组件syntax和assertionSyntax与相应的信息客体类引入的表示法的对等部分具有相同的语义。

每个组件syntax和assertionSyntax都包含一个文本字符串,分别给出了上下文句法和上下文断言句法的ASN.1定义。这一个ASN.1定义须作为一个可选的ASN.1输入产品,后跟一个可选的ASN.1分配产品,再后跟一个ASN.1类型产品。所有在目录模块中定义的类型名(称)都被隐含地输入进来,并且不需要显式地输入。所有的类型名(称),无论是输入的还是通过分配定义的,都在本句法定义的本地使用。如果ASN.1类型包括一个用户定义的约束,且不是目录模块中定义的ASN.1类型之一,则约束中的最后一个用户定义的约束参数(UserDefinedConstraintParameter)须是一个实际的参数,控制它的类型为SyntaxConstraint,且取值为分配给此约束的客体标识符。

注1:ASN.1输入产品、分配产品以及类型产品在GB/T 16262.1—2006中定义。参数UserDefinedConstraintParameter在GB/T 16262.3—2006中定义。SyntaxConstraint在15.7.3中定义。

注2:一个典型的ASN.1定义只是一个类型名(称)。

15.7.11 DIT上下文用法操作属性

操作属性dITContextUse用于指示必须或可能与某个属性一起使用的上下文:

```
dITContextUse ATTRIBUTE  ::={
```

```
        WITH SYNTAX        DITContextUseDescription
        EQUALITY MATCHING RULE        objectIdentifierFirstComponentMatch
        USAGE            directoryOperation
    ID            id-soa-dITContextUse }

DITContextUseDescription    ::=SEQUENCE    {
    identifier                    ATTRIBUTE.&id,
    name        SET SIZE (1..MAX) OF DirectoryString { ub-schema }    OPTIONAL,
    description                DirectoryString { ub-schema }    OPTIONAL,
    obsolete                    BOOLEAN            DEFAULT FALSE,
    information        [0]        DITContextUseInformation }
```

操作属性dITContextUse的值中的组件identifier标识该操作属性所应用的属性类型的客体标识符。值id-oa-allAttributeTypes指示其应用于所有的属性类型。

值中的information组件标识与identifier所标识的属性类型相关联的必选和可选的上下文类型：

```
DITContextUseInformation    ::=SEQUENCE    {
    mandatoryContexts [1]    SET SIZE (1..MAX) OF CONTEXT.&id    OPTIONAL,
    optionalContexts [2]    SET SIZE (1..MAX) OF CONTEXT.&id    OPTIONAL }
```

15.7.12 友人操作属性

操作属性friends用于指示在子模式内为友人的属性类型集合：

```
friends ATTRIBUTE    ::={
    WITH SYNTAX        FriendsDescription
    EQUALITY MATCHING RULE        objectIdentifierFirstComponentMatch
    USAGE            directoryOperation
    ID            id-soa-friends }

FriendsDescription    ::=SEQUENCE    {
    anchor        ATTRIBUTE.&id,
    name        SET SIZE (1..MAX) OF DirectoryString { ub-schema }    OPTIONAL,
    description        DirectoryString { ub-schema }        OPTIONAL,
    obsolete        BOOLEAN DEFAULT FALSE,
    friends            [0]        SET OF ATTRIBUTE.&id }
```

属性friends的值中的组件anchor是标识该友人集所在的锚属性类型的客体标识符。值中的组件friends是标识作为锚属性友人的属性类型的客体标识符的集合。

第七篇:目录服务管理

16 服务管理模型

本章提供了一个表示管理机构如何控制、限制并调整服务的模型，内容包括用户能够在一个搜索、阅读或修改条目的请求中指定什么以及什么样的信息可以返回等。

16.1 定义

本目录规范使用下列术语和定义：

16.1.1

有效出现的属性类型 effectively present attribute type

一个属性类型，出现在搜索过滤器的每个子过滤器内的至少一个非否定过滤项中，且满足在相关的搜索规则中为该属性类型所规定的需求。关于否定过滤器和非否定过滤器项的定义，见 GB/T 16264.3—2008 的 7.8.1。

16.1.2

控制搜索规则 governing-search-rule

某个特定的操作所遵循的一个搜索规则，且该搜索规则被选择用以控制该操作。

16.1.3

命名的服务 named-service

服务类型的集合，共同提供一个完整的服务，如一种白页服务。

16.1.4

请求属性表 request-attribute-profile

对于一个过滤项，对将要有效出现的相应属性类型有什么要求的一个规范。

16.1.5

请求属性类型 request-attribute-type

根据某个搜索规则规范可能出现在一个搜索操作的过滤器中的一个属性类型。

16.1.6

搜索规则 search-rule

为某个给定服务类型提供的关于服务限制/增强方面的详细规范，主要是为某个给定的用户类使用，后调整为某个特定的用户组使用。

16.1.7

服务类型 service-type

在一个定义良好的范围内，完成某种特定目的的服务能力的一个全球唯一标识符，如在 DIT 的某个地区内搜索某个特定类型条目的能力。并不是一个服务类型的所有方面都要对所有用户可用。

16.1.8

子过滤器 subfilter

过滤器中的一个布尔型组件，仅由非否定过滤项和否定过滤项的逻辑与(AND)组成，否定过滤项能够被表达为"NOT(过滤项)"。任何一个过滤器都由子过滤器的逻辑或组成，并能够以一种规范的格式表示，如同在附录 Q 中讨论的那样。

16.1.9

用户类 user-class

一个根据其功能和在组织中的位置等而标识的用户集，能够在一个命名的服务内调用服务类型的某些方面。一个用户类内以名(称)标识的不同用户组可能会看到所提供服务的不同方面。一个用户组的范围可以是一个用户类。

16.2 服务类型/用户类模型

GB/T 16264.3—2008 中所定义的目录抽象服务是本系列目录规范所提供的所有服务能力的表示。*服务类型*是该服务中执行某个特定功能的一个子集，例如在某个定义的范围内搜索某个特定类型的客体。

*已命名的服务*是为某种特定目的而服务的服务类型的集合，例如提供一个白页服务、一个特定类型的黄页服务等。

服务类型主要是通过搜索操作实现的，但也可以通过其他能够指定条目信息选择的操作来实现，即阅读和修改条目操作。出于服务管理的目的，阅读(read)或修改条目(modifyEntry)请求可以被认为在某种程度上与subset 字段等于baseObject 而filter 字段等于and ：{}的搜索（search）请求是相等的。服务管理不影响一个修改条目操作能够修改什么样的信息。这个仅由访问控制来控制。

客体标识符标识了服务类型，因此给予了服务类型一个全球唯一的标识符。不同的用户类，取决于他们的作用或是在组织中的地位等，可能会对一个服务类型有些不同的感知。一个用户类由一个整型值所标识，该整型值仅要求在一个 DMD 内唯一。不同的 DMD 能够对认为是相同的用户类分配不同的标识符。然而，希望相互协作在跨多个 DMD 内提供了一个共同的命名的服务的管理机构，能够在用户组的标识符方面也协调合作。即使对于一个特定的用户类，可应用于该类用户的服务也可能具有多样性。这样的多样性基于用户的可辨别名。例如，一个国家内属于某个特定用户类的用户，与另一个国家的同一用户类的用户相比，可能不会对同一个服务类型有完全一致的视图，如对本地隐私法的反映。为某个用户组的服务类型的定义通过一个搜索规则earch-rule 来表达，该搜索规则规定了诸如操作如何执行等的细节。

服务类型以及它主要将应用的用户类在搜索规则中规定。

一个用户组可能会跨多个用户类。某个用户类中的用户可能也会实现将主要应用于其他用户类的搜索规则，例如，某个拥有强大能力的用户类中的用户也可以被准予拥有其他通常被赋予较低服务能力的用户类的许可。

一个用户组不是由搜索规则直接标识的，但是可以通过拥有该搜索规则的调用许可而被间接标识。一个用户组能够调用任何一个其拥有调用许可的搜索规则。如果某个特定的用户拥有为同一个服务类型但为不同用户组而定义的多个搜索规则的调用许可，则本系列目录规范中定义的过程将选择具有最高用户组标识符的搜索规则，如果其他任何值都相等的话。这就允许管理机构可以通过正确地分配用户类标识符来控制这种选择。

16.3 特定服务管理区

为了部署和管理搜索规则，一个自治管理区可能会被设计为一个特定服务管理区。这应当通过在相关管理条目的administrativeRole 属性值中出现id-ar-serviceSpecificArea 值来标识（除了出现id-ar-autonomousArea 值以及其他可能出现的值以外）。

为了在特定的部分部署和管理搜索规则，这样的一个自治管理区可能会被分割为不同的部分。在这种情况下，每个特定服务管理区的管理条目，都应当通过在这些条目的属性administrativeRole 中出现值id-ar-serviceSpecificArea 来标识。上级特定服务管理区的服务策略不是该管理条目的相对下级。

如果这样的一个自治管理区不进行分割，则对于搜索规则有一个单独的特定服务管理区，该管理区包含了整个自治管理区。

在目录信息模型中，一个或多个搜索规则通过一个子条目来表示，该子条目被称为服务子条目，它的objectClass 属性中包含值id-sc-serviceAdminSubentry，如 14.8 中的定义。该类子条目应当是管理条目的直接下级，该管理条目的administrativeRole 属性包含值id-ar-serviceSpecificArea 。

在一个特定服务管理区内，操作的评估表达式取决于操作使用了哪个基客体，可能是在别名解除引用之后。因此将搜索规则与条目相关联起来。当一个操作的基客体被决定后，与该条目关联的搜索规则便可作为控制搜索的候选规则。一个子条目内的搜索规则与一个特定服务管理区内的条目之间的关联联系，是通过子条目的操作属性 subtreeSpecification 来建立的。通过这种方式，由操作属性 subtreeSpecification 的值所标识的条目便与置于同一子条目内的搜索规则关联起来了。

一个特定的条目能够与多个子条目中的搜索规则相联系起来；这些子条目可能拥有相同的或不同的子树规范。相反的，管理区的不同部分能够被一个子条目所指向，这可以通过使用子树规范中的多值来实现。

一个操作的变量是否与搜索规则相违背，可以通过使用一个被称为搜索合法性验证功能的算法来进行判断。

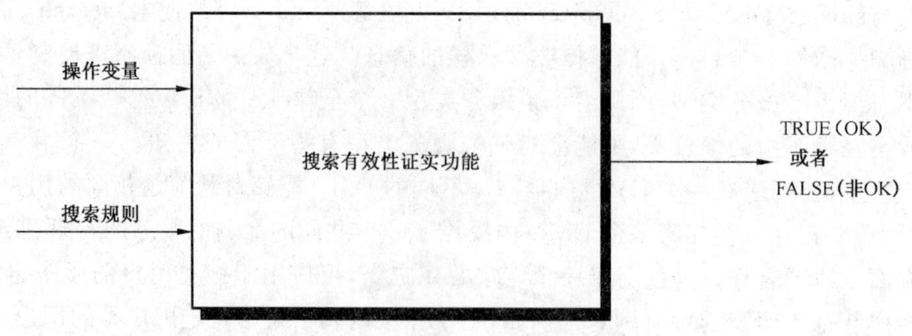

图 16　搜索有效性功能

一个操作是合法的并被允许执行,在且只有在与该操作基客体关联的至少一个可用搜索规则,可以使得"搜索合法性验证功能"取值为 TRUE 的情况下才可以。对于某个操作可用的搜索规则,请求者必须对包含搜索规则的属性值拥有*调用*许可。如果操作只有一个可用的搜索规则可以遵循,则该搜索规则被称为该操作的"*控制搜索规则*",即操作后续执行时使用的搜索规则。如果有多个这样的搜索规则,则其中的一个将通过本地方式被选择为"控制搜索规则"。选择控制搜索规则的过程在 ISO/IEC 16264.4—2008 的 19.3.2.2.1 描述。因此,控制搜索规则与操作永久性地关联起来,用于其在特定服务管理区内的评估。同样的,当操作的一部分是由拥有特定服务管理区中一部分的其他 DSA 所执行时,也同上所述。

管理机构可以选择,是否:

——集合多个需要不同调用许可的搜索规则在一个单独的子条目内(如果这些调用许可是根据值的不同而不同时,则要求属性值层次的访问控制);或者

——集合具有相同访问控制许可的搜索规则在不同的子条目内,因此访问控制许可的准予可基于对完整属性的许可;而不同的子条目能够拥有不同的访问控制许可。

对于一个在某特定服务管理区内指定了基客体条目的操作,如果没有可应用的搜索规则,或者对于所有可用的搜索规则,搜索合法性验证功能都返回 FALSE,则操作被拒绝,并有错误返回。

如果一个特定服务管理区没有子条目,则对该管理区没有相应的服务限制。

可能有用户不得被服务限制所约束,例如管理者;可能有条目,当作为基客体条目时,不得要求有服务限制,例如 DIT 下的条目。因此,管理机构能够包含一个特殊的搜索规则——*空搜索规则*。

一个特定服务管理区内的层次结构组必须被完整地包含在该管理区内。

搜索操作的范围不能跨越特定服务管理区的边界。GB/T 16264.4—2008 规定了一个过程,该过程不允许在某个特定服务管理区内发起的一个搜索操作超出该管理区,即使在搜索评估过程中,别名被解除引用。类似的,在某个特定服务管理区外发起的搜索操作不能扩展至该管理区。

16.4　搜索规则介绍

搜索规则是策略的表达式,一方面可以限制和调整在一个 DIT 领域内执行的操作;另一方面通过对操作过程的指导可以辅助操作的执行。一个搜索规则具有如下主要的特性:

——它给出了一个操作应当符合的需求,如果该操作是基于此搜索规则而执行的;

——它规定了对操作请求的调整;

——它提供了详细的操作评估规范,例如通过规定当搜索操作查找到太多或太少的条目时的放宽策略;以及

——它提供了条目信息选择规范。

当一个操作过程开始时,操作的基条目将会符合一个或多个服务子条目,这些服务子条目的子树规范值中包含该基条目。因此潜在的一系列候选搜索规则被标识。操作的详细信息根据这些候选搜索规则进行评估。只有能够找到一个符合的搜索规则时,该操作才能够被执行。

16.5 子过滤器

如果一个搜索规则被设计为去控制搜索操作，则它可能会指定一个会出现在Search 请求过滤器中的属性类型集。这些属性类型被称为搜索规则的“*请求属性类型*”。其他的属性类型不得以任何形式出现在过滤器中，无论是否定形式还是非否定形式。本条将对出现在一个搜索过滤器中的属性类型所具有的含义进行限定。一个搜索规则还指定了请求属性类型的合法组合要求。它可能是某些属性应当出现的要求；或者是两个属性类型中至少一个应当出现的要求；或者是如果不伴随一个已经出现的属性，则某个属性类型不允许出现的要求等。为了更详细地描述如何表达这些组合，有必要引入一个概念：子过滤器。

根据命题演算，任何过滤器都可以写成一个子过滤器的序列，这些子过滤器之间以 OR 操作符分隔。这可以写做：

$$f=f_1+f_2+\cdots+f$$

其中，每个子过滤器，f_i，是一个以 AND 操作符分隔的过滤项或是否定过滤项的序列，这可以写做：

$$f_i=f_{i1}f_{i2}\cdots f_{ij}$$

其中，f_{ij} 或者是一个过滤项，或者是其否定。

该子过滤器概念在附录 Q 中有更详细描述。

对于一个过滤器，如果它与某个搜索规则相符合，则它的每个子过滤器都应当与搜索规则相符合。

对于一个在子过滤器中有效表示了一个属性类型的过滤项，要求符合该属性类型的*请求属性表*中的要求。请求属性表是搜索规则规范中的一部分。如果在每个子过滤器中，至少有一个该属性类型的过滤项符合该属性类型的请求属性表，则该属性类型被称为*有效出现的属性类型*。

16.6 过滤器需求

对于一个将有效出现在过滤器中的属性类型，则该属性类型，或者如果请求属性表中的includeSubtypes 选项被设置的话，该属性类型的一个子类型，应当出现在每个子过滤器的至少一个非否定过滤项中。这样的一个非否定过滤项须符合如下的所有要求：

——它须是一个不属于如下类型之一的非否定过滤项：

- ◆ greaterOrEqual；
- ◆ lessOrEqual；
- ◆ present 或contextPresence，除非被请求属性表明确地允许。

——它须与该属性类型的请求属性表规范相一致；

——如果它是一个extensibleMatch 过滤项，则该属性类型须在MatchingRuleAssertion 的type 组件中被指定。

注：如果上述最后一个限制没有被引入的话，则该过滤项能够隐含地在搜索过滤器中包含不定数量的属性类型，因此可能会破坏搜索合法性验证过程。

如果一个属性类型在一个过滤器中有表示，则它须是有效出现的。

可以允许在过滤器中拥有没有type 组件的extensibleMatch 过滤项。它们的存在不会影响到搜索规则的搜索合法性判断过程。然而，这样一个过滤项仅应当被应用到类型为请求属性类型的属性，即由一个请求属性表在控制搜索规则中表示（见 16.10.2）。

16.7 基于搜索规则的属性信息选择

在一个特定服务管理区外，返回的属性信息由操作请求的selection 组件选择，可能会被CommonArguments 中的operationContext 组件修改，或者被任何上下文缺省值修改，这些上下文缺省值或者在一个上下文缺省的特定管理区内缺省建立，或者被本地上下文缺省值缺省建立。对于一个搜索操作，信息的选择也可能会被SearchArgument 中的组件matchedValuesOnly 修改。然而，当一个操作被控制搜索规则所控制时，该搜索规则可能会指定什么样的信息可以返回。在这种情况下，返回的用户属性信息须是控制搜索规则指定的信息和如果没有控制搜索规则时可能返回的信息的交集。如果在selection 组件中的条目信息选择规定了对操作属性的选择，则相同的规则须应用于操作属性。如果条目信息选择没有指定操作属性信息的返回，则返回的操作属性信息须仅被控制搜索规则所决定。

一个控制搜索规则可能会规定什么样的属性信息将要返回，这与在Search 过滤器中能够指定什么样的属性类型之间是完全无关的。

当基于层次结构组的信息要返回时，则从这些条目中进行属性信息的选择应基于上述原则，除matchedValuesOnly 规范无效外。

注：家族成员的选择不受上述原则支配(见 16.10.6)。

16.8 搜索规则的访问控制方面

除了第 18 章描述的能力外，搜索规则还提供一些附加的访问控制能力。在一个关注服务的方式下，有必要对如何构建操作表达式以及什么样的信息可以返回等应用限制。限制不仅应当基于用户的身份，还应当基于服务类型和用户类等，因此允许管理机构可以基于信息质量、计费考虑等来对服务进行裁剪。

第 18 章定义的访问控制能力用于确保仅有适当的用户组能够调用搜索规则。这些能力还可以保护信息永远不会被某个特定的用户组所访问。

一个高速缓存了源于某个特定服务管理区内信息的 DSA，可能没有对这些信息限制进行控制的搜索规则。如对于访问控制(见 18.8.2)，一个安全管理者应当意识到那样一个具有高速缓存能力的 DSA 可能会对其他 DSA 施加严重的安全风险。

16.9 搜索规则的上下文方面

由于一个上下文断言可以是搜索操作过滤项的一部分，因此搜索规则规范必须考虑到上下文。将上下文包含在搜索规则中，将给上下文特性带来新的能力，可能可以简化对 DUA 和 DSA 实现的要求。

基本的上下文特性允许用户为搜索过滤器和条目信息选择指定上下文；还允许管理机构在一个上下文缺省特定管理区内建立上下文缺省值。这些缺省值无区别地应用于所有的用户和所有的服务类型。然而，搜索规则所提供的上下文特性允许用户指定一个最小的上下文信息，并且允许管理机构为每个搜索规则给出不同的上下文规范。另外，如 16.8 所示，通过对搜索规则上下文规范的合理设计，还可能提供类似访问控制的功能。使用搜索规则中的上下文规范能够建立冗余的上下文缺省特定管理区。

16.10 搜索规则规范

ASN.1 数据类型 SearchRule 给出了搜索规则的句法。

```
SearchRule ::=SEQUENCE  {
    COMPONENTS OF          SearchRuleId,
    serviceType            [1]  OBJECT IDENTIFIER                              OPTIONAL,
    userClass              [2]  INTEGER                                        OPTIONAL,
    inputAttributeTypes    [3]  SEQUENCE SIZE (0..MAX) OF RequestAttribute     OPTIONAL,
    attributeCombination   [4]  AttributeCombination                           DEFAULT and:{ },
    outputAttributeTypes   [5]  SEQUENCE SIZE (1..MAX) OF ResultAttribute      OPTIONAL,
    defaultControls        [6]  ControlOptions                                 OPTIONAL,
    mandatoryControls      [7]  ControlOptions                                 OPTIONAL,
    searchRuleControls     [8]  ControlOptions                                 OPTIONAL,
    familyGrouping         [9]  FamilyGrouping                                 OPTIONAL,
    familyReturn           [10] FamilyReturn                                   OPTIONAL,
    relaxation             [11] RelaxationPolicy                               OPTIONAL,
    additionalControl      [12] SEQUENCE SIZE (1..MAX) OF AttributeType        OPTIONAL,
    allowedSubset          [13] AllowedSubset                                  DEFAULT '111'B,
    imposedSubset          [14] ImposedSubset                                  OPTIONAL,
```

```
    entryLimit              [15] EntryLimit                                 OPTIONAL }

SearchRuleId ::=SEQUENCE {
    id                           INTEGER,
    dmdId                   [0]  OBJECT IDENTIFIER }

AllowedSubset ::=BIT STRING { baseObject (0), oneLevel (1), wholeSubtree (2) }

ImposedSubset ::=ENUMERATED { baseObject (0), oneLevel (1), wholeSubtree (2) }

RequestAttribute ::=SEQUENCE {
    attributeType                ATTRIBUTE. &id ({ SupportedAttributes }),
    includeSubtypes         [0]  BOOLEAN                                    DEFAULT FALSE,
    selectedValues          [1]  SEQUENCE SIZE (0..MAX) OF ATTRIBUTE. &Type
                                 ({ SupportedAttributes }{ @attributeType })  OPTIONAL,
    defaultValues           [2]  SEQUENCE SIZE (0..MAX) OF SEQUENCE {
        entryType                    OBJECT-CLASS. &id OPTIONAL,
        values                       SEQUENCE OF ATTRIBUTE. &Type
                                 ({ SupportedAttributes }{ @attributeType }) }  OPTIONAL,
    contexts                [3]  SEQUENCE SIZE (0..MAX) OF ContextProfile   OPTIONAL,
    contextCombination      [4]  ContextCombination                         DEFAULT and: { },
    matchingUse             [5]  SEQUENCE SIZE (1..MAX) OF MatchingUse      OPTIONAL }

ContextProfile ::=SEQUENCE {
    contextType            CONTEXT. &id({SupportedContexts}),
    contextValue           SEQUENCE SIZE (1..MAX) OF CONTEXT. &Assertion
                        ({SupportedContexts}{@contextType})) OPTIONAL }

ContextCombination ::=CHOICE {
    context                 [0]  CONTEXT. &id((SupportedContexts}),
    and                     [1]  SEQUENCE OF ContextCombination,
    or                      [2]  SEQUENCE OF ContextCombination,
    not                     [3]  ContextCombination }

MatchingUse ::=SEQUENCE {
    restrictionType         MATCHING-RESTRICTION. &id ((SupportedMatchingRestrictions }),
    restrictionValue        MATCHING-RESTRICTION. &Restriction
                                 ({SupportedMatchingRestrictions}{(@restrictionType}) }
——下述信息客体集的定义被推迟，可能推迟到标准化概要或协议实现一致性声明时。
——该集合被要求用来规定一个对SupportedMatchingRestrictions组件的限制表。
SupportedMatchingRestrictions MATCHING-RESTRICTION ::={ ... }

AttributeCombination ::=CHOICE {
```

```
    attribute              [0]  AttributeType,
    and                    [1]  SEQUENCE OF AttributeCombination,
    or                     [2]  SEQUENCE OF AttributeCombination,
    not                    [3]  AttributeCombination }

ResultAttribute ::=SEQUENCE {
    attributeType          ATTRIBUTE.&id ({ SupportedAttributes }),
    outputValues           CHOICE {
        selectedValues        SEQUENCE OF ATTRIBUTE.&Type
                                  ({ SupportedAttributes }{ @attributeType }),
        matchedValuesOnly     NULL } OPTIONAL,
    contexts               [0]  SEQUENCE SIZE (1..MAX) OF ContextProfile OPTIONAL }

ControlOptions ::=SEQUENCE {
    serviceControls        [0]  ServiceControlOptions     DEFAULT{},
    searchOptions          [1]  SearchControlOptions      DEFAULT{searchAliases },
    hierarchyOptions       [2]  HierarchySelections       OPTIONAL }

EntryLimit ::=SEQUENCE {
    defaulit               INTEGER,
    max                    INTEGER }
RelaxationPolicy ::=SEQUENCE {
    basic                  [0]  MRMapping DEFAULT { },
    tightenings            [1]  SEQUENCE SIZE (1..MAX) OF MRMapping OPTIONAL,
    relaxations            [2]  SEQUENCE SIZE (1..MAX) OF MRMapping OPTIONAL,
    maximum                [3]  INTEGER OPTIONAL,--mandatory if tightenings is present
    minimum                [4]  INTEGER DEFAULT 1 }

MRMapping ::=SEQUENCE {
    mapping                [0]  SEQUENCE SIZE (1..MAX) OF Mapping           OPTIONAL,
    substitution           [1]  SEQUENCE SIZE (1..MAX) OF MRSubstitution    OPTIONAL }

Mapping ::=SEQUENCE {
    mappingFunction        OBJECT IDENTIFIER (CONSTRAINED BY {--shall be an
                   --object identifier of a mapping-based matching algorithm--}),
    level                  INTEGER DEFAULT 0 }

MRSubstitution ::=SEQUENCE {
    attribute                   Attribute Type,
    oldMatchingRule        [0]  MATCHING-RULE.&id OPTIONAL,
    newMatchingRule        [1]  MATCHING-RULE.&id OPTIONAL }
```

16.10.1 搜索规则标识符组件

组件id 允许对一个 DMD 范围内的搜索规则进行唯一地标识。值为零表示为空搜索规则保留。空搜索规则的目的在16.3描述。

组件dmdId给出了建立此搜索规则的DMD的唯一标识符。本组件与id组件一起对搜索规则给出了一个唯一的全球标识符。

注：这种唯一性如何被管理监督不在本规范的定义范围之内。

组件id(值为零)与组件dmdId是与空搜索规则相关的仅有的两个组件。

组件serviceType是一个客体标识符，标识了此搜索规则支持的服务类型。除空搜索规则外，本组件应当始终存在。

组件userClass指示了搜索规则主要打算应用的用户类。对于一个给定的服务类型，可以有多个搜索规则都指定了同一个用户类。除空搜索规则外，本组件必须始终存在。

16.10.2 请求属性表

组件inputAttributeTypes必须为所有的必须或可能出现在搜索过滤器中的属性类型指定请求属性表。如果一个搜索过滤器包含了一个过滤项，且该过滤项中的属性类型没有出现在请求属性表中时，则根据此搜索规则的搜索合法性判断将失败。数据类型RequestAttribute对在过滤项中指定的将有效出现在过滤项中的属性类型做了规定。如果本组件缺失，则搜索规则不会对属性类型的出现设置任何限制，即任何操作都符合本组件。如果本组件存在，但值为空，则仅有缺省过滤器为(and ：{ })的阅读(read)请求、修改条目(modifyEntry)请求或搜索(search)请求才符合本组件。

下述子组件与搜索规则控制的所有操作类型都相关：

a) 子组件attributeType规定了本规范所应用的属性类型。它是唯一的必选组件。在一个搜索规则内，为某个给定的属性类型只能有一个RequestAttribute规范。如果除了可能的includeSubtypes子组件外，仅有此一个子组件，则对此属性类型没有搜索过滤项的限制，除非如果此过滤项在过滤器中，且至少有一个须是非否定的；

b) 子组件includeSubtypes规定了该请求属性表能够被一个含有此属性类型子类型的过滤项所满足。

下述子组件仅与搜索操作相关：

c) 子组件selectedValues提供了一个在attributeType中给定类型的属性值的集合。如果此属性类型出现在过滤器中，则须至少有该属性类型的一个非否定过滤项与该子组件的至少一个值相匹配。否则，该属性类型不会有效出现在过滤器中。

如果这个子组件缺失，则上述的匹配评估值为TRUE。

如果给定了一个值为空集的属性值，则该属性类型仅能有效出现在：

——一个present过滤项中，如果子组件Contexts不出现的话；或者

——一个contextPresent过滤项中，如果Contexts子组件出现的话。

d) 子组件defaultValues不会影响搜索请求针对搜索规则的评估，但是当一个搜索规则被选择作为控制搜索规则时，该子组件会控制搜索操作。该组件提供了一个在attributeType中给定类型的属性值的集合。如果在过滤器中定义了一个使用该属性类型的过滤项，但是在条目(或一个家庭组)中没有出现该类型的属性，则当该过滤项与本子组件中的一个值相匹配时，该过滤项被判断为TRUE(或如果为否定时，被判断为FALSE)。如果本子组件缺失，则没有缺省值。

   如果本子组件存在，但取值为空，它表示本组件可取所有可能的值，即如果条目中没有出现该属性类型时，该属性类型的过滤项总是被判断为TRUE(或如果为否定时，被判断为FALSE)。

   注：这就反映了一个情况，即如果一个所涉及类型的属性不存在时，则过滤项必须被忽略。

   如果一个条目拥有该类型的一个属性，则将对该属性执行正常的匹配。

e) 子组件contexts规定了允许出现在该属性类型的一个过滤项中的上下文类型。某个特定的上

下文类型不得多于一次地出现在本子组件内。

- 如果该子组件缺失，则任何上下文信息都可能出现在该属性类型的一个过滤项中；
- 如果该子组件存在，则仅有该子组件指定的上下文类型可能出现在该属性类型的一个过滤项中。如果该子组件的取值为一个空序列，则没有任何上下文信息可能出现在该属性类型的一个过滤项中；
- 如果仅有一个上下文类型被指定，则该类型的任何上下文值都可能出现在上下文断言中；
- 如果一个给定上下文类型的上下文值出现在本子组件中，则仅有这些值才可能出现在过滤项的相应上下文断言中。

如果过滤项中的上下文规范不符合上述要求，则该过滤项也不符合该属性类型的请求属性表。

f) 子组件contextCombination 规定了在该请求属性表的contexts 子组件中所列的上下文类型的合法组合。如果该子组件缺失，则对这些上下文类型的组合没有任何限制。如果出现了一个上下文类型的不合法的组合，则过滤项不符合该属性类型的请求属性表。该子组件可能会指定某些应当无条件出现的上下文类型。

g) 子组件matchingUse 用于规定对可应用的匹配规则的用法的可能限制，例如对子串匹配的最小长度的限制等。可应用的匹配规则指的是在放宽之前，但在可能的基本替换之后，确实将要使用的匹配规则。限制的详细信息以及它们是如何被评估的将作为限制规范的一部分被描述。如果该子组件为将要使用的匹配规则指定了一个匹配限制，则将检查是否违反了该匹配限制，或者检查匹配规则的某些不被支持的方面是否要应用。如果是这种情况，则：

——如果 performExactly 搜索控制选项未被设置，则实现时将使用一个本地规则，该本地规则规定了如何以不同的方式应用该匹配规则；

注 2：这样一个本地规则要求一个客户化的能力应用于所讨论的匹配规则。

——如果 performExactly 搜索控制选项被设置，或者它可能不应用一个本地规则，则搜索请求不符合该搜索规则。

16.10.3 属性组合

组件attributeCombination 规定了在inputAttributeTypes 组件中所列的请求属性类型的合法组合。如果该组件缺失，或者具有缺省值(and ：{ })，则对于请求属性类型的组合没有任何限制，且所有相关的操作类型都符合此组件。如果出现了请求属性类型的一个不合法组合，则针对此搜索规则的搜索合法性检查将失败。该组件可能会指定某些属性类型必须无条件有效出现在过滤器中。如果inputAttributeTypes 缺失或取值为空，则该组件不得出现。如果该组件出现，且具有一个非缺省的值，则仅仅是具有一个非缺省过滤器的搜索操作才可能潜在地符合此组件。

16.10.4 结果中的属性

组件outputAttributeTypes 规定了什么样的属性类型(或者当没有设置服务控制选项noSubtypeSelection 时，还包括它们的子类型)可能潜在地出现在结果中，并作为访问控制的目标(见 16.7)。如果一个匹配的条目或复合条目中没有包含该组件定义的任何属性，则该条目或复合条目将不被包含在结果中。对于被标识为匹配结果的单个家族成员，或者通过additionalControl 组件中的控制属性所规定的操作得到的单个家族成员，都将应用类似规则。如果这样的家族成员没有拥有本组件所定义的任何一个属性类型，则家族成员以及它们所有下级的这种不符合性都会被显式地标记出来。数据类型ResultAttribute 规定了关于这些属性类型应当如何在结果中表示的详细信息。本组件不会影响搜索的合法性判断。如果组件缺失，则搜索规则不会影响条目信息的选择，除非可能在组件familyReturn 和additionalControl 中有规定。本组件具有如下子组件：

a) 子组件attributeType 规定了本规范应用的属性类型。它是唯一的必选子组件。在一个搜索规则中，对于某个给定的属性类型有且仅有一个ResultAttribute 规范。

b) 子组件outputValues 规定了该属性类型的哪些属性值可作为返回结果的候选。该属性值的集合还将被上下文子组件、请求者提供的条目信息选择以及访问控制等作更严格的限制。如果本子组件缺失，则所有的属性值都是候选。选项selectedValues 提供了在attributeType 中给定类型的属性值的一个集合。仅有这些列出的值可作为返回结果中属性值的候选。选项matchedValuesOnly 规定了仅有那些属性值才可作为被返回值的候选，那些属性值指的是通过过滤项对过滤器返回 TRUE 做出贡献的，而不仅仅是出现的属性值（关于术语“贡献”的定义，见 GB/T 16264.3—2008 的 10.2.2）。

c) 子组件context 拥有一个上下文表的集合，规定了该属性类型有什么样的属性值信息可以返回。

——如果本子组件缺失，则搜索规则不会对返回的属性值有任何基于上下文方面的限制；

——如果本子组件中没有包含某个上下文类型，则该类型的上下文信息不会伴随此属性类型的任何返回属性值返回；

——如果在一个上下文表中没有包含数据类型contextValue，则该上下文类型的所有上下文值都与伴随每个属性值一起返回；

——如果一个或多个上下文表中都包含数据类型contextValue，则每个这样的上下文表都被认为是一个ContextAssertion，将被应用于 8.9.2.4 中规定的属性值。如果属性值的所有上下文类型都使得声明的评估结果为 TRUE，则那样的属性值才被返回。如果选择结果是没有该类型的属性值返回，则在结果中将不包含该属性。类似的，如果选择结果是没有留下一个条目的任何信息，则该条目不会被返回；

——如果该属性类型的所有返回属性值都具有同样的{上下文类型，上下文值}对要返回，则这样的一个上下文值将从所有的属性值中删除。如果留下一个没有任何上下文值的上下文，则它将被完全删除；

注：将允许一个服务以这样的一种方式被裁剪，即在大部分情况下，用户使用简单的设备就能够获取到没有上下文的信息。

16.10.5 服务和搜索控制

组件defaultControls 如果存在，将用于规定比特的设置，这些比特没有在操作变量的服务控制内，在ServiceControlOptions 中为操作显式地设置，如果操作是一个搜索操作，则是在SearchControlOptions 和HierarchySelections 中设置。如果任一特定选项缺失，则将使用defaultControls 元素（如果它存在的话）。

如果所有的子组件hierarchyOptions 在defaultControls 中都缺失，或者defaultControls 缺失，则不得使用层次结构选择。如果组件hierarchySelection 存在于一个search 变量中，并且规定了除self 外的其他内容，则针对此搜索规则的搜索合法性判断将失败。相应的mandatoryControls 和searchRuleControls 中的元素将被忽略。

如果组件defaultControls 完全缺失，则应当被认为是具有标准的缺省值{serviceControls { }，searchOptions {searchAliases} }。

组件mandatoryControls 通过设置特定的比特，规定了在defaultControls 中指定的应当出现的比特串选项；如果mandatoryControls 指定的任何比特与用户从defaultControls 中提供的选项不同，则针对此搜索规则的搜索合法性判断将失败。组件mandatoryControls 没有指定的比特将取值为零。如果该操作是阅读或修改条目操作，则仅考虑子组件serviceControls 。

组件searchRuleControls 通过设置特定的比特，规定了应从defaultControls 中而不是从用户提供的选项中获取的比特串选项，组件searchRuleControls 没有指定的比特将取值为零。如果该操作是一个阅读或修改条目操作，则仅考虑子组件serviceControls 。

注：如果用户在搜索操作中提供了 U0 to p，且缺省的比特为 D0 to N，则应用 defaultControls 组件的结果是一个比特串 C0 to N，其中，比特 0 到 p 从 U 中取值，其余的从 D 中取值。如果比特串 C&M 不等于 D&M，其中 C 表

示 C0 to N,"&"代表一个'比特与'操作,M0 to N 是由 mandatoryControls 指定的比特串,则针对此搜索规则的搜索合法性判断将失败。否则,所使用的选项值为(C&～S | D&S),其中,S 是由 searchRuleControls 指定的字符串,～S 是比特位的非,"|"表示一个"比特或"操作。后一个运算的结果是:删除 searchRuleControls 中指定的比特,并且使用缺省的比特值来替换它们。组件 familyGrouping 规定了一个家族分组规范,如果存在的话,该规范的优先级高于(即将替换)搜索变量 CommonArguments 的 familyGrouping。

16.10.6 家族规范

组件familyGrouping 规定了一个家族分组选择,如果存在的话,该选择的优先级高于(即替换)搜索变量CommonArguments 中的familyGrouping 。

组件familyReturn 规定了家族成员返回选择。它调整了搜索变量EntryInformationSelection(或其缺省值)中的familyReturn 中给定的规范。搜索规则规范的优先级是根据组件memberSelect 中规范的优先级,而搜索变量规范的优先级是根据组件familySelect 的优先级,即如果在搜索变量中存在familySelect 组件的话,则一个可能出现在搜索规则中的familySelect 组件须被忽略。

16.10.7 放宽的控制

组件relaxation 定义了使用RelaxationPolicy 结构的放宽策略。同样的组件可能包含在搜索请求的relaxation 组件中。与该结构相关的过程描述于此,涵盖了两种情况,一种情况是它包含在一个搜索规则中,另一种情况是它包含在一个搜索请求中。如果RelaxationPolicy 既包含在搜索规则中,又包含在搜索请求中,则附加的规范在 GB/T 16264.3—2008 的 10.2.2 中给出。

RelaxationPolicy 具有如下子组件:

a) 子组件basic ,如果存在的话,定义了MRMapping ,即一个匹配规则替换集和/或应用于搜索过滤器的基于映射的匹配功能集,这些匹配功能是供第一次评估使用的(即无任何收紧或放宽)。这就允许选择一个比初始的匹配更有效的匹配。如果忽略该项,或者该项的值为空集,则结果是所有正常的没有应用任何基于映射的匹配的匹配规则将用于第一次评估;

b) 子组件tightenings ,如果存在的话,组成了一个替换和映射的序列,每个都由 MRMapping 定义,如果匹配条目的数目太多的话(大于maximum 指定的值),则这些替换和映射将按照给定的序列使用,一次使用一个;

c) 子组件relaxations ,如果存在的话,组成了一个替换和映射的序列,每个都由MRMapping 定义,如果匹配条目太少的话(小于minimum 指定的值),则这些替换和映射将按照给定的序列使用,一次使用一个;

d) 如果tightenings 存在的话,子组件maximum 须总是存在,且该子组件规定了条目的数量,如果发现的条目在此数量之上,则将应用收紧策略;

e) 子组件minimum 规定了条目的数量,如果发现的条目为此数(或低于此数)时,则将应用放宽策略;如果该子组件缺失,则其缺省值为零。

注 1:放宽/收紧不受performExactly 搜索控制选项的影响。

匹配规则替换和映射由元素MRMapping 定义,每个都包含一个Mapping 元素的序列和一个MR-Substitution 元素的序列。这些元素的序列顺序不重要。

一个Mapping 元素包含如下组件:

a) 组件mappingFunction 标识了一个基于映射的映射功能,与将要应用的映射表相关联;

b) 组件 level 标识了基于映射的匹配将应用的放宽级别(或是相反的收紧级别)。当&userControl 为了基于映射的匹配而被设置,且extendedArea 搜索控制包含在搜索请求中时,该组件必须被忽略,在这种情况下,将应用extendedArea 中指定的值。

注 2:对于 basic 替换和映射,level 应当在很多情况下都被设置为零。

一个MRSubstitution 元素包含如下组件:

a) 组件attribute 描述了将要被应用替换的属性;

b) 组件oldMatchingRule是将要被替换的匹配规则。如果该组件缺失，则它应用于该指定的属性类型之前所应用的匹配规则，如果有的话。对于基本的替换，或者如果基本替换没有执行，对于第一次的放宽/收紧替换，则所应用的匹配指的是如果没有此次替换将要使用的那个匹配。对于后续的替换，所应用的匹配规则指的是之前的替换所引入的匹配规则。如果该子组件指定的匹配规则不是之前所应用的匹配规则，则没有替换可以执行。

注 3：作为一个示例：如果类型为equality的一个过滤项，并因此选择了一个相等匹配规则，但该子组件指定了一个子串匹配规则，则将没有替换可以执行。

c) 组件newMatchingRule是一个将要用于替换旧的匹配规则的替换匹配规则的客体标识符。如果该组件缺失，则任何相应的过滤项对于非否定项都判断为TRUE，而对否定项则判断为FALSE(即与id-mr-nullMatch的含义一致)。

下述仅应用于search请求中指定的匹配规则替换。如果指定了一个匹配规则，而对于该匹配规则，有一个关于属性类型的匹配限制(见16.10.2的g)项)将使得搜索请求不符合控制搜索规则；或者指定了一个不支持的匹配规则或不一致的匹配规则，则该替换被放弃，且对于该属性类型，后续将不再应用任何替换。

注 4：假设一个DSA将不允许在一个搜索规则中出现不合法的替换。

假若属性和oldMatchingRule(如果存在的话)的组合是唯一的，则该属性能够在一个MRMapping中拥有多个MRSubstitution元素。当oldMatchingRule组件在一个MRSubstitution中缺失，而在另一个MRSubstitution中存在时，则后面的一个在映射oldMatchingRule中定义的匹配规则时，其优先级将高于前一个。

16.10.8 附加的控制组件

组件additionalControl允许控制搜索规则的效果能够适应于一个特定的环境，在这个环境中需要一个附加的搜索操作控制。它规定了一个或多个控制属性类型。本组件所提及的此类控制属性类型的语义、句法和放置位置等应当作为控制属性定义的一部分来定义。这样的一个规范可能不在本系列目录规范的定义范围之内。一个指定的控制属性的定义中，包括基于控制属性所提供的信息而将执行的过程。

本组件不会影响搜索有效性证实功能。

一个控制属性可以以这样的方式来放置，即可以影响多个条目，例如：放置在一个特定服务管理点，或放置在一个服务管理子条目内。它还可以被放置在单个的条目中。当控制属性被放置在单个的条目中时，它仅能够影响那些条目的条目信息选择。一个控制属性可能会引起某些条目或家族成员被*显式地不标注*，这样将防止它们出现在搜索结果中。

注 1：通过将控制属性放置在特定服务管理点中，可以使得控制属性影响匹配执行的方式。例如，在某个过滤项中指定的一个属性类型能够被映射为一个属性类型集，或者被一个属性类型集(如"友人"属性类型)所补充，则对此属性类型集，匹配可以以某种已定义的方式来执行，例如达到与属性子类型化所提供的同样效果。类似的，一个控制属性能够调整返回的条目信息。

注 2：通过将控制属性放置在一个给定的条目中，可以使得单个条目的请求可能被重点考虑，例如覆盖用户的数据保护要求。

如果由于一个或多个控制属性的执行结果而使得复合条目被标注或未被标注，则必须在应用"家族返回规范"(正如在EntryInformationSelection中的familyReturn所指定的那样，或者被familyReturn搜索规则组件所覆盖)之前就执行。如果显式地不标注所引起的结果是没有该复合条目的任何一个成员会返回，即该复合条目将被完全地从结果中删除。

16.10.9 其他组件

组件allowedSubset规定了搜索请求subset规范的合法选择。如果imposedSubset搜索规则组件存在，且在某个搜索请求中没有设置useSubset搜索控制的话，则此搜索规则组件被忽略，缺省的情况是，任何subset选择都是可能的。如果一个搜索请求的subset参数没有指定符合该搜索规则组件的值，则针对此搜索规则的搜索合法性判断将失败。对于一个符合此组件的阅读或修改条目操作,必须包括值baseObject 。

组件imposedSubset 指定了一个subset ,该子集将替代搜索请求中的subset 规定。如果该组件没有出现,或者在搜索请求中设置了useSubset 搜索控制,则不执行任何替换,并且allowedSubset 所表示的限制将被执行。当针对某个搜索规则,对read 或modifyEntry 请求进行评估时,该组件必须被忽略。

组件entryLimit 有两个子组件。子组件default 指示了当sizeLimit 服务控制没有被设置时,目录所施加的尺寸限制。子组件max 指示了sizeLimit 服务控制所允许的最大值。如果超出此最大值,则生效的sizeLimit 被限制为此max 值。当针对一个搜索规则,对read 或modifyEntry 请求进行评估时,该组件必须被忽略。

16.10.10 ASN.1 信息客体类

提供了信息客体类SEARCH-RULE 、REQUEST-ATTRIBUTE 和RESULT-ATTRIBUTE 来简化搜索规则的文档:

```
SEARCH-RULE ::=CLASS {
    &dmdId                    OBJECT IDENTIFIER,
    &serviceType              OBJECT IDENTIFIER            OPTIONAL,
    &userClass                INTEGER                      OPTIONAL,
    &InputAttributeTypes      REQUEST-ATTRIBUTE            OPTIONAL,
    &combination              AttributeCombination         OPTIONAL,
    &OutputAttributeTypes     RESULT-ATTRIBUTE             OPTIONAL,
    &defaultControls          ControlOptions               OPTIONAL,
    &mandatoryControls        ControlOptions               OPTIONAL,
    &searchRuleControls       ControlOptions               OPTIONAL,
    &familyGrouping           FamilyGrouping               OPTIONAL,
    &familyReturn             FamilyReturn                 OPTIONAL,
    &addifionalControl        AttributeType                OPTIONAL,
    &relaxation               RelaxationPolicy             OPTIONAL,
    &allowedSubset            AllowedSubset                DEFAULT '111 'B,
    &imposedSubset            ImposedSubset                OPTIONAL,
    &entryLimit               EntryLimit                   OPTIONAL,
    &id                       INTEGER UNIQUE }

WITH SYNTAX {
    DMD ID                    &dmdId
    [SERVICE-TYPE             &serviceType ]
    [USER-CLASS               &userClass ]
    [INPUT ATTRIBUTES         &InputAttributeTypes ]
    [COMBINATION              &combination ]
    [OUTPUT ATTRIBUTES        &OutputAttributeTypes ]
    [DEFAULT CONTROL          &defaultControls ]
    [MANDATORY CONTROL        &mandatoryControls ]
    [SEARCH-RULE CONTROL      &searchRuleControls ]
    [FAMILY-GROUPING          &familyGrouping ]
    [FAMILY-RETURN            &familyReturn ]
```

```
    [ADDITIONAL CONTROL    &additionalControl ]
    [RELAXATION            &relaxation ]
    [ALLOWED SUBSET        &allowedSubset ]
    [IMPOSED SUBSET        &imposedSubset ]
    [ENTRY LIMIT           &entryLimit ]
    ID                     &id}

REQUEST-ATTRIBUTE ::=CLASS {
    &attributeType         ATTRIBUTE. &id,
    &SelectedValues        ATTRIBUTE. &Type                      OPTIONAL,
    &DefaultValues         SEQUENCE {
                              entryType OBJECT-C LASS. &id        OPTIONAL,
                              valuesSEQUENCE OF ATTRIBUTE. &Type} OPTIONAL,
    &contexts              SEQUENCE OF ContextProfile             OPTIONAL,
    &contextCombination    ContextCombination                     OPTIONAL,
    &MatchingUse           MatchingUse                            OPTIONAL,
    &includeSubtypes       BOOLEAN                                DEFAULT FALSE
    }

WITH SYNTAX {
    ATTRIBUTE TYPE         &attributeType
    [SELECTED VALUES       &SelectedValues ]
    [DEFAULT VALUES        &DefaultValues ]
    [CONTEXTS              &contexts ]
    [CONTEXT COMBINATION   &contextCombination ]
    [MATCHING USE          &MatchingUse ]
    [INCLUDE SUBTYPES      &includeSubtypes ] }

RESULT-ATTRIBUTE ::=CLASS{
    &attributeType         ATTRIBUTE. &id.
    &outputVlues           CHOICE {
        selectedValues     SEQUENCE OF ATTRIBUTE. &Type,
        matchedValuesOnly  NULL }                                 OPTIONAL,
    &contexts              ContextProfile                         OPTIONAL }

WITH SYNTAX {
    ATTRIBUTE TYPE         &attributeType
    [OUTPUTVALUES          &outputValues ]
    [CONTEXTS              &contexts ] }
```

16.11 匹配限制定义

管理机构可能会希望对如何应用匹配规则设置限制。例如，关于一个子串匹配规则的限制可能会规定一个搜索过滤项中应当提供的子串最小长度。这样的限制是永久性的，不具备如搜索放宽那样的动态调整特性。

在一个特定服务管理区内,可以通过构造适当的搜索规则来应用这些限制,并且这也是引入匹配限制的唯一方法。

匹配限制可以被定义为MATCHING-RESTRICTION 信息客体类的值:

```
MATCHING-RESTRICTION ::=CLASS {
        &Restriction,
        &Rules             MATCHING-RULE. &id,
        &id                OBJECT IDENTIFIER UNIQUE }

WITH SYNTAX   {
        RESTRICTION        &Restriction
        RULES              &Rules
        ID                 &id }
```

对于每一个使用此信息客体类定义的匹配规则限制:

a) &Restriction 是要应用的匹配限制的句法;

b) &Rules 是该匹配限制可以应用的匹配规则的集合。匹配限制仅能为某个基本的匹配规则而定义,即一个在其定义中没有双亲匹配规则的匹配规则;

c) &id 是分配给该匹配限制的客体标识符。

可以为任意一个匹配规则定义多个匹配限制,但是在某个给定的情况下,只能应用其中的一个。

16.12 搜索有效性证实功能

搜索有效性证实功能是一个抽象功能,用于判断一个搜索请求是否符合一个特定的搜索规则。如果搜索请求符合搜索规则,则搜索有效性证实功能结果为 TRUE。否则,结果为 FALSE。对于一个符合搜索规则的搜索请求应当:

——除了inputAttributeTypes 中指定的属性类型外,其他属性类型不得以任何形式出现在搜索过滤器中,无论是否定的,还是非否定的;

——如果一个属性类型出现在一个过滤器中,则它也必须是有效出现的;

注:这意味着一个属性类型不得仅仅通过否定过滤项来表示。

——在搜索规则的组件attributeCombination 中规定的请求属性有效出现的条件必须被满足;

——如果有请求属性表包含 selectedValues 子组件,则相应的属性必须仅通过非否定过滤项来表示;

——在搜索变量中的subset 规范必须符合搜索规则的subset 规范;

——组件mandatoryControls 中规定的必选控制应当与为搜索规则所定义的defaultControls 相同。

对于通过在一个子过滤器的一个或多个过滤项中表示的,且在此子过滤器中有效出现的一个属性类型,至少有一个过滤项必须符合该属性类型的RequestAttribute 规范,即:

——过滤项的类型必须如 16.6 中的规定;

——如果子组件 selectedValues 在请求属性表中出现,且非空,则过滤项必须与此子组件相匹配;

——过滤项中的上下文规范必须符合请求属性表中的上下文规范;

——过滤项中的匹配规则规范必须符合请求属性表中的匹配规则规范;以及

——任何匹配限制都须被满足。

详细的搜索合法性判断过程在 GB/T 16264.3—2008 的第 13 章规定。

第八篇：安　全

17　安全模型

17.1　定义

本目录规范使用 GB/T 9387.2 中定义的下述术语：

——访问控制　access control

——鉴别　authentication

——安全策略　security policy

——保密性　confidentiality

——完整性　integrity

本目录规范使用下列术语和定义：

17.1.1

访问控制方案　access control scheme

对目录信息的访问进行控制的方式以及潜在的对其访问权限进行控制的方式。

17.1.2

被保护项　protected item

目录信息的一个元素，对其的访问可以被分别控制。目录的被保护项可以是条目、属性、属性值和名(称)等。

17.2　安全策略

在目录所处的环境中，有各种管理机构对他们的 DIB 部分进行访问控制。一般来说，这样的访问与某些主管部门所控制的安全策略是相适应的(见 ISO/IEC 9594-8)。

安全策略中，影响目录访问的两个方面，或者说两个组件是：鉴别过程和访问控制方案。

注：第 18 章定义了两个访问控制方案：基本访问控制和简化的访问控制，第 19 章定义了基于规则的访问控制。这些方案可能会与本地管理控制联合使用；然而，由于本地管理策略没有标准的表示，因此不能以影像信息进行通信。

17.2.1　鉴别过程和机制

在目录上下文中的鉴别过程和机制包括对下述信息进行验证的方法以及将其传播到所需地方的方法：

——DSA 和目录用户的身份；

——在某个访问点接收到的消息的消息源身份。

注 1：相比较对于非管理员用户的鉴别配置，管理机构可能会为管理员用户的鉴别规定不同的配置。

通用用法(General-use)鉴别过程在 ISO/IEC 9594-8 中定义，并且能够与本目录规范中定义的访问控制方案联合使用，以便增强安全策略。

注 2：本系列目录规范将来的版本可能会定义其他访问控制方案。

注 3：本地管理策略可规定在其他某些 DSA(如在其他 DMD 中的 DSA)中发生的鉴别将被忽视。

通常来说，从被鉴别的身份(如被某个鉴别交互进行鉴别的人类用户身份)到访问控制身份(如用于表示用户的条目的可辨别名以及一个可选的唯一可辨别名)之间有一个映射功能。某个特定的安全策略可能会声明被鉴别的身份和访问控制身份是相同的。

用于访问控制身份中的名(称)，必须使用主辨别名。类似的，当访问控制在它的准予和拒绝规范中使用名(称)时，也必须使用主辨别名。

17.2.2　访问控制方案

在目录上下文中定义的访问控制方案中包括的方法可以：

——规定访问控制信息(ACI);

——施加上述访问控制信息所定义的访问权限;

——维护访问控制信息。

施加访问权限,是用于控制对如下信息的访问:

——与名(称)相关的目录信息;

——目录用户信息;

——目录操作信息,包括访问控制信息。

管理机构在实现其安全策略时,可能会使用所有的或部分的标准访问控制方案,或者也可能会根据其判断力,自由地定义他们自己的方案。

然而,管理机构可能会为保护某些或全部目录操作信息而规定不同的配置。不要求管理机构为普通用户提供方法,以便检测到为保护操作信息而进行的配置。

注 1:管理策略可能会准予或拒绝对特定属性(如操作属性)的任何形式的访问,而不考虑可能会应用的访问控制。

目录提供一种方法,通过使用accessControlScheme 操作属性,使得在 DIB 的某个特定部分生效的访问控制方案可以被标识出来。该方案的范围由一个"访问控制特定区(ACSA)"来定义,这是一个特定的管理区,由相应的安全机构负责。该属性置于相应管理点的管理条目内。仅有访问控制特定点的管理条目才被允许包含一个accessControlScheme 属性。

注 2:如果在访问某个给定条目时,该操作属性不存在,则 DSA 的行为必须同第 1 版的 DSA(即决定使用哪种访问控制机制及其对操作、结果和错误的影响等,都属于本地事物)。

```
accessControlScheme   ATTRIBUTE   ::={
        WITH SYNTAX             OBJECT IDENTIFIER
        EQUALITY MATCHING RULE        objectIdentifierMatch
        SINGLE VALUE            TRUE
        USAGE             directoryOperation
        ID              id-aca-accessControlScheme }
```

任何一个 ACSA 中的子条目或条目都被允许包含条目 ACI,当且仅当该 ACI 是允许的,且与相应 ACSA 的accessControlScheme 属性值一致。

17.3 目录操作的保护

有两种保护形式可用于目录操作:保密性和完整性。

保密性仅在一个点对点基础上通过使用 TLS 才可用,可能是为了 IDM 目录协议和 LDAP 而调用的。

TLS 不用于 OSI 目录协议。应当注意的是在一个分布式环境中,点对点保护可能是不够的;然而,端到端的保密性仅靠通过对属性自身的保护才能够提供。

完整性的提供有两种方式。点到点完整性可能通过使用 TLS 为 IDM 目录协议和 LDAP 提供。端到端完整性的提供是通过签名和可选的链接签名的目录操作完成的,而不是通过使用如下面所述的 OPTIONALLY-PROTECTED 的 LDAP 完成的。包含目录操作的 PDU 是不被保护的;相反的,参数,结果和错误等是被保护的。并没有一个机制用于提供一个安全持久事件(如 DAP 操作)的记录。LDAP 操作不通过本目录规范定义的方法进行保护。

注:实验性的 IETF RFC 2649"拥有操作签名的一个 LDAP 控制和模式",提出了这样一个机制:对包含 LDAP 操作的 PDU 进行签名,并为这些操作提供一个安全持久的记录。

OPTIONALLY-PROTECTED 是一个参数化的数据类型,这样的参数是一个数据类型,其值根据发起者的选择可能会伴随一个数字签名。这个能力通过下述类型来指定:

```
OPTIONALLY-PROTECTED { Type }   ::=CHOICE {
        unsigned          Type,
```

```
    signed        SIGNED {Type} }
```

当被保护的数据类型是一个未加标记的序列型数据类型时，将使用OPTIONALLY-PROTECTED-SEQ 替换OPTIONALLY-PROTECTED 。

```
OPTIONALLY-PROTECTED-SEQ { Type } ::=CHOICE {
    unsigned        Type,
    signed  [0]     SIGNED { Type } }
```

SIGNED 是一个参数化数据类型，描述了信息被签名的方式，在 ISO/IEC 9594-8 中规定。

18 基本访问控制

18.1 范围和应用

本章为目录定义了一个特定的访问控制方案(可能会有多个)。这里定义的访问控制方案通过将操作属性accessControlScheme 赋值为basic-access-control 来进行标识。17.2.2 描述了哪个条目包含操作属性accessControlScheme 。

注：一个名为"简化的访问控制"的访问控制方案在 18.9 定义。它被定义为"基本访问控制方案"的一个子集。当使用简化的访问控制时，操作属性accessControlScheme 必须取值为simplified-access-control 。另外的名为"基于规则的访问控制"的访问控制方案在第 19 章定义。

这里定义的方案仅仅是提供了对 DIB 内的目录信息(潜在地包括树型结构和访问控制信息)进行访问控制的方法。它没有指出为了与某个 DSA 应用实体进行通信的目的而进行的访问控制。对信息的访问进行控制指的是防止对信息进行非授权的检测、泄漏或修改等。

18.2 基本访问控制模型

目录的基本访问控制模型为每个目录操作都定义了一个或多个点，在这些点上将执行访问控制决策。每个访问控制决策包括：

——被访问的目录信息元素，被称为"被保护项"；

——发起请求的用户，被称为"请求者"；

——一个为完成操作的一部分而必需的特定权限，被称为"许可"；

——一个或多个操作属性，这些操作属性共同包含了对该被保护项进行访问控制的安全策略，被称为"ACI 项"。

因此，基本的访问控制模型定义了：

——被保护项；

——用户类；

——执行每个目录操作所需的许可类别；

——应用范围和 ACI 项的句法；

——一个基本的算法，被称为访问控制决策功能(ACDF)，用于决定某个特定的请求者根据所应用的 ACI 项是否拥有某种特定的许可。

18.2.1 被保护项

一个被保护项是目录信息中的一个元素，对于这些元素的访问可以分别进行控制。目录的被保护项有：条目、属性、属性值和名(称)。为了便于规定访问控制策略，基本的访问控制提供了方法来标识相关项的集合，如一个条目中的属性或者一个给定属性的所有属性值等，并且为它们规定了共同的保护。

18.2.2 访问控制许可和它们的范围

访问控制是通过对许可的准予和拒绝来实现的。许可的类别在 18.2.3 和 18.2.4 中描述。

访问控制的范围可以是一个单独的条目或条目的一个集合，这些集合中的条目处于某个特定管理点的子条目范围内，因此在逻辑上相关。

许可类别一般来说是独立的。由于所有的目录条目都在 DIT 内有一个相对位置，对用户和操作信息的访问总是包含对DIT相关信息的某种形式的访问。因此，与目录操作相关的访问控制决策有两种主要的形式：对称为客体的条目的访问（被称为条目访问）；对包含用户信息和操作信息的属性的访问（被称为属性访问）。对许多目录操作而言，这两种许可形式都是需要的。另外，当可应用时，不同的许可分别控制返回的名（称）或错误类型。许可类别的某些重要方面，访问的形式和访问控制决策的产生等描述如下：

a) 为了对所有条目执行目录操作（如阅读一个条目，或增加一个条目），通常有必要对该条目内所包含的属性及其值的许可进行准予。例外情况是控制条目重命名和删除的许可：在任何一种情况下，属性或属性值许可都不会被考虑。

b) 为了执行需要对属性或属性值进行访问的目录操作，有必要对包含那些属性或属性值的条目或条目集拥有条目访问许可。

注1：删除一个条目或一个属性不要求对条目或属性的内容进行访问。

c) 是否允许对条目进行访问，此决策严格地来说是由DIT内的条目位置所决定的，即根据其可辨别名来决定，并且与目录如何定位该条目无关。

d) 基本访问控制的一个设计原则是：只有当在做访问控制决策的目录所使用的访问控制信息中显式提供了许可准予的情况下，才有可能允许访问。准予一种形式的访问（如条目访问）从来不会自动或隐含地准予其他形式的访问（如属性访问）。为了管理有效的目录访问控制策略，因此经常有必要显式地为两种访问形式设置访问策略。

注2：准予或拒绝的某些组合是不合逻辑的，但这是用户的责任，而不是目录的责任，来确保不出现这样的组合。

注3：与上述设计原则相一致，对某个属性值许可的准予或拒绝不会自动地控制对相应属性的访问。此外，为了在一个目录查询操作中访问到一个属性值，则用户必须被准予访问该属性类型及其值。

e) 模型所提供的唯一一个缺省的访问决策是：在没有显式的访问控制信息准予访问时，则拒绝访问。

f) 在访问控制信息中规定的拒绝，其优先级总是高于准予，此外其他因素都相等。

g) 一个特定的DSA可能不会拥有控制它所高速缓存的目录数据的访问控制信息。安全管理员应当意识到，此具有高速缓存能力的DSA可能会对其他DSA形成重大的风险，因为它可能会将信息泄露给非授权的用户。

h) 出于查询的目的，与某个条目相关的集合属性被保护起来，就好像它们是组成该条目的属性一样。

注4：出于修改的目的，集合属性应与拥有它们的子条目相关，而不是与子条目范围内的条目相关。因此，与修改相关的访问控制与集合属性是无关的，除非它们应用于子条目内的集合属性及其值。

18.2.3 条目访问的许可类别

用于控制条目访问的许可类别是：*Read*，*Browse*，*Add*，*Remove*，*Modify*，*Rename*，*DiscloseOnError*，*Export* 以及*Import* 和*ReturnDN* 等。它们的用法在GB/T 16264.3—2008中给出详细描述。

附录L对在一般情况下它们的含义给出了一个概述。本条通过简要地指出与每个类别的准予相关的目的，从而引入这些类别。然而，一个特定的准予许可对访问控制决策的实际影响，是由ACDF的完整的上下文和每个目录操作的访问控制决策点所决定的。

a) *Read*，如果被准予，则允许目录操作的阅读访问，该操作明确地指定了条目的名（称）（即与列表和搜索操作相反），并对它所应用的条目中包含的信息提供了可视性。

b) *Browse*，如果被准予，则允许使用目录操作对条目进行访问，该操作没有显式地提供条目名。

c) *Add*，如果被准予，则允许在DIT中创建一个条目，且在创建时置于新条目中的所有属性和属性值都可被控制。

注1：为了增加一个条目，还应当至少准予增加必选属性及其值。

注2：没有一个特定的"增加下级许可"。增加一个条目的许可通过使用18.3描述的操作属性prescriptiveACI

来控制。

d) *Remove*,如果被准予,则允许从 DIT 中删除条目,而不考虑对条目内属性或属性值的控制。

e) *Modify* ,如果被准予,则允许修改条目中包含的信息。

注 3:为了修改包含在条目中的除可辨别名属性值外的信息,其他相应的属性及其值的许可也必须被准予。

f) *Rename* 的准予对于一个要使用新的 RDN 进行重新命名的条目来说是必要的,如果有的话,还需要考虑由此而产生的下级条目可辨别名的改变;如果上级的名(称)没有改变,则许可是足够的。

注 4:为了重命名一个条目,对于所包含的属性或属性值不需要有先决条件的许可,包括 RDN 属性;即使由于 RDN 的改变,使得该操作引起新的属性值被增加或被删除,上述说明也是正确的。

g) *DiscloseOnError* ,如果被准予,则允许在一个错误(或空)结果中显示条目的名(称)。

h) *Export* ,如果被准予,则允许一个条目及其下级(如果有的话)被输出;也就是说,将其从当前的位置删除,然后放置到一个新的位置,并符合目标位置处适当的许可准予。如果最后的 RDN 有改变,则在当前位置还需要执行*Rename* 。

注 5:为了输出一个条目及其下级,对于所包含的属性或属性值不需要有先决条件的许可,包括 RDN 属性;即使由于 RDN 的改变,使得该操作引起新的属性值被增加或被删除,上述说明也是正确的。

i) *Import* ,如果被准予,则允许一个条目及其下级(如果有的话)被输入;也就是说,将其从某个其他的位置删除,并放置到许可应用的位置上(符合在源位置处适当的许可准予)。

注 6:为了输入一个条目及其下级,对于所包含的属性或属性值不需要有先决条件的许可,包括 RDN 属性;即使由于 RDN 的改变,使得该操作引起新的属性值被增加或被删除,上述说明也是正确的。

j) *ReturnDN* ,如果被准予,则允许在操作返回的结果中显示条目的可辨别名。

18.2.4 属性和属性值访问的许可类别

用于控制属性和属性值访问的许可类别有:*Compare* ,*Read* ,*FilterMatch* ,*Add* ,*Remove* 和*DiscloseOnError* 。它们的用法在 GB/T 16264.3—2008 中给出详细的描述。附录 L 对在一般情况下它们的含义给出了一个概述。本条通过简要地指出与每个类别的准予相关的目的,从而引入了这些类别。然而,一个特定的准予许可对访问控制决策的实际影响,是由 ACDF 的完整的上下文和每个目录操作的访问控制决策点所决定的。

a) *Compare* ,如果被准予,则允许属性及其值用于一个比较操作中。

b) *Read* ,如果被准予,则允许属性及其值可以作为阅读或搜索访问操作返回的条目信息。

c) *FilterMatch* ,如果被准予,则允许对一个搜索条件内的过滤器进行评估。

d) *Add* ,如果增加一个属性被准予,则允许增加一个属性,并能够增加所有指定的属性值。如果增加一个属性值被准予,则允许为某个现有的属性增加一个值。

e) *Remove* ,如果删除一个属性被准予,则允许完全删除一个属性及其所有的值。如果删除一个属性值被准予,则允许从某个现有的属性中删除一个值。

f) *DiscloseOnError* ,如果是针对一个属性被准予,则允许该属性出现在属性或安全错误中。如果是针对一个属性值被准予,则允许该属性值出现在一个属性或安全错误中。

g) *Invoke* ,如果被准予,则许可所应用的客体(总是一个操作属性或一个操作属性的值),能够被 DSA 当做授权的用户来调用。该调用所完成的功能是取决于属性的。对于用户来说,不需要拥有操作属性,或拥有此操作属性的条目/子条目的其他许可。

18.3 访问控制管理区

DIT 被分割为不同的子树,这些子树被称为"自治管理区",每个自治管理区都由一个单独的域管理组织内的管理机构所控制。出于特定方面的管理目的,它还可再被分割为被称为"特定管理区"的子树;或者整个自治管理区可能由一个单独的特定管理区构成。每个这样的特定管理区都由相应的特定管理机构负责。某个特殊的管理区可能由多个特定的管理机构共同负责,见第 11 章。

18.3.1 访问控制区和目录访问控制域

在访问控制情况下，特定的管理机构是一个安全机构，且特定的管理区被称为一个“访问控制特定区(ACSA)”。ACSA 的根被称为“访问控制特定点”。每个访问控制特定点在 DIT 中都由一个管理条目来表示，且条目的操作属性administrativeRole 中都包含值access-control-specific-area；它(潜在地)拥有一个或多个包含访问控制信息的子条目。类似的，每个访问控制内部点在 DIT 中都由一个管理条目来表示，且条目的操作属性administrativeRole 中都包含值access-control-inner-area；它也(潜在地)拥有一个或多个包含访问控制信息的子条目。每个这样的拥有子条目的管理条目，其中子条目中包含了指定的 ACI 信息，其操作属性accessControlScheme 都取值为basic-access-control、simplified-access-control 或其他相关值。每个属于一个访问控制特定点，且包含了访问控制信息的子条目，都将access-ControlSubentry 作为其客体通用性的值。一个管理条目及其子条目可能会拥有一些操作属性(如访问控制信息)，这些操作属性分别与管理点(以及可能的子条目)和由子条目的subtreeSpecification 定义的(在管理区内的)条目集合相关。

当且仅当拥有它的管理条目是一个访问控制特定条目时，属性accessControlScheme 才必须存在。

一个管理条目永远都不可能既是一个访问控制特定条目，又是一个访问控制内部条目；因此，相应的值不可能同时出现在administrativeRole 属性中。

一个包含访问控制信息的子条目的范围，在它的subtreeSpecification 中定义(可能包含子树精选)，被称为目录访问控制域(DACD)。

注：一个 DACD 能够包含零个条目，也能够包含尚未加入到 DIT 中的条目。

安全机构可能会允许一个访问控制特定区被分割为不同的子树，这样的子树被称为内部(管理)区。每个这样的内部区，被称为一个“访问控制内部区(ACIA)”，其操作属性administrativeRole 取值为access-control-inner-area。相应管理点的包含了指定 ACI 信息的每个子条目，如前所述，都在其客体类属性中取值accessControlSubentry。

一个 ACIA 中的子条目所规定的范围(subtreeSpecification)也是一个 DACD，并且包含了相关的访问控制内部区中的条目。

ACIA 允许在 ACSA 内对访问控制权力进行一定程度的授权。ACSA 的权力在 ACIA 内仍然保留，因为 ACSA 的管理点子条目内的 ACI 的应用与相关 ACIA 子条目的 ACI 应用相同(18.6 解释了 ACSA 是如何控制权力的)。

总地来说，在评估访问控制时，访问控制方案的类型(如基本访问控制)通过相关的访问控制特定条目中的accessControlScheme 属性的值来指示；ACSA 内的每个相关管理条目的作用由administrative-Role 属性的值来指示；指定的访问控制在一个特定子条目内的出现由其客体类属性中的值accessCon-trolSubentry 来指示。

子条目，同其他条目一样，为了保护它自己的内容，可拥有一个entryACI 属性。

18.3.2 将控制与管理区相关联

对一个给定条目的访问(潜在地)是由全体上级访问控制管理点(包括内部的和特定的)所控制的，所有上级访问控制管理点指的是在 DIT 内从本条目一直向上朝着根的方向，期间所遇到的所有内部访问控制管理点或自治管理点，直到遇到第一个非内部访问控制管理点或自治管理点为止。作为此访问控制管理点上级的访问控制特定点，对给定条目的访问控制没有影响。

注 1：出于描述的目的，一个自治管理点被隐含地认为是一个访问控制特定点，即使它没有与任何预定的控制相关。

关于访问控制与管理区之间的关联关系的重要方面如下所列：

a) 目录信息的访问控制可能仅应用于所选择的条目，或者范围扩展至 DIB 的一部分，这一部分通过一个共同的安全策略和一个共同的访问控制管理在逻辑上相关联起来。

b) 访问控制可能施加在一个 ACSA 内或 ACIA 内的条目上，通过将属性prescriptiveACI(见 18.5)放置在相应的访问控制管理条目的一个或多个子条目内，且其范围由相应的 subtreeSpecification 来定义。

注 2：属性prescriptiveACI 不是集合属性。在prescriptiveACI 属性和集合属性之间有显著的不同：

——尽管一个prescriptiveACI 属性可能会影响该属性所在的子条目范围内每个条目的访问控制决策，但prescriptiveACI 属性不考虑为任何这样的条目提供可访问的信息，或者作为这些条目的有效组成部分；

——prescriptiveACI 属性与管理的访问控制方面相关，并且与访问控制特定点和内部点相关，但与条目集合的管理点不相关；

——prescriptiveACI 属性的目的是表示一个策略，该策略影响所定义的一个条目集；而一个集合属性的目的是提供信息，将用户可访问的属性集合与所定义的条目集合关联起来；

——prescriptiveACI 属性表示策略信息，一般来说，这些策略信息不能由普通用户普遍地访问。需要访问prescriptiveACI 信息的管理员用户能够访问此信息，如同访问子条目内的操作属性一样。

c) 操作属性prescriptiveACI 包含ACIItems（见 18.4.1），这些ACIItems 对于出现操作属性prescriptiveACI 的子条目范围内（即 DACD）的所有条目都是共同的。正常情况下，一个 DACD 内包含了相关的访问控制特定区内的所有条目（但也可以根本不包含任何一个条目）。

d) 尽管具体的ACIItems 可能会指定属性或属性值作为被保护项，但ACIItems 与条目在逻辑上是相关联的。与一个条目以及此条目的内容相关联的特定ACIItems 的集合是由如下组合而成的：

——应用于该具体条目的ACIItems，如果存在的话，作为操作属性entryACI 的值来指定（见 18.5.2）；

——操作属性prescriptiveACI 中的ACIItems，可应用于该条目，通过将其放置在管理条目的子条目内，而管理条目的范围包含了该具体的条目（见 18.5.1）。

e) 每个条目（由entryACI 和/或prescriptiveACI 所控制）有必要属于一个且仅属于一个 ACSA。每个这样的条目还可能属于一个或多个 ACSA 内嵌套的包含该条目的 ACIA。潜在地影响某个给定条目的访问控制决策结果的prescriptiveACI 被置于为 ACSA 和每个包含该条目的 ACIA 的（管理条目的）子条目内。其他子条目不能影响与此条目相关的访问控制决策。

f) 如果一个条目处于多个 DACD 的范围内，则那些可能潜在地影响该条目相关的访问控制决策的ACIItems 的全集中，除了包含条目自身的所有entryACI 属性外，还包含所在的 DACD 中的所有prescriptiveACI 属性，如图 17 所示。在条目 E1 中生效的访问控制是 DACD1、DACD2、DACD3 中的prescriptiveACI 以及条目 E1 中的entryACI（如果存在的话）的组合。在条目 E2 中生效的访问控制是 DACD1 和 DACD3 中的prescriptiveACI 以及条目 E2 中的entryACI（如果存在的话）的组合。

注 3：访问控制信息的保护在 18.6 描述。

g) 每个子条目中的属性subtreeSpecification 在某个管理区内定义了一个条目集合。由于一个subtreeSpecification 可能会定义一个子树精选，因此 DACD 可能会在它们各自管理区的交集中随意地重叠。为了简化，图 17 没有显示管理点、子条目或管理区；然而，它可被认为是在同一个 ACSA 中的三个 DACD，其中每个 DACD 都与该 ACSA 管理点的一个单独的子条目相对应（图中没有 ACIA）。换言之，图 17 还可被认为是在一个单独的 ACSA 的上下文中，该 ACSA 包含了一个单独的 ACIA，其中，DACD1 等同于 ACSA，DACD3 等同于 ACIA（DACD1 和 DACD2 应符合 ACSA 管理点的子条目，而 DACD3 应符合 ACIA 管理点的子条目）。当 DACD 内的条目集合与管理区隐含定义的子树中的条目集合相同时，则认为一个管理区与一个 DACD 是重叠的。见附录 M 中的示例，通过图形描述了管理条目、管理区、子条目以及 DACD 之间的关系。

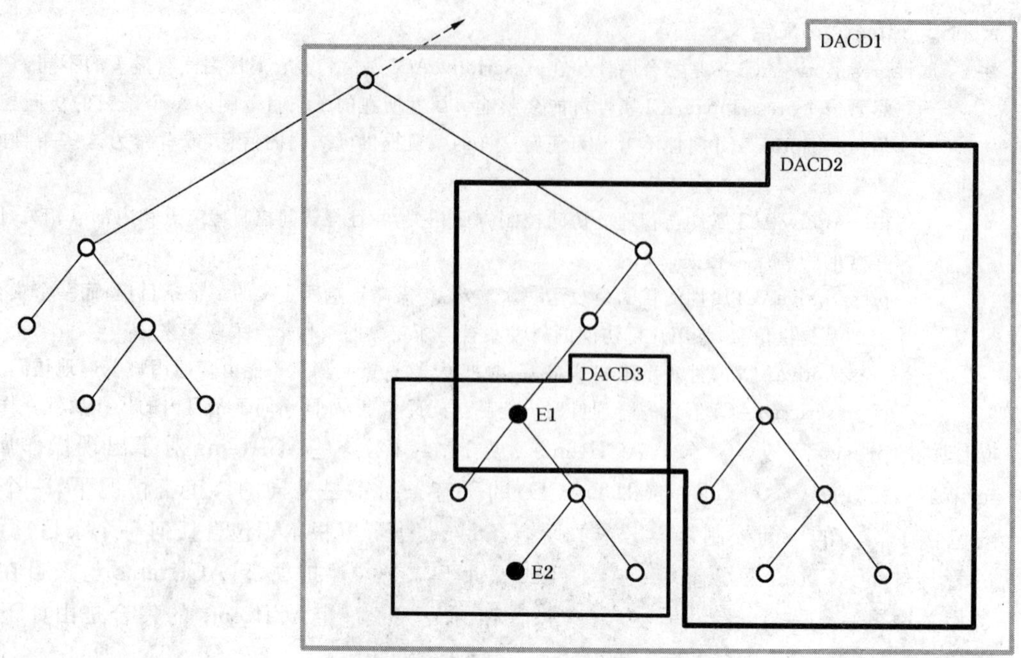

图 17　使用 DACD 的有效的访问控制

18.4　访问控制信息的表示

18.4.1　访问控制信息的 ASN.1

访问控制信息被表示为一个 ACIItem 的集合，其中，每个 ACIItem 准予或拒绝关于某些指定用户和被保护项的许可。

信息以 ASN.1 表示如下：

```
ACIItem ::=SEQUENCE {
    identificationTag                   DirectoryString { ub-tag },
    precedence                          Precedence,
    authenticationLevel                 AuthenticationLevel,
    itemOrUserFirst                     CHOICE {
        itemFirst               [0]     SEQUENCE {
            protectedItems                  ProtectedItems,
            itemPermissions                 SET OF ItemPermission },
        userFirst               [1]     SEQUENCE {
            userClasses                     UserClasses,
            userPermissions                 SET OF UserPermission } } }

Precedence ::=INTEGER (0..255)

ProtectedItems ::=SEQUENCE {
    entry                           [0] NULL                                      OPTIONAL,
    allUserAttributeTypes           [1] NULL                                      OPTIONAL,
    attributeType                   [2] SET SIZE (1..MAX) OF AttributeType        OPTIONAL,
    allAttributeValues              [3] SET SIZE (1..MAX) OF AttributeType        OPTIONAL,
    allUserAttributeTypesAndValues  [4] NULL                                      OPTIONAL,
    attributeValue                  [5] SET SIZE (1..MAX) OF AttributeTypeAndValue OPTIONAL,
```

```
    selfValue              [6]  SET SIZE (1 .. MAX) OF AttributeType       OPTIONAL,
    rangeOfValues          [7]  Filter                                     OPTIONAL,
    maxValueCount          [8]  SET SIZE (1 .. MAX) OF MaxValueCount       OPTIONAL,
    maxlmmSub              [9]  INTEGER                                    OPTIONAL,
    restrictedBy           [10] SET SIZE {1.. MAX) OF RestrictedValue      OPTIONAL,
    contexts               [11] SET SIZE {1.. MAX) OF ContextAssertion     OPTIONAL,
    classes                [12] Refinement                                 OPTIONAL
}

MaxValueCount ::=SEQUENCE {
    type              AttrributeType,
    maxCount          INTEGER )

RestrictedValue ::=SEQUENCE {
    type              AttributeType,
    valuesln          AttributeType }

UserClasses ::=SEQUENCE {
    allUsers        [0]  NULL                                          OPTIONAL,
    thisEntry       [1]  NULL                                          OPTIONAL,
    name            [2]  SET SIZE (1.. MAX) OF NameAndOptionalUID      OPTIONAL,
    userGroup       [3]  SET SIZE (1.. MAX) OF NameAndOptionalUID      OPTIONAL,
                         --dn component shall be the name of an
                         --entry of GroupOfUniqueNames
    subtree         [4]  SET SIZE (1.. MAX) OF SubtreeSpecification    OPTIONAL }

ItemPermission   ::=SEQUENCE   {
            precedence             Precedence OPTIONAL,
                 --缺省值为 ACIItem 中的优先级
            userClasses            UserClasses,
            grantsAndDenials       GrantsAndDenials }
UserPermission   ::=SEQUENCE   {
            precedence             Precedence OPTIONAL,
                 --缺省值为 ACIItem 中的优先级
            protectedItems         ProtectedItems,
            grantsAndDenials       GrantsAndDenials }

AuthenticationLevel   ::=CHOICE   {
            basicLevels   SEQUENCE   {
              level                  ENUMERATED { none (0),simple (1),strong (2) },
              localQualifier         INTEGER OPTIONAL,
              signed                 BOOLEAN DEFAULT FALSE },
            other         EXTERNAL }
```

```
GrantsAndDenials  ::=BIT STRING  {
        --可能与被保护项的任何组件一起使用的许可
        grantAdd                  (0),
        denyAdd                   (1),
        grantDiscloseOnError      (2),
        denyDiscloseOnError       (3),
        grantRead                 (4),
        denyRead                  (5),
        grantRemove               (6),
        denyRemove                (7),
        --只能与条目组件一起使用的许可
        grantBrowse               (8),
        denyBrowse                (9),
        grantExport               (10),
        denyExport                (11),
        grantImport               (12),
        denyImport                (13),
        grantModify               (14),
        denyModify                (15),
        grantRename               (16),
        denyRename                (17),
        grantReturnDN             (18),
        denyReturnDN              (19),
        --可能与被保护项的任何组件,除条目外,一起使用的许可
        grantCompare              (20),
        denyCompare               (21),
        grantFilterMatch          (22),
        denyFilterMatch           (23),
        grantInvoke               (24),
        denyInvoke                (25) }

AttributeTypeAndValue  ::=SEQUENCE  {
        type       ATTRIBUTE.&id ({SupportedAttributes}),
        value      ATTRIBUTE.&Type({SupportedAttributes}{@type}) }
```

18.4.2 ACIItem 参数的描述

18.4.2.1 标识标签

identificationTag 用于标识一个特定的ACIItem。出于保护、管理和经营的目的,该参数用于区分不同的ACIItem。

18.4.2.2 优先级

Precedence 用于控制 ACIItem 的相对顺序,在做出访问控制决策的过程中,将根据此顺序考虑 ACIItem,如 18.8 所述。在其他方面都相同的情况下,具有高优先级值的ACIItem 可能会胜过其他具有低优先级值的ACIItem。优先级值为整数,并可进行比较。

优先级可被安全管理机构内的上级机构使用，以便允许 ACSA 内设置的访问控制策略可以被部分授权。

这可以通过上级机构设置一个具有高优先级的通用策略，并授权代表下级机构的用户（如与某个 ACIA 相关）来创建和修改 ACI，使其具有较低优先级，以此为了某个具体的目的而将通用策略进行裁减。因此，部分授权要求上级机构限制最高优先级，而下级机构可以在上级机构的控制下将其分配给 ACI。

基本访问控制不会指定或描述如何限制下级机构可使用的最高优先级，这可以通过本地方式完成。

18.4.2.3 鉴别级别

AuthenticationLevel 定义了该ACIItem 所要求的最小的请求者安全级别。它有两种形式：

——basicLevels 指示了鉴别级别，可选地，通过正整数或负整数的localQualifier 值以及请求是否需要签名等来给出限定资格；

——other ：一个外部定义的方法。

当使用basicLevels 时，一个包含了level 和可选的localQualifier 的AuthenticationLevel ，必须根据本地策略由 DSA 分配给请求者。对于一个请求者而言，其鉴别级别达到或超出最小需求，指的是请求者的level 必须达到或超出在ACIItem 中指定的级别；另外，请求者的localQualifier 必须在算术上大于或等于在ACIItem 中指定的值。请求者的强鉴别是指超出简单鉴别或无鉴别要求的鉴别，而简单鉴别是指超出无鉴别要求的鉴别。出于访问控制的目的，“简单”鉴别级别要求提供一个口令；而只需要标识符，不需要提供口令的情况被认为是“无”鉴别级别。如果没有在ACIItem 中指定localQualifier ，则请求者不必具有相应的值（如果有值存在，其值将被忽略）。除了要达到或超出上述要求外，如果ACIItem 中规定的signed 等于 TRUE，则请求还必须被签名。

当使用other 时，一个适当的AuthenticationLevel 必须根据本地策略由 DSA 分配给请求者。该 AuthenticationLevel 的形式以及与 ACI 中的 AuthenticationLevel 进行比较的方法，属于本地事物。

注 1：与一个显式拒绝相关联的鉴别级别，指示了请求者为了不被拒绝访问应当被鉴别的最小级别。例如，对于一个拒绝访问某个特定用户类，并且要求强鉴别的 ACIItem 来说，如果请求者不能通过强鉴别的身份证明他们不属于此用户类，则 ACIItem 将拒绝此类所有请求者的访问。

注 2：DSA 可能以鉴别级别作为基础，而不采用其他从协议交互中获得的值。

18.4.2.4 itemFirst 和 userFirst 参数

每个ACIItem 都包含一个选择：itemFirst 或userFirst 。该选择允许将许可分组，取决于许可根据用户类分组或被保护项分组哪个是最方便的。在获取访问控制信息方面，itemFirst 和userFirst 是一致的，它们都获取了相同的访问控制信息；但它们组织那些信息的方式是不同的。它们之间选择的根据是是否便于管理。用于itemFirst 或userFirst 中的参数描述如下：

a) ProtectedItems 定义了指定的访问控制所应用的项。它被定义为一个集合，从下述内容中选取：

——entry 表示作为一个整体的条目内容。若是一个家族成员，则它还意味着同一个复合属性内每个下级家族成员的条目内容。它不是必需要包含这些条目的信息。如果 classes 元素存在的话，该元素须被忽略，因为 classes 元素会基于它们的客体类来选择被保护的条目（及其下级家族成员）。

——allUserAttributeTypes 表示所有的与条目相关的用户属性类型信息，但不包含与这些属性相关的值。

——allUserAttributeTypesAndValues 表示所有的与条目相关的用户属性类型信息，包含所有用户属性的所有值。

——attributeType 表示与特定的属性相关的属性类型信息，但不包含与此属性类型相关的值。

——allAttributeValues 表示与特定属性相关的所有属性值信息。

——attributeValue 表示一个特定属性的一个特定值。

——selfValue 表示与当前请求者相关的属性值断言。被保护项selfValue 仅在当访问控制准备应用到一个特定的被鉴别用户的时候才应用。它能够仅应用于一个特定的情况下,即指定的属性具有DistinguishedName 或uniqueMember 句法,且指定属性的属性值与操作发起者的可辨别名相匹配。

注 1: allUserAttributeTypes 和allUserAttributeTypesAndValues 参数不包括操作属性,操作属性应当以每个属性为基础来规定,使用属性类型:allAttributeValues 或attributeValue 。

- **rangeOfValues 表示任何与指定的过滤器匹配的属性值,即指定的过滤器针对此属性值进行评估时,将返回 TRUE。**

注 2: 过滤器不会对 DIB 中的任何条目进行评估;它在评估时使用 GB/T 16264.3—2008 的 7.8 定义的语义,在一个虚构的条目上进行操作,该虚构条目仅包含了一个作为被保护项的属性值。

下述各项提供了限制,这些限制可能会使得对同一序列中的被保护项的某个许可不被准予:

——maxValueCount 限制了一个特定的属性类型所允许的属性值的最大数量。如果被保护项是某个指定类型的属性值,且准许增加,则此时应当检查该限制值。条目中该属性类型的值被计数,而不考虑上下文或访问控制,并且假设增加属性值的操作是成功的。如果属性值的数量超出了maxCount ,则该 ACI 项被视为不准予进行增加访问。

——maxImmSub 限制了被增加条目或被输入条目的上级条目的直接下级的最大数量。如果被保护项是一个条目,准许增加或输入,且其直接上级条目与被增加或输入的条目在同一个 DSA 内,则此时应当检查该限制值。上级条目的直接下级被计数,而不考虑上下文或访问控制,并且假设条目增加或输入操作是成功的。如果下级的数量超过了maxImmSub ,则该 ACI 项被视为不准予进行增加或输入访问。

——restrictedBy 限制了加到该属性类型上的值应当是已经出现在同一个条目中的属性valuesIn 中的值。如果被保护项是某个指定类型的一个属性值,且准许增加,则此时应当检查该限制值。属性valuesIn 的值被检查,而不考虑上下文或访问控制,并且假设增加属性值的操作是成功的。如果要增加的属性值没有出现在valuesIn 中,则该 ACI 项被视为不准予进行增加访问。

——contexts 限制了加到条目中的值应当具有上下文列表,且此上下文列表满足contexts 中的所有上下文断言。如果被保护项是一个属性值,且准许增加,则此时应当检查该限制值。如果要加入的属性值不满足上下文断言,则该 ACI 项被视为不准予进行增加访问;如果属性值满足了所有的上下文断言,则该 ACI 项被视为不拒绝进行增加访问。

注 3: 仅当许可被准予增加,且所有的上下文断言都被满足时,才相关。它不提供关于上下文的通用用法来将被保护项从其他许可中区分出来。

——classes 表示条目(可能是某个家族成员)的内容被限制为具有满足Refinement (见 12.3.5)所定义的谓词的客体类值,该条目内容与(祖先或其他家族成员)条目的内容一起作为每个下级家族成员条目的一个整体;它不是必需要包含这些条目中的信息。

注 4: 根据为entry 和classes 所定义的规则,所有的家族成员继承了同一家族内的祖先或上级家族成员的访问控制。这并不排除家族成员符合 entryACI 或 prescriptiveACI 未来的增强或降低保护的策略。

b) UserClasses 定义了许可所应用的零个或多个用户的集合。用户集从下述内容中选取:

——allUsers 表示每个目录用户(具有可能的authenticationLevel 要求);

——thisEntry 表示具有与正在被访问的条目相同的可辨别名的用户,或者如果条目是一个家族中的成员,则表示具有与祖先相同的可辨别名的用户;

——name 表示具有指定可辨别名的用户(可能具有可选的唯一标识符);

——userGroup 表示用户的集合,该集合中的成员是groupOfUniqueNames 条目中的成员,由指定的可辨别名所标识(可能具有可选的唯一标识符)。具有唯一名(称)的组中的成员

被视为具有单独的客体名(称),而不是其他组的名(称)。如何判断组内成员在18.4.2.5中描述;

——subtree是用户的一个集合,其可辨别名符合(未精选)子树的定义。

用于指定一个用户、分组或子树的名(称)必须是主辨别名。不得包括上下文和可替代可辨别值。不需要访问控制决策功能来判断主辨别名,而在可替代名(称)时需要提供该功能。

注5:这就意味着如果一个请求者已经提供了一个可替换名,而此可替换名在后续未被目录解析为主辨别名,则基于主辨别名的访问控制在判断请求者是否属于准予或拒绝访问的用户类时,可能会失败。

c) SubtreeSpecification用于指定相对于名为base的根条目的一棵子树。base代表子树根的可辨别名。子树将一直扩展到DIT的叶结点,除非在chop中有其他规定。不允许使用组件specificationFilter;如果该组件存在的话,它必须被忽略。

注6:SubtreeSpecification不允许子树精选,因为一棵子树精选可能会为了判断一个给定用户是否属于一个特定的用户类,而要求DSA使用分布式操作。在做出一个访问控制决策的过程中,基本访问控制被设计为避免进行远程操作。在定义中仅包括base和chop的子树中的成员可以进行本地评估,而在定义中使用了specificationFilter的子树中的成员,仅可以通过获取用户条目的信息来进行评估,而这些用户条目潜在地处于其他DSA中。

d) ItemPermission包括了一个与itemFirst规范内的ProtectedItems相关的用户及其许可的集合。这些许可在grantsAndDenials中规定,如同本条f)项所描述。出于评估18.8所讨论的访问控制信息的目的,在grantsAndDenials中规定的每个许可被认为拥有precedence中指定的优先级。如果precedence在ItemPermission内被忽略,则优先级从为ACIItem规定的precedence中获取(见18.4.2.2)。

e) UserPermission包括了一个与userFirst规范内的userClasses相关的被保护项及其许可的集合。被保护项在protectedItems中规定,如同18.4.2的讨论。相关的许可在grantsAndDenials中规定,如同本条f)项所描述。出于评估18.8所讨论的访问控制信息的目的,在grantsAndDenials中规定的每个许可被认为拥有precedence中指定的优先级。如果precedence在UserPermission内被忽略,则优先级从为ACIItem规定的precedence中获取(见18.4.2.2)。

f) GrantsAndDenials规定了在ACIItem规范中被准予或拒绝的访问权限。这些与每个被保护项相关的许可的精确语义在GB/T 16264.3—2008中讨论。

g) UniqueIdentifier可能被鉴别机制使用,用于辨别重用的可辨别名实例。唯一标识符的值由鉴别机构根据其策略来分配,并通过鉴别的DSA来提供。如果该字段存在,则对于一个正在访问的用户,要与一个准予访问的ACIItem中的name用户类相匹配,则除了要求用户的可辨别名应当与指定的可辨别名匹配外,还要求用户的鉴别产生一个相关的唯一标识符,该标识符应当与指定的值相等。

注7:当鉴别是基于所提供的SecurityParameters时,与用户相关的唯一标识符可能通过可选的CertificationPath,从发送者的Certificate的subjectUniqueIdentifier字段中获取。

18.4.2.5 判断分组成员资格

判断一个给定的请求者是否是一个分组成员,要求检查两个标准。另外,如果分组的定义在本地未知,则判断可能会受到限制。成员资格的标准以及对非本地分组的处理讨论如下:

a) 出于基本访问控制的目的,不要求DSA执行一个远程操作来判断请求者是否属于一个特定的分组。如果分组内的成员资格无法判断,则当ACI项准予许可时,DSA必须假设请求者不属于此分组,而当ACI项拒绝许可时,DSA必须假设请求者属于此分组。

注1:访问控制管理者应当注意下述情形:对非本地可用的分组内的成员资格进行的访问控制,或者对那些仅通过复制才可用的分组(因此,可能会过期)内的成员资格进行的访问控制。

注2:从性能原因考虑,从远端DSA处获取分组成员资格作为访问控制判断的一部分,是不切实际的。然而,在某些情况下,它可能是可行的,且DSA也是允许的,例如,执行远端操作获取或恢复一个分组条目的

本地拷贝,或者在应用本条之前,使用比较操作来检查成员资格。

b) 为了判断请求者是否是一个userGroup用户类中的成员,应用下述标准:

——由userGroup规范命名的条目应当是客体类groupOfNames或groupOfUniqueNames的一个实例。

——请求者的名(称)必须是该条目的属性member或uniqueMember的一个值。

注3:如果属性member或uniqueMember的值与请求者的名(称)不匹配,则这些值被忽略,即使它们表示分组的名(称),而且能够发现发起者是该分组中的成员。因此,当对访问控制进行评估时,是不支持嵌套分组的。

注4:用在member或uniqueMember中的名(称)必须是主辨别名。不得包括上下文以及带上下文的可替代值。

18.5 ACI操作属性

访问控制信息,作为条目和子条目的一个操作属性存储于目录中。此操作属性是多值的,允许ACI被表示为一个ACIItems的集合(在18.4中定义)。

18.5.1 预定的访问控制信息

一个预定的ACI属性被定义为某个子条目的一个操作属性。它包含了可应用于该子条目范围内的所有条目的访问控制信息:

```
prescriptiveACI  ATTRIBUTE  ::={
        WITH SYNTAX                     ACIItem
        EQUALITY MATCHING RULE          directoryStringFirstComponentMatch
        USAGE                           directoryOperation
        ID                              id-aca-prescriptiveACI }
```

18.5.2 条目访问控制信息

一个条目ACI属性被定义为某个条目的一个操作属性。它包含了可应用于该条目以及该条目内容的访问控制信息:

```
entryACI  ATTRIBUTE  ::={
        WITH SYNTAX                     ACIItem
        EQUALITY MATCHING RULE          directoryStringFirstComponentMatch
        USAGE                           directoryOperation
        ID                              id-aca-entryACI }
```

18.5.3 子条目访问控制信息

子条目ACI属性被定义为管理条目的一个操作属性,它提供了可应用于相应管理点下的每个子条目的访问控制信息。某个特定管理点的子条目内的PrescriptiveACI永远不会应用到该管理点的同一个或任意一个其他的子条目,但可应用到其下级管理点的子条目。子条目ACI属性仅包含于管理点内,且除直接下级子条目外,将不会影响DIT内的其他任何元素。

在为某个特定的子条目进行访问控制评估时,必须考虑的ACI包括:

——子条目自身内的entryACI(如果有的话);

——相关管理条目内的subentryACI(如果有的话);

——在同一访问控制特定区内,与其他相关管理点关联的prescriptiveACI(如果有的话)。

```
subentryACI  ATTRIBUTE  ::={
        WITH SYNTAX                     ACIItem
        EQUALITY MATCHING RULE          directoryStringFirstComponentMatch
        USAGE                           directoryOperation
        ID                              id-aca-subentryACI }
```

18.6 保护 ACI

ACI 操作属性可能与其他普通属性一样被保护机制所保护。一些相关要点为：

a) identificationTag 为每个ACIItem 提供了一个标识符。该标签可被用于删除一个特定的ACI-Item 值，或者通过prescriptiveACI 或条目 ACI 来保护它。

注 1：目录规则确保每个访问控制属性仅有一个ACIItem 才拥有任何特定的identificationTag 值。

b) 为某个管理条目创建一个子条目可能会通过管理条目内的操作属性subentryACI 来进行访问控制。

注 2：创建prescriptive 访问控制的权限可能也是由安全策略直接控制的；在一个新的自治管理区内创建访问控制时需要该指配。

18.7 访问控制和目录操作

每个目录操作都包括对该操作所访问的各种被保护项做出一系列的*访问控制决策*。

对于某些操作（如修改操作），为了保证操作能够成功，每个这样的访问控制决策都必须是准予访问；如果对任何一个被保护项的访问被拒绝，则整个操作都将失败。而对于另外一些操作，对某个被保护项的访问被拒绝仅仅是在操作结果中忽略，而操作还会继续。

如果被请求的访问被拒绝，可能还需要其他的访问控制决策来判断用户对被保护项是否具有DiscloseOnError 许可。仅当DiscloseOnError 许可被准予时，目录才可能在错误响应中显示此被保护项的存在；在其他所有情况下，目录都将隐藏此被保护项的存在。

对每个操作的访问控制要求，即被保护项以及访问每个被保护项时所需的访问许可，在 GB/T 16264.3—2008 中规定。

如何做出访问控制决策的算法在 18.8 规定。

18.8 访问控制决策功能

本条规定了如何做出对某个特定的被保护项的访问控制决策。它为basic-access-control 的访问控制决策功能（ACDF）提供了一个概念上的描述。描述了为了决定如何准予或拒绝某个请求者对一个给定被保护项的指定许可，ACI 项是如何被处理的。

18.8.1 输入和输出

对于 ACDF 的每次调用，输入参数包括：

a) 请求者的可辨别名（在 GB/T 16264.3—2008 的 7.3 定义），唯一标识符，鉴别级别，或者其他可用的参数；

b) 在 ACDF 被调用的当前决策点正在考虑的被保护项（一个条目、一个属性或一个属性值）；

c) 在当前决策点指定的被请求的许可类别；

d) 与包含被保护项的条目相关联的 ACI 项（或本身就是被保护项）。被保护项在 18.4.2.4 中描述。在prescriptiveACI 属性内的 ACI 项的影响范围在 18.3.2 和 18.5.1 中描述。在entryACI 属性内的 ACI 项的影响范围在 18.3.2 和 18.5.2 中描述。在subentryACI 属性内的 ACI 项的影响范围在 18.5.3 中描述。

当条目是一个家族成员时，它还从同一家族内的祖先或上级家族成员那里继承了访问控制。这并不排除家族成员符合entryACI 或prescriptiveACI 未来的增强或降低保护的策略。

另外，如果 ACI 项包含任何在 18.4.2.4 中描述的被保护项限制时，则要求整个条目和其上级条目的直接下级的数量也应当作为输入参数。

输出是一个决策，表示是否*准予*或*拒绝*对被保护项的访问。

对于做出访问控制决策的任何特定实例，如果 18.8.2 到 18.8.4 的步骤被执行，则输出必须是相同的。

18.8.2 元组

对于 18.8.1 中 d）中描述的 ACI 项内的每个 ACI 值，将值扩展至一个元组（tuples ）的集合，item-

Permissions 和userPermissions 集合中每个元素都对应一个元组。从所有的 ACI 值中收集所有的元组形成一个单独的集合。每个元组包含如下项：

(userClasses,authenticationLevel,protectedItems,grantsAndDenials,precedence)

对于任何一个在grantsAndDenials 中都既规定了准予又规定了拒绝的一个元组,可将其替换为两个元组,一个仅规定准予,而另一个仅规定拒绝。

18.8.3 放弃非相关的元组

执行下述步骤来放弃所有非相关的元组：

a) 如果元组中不包含在其中userClass (18.4.2.4 中 b)项中描述)中指定的请求者,则放弃所有这样的元组,如下所述：

——对于准予访问的元组,如果在元组的userClasses 元素(18.4.2.4 中 b)项中描述)中没有包括请求者身份,则放弃所有这样的元组,并且如果相关的话,还要考虑uniqueIdentifier 元素。当元组指定了一个uniqueIdentifier ,且如果该元组没有被放弃,则匹配值应当出现在请求者的身份中。如果元组指定的鉴别级别高于与请求者相关的鉴别级别(根据 18.4.2.3),则放弃此元组。

——对于拒绝访问的元组,如果在元组的userClasses 元素中包含了请求者,则保留所有这样的元组,并且如果相关的话,还需要考虑uniqueIdentifier 元素。如果元组被拒绝访问,且指定的鉴别级别高于与请求者相关的鉴别级别(根据 18.4.2.3),则这样的元组也应当保留。所有其他拒绝访问的元组都被放弃。

注 1：上述第 2 个子项中的第二个需求(即如果元组被拒绝访问,且指定的鉴别级别高于与请求者相关的鉴别级别,则这样的元组也应当保留)反映了一个事实,即请求者不能充分地证明拒绝所指定的元组在用户类中不具有成员资格。

b) 如果元组没有在protectedItems (18.4.2.4 中 a)项)中包含被保护项,则放弃所有这样的元组。

c) 检查所有包含maxValueCount 、maxImmSub 、restrictedBy 或contexts 的元组。如果元组是准予访问,但不满足这些限制中的任何一项(18.4.2.4 中 a)项),则放弃所有这样的元组。

d) 如果元组没有在grantsAndDenials (18.4.1 和 18.4.2.4 中 f)项)中对被请求的许可相应的比特进行了设置,则放弃所有这样的元组。

注 2：放弃非相关元组的执行顺序不会改变 ACDF 的输出。

18.8.4 选择最高优先级,最特殊的元组

执行下述步骤来选择具有最高优先级和特殊性的那些元组：

a) 如果元组拥有的优先级(precedence)低于剩余的最高优先级,则放弃所有这些元组。

b) 如果有多个元组被保留,则选择其中的具有最特殊用户类的元组。如果有任意一个元组与某个拥有UserClasses 中的元素name 或thisEntry 的请求者相匹配,则放弃其他所有的元组。否则,如果有任意一个元组与UserGroup 匹配,则放弃其他所有的元组。再否则,如果有任意一个元组与subtree 匹配,则放弃其他所有的元组。

c) 如果有多个元组被保留,则选择其中的具有最特殊被保护项的元组。如果被保护项是一个属性,并且有元组明确指定了该属性类型,则放弃其他所有的元组。如果被保护项是一个属性值,并且有元组明确指定了该属性值,则放弃其他所有的元组。如果被保护项是一个rangeOfValues ,则被认为是明确指定了一个属性值。

当且仅当有一个或多个元组被保留且都准予访问时,才被准予访问。否则拒绝访问。

18.9 简化的访问控制

18.9.1 引言

本条描述了一个访问控制方案的功能,它被称为简化的访问控制,设计该访问控制是用来提供基本

访问控制功能中的一个子集。

18.9.2 简化的访问控制功能的定义

简化的访问控制功能定义如下：

a) 访问控制决策仅应当基于操作属性prescriptiveACI 和subentryACI 的ACIItem 值而做出。

注1：如果存在entryACI 的话，不得用于做出访问控制决策。

b) 应当支持访问控制特定管理区。不得使用访问控制内部管理区。特定访问决策的做出应当基于从一个单独的管理点获取的 ACIItem 值，或者从该管理点的子条目中获取的 ACIItem 值。

注2：出现在管理点子条目中的属性prescriptiveACI 的值，如果不包含管理作用属性值id-ar-accessControl-SpecificArea，则不得用于做出访问控制决策。

c) 所有其他的指配都应当与为基本访问控制定义的一样。

19 基于规则的访问控制

19.1 范围和应用

本章为目录定义了一种特殊的访问控制方案(可能有多种)。这里定义的访问控制方案通过将操作属性accessControlScheme 赋值为rule-based-access-control 来进行标识，或者如果与第 18 章定义的基本访问控制方案或简化的访问控制方案联合使用时，则还要赋值为rule-and-basic-access-control 或rule-and-simple-access-control 。17.2.2 描述了哪些条目包含操作属性accessControlScheme 。

这里所定义的方案仅关系到对 DIB 内目录信息(潜在地包括树型结构和访问控制信息)的访问进行控制。它没有指出为了与某个 DSA 应用实体进行通信的目的而进行的访问控制。对信息的访问进行控制指的是防止对信息进行非授权的检测、泄漏或修改等。

19.2 基于规则的访问控制模型

可能有这样的环境，该环境中，在判断对某个属性值的访问是否被拒绝时，使用了与请求者的许可证(替代了身份)相关的信息。这被定义为基于规则的访问控制，并且在判断对目录的某些内容的访问是否被拒绝时，使用了所施加的访问控制策略规则。如果根据基于规则的访问控制，访问被拒绝，则在其他访问控制方案下也不被允许。基于规则的访问控制模型标识了用于判断访问是否被拒绝的信息。这些信息将被应用于每个操作。每个访问控制决策包含：

a) 与正在访问的属性值相关联的访问控制信息。这些访问控制信息被称为一个安全标签；

b) 与发出操作请求的用户相关联的访问控制信息。这些访问控制信息被称为许可证。发出操作请求的用户被称为请求者；

c) 一个规则，该规则定义了某个访问是否被授权给予一个安全标签和一个许可证。这样的规则被称为安全策略。

见图 18。

通过使用数字签名或其他完整性机制，可将标签与信息绑定起来，这样安全标签便与属性值安全地关联起来了。一个安全标签由属性值所有，并作为一个上下文与属性值关联起来。

在与安全标签进行比较时，需要用到许可证。通过一个证书扩展字段(属于目录的一个属性)或者通过一个属性证书，可以将许可证与请求者的可辨别名绑定起来。选择何种方法来提供许可证是属于当前生效的安全策略的内容。

注：其他许可证信息(如与任意一个可能会将操作链接的中间 DSA 相关的信息)的用法，不在本目录规范的定义范围之内。

在做访问控制决策时所应用的安全规则被定义为安全策略的一部分。安全策略或者在安全标签中标识，或者为包含已标注客体的环境而定义。

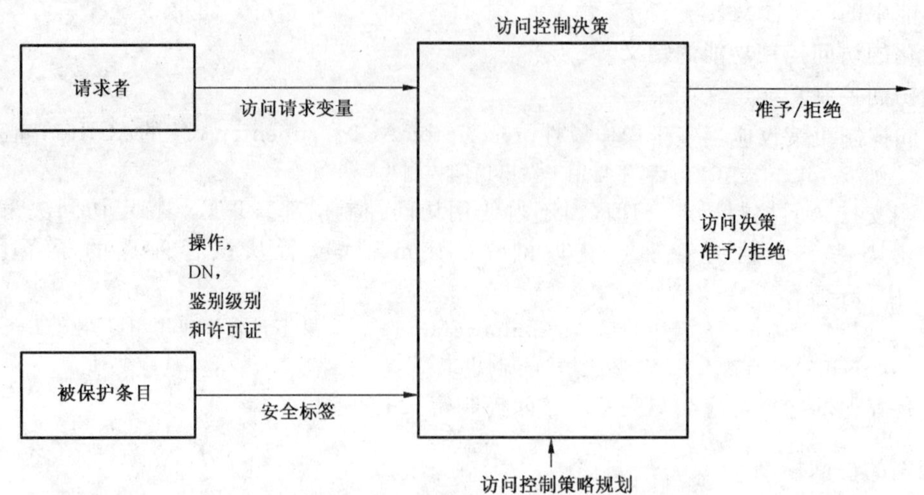

图 18 基于规则的访问控制决策模型

19.3 访问控制管理区

对于基本访问控制(18.3)，DIT 被划分为管理区，包括访问控制特定区(ACSA)。一个 ACSA 的管理条目标识了如何为应用于该管理区的安全策略(访问规则)进行标注以及如何为可应用的访问控制方案(rule-based-access-control 或 rule-and-basic-access-control 或 rule-and-simple-access-control 或一些其他的访问控制方案)进行标注。

19.4 安全标签

19.4.1 引言

安全标签可能会用于将安全相关的信息与目录内的属性关联起来。

安全标签可能会分配给某个属性值，并且符合该属性所应用的安全策略。安全策略还可能会定义如何使用安全标签来执行安全策略。

一个安全标签由一个元素集组成，可选地包括：一个安全策略标识符，一个安全分类，一个私有标记以及一个安全类别集等。通过使用数字签名或其他完整性机制，将安全标签与属性值绑定起来。

19.4.2 安全标签的管理

在将一个属性值放置在目录内之前，通过一个管理功能将安全标签分配给该属性值。

该管理功能负责将安全标签分配给属性值，并且符合 ACSA 所应用的安全策略。

安全标签的绑定通过使用数字签名或其他完整性机制来保护。这种保护由管理功能或者属性值的创建者来提供。

19.4.3 加标签的属性值

一个安全标签上下文将安全标签与一个属性值关联起来。一个属性值仅能够与一个单独的标签相关联。

也就是说，安全标签上下文是单值的。另外，不支持安全标签上下文的匹配规则。

注：上下文的概念在 8.8 中介绍。

```
attributeValueSecurityLabelContext CONTEXT ::={
        WITH SYNTAX         SignedSecurityLabel    --一个属性值最多可以分配一个安全标签
                                                     上下文
        ID                  id-avc-attributeValueSecurityLabelContext }

SignedSecurityLabel  ::=SIGNED {SEQUENCE   {
        attHash             HASH {AttributeTypeAndValue},
```

```
        issuer              Name        OPTIONAL,       ——加标签的机构的名(称)
        keyIdentifier       KeyIdentifier OPTIONAL,
        securityLabel       SecurityLabel } }

SecurityLabel  ::=SET {
        security-policy-identifier  SecurityPolicyIdentifier    OPTIONAL,
        security-classification     SecurityClassification      OPTIONAL,
        privacy-mark                PrivacyMark                 OPTIONAL,
        security-categories         SecurityCategories          OPTIONAL }
                    (ALL EXCEPT ( {——无,至少须有一个组件存在——} ) )

SecurityPolicyIdentifier  ::=OBJECT IDENTIFIER

SecurityClassification ::=INTEGER {
        unmarked        (0),
        unclassified    (1),
        restricted      (2),
        confidential    (3),
        secret          (4),
        top-secret      (5) }

PrivacyMark   ::=PrintableString (SIZE (1..ub-privacy-mark-length))

SecurityCategories ::=SET SIZE (1..MAX) OF SecurityCategory
```

该上下文同其他上下文不一样,不是用于过滤或选择特定的属性,而且不使用与上下文相关的机制(回退、缺省上下文值等)来提供基于规则的访问控制。

组件attHash 包含了对 DER-编码八比特组应用密码散列过程后的结果值,如 ISO/IEC 9594-8 中的定义。

组件issuer 承载了加标签的机构的名(称)。

组件keyIdentifier 可能是一个已经鉴别的公钥的标识符,与存储在 ITU-T X.509 建议书 | ISO/IEC 9594-8 中定义的主体公开密钥标识符扩展域中的相同,或者是一个对称密钥标识符以及相关的安全控制信息。

组件securityLabel 由一个元素集组成,可选地包括:一个安全策略标识符,一个安全分类,一个私有标记以及一个安全类别集等,在 ISO/IEC 10021-4 的 8.5.9 中定义。

19.5 许可证

许可证属性将一个许可证与一个已命名的实体(包括 DUA)关联起来。

```
clearance ATTRIBUTE ::={
    WITH SYNTAX         Clearance
    ID                  id-at-clearance }

Clearance ::=SEQUENCE {
    policyId                    OBJECT IDENTIFIER,
    classList                   ClassList           DEFAULT {unclassified},
```

```
    securityCategories          SET SIZE (1..MAX) OF SecurityCategory     OPTIONAL }

ClassList ::=BIT STRING {
    unmarked            (0),
    unclassified        (1),
    restricted          (2),
    confidential        (3),
    secret              (4),
    topSecret           (5) }

SecurityCategory ::=   SEQUENCE {
    type      [0]   SECURITY-CATEGORY.&id ({SecurityCategoriesTable}),
    value     [1]   EXPLICIT SECURITY-CATEGORY.&Type ((SecurityCategoriesTable} {@type}) }

SECURITY-CATEGORY ::=TYPE-IDENTIFIER

SecurityCategoriesTable SECURiTY-CATEGORY ::={ … }
```

组件policyId 承载了一个标识符，该标识符可能用于标识与许可证的classList 和securityCategories 相关联的有效的安全策略。

组件classList 包含了一个与已命名的实体相关联的分类列表。

组件securityCategories（见 ISO/IEC 10021-4:2003 的 8.5.9），如果存在的话，在classList 的上下文内提供了额外的限制。

注：将许可证与一个已命名实体安全地绑定起来，可以通过使用一个属性证书（见 ISO/IEC 9594-8），一个公钥证书扩展域（例如，在SubjectDirectoryAttribute 扩展内）（见 ISO/IEC 9594-8），或者通过使用本目录规范定义之外的方法。

19.6 访问控制和目录操作

每个目录操作都包括对该操作所访问的属性值做出一系列的访问控制决策。

对于某些操作（如删除条目操作），如果有一个或多个属性值的访问被拒绝，则即使访问操作可能会成功，但隐藏的属性还会保留在目录中。而对于另外一些操作，如果某个被保护项的访问被拒绝，则仅仅是在操作结果中被忽略，而操作还会继续。

每个操作的访问控制需求在 GB/T 16264.3—2008 中规定。

可以做出任何具体访问控制决策的算法规定如下：

——如果根据rule-based-access-control，对某个条目的所有属性值的访问都被拒绝，则对该条目所有操作的访问都将被拒绝；

——如果根据rule-based-access-control，对某个属性的所有属性值的访问都被拒绝，则对该属性所有操作的访问都将被拒绝；

——基于规则的访问控制会影响关于属性值阅读的操作（如阅读、搜索操作），如果对该属性值的访问被拒绝，则这些属性值将不可见（即操作被执行，就好像属性值不存在一样）；

——基于规则的访问控制会影响关于删除条目的操作（如删除条目操作），如果对属性值的访问被拒绝，则这些属性值不能被删除；

——基于规则的访问控制会影响关于删除属性类型的操作（如修改条目中的删除属性），如果对属性值的访问被拒绝，则这些属性值不能被删除；

——基于规则的访问控制会影响关于删除属性值的操作（如修改条目中的删除属性值），如果对属性值的访问被拒绝，则这些操作将失败。

19.7 访问控制决策功能

本条规定了针对某个特定属性值的访问控制决策是如何做出的。它为rule-based-access-control的访问控制决策功能(ACDF)提供了一个概念上的描述。描述了为决定是否准予或拒绝某个请求者对一个给定属性值的指定许可，许可证和安全标签是如何被处理的。决策功能应用了安全策略规则，该规则根据安全标签和请求者证书确定了针对某个属性值的一个访问是否被授权。安全规则的定义不在本目录规范的定义范围之内。一个安全策略规则的简化示例在M.10中给出，该安全策略规则是为rule-based-access-control而定义的。

对于ACDF的每次调用，输入参数有：

a) 请求者的许可证(如19.5的定义)；

b) 在ACDF被调用的当前决策点正在考虑的属性值；

c) 访问控制特定区内生效的安全策略；

d) 与属性值绑定的安全标签。

输出是一个决策，表示是否拒绝对属性值的访问。

对于做出访问控制决策的任何特定实例，如果19.6的步骤被执行，则输出须是相同的。

19.8 基于规则的访问控制和基本访问控制的用法

如果基于规则的访问控制和基本的访问控制两种都生效，则它们的应用顺序属于本地事物，除非如果根据任意一个机制，对条目、属性类型或属性值的访问被拒绝的话，则根据另一个机制，该访问也不得被准予。在这种情况下，basic-access-control中的*DiscloseOnError*(见18.2.3和18.2.4)的许可不得优先于rule-based-access-control做出的拒绝决定。

20 存储时的数据完整性

20.1 引言

在某些情况下，目录可能不会给出足够的保障来确保数据在存储时是不变的，而不考虑访问控制。

存储在目录中的数据的完整性可能会通过作为目录信息的一部分的数字签名来验证。有两种情况，一种情况是：条目或条目内所选择属性的数字签名，可能会作为一个属性而存储(见20.1.2)；另一种情况是：单个属性值的数字签名可能会作为一个上下文而存储(见20.1.3)。

注1：DSA必须维护目录内属性的编码，以确保在返回结果中计算的签名是正确的。

注2：属性值的保密性不在本目录规范的定义范围之内。

20.2 条目或所选属性类型的保护

所存储属性的数据完整性通过使用伴随着被保护属性的数字签名来提供。整个条目的完整性或条目内所选属性的所有属性值的完整性，是通过一个属性来保护的，该属性拥有被保护的所有属性值的数字签名。

该数字签名由管理机构创建，或者由负责将信息放置到目录条目中的目录用户创建。数字签名可由阅读该条目属性值的任何用户来验证。在对属性所拥有的数字签名进行创建和验证的过程中，目录服务本身不包括在内。

该完整性机制既保护了存储中的目录属性的完整性，又保护了在目录不同组件(DSA和DUA)间传输过程中的目录属性的完整性。该完整性机制不依赖于目录服务本身的安全。

应用于整个条目的数字签名不包括操作属性、集合属性或attributeIntegrityInfo本身。包括任何属性值上下文。

下面定义了一个拥有一个数字签名的属性类型以及相关的控制信息，这些信息提供了整个条目或条目内所选属性的所有属性值的完整性。

attributeIntegrityInfo ATTRIBUTE ::={

```
        WITH SYNTAX       AttributeIntegrityInfo
        ID                id-at-attributeIntegrityInfo}

AttributeIntegrityInfo  ::=SIGNED { SEQUENCE  {
        scope           Scope,                  ——标识了被保护的属性
        signer          SignerOPTIONAL,         ——管理机构或数据发起方的名(称)
        attribsHash     AttribsHash } }         ——被保护属性的散列值

Signer  ::=CHOICE {
        thisEntry           [0]         EXPLICIT ThisEntry,
        thirdParty          [1]         SpecificallyIdentified }

ThisEntry  ::=CHOICE  {
        onlyOne             NULL,
        specific            IssuerAndSerialNumber }

IssuerAndSerialNumber  ::=SEQUENCE {
        issuer          Name,
        serial          CertificateSerialNumber }

SpecificallyIdentified  ::=SEQUENCE  {
        name            GeneralName,
        issuer          GeneralName             OPTIONAL,
        serial          CertificateSerialNumber  OPTIONAL }
        ( WITH COMPONENTS { ..., issuer PRESENT, serial PRESENT } |
        ( WITH COMPONENTS { ..., issuer ABSENT, serial ABSENT } ) )

Scope  ::=CHOICE  {
        wholeEntry          [0]         NULL,——签名保护该条目内的所有属性值
        selectedTypes       [1]         SelectedTypes
                                            ——签名保护所选属性类型的所有属性值
        }

SelectedTypes  ::=SEQUENCE SIZE (1..MAX) OF AttributeType

AttribsHash  ::=HASH { SEQUENCE SIZE (1..MAX) OF Attribute }
        ——在所选择范围内的属性类型和属性值以及相关的上下文值
```

AttributeIntegrityInfo 的值有三种不同的创建方法：

a) 管理机构能够创建并对其赋值，且用于验证签名的公钥是通过脱机方式获知的；

b) 条目的拥有者，即条目所代表的客体，能够创建并对其赋值。如果拥有者有多个证书，或者将来可能拥有多个证书，则证书必须通过发布证书的 CA 以及证书序列号来共同标识；

c) 第三方可能创建并对其赋值。此时，需要签名者的名(称)、发布证书的 CA 名(称)以及证书序列号。

如果范围是wholeEntry，则所有可应用的属性必须按照ISO/IEC 9594-8中6.1的集合类型的规定来排序。如果范围是selectedTypes，则必须同SelectedTypes中给定的顺序一样来排序。

注：如果用户不获取Scope数据类型所定义的所有完整属性，则对于用户来说，验证属性的完整性是不可能的。

20.3 单个属性值保护的上下文

下面定义了一个拥有一个数字签名的上下文以及相关的控制信息，这些信息提供了一个单个属性值的完整性。在完整性检查中，应包括除了用于存储签名的上下文外的任意属性值上下文。

```
attributeValueIntegrityInfoContext  CONTEXT  ::={
        WITH SYNTAX          AttributeValueIntegrityInfo
        ID                   id-avc-attributeValueIntegrityInfoContext }

AttributeValueIntegrityInfo ::= SIGNED { SEQUENCE {
        signer      Signer     OPTIONAL,          ——管理机构或数据发起者的名(称)
        aVIHash     AVIHash } }                     ——被保护属性的散列值

AVIHash  ::=HASH { AttributeTypeValueContexts }
        ——属性类型和值以及相关的上下文值

AttributeTypeValueContexts ::=SEQUENCE {
        type            ATTRIBUTE.&id ({SupportedAttributes}),
        value           ATTRIBUTE.&Type ({SupportedAttributes}{@type}),
        contextList     SET SIZE (1..MAX) OF Context OPTIONAL }
```

contextList的排列顺序必须按照ISO/IEC 9594-8中6.1的集合类型的规定来排序。

第九篇：DSA模型

21 DSA模型

本章关注的是一个通用模型，描述了组成目录的组件，即目录系统代理(DSA)的不同方面。后续章条论述了附加的DSA模型。

21.1 定义

本目录规范使用下列术语和定义：

21.1.1

DIB片段 DIB fragment

DIB的一部分，由一个主DSA拥有，包含一个或多个命名上下文。

21.1.2

上下文前缀 context prefix

RDN的一个序列，该序列从DIT的根开始一直到一个命名上下文的初始顶点结束；相当于该顶点的可辨别名。

21.1.3

命名上下文 naming context

条目的一棵子树，由一个单独的主DSA拥有。

21.2 目录功能模型

目录体现为一个或多个应用进程的集合，该应用进程被称为*目录系统代理(DSA)*和/或*LDAP服务器*。每个DSA都提供零个、一个或多个访问点。每个LDAP服务器都提供一个或多个访问点。如图

19 所示。图中,目录由多个 DSA 或 LDAP 服务器组成,该目录被称为是*分布式*的。分布式目录的操作流程在 GB/T 16264.4—2008 中规定。

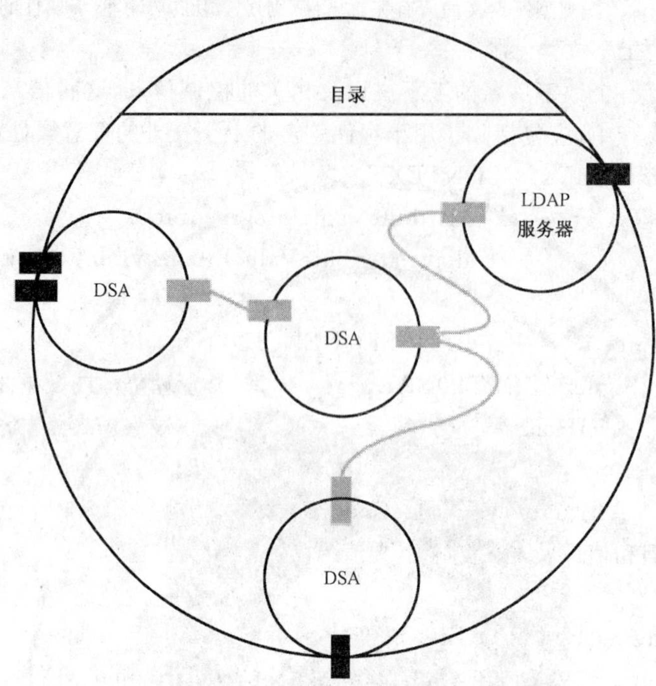

图 19 由多个 DSA 提供的目录

注 1:一个 DSA 可能会具有本地的行为特性以及结构,这些不在目前的目录规范的定义范围之内。例如,一个负责拥有 DIB 中某些或所有信息的 DSA,可能会通过数据库拥有这些本地特性,但与数据库的接口属于本地事物。

在目录服务的指配中需要进行交互的特定的应用进程对,可能会处于不同的开放系统中。这样的交互可通过目录协议来承载,目录协议可以是 GB/T 16264.5—2008 中规定的协议,也可以是 IETF RFC 3377 中规定的轻量级目录访问协议(LDAP)。

注 2:LDAP 服务器的行为在 IETF RFC 3377 中规定,可能与本条所规定的 DSA 行为不同。

第 23 章规定了模型,这些模型可作为规定目录分布特性的基础。关于目录组件(即 DSA)操作的各种特定方面的操作模型规范框架分别在第 25 章到第 28 章提供。

21.3 目录分布模型

本条定义了原则,根据这些原则,DIB 可以跨多个 DSA 分布。

注 1:DIB 也可能是跨多个 LDAP 服务器来分布,LDAP 服务器可能与一个或多个 DSA 共存,也可能不与 DSA 共存。LDAP 服务器及其特性和行为在 IETF RFC 3377 中规定,可能与本条所规定的 DSA 的特性和行为不同。

DIB 内的每个条目都应当由一个且仅由一个 DSA 的管理者来管理,该 DSA 的管理者被称为拥有该条目的主管权力。条目的维护和管理必须在一个由此条目的管理机构来管理的 DSA 内执行。该 DSA 被称为此条目的主 DSA。

目录内的每个主 DSA 都拥有 DIB 的一个*片段*。主 DSA 所拥有的 DIB 片段由术语 DIT 来描述,并包含一个或多个*命名上下文*。一个命名上下文是 DIT 的一棵子树,其上的所有条目都有一个共同的管理机构,并由同一个主 DSA 所拥有。一个命名上下文起始于 DIT 的一个顶点(非根顶点),并向下扩展至叶顶点或非叶顶点。这些顶点组成了命名上下文的边界。一个命名上下文的起始顶点的上级不被该主 DSA 所拥有,而属于命名上下文边界的非叶顶点的下级则表示了另一个命名上下文的开始。

注 2:因此,DIT 被分割为多个不相交的命名上下文,每个命名上下文都在一个单独的主 DSA 的管理机构的管理之下。

注 3:一个命名上下文本身并不是一个拥有管理点或者明确的子树规范的管理区,但它可能与一个管理区是一致的。

条目的家族必须处于一个单独的命名上下文内。

对于主DSA的管理者而言,它可能会拥有多个不相交的命名上下文的主管权力。对于由主DSA所主管的每一个命名上下文,它必须在逻辑上拥有一个RDN的序列,该序列从DIT的根开始,一直向下直到组成该命名上下文子树的初始顶点。这个RDN的序列被称为该命名上下文的*上下文前缀*。

注4:命名上下文的主辨别名必须被用做上下文前缀。上下文以及伴随上下文的替代值可能会包含在RDN中。

一个主DSA的管理者可能会将本地所拥有的任何条目的任何直接下级的主管权力授权给另外的主DSA。一个授权的主DSA被称为一个*上级DSA*,而主管权力被授权的那个上级条目的上下文被称为*上级命名上下文*。主管权力的授权可以始于根顶点,并且在DIT内一直向下,也就是说,它仅能够出现在从一个条目到其下级。

图20举例说明了一个假定的DIT,该DIT在逻辑上被分割为五个命名上下文(它们被称为:A、B、C、D和E),每个上下文都在物理上分布于三个DSA上(DSA1、DSA2和DSA3)。

从例中可知,由某个特定主DSA所拥有的命名上下文可能会被配置为符合某个大范围的操作需求。这些主DSA可能会被配置为拥有这样一些条目,这些条目在DIB的某些逻辑部分(如一个大公司的组织结构)内表示高层命名域,但对所有的下级条目而言不是必需的。替代的,主DSA可能会被配置为仅拥有表示主叶条目的命名上下文。

从上述的定义中,一个命名上下文的限制情况可以或者是一个单个条目,或者是整个DIT。

同时,从逻辑的DIT到物理的主DSA的映射,潜在来说是任意的,如果主DSA被配置为拥有少量的命名上下文,则信息定位和管理的任务可被简化。

DSA在拥有条目的同时,还可能会拥有条目复制。影像条目是在本系列目录规范中被考虑的唯一一种条目复制种类,对其的维护是通过在ISO/IEC 9594-9中描述的影像服务来实现的。

除了这种标准的复制信息种类外,在目录中还可能会遇到另外两种非标准的条目拷贝种类。

——条目的拷贝可能会通过双边协议存储于另外的DSA中。

——条目的拷贝可能会通过(本地或动态)存储一个条目的高速缓存拷贝而获取,该高速缓存由一个请求而产生。

注5:这些拷贝的维护和管理方式不在本系列目录规范的定义范围之内。由于一些更精确的处理特性,如访问控制,建议使用影像服务替代高速缓存拷贝。

拥有一个条目拷贝的DSA被称为该条目的一个*影像DSA*。一个影像DSA可能会拥有一个命名上下文的拷贝或其中一部分的拷贝。被影像的命名上下文的一部分,术语称之为一个"*复制单元*"。

正如在ISO/IEC 9594-9中9.2所描述的,一个复制单元被定义在目录信息模型内,并且提供了一个规范机制。目录中的影像机制是以将被影像的DIT子集的定义为基础的。该子集被称为*复制单元*。复制单元由一个包含三部分的规范组成,分别定义了被复制的DIT部分的范围、此范围内将被复制的属性以及对下级知识的需求等。复制单元还隐含地使影像信息包含策略信息,该策略信息以操作属性的形式存在于条目或子条目中(如访问控制信息等),将被用于正确地执行目录操作。被包含的前缀信息始于一个自治管理点,并且扩展至复制基条目。

目录请求的发起者将被通知到(通过fromEntry):为响应请求而返回的信息是否是来自条目拷贝。

定义了一个服务控制dontUseCopy,可以允许用户阻止使用条目拷贝来满足请求(尽管拷贝信息可能会被用于进行名(称)解析)。

注6:在某些实例情况下,针对合法替换名的名(称)解析将失败,一种是拥有拷贝的DSA是按照第3版之前的规范实现的DSA;另一种是拥有拷贝的DSA是按照第3版的后续版本实现的,但是该DSA拥有的拷贝具有不完整的名(称)信息,即RDN包含一个属性类型,而该属性类型有多个由上下文所区分的可辨别值。

对于DUA而言,为了能够开始处理一个请求,它必须拥有一些关于它能够初始接触的至少一个DSA的信息,特别是表示地址的信息。这些信息是任何获取的,并且是如何保存的,属于内部事物。

在修改条目的处理过程中,有可能目录会变得不一致。尤其是当修改包含了可能处于不同DSA内的别名或别名客体时。这种不一致必须通过特定的管理动作进行纠正,例如:如果相应的被起别名的客体被删除,则别名也必须被删除。在这种不一致的过程中,目录还应当继续操作。

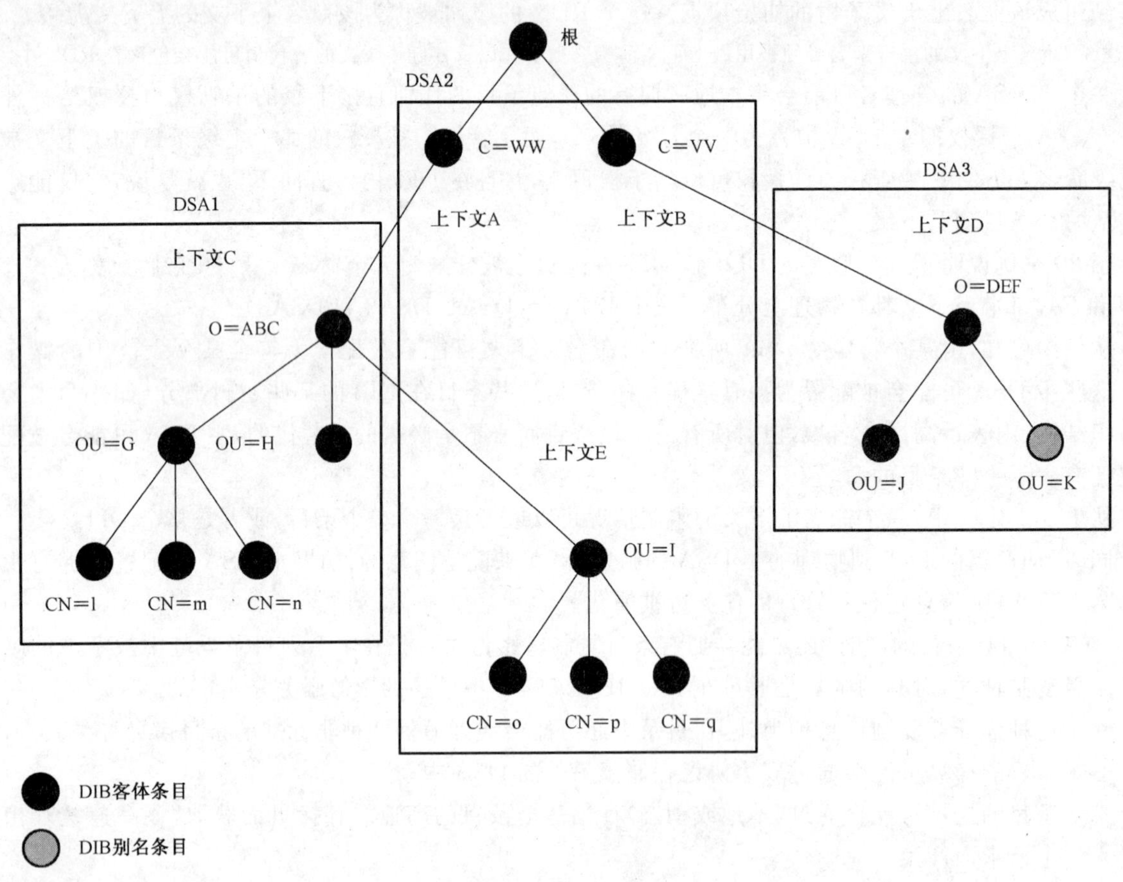

图20　假设的DIT

第十篇:DSA信息模型

22　知识

22.1　定义

本目录规范使用下列术语和定义:

22.1.1

种类　category

知识引用的一种特性,被限定为用于标识一个DSA是主DSA还是影像DSA。

22.1.2

公共可用的　commonly usable

复制区的一种特性,允许拥有它的DSA访问点可以进行一般性的分布;一个公共可用的复制区一般来说是一个命名上下文的完整的影像拷贝。

22.1.3

交叉引用　cross reference

一种知识引用,包含了关于一个拥有某个条目或条目拷贝的DSA的信息。它用于优化。该条目与拥有交叉引用的DSA内的任何条目之间都应当没有上级或下级关系。

22.1.4

DIT桥接知识引用　DIT bridge knowledge reference

一种知识引用，包含了关于一个拥有不同DIT内条目的DSA的信息。该条目与拥有其他DIT的DSA内的任何条目之间都应当没有上级或下级关系。

22.1.5

直接上级引用　immediate superior reference

一种知识引用，包含了关于一个拥有命名上下文(或一个从它派生而来的公共可用的复制区)的DSA的信息，且此命名上下文是知识引用相关的DSA所拥有的命名上下文的直接上级。

22.1.6

知识(信息)　knowledge (information)

某个DSA所拥有的DSA操作信息，DSA使用此信息来定位远端条目或条目拷贝信息。

22.1.7

知识引用　knowledge reference

将一个DIT条目或条目拷贝与其所在的DSA直接或间接相关联起来的知识。

22.1.8

主知识　master knowledge

某个命名上下文的主DSA的知识。

22.1.9

非特定下级引用　non-specific subordinate reference

一种知识引用，包含了关于一个拥有一个或多个非特定下级条目或条目拷贝的DSA的信息。

22.1.10

引用路径　reference path

知识引用的一个连续的序列。

22.1.11

影像知识　shadow knowledge

某个命名上下文(如果知识是特定的)或某个上下文(如果知识是非特定的)的一个或多个影像DSA的知识。

22.1.12

下级引用　subordinate reference

一种知识引用，包含了关于一个拥有一个特定下级条目或条目拷贝的DSA的信息。

22.1.13

上级引用　superior reference

一种知识引用，包含了关于一个被认为能够解析整个DIT(即发现DIT内的任何条目)的DSA的信息。

22.2　引言

DIB可分布在大量的主DSA内，每个主DSA都拥有一个DIB片段，且对其具有主管权力。控制分布的原则在21.3规定。

另外，这些DSA以及其他DSA还可能会拥有DIB部分的拷贝。

对目录有一个需求，即对于用户交互的某些特定方式，目录的分布应当是透明的，因此给出的效果是在每一个DSA内，DIB都是完整出现的。

为了支持该操作需求，有必要让每个DSA都能够获得对DIB内所拥有的与任意名(称)相关的信息的访问(即任何客体的可辨别名或别名)。如果DSA本身没有拥有与名(称)相关的客体条目或客体条目拷贝,则它必须能够与另一个拥有这些信息的DSA进行交互,与其他DSA的交互可以通过直接的或间接的方式进行。

当目录用户指出不得使用条目拷贝信息来满足其需求时,则服务于该请求的DSA必须能够获得对相应主DSA的访问,这些主DSA拥有与用户请求中所提供的名(称)相关的条目信息,访问可以是直接的或间接的。

本条定义了知识,DSA操作信息需要这些知识来达到它们的技术目标。后续的部分规定了知识在一个通用DSA信息模型上下文中的表示。

注:前述的陈述表达了目录的技术目标。这些技术目标的实现除了依赖DSA内知识的一致性配置外,还依赖于其他问题(如策略问题)。第25章至第28章为处理这些问题,建立了一个框架。

附录O包含了一个对知识进行建模的示例。该示例基于图20中给出的一个假设DIT。

22.3 知识引用

*知识*是某个DSA所拥有的操作信息,表示其他DSA内所拥有的条目信息或条目拷贝信息的局部描述。知识由DSA使用,当DSA本地存储的信息不能满足从DUA或其他DSA发来的请求时,DSA使用知识来判断与哪个适当的DSA进行交互。

知识由*知识引用*组成。一个知识引用将目录条目的名(称)与一个拥有该条目或条目拷贝的DSA相关联起来,或者是直接的,或者是间接的。

在知识引用中所使用的名(称),无论是上下文前缀,DSA名(称)或条目名,都须是主可辨别值。上下文以及伴随了上下文的替代值等,也可能包含在RDN中。

注:在两种情况下,针对合法替换名的名(称)解析将失败,一种是拥有知识引用的DSA是按照第3版之前的规范实现的DSA,它不能够辨别由不同上下文所区分的多个可辨别值;另一种是拥有知识引用的DSA没有在知识引用或条目拷贝中包含所有的替代辨别名。

22.3.1 知识种类

有两种知识引用的种类:主知识引用和影像知识引用。

*主知识*是某个命名上下文的主DSA访问点的知识。

*影像知识*是拥有复制的目录信息的DSA的知识;它可能会通过复制过程由影像提供者分布到影像使用者处,复制过程在ISO/IEC 9594-9中描述。影像知识是一个复制区(一个命名上下文或其中的一部分)内一个或多个影像DSA集合的访问点的知识。

称一个DSA是影像知识的客体,则它须拥有一个公共可用的复制区。公共可用复制区的形式之一是一个命名上下文的完整影像拷贝。某个DSA所拥有的一个命名上下文的非完整影像拷贝也可能是公共可用的,如果它能足够完整地满足用户一般情况下向DSA发出的查询请求。如果管理机构将拥有一个命名上下文非完整拷贝的DSA的影像知识分布起来,则确保复制区是公共可用的应当是管理机构的责任。

一个给定的DSA可能既拥有主知识,又拥有影像知识,拥有影像知识的DSA包含多个与特定命名上下文相关的影像DSA。在对从DUA或另一个DSA发来的请求进行处理的过程中(如在名(称)解析过程中)所使用的特定知识,由一个DSA特定选择过程来决定的,根据此过程,并基于管理机构所认为适当的任何非标准的条件,由DSA计算得出在某个DSA内的某个有能力来处理该请求的访问点。

注:本系列目录规范不限制DSA如何使用主知识和影像知识(不同于间接地对DSA行为的限制,例如在GB/T 16264.3—2008中所规定的dontUseCopy和copyShallDo服务控制)。

22.3.2 知识引用类型

由DSA所处理的知识使用一个或多个知识引用的集合来进行定义,每个知识引用将DIB的条目(或条目拷贝)与拥有这些条目(或条目拷贝)的DSA相关联起来,通过直接的或间接的方式。

一个DSA可能会拥有下述类型的知识引用:

——上级引用;

——直接上级引用；

——下级引用；

——非特定下级引用；以及

——交叉引用。

一个特定类型的知识引用应当或者是一个主知识引用，或者是一个影像知识引用。

另外，参与影像的 DSA 可能是一个影像提供者和/或一个影像使用者，都拥有一个或多个下述类型的知识引用：

——提供者引用；和

——使用者引用。

这些知识引用类型在后续部分描述。

22.3.2.1 上级引用

一个上级引用包含：

——一个 DSA 的访问点。

每一个非第一级别的 DSA(见 22.5)都必须至少维护一个上级引用。上级引用必须构成到根的引用路径的一部分。除非在 DMD 内实施了一些非标准的方法来确保上述要求，否则上述要求的实现都是通过引用一个 DSA 来实现的，该 DSA 拥有一个命名上下文或复制区，其复制区的上下文前缀所具有的 RDN 比拥有该引用的 DSA 所拥有的具有最少 RDN 的上下文前缀的 RDN 还要少。

22.3.2.2 直接上级引用

一个直接上级引用包括：

——一个命名上下文的上下文前缀，是拥有该引用的 DSA 所拥有的条目或条目拷贝的直接上级；

——拥有该命名上下文(如条目或条目拷贝)的 DSA 的访问点。

直接上级引用是一种可选的引用类型，仅当一个层次结构的操作绑定到被引用的 DSA 时才出现该类型(见 GB/T 16264.4—2008 的第 24 章)。如果没有显式地出现这样的操作绑定，则直接上级命名上下文的引用可能会通过一个交叉引用来实现。

22.3.2.3 下级引用

一个*下级引用*包括：

——一个上下文前缀，该上下文前缀是与拥有该引用的 DSA 所拥有的条目或条目拷贝的直接下级的命名上下文相应的；

——拥有该命名上下文(如条目或条目拷贝)的 DSA 的访问点。

主 DSA 所拥有的命名上下文的所有直接下级命名上下文，都须由下级引用来表示(或是由非特定下级引用来表示，在 22.3.2.4 中描述)。

在 DSA 拥有条目拷贝的情况下，下级命名上下文可能表示也可能不表示，这取决于所生效的影像商定。

22.3.2.4 非特定下级引用

一个*非特定下级引用*包含：

——拥有一个或多个直接下级命名上下文内的条目(或条目拷贝)的 DSA 的访问点。

该类型的引用是可选的，允许用于下面这种情况，即已知 DSA 包含某些下级条目(或条目拷贝)，但这些条目(或条目拷贝)的特定 RDN 未知。该类型的引用不能被用于引用中 LDAP 服务器。

对于一个主 DSA 所拥有的每个命名上下文，可能会拥有零个或多个非特定下级引用。通过一个非特定引用被访问的 DSA 须能够直接实现请求(成功或者失败)。在失败的情况下，将通过 serviceError 上报问题 unableToProceed，并将其返回给请求者。

在 DSA 拥有条目拷贝的情况下，非特定下级引用可能会表示也可能不表示，依赖于所生效的影像商定。

22.3.2.5 交叉引用

一个交叉引用包含：

——一个上下文前缀；

——一个拥有此命名上下文内的条目或条目拷贝的 DSA 的访问点。

该类型的引用是可选的，用于优化名(称)解析。一个 DSA 可能会拥有任意数量(包括零)的交叉引用。

22.3.2.6 提供者引用

影像使用者 DSA 所拥有的一个提供者引用包括：

——一个命名上下文的上下文前缀，从影像提供者处接收到的复制区从该上下文前缀派生而来；

——影像使用者与影像提供者建立起来的影像商定的标识符；

——影像提供者 DSA 的访问点；

——指示复制区的影像提供者是否是主 DSA；以及

——可选的，如果提供者不是主 DSA 时，主 DSA 的访问点。

22.3.2.7 使用者引用

影像提供者 DSA 所拥有的一个使用者引用包括：

——一个命名上下文的上下文前缀，影像提供者所提供的复制区从该上下文前缀派生而来；

——影像提供者与一个影像使用者建立起来的影像商定的标识符；以及

——影像使用者 DSA 的访问点。

22.4 最小知识

目录有一个特性，即每个条目都能够被访问，而不依赖于请求是从哪里发出的。

目录还有一个特性，即为了达到足够级别的性能和可用性，某些请求可以通过使用一个条目拷贝来满足，而另外一些请求仅能够通过使用条目本身来满足(即条目的主 DSA 所拥有的信息)。

为了实现这些与位置无关的目录特性，每个 DSA 须维护一个最小数量的知识，这些知识取决于 DSA 的特定配置。

这些最小需求的目标是：允许分布式名(称)解析过程能够为目录内的所有命名上下文建立一个引用路径，该路径由主知识引用的连续序列构成。

在这些最小需求之外，可能会部署另外的知识为命名上下文的拷贝建立其他的引用路径。可能会部署交叉引用知识(主知识或影像知识)为命名上下文和命名上下文的拷贝建立优化的引用路径。

DSA 的最小知识需求在 22.4.1 至 22.4.4 中规定。

22.4.1 上级知识

每个不是第一级 DSA 的 DSA 都必须至少维护一个上级引用。为了操作方面的原因，可能会拥有附加的上级引用作为到 DIT 根的可替代路径。

22.4.2 下级知识

作为一个命名上下文主 DSA 的 DSA，必须为每个拥有一个直接下级命名上下文的主 DSA 维护主知识类别的下级引用或非特定下级引用。

22.4.3 提供者知识

对于在复制区内向某个影像使用者 DSA 提供服务的每个影像提供者 DSA，该影像使用者 DSA 都必须维护一个相应的提供者引用。如果影像使用者所拥有的命名上下文拷贝的下级知识是不完整的，则它必须使用它的提供者引用来建立一个到下级信息的引用路径。该过程在 GB/T 16264.4—2008 的第 20 章描述。

22.4.4 使用者知识

对于在复制区内由某个影像提供者 DSA 所提供服务的每个影像使用者 DSA，该影像提供者 DSA 都必须维护一个相应的使用者引用。

22.5 第一级 DSA

由某个上级引用所引用的 DSA 假定了向 DIT 内所有条目建立的引用路径的边界，而此边界对于引用的 DSA 来说是未知的。由另一个 DSA 所引用的 DSA 自身也可能会维护一个或多个上级引用。这种递归的上级引用过程到第一级 DSA 后将停止，在该第一级 *DSA* 处，建立引用路径的最终责任将落于此。

第一级 DSA 的特性如下所述：

a) 它不拥有一个上级引用；

b) 它可能会拥有作为 DIT 根的直接下级的一个或多个命名上下文(作为该命名上下文的主 DSA 或影像 DSA)；以及

c) 它拥有的下级引用(主 DSA 和/或影像 DSA)和非特定下级引用(主 DSA 和/或影像 DSA)构成了 DIT 根的直接下级的所有的命名上下文，但不是 DIT 根本身所拥有的。

第一级 DSA 的管理机构共同负责对 DIT 根的直接下级进行管理。控制此共同管理的过程由多边商定来决定，多边商定不在本系列目录规范的定义范围之内。

注：在一个相关的条目环境中，可能某些第一级的条目拥有相同的名(称)，因此构成了多个 DIT。相应第一级 DSA 的管理机构应当共同负责这些 DIT 的管理。

为了限制可能向第一级主 DSA(即作为 DIT 根的直接下级的命名上下文的主 DSA)直接发出的查询请求的数量，可能为该第一级主 DSA 建立第一级的影像 DSA。这些影像 DSA 拥有第一级主 DSA(或提供者)所拥有的作为根的直接下级的条目以及下级引用的拷贝，因此它们可能作为非第一级 DSA 的上级引用。

23 DSA 信息模型的基本元素

23.1 定义

本目录规范使用下列术语和定义：

23.1.1

DSA 信息树　DSA information tree

从名(称)角度所看到的由一个 DSA 所拥有的所有 DSE 的集合。

23.1.2

DSA 共享属性　DSA-shared attribute

DSA 信息模型中与某个特定名(称)相关的一个操作属性，如果该操作属性被多个 DSA 所拥有的话，则它们的值或值集是相等的(除了短暂的不一致以外)。

23.1.3

DSA 特定属性　DSA-specific attribute

DSA 信息模型中与某个特定名(称)相关的一个操作属性，如果该操作属性被多个 DSA 所拥有的话，则它们的值或值集可以不必相等。

23.1.4

DSA 特定条目　DSA-specific entry;DSE

DSA 所拥有的与某个特定名(称)相关的信息；DSE 可能会(但不是必需)包含与相应的目录条目相关的信息。

23.1.5

DSE 类型　DSE type

指示一个 DSE 的某种特定目标；一个 DSE 可能服务于多个目标，因此具有多个类型。

23.2 概述

目录信息模型描述了作为一个整体的目录是如何表示关于客体的信息的，这些客体具有一个可辨别名和可选的多个别名。在DIT、条目和属性的描述中，目录的组成部分，即潜在地可能进行协作的DSA的集合，从模型中抽象出来。

从另一方面来说，DSA信息模型尤其是与DSA以及DSA所必须拥有的信息相关，因为组成目录的DSA的集合可能联合起来实现目录信息模型。它所关注的包括：

——目录信息(客体条目和别名条目以及子条目等)是如何映射到DSA的；

——目录信息的拷贝如何被DSA所拥有；

——DSA为执行名(称)解析和操作评估所需的操作信息；以及

——DSA为实现影像和使用影像信息所需的操作信息。

对DSA操作信息(如知识)的表示进行建模，其目的是为了管理对DSA操作信息的访问而建立一个通用的框架。

23.3 DSA特定条目及其名(称)

在DSA信息模型中，信息库拥有与某个特定名(称)相关的信息，此信息库被称为*DSA特定条目(DSE)*。处于DSA信息模型中的目录条目仅仅是作为可能构成DSE的信息元素。特定于DSA信息模型的操作属性由其他各种可能构成DSE的信息元素组成。

如果一个DSA拥有与某个名(称)直接相关的任意信息(即存储于信息库中的由名(称)辨别的信息)，则可认为DSA已知该名(称)，或具有该名(称)相关的知识。

对于每个DSA已知的名(称)，该DSA所拥有的与该名(称)直接相关的信息，除了名(称)本身外，都由一个DSE来表示。名(称)本身的信息(即RDN以及与DIT之间的关系)没有显式地表示为DSA信息模型内的一个属性；

一个DSA已知的所有名(称)的集合组成了一个隐含的结构，该结构可被认为是附着在相关的DSE上。

注1：这种DSA信息模型处理名(称)的方法，带来的一个结果是，对于类型不是条目、别名或子条目的DSE来说，表示DSE的RDN的AVA没有建模在属性中。

当命名属性拥有多个由上下文所区分的可辨别值时，则存在替代名(称)，在这种情况下，一个单独的DSE可以表示DSA拥有的关于所有替代名(称)的所有信息。在DSA信息模型中，这种情况被建模为一个单独的名(称)，该名(称)具有上下文特定的变量，而不是建模为不同的名(称)。

注2：为了进行一致的名(称)解析，并与第3版之前的DSA进行交互，每个DSA必须至少拥有组成名(称)的所有属性的主可辨别值信息，并且尽可能地拥有尽量多的替代可辨别值。

DSA所已知的所有名(称)的集合以及与每个名(称)相关的信息，如果从这些名(称)的视角来看，它们被称为该DSA的DSA信息树。一棵DSA*信息树*如图21所述。

DSA与名(称)关联的最少信息(因此才能够知晓该名(称))包括表达名(称)被知晓的目的(即在DSA知晓该名(称)的操作中，名(称)所发挥的作用)，该目的在DSA信息模型中由一个DSA特定属性dseType来表示。

另外，一个DSE可能还会拥有其他与名(称)相关的信息，如条目或条目拷贝、DSA共享属性和DSA特定属性等。

一个DSE可能会直接表示一个目录条目，一个条目的一部分或不表示目录信息。在DSE中拥有的信息是变化的，取决于它的类型或目的。一般来说，下述类型的DSE可能会出现在DSA中。

——一个直接表示一个目录条目的DSE，包括与该目录条目相应的用户属性和操作属性(在图21的DSE2中描述)。该DSE还可能包含DSA共享属性和DSA特定属性；

——一个表示一个条目中部分信息的DSE(影像的结果)，包括与该目录条目相应的某些用户属性和操作属性以及DSA特定属性，另外还可能包括DSA共享属性；

——一个表示惯例ACI或集合属性的子条目DSE，包括与该目录子条目相应的有关用户属性和操作属性(在图21中的DSE 3中描述)。该DSE还可能包括DSA共享属性和DSA特定属性；

——一个没有表示任何目录条目信息的 DSE，仅包括 DSA 共享属性和/或 DSA 特定属性（在图 21 的 DSE 1 和 DSE 4 中描述）。例如，一个表示下级引用的 DSE 可能会拥有一个 DSA 共享属性来指示主访问点，拥有一个 DSA 特定属性来指示该 DSE 是一个下级引用。

注 3：DSE 是一个概念上的实体，以一种一致方便的方式简化了信息组件的规范和建模。尽管 DSE 被称为是“拥有”或“存储”信息，但它实际上对实现没有施加任何特定的限制或数据结构要求。

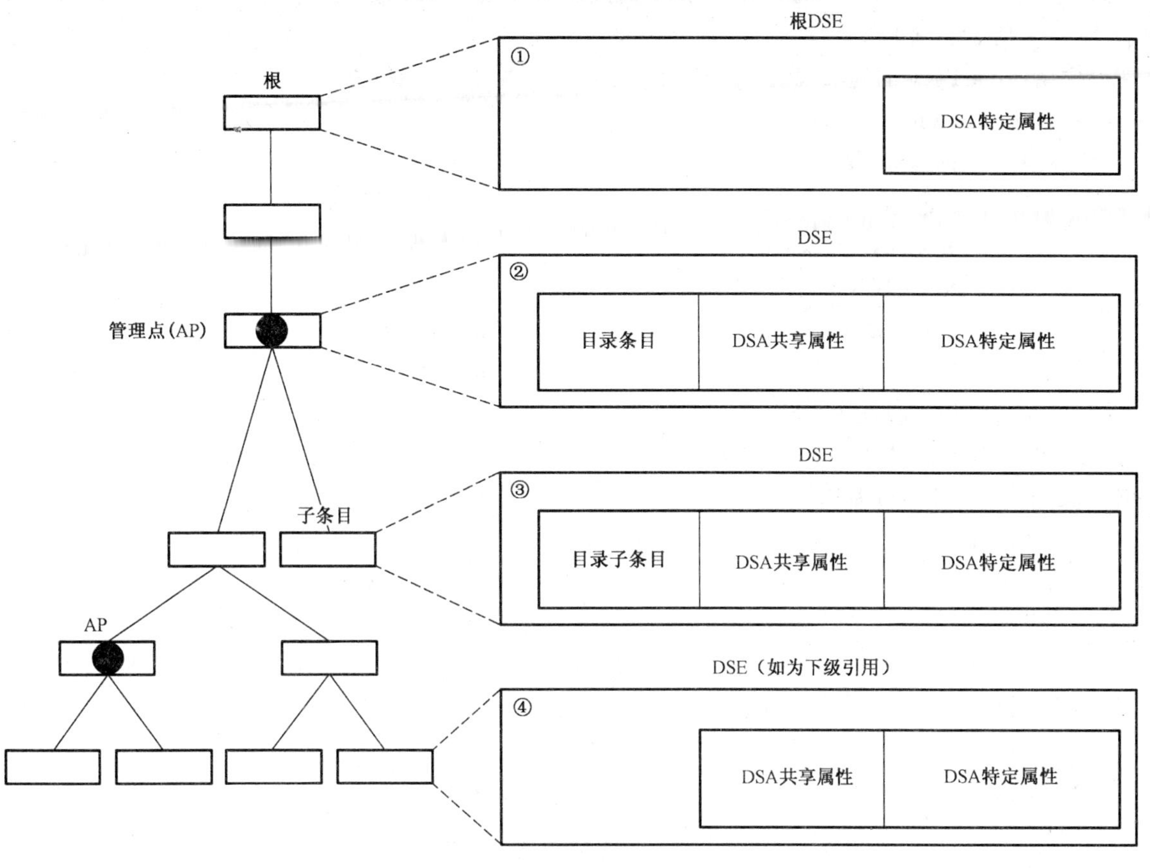

图 21　DSA 信息树

23.4　基本元素

一个 DSE 由 3 个基本元素组成：DSE 类型、一些数量的 DSA 操作属性（DSE 类型是其中之一）以及可选的一个条目或条目拷贝。

23.4.1　DSA 操作属性

有两种操作属性出现在 DSA 信息模型中，它们不符合目录条目中的信息。这些操作属性为 DSA 共享属性和 DSA 特定属性。

*DSA 共享属性*是 DSA 信息模型中与某个特定名（称）相关的一种操作属性，如果该操作属性由多个 DSA 所拥有，则它们的值或值集是相等的（除了短暂的不一致以外）。一个 DSA 可能会拥有 DSA 共享属性的一个影像拷贝。

*DSA 特定属性*是 DSA 信息模型中与某个特定名（称）相关的一种操作属性，如果该操作属性由多个 DSA 所拥有，则它们的值或值集不必是相同的。一个 DSA 特定属性所表示的操作信息是针对拥有该属性的 DSA 的特定功能。一个 DSA 不能拥有 DSA 特定属性的一个影像拷贝。

注：当一个影像提供者 DSA 可能向影像使用者 DSA 提供一个 DSA 特定属性时，在概念上该特定属性不是提供者所拥有信息的一个影像拷贝，更确切的应当是提供者为使用者所产生的信息，使用者可能会使用并修改这些信息。

23.4.2　DSE 类型

DSE 的类型，在 DSA 信息模型中由 DSA 特定操作属性dseType 来表示，指示了某个 DSE 的特定目的(或作用)。该目的由属性dseType的单值中的命名比特来指示。由于一个DSE可能会服务于多个目的,因此可能会设置属性dseType的多个命名比特来表示这些目的。附录N中规定了可能会出现的命名比特的多种组合。

在目录规范中使用短语"类型为x的DSE"来表示DSE的属性dseType中的命名比特x被设置。

对于一个类型为x的DSE,其他命名比特可能会根据需求设置或不设置。另外还可能会使用替代短语"类型包括x的DSE"。

操作属性dseType的句法规范可能使用下述的属性表示法来表示:

```
dseType   ATTRIBUTE    ::={
          WITH SYNTAX                    DSEType
          EQUALITY MATCHING RULE         bitStringMatch
          SINGLE VALUE                   TRUE
          NO USER MODIFICATION           TRUE
          USAGE                          dSAOperation
          ID                             id-doa-dseType }
```

该DSA特定操作属性由DSA自身来管理。

表示属性dseType的可能值的句法的ASN.1类型为DSEType。它的定义如下:

```
DSEType  ::=BIT STRING {
      root              (0),    ——根 DSE——
      glue              (1),    ——仅表示一个名(称)的知识——
      cp                (2),    ——上下文前缀——
      entry             (3),    ——客体条目——
      alias             (4),    ——别名条目——
      subr              (5),    ——下级引用——
      nssr              (6),    ——非特定下级引用——
      supr              (7),    ——上级引用——
      xr                (8),    ——交叉引用——
      admPoint          (9),    ——管理点——
      subentry          (10),   ——子条目——
      shadow            (11),   ——影像拷贝——
      immSupr           (13),   ——直接上级引用——
      rhob              (14),   ——rhob 信息——
      sa                (15),   ——别名条目的下级引用——
      dsSubentry        (16),   ——DSA 特定子条目——
      familyMember      (17),   ——家族成员——
      ditBridge         (18),   ——DIT 桥接引用——
      writeableCopy     (19) }  ——可写拷贝——
```

DSEType的值为:

a) root:根DSE包含DSA特定属性,由DSA使用,表示DSA作为一个整体的特性。与根DSE相应的名(称)是包含零个RDN序列的退化名(称)。

注1:通过目录抽象服务而使其可用的一个DSA的特性信息包含在DSA的条目中。一个DSA可能但不必拥有其自身条目或自身条目的拷贝。

b) glue:一个粘接DSE(glueDSE),该DSE仅表示一个名(称)的知识。一个拥有上下文前缀DSE或交叉引用DSE的DSA可能会拥有glueDSE,来表示上下文前缀或交叉引用DSE的上级的名(称),如果没有其他的操作属性(如知识)与这些名(称)相关的话。如图 22 中的示例。一个类型为 glue 的 DSE 不得设置其他任何的DSEType 比特。

c) cp:表示一个命名上下文的上下文前缀的 DSE。

d) entry:一个 DSE,该 DSE 拥有一个客体条目。

e) alias:一个 DSE,该 DSE 拥有一个别名条目。

f) subr:一个 DSE,该 DSE 拥有一个表示下级引用的特定知识属性。

g) nssr:一个 DSE,该 DSE 拥有一个表示非特定下级引用的非特定知识属性。

h) supr:一个 DSE,该 DSE 拥有一个表示 DSA 上级引用的特定知识属性。

i) xr:一个 DSE,该 DSE 拥有一个表示交叉引用的特定知识属性。

j) admPoint:一个 DSE,该 DSE 与一个管理点相应。

k) subentry:一个 DSE,该 DSE 拥有一个子条目。

l) shadow:一个 DSE,该 DSE 拥有一个条目(或部分条目)的影像拷贝或其他从影像提供者处接收到的信息;该命名比特由影像使用者来设置。

m) immSupr:一个 DSE,该 DSE 拥有一个表示直接上级引用的特定知识属性。

n) rhob:一个 DSE,该 DSE 拥有从上级 DSA 处接收到的管理点和子条目信息,此上级 DSA 在一个相关的层次关系操作绑定(RHOB)中(即或者在一个层次化的操作绑定中,或者在一个非特定层次绑定中,在 GB/T 16264.4—2008 的第 24 章到第 25 章中描述。

o) sa:一个类型为subr 的 DSE 的限定符,指示了该下级命名上下文条目是一个别名。

p) dsSubentry:一个 DSE,该 DSE 拥有一个 DSA 特定的子条目。

q) familyMember:一个 DSE,该 DSE 拥有一个家族成员。

r) ditBridge:一个 DSE,该 DSE 拥有一个 DIT 桥接引用。

s) writeableCopy:一个 DSE,该 DSE 拥有在多个主实现中复制的条目或其他信息(如知识)的一个可写拷贝。

注 2:某些目录操作要求有能力为任意给定的条目标识一个单独的主。因此,在一个多主的实现中,每个条目的所有主拷贝都须具有该 DSE 类型,只有一个除外,即必要时,其中一个主拷贝要作为第一主拷贝,则该主拷贝不得具有该 DSE 类型。

使用该操作属性可表示 DSA 信息模型的各个方面,其用法在第 23 章描述。

24 DSA 信息的表示

本章论述了 DSA 信息的表示。它描述了 DSA 操作信息(知识)、目录用户信息以及目录操作信息的表示等。

24.1 目录用户信息和操作信息的表示

本条规定了在 DSA 信息模型中目录用户信息和目录操作信息的表示。

24.1.1 客体条目

客体条目由一个类型为entry 的 DSE 来表示,该 DSE 包含与该目录条目相关的用户属性和目录操作属性。DSE 的名(称)即为客体条目的名(称)(即客体的识别名)。

如果 DSE 中拥有该条目的一个拷贝,则 DSE 的类型还包括shadow 。

如果客体条目的名(称)中包含任何由上下文所区分的替代识别名,则 DSE 的名(称)可能也包含这些由上下文所区分的替代识别名。当 DSE 拥有该条目的一个影像时,DSE 的名(称)可能包含这些替代识别名中的一个子集。当 DSE 不是拷贝的情况下,DSE 的名(称)必须包含所有的识别名。

注:为了进行一致的名(称)解析,并与第 3 版之前的 DSA 进行交互,一个拥有拷贝的 DSA 的名(称)须至少包含所有命名属性的主识别名。因此,拷贝至少应拥有该客体条目的主识别名。如果每个识别值都存在(因此每个替代识别名都存在),则名(称)解析将被增强。

24.1.2 别名条目

别名条目由一个类型为alias的DSE来表示，该DSE包含与别名条目相关的属性（即RDN属性和被起了别名的客体名（称）属性）。DSE的名（称）即为别名条目的名（称）。

如果DSE拥有该别名条目的一个拷贝，则DSE的类型还包括shadow。

如果别名条目的名（称）包含任何由上下文所区分的替代识别名，则DSE的名（称）可能也包含这些由上下文所区分的替代识别名。当DSE拥有该别名条目的一个影像时，DSE的名（称）可能包含这些替代识别名中的一个子集。当DSE不是拷贝的情况下，DSE的名（称）必须包含所有的识别名。

注：为了进行一致的名（称）解析，并与第3版之前的DSA进行交互，一个拥有拷贝的DSA的名（称）必须至少包含所有命名属性的主识别名。因此，拷贝至少应拥有该别名条目的主识别名。如果每个识别值都存在（因此每个替代识别名都存在），则名（称）解析将被增强。

24.1.3 管理点

管理点由一个类型为admPoint的DSE来表示，该DSE包含与管理点相关的属性。DSE的名（称）即为管理点的名（称）。

如果DSE表示一个条目，则DSE的类型中包括entry。如果DSE拥有该管理点的一个拷贝，则DSE的类型中还包括shadow。

如果管理点的名（称）包含任何由上下文所区分的替代识别名，则DSE的名（称）可能也包含这些由上下文所区分的替代识别名。当DSE拥有该管理点的一个影像时，DSE的名（称）可能包含这些替代识别名中的一个子集。当DSE中不是拷贝的情况下，DSE的名（称）应当包含所有的识别名。

注：为了进行一致的名（称）解析，并与第3版之前的DSA中进行交互，一个拥有拷贝的DSA的名（称）必须至少包含所有命名属性的主识别名。因此，拷贝至少应拥有该管理点的主识别名。如果每个识别值都存在（因此每个替代识别名都存在），则名（称）解析将被增强。

24.1.4 子条目

子条目由一个类型为subentry的DSE来表示，该DSE包含与子条目相关的操作信息和用户信息。DSE的名（称）是子条目的名（称）。

如果该DSE中拥有一个子条目的拷贝，则DSE的类型为subentry和shadow。

24.1.5 家族成员

家族成员（包含祖先）由一个类型为familyMember的DSE来表示。该祖先也是一个类型为entry的DSE；它是家族成员中唯一一个被允许具有该DSE类型的成员。

24.2 知识引用的表示

一个知识引用包括一个具有适当类型的DSE，该DSE拥有相应正确的DSA操作属性，且由一个名（称）来标识，该名（称）承载了与被引用的DSA所拥有的命名上下文之间的已定义关系。

该DSE的名（称）须是主识别名，如果替代名（称）和上下文信息出现在被引用的DSA的命名上下文的上下文前缀中，则DSE的名（称）也可能包括替代名（称）和上下文信息。当DSE拥有一个影像时，DSE的名（称）中可能包含这些替代识别名中的一个子集。当DSE不是拷贝的情况下，DSE的名（称）必须包含所有的识别名。

注：如果每个识别值都存在（因此每个替代识别名都存在），则名（称）解析将被增强。

24.2.1 知识属性类型

DSA操作属性在DSA信息模型中定义，它可以表示一个DSA的下述信息：

——DSA自身访问点的知识；

——上级知识；

——特定知识（它的下级引用）；

——非特定知识（它的非特定下级引用）；

——如果DSA是一个影像使用者，则可表示它的提供者知识，可选地包括主DSA；

——如果 DSA 是一个影像提供者，则可表示它的使用者知识；

——如果 DSA 是一个影像提供者，则可表示它的第二影像的知识；以及

——另一个 DIT 的知识。

这些操作属性的客体标识符在附录 F 中分配。

24.2.1.1 我的访问点

操作属性类型myAccessPoint 由 DSA 使用，用以表示它自身的访问点。它是一个 DSA 特定属性。所有的 DSA 都必须在其根 DSE 中拥有该属性。它是单值的，并且由 DSA 自身来管理。

```
myAccessPoint  ATTRIBUTE  ::={
        WITH SYNTAX                      AccessPoint
        EQUALITY MATCHING RULE           accessPointMatch
        SINGLE VALUE                     TRUE
        NO USER MODIFICATION             TRUE
        USAGE                            dSAOperation
        ID                               id-doa-myAccessPoint }
```

类型 AccessPoint 的 ASN.1 定义在 GB/T 16264.4—2008 中定义。为了便于读者阅读，将其 ASN.1 规范复制在此。

```
AccessPoint  ::=SET  {
        ae-title               [0]  Name,
        address                [1]  PresentationAddress
        protocolInformation    [2]  SET SIZE (1..MAX) OF ProtocolInformation  OPTIONAL }
```

注：在ae-title 中的Name 可能是主辨别名或一个可替代辨别名；然而，如果使用主辨别名，可以增强名(称)解析的一致性以及与第 3 版之前的 DSA 的交互性。

一个 DSA 如何获得myAccessPoint 中存储的信息，不在本系列目录规范中描述。

属性类型myAccessPoint 存储于类型为root 的 DSE 中。

当建立或修改一个操作绑定时，可能会在 DOP 中部署使用存储于myAccessPoint 中的信息。

24.2.1.2 上级知识

操作属性类型superiorKnowledge 由一个非第一级 DSA 使用，用以表示它的上级引用。它是一个 DSA 特定属性。所有的非第一级 DSA 都须在其根 DSE 中拥有该属性。它是多值的，并且由 DSA 自身来管理。

```
superiorKnowledge  ATTRIBUTE  ::={
        WITH SYNTAX                      AccessPoint
        EQUALITY MATCHING RULE           accessPointMatch
        NO USER MODIFICATION             TRUE
        USAGE                            dSAOperation
        ID                               id-doa-superiorKnowledge }
```

一个 DSA 可能会获取存储于superiorKnowledge 中的信息，获取方法不在本系列目录规范中描述。它也可能会根据其直接上级引用来构造这些信息，例如，根据上下文前缀的名(称)中具有最小数量 RDN 的直接上级引用来构造此信息。

属性类型superiorKnowledge 存储于类型为root 的 DSE 中。

当构建一个从 DAP 或 DSP 参照指示中返回的连续引用或者当执行一个链接时，可能会由 DSA 部署使用存储于superiorKnowledge 中的信息。

24.2.1.3 特定知识

特定知识包括一个命名上下文的主 DSA 的访问点和/或该命名上下文的影像 DSA。说它是特定

的，是因为该命名上下文的上下文前缀已知，并与访问点信息相关联。该特定知识由操作属性类型specificKnowledge 表示。它是一个 DSA 共享属性，是单值的，并且由 DSA 自身来管理。

```
specificKnowledge ATTRIBUTE ::={
    WITH SYNTAX                    MasterAndShadowAccessPoints
    EQUALITY MATCHING RULE         masterAndShadowAccessPointsMatch
    SINGLE VALUE                   TRUE
    NO USER MODIFICATION           TRUE
    USAGE                          distributedOperation
    ID                             id-doa-specificKnowledge }
```

ASN.1 类型MasterAndShadowAccessPoints 在 GB/T 16264.4—2008 中定义。为了便于读者阅读，将其 ASN.1 规范复制在此。

```
MasterAndShadowAccessPoints ::=SET OF MasterOrShadowAccessPoint

MasterOrShadowAccessPoint ::=SET {
    COMPONENTS OF                 AccessPoint,
    category              [3]     ENUMERATED {
        master                    (0),
        shadow                    (1) } DEFAULT master,
    chainingRequired      [5]     BOOLEAN DEFAULT FALSE }
```

DSA 可能会获取存储于specificKnowledge 中的信息，获取方法不在本系列目录规范中描述。在交叉引用的情况下(DSE 的类型为xr)，它也可能会根据从 DSP 回复的ChainingResults 的组件crossReference 中接收的信息来构造这些信息。在下级引用的情况下(DSE 的类型为subr)，它也可能会根据在创建或修改 HOB 时从 DOP 中接收的信息来构造这些信息。

属性类型specificKnowledge 存储于类型为subr、immSupr 或xr 的 DSE 中。它被 DSA 使用，分别用以表示下级引用、直接上级引用和交叉引用。

当构建一个从 DAP 或 DSP 参照指示中返回的连续引用(或者当执行一个链接)时，或者当构建 DISP 提供的类型为subr、immSupr 或xr 的影像 DSA 的特定条目(SDSE)时，可能会由 DSA 部署使用存储于specificKnowledge 中的信息。

24.2.1.4 非特定知识

非特定知识包括一个或多个命名上下文的主 DSA 的访问点和/或该一个或多个命名上下文的影像 DSA。说它是非特定的，是因为该命名上下文的上下文前缀是未知的。然而，命名上下文的直接上级已知，且访问点信息与此名(称)相关联。非特定知识由操作属性类型nonSpecificKnowledge 表示。它是一个 DSA 共享属性，是多值的，且由 DSA 自身来管理。

```
nonSpecificKnowledge ATTRIBUTE ::={
    WITH SYNTAX                    MasterAndShadowAccessPoints
    EQUALITY MATCHING RULE         masterAndShadowAccessPointsMatch
    NO USER MODIFICATION           TRUE
    USAGE                          distributedOperation
    ID                             id-doa-nonSpecificKnowledge }
```

MasterAndShadowAccessPoints 的值包括拥有一个或多个下级命名上下文的主 DSA 的一个访问点以及拥有这些命名上下文的部分或全部影像的 DSA 的零个或多个访问点。

DSA 可能会获取存储于nonSpecificKnowledge 中的信息，获取方法不在本系列目录规范中描述。在非特定下级引用的情况下(DSE 的类型为nssr)，它也可能会根据在创建或修改一个 NHOB 时，从

DOP 中接收的信息来构造这些信息。

属性类型nonSpecificKnowledge 存储于类型为nssr 的 DSE 中。它用以表示非特定下级引用。

当构建一个从 DAP 或 DSP 参照指示中返回的连续引用(或执行一个链接)时,或者当构建一个在 DISP 中提供的类型为nssr 的 SDSE 时,可能会由 DSA 部署使用存储于nonSpecificKnowledge 中的信息。

24.2.1.5 提供者知识

影像消费者 DSA 所拥有的提供者知识包括:访问点和一个复制区内的拷贝(或拷贝集)提供者的影像商定标识符。可选的,如果该提供者不是派生此复制区的命名上下文的主 DSA,则在提供者知识中还可能会包括主 DSA 访问点的信息。提供者知识由操作属性类型supplierKnowledge 表示。它是一个 DSA 特定属性,是多值的,且由 DSA 自身来管理。

属性supplierKnowledge 的值的 ASN.1 句法定义为SupplierInformation。组成该属性值的信息包括:一个影像提供者 DSA 的访问点,在提供者 DSA 和拥有该 DSA 特定属性的消费者 DSA 之间的影像商定的商定 ID(表示为类型SupplierOrConsumer 的值),指示复制区的提供者是否为派生该复制区的命名上下文的主 DSA,如果不是主 DSA,可选的还包括主 DSA 的访问点等。

```
SupplierOrConsumer ::= SET {
    COMPONENTS OF                   AccessPoint,    --提供者或消费者--
    agreementID             [3]     OperationalBindingID }

SupplierInformation ::= SET {
    COMPONENTS OF                   SupplierOrConsumer,    --提供者--
    supplier-is-master              [4]    BOOLEAN DEFAULT TRUE,
    non-supplying-master            [5]    AccessPoint OPTIONAL }

supplierKnowledge ATTRIBUTE ::= {
    WITH SYNTAX                     SupplierInformation
    EQUALITY MATCHING RULE          supplierOrConsumerInformationMatch
    NO USER MODIFICATION            TRUE
    USAGE                           dSAOperation
    ID                              id-doa-supplierKnowledge }
```

DSA 可能会获取存储于supplierKnowledge 中的信息,获取方法不在本系列目录规范中描述。一个影像消费者 DSA 可能会根据在创建或修改一个影像商定时从 DOP 中接收的信息来构造这些信息。

属性类型supplierKnowledge 存储于类型为cp 的 DSE 中。它用于表示一个或多个提供者引用。所有的影像消费者 DSA 必须为它们做为消费者的每个影像商定拥有该属性的一个值。

当构建一个从 DAP 或 DSP 参照指示中返回的连续引用时,可能会由 DSA 部署使用存储于supplierKnowledge 中的信息。在管理一个影像商定的 DOP 操作中以及所有的 DISP 操作中都需要supplierKnowledge 的组件agreementID (其类型为OperationalBindingID ,在28.2 中定义)。

24.2.1.6 消费者知识

影像提供者 DSA 所拥有的消费者知识包括:访问点和提供者向消费者提供命名上下文拷贝(或拷贝集)的影像商定的标识符。消费者知识由操作属性类型consumerKnowledge 表示。它是一个 DSA 特定属性,是多值的,且由 DSA 自身来管理。

属性consumerKnowledge 的值的 ASN.1 句法定义为ConsumerInformation (与SupplierOrConsumer 具有相同的句法,但指向一个消费者访问点)。

```
ConsumerInformation ::= SupplierOrConsumer    --消费者--
```

```
consumerKnowledge ATTRIBUTE ::={
    WITH SYNTAX                    ConsumerInformation
    EQUALITY MATCHING RULE         supplierOrConsumerInformationMatch
    NO USER MODIFICATION           TRUE
    USAGE                          dSAOperation
    ID                             id-doa-consumerKnowledge }
```

DSA 可能会获取存储于consumerKnowledge 中的信息，获取方法不在本系列目录规范中描述。影像提供者 DSA 可能会根据在创建或修改一个影像商定时从 DOP 处接收的信息来构造这些信息。

属性类型consumerKnowledge 存储于类型为cp 的 DSE 中。它用于表示一个或多个消费者引用。所有的影像提供者 DSA 必须为它们做为提供者的每个影像商定拥有该属性的一个值。

在管理一个影像商定的 DOP 操作中以及所有的 DISP 操作中都需要consumerKnowledge 的组件agreementID 。

24.2.1.7 二次影像知识

二次影像知识包括一个提供者 DSA(例如一个主 DSA)可能会选择维护的信息，这些信息是从提供者 DSA 的视角来看，参与二次影像的消费者 DSA 的信息。二次影像知识由操作属性类型secondary-Shadows 来表示。它是一个 DSA 特定属性，是多值的，且由 DSA 自身来管理。属性secondaryShadows 的值的 ASN.1 句法定义为SupplierAndConsumers 。它包括一个影像提供者的访问点及其直接消费者的列表。

```
SupplierAndConsumers ::=SET {
COMPONENTS OF           AccessPoint,     --提供者--
consumers             [3] SET OF AccessPoint }

secondaryShadows ATTRIBUTE ::={
    WITH SYNTAX                    SupplierAndConsumers
    EQUALITY MATCHING RULE         supplierAndConsumersMatch
    NO USER MODIFICATION           TRUE
    USAGE                          dSAOperation
    ID                             id-doa-secondaryShadows }
```

SuppliersAndConsumers 的组件consumers 中仅包括拥有一个复制区内公共可用拷贝的 DSA 的访问点。

一个提供者 DSA 可能会从一个消费者 DSA 中获取到构造该属性的值所需的信息，获取的过程在 GB/T 16264.4—2008 的 23.1.1 中描述。

属性类型secondaryShadows 由类型为cp 的 DSE 所拥有。

对二次影像知识的支持为可选。

24.2.1.8 DIT 桥接知识

处于另一个 DIT 中的某个命名上下文的主 DSA 由ditBridgeKnowledge 表示，它包括一个域标识符及其访问点。操作属性dITBridgeKnowledge 包括所有已知的这些 DSA 的DITBridgeKnowledge 。它是一个多值的 DSA 共享属性，且由 DSA 管理者来管理。该属性由类型为root 的 DSE 所拥有，另外该 DSE 还因为 DIT 桥接引用而具有 DSE 类型ditBridge。

```
ditBridgeKnowledge ATTRIBUTE ::={
    WITH SYNTAX                    DitBridgeKnowledge
    EQUALITY MATCHING RULE         directoryStringFirstComponentMatch
```

```
    NO USER MODIFICATION                      TRUE
    USAGE                                     dSAOperation
    ID                                        id-doa-ditBridgeKnowledge}
```

ASN.1 类型DitBridgeKnowledge 在 GB/T 16264.4—2008 中定义。为了便于读者阅读，将其ASN.1 规范复制在此。

```
DitBridgeKnowledge ::=SEQUENCE {
    domainLocalID                             DirectoryString OPTIONAL,
    accessPoints                              MasterAndShadowAccessPoints}
```

当执行一个包含相关条目的搜索操作时，DSA 可能会部署使用ditBridgeKnowledge 中的信息。

24.2.1.9 匹配规则

之前所述的知识属性的四个相等匹配规则在下面规定。它们所应用的属性的句法类型分别为：AccessPoint，MasterAndShadowAccessPoints，SupplierInformation，ConsumerInformation 和 SuppliersAndConsumers 。

24.2.1.9.1 访问点匹配

访问点匹配规则规定如下：

```
accessPointMatch MATCHING-RULE ::={
SYNTAX          Name
ID              id-kmr-accessPointMatch }
```

匹配规则accessPointMatch 应用于类型为AccessPoint 的属性值。该声明句法的一个值是从该属性句法的一个值派生而来的，使用了[0]上下文特定标签（Name）组件的值。如果每个值的Name 组件使用DistinguishedName 值的匹配过程后是匹配的，则这两个值被认为是相等匹配的。

24.2.1.9.2 主访问点和影像访问点匹配

主访问点和影像访问点的相等匹配规则规定如下：

```
masterAndShadowAccessPointsMatch MATCHING-RULE ::={
SYNTAX          SET OF Name
ID              id-kmr-masterShadowMatch }
```

匹配规则masterAndShadowAccessPointsMatch 应用于类型为MasterAndShadowAccessPoints 的属性。该声明句法的一个值是从该属性句法的一个值派生而来的，是通过删除SET OF MasterOrShadowAccessPoints 中的每个SET 的category 和address 组件来实现的。如果两个值都具有相同数量的SET OF 元素，且以任意一种便利的方式对这每个值中的SET OF 组件进行排序后，每对SET OF 元素中的ae-title 组件使用DistinguishedNameMatch 的匹配过程后是都是匹配的，则这两个值被认为是相等匹配的。

24.2.1.9.3 提供者或消费者信息匹配

提供者或消费者信息匹配规则规定如下：

```
supplierOrConsumerInformationMatch MATCHING-RULE ::={
    SYNTAX          SET {
        ae-title                          [0]     Name,
        agreement-identifier              [2]     INTEGER }
    ID              id-kmr-supplierConsumerMatch }
```

匹配规则supplierOrConsumerInformationMatch 应用于类型为SupplierInformation 或ConsumerInformation 的属性值（以及其他的符合SupplierInformation 或ConsumerInformation 的属性值）。该声明句法的一个值是从该属性句法的一个值派生而来的，是通过选择SET 组件来实现的，该SET 组件所具有的标签与声明句法的SET组件相匹配。如果两个值中的ae-title组件(在删除了显式的[0]标签信息后)在使用了DistinguishedName值的匹配过程后是匹配的,且包含在每对值中的agreement组件中的identifier组件(在删除了显式的[2]以及SEQUENCE标签信息后)在使用了INTEGER值的匹配过程后也是匹配的,则这两个值被认为是相等匹配的。

24.2.1.9.4 提供者和消费者匹配

提供者和消费者匹配规则规定如下:

```
supplierAndConsumersMatch MATCHING-RULE ::={
    SYNTAX          Name
    ID              id-kmr-supplierConsumersMatch }
```

提供者和消费者匹配规则应用于类型为SupplierAndConsumers的属性值(以及其他的符合SupplierAndConsumers的属性值)。如果两个值中的ae-title组件(在删除了显式的[0]标签信息后)在使用了DistinguishedName值的匹配过程后是匹配的,则这两个值被认为是相等匹配的。

24.2.2 知识引用类型

本条规定了知识在DSA信息模型中的表示法。

24.2.2.1 自我引用

一个自我引用表示一个DSA自身访问点的知识。它由DSA内的根DSE(类型为root的DSE)所拥有的属性myAccessPoint的值表示。

24.2.2.2 上级引用

一个上级引用由一个类型为supr和root的DSE表示,该DSE包含一个superiorKnowledge属性。由于一个superiorKnowledge属性的值可能包含多个DSA的访问点,因此它可能表示多个上级引用。

24.2.2.3 直接上级引用

一个直接上级引用由一个类型为immSupr的DSE表示,该DSE包含一个specificKnowledge属性。拥有该属性的DSE的名(称)与被引用的上级DSA所拥有的命名上下文的上下文前缀相一致。

由于specificKnowledge的一个属性值可能包含多个DSA的访问点,因此他可能表示多个直接上级引用,其中,最多有一个种类为master,有零个或多个种类为shadow。

如果拥有该直接上级引用的DSE中是从一个影像提供者处获取的,则该DSE的类型还包括shadow。

24.2.2.4 下级引用

一个下级引用由一个类型为subr的DSE表示,该DSE包含一个specificKnowledge属性。拥有该属性的DSE的名(称)与被引用的下级DSA所拥有的相关命名上下文的上下文前缀相一致。

由于specificKnowledge的一个属性值可能包含多个DSA的访问点,因此它可能表示多个下级引用,其中,最多有一个种类为master,有零个或多个种类为shadow。

如果拥有该下级引用的DSE是影像的信息,且是从一个影像提供者处获取的,则该DSE的类型还包括shadow。

DSE可能还会在拥有两个命名上下文的DSA中包含immSupr,这两个命名上下文中,其中一个是另一个的上级,并且由另一个DSA所拥有的一个第三方单独条目命名上下文所分离。这种情况的一个示例在附录O中描述。

24.2.2.5 非特定下级引用

一个非特定下级引用由一个类型为nssr(一般来说还包括entry)的DSE表示,该DSE包含一个nonSpecificKnowledge属性。拥有该属性的DSE的名(称)与被引用的下级DSA所拥有的相关命名上下文的上下文前缀中将最后的RDN排除后所构造的名(称)相一致。

注:SSR不能够引用LDAP服务器。

由于nonSpecificKnowledge的一个属性值可能会包括多个DSA的访问点,因此它可能表示多个非特定下级引用，其中，最多有一个种类为master，有零个或多个种类为shadow 。每个nonSpecific-Knowledge的属性值表示一个相关的非特定下级引用的集合 — 种类为shadow的DSA拥有一个或多个复制区，这些复制区是从种类为master的DSA所拥有的命名上下文派生而来的。

如果拥有非特定下级引用的DSE是从一个影像提供者处接收的影像信息，则DSE的类型还包括shadow 。

DSE包括种类shadow是在影像DSA的如下情况下：当DSE与某个条目相符合，而对于该条目，主DSA拥有该条目的非特定下级知识，且仅有非特定下级引用的属性nonSpecificKnowledge被影像。

DSE包括种类cp和shadow是在影像DSA的如下情况下：该影像DSA的复制区不包括上下文前缀条目，而命名上下文的主DSA拥有该上下文前缀的非特定下级知识。

DSE包括种类admPoint和shadow是在影像DSA的如下情况下：当DSE与一个管理点相符合，该管理点的条目信息没有被影像，且命名上下文的主DSA拥有该管理点的非特定下级知识。

当管理点与前面所述的两种情况中的上下文前缀相符合时，则DSE可能包括admPoint、cp和shadow。

24.2.2.6 交叉引用

一个交叉引用由一个类型为xr的DSE表示，该DSE包含一个specificKnowledge属性。拥有该属性的DSE的名(称)与被引用的DSA所拥有命名上下文的上下文前缀相一致。

由于一个specificKnowledge属性的值可能会包含多个DSA的访问点，因此它可能会表示多个交叉引用，其中，最多有一个种类为master，有零个或多个种类为shadow 。

24.2.2.7 提供者引用

一个提供者引用由一个类型为cp的DSE表示，该DSE包含一个supplierKnowledge属性。拥有该属性的DSE的名(称)与影像的命名上下文的上下文前缀相一致。

由于一个supplierKnowledge属性可能会有多个值，因此它可能会表示多个提供者引用。每个属性值表示一个提供者引用。

24.2.2.8 消费者引用

一个消费者引用由一个类型为cp的DSE表示，该DSE包含一个consumerKnowledge属性。拥有该属性的DSE的名(称)与影像的命名上下文的上下文前缀相一致。

由于一个consumerKnowledge属性可能会有多个值，因此它可能会表示多个消费者引用。每个属性值表示一个消费者引用。

24.3 名(称)和命名上下文的表示

24.3.1 名(称)和粘接DSE

正如在23.3中描述的那样，一个DSA可能与某个名(称)相关联的最小信息是它拥有该名(称)的目的，由一个拥有属性dseType的一个值的DSE来表示。当一个DSE仅包含这样的最小信息，则该DSE的类型须为glue 。在这种情况下，该DSE不得拥有一个条目或子条目(或条目或子条目的一个影像拷贝)或一个DSA共享属性。

粘接DSE出现在DSA信息模型中，是用来表示由于拥有与其他名(称)相关的信息而被某个DSA已知的名(称)。例如，考虑在图22中描述的交叉引用。拥有该交叉引用的DSA也“已知”(在23.3描述的情况)一个名(称)，该名(称)是与交叉引用相关的上下文前缀名(称)的上级。如果没有其他信息与这样的上级名(称)相关联，则它们在DSA信息模型中由粘接DSE来表示。

24.3.2 命名上下文

一个命名上下文包括一个上下文前缀；该上下文前缀的零个或多个下级条目的一棵子树(上下文前缀是该子树的根)；如果有作为其下级的命名上下文，则还包括能够充分地组成完整的下级知识的下级引用和/或非特定下级引用。

一个上下文前缀由类型为cp的DSE来表示。如果上下文前缀与一个条目相符合，则DSE的类型中包括entry。如果上下文前缀与一个别名相符合，则 DSE 的类型中包括alias。如果上下文前缀与一个管理点相符合，则 DSE 的类型中包括admPoint。

作为上下文前缀下级的条目和子条目所组成的一棵子树，由 24.1.1 到 24.1.5 所描述的 DSE 来表示。命名上下文的下级知识，由 24.2.2 描述的 DSE 来表示。

一个复制区(一个命名上下文的所有或部分的影像拷贝)的表示如上所述，除了一种情况，即如果 DSE 的用户属性或操作属性是从某个影像提供者处接收的，则这样的每个 DSE 的类型中还包括shadow。在不完整的复制区中，可能会存在类型为glue 的 DSE 来表示影像信息的各分散部分之间的桥接。没有任何用户属性或操作属性与这些粘接 DSE 相关联。

24.3.3 示例

图 22 举例说明了 DIT 的一部分(相应于一个命名上下文)如何映射到一个 DSA 信息树。除了命名上下文信息本身外，图中还描述了：包含其上级引用的 DSA 的根 DSE(本例中不是第一级 DSA 的 DSA 信息树)，一个粘接 DSE 和一个表示直接上级命名上下文引用的 DSE(或者是一个交叉引用，或者是一个直接上级引用)。

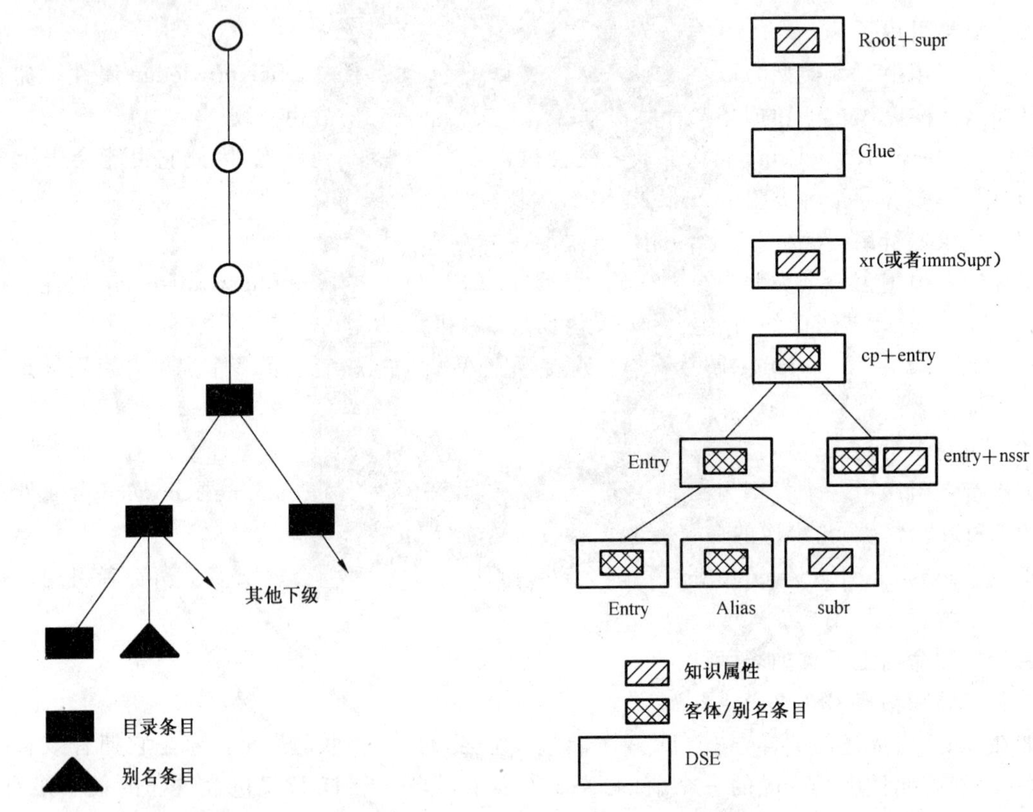

图 22 命名上下文的 DSE

第十一篇：DSA 操作框架

25 概述

25.1 定义

本目录规范使用下列术语和定义：

25.1.1

合作状态 cooperative state

与另一个 DSA 相关，表示 DSA 在与这个 DSA 的一个操作绑定实例已经建立但尚未终止期间的状态。

25.1.2

目录操作框架 directory operational framework

提供了一个框架，与目录组件(DSA)操作的某些特定方面(如影像或创建一个命名上下文)相关的特定操作模型可能通过该框架的应用派生出来。它提出了在目录组件的所有交互中都会出现的公共要素。

25.1.3

非合作状态 non-cooperative state

与另一个 DSA 相关，表示 DSA 在与这个 DSA 建立一个操作绑定实例之前或该操作绑定实例已经终止后的状态。

25.1.4

操作绑定 operational binding

指两个 DSA 之间的共同理解，一旦被建立，则表示它们"同意"参与后续的某些种类的交互。

25.1.5

操作绑定建立 operational binding establishment

建立一个操作绑定实例的过程。

25.1.6

操作绑定实例 operational binding instance

两个 DSA 之间某种特定类型的操作绑定。

25.1.7

操作绑定管理 operational binding management

建立、终止或修改一个操作绑定实例的过程。这种管理可以通过本系列目录规范所定义的信息交换实现，或者通过其他规范中定义的交互实现，或者通过其他方式实现等。

25.1.8

操作绑定修改 operational binding modification

修改一个操作绑定实例的过程。

25.1.9

操作绑定终止 operational binding termination

终止一个操作绑定实例的过程。

25.1.10

operational binding type 操作绑定类型

为了某种明确的目的而规定的操作绑定的一种特定类型，表达了两个 DSA 间参与特定类型的交互(如影像)的"商定"。

25.2 简介

本系列目录规范定义了应用协议信息交换和相关的定义目录分布式操作的 DSA 过程。第 25 章至第 28 章定义了一个 DSA 操作框架，对在这些信息交互和过程中的某些公共元素进行了建模。

两个 DSA 是以一种合作的方式进行交互的，因为，除了它们交互信息和执行与这些交互相关的过程时的技术能力外，每个 DSA 都被配置为接受与另一方 DSA 的某些类型的交互。

这几章所表述的都与一个公共框架相关，用以规范两个 DSA 间进行合作的元素结构。

该框架的一个目标是能够足够通用，可以解决在本系列目录规范的当前版本和后续版本可能定义的所有类型的 DSA 合作。该框架被用于本系列目录规范内，用以定义影像和层次化的操作绑定类型。

26 操作绑定

26.1 概述

第 26 章定义了一个通用框架,即 DSA 操作框架,在该框架内可以构建 DSA 组件间合作交互特性的规范,以达到取得共识的目标。

该通用框架提出了公共的特性,这些特性表现了 DSA 间交互的特色。通过将 DSA 操作框架应用于 DSA 间特定的合作交互方面,则得出的规范将是简明一致的,因此一个 DSA 须支持的机制的数量将得到缩减。

两个 DSA 间的共同理解,一旦被建立,则表示它们"同意"参与后续的某些种类的交互,这种共同理解被称为一个"操作绑定"。两个 DSA 可能会根据需要共享所需数量的某个特定类型的操作绑定实例。

DSA 操作框架提供了一个公共的方法来定义一个*操作绑定类型*。一个操作绑定类型是为了某种明确的目的而规定的一种特定类型的操作绑定,表达了两个 DSA 间参与特定类型的交互(如影像)的"商定"。这种交互允许商定的一方或另一方能够调用一个定义良好的集合中的操作。

两个取得这样一个"商定"的特定的 DSA,将共享一个特定操作绑定类型的一个操作绑定实例。它们被称为处于这样一个操作绑定类型实例的"*合作状态*"中。

在建立一个操作绑定实例之前或在终止一个操作绑定实例之后,这两个 DSA 被称为处于"*非合作状态*"中。

*操作绑定管理*是建立、终止或修改一个操作绑定实例的过程。这种管理可以通过本系列目录规范所定义的信息交换实现,或者通过其他规范中定义的交互实现,或者通过其他方式实现等。

这些通用概念如图 23 所描述。

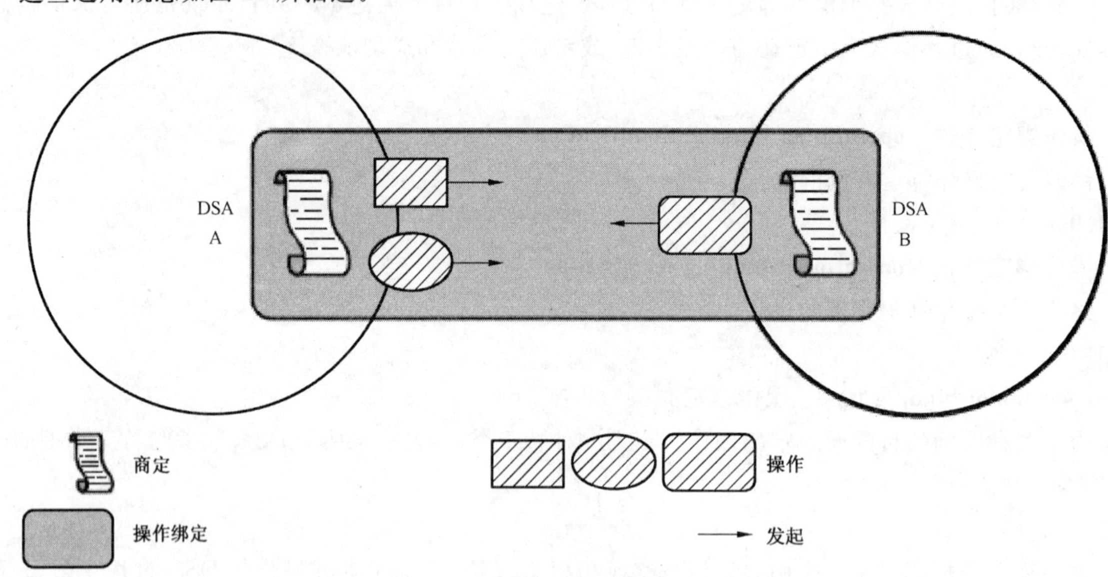

图 23 操作绑定

26.2 操作框架的应用

应用 DSA 操作框架来定义一个操作绑定类型,有下述基本的元素参与:

a) 两个 DSA;

b) 一个 DSA 将提供给另一个 DSA 的服务"商定";

c) 一个或多个操作的集合以及相伴随的过程,DSA 须遵循此过程才能够实现服务;

d) 在管理商定时所需要的 DSA 交互的规范。

这些基本元素之间的关系通过一个操作绑定来表示。一个操作绑定由这些基本元素集组成，用以通过技术术语来表示抽象的商定。它表示了一个由某个“商定”所控制的环境，在该环境内，一个 DSA 向另一个 DSA 提供某个已定义的服务（或者相反）。

26.2.1 两个 DSA

DSA 操作框架提供了一个结构，在该结构内，一个 DSA 与另一个 DSA 的交互以及它们因此而执行的过程可能会被规定。

两个 DSA 在操作绑定中可能会发挥相同的作用，在这种情况下，这两个 DSA 都可能管理操作绑定，两个 DSA 都可能互相之间调用相同的操作，且两个 DSA 都被限制为遵循相同的过程。这种情况被称为一个“对称的操作绑定”。

另一种情况是，两个 DSA 在操作绑定中可能发挥不同的作用，因此每个 DSA 都可能应用不同的操作和过程集。任意一个 DSA 或者两个 DSA 可能被用于管理操作绑定。这种情况被称为一个“非对称操作绑定”。

26.2.2 商定

“商定”是两个 DSA 的管理机构之间所取得的关于一个 DSA 必须向另一个 DSA 提供（或者相反）的服务的一种共同的理解。“商定”的最初形成是通过 DSA 的管理机构之间进行协商的，其协商方法不在本系列目录规范的定义范围之内。

该“商定”的参数可以形式化，方法是通过在 DSA 内记录在操作绑定管理的协议交互中需要用到的一个 ASN.1 数据类型。在这种方式下，两个 DSA 都可以取得对一方提供给另一方的服务的共同理解。

26.2.3 操作

操作是 DSA 间用来交互的基本媒介。为了提供已经达成共识的服务，一对 DSA 之间可能会传递一个或多个操作。

尽管一个 DSA 可能在技术上有能力支持大数据量的操作，但它可能仅愿意与另一个 DSA 在少量的操作中合作，或者与另一个 DSA 在某些参数的特定的值集内合作。

一个操作绑定类型的定义要求列举出可以进行交互的操作。它还允许对在操作中定义的参数值进行限制。

26.2.4 商定的管理

该框架为管理一个操作绑定的实例提供了通用的操作。这些操作可以对一个操作绑定进行建立、修改和终止。

可将该框架应用于对某个特定操作绑定类型进行规范，这就要求规定三个管理操作的每个发起者，并定义建立、修改和终止操作的过程。当一个管理操作应用于一个特定类型的操作绑定时，DSA 都必须遵循相应的过程。

26.3 合作的状态

通用的操作模型定义了两个 DSA 间合作的两种状态（一个 DSA 所看到的另一个 DSA 相关的状态），由一个特定的操作绑定类型的实例所控制以及在两个状态之间的 3 种迁移。由两个 DSA 共享的一个操作绑定类型的每个实例都有各自的合作状态。合作的状态包括：

a) *非合作状态*：两个 DSA 之间的一个操作绑定类型的特定实例尚未被建立，或者已经被终止了。这两个 DSA 之间的（关于该操作绑定类型的实例）交互尚未定义。一个 DSA 被另一个与其处于非合作状态的 DSA 所联系，则它可能会拒绝与该 DSA 的任何合作，也可能会准备服务该请求。

b) *合作状态*：在两个 DSA 之间有一个操作绑定类型的实例正存在。它们的合作行为由操作绑定类型及其参数的定义以及相关的过程所控制。

这两个合作状态之间的迁移可能会有两种调用方式：通过标准的协议交互或通过其他方式。

两个DSA间为管理一个操作绑定实例的交互（例如：建立和终止一个影像商定）与它们潜在地由绑定所控制的交互（例如：修改一个复制单元的交互）是不同的。

状态的迁移包括如下：

a) *建立*(establishment)迁移在两个DSA间创建一个特定类型的操作绑定的实例，结果是从非合作状态转移到合作状态；

b) *终止*(termination)迁移删除了两个DSA间的一个特定类型的操作绑定的实例，结果是从合作状态转移到非合作状态；

c) *修改*(modification)迁移修改了两个DSA间的一个特定类型的操作绑定实例的参数，结果是从合作状态转移到合作状态。

这些通用的状态及其迁移在图24中举例说明。

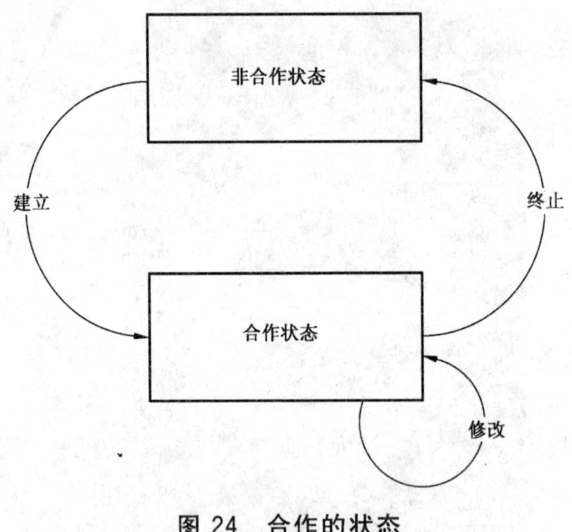

图24 合作的状态

27 操作绑定规范和管理

27.1 操作绑定类型规范

当将该框架应用于定义一个特定类型的操作绑定时，该类型的下述特性应当被规定：

a) *对称(Symmetry)*

规定作为操作绑定组成部分的两个DSA的各自的作用。

操作绑定可能是对称的，在这种情况下，一个DSA的作用与另一个DSA的作用是可互换的，且两个DSA都表现了相同的外部交互行为。操作绑定还可能是非对称的，在这种情况下，每个DSA都发挥了不同的作用，且两个DSA表现了不同的外部交互行为。在后一种情况下，目录操作框架将这两种作用区分为抽象的"ROLE-A"和"ROLE-B"。

每个抽象作用"ROLE-A"和"ROLE-B"都必须与一个已定义语义的具体作用相关联（例如，"ROLE-A"为影像提供者，"ROLE-B"为影像使用者）。

b) *商定(Agreement)*

对"商定"组件的语义及其表示的定义。该信息确定了两个DSA之间一个操作绑定的特定实例的参数。

c) *发起者(Initiator)*

定义了两个抽象作用"ROLE-A"和"ROLE-B"中的哪一个被允许发起对该类型的一个操作绑定实例进行建立、修改和终止的操作。

d) *管理过程(Management procedures)*

在该类型的一个操作绑定被建立、修改或终止时,一个 DSA 应当遵循的一系列过程。

e) *类型标识符(Type identification)*

标识了由操作绑定所决定的 DSA 交互的类型。这些标识符的取值为客体标识符。

f) *应用上下文、操作和过程(Application-contexts, operations and procedures)*

标识了一系列的应用上下文,其操作(或操作的子集)可能在操作绑定的合作阶段被部署。

对于由该操作绑定类型所引用的每一个操作,如果该操作被调用,则要求对 DSA 所遵循的过程进行描述(这可能会通过引用本系列目录规范的另一部分来完成)。

对于那些使用本条所提供的通用操作绑定管理操作进行管理的操作绑定,应当使用本条所定义的 3 个信息客体类来指定绑带类型,它们是 OPERATIONAL-BINDING 、OP-BINDING-COOP 和 OP-BIND-ROLE 。

27.2 操作绑定管理

一般来说,对一个操作绑定的管理要求首先建立一个操作绑定实例。后续可选地会对初始商定的某些或所有参数进行一次或多次修改,最后可能包括将该操作绑定实例终止。关于一个实例如何被管理的精确细节在操作绑定类型的定义过程中进行定义。该类型定义要求规范如下内容:

a) 每个管理操作的发起者(可能是两个 DSA 中的其中一个,或两个都是,或两个都不是);

b) 每个管理操作的参数;以及

c) 每个管理操作中,每个 DSA 应当遵循的过程。

在建立一个操作绑定实例的过程中,一个操作绑定实例标识符(绑定 id)被创建。该标识符,与包含在操作绑定内的两个 DSA 的可辨别名相结合,将构成该绑定实例的唯一标识符。后续所有的关于该操作绑定实例的管理操作都必须使用绑定 id 来标识正在被修改或终止的是哪个操作绑定实例。

建立操作的发起者总是将"商定"的参数传递到第二个 DSA。另外,该发起者还可能会传递一些建立时的参数,这些参数在操作绑定中是与其作用相应的。如果响应 DSA 愿意进入该操作绑定中,则它可能会在结果中返回建立参数,这些参数是与响应 DSA 的作用相应的。如果响应 DSA 不愿意进入该操作绑定,则它必须返回一个错误,在错误中可能会可选地包含一个参数经过校正的商定。图 25 中描述了 Role A 是建立操作发起者的情况,图 26 中描述了 Role B 是建立操作发起者的情况。

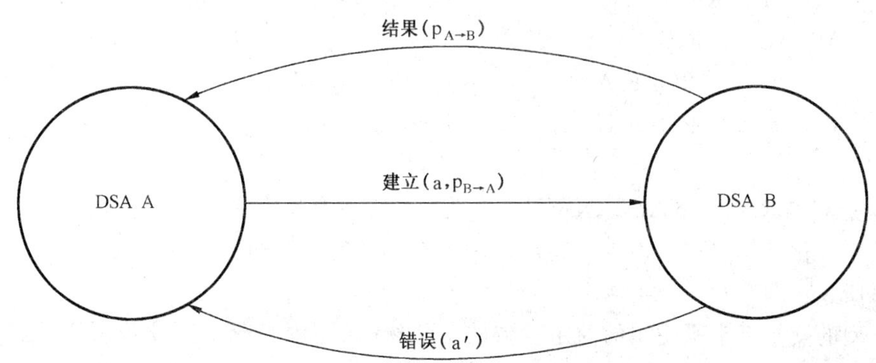

a 商定

b 建立参数

图 25 具有 Role A 的 DSA 发起建立

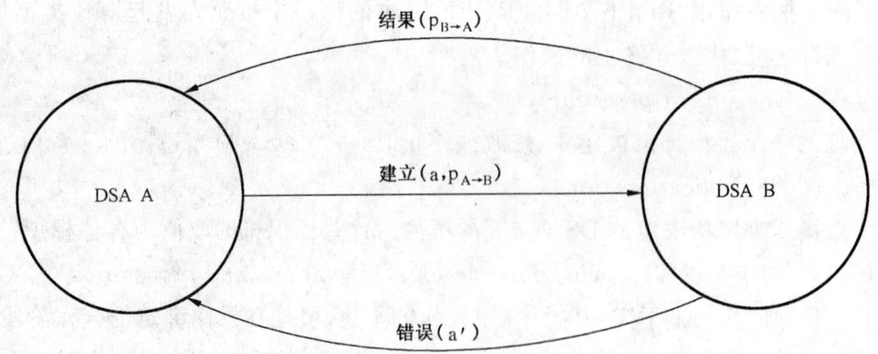

a　商定

b　建立参数

图 26　具有 Role B 的 DSA 发起建立

27.3　操作绑定规范模板

对于一个特定类型的操作绑定的定义,可以使用下面 3 个 ASN.1 的信息客体类作为定义模板。它们允许使用 ASN.1 来定义那些可以形式化的操作绑定类型部分。而操作绑定类型的其他方面,如在建立或终止一个操作绑定时 DSA 必须遵循的过程,必须通过其他方式进行定义(可以以一种方式实现,这种方式类似于在 GB/T 16264.4—2008 中描述的名(称)解析过程中对 DSA 过程的非正式描述)。

27.3.1　操作绑定信息客体类

```
OPERATIONAL-BINDING   ::=CLASS {
          &Agreement,
          &Cooperation       OP-BINDING-COOP,
          &both              OP-BIND-ROLE OPTIONAL,
          &roleA             OP-BIND-ROLE OPTIONAL,
          &roleB             OP-BIND-ROLE OPTIONAL,
          &id                OBJECT IDENTIFIER UNIQUE }

WITH SYNTAX {
          AGREEMENT                      &Agreement
          APPLICATION CONTEXTS           &Cooperation
           [ SYMMETRIC                   &both ]
           [ ASYMMETRIC
                     [ ROLE-A            &roleA ]
                     [ ROLE-B            &roleB ] ]
          ID                             &id }
```

信息客体类 OPERATIONAL-BINDING 用做操作绑定类型定义的一个规范模板。为该类定义了一种变量记法来简化其作为一个模板的使用。一个操作绑定类型的定义与该变量记法的各字段之间的对应关系如下所述:

a) 该类型的操作绑定所使用的商定参数的 ASN.1 类型由字段 AGREEMENT 表示;

b) 应用上下文以及所定义类型的操作绑定实例在操作绑定的合作阶段被部署的这些应用上下文的操作等,在字段 APPLICATION-CONTEXTS 中被列举。被列举的应用上下文的所有操作都将被选择,除非可选字段 APPLIES TO 存在,且给出了一个操作引用的列表,该列表中的操作是从应用上下文中选择出的。该列表是一个客体类的集合,由信息客体类OPERATION 的实例组成;

c) 操作绑定的类别由字段 SYMMETRIC 或 ASYMMETRIC 来定义。在对称操作绑定的情况下，字段 SYMMETRIC 后跟随的是一个单独的信息客体类 OP-BIND-ROLE，该客体类对两种操作绑定的角色都有效。在非对称操作绑定的情况下，字段 ASYMMETRIC 后跟随的是两个信息客体类 OP-BIND-ROLE，其中一个由子字段 ROLE-A 所指向，另一个由子字段 ROLE-B 所指向；

d) 客体标识符值用于标识该类型的操作绑定，由字段ID 来定义。

27.3.2 操作绑定合作信息客体类

```
OP-BINDING-COOP   ::=CLASS {
        &applContext    APPLICATION-CONTEXT,
        &Operations    OPERATION OPTIONAL }

WITH SYNTAX {
        &applContext
        [ APPLIES TO   &Operations ] }
```

信息客体类 OP-BINDING-COOP 作为标识一个已命名的应用上下文操作的规范模板，该应用上下文的某些方面由操作绑定所决定。该类的一个实例仅在一个特定操作绑定类型的上下文内有意义。为该类定义了一个可变的表示法来简化其作为一个模板的使用。一个操作绑定类型的定义与该可变表示法的各字段之间的对应关系如下所述：

a) 字段applContext 标识了一个应用上下文，该应用上下文的所有或部分操作都通过某种方式由一个操作绑定所决定；

b) 字段 APPLIES TO，如果存在，则标识了操作绑定所应用的特定操作。如果该字段不存在，则操作绑应用于该应用上下文的所有操作。

27.3.3 操作绑定角色信息客体类

```
OP-BIND-ROLE  ::=CLASS {
        &establish          BOOLEAN   DEFAULT FALSE,
        &EstablishParam     OPTIONAL,
        &modify             BOOLEAN   DEFAULT FALSE,
        &ModifyParam        OPTIONAL,
        &terminate          BOOLEAN   DEFAULT FALSE,
        &TerminateParam     OPTIONAL }

WITH SYNTAX {
        [ ESTABLISHMENT-INITIATOR     &establish ]
        [ ESTABLISHMENT-PARAMETER     &EstablishParam ]
        [ MODIFICATION-INITIATOR      &modify ]
        [ MODIFICATION-PARAMETER      &ModifyParam ]
        [ TERMINATION-INITIATOR       &terminate ]
        [ TERMINATION-PARAMETER       &TerminateParam ] }
```

信息客体类 OP-BIND-ROLE 作为定义一个操作绑定类型所起作用的一个规范模板。该类的一个实例仅在一个特定操作绑定类型的上下文内有意义。为该类定义了一个可变的表示法来简化其作为一个模板的使用。一个操作绑定类型的定义与该可变表示法的各字段之间的对应关系如下所述：

a) 字段 ESTABLISHMENT INITIATOR 指示：承担了所定义作用的 DSA 是否可能发起建立一个特定类型的操作绑定；

b） 字段 ESTABLISHMENT PARAMETER 定义：当操作绑定类型的一个实例被建立时，承担了所定义作用的 DSA 所交互的 ASN.1 类型；

c） 字段 MODIFICATION INITIATOR 指示：承担了所定义作用的 DSA 是否可能发起修改一个特定类型的操作绑定；

d） 字段 MODIFICATION PARAMETER 定义：当操作绑定类型的一个实例被修改时，承担了所定义作用的 DSA 所交互的 ASN.1 类型；

e） 字段TERMINATION INITIATOR 指示：承担了所定义作用的 DSA 是否可能终止一个特定类型的操作绑定；

f） 字段 TERMINATION PARAMETER 定义：当操作绑定类型的一个实例被终止时，承担了所定义作用的 DSA 所交互的 ASN.1 类型。

28 操作绑定管理的操作

本章定义了操作的一个集合，这些操作可用于建立、修改和终止各种类型的操作绑定。这些操作是通用的，因为它们能够被用于管理各种类型的操作绑定。这些操作规范使用了为某种类型的操作绑定所提供的定义模板，即应用了 OPERATIONAL-BINDING 信息客体类模板。

注：通过使用这种工具，任意类型的操作绑定都可能被管理。这些操作(以及相应的应用上下文)提供了关于 DSA 交互的扩展方式。将来可以定义新出现的操作绑定类型，以扩展 DSA 之间所提供的功能。

28.1 应用上下文定义

用于管理操作绑定实例的操作集合可被用来定义一个应用上下文，通过下面两种方式：

a） 一个应用上下文可被构造为仅包含用于操作绑定管理的操作。一个用于通用操作绑定管理的应用上下文在 GB/T 16264.5—2008 中定义。

在操作绑定的合作阶段可能交互的操作构成了一个或多个分离的应用上下文。

b） 一个操作集合能够被输入到模块中，用以定义一个特定的应用上下文。因此，用于操作绑定管理的操作能够与一个单独应用上下文内合作阶段的操作一起使用。

注：当 DSA 的一个专门组件希望使用一个仅为管理该 DSA 的操作绑定集合的关联，且它不准备接收任意一个为合作阶段所定义的操作(如 updateShadow)时，在这种情况下第一种方式有用。

28.2 建立操作绑定操作

"建立操作绑定"操作允许在两个 DSA 间建立一个预定义类型的操作绑定实例。这是通过传递建立参数以及在操作绑定类型的定义中所定义的商定条款来实现的。操作的变量可能由请求者签名(见 17.3)。如果请求者签名的话，则响应者可能会对结果进行签名。

在对称操作绑定的情况下，两个 DSA 中的任意一个都可能会主动建立一个预定义类型的操作绑定实例。

在非对称操作绑定的情况下，承担了"ROLE-A"或"ROLE-B"作用的某个 DSA 会建立一个操作绑定，这取决于该操作绑定类型的特定定义。

```
establishOperationalBinding    OPERATION    ::={
          ARGUMENT    EstablishOperationalBindingArgument
          RESULT      EstablishOperationalBindingResult
          ERRORS      { operationalBindingError | securityError | serviceError }
          CODE        id-op-establishOperationalBinding }

EstablishOperationalBindingArgument    ::=OPTIONALLY-PROTECTED-SEQ { SEQUENCE {
          bindingType    [0]    OPERATIONAL-BINDING.&id ({OpBindingSet}),
          bindingID      [1]    OperationalBindingID OPTIONAL,
```

```
        accessPoint        [2]        AccessPoint,
                    ——对称的,Role A 发起,或 Role B 发起——
        initiator CHOICE {
              symmetric        [3]   OPERATIONAL-BINDING.&both.&EstablishParam
                                         ({OpBindingSet}{@bindingType}),
              roleA-initiates  [4]   OPERATIONAL-BINDING.&roleA.&EstablishParam
                                         ({OpBindingSet}{@bindingType}),
              roleB-initiates  [5]   OPERATIONAL-BINDING.&roleB.&EstablishParam
                                         ({OpBindingSet}{@bindingType}) } OPTIONAL,
              agreement        [6]   OPERATIONAL-BINDING.&Agreement
                                         ({OpBindingSet}{@bindingType}),
             valid             [7]   ValidityDEFAULT { },
        securityParameters     [8]   SecurityParameters OPTIONAL } }

OpBindingSet  OPERATIONAL-BINDING  ::={
        shadowOperationalBinding  |
        hierarchicalOperationalBinding  |
        nonSpecificHierarchicalOperationalBinding }

OperationalBindingID  ::=SEQUENCE {
        identifier  INTEGER,
        version  INTEGER }
```

组件bindingType 规定了哪种类型的操作绑定将被建立。操作绑定类型的定义是通过使用信息客体类模板 OPERATIONAL-BINDING 来定义的,该模板为操作绑定类型分配了一个客体标识符值。组件bindingType 的值来自 OpBindingSet 所指向的某个操作绑定类型的一个实例内的 ID 字段。该集合为EstablishOperationalBindingArgument 中的一个参数,是一个参数化类型。

发起请求的 DSA 可能会通过组件bindingID 为操作绑定实例分配一个标识符。如果组件bindingID 没有出现在操作的参数中,则响应的 DSA 必须为操作绑定实例分配一个ID,并且在establishOperationalBindingResult 的组件bindingID 中将此ID 返回。在这两种情况下,当建立一个操作绑定时,OperationalBindingID 值的两个组件identifier 和version 都必须被分配,并且由执行分配的 DSA 将值发布。

组件accessPoint 规定了请求发起者进行后续交互的访问点。

发起"建立操作绑定"操作的 DSA 所承担的角色由 CHOICE 类型所指示,其可选项为 symmetric、roleA-initiates 和roleB-initiates。CHOICE 选项控制了由请求发起方 DSA 和响应方 DSA 所部署的特定的建立参数。角色的语义定义是操作绑定类型定义中的组成部分。CHOICE 的 ASN.1 类型通过请求发起者的OP-BIND-ROLE 信息客体类模板中的ESTABLISHMENT PARAMETER 来决定。如果操作绑定类型的建立不需要从请求者处获取建立参数,则该CHOICE 类型被忽略。

组件agreement 包含了控制操作绑定实例的商定的条款。它的实际内容取决于要建立的操作绑定的类型。该参数的 ASN.1 类型由该操作绑定类型的信息客体类模板OPERATIONAL-BINDING 中的字段AGREEMENT 来定义。

操作绑定实例必须存在的持续时间在valid 内定义。该操作绑定实例存在的起始时间由validFrom 规定,而操作绑定实例的终止时间由validUntil 给出。

```
Validity ::=SEQUENCE {
```

```
validFrom              [0]     CHOICE {
    now                [0]     NULL,
    time               [1]     Time } DEFAULT now: NULL,
validUntil             [1]     CHOICE {
    explicitTermination             [0]     NULL,
    time                            [1]     Time } DEFAULT explicitTermination: NULL }

Time ::=CHOICE {
    utcTime                UTCTime,
    generalizedTime        GeneralizedTime }
```

在任何一个对比操作中使用Time值之前，且如果 Time 的句法选择了UTCTime类型，则两位数的年字段必须合理转化为4位数的年值，规则如下：

——如果两位数的值为00到49，则最后的值应当是加上2000后的值；

——如果两位数的值为50到99，则最后的值应当是加上1900后的值。

使用GeneralizedTime可能会阻止与某些实现的互操作，这些实现不关注选择UTCTime或GeneralizedTime的可能性。谁规定了本目录规范将应用的域，例如profiling groups，则应当由谁来负责什么时候可能会使用GeneralizedTime。在任何情况下，UTCTime都不能被用于表示超出2049年的日期。

如果"建立操作绑定"的操作成功，则将返回如下结果，并且可能被响应者签名(见17.3)。

```
EstablishOperationalBindingResult   ::=OPTIONALLY-PROTECTED-SEQ { SEQUENCE {
        bindingType    [0]      OPERATIONAL-BINDING. &id ({OpBindingSet}),
        bindingID      [1]      OperationalBindingID OPTIONAL,
        accessPoint    [2]      AccessPoint,
        ——对称的，Role A 响应，或 Role B 响应
        initiator CHOICE {
            symmetric        [3]  OPERATIONAL-BINDING. &both. &EstablishParam
                                      ({OpBindingSet}{@bindingType}),
            roleA-replies    [4]  OPERATIONAL-BINDING. &roleA. &EstablishParam
                                      ({OpBindingSet}{@bindingType}),
            roleB-replies    [5]  OPERATIONAL-BINDING. &roleB. &EstablishParam
                                      ({OpBindingSet}{@bindingType}) } OPTIONAL,
        COMPONENTS OF         CommonResultsSeq } }
```

结果中包含的组件 bindingType 指示了CHOICE元素内使用的操作绑定的类型。它的值与建立请求的发起者所提供的值相同，且来自于 OpBindingSet 所指向的某个操作绑定类型的一个实例内的ID字段。

该集合为EstablishOperationalBindingResult中的一个参数，是一个参数化类型。

所建立的操作绑定实例的标识符可能在 bindingID 中返回。在任何一个后续的修改或终止操作绑定的操作中，应当使用此标识符来标识该操作绑定实例，该标识符还可用于在所建立的操作绑定实例的合作阶段所执行的任何其他的操作中。

组件accessPoint规定了请求响应者进行后续交互的访问点。

请求发起方的DSA可能会通过组件bindingID为操作绑定实例分配一个标识符。如果在操作参数中没有出现bindingID，则响应者DSA须为操作绑定实例分配一个ID，并且在establishOperationalBindingResult的组件bindingID中将此ID返回。

对"建立操作绑定"操作进行响应的DSA所承担的角色由CHOICE类型所指示，其可选项为symmetric、roleA-initiates 和 roleB-initiates。角色的语义定义是操作绑定类型定义中的组成部分。CHOICE 的 ASN.1 类型通过请求响应者的OP-BIND-ROLE 信息客体类模板中的ESTABLISHMENT PARAMETER 来决定。如果操作绑定类型的建立不需要从响应者处获取建立参数，则该CHOICE 类型被忽略。

28.3 修改操作绑定操作

“修改操作绑定”操作被用于修改一个已经建立的操作绑定。修改权限通过操作绑定类型定义中的字段MODIFICATION INITIATOR 来指定，操作绑定类型的定义使用了信息客体类模板OP-BIND-ROLE 和OPERATIONAL-BINDING。

一个操作绑定中可以被修改的组件是操作绑定及其有效期商定中所规定的内容。另外，修改参数能够由请求发起者来指定。操作的变量可能被请求者签名(见 17.3)。如果请求者签名的话，则响应者可能会对结果进行签名。

```
modifyOperationalBinding   OPERATION   ::={
        ARGUMENT     ModifyOperationalBindingArgument
        RESULT       ModifyOperationalBindingResult
        ERRORS        { operationalBindingError | securityError | serviceError }
        CODE         id-op-modifyOperationalBinding }

ModifyOperationalBindingArgument    ::=OPTIONALLY-PROTECTED-SEQ { SEQUENCE {
        bindingType              [0]      OPERATIONAL-BINDING.&id ({OpBindingSet}),
        bindingID                [1]      OperationalBindingID,
        accessPoint              [2]      AccessPoint OPTIONAL,
        ——对称的，Role A 发起，或 Role B 发起——
        initiator CHOICE {
              symmetric          [3]  OPERATIONAL-BINDING.&both.&ModifyParam
                                           ({OpBindingSet}{@bindingType}),
              roleA-initiates    [4]  OPERATIONAL-BINDING.&roleA.&ModifyParam
                                         ({OpBindingSet}{@bindingType}),
              roleB-initiates  [5]  OPERATIONAL-BINDING.&roleB.&ModifyParam
                                    ({OpBindingSet}{@bindingType})   }  OPTIONAL,
        newBindingID            [6]      OperationalBindingID,
        newAgreement             [7]  OPERATIONAL-BINDING.&Agreement
                                        ({OpBindingSet}{@bindingType})   OPTIONAL,
        valid                    [8]  Validity OPTIONAL,
        securityParameters       [9]  SecurityParameters OPTIONAL } }
```

组件 bindingType 规定哪种类型的操作绑定将被修改。组件bindingType 来自于OpBindingSet 所指向的某个操作绑定类型的一个实例内的 ID 字段。该集合为ModifyOperationalBindingArgument 中的一个参数，是一个参数化类型。

要修改的操作绑定实例的标识符由bindingID 给出。修正后的操作绑定实例的标识符由newBindingID 给出。newBindingID 的version 组件值须大于bindingID 的version 组件值。

如果请求发起者后续交互的访问点要被修改，则可选组件accessPoint 须存在。

发起“修改操作绑定”操作的 DSA 所承担的角色由 CHOICE 类型所指示，其可选项为 symmetric、roleA-initiates 和roleB-initiates。角色的语义定义是操作绑定类型定义中的组成部分。CHOICE 的 ASN.1 类型通过请求发起者的 OP-BIND-ROLE 信息客体类模板中的MODIFICATION PARAME-

TER 来决定。如果操作绑定类型的修改不需要从请求者处获取修改参数,则该 CHOICE 类型被忽略。

组件newAgreement 如果存在的话,包括了对控制操作绑定实例的商定中要修改的条款。该参数的 ASN.1 类型由该操作绑定类型的信息客体类模板OPERATIONAL-BINDING 中的字段 AGREEMENT 来定义。如果newAgreement 组件没有出现,则操作不对商定中的参数进行修改。

可选组件 valid 用于指示改变后的商定的有效时长。如果valid 组件没有出现,则假设validFrom 组件的值为now ,而validUntil 组件的值假设为不变。如果 validFrom 组件存在,并指向未来一个具体的时间,则当前的商定将一直生效直到该时间点为止。

如果"修改操作绑定"的操作成功,则将返回下述结果,并且可能被响应者签名(见 17.3)。

```
ModifyOperationalBindingResult ::=CHOICE {
    null              [0]    NULL,
    protected         [1]    OPTIONALLY-PROTECTED-SEQ { SEQUENCE {
        newBindingID                  OperationalBindingID,
        bindingType                   OPERATIONAL-BINDING. &id ({OpBindingSet}),
        newAgreement                      OPERATIONAL-BINDING. &Agreement
                                              ({OpBindingSet}{@. bindingType}),
        valid                         Validity OPTIONAL,
        COMPONENTS OF CommonResultsSeq } }
```

对于响应者 DSA 而言,它不可能向修改发起者返回根据它的角色所定义的修改参数。

28.4 终止操作绑定操作

"终止操作绑定"操作用于请求终止一个已经建立的操作绑定实例。终止权限通过操作绑定类型定义中的字段TERMINATION INITIATOR 来指定,操作绑定类型的定义使用了信息客体类模板 OP-BIND-ROLE 和 OPERATIONAL-BINDING 。操作的变量可能被请求者签名(见 17.3)。如果请求者签名的话,则响应者可能会对结果进行签名。

```
terminateOperationalBinding  OPERATION  ::={
        ARGUMENT      TerminateOperationalBindingArgument
        RESULT        TerminateOperationalBindingResult
        ERRORS        { operationalBindingError | securityError | serviceError }
        CODE          id-op-terminateOperationalBinding }

TerminateOperationalBindingArgument ::=OPTIONALLY-PROTECTED-SEQ { SEQUENCE {
    bindingType            [0]   OPERATIONAL-BINDING. &id ({OpBindingSet}),
    bindingID              [1]   OperationalBindingID,
    ——对称的,Role A 发起,或Role B 发起——

initiator CHOICE {
    symmetric              [2]   OPERATIONAL-BINDING. &both. &TerminateParam
                                 ({OpBindingSet}{@bindingType}),
    roleA-initiates        [3]   OPERATIONAL-BINDING. &roleA. &TerminateParam
                                 ({OpBindingSet}{@bindingType}).
    roleB-initiates        [4]   OPERATIONAL-BINDING. &roleB. &TerminateParam
                                 ({OpBindingSet}{@bindingType})} OPTIONAL,
terminateAt            [5]    Time OPTIONAL,
securityParameters     [6]    SecurityParameters OPTIONAL } }
```

组件bindingType规定哪种类型的操作绑定将被终止。组件bindingType来自于OpBindingSet所指向的某个操作绑定类型的一个实例内的ID字段。该集合为TerminateOperationalBindingArgument中的一个参数，是一个参数化类型。

要终止的操作绑定实例的标识符由bindingID给出。组件bindingID中出现的version组件被忽略。

发起“终止操作绑定”操作的DSA所承担的角色由CHOICE类型所指示，其可选项为symmetric、roleA-initiates和roleB-initiates。角色的语义定义是操作绑定类型定义中的组成部分。CHOICE的ASN.1类型由请求发起者的OP-BIND-ROLE信息客体类模板中的TERMINATION PARAMETER来决定。如果操作绑定类型的终止不需要从请求者处获取终止参数，则该CHOICE类型被忽略。

如果该操作绑定不是被立即终止，则可在terminateAt中定义一个延时的终止时间。

如果“终止操作绑定”的操作成功，则将返回下述结果，并且可能被响应者签名(见17.3)。

```
TerminateOperationalBindingResult ::=CHOICE {
    null                [0]  NULL,
    protected           [1]  OPTIONALLY-PROTECTED-SEQ { SEQUENCE {
            bindingID                   OperationalBindingID,
            bindingType              OPERATIONAL-BINDING.&id ({OpBindingSet}),
            terminateAt                 GeneralizedTime OPTIONAL,
            COMPONENTS OF CommonResultsSeq } } }
```

对于响应者DSA而言，它不可能向终止请求发起者返回根据它的角色所定义的终止参数。

28.5 操作绑定错误

一个操作绑定错误报告了与操作绑定的管理操作的使用相关的问题。错误的参数可能被响应者签名(见17.3)。

```
operationalBindingError ERROR ::={
    PARAMETER      OPTIONALLY-PROTECTED SEQ {
                       OpBindingErrorParam }
    CODE           id-err-operationalBindingError }

OpBindingErrorParam ::=SEQUENCE {
    problem                  [0]            ENUMERATED {
                invalidID                   (0),
                duplicateID                 (1),
                unsupportedBindingType      (2),
                notAllowedForRole           (3),
                parametersMissing           (4),
                roleAssignment              (5),
                invalidStartTime            (6),
                invalidEndTime              (7),
                invalidAgreement            (8),
                currentlyNotDecidable       (9),
                modificationNotAllowed      (10) },
    bindingType              [1]   OPERATIONAL-BINDING.&id ({OpBindingSet}) OPTIONAL,
    agreementProposal        [2]   OPERATIONAL-BINDING.&Agreement
                                   ({OpBindingSet}{@bindingType}) OPTIONAL,
    retryAt                  [3]   Time OPTIONAL,
```

COMPONENTS OF CommonResultsSeq }

problem 的取值有如下含义：

a) invalidID：请求中给出的操作绑定 ID 对接收方 DSA 来说是未知的，或者对于被请求的操作而言是处于错误的状态。

b) duplicateID：在建立请求中给出的操作绑定 ID 在响应者处已经存在了。这种情况的出现可能是由于之前有一个建立操作绑定实例的请求，但结果丢失，因此请求发起者重复了此建立请求。

c) unsupportedBindingType：被请求的操作绑定的类型不被 DSA 所支持。

d) notAllowedForRole：对操作绑定实例所发起的管理操作请求，对该发起者所承担的角色而言是不允许的(例如，一个不允许发起终止操作绑定实例的 DSA 发起了一个终止操作绑定的操作)。

e) parametersMissing：为该类型的操作绑定所定义的任意一个所需的建立参数或终止参数缺失。

f) roleAssignment：一个非对称操作绑定实例所请求的角色分配没有被接受。

g) invalidStartTime：为一个操作绑定实例所指定的起始时间没有被接受。

h) invalidEndTime：为一个操作绑定实例所指定的终止时间没有被接受。

i) invalidAgreement：被请求的操作绑定实例的商定条款没有被接受。响应方 DSA 可以接受的商定条款可在 agreementProposal 内返回。

j) currentlyNotDecidable：DSA 不能够在线决定对于被请求的操作绑定实例的修改或终止。什么时间能够再次重复发出该请求，在 retryAt 中给出。

k) modificationNotAllowed："修改操作绑定"操作被拒绝，由于该绑定实例不允许进行修改。

组件bindingType 的值须与失败的操作绑定管理操作的发起者所传递的值相同。

组件agreementProposal 仅须用于对一个EstablishOperationalBinding 请求进行响应，以提出一个修正后的商定参数集，如 28.2 所描述。

组件retryAt 仅须与 problem 的值currentlyNotDecidable 共同使用，以指示什么时间EstablishOperationalBinding 或ModifyOperationalBinding 请求能够再次尝试。

组件CommonResultsSeq (见 GB/T 16264.3—2008 的 7.4)中包括SecurityParameters 。而如果错误参数将被响应者签名时，则组件 SecurityParameters (见 GB/T 16264.3—2008 的 7.10)应当包括在 CommonResultsSeq 中。

28.6 操作绑定管理的绑定和解绑定

DSA 操作绑定管理绑定操作和 DSA 操作绑定管理解绑定操作，在 28.6.1 和 28.6.2 中定义，由 DSA 在操作绑定管理活动的一个特定周期的起始和结束时所使用。

对于dSAOperationalBindingManagementBind 和dSAOperationalBindingManagementUnbind 的保护须与应用于DSABind 和DSAUnbind 操作的保护相同。

注：鉴别所要求的证书可能会由安全交互服务元素所承载(见 GB/T 16264.5—2008)，在这种情况下，它们不会出现在绑定参数或结果中。

28.6.1 DSA 操作绑定管理绑定

一个 DSA 操作绑定管理绑定操作用于开始一个操作绑定管理周期。

dSAOperationalBindingManagementBind OPERATION ::=directoryBind

dSAOperationalManagementBind 中的组件与在 directoryBind (见 GB/T 16264.3—2008)中定义的相应组件相同，除了下面的一些区别外。

注：鉴别所要求的证书可能会由安全交互服务元素所承载(见 GB/T 16264.5—2008)，在这种情况下，它们不会出现在绑定参数或结果中。

28.6.1.1 **发起者证书**

DirectoryBindArgument 中的Credentials 允许标识发起方 DSA 的 AE-Title 的信息被发送到响应方 DSA。AE-title 的格式应当采用目录可辨别名格式。

28.6.1.2 **响应者证书**

DirectoryBindResult 中的Credentials 允许标识响应方 DSA 的AE-Title 的信息被发送到发起方 DSA。AE-title 的格式须采用目录可辨别名格式。

28.6.2 **DSA 操作绑定管理解绑定**

在一个提供操作绑定管理的周期结束时将执行解绑定,为 OSI 环境使用的解绑定在 GB/T 16264.5—2008 的 7.6.4 和 7.6.5 中定义,为 TCP/IP 环境使用的解绑定在 GB/T 16264.5—2008 的 9.3.2 中定义。

附　录　A
（规范性附录）
客体标识符的用法

本附录记录了客体标识符子树的上层分支，在这棵子树上有本系列目录规范中所分配的所有客体标识符。这是通过提供一个名为 UsefulDefinitions 的 ASN.1 模块来实现的，在该模块中，子树中的所有非叶结点都被分配了名(称)。

```
UsefulDefinitions {joint-iso-itu-t ds(5) module(1) usefulDefinitions(0) 5}
DEFINITIONS ::=
BEGIN

-- EXPORTS All --
    ——本模块中定义的所有类型与值都可被输出到本系列目录规范所包含的其他的 ASN.1 模块
      中，供其使用，
    ——也可以被其他应用所使用，这些应用将使用本模块中的定义来访问目录服务。
    ——其他应用可能将本模块中的定义用于其自身目的，但是不会限制为了维护和改进目录服务而
      进行的扩展和修改。
ID              ::=   OBJECT IDENTIFIER
ds        ID    ::=   {joint-iso-itu-t ds(5)}
——信息客体的种类——
module                          ID  ::=  {ds 1}
serviceElement                  ID  ::=  {ds 2}
applicationContext              ID  ::=  {ds 3}
attributeType                   ID  ::=  {ds 4}
attributeSyntax                 ID  ::=  {ds 5}
objectClass                     ID  ::=  {ds 6}
--attributeSet                  ID  ::=  {ds 7}
algorithm                       ID  ::=  {ds 8}
abstractSyntax                  ID  ::=  {ds 9}
--object                        ID  ::=  {ds 10}
--port                          ID  ::=  {ds 11}
dsaOperationalAttribute         ID  ::=  {ds 12}
matchingRule                    ID  ::=  {ds 13}
knowledgeMatchingRule           ID  ::=  {ds 14}
nameForm                        ID  ::=  {ds 15}
group                           ID  ::=  {ds 16}
subentry                        ID  ::=  {ds 17}
operationalAttributeType        ID  ::=  {ds 18}
operationalBinding              ID  ::=  {ds 19}
schemaObjectClass               ID  ::=  {ds 20}
schemaOperationalAttribute      ID  ::=  {ds 21}
```

```
administrativeRoles               ID ::= {ds 23}
accessControlAttribute            ID ::= {ds 24}
--rosObject                       ID ::= {ds 25}
--contract                        ID ::= {ds 26}
--package                         ID ::= {ds 27}
accessControlSchemes              ID ::= {ds 28}
certificateExtension              ID ::= {ds 29}
managementObject                  ID ::= {ds 30}
attributeValueContext             ID ::= {ds 31}
--securityExchange                ID ::= {ds 32}
idmProtocol                       ID ::= {ds 33}
problem                           ID ::= {ds 34}
notification                      ID ::= {ds 35}
matchingRestriction               ID ::= {ds 36}--本规范当前没有定义
controlAttributeType              ID ::= {ds 37}
keyPurposes                       ID ::= {ds 38}
——模块——
usefulDefinitions                 ID ::= {module usefulDefinitions(0) 5}
informationFramework              ID ::= {module informationFramework(1) 5}
directoryAbstractService          ID ::= {module directoryAbstractService(2) 5}
distributedOperations             ID ::= {module distributedOperations(3) 5}
--protocolObjectIdentifiers       ID ::= {module protocolObjectIdentifiers(4) 5}
selectedAttributeTypes            ID ::= {module selectedAttributeTypes(5) 5}
selectedObjectClasses             ID ::= {module selectedObjectClasses(6) 5}
authenticationFramework           ID ::= {module authenticationFramework(7) 5}
algorithmObjectIdentifiers        ID ::= {module algorithmObjectIdentifiers(8) 5}
directoryObjectIdentifiers        ID ::= {module directoryObjectIdentifiers(9) 5}
upperBounds                       ID ::= {module upperBounds(10) 5}
--dap                             ID ::= {module dap(11) 5}
--dsp                             ID ::= {module dsp(12) 5}
distributedDirectoryOIDs          ID ::= {module distributedDirectoryOIDs(13) 5}
directoryShadowOIDs               ID ::= {module directoryShadowOIDs(14) 5}
directoryShadowAbstractService    ID ::= {module directoryShadowAbstractService(15) 5}
--disp                            ID ::= {module disp(16) 5}
--dop                             ID ::= {module dop(17) 5}
opBindingManagement               ID ::= {module opBindingManagement(18) 5}
opBindingOIDs                     ID ::= {module opBindingOIDs(19) 5}
hierarchicalOperationalBindings   ID ::= {module hierarchicalOperationalBindings(20) 5}
dsaOperationalAttributeTypes      ID ::= {module dsaOperationalAttributeTypes (22) 5}
schemaAdministration              ID ::= {module schemaAdministration(23) 5}
basicAccessControl                ID ::= {module basicAccessControl(24) 5}
directoryOperationalBindingTypes  ID ::= {module directoryOperationalBindingTypes (25) 5}
certificateExtensions             ID ::= {module certificateExtensions(26) 5}
```

```
directoryManagement              ID  ::=  {module directoryManagement(27) 5}
enhancedSecurity                 ID  ::=  {module enhancedSecurity (28) 5}
--directorySecurityExchanges     ID  ::=  {module directorySecurityExchanges (29) 5}
iDMProtocolSpecification         ID  ::=  {module iDMProtocolSpecification(30) 5}
directoryIDMProtocols            ID  ::=  {module directoryIDMProtocols(31) 5}
attributeCertificateDefinitions  ID  ::=  {module attributeCertificateDefinitions(32) 5}
serviceAdministration            ID  ::=  {module serviceAdministration(33) 5}
——下述定义是为这样的模块而定义,该模块拥有外部定义的模式元素,这些模式元素不是使用
——使用正式的ASN. 1 记法(见实现者指南的最新版本)
externalDefinitions              ID  ::=  {module externalDefinitions(34) }
commonProtocolSpecification      ID  ::=  {module commonProtocolSpecification (35) 5}
oSIProtocolSpecification         ID  ::=  {module oSIProtocolSpecification (36) 5}
directoryOSIProtocols            ID  ::=  {module directoryOSIProtocols (37) 5}
——同义词——
id-oc                            ID  ::=  objectClass
id-at                            ID  ::=  attributeType
id-as                            ID  ::=  abstractSyntax
id-mr                            ID  ::=  matchingRule
id-nf                            ID  ::=  nameForm
id-sc                            ID  ::=  subentry
id-oa                            ID  ::=  operationalAttributeType
id-ob                            ID  ::=  operationalBinding
id-doa                           ID  ::=  dsaOperationalAttribute
id-kmr                           ID  ::=  knowledgeMatchingRule
id-soc                           ID  ::=  schemaObjectClass
id-soa                           ID  ::=  schemaOperationalAttribute
id-ar                            ID  ::=  administrativeRoles
id-aca                           ID  ::=  accessControlAttribute
id-ac                            ID  ::=  applicationContext
--id-rosObject                   ID  ::=  rosObject
--id-contract                    ID  ::=  contract
--id-package                     ID  ::=  package
id-acScheme                      ID  ::=  accessControlSchemes
id-ce                            ID  ::=  certificateExtension
id-mgt                           ID  ::=  managementObject
id-avc                           ID  ::=  attributeValueContext
--id-se                          ID  ::=  securityExchange
id-idm                           ID  ::=  idmProtocol
id-pr                            ID  ::=  problem
id-not                           ID  ::=  notification
id-mre                           ID  ::=  matchingRestriction
id-cat                           ID  ::=  controlAttributeType
id-kp                            ID  ::=  keyPurposes
```

```
——废弃的模块标识符——
--usefulDefinition                    ID   ::=  {module 0}
--informationFramework                ID   ::=  {module 1}
--directoryAbstractService            ID   ::=  {module 2}
--distributedOperations               ID   ::=  {module 3}
--protocolObjectIdentifiers           ID   ::=  {module 4}
--selectedAttributeTypes              ID   ::=  {module 5}
--selectedObjectClasses               ID   ::=  {module 6}
--authenticationFramework             ID   ::=  {module 7}
--algorithmObjectIdentifiers          ID   ::=  {module 8}
--directoryObjectIdentifiers          ID   ::=  {module 9}
--upperBounds                         ID   ::=  {module 10}
--dap                                 ID   ::=  {module 11}
--dsp                                 ID   ::=  {module 12}
--distributedDirectoryObjectIdentifiers ID ::=  {module 13}
——未使用的模块标识符——
--directoryShadowOIDs                 ID   ::=  {module 14}
--directoryShadowAbstractService      ID   ::=  {module 15}
--disp                                ID   ::=  {module 16}
--dop                                 ID   ::=  {module 17}
--opBindingManagement                 ID   ::=  {module 18}
--opBindingOIDs                       ID   ::=  {module 19}
--hierarchicalOperationalBindings     ID   ::=  {module 20}
--dsaOperationalAttributeTypes        ID   ::=  {module 22}
--schemaAdministration                ID   ::=  {module 23}
--basicAccessControl                  ID   ::=  {module 24}
--operationalBindingOIDs              ID   ::=  {module 25}
END --UsefulDefinitions
```

附 录 B
（规范性附录）
用 ASN.1 描述的信息框架

本附录提供了本目录规范中包含的所有 ASN.1 类型、值和宏定义的摘要。这些定义构成了 ASN.1 模块InformationFramework 。

InformationFramework {joint-iso-itu-t ds(5) module(1) informationFramework(1) 5}
DEFINITIONS ::=
BEGIN

--EXPORTS All--
——本模块中定义的所有类型与值都可被输出到本系列目录规范所包含的其他的 ASN.1 模块中，供其使用，
——也可以被其他应用所使用，这些应用将使用本模块中的定义来访问目录服务。
——其他应用可能将本模块中的定义用于其自身目的，但是不会限制为了维护和改进目录服务而进行的扩展和修改。

IMPORTS
——来自*GB/T 16264.2—2008*
　　directoryAbstractService, id-ar, id-at, id-mr, id-nf,
　　id-oa, id-oc, id-sc, selectedAttributeTypes,
　　serviceAdministration, upperBounds
　　　　FROM UsefulDefinitions {joint-iso-itu-t ds(5) module(1) usefulDefinitions(0) 5}

　　SearchRule
　　　　FROM ServiceAdministration serviceAdministration
——来自*GB/T 16264.3—2008*
　　TypeAndContextAssertion
　　　　FROM DirectoryAbstractService directoryAbstractService
——来自*GB/T 16264.6—2008*
　　booleanMatch, commonName, DirectoryString {},
　　generalizedTimeMatch, generalizedTimeOrderingMatch,
　　integerFirstComponentMatch, integerMatch,
　　integerOrderingMatch, objectIdentifierFirstComponentMatch
　　　　FROM SelectedAttributeTypes selectedAttributeTypes

　　ub-search
　　　　FROM UpperBounds upperBounds;
--属性数据类型 --
Attribute　::= SEQUENCE {
　　type　　　　　ATTRIBUTE.&id ({SupportedAttributes}),
　　values　　　　SET SIZE (0 .. MAX) OF ATTRIBUTE.&Type

```
                        ({SupportedAttributes}{@type}),
    valuesWithContext   SET SIZE (1 ..  MAX) OF SEQUENCE {
        value           ATTRIBUTE. &Type ({SupportedAttributes}{@type}),
        contextList     SET SIZE (1.. MAX) OF Context } OPTIONAL }

AttributeType ::=

ATTRIBUTE. &id

AttributeValue ::=

ATTRIBUTE. &Type

Context ::= SEQUENCE {
    contextType     CONTEXT. &id ({SupportedContexts}),
    contextValues   SET SIZE (1.. MAX) OF CONTEXT. &Type
                      ({SupportedContexts}{@contextType}),
    fallback        BOOLEAN DEFAULT FALSE }

AttributeValueAssertion ::= SEQUENCE  {
    type            ATTRIBUTE. &id ({SupportedAttributes}),
    assertion       ATTRIBUTE. &equality-match. &AssertionType
                                  ({SupportedAttributes}{@type}),
    assertedContexts    CHOICE {
        allContexts     [0] NULL,
        selectedContexts    [1] SET SIZE (1.. MAX) OF ContextAssertion } OPTIONAL }

ContextAssertion ::= SEQUENCE {
    contextType     CONTEXT. &id({SupportedContexts}),
    contextValues   SET SIZE (1.. MAX) OF
            CONTEXT. &Assertion ({SupportedContexts}{@contextType})}

AttributeTypeAssertion ::= SEQUENCE {
    type                ATTRIBUTE. &id ({SupportedAttributes}),
    assertedContexts    SEQUENCE SIZE (1.. MAX) OF ContextAssertion OPTIONAL }
——下述信息客体集的定义被推迟，可能推迟到标准化概要或协议实现一致性声明时。
——要求该集合为属性的值组件、AttributeTypeAndValue 的值组件以及属性值断言的。
——声明组件等规定一个表限制。
SupportedAttributes ATTRIBUTE ::= { objectClass | aliasedEntryName, ... }
——下述信息客体集的定义被推迟，可能推迟到标准化概要或协议实现一致性声明时。
——要求该集合为上下文规范规定一个表限制。
SupportedContexts CONTEXT ::= { … }
--命名数据类型--
```

```
Name ::= CHOICE { --目前仅有一种可能--rdnSequence RDNSequence }

RDNSequence ::= SEQUENCE OF RelativeDistinguishedName

DistinguishedName ::= RDNSequence

RelativeDistinguishedName ::= SET SIZE (1..MAX) OF AttributeTypeAndDistinguishedValue

AttributeTypeAndDistinguishedValue ::= SEQUENCE {
    type            ATTRIBUTE.&id ({SupportedAttributes}),
    value           ATTRIBUTE.&Type({SupportedAttributes}{@type}),
        primaryDistinguished        BOOLEAN DEFAULT TRUE,
    valuesWithContext       SET SIZE (1..MAX) OF SEQUENCE {
        distingAttrValue    [0]  ATTRIBUTE.&Type ({SupportedAttributes}{@type}) OPTIONAL,
        contextList              SET SIZE (1..MAX) OF Context } OPTIONAL }
--子树数据类型--
SubtreeSpecification ::= SEQUENCE {
    base                    [0]  LocalName DEFAULT { },
                                 COMPONENTS OF ChopSpecification,
    specificationFilter     [4]  Refinement OPTIONAL }
    ——空序列表示整个管理区
LocalName ::= RDNSequence

ChopSpecification ::= SEQUENCE {
    specificExclusions [1]  SET SIZE (1..MAX) OF CHOICE {
        chopBefore     [0]  LocalName,
        chopAfter      [1]  LocalName } OPTIONAL,
    minimum            [2]  BaseDistance DEFAULT 0,
    maximum            [3]  BaseDistance OPTIONAL }

BaseDistance ::= INTEGER (0..MAX)

Refinement ::= CHOICE {
    item        [0]  OBJECT-CLASS.&id,
    and         [1]  SET OF Refinement,
    or          [2]  SET OF Refinement,
    not         [3]  Refinement }
--OBJECT-CLASS 信息客体类规范--
OBJECT-CLASS ::=    CLASS {
    &Superclasses               OBJECT-CLASS OPTIONAL,
    &kind                       ObjectClassKind DEFAULT structural,
    &MandatoryAttributes        ATTRIBUTE OPTIONAL,
    &OptionalAttributes         ATTRIBUTE OPTIONAL,
```

```
        &id                    OBJECT IDENTIFIER UNIQUE }
        WITH SYNTAX {
            [ SUBCLASS OF      &Superclasses ]
            [ KIND             &kind ]
            [ MUST CONTAIN     &MandatoryAttributes ]
            [ MAY CONTAIN      &OptionalAttributes ]
        ID                     &id }

ObjectClassKind ::= ENUMERATED {
        abstract        (0),
        structural      (1),
        auxiliary       (2) }
--客体类--
top OBJECT-CLASS ::= {
        KIND            abstract
        MUST CONTAIN    { objectClass } ID
                        id-oc-top }

alias OBJECT-CLASS ::={
        SUBCLASS OF     { top }
        MUST CONTAIN    { aliasedEntryName }
        ID              id-oc-alias }

parent OBJECT-CLASS ::= {
        KIND            abstract
        ID              id-oc-parent }

child OBJECT-CLASS ::= {
        KIND            auxiliary
        ID              id-oc-child }
--ATTRIBUTE 信息客体类规范--
ATTRIBUTE ::= CLASS {
        &derivation                 ATTRIBUTE OPTIONAL,
        &Type                       OPTIONAL,--或者是&Type ,或者是所需的&derivation --
        &equality-match             MATCHING-RULE OPTIONAL,
        &ordering-match             MATCHING-RULE OPTIONAL,
        &substrings-match           MATCHING-RULE OPTIONAL,
        &single-valued              BOOLEAN DEFAULT FALSE,
        &collective                 BOOLEAN DEFAULT FALSE,
        &dummy                      BOOLEAN DEFAULT FALSE,
        ——操作扩展——
        &no-user-modification       BOOLEAN DEFAULT FALSE,
        &usage                      AttributeUsage DEFAULT userApplications,
```

```
    &id                                     OBJECT IDENTIFIER UNIQUE }

WITH SYNTAX {
    [ SUBTYPE OF                            &derivation ]
    [ WITH SYNTAX                           &Type ]
    [ EQUALITY MATCHING RULE                &equality-match ]
    [ ORDERING MATCHING RULE                &ordering-match ]
    [ SUBSTRINGS MATCHING RULE              &substrings-match ]
    [ SINGLE VALUE                          &single-valued ]
    [ COLLECTIVE                            &collective ]
    [ DUMMY                                 &dummy ]
    [ NO USER MODIFICATION                  &no-user-modification ]
    [ USAGE                                 &usage ]
    ID                                      &id }

AttributeUsage ::= ENUMERATED
    { userApplications        (0),
    directoryOperation        (1),
    distributedOperation      (2),
    dSAOperation              (3) }
--属性--
objectClass ATTRIBUTE  ::= {
    WITH SYNTAX                             OBJECT IDENTIFIER
    EQUALITY MATCHING RULE                  objectIdentifierMatch ID
                                            id-at-objectClass }

aliasedEntryName ATTRIBUTE ::={
    WITH SYNTAX                             DistinguishedName
    EQUALITY MATCHING RULE                  distinguishedNameMatch
    SINGLE VALUE                            TRUE
    ID                                      id-at-aliasedEntryName }
--MATCHING-RULE 信息客体类规范--
MATCHING-RULE ::= CLASS {
    &ParentMatchingRules                    MATCHING-RULE            OPTIONAL,
    &AssertionType                                                   OPTIONAL,
    &uniqueMatchIndicator                   ATTRIBUTE                OPTIONAL,
    &id                                     OBJECT IDENTIFIER UNIQUE }

WITH SYNTAX {
    [ PARENT                                &ParentMatchingRules ]
    [ SYNTAX                                &AssertionType ]
    [ UNIQUE-MATCH-INDICATOR                &uniqueMatchIndicator ]
    ID                                      &id }
```

```
--匹配规则--
      objectIdentifierMatch MATCHING-RULE ::= {
       SYNTAX     OBJECT IDENTIFIER
      ID          id-mr-objectIdentifierMatch }

distinguishedNameMatch MATCHING-RULE ::={
      SYNTAX      DistinguishedName
      ID          id-mr-distinguishedNameMatch }

MAPPING-BASED-MATCHING
  { SelectedBy, BOOLEAN: combinable, MappingResult, OBJECT IDENTIFIER: matchingRule } ::=
CLASS {
      &selectBy            SelectedBy              OPTIONAL,
      &ApplicableTo        ATTRIBUTE,
      &subtypesIncluded    BOOLEAN                 DEFAULT TRUE,
      &combinable          BOOLEAN                 (combinable),
      &mappingResults      MappingResult           OPTIONAL,
      &userControl         BOOLEAN                 DEFAULT FALSE,
      &exclusive           BOOLEAN                 DEFAULT TRUE,
      &matching-rule       MATCHING-RULE. &id      (matchingRule),
      &id                  OBJECT IDENTIFIER       UNIQUE }

WITH SYNTAX {
      [ SELECT BY          &selectBy ]
      APPLICABLE TO        &ApplicableTo
      [ SUBTYPES INCLUDED  &subtypesIncluded ]
      COMBINABLE           &combinable
      [ MAPPING RESULTS    &mappingResults ]
      [ USER CONTROL       &userControl ]
      [ EXCLUSIVE          &exclusive ]
      MATCHING RULE        &matching-rule
      ID                   &id }
--NAME-FORM 信息客体类规范--
NAME-FORM ::= CLASS {
      &namedObjectClass        OBJECT-CLASS,
      &MandatoryAttributes     ATTRIBUTE,
      &OptionalAttributes      ATTRIBUTE OPTIONAL,
      &id                      OBJECT IDENTIFIER UNIQUE }

WITH SYNTAX {
      NAMES                    &namedObjectClass
      WITH ATTRIBUTES          &MandatoryAttributes
      [ AND OPTIONALLY         &OptionalAttributes ]
```

```
    ID                          &id }
--STRUCTURE-RULE 类和 DIT 结构规则数据类型--
STRUCTURE-RULE ::= CLASS {
    &nameForm                   NAME-FORM,
    &SuperiorStructureRules         STRUCTURE-RULE OPTIONAL,
    &id                         RuleIdentifier }

WITH SYNTAX {
    NAME FORM                   &nameForm
    [SUPERIOR RULES             &SuperiorStructureRules ]
    ID                          &id }

DITStructureRule ::= SEQUENCE {
    ruleIdentifier              RuleIdentifier ,
                                ——须在子模式范围内是唯一的
    nameForm                    NAME-FORM. &id,
    superiorStructureRules      SET SIZE (1.. MAX) OF RuleIdentifier OPTIONAL }
RuleIdentifier ::= INTEGER
-- CONTENT-RULE 类和 DIT 内容规则数据类型--
CONTENT-RULE ::= CLASS {
    &structuralClass            OBJECT-CLASS. &id           UNIQUE,
    &Auxiliaries                OBJECT-CLASS                OPTIONAL,
    &Mandatory                  ATTRIBUTE                   OPTIONAL,
    &Optional                   ATTRIBUTE                   OPTIONAL,
    &Precluded                  ATTRIBUTE                   OPTIONAL }

WITH SYNTAX {
    STRUCTURAL OBJECT-CLASS             &structuralClass
    [ AUXILIARY OBJECT-CLASSES          &Auxiliaries ]
    [ MUST CONTAIN                      &Mandatory ]
    [ MAY CONTAIN                       &Optional ]
    [ MUST-NOT CONTAIN                  &Precluded ] }

DITContentRule ::= SEQUENCE {
    structuralObjectClass OBJECT-CLASS. &id,
    auxiliaries               SET SIZE (1.. MAX) OF OBJECT-CLASS. &id     OPTIONAL,
    mandatory        [1]      SET SIZE (1.. MAX) OF ATTRIBUTE. &id        OPTIONAL,
    optional         [2]      SET SIZE (1.. MAX) OF ATTRIBUTE. &id        OPTIONAL,
    precluded        [3]      SET SIZE (1.. MAX) OF ATTRIBUTE. &id        OPTIONAL }

CONTEXT ::= CLASS {
    &Type,
    &DefaultValue             OPTIONAL,
```

```
        &Assertion          OPTIONAL,
        &absentMatch        BOOLEAN DEFAULT TRUE,
        &id                 OBJECT IDENTIFIER UNIQUE }

  WITH SYNTAX {
        WITH SYNTAX                 &Type
        [ DEFAULT VALUE             &DefaultValue ]
        [ ASSERTED AS               &Assertion ]
        [ ABSENT-MATCH              &absentMatch ]
        ID                          &id }

DITContextUse ::= SEQUENCE {
        attributeType                   ATTRIBUTE.&id,
        mandatoryContexts      [1]      SET SIZE (1..MAX) OF CONTEXT.&id OPTIONAL,
        optionalContexts       [2]      SET SIZE (1..MAX) OF CONTEXT.&id OPTIONAL }

DIT-CONTEXT-USE-RULE  ::= CLASS {
        &attributeType              ATTRIBUTE.&id       UNIQUE,
        &Mandatory                  CONTEXT             OPTIONAL,
        &Optional                   CONTEXT             OPTIONAL }

WITH SYNTAX {
        ATTRIBUTE TYPE                          &attributeType
        [ MANDATORY CONTEXTS                    &Mandatory ]
        [ OPTIONAL CONTEXTS                     &Optional ] }

FRIENDS ::= CLASS {
        &anchor                     ATTRIBUTE.&id UNIQUE,
        &Friends                    ATTRIBUTE }

WITH SYNTAX {
        ANCHOR                      &anchor
        FRIENDS                     &Friends }
--系统模式信息客体--
--客体类--
subentry OBJECT-CLASS ::={
        SUBCLASS OF             { top }
        KIND                    structural
        MUST CONTAIN            { commonName | subtreeSpecification }
        ID                      id-sc-subentry }

subentryNameForm NAME-FORM ::=
        { NAMES                subentry
```

```
    WITH ATTRIBUTES        { commonName }
    ID                     id-nf-subentryNameForm }

accessControlSubentry  OBJECT-CLASS ::= {
    KIND          auxiliary
    ID            id-sc-accessControlSubentry }

collectiveAttributeSubentry OBJECT-CLASS ::=
    { KIND        auxiliary
    ID            id-sc-collectiveAttributeSubentry }

contextAssertionSubentry OBJECT-CLASS ::= {
    KIND                 auxiliary
    MUST CONTAIN         {contextAssertionDefaults}
    ID                   id-sc-contextAssertionSubentry }

serviceAdminSubentry OBJECT-CLASS ::= {
    KIND                   auxiliary
    MUST CONTAIN           { searchRules }
    ID                     id-sc-serviceAdminSubentry }
--属性--
subtreeSpecification ATTRIBUTE ::= {
    WITH SYNTAX       SubtreeSpecification
    USAGE             directoryOperation
    ID                id-oa-subtreeSpecification }

administrativeRole ATTRIBUTE ::= {
    WITH SYNTAX                   OBJECT-CLASS. &id
    EQUALITY MATCHING RULE        objectIdentifierMatch
    USAGE                         directoryOperation
    ID                            id-oa-administrativeRole }

createTimestamp ATTRIBUTE ::= {
    WITH SYNTAX                   GeneralizedTime
                             -- 按照 GB/T 16262.1—2006 中 42.3b) 或 c)的定义
    EQUALITY MATCHING RULE        generalizedTimeMatch
    ORDERING MATCHING RULE        generalizedTimeOrderingMatch
    SINGLE VALUE
    TRUE NO USER MODIFICATION
    TRUE
    USAGE                         directoryOperation
    ID                            id-oa-createTimestamp }
```

```
modifyTimestamp ATTRIBUTE ::= {
    WITH SYNTAX                   GeneralizedTime
                        --按照 GB/T 16262.1—2006 中 42.3b) 或 c)的定义
    EQUALITY MATCHING RULE        generalizedTimeMatch
    ORDERING MATCHING RULE        generalizedTimeOrderingMatch
    SINGLE VALUE
    TRUE NO USER MODIFICATION
    TRUE
    USAGE                         directoryOperation
    ID                            id-oa-modifyTimestamp }

subschemaTimestamp ATTRIBUTE  ::= {
    WITH SYNTAX                   GeneralizedTime
                 --按照 GB/T 16262.1-2006   中 42.3b) 或 c)的定义
    EQUALITY MATCHING RULE        generalizedTimeMatch
    ORDERING MATCHING RULE        generalizedTimeOrderingMatch
    SINGLE VALUE
    TRUE NO USER MODIFICATION
    TRUE
    USAGE                         directoryOperation
    ID                            id-oa-subschemaTimestamp }

creatorsName ATTRIBUTE ::= {
    WITH SYNTAX                   DistinguishedName
    EQUALITY MATCHING RULE        distinguished NameMatch
    SINGLE VALUE                  TRUE
    NO USER MODIFICATION          TRUE
    USAGE                         directoryOperation
    ID                            id-oa-creatorsName }

modifiersName ATTRIBUTE ::= {
    WITH SYNTAX                   DistinguishedName
    EQUALITY MATCHING RULE        distinguishedNameM
                                  atch
    SINGLE VALUE                  TRUE
    NO USER MODIFICATION        . TRUE
    USAGE                         directoryOperation
    ID                            id-oa-modifiersName }

subschemaSubentryList ATTRIBUTE  ::= {
    WITH SYNTAX                   DistinguishedName
    EQUALITY MATCHING RULE        distinguishedNameMatch
    SINGLE VALUE                  TRUE
```

```
    NO USER MODIFICATION        TRUE
    USAGE                       directoryOperation
    ID                          id-oa-subschemaSubentryList }

accessControlSubentryList ATTRIBUTE ::={
    WITH SYNTAX                 DistinguishedName
    EQUALITY MATCHING RULE      distinguishedNameMatch
    NO USER MODIFICATION        TRUE
    USAGE                       directoryOperation
    ID                          id-oa-accessControlSubentryList }

collectiveAttributeSubentryList ATTRIBUTE ::={
    WITH SYNTAX                 DistinguishedName
    EQUALITY MATCHING RULE      distinguishedNameMatch
    NO USER MODIFICATION        TRUE
    USAGE                       directoryOperation
    ID                          id-oa-collectiveAttributeSubentryList }

contextDefaultSubentryList ATTRIBUTE ::={
    WITH SYNTAX                 DistinguishedName
    EQUALITY MATCHING RULE      distinguishedNameMatch
    NO USER MODIFICATION        TRUE
    USAGE                       directoryOperation
    ID                          id-oa-contextDefaultSubentryList }

serviceAdminSubentryList ATTRIBUTE ::={
    WITH SYNTAX                 DistinguishedName
    EQUALITY MATCHING RULE      distinguishedNameMatch
    NO USER MODIFICATION        TRUE
    USAGE                       directoryOperation
    ID                          id-oa-serviceAdminSubentryList }

hasSubordinates ATTRIBUTE ::={
    WITH SYNTAX                 BOOLEAN
    EQUALITY MATCHING RULE      booleanMatch
    SINGLE VALUE                TRUE
    NO USER MODIFICATION        TRUE
    USAGE                       directoryOperation
    ID                          id-oa-hasSubordinates }

collectiveExclusions ATTRIBUTE ::={
    WITH SYNTAX                 OBJECT IDENTIFIER
    EQUALITY MATCHING RULE      objectIdentifierMatch
```

```
    USAGE                               directoryOperation
    ID                                  id-oa-collectiveExclusions }

contextAssertionDefaults ATTRIBUTE ::={
    WITH SYNTAX                         TypeAndContextAssertion
    EQUALITY MATCHING RULE              objectIdentifierFirstComponentMatch
    USAGE                               directoryOperation
    ID                                  id-oa-contextAssertionDefault }

searchRules ATTRIBUTE ::={
    WITH SYNTAX                         SearchRuleDescription
    EQUALITY MATCHING RULE              integerFirstComponentMatch
    USAGE                               directoryOperation
    ID                                  id-oa-searchRules }
SearchRuleDescription ::=SEQUENCE {
    COMPONENTS OF                       SearchRule,
    name            [28]                SET SIZE (1 .. MAX) OF DirectoryString { ub-search }
                                        OPTIONAL,
    description     [29]                DirectoryString { ub-search } OPTIONAL }

hierarchyLevel ATTRIBUTE ::={
    WITH SYNTAX                         HierarchyLevel
    EQUALITY MATCHING RULE              integerMatch
    ORDERING MATCHING RULE              integerOrderingMatch
    SINGLE VALUE                        TRUE
    NO USER MODIFICATION                TRUE
    USAGE                               directoryOperation
    ID                                  id-oa-hierarchyLevel }

HierarchyLevel ::= INTEGER

hierarchyBelow ATTRIBUTE ::= {
    WITH SYNTAX                     HierarchyBelow
    EQUALITY MATCHING RULE              Boolean
    Match SINGLE VALUE              TRUE
    NO USER MODIFICATION            TRUE
    USAGE                           directoryOperation
    ID                              id-oa-hierarchyBelow }

HierarchyBelow ::= BOOLEAN
hierarchyParent ATTRIBUTE ::= {
    WITH SYNTAX                         DistinguishedName
    EQUALITY MATCHING RULE              distinguishedName
```

```
    Match SINGLE VALUE              TRUE
    USAGE                           directoryOperation
    ID                              id-oa-hierarchyParent }

hierarchyTop ATTRIBUTE ::= {
    WITH SYNTAX                     DistinguishedName
    EQUALITY MATCHING RULE          distinguishedName
    Match SINGLE VALUE              TRUE
    USAGE                           directoryOperation
    ID                              id-oa-hierarchyTop }
--客体标识符的分配--
--客体类--
id-oc-top                                OBJECT IDENTIFIER   ::=   {id-oc 0}
id-oc-alias                              OBJECT IDENTIFIER   ::=   {id-oc 1}
id-oc-parent                             OBJECT IDENTIFIER   ::=   {id-oc 28}
id-oc-child                              OBJECT IDENTIFIER   ::=   {id-oc 29}
--属性--
id-at-objectClass                        OBJECT IDENTIFIER   ::=   {id-at 0}
id-at-aliasedEntryName                   OBJECT IDENTIFIER   ::=   {id-at 1}
--匹配规则--
id-mr-objectIdentifierMatch              OBJECT IDENTIFIER   ::=   {id-mr 0}
id-mr-distinguishedNameMatch             OBJECT IDENTIFIER   ::=   {id-mr 1}
--操作属性--
id-oa-excludeAllCollectiveAttributes     OBJECT IDENTIFIER   ::=   {id-oa 0}
id-oa-createTimestamp                    OBJECT IDENTIFIER   ::=   {id-oa 1}
id-oa-modifyTimestamp                    OBJECT IDENTIFIER   ::=   {id-oa 2}
id-oa-creatorsName                       OBJECT IDENTIFIER   ::=   {id-oa 3}
id-oa-modifiersName                      OBJECT IDENTIFIER   ::=   {id-oa 4}
id-oa-administrativeRole                 OBJECT IDENTIFIER   ::=   {id-oa 5}
id-oa-subtreeSpecification               OBJECT IDENTIFIER   ::=   {id-oa 6}
id-oa-collectiveExclusions               OBJECT IDENTIFIER   ::=   {id-oa 7}
id-oa-subschemaTimestamp                 OBJECT IDENTIFIER   ::=   {id-oa 8}
id-oa-hasSubordinates                    OBJECT IDENTIFIER   ::=   {id-oa 9}
id-oa-subschemaSubentryList              OBJECT IDENTIFIER   ::=   {id-oa 10}
id-oa-accessControlSubentryList          OBJECT IDENTIFIER   ::=   {id-oa 11}
id-oa-collectiveAttributeSubentryList    OBJECT IDENTIFIER   ::=   {id-oa 12}
id-oa-contextDefaultSubentryList         OBJECT IDENTIFIER   ::=   {id-oa 13}
id-oa-contextAssertionDefault            OBJECT IDENTIFIER   ::=   {id-oa 14}
id-oa-serviceAdminSubentryList           OBJECT IDENTIFIER   ::=   {id-oa 15}
id-oa-searchRules                        OBJECT IDENTIFIER   ::=   {id-oa 16}
id-oa-hierarchyLevel                     OBJECT IDENTIFIER   ::=   {id-oa 17}
id-oa-hierarchyBelow                     OBJECT IDENTIFIER   ::=   {id-oa 18}
id-oa-hierarchyParent                    OBJECT IDENTIFIER   ::=   {id-oa 19}
```

```
id-oa-hierarchyTop                              OBJECT IDENTIFIER   ::=   {id-oa 20}
--子条目类--
id-sc-accessControlSubentry                     OBJECT IDENTIFIER   ::=   {id-sc 1}
id-sc-collectiveAttributeSubentry               OBJECT IDENTIFIER   ::=   {id-sc 2}
id-sc-contextAssertionSubentry                  OBJECT IDENTIFIER   ::=   {id-sc 3}
id-sc-serviceAdminSubentry                      OBJECT IDENTIFIER   ::=   {id-sc 4}
--名(称)格式--
id-nf-subentryNameForm                          OBJECT IDENTIFIER   ::=   {id-nf 16}
--管理者角色--
id-ar-accessControlSpecificArea                 OBJECT IDENTIFIER   ::=   {id-ar 2}
id-ar-accessControlInnerArea                    OBJECT IDENTIFIER   ::=   {id-ar 3}
id-ar-subschemaAdminSpecificArea                OBJECT IDENTIFIER   ::=   {id-ar 4}
id-ar-collectiveAttributeSpecificArea           OBJECT IDENTIFIER   ::=   {id-ar 5}
id-ar-collectiveAttributeInnerArea              OBJECT IDENTIFIER   ::=   {id-ar 6}
id-ar-contextDefaultSpecificArea                OBJECT IDENTIFIER   ::=   {id-ar 7}
id-ar-serviceSpecificArea                       OBJECT IDENTIFIER   ::=   {id-ar 8}
END    --信息框架
```

附 录 C
（规范性附录）
用 ASN.1 描述的子模式管理模式

本附录包含了第 15 章中定义的子模式管理的 ASN.1 类型、值和信息客体的定义，其形式为 ASN.1 模块 SchemaAdministration 。

```
SchemaAdministration {joint-iso-itu-t ds(5) module(1) schemaAdministration(23) 5}
DEFINITIONS ::=
BEGIN

--EXPORTS All--
——本模块中定义的所有类型与值都可被输出到本系列目录规范所包含的其他的 ASN.1 模块中，供
  其使用，
——也可以被其他应用所使用，这些应用将使用本模块中的定义来访问目录服务。
——其他应用可能将本模块中的定义用于其自身目的，但是不会限制为了维护和改进目录服务而进行
  的扩展和修改。
IMPORTS
——来自 GB/T 16264.2—2008
    id-soa, id-soc, informationFramework, selectedAttributeTypes, upperBounds
        FROM UsefulDefinitions {joint-iso-itu-t ds(5) module(1) usefulDefinitions(0) 5}

    ATTRIBUTE, AttributeUsage, CONTEXT, DITContentRule, DITStructureRule, MATCHING-RULE, NAME-FORM, OBJECT-CLASS, ObjectClassKind, objectIdentifierMatch
        FROM InformationFramework informationFramework
——来自 GB/T 16264.6—2008
    DirectoryString {}, integerFirstComponentMatch, integerMatch,
    objectIdentifierFirstComponentMatch
        FROM SelectedAttributeTypes selectedAttributeTypes
    ub-schema
        FROM UpperBounds upperBounds;
--类型--
DITStructureRuleDescription    ::=   SEQUENCE {
        COMPONENTS OF   DITStructureRule,
        name          [1]  SET SIZE (1..MAX) OF DirectoryString { ub-schema } OPTIONAL,
        description    DirectoryString { ub-schema } OPTIONAL,
        obsolete      BOOLEAN DEFAULT FALSE }

DITContentRuleDescription    ::=   SEQUENCE {
        COMPONENTS OF      DITContentRule,
        name             [4]  SET SIZE (1..MAX) OF DirectoryString { ub-schema } OPTIONAL,
        description        DirectoryString { ub-schema }       OPTIONAL,
```

```
        obsolete          BOOLEAN DEFAULT FALSE }

MatchingRuleDescription   ::=   SEQUENCE {
        identifier        MATCHING-RULE. &id,
        name              SET SIZE (1.. MAX) OF DirectoryString { ub-schema }   OPTIONAL,
        description       DirectoryString { ub-schema }    OPTIONAL,
        obsolete          BOOLEAN             DEFAULT FALSE,
        information       [0]    DirectoryString { ub-schema }      OPTIONAL }
                          --描述了 ASN. 1 句法

AttributeTypeDescription   ::=   SEQUENCE   {
        identifier        ATTRIBUTE. &id,
        name              SET SIZE (1.. MAX) OF DirectoryString { ub-schema }   OPTIONAL,
        description       DirectoryString { ub-schema }               OPTIONAL,
        obsolete          BOOLEAN                      DEFAULT FALSE,
        information       [0]    AttributeTypeInformation }

AttributeTypeInformation    ::=   SEQUENCE   {
        derivation              [0]      ATTRIBUTE. &id OPTIONAL,
        equalityMatch           [1]      MATCHING-RULE. &id        OPTIONAL,
        orderingMatch           [2]      MATCHING-RULE. &id        OPTIONAL,
        substringsMatch         [3]      MATCHING-RULE. &id        OPTIONAL,
        attributeSyntax         [4]      DirectoryString { ub-schema }       OPTIONAL,
        multi-valued            [5]      BOOLEAN          DEFAULT TRUE,
        collective              [6]      BOOLEAN          DEFAULT FALSE,
        userModifiable          [7]      BOOLEAN          DEFAULT TRUE,
        application                    AttributeUsage     DEFAULT   userApplications }

ObjectClassDescription   ::=   SEQUENCE   {
        identifier        OBJECT-CLASS. &id,
        name              SET SIZE (1.. MAX) OF DirectoryString { ub-schema }   OPTIONAL,
        description       DirectoryString { ub-schema }            OPTIONAL,
        obsolete          BOOLEAN                   DEFAULT FALSE,
        information     [0]   ObjectClassInformation }

ObjectClassInformation    ::=   SEQUENCE   {
        subclassOf          SET SIZE (1.. MAX) OF OBJECT-CLASS. &id   OPTIONAL,
        kind                ObjectClassKind          DEFAULT structural,
        mandatories [3]     SET SIZE (1.. MAX) OF ATTRIBUTE. &id      OPTIONAL,
        optionals    [4]    SET SIZE (1.. MAX) OF ATTRIBUTE. &id      OPTIONAL }

NameFormDescription   ::=   SEQUENCE   {
        identifier          NAME-FORM. &id,
```

```
        name            SET SIZE (1..MAX) OF DirectoryString { ub-schema } OPTIONAL,
        description     DirectoryString { ub-schema } OPTIONAL,
        obsolete        BOOLEAN DEFAULT FALSE,
        information  [0]  NameFormInformation }

NameFormInformation  ::=  SEQUENCE  {
        subordinate          OBJECT-CLASS.&id,
        namingMandatories    SET OF ATTRIBUTE.&id,
        namingOptionals      SET SIZE (1..MAX) OF ATTRIBUTE.&id OPTIONAL }

MatchingRuleUseDescription  ::=  SEQUENCE  {
        identifier      MATCHING-RULE.&id,
        name            SET SIZE (1..MAX) OF DirectoryString { ub-schema }  OPTIONAL,
        description     DirectoryString { ub-schema }          OPTIONAL,
        obsolete        BOOLEAN                DEFAULT FALSE,
        information     [0] SET OF ATTRIBUTE.&id }

ContextDescription  ::=  SEQUENCE  {
        identifier          CONTEXT.&id,
        name            SET SIZE (1..MAX) OF DirectoryString {ub-schema}  OPTIONAL,
        description     DirectoryString { ub-schema }          OPTIONAL,
        obsolete        BOOLEAN                DEFAULT FALSE,
        information     [0]   ContextInformation }

ContextInformation  ::=  SEQUENCE  {
        syntax          DirectoryString { ub-schema } ,
        assertionSyntax     DirectoryString { ub-schema } OPTIONAL }

DITContextUseDescription  ::=  SEQUENCE  {
        identifier      ATTRIBUTE.&id,
        name            SET SIZE (1..MAX) OF DirectoryString { ub-schema }  OPTIONAL,
        description     DirectoryString { ub-schema }          OPTIONAL,
        obsolete        BOOLEAN                    DEFAULT FALSE,
        information     [0]   DITContextUseInformation }

DITContextUseInformation  ::=  SEQUENCE  {
        mandatoryContexts    [1]   SET SIZE (1..MAX) OF CONTEXT.&id OPTIONAL,
        optionalContexts     [2]   SET SIZE (1..MAX) OF CONTEXT.&id  OPTIONAL }
--客体类--
subschema  OBJECT-CLASS  ::=  {
        KIND            auxiliary
        MAY CONTAIN  {
                        dITStructureRules   |
```

```
                                nameForms     |
                                dITContentRules     |
                                objectClasses     |
                                attributeTypes     |
                                friends     |
                                contextTypes     |
                                dITContextUse     |
                                matchingRules     |
                                matchingRuleUse     }
            ID                  id-soc-subschema     }
--属性--
dITStructureRules ATTRIBUTE   ::=   {
        WITH SYNTAX                     DITStructureRuleDescription
        EQUALITY MATCHING RULE          integerFirstComponentMatch
        USAGE                           directoryOperation
        ID                              id-soa-dITStructureRule }

dITContentRules   ATTRIBUTE   ::=   {
        WITH SYNTAX                     DITContentRuleDescription
        EQUALITY MATCHING RULE          objectIdentifierFirstComponentMatch
        USAGE                           directoryOperation
        ID                              id-soa-dITContentRules }

matchingRules   ATTRIBUTE   ::=   {
        WITH SYNTAX                     MatchingRuleDescription
        EQUALITY MATCHING RULE          objectIdentifierFirstComponentMatch
        USAGE                           directoryOperation
        ID                              id-soa-matchingRules }

attributeTypes ATTRIBUTE ::=   {
        WITH SYNTAX                     AttributeTypeDescription
        EQUALITY MATCHING RULE          objectIdentifierFirstComponentMatch
        USAGE                           directoryOperation
        ID                              id-soa-attributeTypes }

objectClasses ATTRIBUTE   ::=   {
        WITH SYNTAX                     ObjectClassDescription
        EQUALITY MATCHING RULE          objectIdentifierFirstComponentMatch
        USAGE                           directoryOperation
        ID                              id-soa-objectClasses }

nameForms   ATTRIBUTE   ::=   {
        WITH SYNTAX                     NameFormDescription
```

```
        EQUALITY MATCHING RULE          objectIdentifierFirstComponentMatch
        USAGE                           directoryOperation
        ID                              id-soa-nameForms }

matchingRuleUse ATTRIBUTE ::= {
        WITH SYNTAX                     MatchingRuleUseDescription
        EQUALITY MATCHING RULE          objectIdentifierFirstComponentMatch
        USAGE                           directoryOperation
        ID                              id-soa-matchingRuleUse }

structuralObjectClass ATTRIBUTE ::= {
        WITH SYNTAX                     OBJECT IDENTIFIER
        EQUALITY MATCHING RULE          objectIdentifierMatch
        SINGLE VALUE                    TRUE
        NO USER MODIFICATION            TRUE
        USAGE                           directoryOperation
        ID                              id-soa-structuralObjectClass }

governingStructureRule ATTRIBUTE ::= {
        WITH SYNTAX                     INTEGER
        EQUALITY MATCHING RULE          integerMatch
        SINGLE VALUE                    TRUE
        NO USER MODIFICATION            TRUE
        USAGE                           directoryOperation
        ID                              id-soa-governingStructureRule }

contextTypes ATTRIBUTE ::= {
        WITH SYNTAX                     ContextDescription
        EQUALITY MATCHING RULE          objectIdentifierFirstComponentMatch
        USAGE                           directoryOperation
        ID                              id-soa-contextTypes }

dITContextUse ATTRIBUTE ::= {
        WITH SYNTAX                     DITContextUseDescription
        EQUALITY MATCHING RULE          objectIdentifierFirstComponentMatch
        USAGE                           directoryOperation
        ID                              id-soa-dITContextUse }

friends ATTRIBUTE ::= {
        WITH SYNTAX                     FriendsDescription
        EQUALITY MATCHING RULE          objectIdentifierFirstComponentMatch
        USAGE                           directoryOperation
        ID                              id-soa-friends }
```

```
FriendsDescription  ::=  SEQUENCE  {
        anchor        ATTRIBUTE. &id,
        name          SET SIZE (1..MAX) OF DirectoryString { ub-schema }  OPTIONAL,
        description   DirectoryString { ub-schema }          OPTIONAL,
        obsolete      BOOLEAN DEFAULT FALSE,
        friends       [0]  SET OF ATTRIBUTE. &id }
--客体标识符分配--
--模式客体类--
id-soc-subschema      OBJECT  IDENTIFIER  ::=  {id-soc  1}
--模式操作属性--
id-soa-dITStructureRule         OBJECT IDENTIFIER  ::=  {id-soa 1}
id-soa-dITContentRules          OBJECT IDENTIFIER  ::=  {id-soa 2}
id-soa-matchingRules            OBJECT IDENTIFIER  ::=  {id-soa 4}
id-soa-attributeTypes           OBJECT IDENTIFIER  ::=  {id-soa 5}
id-soa-objectClasses            OBJECT IDENTIFIER  ::=  {id-soa 6}
id-soa-nameForms                OBJECT IDENTIFIER  ::=  {id-soa 7}
id-soa-matchingRuleUse          OBJECT IDENTIFIER  ::=  {id-soa 8}
id-soa-structuralObjectClass    OBJECT IDENTIFIER  ::=  {id-soa 9}
id-soa-governingStructureRule   OBJECT IDENTIFIER  ::=  {id-soa 10}
id-soa-contextTypes             OBJECT IDENTIFIER  ::=  {id-soa 11}
id-soa-dITContextUse            OBJECT IDENTIFIER  ::=  {id-soa 12}
id-soa-friends                  OBJECT IDENTIFIER  ::=  {id-soa 13}

END  --子模式管理
```

附 录 D
（规范性附录）
用 ASN.1 描述的服务管理

本附录包含了第 16 章中定义的服务管理的 ASN.1 类型、值和信息客体的定义，其形式为 ASN.1 模块 ServiceAdministration 。

```
ServiceAdministration {joint-iso-itu-t ds(5) module(1) serviceAdministration(33) 5}
DEFINITIONS ::=
BEGIN

--EXPORTS All--
——本模块中定义的所有类型与值都可被输出到本系列目录规范所包含的其他的 ASN.1 模块中，供
   其使用，
——也可以被其他应用所使用，这些应用将使用本模块中的定义来访问目录服务。
——其他应用可能将本模块中的定义用于其自身目的，但是不会限制为了维护和改进目录服务而进行
   的扩展和修改。
IMPORTS
——来自 GB/T 16264.2—2008
        directoryAbstractService, informationFramework
                FROM UsefulDefinitions {joint-iso-itu-t ds(5) module(1) usefulDefinitions(0) 5}

        ATTRIBUTE, AttributeType, CONTEXT, MATCHING-RULE, OBJECT-CLASS,
        SupportedAttributes, SupportedContexts
                FROM InformationFramework informationFramework
——来自 GB/T 16264.3—2008
        FamilyGrouping, FamilyReturn, HierarchySelections, SearchControlOptions,
        ServiceControlOptions
                FROM DirectoryAbstractService directoryAbstractService;
--类型--
SearchRule ::= SEQUENCE {
    COMPONENTS OF        SearchRuleId,
    ServiceType              [1] OBJECT IDENTIFIER        OPTIONAL,
    userClass                [2] INTEGER       OPTIONAL,
    inputAttributeTypes      [3] SEQUENCE SIZE (0..MAX) OF RequestAttribute   OPTIONAL,
    attributeCombination     [4] AttributeCombination        DEFAULT and : { },
    outputAttributeTypes     [5] SEQUENCE SIZE (1..MAX) OF ResultAttribute   OPTIONAL,
    defaultControls          [6] ControlOptions        OPTIONAL,
    mandatoryControls        [7] ControlOptions        OPTIONAL,
    searchRuleControls       [8] ControlOptions          OPTIONAL,
    familyGrouping           [9] FamilyGrouping          OPTIONAL,
    familyReturn             [10] FamilyReturn        OPTIONAL,
```

```
        relaxation              [11]  RelaxationPolicy            OPTIONAL,
        additionalControl       [12]  SEQUENCE SIZE (1..MAX) OF AttributeType   OPTIONAL,
        allowedSubset           [13]  AllowedSubset        DEFAULT   '111'B,
        imposedSubset           [14]  ImposedSubset        OPTIONAL,
        entryLimit              [15]  EntryLimit            OPTIONAL }

SearchRuleId   ::=   SEQUENCE   {
            id              INTEGER,
            dmdId       [0]   OBJECT IDENTIFIER }

AllowedSubset   ::=   BIT STRING { baseObject (0), oneLevel (1), wholeSubtree (2) }

ImposedSubset   ::=   ENUMERATED { baseObject (0), oneLevel (1), wholeSubtree (2) }

RequestAttribute   ::=   SEQUENCE {
            attributeType          ATTRIBUTE. &id ({ SupportedAttributes }),
            includeSubtypes     [ 0 ]   BOOLEN          DEFAULT    FALSE  ,
            selectedValues       [1]   SEQUENCE SIZE (0..MAX) OF ATTRIBUTE. &Type
                                     ({ SupportedAttributes }{ @attributeType })   OPTIONAL,
            defaultValues      [2]   SEQUENCE SIZE (0..MAX) OF SEQUENCE {
                entryType              OBJECT-CLASS. &id   OPTIONAL,
                values                 SEQUENCE OF ATTRIBUTE. &Type
                                  ({ SupportedAttributes }{ @attributeType }) }   OPTIONAL,
            contexts                  [3]   SEQUENCE SIZE (0..MAX) OF ContextProfile OPTIONAL,
            contextCombination    [4]   ContextCombination          DEFAULT and : { },
            matchingUse             [5]   SEQUENCE SIZE (1..MAX) OF MatchingUse   OPTIONAL }

ContextProfile   ::=   SEQUENCE {
            contextType   CONTEXT. &id({SupportedContexts}),
            contextValue   SEQUENCE SIZE (1..MAX) OF CONTEXT. &Assertion
                                         ({SupportedContexts}{@contextType})   OPTIONAL }

ContextCombination   ::=   CHOICE   {
            context     [0]   CONTEXT. &id({SupportedContexts}),
            and         [1]   SEQUENCE OF ContextCombination,
            or          [2]   SEQUENCE OF ContextCombination,
            not      [3]   ContextCombination     }

MatchingUse   ::=   SEQUENCE {
            RestrictionType   MATCHING-RESTRICTION. &id ({SupportedMatchingRestrictions}),
            restrictionValue   MATCHING-RESTRICTION. &Restriction
                                  ({SupportedMatchingRestrictions}{@restrictionType}) }
--下述信息客体集的定义被推迟，可能推迟到标准化概要或协议实现一致性声明时。
```

```
--需要该集合对组件 SupportedMatchingRestrictions 指定一个表限制。
SupportedMatchingRestrictions  MATCHING-RESTRICTION  ::=  { … }

AttributeCombination ::=CHOICE {
        attribute   [0]  AttributeType,
        and         [1]  SEQUENCE OF AttributeCombination,
        or          [2]  SEQUENCE OF AttributeCombination,
        not         [3]  AttributeCombination }

ResultAttribute  ::=  SEQUENCE {
        attributeType     ATTRIBUTE.&id ({ SupportedAttributes }),
        outputValues      CHOICE {
            selectedValues          SEQUENCE OF ATTRIBUTE.&Type
                                    ({ SupportedAttributes }{ @attributeType }),
            matchedValuesOnly  NULL }  OPTIONAL,
        contexts      [0]     SEQUENCE SIZE (1..MAX) OF ContextProfile  OPTIONAL }

ControlOptions ::=SEQUENCE {
        serviceControls   [0]  ServiceControlOptions  DEFAULT { },
        searchOptions  [1]  SearchControlOptions  DEFAULT { searchAliases },
        hierarchyOptions [2]  HierarchySelections  OPTIONAL  }

EntryLimit  ::=  SEQUENCE  {
        default     INTEGER,
        max       INTEGER }

RelaxationPolicy  ::=  SEQUENCE  {
        basic           [0]    MRMapping DEFAULT { },
        tightenings     [1]    SEQUENCE SIZE (1..MAX) OF MRMapping OPTIONAL,
        relaxations     [2]    SEQUENCE SIZE (1..MAX) OF MRMapping OPTIONAL,
        maximum      [3]    INTEGER OPTIONAL, --如果 tightenings 存在,则为必选
        minimum      [4]    INTEGER DEFAULT 1 }

MRMapping  ::=  SEQUENCE  {
        mapping      [0]   SEQUENCE SIZE (1..MAX) OF Mapping        OPTIONAL,
        substitution [1]   SEQUENCE SIZE (1..MAX) OF MRSubstitution   OPTIONAL }

Mapping  ::=  SEQUENCE  {
        mappingFunction       OBJECT IDENTIFIER (CONSTRAINED BY { --必须是一个
                                          --基于映射的匹配算法的客体标识符 --}),
        level       INTEGER  DEFAULT 0 }

MRSubstitution  ::=  SEQUENCE {
```

```
        attribute          AttributeType,
        oldMatchingRule        [0]  MATCHING-RULE.&id   OPTIONAL,
        newMatchingRule        [1]  MATCHING-RULE.&id   OPTIONAL }
--ASN.1 信息客体类--
SEARCH-RULE  ::=  CLASS  {
        &dmdId                    OBJECT IDENTIFIER,
        &serviceType              OBJECT IDENTIFIER          OPTIONAL,
        &userClass                INTEGER                    OPTIONAL,
        &InputAttributeTypes      REQUEST-ATTRIBUTE          OPTIONAL,
        &combination              AttributeCombination       OPTIONAL,
        &OutputAttributeTypes     RESULT-ATTRIBUTE           OPTIONAL,
        &defaultControls          ControlOptions             OPTIONAL,
        &mandatoryControls        ControlOptions             OPTIONAL,
        &searchRuleControls       ControlOptions             OPTIONAL,
        &familyGrouping           FamilyGrouping             OPTIONAL,
        &familyReturn             FamilyReturn               OPTIONAL,
        &additionalControl        AttributeType              OPTIONAL,
        &relaxation               RelaxationPolicy           OPTIONAL,
        &allowedSubset            AllowedSubset              DEFAULT  '111'B,
        &imposedSubset            ImposedSubset              OPTIONAL,
        &entryLimit               EntryLimit                 OPTIONAL,
        &id                       INTEGER UNIQUE }

WITH SYNTAX {
        DMD ID                    &dmdId
        [ SERVICE-TYPE            &serviceType ]
        [ USER-CLASS              &userClass ]
        [ INPUT ATTRIBUTES        &InputAttributeTypes ]
        [ COMBINATION             &combination ]
        [ OUTPUT ATTRIBUTES       &OutputAttributeTypes ]
        [ DEFAULT CONTROL         &defaultControls ]
        [ MANDATORY CONTROL       &mandatoryControls ]
        [ SEARCH-RULE CONTROL     &searchRuleControls ]
        [ FAMILY-GROUPING         &familyGrouping ]
        [ FAMILY-RETURN           &familyReturn ]
        [ ADDITIONAL CONTROL      &additionalControl ]
        [ RELAXATION              &relaxation ]
        [ ALLOWED SUBSET          &allowedSubset ]
        [ IMPOSED SUBSET          &imposedSubset ]
        [ ENTRY LIMIT             &entryLimit ]
        ID                        &id }

REQUEST-ATTRIBUTE  ::=  CLASS  {
```

```
        &attributeType          ATTRIBUTE.&id,
        &SelectedValues         ATTRIBUTE.&Type           OPTIONAL,
        &DefaultValues          SEQUENCE {
                                EntryType     OBJECT-CLASS.&id        OPTIONAL,
                                values        SEQUENCE OF ATTRIBUTE.&Type }   OPTIONAL,
        &contexts               SEQUENCE OF ContextProfile        OPTIONAL,
        &contextCombination     ContextCombination        OPTIONAL,
        &MatchingUse            MatchingUse               OPTIONAL,
        &includeSubtypes        BOOLEAN                   DEFAULT   FALSE }

WITH SYNTAX   {
        ATTRIBUTE   TYPE                &attributeType
        [ SELECTED VALUES               &SelectedValues ]
        [ DEFAULT VALUES                &DefaultValues ]
        [ CONTEXTS                      &contexts ]
        [ CONTEXT COMBINATION           &contextCombination ]
        [ MATCHING USE                  &MatchingUse ]
        [ INCLUDE SUBTYPES              &includeSubtypes ] }

RESULT-ATTRIBUTE   ::=   CLASS {
        &attributeType          ATTRIBUTE.&id,
        &outputValues           CHOICE {
              selectedValues        SEQUENCE OF ATTRIBUTE.&Type,
              matchedValuesOnly     NULL }                    OPTIONAL,
        &contexts               ContextProfile         OPTIONAL     }

WITH SYNTAX {
        ATTRIBUTE TYPE          &attributeType
        [ OUTPUT VALUES         &outputValues ]
        [ CONTEXTS              &contexts ] }

MATCHING-RESTRICTION ::=CLASS {
        &Restriction,
        &Rules             MATCHING-RULE.&id,
        &id                OBJECT IDENTIFIER UNIQUE }

WITH SYNTAX   {
        RESTRICTION        &Restriction
        RULES              &Rules
        ID                 &id }
END   ——服务管理
```

附　录　E
（规范性附录）
用 ASN.1 描述的基本访问控制

本附录提供了基本访问控制的所有 ASN.1 类型和值定义的摘要，该定义构成了 ASN.1 模块BasicAccessControl 。

```
BasicAccessControl {joint-iso-itu-t ds(5) module(1) basicAccessControl(24) 5}
DEFINITIONS ::=
BEGIN

--EXPORTS All--
——本模块中定义的所有类型与值都可被输出到本系列目录规范所包含的其他的 ASN.1 模块中，供
  其使用，
——也可以被其他应用所使用，这些应用将使用本模块中的定义来访问目录服务。
——其他应用可能将本模块中的定义用于其自身目的，但是不会限制为了维护和改进目录服务而进行
  的扩展和修改。
IMPORTS
——来自 GB/T 16264.2—2008
        directoryAbstractService, id-aca, id-acScheme, informationFramework,
        selectedAttributeTypes, upperBounds
                FROM UsefulDefinitions {joint-iso-itu-t ds(5) module(1) usefulDefinitions(0) 5}
        ATTRIBUTE, AttributeType, ContextAssertion, DistinguishedName, MATCHING-RULE,
        objectIdentifierMatch, Refinement, SubtreeSpecification, SupportedAttributes
                FROM InformationFramework informationFramework
——来自 GB/T 16264.3—2008
        Filter
                FROM DirectoryAbstractService directoryAbstractService
——来自 GB/T 16264.6—2008
        DirectoryString{}, directoryStringFirstComponentMatch, NameAndOptionalUID,
        UniqueIdentifier
                FROM SelectedAttributeTypes selectedAttributeTypes
        ub-tag  FROM UpperBounds upperBounds;
--类型--
ACIItem ::= SEQUENCE {
        identificationTag       DirectoryString { ub-tag },
        precedence              Precedence,
        authenticationLevel     AuthenticationLevel,
        itemOrUserFirst         CHOICE {
                itemFirst               [0] SEQUENCE {
                        protectedItems          ProtectedItems,
                        itemPermissions         SET OF ItemPermission },
```

```
                userFirst                      [1]  SEQUENCE {
                    userClasses                     UserClasses,
                    userPermissions                 SET OF UserPermission } } }

Precedence  ::=  INTEGER (0..255)

ProtectedItems  ::=  SEQUENCE  {
    entry                [0]  NULL              OPTIONAL,
    allUserAttributeTypes    [1]  NULL              OPTIONAL,
    attributeType        [2]  SET SIZE (1..MAX) OF AttributeType    OPTIONAL,
    allAttributeValues       [3]  SET SIZE (1..MAX) OF AttributeType    OPTIONAL,
    allUserAttributeTypesAndValues  [4]  NULL              OPTIONAL,
    attributeValue        [5]  SET SIZE (1..MAX) OF AttributeTypeAndValue  OPTIONAL,
    selfValue         [6]  SET SIZE (1..MAX) OF AttributeType    OPTIONAL,
    rangeOfValues         [7]  Filter              OPTIONAL,
    maxValueCount         [8]  SET SIZE (1..MAX) OF MaxValueCount    OPTIONAL,
    maxImmSub        [9]  INTEGER        OPTIONAL,
    restrictedBy       [10]  SET  SIZE  (1..MAX) OF RestrictedValue    OPTIONAL,
    contexts          [11]  SET SIZE (1..MAX) OF ContextAssertion    OPTIONAL,
    classes          [12]  Refinement              OPTIONAL }

MaxValueCount  ::=  SEQUENCE  {
   type   AttributeType,
   maxCount    INTEGER  }

RestrictedValue  ::=  SEQUENCE {
        type       AttributeType,
        valuesIn        AttributeType }

UserClasses   ::=   SEQUENCE {
        allUsers          [0]  NULL              OPTIONAL,
        thisEntry         [1]  NULL              OPTIONAL,
        name             [2]  SET SIZE (1..MAX) OF NameAndOptionalUID    OPTIONAL,
        userGroup        [3]  SET SIZE (1..MAX) OF NameAndOptionalUID   OPTIONAL,
            --dn 组件须是一个名为 GroupOfUniqueNames 的条目的名(称)
        subtree          [4]  SET SIZE (1..MAX) OF SubtreeSpecification     OPTIONAL }

ItemPermission   ::=  SEQUENCE   {
        precedence         Precedence OPTIONAL,
                --缺省值为在 ACIItem 中定义的优先级
        userClasses      UserClasses,
        grantsAndDenials   GrantsAndDenials }
```

```
UserPermission   ::=   SEQUENCE   {
        precedence          Precedence OPTIONAL,
                        --缺省值为在 ACIItem 中定义的优先级
        protectedItems      ProtectedItems,
        grantsAndDenials    GrantsAndDenials }

AuthenticationLevel   ::=   CHOICE   {
        basicLevels   SEQUENCE   {
                level               ENUMERATED { none (0), simple (1), strong (2) },
                localQualifier          INTEGER OPTIONAL,
                signed                      BOOLEAN DEFAULT FALSE },
        other                 EXTERNAL }

GrantsAndDenials   ::=   BIT STRING   {
        --可与被保护项的任意组件联合使用的许可
        grantAdd          (0),
        denyAdd           (1),
        grantDiscloseOnError   (2),
        denyDiscloseOnError    (3),
        grantRead         (4),
        denyRead          (5),
        grantRemove       (6),
        denyRemove        (7),
        --可仅与条目组件联合使用的许可
        grantBrowse       (8),
        denyBrowse        (9),
        grantExport       (10),
        denyExport        (11),
        grantImport       (12),
        denyImport        (13),
        grantModify       (14),
        denyModify        (15),
        grantRename       (16),
        denyRename        (17),
        grantReturnDN     (18),
        denyReturnDN      (19),
        --可能会与被保护项的除条目外的任意组件联合使用的许可
        grantCompare      (20),
        denyCompare       (21),
        grantFilterMatch  (22),
        denyFilterMatch   (23),
        grantInvoke       (24),
        denyInvoke        (25) }
```

```
AttributeTypeAndValue    ::=  SEQUENCE  {
        type          ATTRIBUTE.&id ({SupportedAttributes}),
        value         ATTRIBUTE.&Type({SupportedAttributes}{@type}) }
--属性--
accessControlScheme  ATTRIBUTE  ::=  {
        WITH SYNTAX              OBJECT IDENTIFIER
        EQUALITY MATCHING RULE          objectIdentifierMatch
        SINGLE VALUE             TRUE
        USAGE              directoryOperation
        ID              id-aca-accessControlScheme }

prescriptiveACI  ATTRIBUTE  ::=  {
        WITH SYNTAX              ACIItem
        EQUALITY MATCHING RULE          directoryStringFirstComponentMatch
        USAGE              directoryOperation
        ID              id-aca-prescriptiveACI }

entryACI  ATTRIBUTE  ::=  {
        WITH SYNTAX              ACIItem
        EQUALITY MATCHING RULE          directoryStringFirstComponentMatch
        USAGE              directoryOperation
        ID              id-aca-entryACI }

subentryACI  ATTRIBUTE  ::=  {
        WITH SYNTAX              ACIItem
        EQUALITY MATCHING RULE          directoryStringFirstComponentMatch
        USAGE              directoryOperation
        ID              id-aca-subentryACI }
--客体标识符分配--
--属性--
id-aca-accessControlScheme    OBJECT  IDENTIFIER    ::=  {  id-aca   1   }
id-aca-prescriptiveACI     OBJECT IDENTIFIER    ::=  { id-aca 4 }
id-aca-entryACI      OBJECT IDENTIFIER    ::=  { id-aca 5 }
id-aca-subentryACI     OBJECT  IDENTIFIER   ::=  {  id-aca   6   }
--访问控制方案--
basicAccessControlScheme    OBJECT  IDENTIFIER    ::=  {  id-acScheme  1  }
simplifiedAccessControlScheme    OBJECT  IDENTIFIER    ::=  {  id-acScheme  2  }
rule-based-access-control    OBJECT  IDENTIFIER    ::=  {  id-acScheme  3  }
rule-and-basic-access-control    OBJECT  IDENTIFIER    ::=  {  id-acScheme  4  }
rule-and-simple-access-control    OBJECT  IDENTIFIER    ::=  {  id-acScheme  5  }
END  --基本访问控制
```

附 录 F
（规范性附录）
用 ASN.1 描述的 DSA 操作属性类型

本附录包含了第 23 章和第 24 章所定义所有 ASN.1 类型和值的定义，其形式为 ASN.1 模块 DSAOperationalAttributeTypes 。

```
DSAOperationalAttributeTypes {joint-iso-itu-t ds(5) module(1) dsaOperationalAttributeTypes(22) 5}
DEFINITIONS ::=
BEGIN

--EXPORTS All--
——本模块中定义的所有类型与值都可被输出到本系列目录规范所包含的其他的 ASN.1 模块中，供
   其使用，
——也可以被其他应用所使用，这些应用将使用本模块中的定义来访问目录服务。
——其他应用可能将本模块中的定义用于其自身目的，但是不会限制为了维护和改进目录服务而进行
   的扩展和修改。
IMPORTS
——来自 GB/T 16264.2—2008
        distributedOperations, id-doa, id-kmr, informationFramework, opBindingManagement,
        selectedAttributeTypes, upperBounds
                FROM UsefulDefinitions {joint-iso-itu-t ds(5) module(1) usefulDefinitions(0) 5 }

        ATTRIBUTE, MATCHING-RULE, Name
                FROM InformationFramework informationFramework

        OperationalBindingID
                FROM OperationalBindingManagement opBindingManagement
——来自 GB/T 16264.4 —2008
  AccessPoint, DitBridgeKnowledge, MasterAndShadowAccessPoints
    FROM DistributedOperations distributedOperations
——来自 GB/T 16264.6—2008
 bitStringMatch,  directoryStringFirstComponentMatch
    FROM SelectedAttributeTypes selectedAttributeTypes ;
--数据类型--
DSEType  ::=  BIT STRING {
        root            (0),    --根 DSE--
        glue            (1),    --仅表示一个名(称)的知识--
        cp              (2),    --上下文前缀--
        entry           (3),    --客体条目--
        alias           (4),    --别名条目--
        subr            (5),    --下级引用--
        nssr            (6),    --非特定下级引用--
```

```
        supr                  (7),    --上级引用--
        xr                    (8),    --交叉引用--
        admPoint              (9),    --管理点--
        subentry              (10),   --子条目--
        shadow                (11),   --影像拷贝--
        immSupr               (13),   --直接上级引用--
        rhob                  (14),   --rhob 信息--
        sa                    (15),   --别名条目的下级引用--
        dsSubentry            (16),   --DSA 特定子条目--
        familyMember          (17),   --家族成员--
        ditBridge             (18),   --DIT 桥接引用--
        writeableCopy         (19) }  --可写拷贝--

SupplierOrConsumer  ::=  SET  {
        COMPONENTS OF     AccessPoint,  --提供者或使用者--
        agreementID  [3]  OperationalBindingID }

SupplierInformation  ::=  SET {
        COMPONENTS OF     SupplierOrConsumer,  --提供者--
        supplier-is-master [4]  BOOLEAN DEFAULT TRUE,
        non-supplying-master  [5]  AccessPoint OPTIONAL }

ConsumerInformation  ::=  SupplierOrConsumer  --使用者--

SupplierAndConsumers  ::=  SET {
        COMPONENTS OF     AccessPoint,    --提供者--
        consumers            [3]  SET OF AccessPoint }
--属性类型--
dseType  ATTRIBUTE  ::=  {
    WITH SYNTAX                      DSEType
    EQUALITY MATCHING RULE           bitStringMatch
    SINGLE VALUE                     TRUE
    NO USER MODIFICATION             TRUE
    USAGE                            dSAOperation
    ID                               id-doa-dseType }

myAccessPoint  ATTRIBUTE  ::=  {
    WITH SYNTAX                  AccessPoint
    EQUALITY MATCHING RULE             accessPointMatch
    SINGLE VALUE                 TRUE
   NO USER MODIFICATION                TRUE
    USAGE                dSAOperation
    ID              id-doa-myAccessPoint }
```

```
superiorKnowledge   ATTRIBUTE   ::=   {
    WITH SYNTAX                  AccessPoint
    EQUALITY MATCHING RULE               accessPointMatch
    NO USER MODIFICATION              TRUE
    USAGE                     dSAOperation
    ID                   id-doa-superiorKnowledge }

specificKnowledge   ATTRIBUTE   ::=   {
        WITH SYNTAX                  MasterAndShadowAccessPoints
        EQUALITY MATCHING RULE               masterAndShadowAccessPointsMatch
        SINGLE VALUE                 TRUE
        NO USER MODIFICATION              TRUE
        USAGE                     distributedOperation
        ID                   id-doa-specificKnowledge }

nonSpecificKnowledge   ATTRIBUTE   ::=   {
        WITH SYNTAX                  MasterAndShadowAccessPoints
        EQUALITY MATCHING RULE               masterAndShadowAccessPointsMatch
        NO USER MODIFICATION              TRUE
        USAGE                     distributedOperation
        ID                   id-doa-nonSpecificKnowledge }

supplierKnowledge   ATTRIBUTE   ::=   {
        WITH SYNTAX                  SupplierInformation
        EQUALITY MATCHING RULE               supplierOrConsumerInformationMatch
        NO USER MODIFICATION              TRUE
        USAGE                     dSAOperation
        ID                   id-doa-supplierKnowledge }

consumerKnowledge   ATTRIBUTE   ::=   {
        WITH SYNTAX                  ConsumerInformation
        EQUALITY MATCHING RULE               supplierOrConsumerInformationMatch
        NO USER MODIFICATION              TRUE
        USAGE                     dSAOperation
        ID                   id-doa-consumerKnowledge }

secondaryShadows   ATTRIBUTE   ::=   {
        WITH SYNTAX                  SupplierAndConsumers
        EQUALITY MATCHING RULE               supplierAndConsumersMatch
        NO USER MODIFICATION              TRUE
        USAGE                     dSAOperation
        ID                   id-doa-secondaryShadows }
```

```
ditBridgeKnowledge  ATTRIBUTE  ::=  {
        WITH SYNTAX                   DitBridgeKnowledge
        EQUALITY MATCHING RULE              directoryStringFirstComponentMatch
        NO USER MODIFICATION          TRUE
        USAGE                  dSAOperation
        ID                 id-doa-ditBridgeKnowledge }
--匹配规则--
accessPointMatch  MATCHING-RULE  ::=  {
        SYNTAX          Name
        ID              id-kmr-accessPointMatch }

masterAndShadowAccessPointsMatch  MATCHING-RULE  ::=  {
        SYNTAX          SET OF Name
        ID              id-kmr-masterShadowMatch }

supplierOrConsumerInformationMatch  MATCHING-RULE  ::=  {
        SYNTAX          SET {
                    ae-title               [0]      Name,
                    agreement-identifier   [2]      INTEGER }
        ID                  id-kmr-supplierConsumerMatch }

supplierAndConsumersMatch  MATCHING-RULE  ::=  {
        SYNTAX           Name
        ID                  id-kmr-supplierConsumersMatch }
--客体标识符分配--
--dsa 操作属性--
id-doa-dseType      OBJECT  IDENTIFIER  ::=  {id-doa  0}
id-doa-myAccessPoint         OBJECT IDENTIFIER  ::=  {id-doa 1}
id-doa-superiorKnowledge   OBJECT IDENTIFIER  ::=  {id-doa 2}
id-doa-specificKnowledge   OBJECT IDENTIFIER  ::=  {id-doa 3}
id-doa-nonSpecificKnowledge   OBJECT IDENTIFIER  ::=  {id-doa 4}
id-doa-supplierKnowledge   OBJECT IDENTIFIER  ::=  {id-doa 5}
id-doa-consumerKnowledge   OBJECT IDENTIFIER  ::=  {id-doa 6}
id-doa-secondaryShadows    OBJECT IDENTIFIER  ::=  {id-doa 7}
id-doa-ditBridgeKnowledge   OBJECT IDENTIFIER  ::=  {id-doa 8}
--知识匹配规则--
id-kmr-accessPointMatch  OBJECT  IDENTIFIER  ::=  {id-kmr  0}
id-kmr-masterShadowMatch   OBJECT  IDENTIFIER  ::=  {id-kmr  1}
id-kmr-supplierConsumerMatch   OBJECT IDENTIFIER  ::=  {id-kmr 2}
id-kmr-supplierConsumersMatch   OBJECT IDENTIFIER  ::=  {id-kmr 3}
END  --DSA 操作属性类型
```

附　录　G
（规范性附录）
用 ASN.1 描述的操作绑定管理

本附录包含了本目录规范中关于操作绑定相关的所有 ASN.1 类型、值和信息客体类的定义，其形式为 ASN.1 模块 OperationalBindingManagement。

```
OperationalBindingManagement {joint-iso-itu-t ds(5) module(1) opBindingManagement(18) 5}
DEFINITIONS ::=
BEGIN

--EXPORTS All--
——本模块中定义的所有类型与值都可被输出到本系列目录规范所包含的其他的 ASN.1 模块中，供
   其使用。
——也可以被其他应用所使用，这些应用将使用本模块中的定义来访问目录服务。
——其他应用可能将本模块中的定义用于其自身目的，但是不会限制为了维护和改进目录服务而进行
   的扩展和修改。
IMPORTS
——来自 GB/T 16264.2—2008
        directoryAbstractService, directoryShadowAbstractService, distributedOperations,
        directoryOSIProtocols, enhancedSecurity, hierarchicalOperationalBindings,
        commonProtocolSpecification
              FROM UsefulDefinitions {joint-iso-itu-t ds(5) module(1) usefulDefinitions(0) 5}

        OPTIONALLY-PROTECTED-SEQ
              FROM EnhancedSecurity enhancedSecurity

        hierarchicalOperationalBinding, nonSpecificHierarchicalOperationalBinding
              FROM HierarchicalOperationalBindings hierarchicalOperationalBindings
——来自 GB/T 16264.3—2008
        CommonResultsSeq, directoryBind, securityError, SecurityParameters
              FROM DirectoryAbstractService directoryAbstractService
——来自 GB/T 16264.4—2008
        AccessPoint
              FROM DistributedOperations distributedOperations
——来自 GB/T 16264.5—2008
        id-err-operationalBindingError, id-op-establishOperationalBinding,
        id-op-modifyOperationalBinding, id-op-terminateOperationalBinding,
        OPERATION, ERROR
              FROM CommonProtocolSpecification commonProtocolSpecification
        APPLICATION-CONTEXT
              FROM DirectoryOSIProtocols directoryOSIProtocols
```

```
——来自 ISO/IEC 9594-9
        shadowOperationalBinding
                FROM DirectoryShadowAbstractService directoryShadowAbstractService ;
--绑定和解绑定--
dSAOperationalBindingManagementBind OPERATION   ::=   directoryBind
--操作、变量和结果--
establishOperationalBinding  OPERATION   ::=   {
        ARGUMENT     EstablishOperationalBindingArgument
        RESULT       EstablishOperationalBindingResult
        ERRORS       {operationalBindingError | securityError}
        CODE         id-op-establishOperationalBinding }

EstablishOperationalBindingArgument   ::=OPTIONALLY-PROTECTED-SEQ   { SEQUENCE {
        bindingType        [0]        OPERATIONAL-BINDING. &id ({OpBindingSet}),
        bindingID          [1]        OperationalBindingID OPTIONAL,
        accessPoint        [2]        AccessPoint,
                --对称的,Role A 发起,或 Role B 发起--
        initiator CHOICE {
                symmetric          [3]  OPERATIONAL-BINDING. &both. &EstablishParam
                                        ({OpBindingSet}{@bindingType}),
                roleA-initiates    [4]  OPERATIONAL-BINDING. &roleA. &EstablishParam
                                        ({OpBindingSet}{@bindingType}),
                roleB-initiates    [5]  OPERATIONAL-BINDING. &roleB. &EstablishParam
                                        ({OpBindingSet}{@bindingType}) } OPTIONAL,
        agreement          [6]  OPERATIONAL-BINDING. &Agreement
                                        ({OpBindingSet}{@bindingType}),
        valid              [7]  Validity DEFAULT { },
        securityParameters      [8]  SecurityParameters OPTIONAL } }

OperationalBindingID   ::=   SEQUENCE {
        identifier        INTEGER,
        version           INTEGER }

Validity   ::=   SEQUENCE {
        validFrom     [0]   CHOICE {
                now        [0]        NULL,
                time       [1]        Time } DEFAULT now : NULL,
        validUntil    [1]   CHOICE {
                explicitTermination [0]        NULL,
                time                [1]        Time } DEFAULT explicitTermination : NULL }

Time   ::=   CHOICE {
        utcTime                 UTCTime,
```

```
        generalizedTime         GeneralizedTime }

EstablishOperationalBindingResult  ::=  OPTIONALLY-PROTECTED-SEQ  { SEQUENCE {
        bindingType     [0]     OPERATIONAL-BINDING.&id ({OpBindingSet}),
        bindingID       [1]     OperationalBindingID OPTIONAL,
        accessPoint     [2]     AccessPoint,
        --对称的,Role A 响应,或 Role B 响应--
        initiator CHOICE {
                symmetric       [3]  OPERATIONAL-BINDING.&both.&EstablishParam
                        ({OpBindingSet}{@bindingType}),
                roleA-replies   [4]  OPERATIONAL-BINDING.&roleA.&EstablishParam
                        ({OpBindingSet}{@bindingType}),
                roleB-replies [5]  OPERATIONAL-BINDING.&roleB.&EstablishParam
                        ({OpBindingSet}{@bindingType}) } OPTIONAL,
        COMPONENTS OF           CommonResultsSeq } }

modifyOperationalBinding  OPERATION  ::=  {
        ARGUMENT        ModifyOperationalBindingArgument
        RESULT          ModifyOperationalBindingResult
        ERRORS          { operationalBindingError | securityError }
        CODE            id-op-modifyOperationalBinding }

ModifyOperationalBindingArgument  ::=  OPTIONALLY-PROTECTED-SEQ { SEQUENCE {
        bindingType     [0]  OPERATIONAL-BINDING.&id ({OpBindingSet}),
        bindingID       [1]  OperationalBindingID,
        accessPoint     [2]  AccessPoint OPTIONAL,
        --对称的,Role A 发起,或 Role B 发起--
        initiator CHOICE {
                symmetric       [3]  OPERATIONAL-BINDING.&both.&ModifyParam
                        ({OpBindingSet}{@bindingType}),
                roleA-initiates [4]  OPERATIONAL-BINDING.&roleA.&ModifyParam
                        ({OpBindingSet}{@bindingType}),
                roleB-initiates [5]  OPERATIONAL-BINDING.&roleB.&ModifyParam
                        ({OpBindingSet}{@bindingType}) } OPTIONAL,
        newBindingID    [6]  OperationalBindingID,
        newAgreement    [7]  OPERATIONAL-BINDING.&Agreement
                        ({OpBindingSet}{@bindingType})  OPTIONAL,
        valid           [8]  Validity OPTIONAL,
        securityParameters
                        [9]  SecurityParameters OPTIONAL } }

ModifyOperationalBindingResult  ::=  CHOICE  {
        null            [0]     NULL,
```

```
        protected      [1]       OPTIONALLY-PROTECTED-SEQ { SEQUENCE {
                newBindingID              OperationalBindingID,
                bindingType               OPERATIONAL-BINDING. &id ({OpBindingSet}),
                newAgreement              OPERATIONAL-BINDING. & Agreement
                                          ({OpBindingSet}{@. bindingType}),
                valid                     Validity OPTIONAL,
                COMPONENTS OF                  CommonResultsSeq } } }

terminateOperationalBinding   OPERATION   ::=   {
        ARGUMENT      TerminateOperationalBindingArgument
        RESULT        TerminateOperationalBindingResult
        ERRORS        {operationalBindingError | securityError}
        CODE          id-op-terminateOperationalBinding }

TerminateOperationalBindingArgument   ::=   OPTIONALLY-PROTECTED-SEQ { SEQUENCE {
        bindingType          [0]        OPERATIONAL-BINDING. &id ({OpBindingSet}),
        bindingID            [1]        OperationalBindingID,
       --对称的,Role A 发起,或 Role B 发起--
        initiator CHOICE {
                symmetric          [2]       OPERATIONAL-BINDING. &both. &TerminateParam
                                             ({OpBindingSet}{@bindingType}),
                roleA-initiates    [3]       OPERATIONAL-BINDING. &roleA. &TerminateParam
                                             ({OpBindingSet}{@bindingType}),
                roleB-initiates    [4]       OPERATIONAL-BINDING. &roleB. &TerminateParam
                                             ({OpBindingSet}{@bindingType})}   OPTIONAL,
        terminateAt                     [5]        Time OPTIONAL,
        securityParameters              [6]          SecurityParameters OPTIONAL } }

TerminateOperationalBindingResult   ::=   CHOICE {
      null                      [0]       NULL,
      protected                 [1]       OPTIONALLY-PROTECTED-SEQ { SEQUENCE {
                bindingID                OperationalBindingID,
                bindingType                 OPERATIONAL-BINDING. &id ({OpBindingSet}),
                terminateAt              GeneralizedTime OPTIONAL,
                COMPONENTS OF                  CommonResultsSeq } } }
--错误和参数--
operationalBindingError   ERROR   ::=   {
        PARAMETER                OPTIONALLY-PROTECTED-SEQ    {
                                      OpBindingErrorParam }
        CODE          id-err-operationalBindingError }

OpBindingErrorParam   ::=   SEQUENCE {
      problem                   [0]       ENUMERATED {
```

```
                    invalidID                (0),
                    duplicateID                  (1),
                    unsupportedBindingType    (2),
                    notAllowedForRole              (3),
                    parametersMissing             (4),
                    roleAssignment             (5),
                    invalidStartTime             (6),
                    invalidEndTime             (7),
                    invalidAgreement               (8),
                    currentlyNotDecidable          (9),
                    modificationNotAllowed       (10) },
     bindingType     [1]        OPERATIONAL-BINDING. &id ({OpBindingSet}) OPTIONAL,
     agreementProposal                [2]         OPERATIONAL-BINDING. &Agreement
                                            ({OpBindingSet}{@bindingType}) OPTIONAL,
     retryAt                        [3]        Time OPTIONAL,
     COMPONENTS OF                        CommonResultsSeq }
--信息客体类--
OPERATIONAL-BINDING    ::=    CLASS {
          &Agreement,
          &Cooperation    OP-BINDING-COOP,
          &both        OP-BIND-ROLE OPTIONAL,
          &roleA        OP-BIND-ROLE OPTIONAL,
          &roleB        OP-BIND-ROLE OPTIONAL,
          &id        OBJECT IDENTIFIER UNIQUE }

WITH SYNTAX {
          AGREEMENT                    &Agreement
          APPLICATION CONTEXTS                &Cooperation
          [ SYMMETRIC                  &both ]
          [ ASYMMETRIC
          [ ROLE-A                &roleA ]
          [ ROLE-B                &roleB ] ]
          ID                    &id }

OP-BINDING-COOP    ::=    CLASS {
          &applContext    APPLICATION-CONTEXT,
          &Operations    OPERATION OPTIONAL }

WITH SYNTAX {
          &applContext
          [ APPLIES TO    &Operations ] }

OP-BIND-ROLE    ::=    CLASS {
```

```
        &establish          BOOLEAN   DEFAULT FALSE,
        &EstablishParam               OPTIONAL,
        &modify             BOOLEAN   DEFAULT FALSE,
        &ModifyParam                  OPTIONAL,
        &terminate          BOOLEAN   DEFAULT FALSE,
        &TerminateParam               OPTIONAL }

WITH SYNTAX {
        [ ESTABLISHMENT-INITIATOR   &establish ]
        [ ESTABLISHMENT-PARAMETER   &EstablishParam ]
        [ MODIFICATION-INITIATOR   &modify ]
        [ MODIFICATION-PARAMETER   &ModifyParam ]
        [ TERMINATION-INITIATOR   &terminate ]
        [ TERMINATION-PARAMETER   &TerminateParam ] }

OpBindingSet          OPERATIONAL-BINDING   ::=   {
        shadowOperationalBinding   |
        hierarchicalOperationalBinding   |
        nonSpecificHierarchicalOperationalBinding }
END   --操作绑定管理
```

附 录 H
（规范性附录）
增强的安全性

已知本模块中包含了无效的规范。因此本模块中的部分内容被反对。被反对的部分在 ASN.1 的注释项中标注了出来。将来的版本或者将此反对的部分规范删除，或者提供一个升级版本的规范。

```
EnhancedSecurity { joint-iso-itu-t ds(5) modules(1) enhancedSecurity(28) 5 }
DEFINITIONS IMPLICIT TAGS   ::=
BEGIN

--EXPORTS All--

IMPORTS
——来自 GB/T 16264.2—2008
     authenticationFramework, basicAccessControl, certificateExtensions, id-at, id-avc, id-mr,
     informationFramework, upperBounds
          FROM UsefulDefinitions { joint-iso-itu-t ds(5) module(1) usefulDefinitions(0) 5 }

     Attribute, ATTRIBUTE, AttributeType, Context, CONTEXT, MATCHING-RULE, Name,
     objectIdentifierMatch, SupportedAttributes
          FROM InformationFramework informationFramework

     AttributeTypeAndValue
          FROM BasicAccessControl basicAccessControl
——来自 ISO/IEC 9594-8
     AlgorithmIdentifier, CertificateSerialNumber, HASH{}, SIGNED{}
          FROM AuthenticationFramework authenticationFramework

     GeneralName, KeyIdentifier
          FROM CertificateExtensions certificateExtensions

     ub-privacy-mark-length
          FROM UpperBounds upperBounds   ;

OPTIONALLY-PROTECTED { Type }   ::=   CHOICE {
     unsigned        Type,
     signed       SIGNED {Type} }

OPTIONALLY-PROTECTED-SEQ { Type } ::=CHOICE {
     unsigned        Type,
     signed   [0]     SIGNED { Type } }
```

```
attributeValueSecurityLabelContext CONTEXT ::={
    WITH SYNTAX     SignedSecurityLabel--最多有一个安全标签上下文分配给一个属性值
    ID          id-avc-attributeValueSecurityLabelContext }

SignedSecurityLabel   ::=   SIGNED {SEQUENCE   {
        attHash         HASH {AttributeTypeAndValue},
        issuer      Name            OPTIONAL,--加标签的管理机构的名(称)
        keyIdentifier      KeyIdentifier   OPTIONAL,
        securityLabel      SecurityLabel } }

SecurityLabel   ::=   SET {
        security-policy-identifier   SecurityPolicyIdentifier   OPTIONAL,
        security-classification   SecurityClassification   OPTIONAL,
        privacy-mark      PrivacyMark      OPTIONAL,
        security-categories   SecurityCategories   OPTIONAL }
                (ALL EXCEPT ( {--无,最少须有一个组件存在-- } ) )

SecurityPolicyIdentifier   ::=   OBJECT IDENTIFIER

SecurityClassification ::=INTEGER {
        unmarked   (0),
        unclassified   (1),
        restricted   (2),
        confidential   (3),
        secret   (4),
        top-secret   (5) }

PrivacyMark   ::=   PrintableString (SIZE (1.. ub-privacy-mark-length))

SecurityCategories ::=SET SIZE (1.. MAX) OF SecurityCategory

clearance  ATTRIBUTE   ::=   {
        WITH SYNTAX    Clearance
        ID        id-at-clearance }

Clearance   ::=   SEQUENCE   {
        policyId        OBJECT IDENTIFIER,
        classList        ClassList             DEFAULT {unclassified},
        securityCategories      SET SIZE (1.. MAX) OF SecurityCategory   OPTIONAL }

ClassList   ::=   BIT STRING {
        unmarked   (0),
        unclassified   (1),
```

```
        restricted   (2),
        confidential   (3),
        secret   (4),
        topSecret   (5) }

SecurityCategory   ::=   SEQUENCE {
     type          [0]   SECURITY-CATEGORY. &id ({SecurityCategoriesTable}),
     value     [1]   EXPLICIT SECURITY-CATEGORY. &Type ({SecurityCategoriesTable} {@type}) }

SECURITY-CATEGORY   ::=   TYPE-IDENTIFIER

SecurityCategoriesTable SECURITY-CATEGORY ::={ … }

attributeIntegrityInfo ATTRIBUTE   ::=   {
        WITH SYNTAX      AttributeIntegrityInfo
        ID          id-at-attributeIntegrityInfo }

AttributeIntegrityInfo   ::=   SIGNED { SEQUENCE   {
        scope          Scope,                         --标识了被保护的属性
        signer          Signer   OPTIONAL,             --管理机构或数据起源方的名(称)
        attribsHash     AttribsHash } }                --被保护属性的散列值

Signer   ::=   CHOICE {
        thisEntry            [0]     EXPLICIT ThisEntry,
        thirdParty            [1]     SpecificallyIdentified }

ThisEntry   ::=   CHOICE   {
        onlyOne            NULL,
        specific            IssuerAndSerialNumber }

IssuerAndSerialNumber   ::=   SEQUENCE {
        issuer          Name,
        serial             CertificateSerialNumber }

SpecificallyIdentified   ::=   SEQUENCE   {
        name            GeneralName,
        issuer          GeneralName        OPTIONAL,
        serial            CertificateSerialNumber   OPTIONAL }
         ( WITH COMPONENTS { ... , issuer PRESENT, serial PRESENT } |
         ( WITH COMPONENTS { ... , issuer ABSENT, serial ABSENT } ) )

Scope   ::=   CHOICE   {
        wholeEntry      [0]        NULL,   --签名将保护本条目中的所有属性值
```

```
        selectedTypes              [1]       SelectedTypes
                                            --签名将保护所选属性类型的所有属性值
        }

SelectedTypes   ::=   SEQUENCE SIZE (1..MAX) OF AttributeType

AttribsHash   ::=   HASH { SEQUENCE SIZE (1..MAX) OF Attribute }
                    --所选择范围内的属性类型和值以及相关的上下文值

attributeValueIntegrityInfoContext   CONTEXT   ::=   {
        WITH SYNTAX       AttributeValueIntegrityInfo
        ID          id-avc-attributeValueIntegrityInfoContext }

AttributeValueIntegrityInfo   ::=   SIGNED { SEQUENCE {
        signer            Signer OPTIONAL,        --管理机构或数据起源方的名(称)
        aVIHash           AVIHash } }             --被保护属性的散列值

AVIHash   ::=   HASH { AttributeTypeValueContexts }
                                      --属性类型和值以及相关的上下文值

AttributeTypeValueContexts ::=SEQUENCE {
        type           ATTRIBUTE.&id ({SupportedAttributes}),
        value          ATTRIBUTE.&Type ({SupportedAttributes}{@type}),
        contextList    SET SIZE (1..MAX) OF Context OPTIONAL }
--客体标识符分配--
--属性--
id-at-clearance          OBJECT   IDENTIFIER   ::=   {id-at   55}
--   id-at-defaultDirQop          OBJECT IDENTIFIER   ::=   {id-at 56}
id-at-attributeIntegrityInfo       OBJECT IDENTIFIER   ::=   {id-at 57}
--   id-at-confKeyInfo          OBJECT IDENTIFIER   ::=   {id-at 60}
--匹配规则--
--   id-mr-readerAndKeyIDMatch         OBJECT IDENTIFIER   ::=   {id-mr 43}
--上下文--
id-avc-attributeValueSecurityLabelContext    OBJECT   IDENTIFIER   ::=   {id-avc   3}
id-avc-attributeValueIntegrityInfoContext    OBJECT   IDENTIFIER   ::=   {id-avc   4}
END   --增强的安全性
```

附 录 I
（资料性附录）
树的数学

一棵树是一些点的集合（这些点被称为*顶点*（vertices））以及一些直线的集合（这些直线被称为*弧*（arc））；每条弧 a 都是从一个顶点 V 导向另一个顶点 V'。例如，在图 I.1 的一棵树中，有 7 个顶点（标识为 V^1 到 V^7）以及 6 条弧（标识为 a^1 到 a^6）。

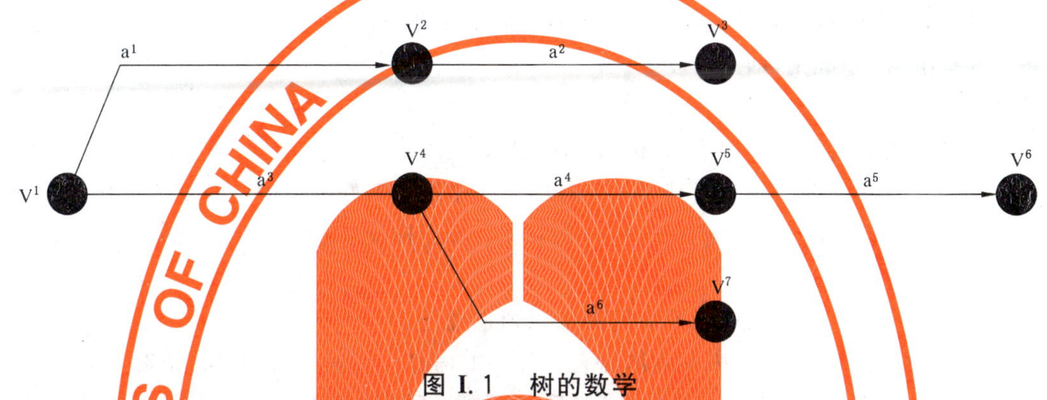

图 I.1 树的数学

两个顶点 V'和 V 分别被称为一条从 V 到 V'的弧 a 的*起始*（initial）顶点和*终结*（final）顶点。例如，图中的 V^2 和 V^3 分别是弧 a^2 的起始顶点和终结顶点。多个不同的弧可能会具有相同的起始顶点，但终结顶点不同。例如，弧 a^1 和 a^3 具有相同的起始顶点 V^1，但图中没有两条弧具有相同的终结顶点。

如果顶点不是任何一条弧的终结顶点，则该顶点常被称为*根*（root）顶点，或更非正式地被称为是树的“根”。例如，图 I.1 中，顶点 V^1 为根。

如果顶点不是任何一条弧的起始顶点，则该顶点常被称为*叶*（leaf）顶点，或更非正式地被称为是树图中的“叶”。例如，图中的顶点 V^3、V^6 和 V^7 是叶。

从一个顶点 V 到另一个顶点 V'的一条有向路径是弧（a^1，a^2，…，a^n）（$n \geq 1$）的集合，这样顶点 V 是弧 a^1 的起始顶点，V'是弧 a^n 的终结顶点，而对于 $1 \leq k < n$，则弧 a^k 的终结顶点也是弧 a^{k+1} 的起始顶点。例如，图中，从顶点 V^1 到顶点 V^6 的一条有向路径是弧（a^3，a^4，a^5）的一个集合。术语“路径”应当被理解为是标识了一条从根到某个顶点的有向路径。

附 录 J
（资料性附录）
名（称）设计准则

信息框架是非常通用的，并且考虑了DIT内的任意条目和属性种类。正如这里所定义的那样，由于名（称）与DIT内的路径密切相关，这就意味着名（称）可能也有任意种类。本附录提供了设计名（称）时应当考虑的准则。在设计GB/T 16264.7—2008中规定的名（称）格式时，已经使用了合适的准则。建议合适时在规定的名（称）格式不适用时，也建议使用该准则。

目前，仅提出了一个准则，即用户友好。

注：并不是所有的名（称）都需要用户友好。

本附录的剩余部分讨论了应用于名（称）的用户友好概念。

人类需要直接处理的名（称）应当是用户友好的。一个用户友好的名（称）是从人类用户的视角出发的，而不是从计算机视角出发的。它对用户来说，应当易于推导、记忆和理解，而不是易于被计算机解释。

用户友好的目标可以更精确地根据下述两个原则来规范：

——一般来说，人类应当能够根据客体所自然拥有的信息而正确地猜测出一个客体的用户友好名。例如，假设一个人能够通过正常的商务联络偶然得到某些信息，则他应当能够猜测出某位商务人士的名（称）；

——当一个客体的名（称）被指定时具有二义性，则目录应当能够意识到这个事实，而不是断定该名（称）标识了一个特定的客体。例如，如果两个人拥有同样的姓，这时候，单独的姓就被认为不足以用来标识任意一人。

从用户友好的目标可以推派生下述子目标：

a) 名（称）不得人为地删除某些自然的二义性。例如，如果有两个人拥有相同的姓“Jones”，则不能要求他们中的任何一个符合“Wjones”或“Jones2”。所替代的是，应当在命名惯例中提供用户友好的方式来区分不同的实体。例如，在命名惯例中除要求有姓外，还应当要求具有第一个名（称）和中间的大写首字母等。

b) 名（称）应当允许一般的缩写和一般的拼写变化。例如，如果某个人被Conway钢铁公司（Conway Steel Corporation）雇用，且他的名（称）中要包含其雇用者的名（称），则“Conway Steel Corporation”、“Conway Steel Corp.”、“Conway Steel”以及“CSC”中的任何一个都应当足以标识这个正在讨论的机构。

c) 在某些情况下，为了更加用户友好，或者为了缩减搜索的范围，可以使用别名来引导对某个特定条目的搜索。如下的示例举例说明了别名出于上述目的的一种用法。如图J.1所示，坐落于大阪（Osaka）的某分公司能够使用名（称）{ C = Japan, L = Osaka, O = ABC, OU = Osaka-branch }来标识。

d) 如果名（称）有多个部分，则必选部分的数量和可选部分的数量都应当相对少，以便易于记忆。

e) 如果名（称）有多个部分，则一般来说，这些部分出现在名（称）中的确切次序应当是不重要的。

f) 用户友好的名（称）不得包含计算机地址。

g) 在某些情况下，能够使用上下文来提供可替换的名（称）。例如，如图J.2所示，人员Jones能够使用{O = "XYZ", OU = "Research", CN = "Jones"}来标识，其上下文为Language = English；另外还能够使用{O = "XYZ", OU = "Recherche", CN = "Jones"}来标识，而此时上下文为Language = French。

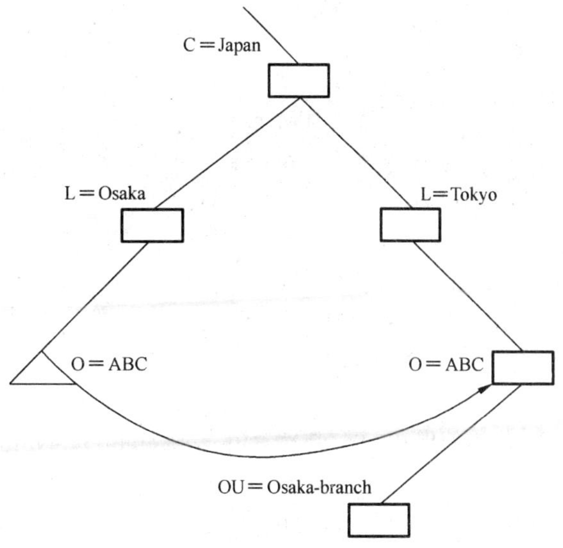

图 J.1 别名示例

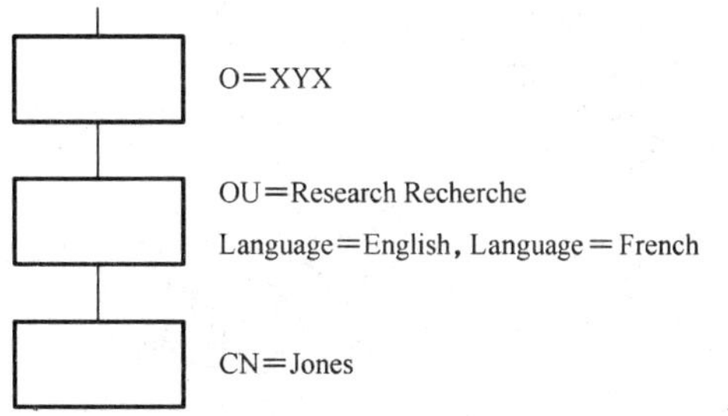

图 J.2 名(称)的上下文变化示例

附 录 K
（资料性附录）
模式的各方面的示例

K.1 属性层次结构的示例

图 K.1 显示了一个通用属性telephoneNumber 的值的简单层次结构，该属性的值被表示为包含在一个外部集合中。有两个特定的属性类型从该通用类型中派生出来，即workTelephoneNumber 和homeTelephoneNumber 。这些类型的值被表示为包含在内部集合中。

类型homeTelephoneNumber 的值既被包含在表示homeTelephoneNumber 的内部集合中，也被包含在表示telephoneNumber 的外部集合中，但不被包含在表示workTelephoneNumber 的内部集合中。

一个 DIT 结构规则能够被定义为允许条目可以包含图 K.1 中所显示的三种类型的值。而另外一个规则可能被定义为允许条目仅包含类型 telephoneNumber 的值。

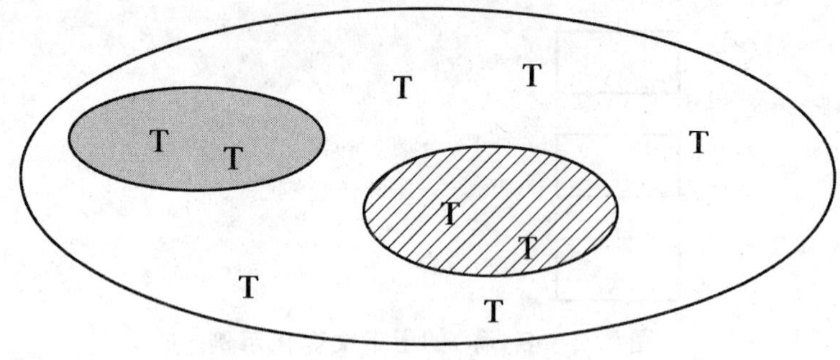

T 一个具有telephoneNumberSyntax的值

homeTelephoneNumber

workTelephoneNumber

TelephoneNumber

图 K.1 电话号码属性值的层次结构

K.2 子树规范的示例

下面是一个示例，举例说明了子树规范。考虑图 K.2 中表示的 DIT 的一部分。

子树 1 和子树 2 都与名(称)为 a 的管理点相关。而标识符 b1、c2、d3 等，则表示与管理点 a 相关的本地名(称)值。

子树 1 可被定义为：

```
subtree1 SubtreeSpecification ::={
        specificExclusions { chopBefore b1 } }
```

子树 2 可被定义为：

```
subtree2 SubtreeSpecification    ::={
         base b1 }
```

假设图 K.2 中，所有以本地名(称) e1、e2 等标识的条目，是表示有组织的人员条目。可指定一棵子树精选来包括管理区内的这些所有的条目，如下：

```
    subtree-refinement1 SubtreeSpecification ::={
```

```
        specificationFilter
                item                    id-oc-organizationalPerson }
```

还可以将其细化到仅包含子树 2 中的所有这些有组织人员，如下所述：

```
subtree2-refinement SubtreeSpecification   ::=   {
        base            b1,
        specificationFilter
                item            id-oc-organizationalPerson }
```

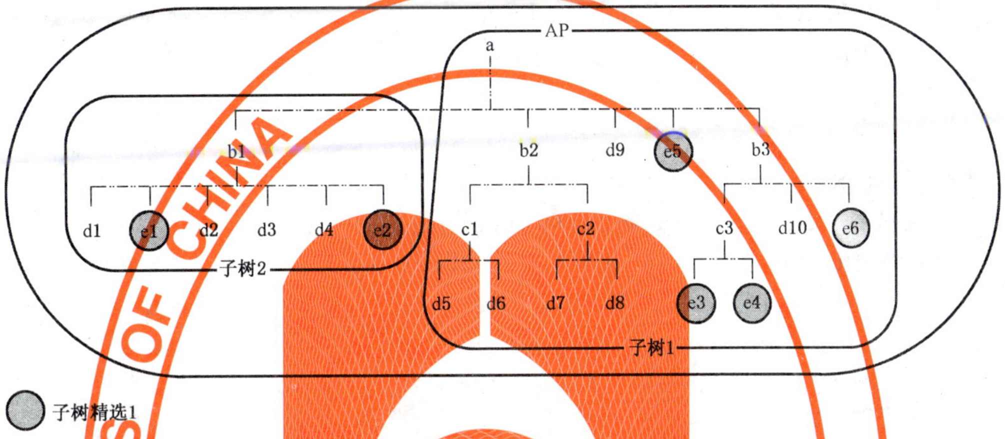

图 K.2 子树规范示例

K.3 模式规范

K.3.1 客体类和名(称)格式

下述客体类，在 GB/T 16264.7—2008 中定义，用于一个特定的子模式管理区：

——organization；

——organizationalUnit；

——organizationalPerson。

对于子模式内唯一的客体类为 organization 的管理条目而言，不要求名(称)格式。下述名(称)格式，在 GB/T 16264.7—2008 中定义，用于包含类 organizationalUnit 和 organizationalPerson 中的条目：

——orgNameForm；

——orgUnitNameForm；

——orgPersonNameForm。

K.3.2 DIT 结构规则

定义了如下结构规则，用以规范一棵如图 K.3 中的子树的结构。图 K.3 举例说明了在为 DIT 的不同点增加一个条目时可能会使用哪个规则。

```
    rule-0 STRUCTURE-RULE::={
            NAME FORM       orgNameForm
            ID              0 }

rule-1 STRUCTURE-RULE::={
            NAME FORM       orgUnitNameForm
            SUPERIOR RULES      { rule-0 }
            ID              1 }
```

```
rule-2 STRUCTURE-RULE::={
        NAME FORM          orgUniNameForm
        SUPERIOR RULES        { rule-1 }
        ID              2 }

rule-3 STRUCTURE-RULE::={
        NAME FORM          orgUniNameForm
        SUPERIOR RULES        { rule-2 }
        ID              3 }

rule-4 STRUCTURE-RULE::={
        NAME FORM          orgPersonNameForm
        SUPERIOR RULES        { rule-1, rule-2, rule-3 }
        ID              4 }
```

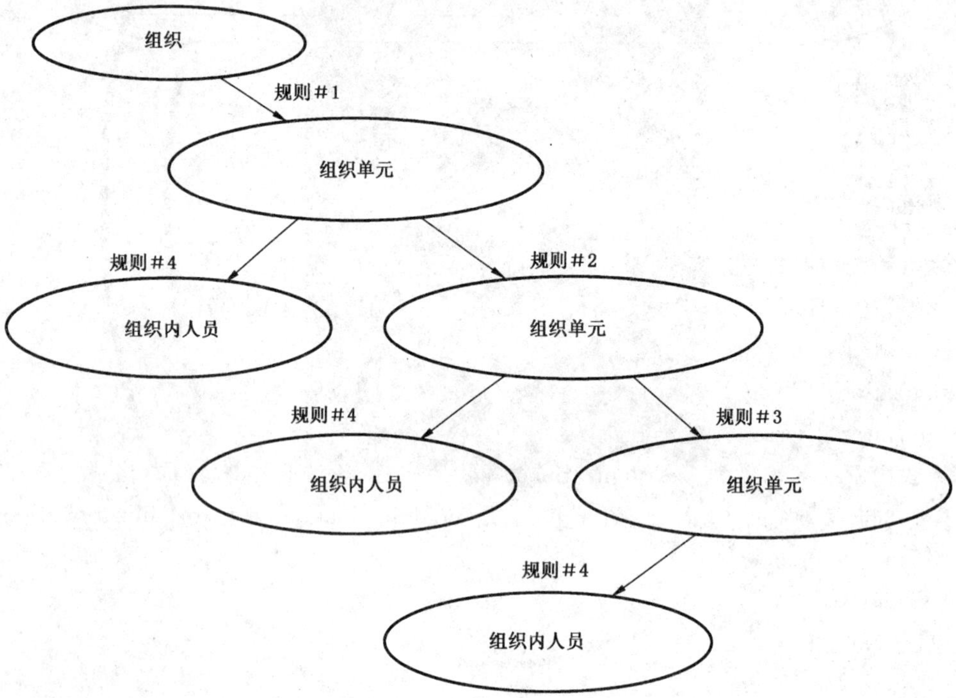

组织
规则#1
组织单元
规则#4
组织内人员
规则#2
组织单元
规则#4
组织内人员
规则#3
组织单元
规则#4
组织内人员

图 K.3　子模式示例

K.4　DIT 内容规则

假设子模式管理者有两种需求,需要为子模式管理区内的条目增加附加信息,需求如下:

——所有的 organizationalPerson 和 organizationalUnit 条目都应当具有属性 organizationalTelephoneNumber。当查询目录的电话号码时,该属性应当被返回;

——所有的 organizationalPerson 条目将具有新的属性管理者。

定义了如下属性类型来满足上述需求:

```
manager   ATTRIBUTE   ::=   {
        WITH SYNTAX              BOOLEAN
        EQUALITY MATCHING RULE          booleanMatch
```

```
        SINGLE VALUE          TRUE
        ID                id-ex-managerAttribute }

organizationalTelephoneNumber   ATTRIBUTE   ::=   {
        SUBTYPE OF        telephoneNumber
        COLLECTIVE        TRUE
        ID            id-ex-organizationalTelephoneNumber }
```

定义了如下 DIT 内容规则来满足上述需求：

```
organizationRule   CONTENT-RULE   ::=   {
            STRUCTURAL OBJECT CLASS    id-oc-organization }

organizationalUnitRule   CONTENT-RULE   ::=   {
            STRUCTURAL OBJECT CLASS    id-oc-organizationalUnit
            MAY CONTAIN                { organizationalTelephoneNumber } }

organizationalPersonRule   CONTENT-RULE   ::=   {
            STRUCTURAL OBJECT CLASS    id-oc-organizationalPerson
            MUST CONTAIN                { manager }
            MAY CONTAIN                { organizationalTelephoneNumber } }
```

K.5 DIT 上下文用法

子模式管理者需要实现某个国际化组织的策略，该策略要求必须使用 locale 上下文在该组织的管理区内来区分标题属性类型和描述属性类型的不同的值。此外，由于组织可能会以一种常规的方式来轮换职责，因此对某些人员来说，在条目中使用临时的标题上下文是需要的。

定义了如下 DIT 上下文规则来满足上述需求：

```
descriptionContextRule    DIT-CONTEXT-USE-RULE    ::=    {
        ATTRIBUTE TYPE                  description
        MANDATORY CONTEXTS                  { locale } }

titleContextRule                 DIT-CONTEXT-USE-RULE ::={
        ATTRIBUTE TYPE                   title
        MANDATORY CONTEXTS                   { localeContext }
        OPTIONAL CONTEXTS                    { temporalContext } }
```

附 录 L
（资料性附录）
基本访问控制许可概述

L.1 概述

本附录是资料性附录，为操作、被保护项及许可种类之间的各种不同组合的含义提供了一个概述。如果本概述和本目录规范的正文所提供的规范有差异，则正文提供的标准文本具有权威性，须以其为准。

表L.1将目录操作与条目和属性的访问控制关联起来，对许可种类进行了概述，这些许可种类是为了使操作成功而务必被准予的。

表L.2对许可种类 returnDN 和discloseOnError 提供了一个概述，并概述了如何将准予和拒绝与不同协议元素相关联起来。

表L.3对与条目访问控制的准予和拒绝相关的语义提供了一个概述。

表L.4对与属性访问控制的准予和拒绝相关的语义提供了一个概述。

L.2 操作所需的许可

表L.1 根据目录操作所需的目录信息许可

目录操作	所需的条目被保护项的许可	所需的属性和属性值被保护项的许可
比较	*阅读(Read)*	*比较(Compare)*：用于正在比较的属性 *比较(Compare)*：用于正在比较的属性值
阅读	可辨别名的*阅读(Read)*和*返回DN (ReturnDN)*：针对识别名	*阅读(Read)*：用于返回的任何属性类型信息 *阅读(Read)*：用于返回的任何属性值
列表	*浏览(Browse)*和*返回DN(ReturnDN)*：用于所返回的RDN的所有下级条目	无
搜索	用于的搜索范围内候选条目*浏览(Browse)*； 返回*DN (ReturnDN)*用于每个被返回的识别名	如果有的话，*过滤器匹配(FilterMatch)*：用于评价一个过滤 项是 TRUE 或 FALSE 的属性类型和属性值信息。 *阅读(Read)*：用于返回的任何属性类型信息。 *阅读(Read)*：用于返回的任何属性值
增加条目	*增加(Add)*	*增加(Add)*：用于指定的所有属性类型 *增加(Add)*：用于指定的所有属性值
删除条目	*删除(Remove)*	无
修改条目	*修改(Modify)*	*增加(Add)*：用于被增加的所有属性。 *增加(Add)*：用于被增加的所有属性值。 *删除(Remove)*：用于被删除的所有属性。 *删除(Remove)*：用于被删除的所有属性值
修改DN	*初始位置的重命名(Rename)*：如果仅有最后一个RDN被修改 *输出(Export)*：从初始位置删除一棵子树 *输入(Import)*：在目标位置重新安置一棵子树	无

L.3 影响错误的许可

表 L.2 对错误和名(称)的返回产生影响的许可

	受影响的协议元素	含 义
返回 DN (*ReturnDN*)	EntryInformation CompareResult ListResult SearchResult NameError ContinuationReference	如果被准予,则可返回实际的识别名。 如果被拒绝,则禁止返回实际的识别名。 根据本地策略,可能会返回一个替代的合法别名
在错误中泄漏 (*DiscloseOnError*)	NameError UpdateError AttributeError SecurityError	如果被准予,则允许返回一个错误,该错误中显示了该被保护项的存在。 如果被拒绝,则要求目录隐藏该被保护项的存在

L.4 条目级许可

表 L.3 条目级许可及其含义

许 可	含 义
阅读(Read)	如果被准予,则允许对条目执行目录阅读或比较操作,但是它自己不能够批准可以返回该条目的任何属性信息。 如果被拒绝,则不允许对条目执行阅读或比较操作
浏览(Browse)	如果被准予,则在列表或搜索操作的范围内,允许条目作为候选条目。 如果被拒绝,则在列表或搜索操作的范围内,将排除该条目
增加(Add)	如果被准予,则允许条目本身被增加,但不包括它的属性。增加仅是在作为预定 ACI 时才有意义。 如果被拒绝,则不允许增加条目
修改(Modify)	如果被准予,则允许对条目执行修改操作。 如果被拒绝,则不允许对条目执行修改操作
删除(Remove)	如果被准予,则允许删除条目,而不必考虑任何属性。 如果被拒绝,则不允许删除条目
重命名(Rename)	如果被准予,则允许修改条目的 RDN,或者可选的,删除一个旧值并增加一个新值,而不必考虑可能应用于该条目的对属性或属性值的保护,修改是通过 ModifyDN 操作完成的,该操作必须符合 Import 和 Export 的适当的许可。 如果被拒绝,则不允许修改条目的 RDN
输入(Import)	如果被准予,在一个 ModifyDN 操作中,将条目及其所有的下级都重新安置到 DIT 内的一个指定位置上。输入(Import)操作仅在作为预定 ACI 时才有意义。 如果被拒绝,则不允许使用 ModifyDN 操作将条目及其所有的下级都重新安置到 DIT 内的一个指定点
输出(Export)	如果被准予,则允许使用 ModifyDN 操作将条目及其所有的下级都重新安置到 DIT 内的另外一个指定的位置。请求者必须在目标位置拥有输入许可。 如果被拒绝,则不允许使用 ModifyDN 操作重新安置条目及其所有的条目
返回 DN *(ReturnDN)*	如果被准予,则允许条目的识别名置于操作结果中返回。 如果被拒绝,则不允许返回识别名。根据本地策略,可能会返回一个替代的合法别名

表 L.3(续)

许　　可	含　　义
在错误中泄漏(DiscloseOnError)	如果被准予,则允许在返回的错误中显示条目的存在。 如果被拒绝,则要求目录隐藏条目的存在。DiscloseOnError 本身不能够拒绝具有检测到条目的能力,这种检测是通过其他被准予的适当方式获得的

L.5　属性级许可

表 L.4　属性级许可及其含义

许　　可	被保护项类别	含　　义
阅读(Read)	属性类型	如果被准予,则允许关于该属性类型的信息在阅读或搜索操作的结果中返回。尽管它是作为阅读该属性值的先决条件,但它本身不能够对该属性类型的任何值的访问进行准予。 如果被拒绝,则不允许在阅读或搜索操作的结果中返回关于该属性类型的信息。结果是,它同样拒绝了所有的属性值
阅读(Read)	属性值	如果被准予,则允许一个属性类型的指定值可以在阅读或搜索操作的结果中返回。它不能对属性类型本身的访问进行准予。为了能够阅读一个属性值,还要求对相应的属性类型具有阅读许可。 如果被拒绝,则不允许在阅读或搜索操作的结果中返回该属性类型的指定属性值。它本身不能够拒绝对其他值的访问,或者拒绝对属性类型本身的访问
比较(Compare)	属性类型	如果被准予,则允许比较操作对属性类型进行检测。尽管它是作为该类型的属性值比较的先决条件,但它本身不能够对该属性类型的任何值的比较进行准予。 如果被拒绝,则不允许比较操作对该属性进行检测。结果是,它同样拒绝了对所有属性值的检测
比较(Compare)	属性值	如果被准予,则允许比较操作对指定属性类型的指定值进行检测。它不能对属性类型本身的比较进行准予。为了能够比较一个属性值,还要求对相应的属性类型具有比较许可。如果被拒绝,则不允许比较操作对该指定属性值进行检测
过滤器匹配(FilterMatch)	属性类型	如果被准予,则允许该属性类型用于一个搜索过滤项的评价中。尽管它是作为该类型的属性值包含在过滤项评价中的先决条件,但它本身不能够对该属性类型的任何值进行准予。 如果被拒绝,则不允许在一个过滤项的评价中使用该属性类型及其属性值
过滤器匹配(FilterMatch)	属性值	如果被准予,则允许该属性值用于一个搜索过滤项的评价中。为了能够成功评价,则还要求对相应的属性类型具有过滤器匹配许可。 如果被拒绝,则不允许在一个过滤项的评价中使用该属性值
增加(Add)	属性类型	如果被准予,则允许增加指定的属性类型。但其本身不能够对该属性类型的任何值的增加进行准予。 如果被拒绝,则不允许增加指定的属性类型,结果是也不允许增加其所有的属性值

表 L.4（续）

许　　可	被保护项类别	含　　　　义
增加(Add)	属性值	如果被准予，则允许增加指定的属性值。它不能对属性类型本身的增加进行准予。相反的，为了增加一个已经存在的属性的属性值，不要求对相应的属性类型具有增加许可。 如果被拒绝，则不允许增加指定的属性值
删除(Remove)	属性类型	如果被准予，则允许在一个修改操作中，将指定的属性类型及其所有的属性值都删除。但它本身不能够对该属性类型的任何单个属性值的删除进行准予。 如果被拒绝，则不允许在一个修改操作中删除指定的属性类型
删除(Remove)	属性值	如果被准予，则允许在一个修改操作中删除指定的属性值。为了能够删除最后一个属性值，还要求对相应的属性类型具有删除许可。 如果被拒绝，则不允许在一个修改操作中删除指定的属性值
在错误中显示(DiscloseOnError)	属性类型	如果被准予，则允许在返回的错误中可能显示属性的存在。 如果被拒绝，则要求目录隐藏属性的存在。DiscloseOnError 本身不能够拒绝具有检测到属性类型的能力，这种检测是通过其他被准予的适当方式获得的
在错误中显示(DiscloseOnError)	属性值	如果被准予，则允许在返回的错误中可能显示属性值的存在。 如果被拒绝，则要求目录隐藏该属性值的存在。DiscloseOnError 本身不能够拒绝具有检测到属性值的能力，这种检测是通过其他被准予的适当方式获得的

附 录 M
（资料性附录）
访问控制示例

M.1 引言

本附录仅作为资料性附录做指南之用。它提出了三个主要的主题：在基本访问控制机制的体系结构中非常重要的设计原则；基本访问控制的一个扩展示例；基于规则的访问控制的一个短示例。基本访问控制和基于规则的访问控制的详细信息在本目录规范的第18章和第19章以及GB/T 16264.3—2008中提供。

M.2 基本访问控制的设计原则

本章介绍了几个在基本访问控制的体系结构中使用的非常重要的设计原则。为了便于引用，每个设计原则都被赋予了标号，如PR-1。

PR-1：一般来说，与具有更高特异性的UserClasses相关的许可，其优先级要高于与具有较低特异性的UserClasses相关的许可。当许可具有相同的优先级时，应用此原则。在本原则中，特异性测量了一个请求者的名(称)与一个特定的UserClasses规范是如何明确相关的；其中，allUsers具有最低的特异性，而name是非常特定的。本原则体现在18.8.4的2)中。当缺省许可的策略(表示为具有较低特异性的UserClasses)被与某个具有更高特异性的UserClasses规范相关的许可所覆盖时，在这种情况下，本原则将简化这种情况。

PR-2：一般来说，与具有更高特异性的ProtectedItems相关的许可，其优先级要高于与具有较低特异性的ProtectedItems相关的许可。当许可具有相同的优先级以及相同的UserClasses特异性时，应用此原则。在本原则中，特异性测量了ProtectedItems规范与正在访问的某个确定的项是如何明确相关的。例如，当目标被保护项是一个特定的属性值，则allAttributeValues和allUserAttributeTypesAndValues比attributeValue的特异性要低。本原则体现在18.8.4的3)中。当缺省许可的策略(表示为具有较低特异性的ProtectedItems)被与某个具有更高特异性的ProtectedItems规范相关的许可所覆盖时，在这种情况下，本原则将简化这种情况。

PR-3：基本访问控制被建模为完全独立于名(称)解析过程，别名解除引用的情况除外。除了别名解除引用外，访问控制决策仅出现在目录已经成功地查找到一个适当的包含目标被保护项的DSA之后。一个必然推派生的原则便是：基本访问控制不会对目录如何产生子请求产生影响，也不会对目录如何执行与子请求相关的名(称)解析产生影响(除了别名解除引用的情况之外)。

PR-4：Precedence可以被用于加强上级管理机构与下级管理机构之间的关系，这样上级可以覆盖下级所设置的控制。例如：让SE1表示一个ACSA(称为ACSA-1)管理条目的子条目；类似的，让SE2表示ACSA-1内的一个ACIA管理条目的子条目。ACSA-1管理机构可能会指定出现在SE2中的Precedence的限制，这样SE2中的prescriptiveACI就不能够取消SE1中设置的预定ACI。同样，也能够为entryACI(在ACSA-1中)指定Precedence的限制，这样entryACI就不能够取消设置在SE1中的预定控制。本原则简化了部分授权的管理机构的实现。

注：本目录规范假定与内部域相关的优先级限制的方法可以实现。然而，本目录规范不定义(或不描述)优先级是如何被限制的。

PR-5：基本访问控制从来不会被动地准予访问；每个准予访问的决定都是基于明确指定的访问控制信息。一个必然推派生的原则便是：准予一种形式的访问从来都不会隐含着准予执行另一种形式的访问。这些原则与一个更通用的被称为“最小特权”的安全设计原则是一致的。

PR-6:如果作为决策基础的prescriptiveACI、entryACI或subentryACI中的任意一个都不存在的话,则ACDF将拒绝访问。如果所有其他的决策参数都相等的话,则拒绝将覆盖准予(例如,如果有ACIItems准予,也有其他ACIItems拒绝,而Precedence和特异性都相同,则在这种情况下,拒绝将获胜。)

M.3 对示例的介绍

图M.1描述了一棵DIT子树,该子树表示一个假想的公司"Z计算机公司(Z Computer Corporation或ZCC)",该子树用于整个示例。图M.1中的命名结构遵循GB/T 16264.7—2008中附录B的建议。可辨别名为{C=US, O=ZCC}的结点是一个管理条目,且是ZCC的自治管理点;因此它定义了一个自治管理区(AAA)的开始。自治管理区AAA的内容是一棵隐含定义的子树,该子树起始于自治管理点,终止于任一个叶结点或者终止于遇到的另一个自治管理点。在图M.1中,由于在{C=US, O=ZCC}结点之下,没有其他的自治管理点,因此该自治管理区AAA包含了结点{C=US}之下的所有结点。{C=US, O=ZCC}的结构客体类为organization;另外它还有一个辅助客体类certificationAuthority。辅助客体类用于在需要时帮助支持强鉴别。

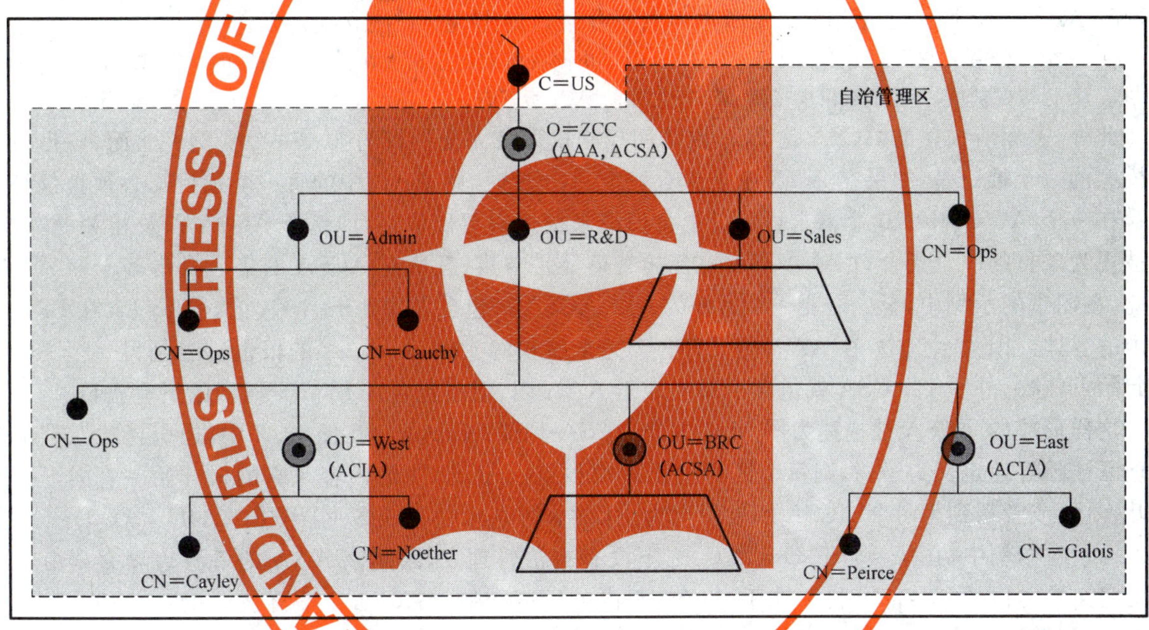

图M.1 Z计算机公司(ZCC)的DIT分支

在自治管理点之下,有3棵子树:主管部门(Admin)、研发部门(R&D)和销售部门。每棵子树的根是一个结构客体类为organizationalUnit和辅助客体类为certificationAuthority的条目。R&D子树包含结构客体类organizationalUnit的条目,这些条目对应于远端地点,在其之下是结构客体类organizationalPerson的叶客体。在图中仅显示了类organizationalPerson的具有代表性的客体。结构客体类organizationalUnit的所有客体都有一个辅助客体类certificationAuthority。结构客体类organizationalPerson的所有客体都有一个辅助客体类strongAuthenticationUser。这些辅助客体类用于在需要时帮助支持强鉴别。

可辨别名为{C=US, O=ZCC, OU=Admin, CN=Ops}的客体属于结构客体类groupOfUniqueNames;它的属性uniqueMember的值包含了名(称)空间的管理者。它所包含的一个名(称)为{C=US, O=ZCC, OU=Admin, CN=Cauchy}。还有另外两个这样的客体:{C=US, O=ZCC, OU=R&D, CN=Ops},其拥有的成员负责维护R&D子树内的条目;{C=US, O=ZCC, CN=Ops},其拥有的成员负责{C=US, O=ZCC}的直接下级条目。可辨别名为{C=US, O=ZCC, OU=R&D, OU=West, CN=Cayley}的用户是后两个组中的成员。

图 M.1 中的两个梯形表示局部子树，该局部子树的细节对本例不重要。

M.4 影响特定区和内部区定义的策略

为了支持基本访问控制，在 AAA 内可能建立两种类型的管理区：访问控制特定区（ACSA）和访问控制内部区（ACIA）。任何类型的一个管理区的建立都是通过为管理条目中的属性administrative-role 赋予适当的值来实现的，此管理条目是该管理区的根顶点。一个 ACSA 的内容是一棵隐含定义的子树，该子树起始于根顶点，并向下扩展至叶客体或者遇到另一个 ACSA 的根为止。此外，一个 ACSA 的边界从来不会扩展至超出包含它的 AAA 的下游边界。在 ACIA 的情况下，其下游边界将出现在两种情况下，一种是遇到一个叶条目，另一种是遇到包含它的 ACSA 的边界。嵌套的 ACIA 具有相同的下游边界，且该边界与包含它们的 ACSA 的下游边界相同。

ZCC 已经建立了影响 AAA 内所需管理区的数量和类型的策略。第一个这样的策略是：名为基础研究协会(BRC)的组织单元被授予完全的权力，为了控制根顶点为{C=US, O=ZCC, OU=R&D, OU=BRC}的子树中的条目，它们可以建立所惯例的访问控制属性。为了简化该策略的实现，根{C=US, O=ZCC, OU=R&D, OU=BRC}被指定为一个管理条目，其管理角色为id-ar-accessControl-SpecificArea 。所形成的 ACSA 的下游边界由于叶条目的出现而被隐含地定义。

注：一个 ACSA 将权力的完全授权概念具体化，因为访问决策取决于出现在 ACSA 内部的 ACI，该 ACSA 包含了目标被保护项，并且不被出现在该 ACSA 之外的 ACI 所影响。

此外，上面所描述的 ACSA 是 ZCC 内访问控制权力被完全授权的唯一一个实例。然而，该目录管理模型的一个推论是，如果在 AAA 中至少有一个 ACSA 时，则 AAA 中的每一个条目都必须且仅必须包含在一个 ACSA 中。这个需求可通过集合理论来描述得更加清晰，即每个 ACSA 以及相关的 AAA 都被视为条目的一个集合：每对 ACSA 集合的交集都是空集，且所有 ACSA 的集合合集等于该 AAA。因此，在图中的示例中，至少需要一个另外的一个 ACSA 来包含那些处于 AAA 内，但不包含在 BRC 子树内的客体。因为示例中，在 AAA 内仅有一个完全授权的实例，则 AAA 的根也应当是另一个 ACSA 的起始点，这另外一个 ACSA 就包含了那些处于 AAA 内，但不包含在 BRC 子树内的所有条目。

这样形成的 ACSA 被描述为图 M.2 中的 ACSA-1 和 ACSA-2。在图 M.2 中，还应当注意到由于管理区被隐含地定义为子树，则每个区都包括其根顶点。ACSA-1 的内容从它的根开始一直向下扩展至叶客体，或者遇到另一个 ACSA 的根顶点为止(在本例中，为{C=US, O=ZCC, OU=R&D, OU=BRC})。在本例中，在{C=US, O=ZCC}之下没有自治管理点，因此该 AAA 的下游边界完全由叶客体所定义。本例的剩余部分将关注于 ACSA-1 内的访问控制 (ACSA-2 不再被讨论)。另外，为了简化，本示例不讨论关于对{C=US, O=ZCC, OU=Sales}的下级的控制。

另外一个影响管理区定义的 ZCC 策略是：西部 R&D 组织单元被授予了关于访问控制操作属性的部分权力，这些访问控制操作属性影响了根顶点为{C=US, O=ZCC, OU=R&D, OU=West}的子树中的条目。通过将该 R&D 西部子树的根作为一个管理点，且其管理角色为id-ar-accessControlInnerArea ，使得该策略得到了最好的实现。这意味着，一般来说，为该子树规定的访问控制将是该子树根的子条目内定义的控制和包含它的 ACSA(即 ACSA-1)的根的子条目内所定义的控制的组合。所形成的 ACIA 的内容是一棵隐含定义的子树，其根为{C=US, O=ZCC, OU=R&D, OU=West}，并且一直向下扩展直至遇到叶客体。由于一个 ACIA 是一棵子树，它的内容包含该子树的根顶点。

对于 R&D 东部组织单元也有一个类似的策略。相应的 ACIA 的根顶点为{C=US, O=ZCC, OU=R&D, OU=East}。图 M.3 描述了 ACSA-1 内的两个 ACIA。为 R&D 西部定义的 ACIA 标注为 ACIA-1；为 R&D 东部定义的 ACIA 标注为 ACIA-2。

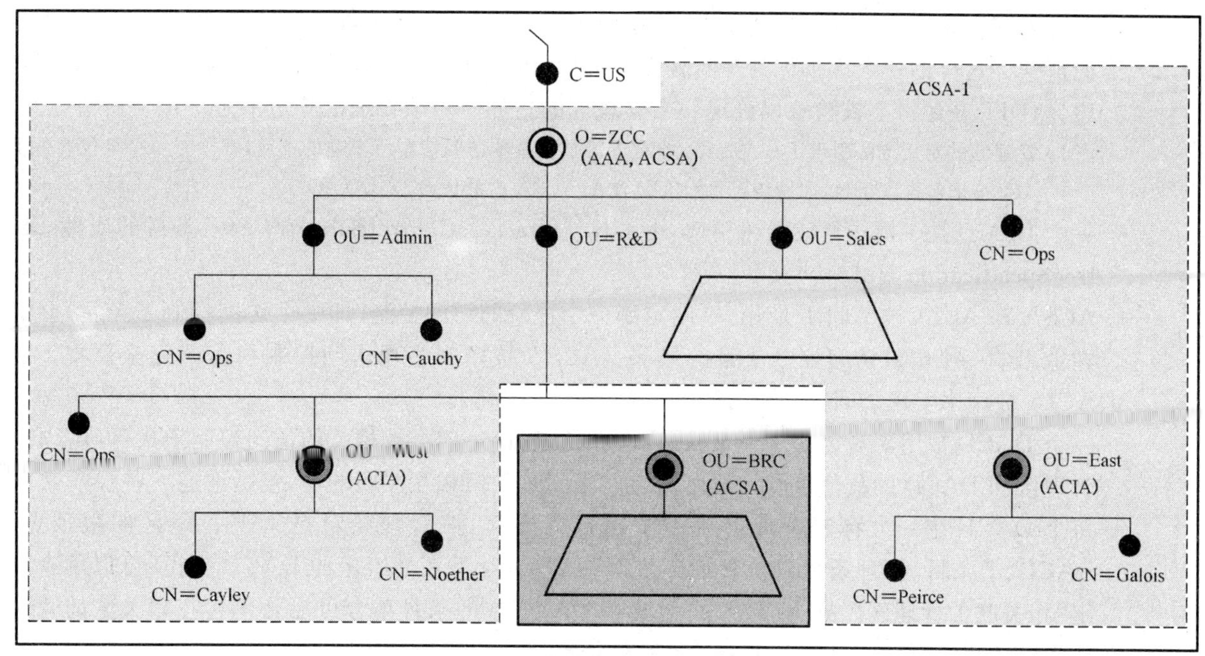

图 M.2 访问控制特定区

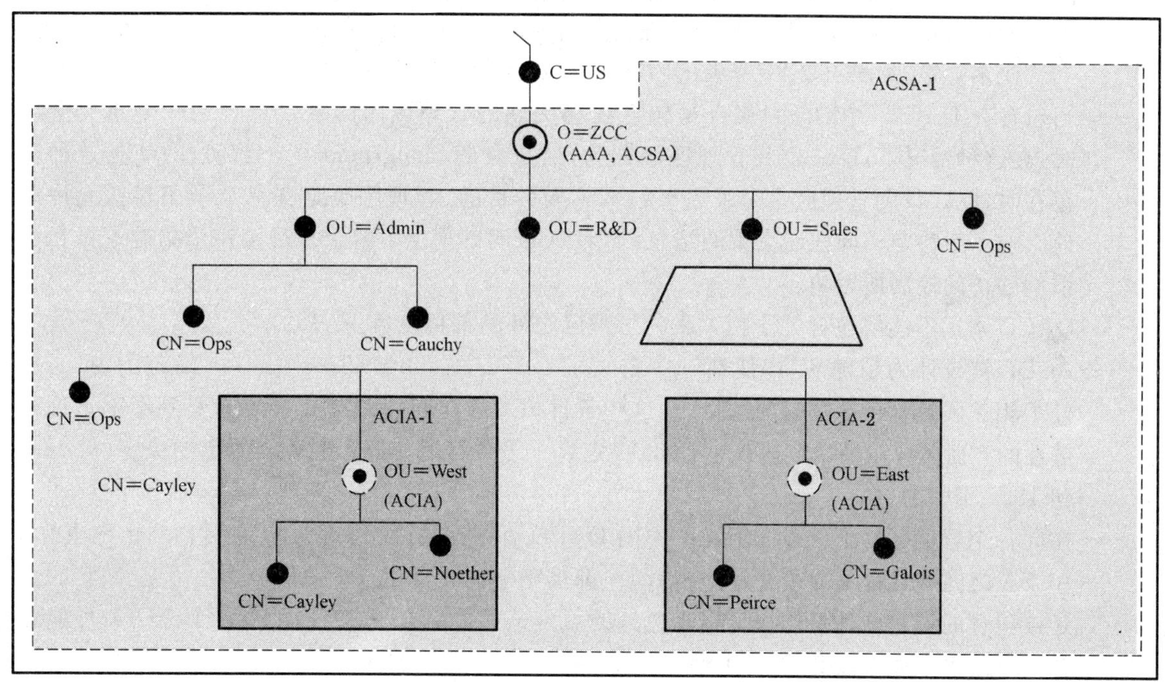

图 M.3 访问控制内部区

M.5 影响 DACD 定义的策略

惯例的访问控制在访问控制管理条目的子条目(客体类为accessControlSubentry)内定义。每个这样的子条目都有一个相关联的属性subtreeSpecification,该属性定义了子条目范围内的一个条目集合。

包含在此范围内的条目可能会组成一棵子树,或者组成一棵子树精选。在基本访问控制的上下文内,一个访问控制子条目的范围被称为一个目录访问控制域DACD)。使用基本访问控制的安全机构应当注意不要混淆管理区的概念和DACD的概念。在本条的开始,将对管理区和DACD之间的区别及关系进行分析,然后继续讨论产生每个DACD的ZCC策略。

管理区和DACD之间的区别可以摘要描述如下:

——一个管理区是一棵隐含定义的子树，其根为一个管理条目，并一直向下扩展，如 M.4 中所描述的那样。这样的一个区被称为是隐含定义的，是因为在目录中没有标准化的属性来规定区的边界；DIT 在逻辑上被检查以确定一个管理区的边界。一个管理区一定不是一棵子树精选。

注 1：管理区的定义方法引出了一个推论，即对于每个被基本访问控制所影响的条目，都须有一个且仅有一个 ACSA 来包含该条目(即使该条目没有包含在 ACSA 内的任何 DACD 中)。

——一个 DACD 是一棵子树或子树精选，由客体类为 accessControlSubentry 的子条目的属性 subtreeSpecification 显式地定义。

——ACSA 和 ACIA 被 ACDF 使用，以确定哪一个惯例的访问控制(即哪个访问控制子条目)会潜在地影响一个给定访问控制决策的结果。ACSA 被用来实现访问控制权力的完全授权。而 ACIA 被用来实现访问控制权力的部分授权。

——一个 DACD 被用来规定哪一个条目(或潜在的条目)可能会被相关的访问控制子条目所影响。

——管理区和 DACD 的其他重要方面以及它们之间是如何相互关联的等，包括下述一些观察点。

——每个 DACD 在一个特定管理条目的子条目内定义，该管理条目是某个管理区的根顶点。DACD、子条目、管理条目以及管理区之间的联系，对于一个给定的 DACD 来说，可以用来决定“相关联的管理区”(见 M.5.1)。包含在 DACD 中的条目集合可能是包含在相关联的管理区内的条目集合的一个完全子集或不完全子集。

注 2：术语“完全子集”和“不完全子集”是从数学的集合理论中借用的。说集合 A 是集合 B 的完全子集，当且仅当 A 中的每个元素都是 B 中的元素，且 B 中至少有一个元素不是 A 中的元素。说集合 A 是集合 B 的不完全子集，当且仅当两个集合中都包含了完全相同的元素。

——当包含在 DACD 中的条目集合是包含在相关联的管理区内的条目集合的一个不完全子集时，在这种情况下，DACD 和管理区被称为是“重叠的(congruent)”。然而，即使是这种重叠存在时，DACD 和管理区也是服务于根本不同的目的(管理区决定哪一个子条目被允许潜在地影响一个特定访问控制决策的结果，而 DACD 明确规定了哪个条目被一个给定子条目内的惯例的访问控制所影响。)

——DACD 永远不能够包含处于相关联的管理区之外的条目。

——ACDF 被设计为稳健的，即使在一个定义了 DACD 的 subtreeSpecification 的范围内，还拥有处于相关联的管理区之外的条目，与这些条目相关的访问控制决策也不会受到影响。这种稳健性的方面体现在 ACDF 过程中，用以决定哪个子条目潜在地影响一个给定的决定(见 18.3.2 和 18.8.1 中的 d))。

——在同一个管理区的子条目内定义的不同 DACD 可以在共同相关联的管理区内自由地重叠。

——ACSA 之间永远都不能重叠；每个 ACIA 都被完全地嵌套在一个 ACSA 中。完全嵌套的含义是被包含的域内的条目构成了用来包含的域内条目的完全子集。另外，一个 ACIA 可能会包含一个或多个完全嵌套的 ACIA。

——若管理区是嵌套的，则与包含的区相关联的 DACD 可以同与被包含的区相关联的 DACD 之间自由重叠。用来包含的区可能是一个 ACSA 或一个 ACIA，而被包含的区总是一个 ACIA。

每个 DACD 都与策略的某一方面相关，这些方面影响了一个或多个条目或潜在条目。被策略的某个特定方面所影响的条目构成了一个 DACD。与策略的某个特定方面相关的 DACD 应当与负责实施该方面策略的管理机构所控制的管理区相关联。

在本例中，有多个策略方面被控制 ACSA-1 的管理机构所实施。例如，有应用于 ACSA-1 内所有客体的“缺省”控制。这些控制被赋予了一个优先级和一个特异性级别，允许它们容易地被其他预定的控制或 entryACI 属性所覆盖。还有一个策略是仅应用于{C＝US，O＝ZCC}的直接下级(在 ZCC 内，这些条目被称为是管理级条目)。还有一个策略是仅应用于具有结构客体类 organizationalPerson 的条目。

ACSA-1 内的所有条目都被包含在与缺省控制相关的一个 DACD 内。因此，该 DACD 被定义为一棵子树，(以{C=US, O=ZCC}为其 base 顶点)以及一个 chop 规范(该规范将根为{C=US, O=ZCC, OU=R&D, OU=BRC}的子树排除在外)。所形成的 DACD 与 ACSA-1 是重叠的，在图 M.4 中被描述为 DACD-1。

注 3：本上下文中的“重叠”的含义见 18.3.2 中的 g)。

还是在 ACSA-1 内，控制organizationalPerson 条目的 DACD 是一棵子树精选(以{C=US, O=ZCC}为其 base 顶点)以及一个仅包含具有organizationalPerson 的客体类条目的specificationFilter(见 K.2 中的subtree-refinement1)。该 DACD 在图 M.4 中被描述为 DACD-2。

在 ACSA-1 内的第三个 DACD 是与用来控制的管理级条目相关的(即此组织根条目的除子条目外的其他直接下级。该 DACD 是一个(被切除(集)的)子树(以{C=US, O=ZCC}为其 base 顶点)以及一个 chop 规范，该 chop 规范仅包含了顶点{C=US, O=ZCC}的除子条目外的其他直接下级。该 DACD 在图 M.4 中被描述为 DACD-5。

对于 ACIA-1，需要一个 DACD 来处理策略的某个方面，该方面的策略已经授权给控制该内部区的管理机构。被授权的管理机构仅影响{C=US, O=ZCC, OU=R&D, OU=West}的下级，因此该 DACD 与 ACIA-1 不重叠。该 DACD 在图 M.4 中被描述为 DACD-3。

对于 ACIA-2，仅需要一个 DACD；然而，被授权的管理机构影响 ACIA-2 内的所有条目，因此，该 DACD 与 ACIA-2 是重叠的。该 DACD 在图 M.4 中被描述为 DACD-4。

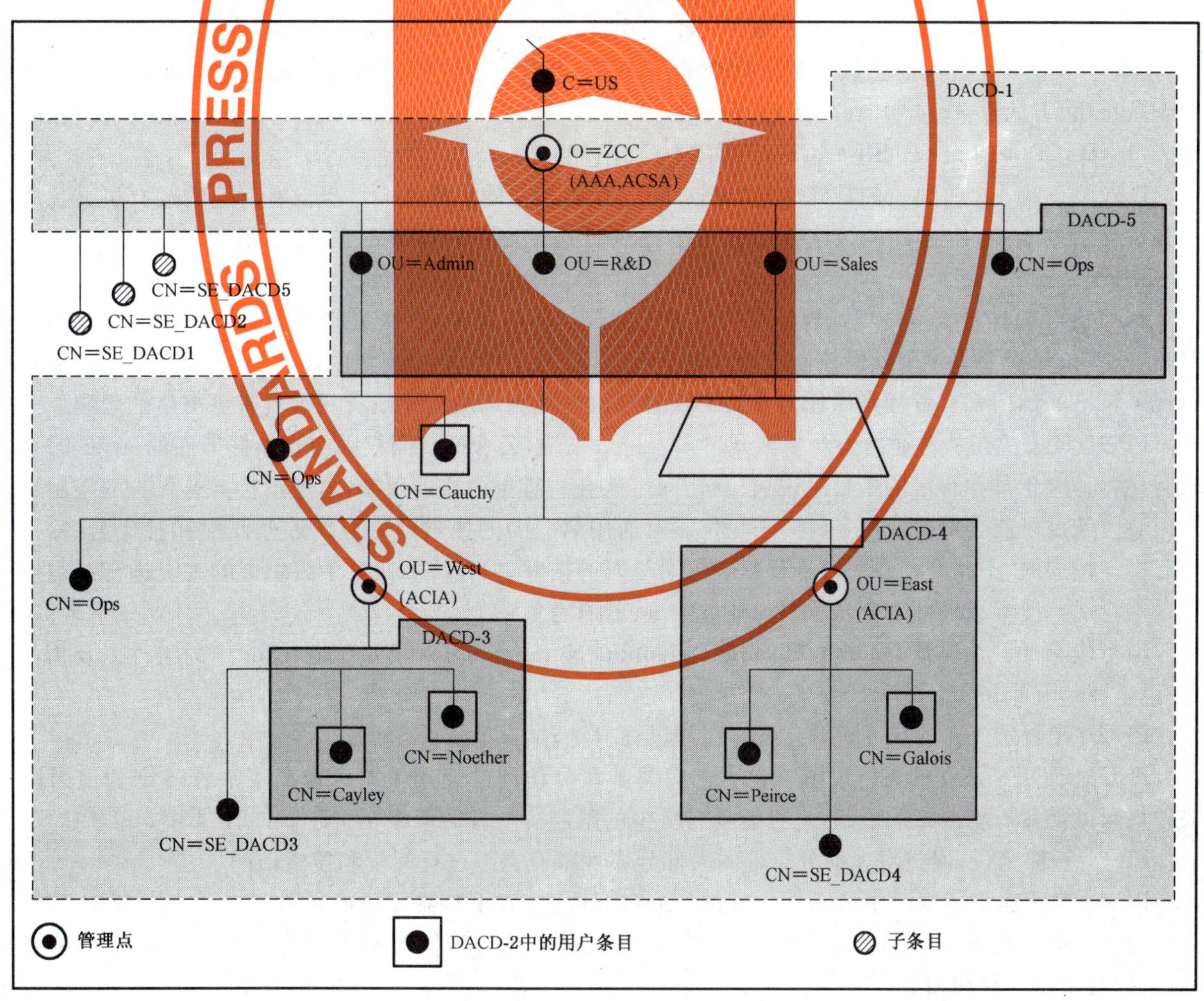

图 M.4　目录访问控制域

M.5.1 与每个 DACD 相关联的管理区

本例中使用的每个子条目都显示在图 M.4 中。本条总结了每个子条目的位置，并且指出了与每个 DACD 相关联的管理区。

DACD-1、DACD-2 和 DACD-5 定义在顶点{C=US, O=ZCC}的子条目中，该顶点是 ACSA-1 的根顶点。因此，这三个 DACD 被称为与 ACSA-1 相关联。定义 DACD-1 的子条目的名(称)为{C=US, C=ZCC, CN=SE_DACD1}。其他子条目具有类似的名(称)，都指示了它们所定义的 DACD。

DACD-3 定义在顶点{C=US, O=ZCC, OU=R&D, OU=West}的子条目中，该顶点是管理条目，是 ACIA-1 的根顶点。因此 DACD-3 与 ACIA-1 相关联。

DACD-4 定义在顶点{C=US, O=ZCC, OU=R&D, OU=East}的子条目中，该顶点是管理条目，是 ACIA-2 的根顶点。因此 DACD-4 与 ACIA-2 相关联。

M.6 属性 prescriptiveACI 所表示的策略

本章详细描述了可应用于 ACSA-1 内每个 DACD 的访问控制策略。本例中讨论的策略应当被认为是一个被简化的部分策略，以便易于表示。特别的，没有讨论关于口令是如何被控制的，因为一般来说，口令表示的是访问控制的一种特殊情况；另外，也没有讨论关于DiscloseOnError 或ReturnDN 的许可。

本章中讨论的策略用术语“策略片段”来表示，以便于理解属性prescriptiveACI 是如何被集合起来共同用于实施整个策略。每个片段被赋予一个引用标签，后续部分中可以使用这些标签；标签的格式为 PF-n，其中 n 是一个连续的整数。对于每个 DACD，还指示了可应用的策略片段是如何使用一个或多个子条目(包含属性prescriptiveACI)来表示的。

M.6.1 DACD-1 的 prescriptiveACI

DACD-1 的一个主要目的是施加与“缺省”访问控制相关的策略片段。当没有其他的具有更高优先级和特异性的控制时，这样的策略片段就可以提供替代控制了。特异性在 M.2 的设计原则 PR-1 和 PR-2 中讨论。

ZCC 已经根据缺省策略规则规定了它们关于公众访问的策略，这些策略可能会由于某些条目而被覆盖，这些条目需要更多限制的控制。缺省的策略在 PF-1 和 PF-2 中规定。注意：根据 ZCC 策略，那些实现了策略的部门都有责任确保任何背离了缺省规则的规则都应当比缺省规则具有更严格的限制。

PF-1：员工应当从普通的公众中区分出来。一般来说，公众的访问权限应当根据下面的 a)和 b)来限制；然而，对于某些特定的条目来说，公众访问可能会具有更严格的限制(永远不会具有更少的限制)。

a) 条目可能会根据通用名(称)来定位。对通用名(称)的搜索允许容纳近似匹配和替代名(称)。特别的，不允许普通公众进行基于电话号码的搜索，但允许那些处于组织中的人员进行该类搜索。搜索结果可能会显示 commonName 的所有值；
b) 仅有的公众属性是commonName 、telephoneNumber 和postalAttributeSet 中的组件以及 facsimileTelephoneNumber 。

PF-2：普通公众的访问可能不会被鉴别，但是应当提供一个身份。

ZCC 还使用了缺省的策略规则来表示它们关于雇员访问的通用策略。背离了缺省规则的规则比缺省规则可能具有更严格的限制，也可能具有更少的限制。缺省的策略在 PF-3 和 PF-4 中定义。

PF-3：一般来说，雇员对大部分条目的大部分属性都有兴趣进行阅读和搜索访问。

PF-4：对于雇员不修改 ACSA-1 内容的访问(在任何方式下)，需要简单鉴别。

还有一些应用于 DACD-1 的策略片段不能被作为缺省值。这样的两个示例在 PF-5 和 PF-6 中给出；它们与条目的管理相关。

PF-5：{C=US,O=ZCC,CN=Cauchy}是“超级用户”，被授权可以访问所有的数据，并可以执行任何必需的操作。

PF-6：对 ACSA-1 的内容进行任何修改时，都要求强鉴别。

可以使用{C=US，O=ZCC}的一个或多个子条目来实现 DACD-1 的策略片段。每个这样的子条目都应该具有相同的subtreeSpecification（该subtreeSpecification 以顶点{C=US，O=ZCC}为其base）以及一个chop 规范（该规范将 OU=BRC 的子树排除在外）。每个这样的子条目还应当包含一个属性prescriptiveACI 来实现该 DACD-1 策略片段的某个子集。为了本例的目的，假设使用一个单独的子条目（没有强制性的技术原因来使用更多的子条目）来获取所有的与 DACD-1 相关的预定控制。为了简化引用，该子条目在引用时被称为 SE_DACD1。在 SE_DACD1 中的属性prescriptiveACI 具有多个值；本条的后续部分将讨论每个值是如何设计的。

出现在prescriptiveACI 属性中的值的数量，部分地取决于策略片段是如何为了简便的目的而被分组为itemFirst 和userFirst 值的（这两个类型中的任一个都可能用于任何一个给定的情况中）；另外它还依赖于预定的访问控制本身是如何被处理的。

例如，PF-1 实现中的一部分要求公众用户（即allUsers）被准予如下所有的许可：

a） 浏览（Browse）：对于被保护项entry；

b） 过滤器匹配（FilterMatch）和阅读（Read）：对于被保护项attributeType {commonName}；

c） 过滤器匹配（FilterMatch）和阅读（Read）：对于被保护项allAttributeValues {commonName}。

这些许可对于实现 PF-1 是必要的（但不是充分的见注 1）。由于有 3 种被保护项（entry，attributeType 和allAttributeValues）且仅有一个用户类（allUsers），因此，看起来使用userFirst 类型的一个单独的ACIItem 是最自然的，而不是使用itemFirst 类型。

注 1：如果下述两个条件都同时满足的话，则上述所讨论的许可对于允许针对commonName 的搜索来说也是足够的：

a） 没有其他的具有更高优先级或特异性的相关 ACIItems 来拒绝上述所列的浏览（Browse）或过滤器匹配（FilterMatch）许可；以及

b） 在 SE_DACD1 内没有其他的prescriptiveACI 属性值，来拒绝上述所列的浏览（Browse）或过滤器匹配（FilterMatch）许可。

替代地，能够使用三个不同的ACIItem：分别针对每个被保护项。这种替代允许每个ACIItem 都拥有不同的访问控制；每个都有一个唯一的identificationTag（不同于同一个属性 prescriptiveACI 的其他值的identificationTag），且能够在另一个 ACIItem 中被引用，在该 ACIItem 中，被保护项是 attributeValue，且相关的属性值断言中规定了被保护值的identificationTag。注意：在本方法中，使用attributeValue 利用了为属性prescriptiveACI 而定义的特殊的相等匹配规则（见 18.5.1）。保护 ACI 的示例将在本例的随后部分给出详细讨论。

为了本例的目的，使用了 SE_DACD1 中的属性prescriptiveACI 的 6 个值来实现策略片段 PF-1 到 PF-4。每 3 个值的设计摘要描述如下。

注 2：在下述的设计摘要中，每个被保护项都被分配了一个标签以简化后续的引用。标签格式为圆括号内的斜体字（如 A1、A2、B1）。

注 3：本例中使用了 4 个优先级，分别是 10、20、30 和 40。

identificationTag：“公众访问 — 可以对通用名（称）的列表和搜索操作进行条目访问”

Precedence：10

UserClasses：{ allUsers }

authenticationLevel：none

ProtectedItems：{ (A1) entry }

grantsAndDenials：{ grantBrowse }

```
identificationTag:   “公众访问 — 可以对搜索操作进行过滤器访问”
Precedence:   10
UserClasses:      { allUsers }
authenticationLevel:  none
ProtectedItems:  { (B1 ) attributeType { commonName },
                   (B2 ) allAttributeValues { commonName },
                   (B3 ) attributeType { objectClass },
                   (B4 ) allAttributeValues { objectClass } }
grantsAndDenials: {  grantFilterMatch  }
```

```
identificationTag:   “公众访问 — 可以对阅读和比较操作进行条目访问”
Precedence:      10
UserClasses:      { allUsers }
authenticationLevel:  none
ProtectedItems:    { (C1 ) entry }
grantsAndDenials:  { grantRead }
```

```
identificationTag:   “公众访问 — 可以对查询操作进行属性访问”
Precedence:   10
UserClasses:     { allUsers }
authenticationLevel:  none
ProtectedItems:  { (D1 ) attributeType {commonName,
                                         postalAttributeSet,
                                         telephoneNumber,
                                         facsimileTelephoneNumber } ,
                  (D2 ) allAttributeValues { commonName,
                                              postalAttributeSet,
                                              telephoneNumber,
                                              facsimileTelephoneNumber } }
grantsAndDenials:  { grantRead, grantCompare }
```

```
identificationTag:   “雇员访问 — 可以对程序操作进行属性访问”
Precedence:      10
UserClasses:     subtree with base { C=US, O=ZCC } and chop to
                     exclude O=BRC subtree
authenticationLevel:  simple
ProtectedItems:    { (E1 ) allUserAttributeTypesAndValues }
grantsAndDenials:  { grantRead, grantCompare }
```

---

identificationTag: “雇员访问 — 可以对搜索操作进行过滤器访问”
Precedence: 10
UserClasses: subtree with base { C=US, O=ZCC } and chop to exclude O=BRC subtree
authenticationLevel: simple
ProtectedItems: { (F1) allUserAttributeTypesAndValues }
grantsAndDenials: { grantFilterMatch }

注 4：对雇员的许可是对公众的许可和对雇员特定的许可的合集。上述的为雇员访问的 ACIItem 值与为公众访问的值具有密切的联系(强耦合)。这种强耦合在必要时能够被避免,方法是通过重复为公众访问的每个值(每个重复的值都应当具有一个新的 UserClasses,每个用户类仅规定一个雇员)。

该属性还有另外两个值与实现某个策略相关,该策略是关于条目是如何被管理的(见 PF-5 和 PF-6)。为了简化,本例假设访问控制属性是出现在 AAA 中的唯一的操作属性。这两个值的设计摘要描述如下：

identificationTag: “Cauchy 是超级用户(第 1 部分)”
Precedence: 40
UserClasses: user { C=US, O=ZCC, OU=Admin, CN=Cauchy }
uniqueIdentifier = 12345
authenticationLevel: strong
ProtectedItems: { (G1) entry }
grantsAndDenials: { grantAdd, grantRead, grantRemove, grantBrowse, grantModify, grantRename}

---

identificationTag: “Cauchy 是超级用户(第 2 部分)”
Precedence: 40
UserClasses: user { C=US, O=ZCC, OU=Admin, CN=Cauchy }
uniqueIdentifier = 12345
authenticationLevel: strong
ProtectedItems: { (H1) allUserAttributeTypesAndValues,
(H2) attributeType { entryACI },
(H3) allAttributeValues { entryACI } }
grantsAndDenials: { grantAdd, grantRead, grantRemove, grantCompare, grantFilterMatch }

注意:要让 Cauchy 作为超级用户,上述的两个值是必要的,但不是充分的。它们不是充分的是因为它们不能够让 Cauchy 控制 ACSA-1 的管理点子条目;有两个原因来解释为什么会这样。首先,预定的 ACI 不会应用于它所在的子条目。第二,不能使用置于某个子条目(被称为子条目-1)内的预定 ACI 来控制作为子条目-1 兄弟的子条目。因此,有必要在与 ACSA-1 的管理点相应的条目内放置 subentryACI ,因此 Cauchy 被允许管理该管理点下的所有子条目。必要的 subentryACI 在 M. 7 中讨论。

还应当注意在上述预定 ACI 的两个值中准予的权力允许 Cauchy 能够对与作为 ACSA-1 管理点下级的管理点的相关子条目进行全权管理。

M.6.2 DACD-2 的 prescriptiveACI

DACD-2 在 ACSA-1 的管理条目的子条目内定义。DACD-2 与管理客体类为organizationalPerson 的控制条目相关。下述策略片段是与之相关的。

PF-7:仅有命名空间管理组{C=US, O=ZCC, OU=Admin, CN=Ops}内的成员才能够增加、删除或重命名用户条目。然而,它们仅被允许向一个新的条目内增加必选属性(仅包含必选属性的一个条目被称为一个*最小条目 minimal entry*)。

SE_DACD2 的属性prescriptiveACI 的下述两个值可以实现 PF-7。

注:在 PF-7 的上下文中,重命名一个条目被理解为重命名时不修改其直接上级。为了简化,该示例不对更复杂的情况进行讨论,即在重命名时修改被重命名条目的直接上级的情况;在这种情况下,必须考虑 Import 和 Export 许可。

identificationTag: **"最小的叶条目管理(第 1 部分)"**
Precedence: 20
UserClasses: userGroup { C=US, O=ZCC, OU=Admin, CN=Ops }
authenticationLevel: strong
ProtectedItems: { (J1) entry,
(J2) attributeType {commonName, surname },
(J3) allAttributeValues {commonName, surname } }
grantsAndDenials: { grantAdd, grantRemove }

---

identificationTag: **"最小的叶条目管理(第 2 部分)"**
Precedence: 20
UserClasses: userGroup { C=US, O=ZCC, OU=Admin, CN=Ops }
authenticationLevel: strong
ProtectedItems: { (K1) entry }
grantsAndDenials: { grantRename }

M.6.3 DACD-3 的 prescriptiveACI

DACD-3 在 ACIA-1 的管理条目的子条目内定义。它实现了关于某些策略的策略片段,这些策略已经被部分授权给 ACIA-1。一个例子是 ACIA-1 的关于telephoneNumber 的策略与 DACD-1 内提供的缺省策略不同。在 DACD-3 内,telephoneNumber 不再被认为是一个公众可访问的项。这个可由下面的策略片段所反映。

PF-8:ACIA-1 内仅有的公众属性是commonName、postalAttributeSet 中的组件以及facsimileTelephoneNumber。

子条目{C=US, O=ZCC, OU=R&D, OU=West, CN=SE_DACD3}的属性 prescriptiveACI 的下述取值可以实现 PF-8。

identificationTag: **"公众访问的已授权控制"**
Precedence: 10
UserClasses: { allUsers }
authenticationLevel: none
ProtectedItems: { (L1)attributeType { telephoneNumber } }

grantsAndDenials: { denyRead, denyCompare, denyFilterMatch }

R&D 西部组织也被授权实现对客体类为 organizationalPerson 的条目进行自管理。该策略可由下面的策略片段所反映。

PF-9：R&D 西部的雇员可能会管理其自身目录条目内的属性值，相应的属性类型包括：telephoneNumber、commonName 和facsimileNumber；然而，他们可能不能修改或删除由主管部门提供的电话号码值。

PF-9 的第 1 部分由下面的两个ACIItem 所反映。对属性telephoneNumber 的某个特定值进行删除的限制通过使用在 M.8 中描述的entryACI 来实现。

```
identificationTag:     "对 R&D 西部雇员条目的自管理(第 1 部分)"
Precedence:     20
UserClasses:     thisEntry
authenticationLevel:     strong
ProtectedItems:     { (M1 ) entry }
grantsAndDenials:     { grantModify }
```

```
identificationTag:     "对 R&D 西部雇员条目的自管理(第 2 部分)"
Precedence:     20
UserClasses:     thisEntry
authenticationLevel:     strong
ProtectedItems:     { (N1 ) attributeType {  commonName,
                                             postalAttributeSet,
                                             telephoneNumber,
                                             facsimileTelephoneNumber },
                      (N2)allAttributeValues {  commonName,
                                                postalAttributeSet,
                                                telephoneNumber,
                                                facsimileTelephoneNumber } }
grantsAndDenials:     { grantAdd, grantRemove }
```

PF-10：若有一个分组，其成员在{C=US，O=ZCC，OU=R&D，CN=Ops}内标识，则该分组有责任为 ACIA-1 内条目的用户属性进行常规维护；然而，他们可能不能修改位于 ACIA-1 内的子条目。

该策略的第 1 部分在下述 ACIItem 中反映：

```
identificationTag:     "R&D 常规管理(第 1 部分)"
Precedence:     20
UserClasses:     userGroup { C=US, O=ZCC, OU=R&D, CN=Ops }
authenticationLevel:     strong
ProtectedItems:     { (P1 )entry }
grantsAndDenials:     { grantModify, grantAdd, grantRemove, grantBrowse,
                        grantRead, grantRename }
```

---

identificationTag:　“R&D 常规管理(第 2 部分)”
Precedence:　20
UserClasses:　userGroup { C=US, O=ZCC, OU=R&D, CN=Ops }
authenticationLevel:　strong
ProtectedItems:　{ (Q1)allUserAttributeTypesAndValues }
grantsAndDenials:　{ grantAdd, grantRemove, grantRead, grantFilterMatch,
　　grantCompare}

关于子条目的限制是这样处理的,即在允许访问的 ACIA-1 的管理条目内不包含任何 subentryACI 值。

M.6.4　DACD-4 的 prescriptiveACI

DACD-4 在 ACIA-2 的管理条目的子条目内定义。正因为如此,它实现了某些策略的策略片段,这些策略已经被部分授权给 ACIA-2。

为了简化,DACD-4 不再详细讨论。

M.6.5　DACD-5 的 prescriptiveACI

DACD-5 在 ACSA-1 的管理条目的子条目内定义。使用该 DACD 来控制对本组织中根的除子条目以外的所有直接下级的访问。特别地,将应用下述策略。

PF-11:执行分组{C=US, O=ZCC, CN=Ops}负责管理所有的作为{C=US, O=ZCC}的直接下级的条目。

PF-11 由下述ACIItem 值来表示。

identificationTag:　“管理级条目的控制(第 1 部分)”
Precedence:　40
UserClasses:　userGroup { C=US, O=ZCC, CN=Ops }
authenticationLevel:　strong
ProtectedItems:　{ (R1) entry }
grantsAndDenials:　{ grantRead, grantBrowse, grantRemove, grantAdd,
　　grantRename, grantModify }

---

identificationTag:　“管理级条目的控制(第 2 部分)”
Precedence:　40
UserClasses:　userGroup { C=US, O=ZCC, CN=Ops }
authenticationLevel:　strong
ProtectedItems:　{ (S1) allUserAttributeTypesAndValues,
　　(S2) attributeType { entryACI },
　　(S3) allAttributeValues { entryACI } }
grantsAndDenials:　{ grantRead, grantRemove, grantAdd, grantCompare,
　　grantFilterMatch }

M.7　属性 subentryACI 所表示的策略

M.7.1　ACSA-1 管理条目的 subentryACI

PF-5 体现在 prescriptiveACI 和subentryACI 的组合中,相关的prescriptiveACI 已经在 M.6.1 中

描述。为了让 Cauchy 能够管理 ACSA-1 管理点的子条目(以及任何一个作为 ACSA-1 管理点下级的子条目),有必要将下述subentryACI 值置于与 ACSA-1 管理点相应的条目内。

identificationTag: "Cauchy 是超级用户(第 3 部分)"
Precedence: 40
UserClasses: user { C=US, O=ZCC, OU=Admin, CN=Cauchy }
uniqueIdentifier = 12345
authenticationLevel: strong
ProtectedItems: { (G1) entry }
grantsAndDenials: { grantAdd, grantRead, grantRemove, grantBrowse,
grantModify, grantRename}

---

identificationTag: "Cauchy 是超级用户(第 4 部分)"
Precedence: 40
UserClasses: user { C=US, O=ZCC, OU=Admin, CN=Cauchy }
uniqueIdentifier = 12345
authenticationLevel: strong
ProtectedItems: { (H1) allUserAttributeTypesAndValues,
(H2) attributeType { entryACI },
(H3) allAttributeValues { entryACI } }
grantsAndDenials: { grantAdd, grantRead, grantRemove, grantCompare,
grantFilterMatch }

M.7.2 ACIA-1 管理条目的 subentryACI

将属性 subentryACI 置于 ACIA-1 的根顶点内,可以实现下述策略片段。

PF-12: 拥有通用名(称)的用户 Cayley 有责任管理 ACIA-1 内定义的所有 prescriptiveACI。

属性 subentryACI 的下面两个值可以实现 PF-12。

identificationTag: "Cayley 管理 ACIA-1 内的子条目(第 1 部分)"
Precedence: 20
UserClasses: user { C=US, O=ZCC, OU=R&D, OU=West, CN=Cayley }
authenticationLevel: strong
ProtectedItems: { (T1) entry }
grantsAndDenials: { grantRead, grantBrowse, grantRemove, grantAdd,
grantRename, grantModify }

---

identificationTag: "Cayley 管理 ACIA-1 内的子条目(第 2 部分)"
Precedence: 20
UserClasses: user { C=US, O=ZCC, OU=R&D, OU=West, CN=Cayley }
authenticationLevel: strong
ProtectedItems: { (U1) attributeType { prescriptiveACI },
(U2) allAttributeValues { prescriptiveACI } }
grantsAndDenials: { grantAdd, grantRead, grantRemove, grantCompare,

grantFilterMatch }

M.8 属性 entryACI 所表示的策略

PF-9 要求每个 R&D 西部雇员都被允许管理在其目录条目内的 telephoneNumber 的所有值，但有一个限制是他们不能修改或删除由主管部门所提供的一个特定值。为了实施该限制，在受限制的电话号码被加入到条目中的时候，主管部门将为每个条目增加一个 entryACI 值。entryACI 值摘要描述如下：

identificationTag： “电话号码的受限的自管理”
Precedence： 30
UserClasses： thisEntry
authenticationLevel： none
ProtectedItems： { (V1) attributeValue { telephoneNumber = 主管部门提供的值 } }
grantsAndDenials： { denyRemove }

注意：由于用户不能修改 entryACI 属性(它不是 PF-9 中所定义的自管理的一部分)，上述的控制不能被用户覆盖。

下述策略片段是使用 entryACI 来实现一个分组条目自管理的例子。

PF-13： 条目{C=US, O=ZCC, OU=Admin, CN=Ops}是一个“自管理的”分组条目；这意味着该分组中的每个成员可能会从分组中删除它们的名(称)，或者修改它们在分组中的名(称)。但它们可能不会删除或重命名分组本身。

PF-13 通过条目{C=US, O=ZCC, OU=Admin, CN=Ops}中的属性entryACI 实现，该属性有两个值简要描述如下。

identificationTag： “管理执行分组的自管理(第 1 部分)”
Precedence： 30
UserClasses： userGroup { C=US, O=ZCC, OU=Admin, CN=Ops }
authenticationLevel： strong
ProtectedItems： { (W1) entry }
grantsAndDenials： { grantModify }

---

identificationTag： “管理执行分组的自管理(第 2 部分)”
Precedence： medium
UserClasses： userGroup { C=US, O=ZCC, OU=Admin, CN=Ops }
authenticationLevel： strong
ProtectedItems： { (X1) selfValue { uniqueMember } }
grantsAndDenials： { grantRemove, grantAdd }

M.9 ACDF 示例

M.9.1 公众访问阅读

一个可辨别名为{C=GB, O=XC, CN=Smith}的普通公众成员，试图发起一个阅读操作来请求获取用户 Cayley 的电话号码值。该操作的访问控制决策在 GB/T 16264.3—2008 中定义。假设在名(称)解析中不包括别名解除引用，则第一个决策点是判断对目标条目的 Read 许可是否准予；该决策基于 ACDF 的下列输入：

——被请求的许可：Read；

——请求发起者：{C=GB, O=XC, CN=Smith}，无唯一标识符；

——鉴别级别：无；

——被保护项：条目{C=US, O=ZCC, OU=R&D, OU=West, CN=Cayley}；

——表 M.1 中显示的元组。

表 M.1

用户	项	许　　可	准予或拒绝	优先级	鉴别级别
allUsers	(*A1*)entry	*Browse*	G	10	None
allUsers	(*B1*)commonName 类型	*FilterMatch*	G	10	None
allUsers	(*B2*)commonName 值	*FilterMatch*	G	10	None
allUsers	(*B3*)objectClass 类型	*FilterMatch*	G	10	None
allUsers	(*B4*)objectClass 值	*FilterMatch*	G	10	None
allUsers	(*C1*)entry	*Read*	G	10	None
allUsers	(*D1*)commonName 类型	*Read*	G	10	None
allUsers	(*D1*)postalAttributeSet 类型	*Read*	G	10	None
allUsers	(*D1*)telephoneNumber 类型	*Read*	G	10	None
allUsers	(*D1*)facsimileTelephoneNo 类型	*Read*	G	10	None
allUsers	(*D2*)commonName 值	*Read*	G	10	None
allUsers	(*D2*)postalAttributeSet 值	*Read*	G	10	None
allUsers	(*D2*)telephoneNumber 值	*Read*	G	10	None
allUsers	(*D2*)facsimileTelephoneNo 值	*Read*	G	10	None
allUsers	(*L1*)telephoneNumber 类型	*Read*	D	10	None
allUsers	(*L1*)telephoneNumber 类型	*Compare*	D	10	None
allUsers	(*L1*)telephoneNumber 类型	*FilterMatch*	D	10	None

被保护的目标条目在 DACD-1、DACD-2 和 DACD-3 范围内(见图 M.4)。它没有entryACI 。这 3 个 DACD 将表 M.1 中显示的元组(可应用于指定的请求发起者)用于 18.8 描述的 ACDF 过程。

在去掉不相关的行后，ACDF 最后只剩下两行要考虑：第 4 行允许对条目进行阅读，第 13 行拒绝对条目进行阅读。因此 ACDF 将拒绝该访问。

注：为了简化，本例中没有讨论与错误条件相关的许可和过程。然而，在上述拒绝访问的情况下，响应方 DSA 的行为应当被 18.2.3 或 18.4.1 中所描述的来支配，并且将包括使用 ACDF 来判断对于目标条目而言，*DiscloseOnError* 是否被准予。

M.9.2 公众访问搜索

一个可辨别名为{C=GB, O=XC, CN=Smith}的普通公众成员，试图发起一个搜索操作来请求获取基客体{C=US, O=ZCC, OU=R&D, OU=West}的所有下级用户(wholeSubtree)的所有属性的所有值；filter 规定了FilterItem equality 为：objectClass =organizationalPerson 。该操作的访问控制决策点在 GB/T 16264.3—2008 的 10.2.6 中定义。

M.9.2.1 在搜索范围内检查每个条目是否有正确的条目许可

对于在搜索范围内的每个条目，假设在名(称)解析中没有别名解除引用，则第一个决策点是判断对

目标条目的*Browse* 是否准予。对于第一个这样的条目,ACDF 的输入为:

——被请求的许可:Browse;

——请求发起者:{C=GB, O=XC, CN=Smith};

——唯一标识符:无;

——鉴别级别:无;

——被保护项:条目{C=US, O=ZCC, OU=R&D, OU=West};

——表 M.2 中显示的元组。

由于被检查的条目仅包含在 DACD-1 中,则由 ACDF 收集的最初元组集合在表 M.2 中显示。注意这里没有考虑entryACI 。

从表 M.2 中去掉行的 ACDF 过程,将导致仅有第一行被保留下来;因此 ACDF 将准予被请求的访问。

类似的,ACDF 将对搜索范围内的每个条目都准予进行 *Browse* 操作。

表 M.2

用户	项	许　　可	准予或拒绝	优先级	鉴别级别
allUsers	(*A1*)entry	*Browse*	G	10	None
allUsers	(*B1*)commonName 类型	*FilterMatch*	G	10	None
allUsers	(*B2*)commonName 值	*FilterMatch*	G	10	None
allUsers	(*B3*)objectClass 类型	*FilterMatch*	G	10	None
allUsers	(*B4*)objectClass 值	*FilterMatch*	G	10	None
allUsers	(*C1*)entry	*Read*	G	10	None
allUsers	(*D1*)commonName 类型	*Read*	G	10	None
allUsers	(*D1*)postalAttributeSet 类型	*Read*	G	10	None
allUsers	(*D1*)telephoneNumber 类型	*Read*	G	10	None
allUsers	(*D1*)facsimileTelephoneNo 类型	*Read*	G	10	None
allUsers	(*D2*)commonName 值	*Read*	G	10	None
allUsers	(*D2*)postalAttributeSet 值	*Read*	G	10	None
allUsers	(*D2*)telephoneNumber 值	*Read*	G	10	None
allUsers	(*D2*)facsimileTelephoneNo 值	*Read*	G	10	None

M.9.2.2　检查是否满足过滤器

对于搜索范围内的被准予 Browse 的每个条目,下一个决策点是判断对于属性objectClass 的FilterMatch 是否被准予。对于第一个这样的条目,ACDF 的输入包括:

- 被请求的许可:Browse;
- 请求发起者:{C=GB, O=XC, CN=Smith};
- 唯一标识符:无;
- 鉴别级别:无;
- 被保护项:条目{C=US, O=ZCC, OU=R&D, OU=West};
- 表 M.2 中显示的元组。

ACDF 将去掉表 M.2 中除第 4 行之外的所有行;因此访问将被准予。下一步,搜索操作将检查属性objectClass 是否有任意一个值与organizationalPerson 相等。由于被检查的条目是一个组织单元条目,则Filter 将被评估为FALSE 。

类似的,Filter 将对 CN=SE_DACD3 的条目评估为FALSE 。

对于在搜索范围内的另外两个条目(CN=Cayley 和 CN=Noether),Filter 将被评估为TRUE 。对于每一个这样的条目,下一个访问控制决策是判断使Filter 被评估为TRUE 的属性值的*FilterItem* 是否被准予。因为这些条目都包含在 DACD-1、DACD-2 和 DACD-3 中，则输入到 ACDF 的最初的元组集合为表 M.1。表 M.1 中的第 5 行对两个条目的访问请求都准予。

因此，搜索结果中包含了来自条目 Cayley 和 Noether 的信息。这两个条目的附加访问控制决策从本质上来说与 M.9.1 中显示的公众阅读示例是相同的。

M.10 基于规则的访问控制

为了举例说明基于规则的访问控制的用法，确定了下述的安全规则示例（注意：仅是为了举例说明的目的，并不表示任何完全的现实世界的策略）。

可能的安全标签值是一个分等级的集合，包括：未标注，不保密，受限，机密，保密，绝密。

许可证的值也是一个分等级的一组值，最多包括：未标注，不保密，受限，机密，保密，绝密。

注：这些规则可能通过在团体中包括更多的特权信息来扩展，这些特权信息在专用标注或安全类别中承载。

访问规则为：

a) 如果许可证级别高于或等于标签级别，则访问被准予；

b) 如果许可证级别低于标签级别，则访问被拒绝。

附　录　N
（资料性附录）
DSE 类型组合

表 N.1 规定了在没有影像时，将 DSA 信息模型应用到 DSA 时可能出现的 DSE 类型的多种组合（即 dseType 属性中被命名的比特的组合）。提供该表可以帮助将 DSA 信息模型阐述清楚。本目录规范中不强制要求支持这些或其他 DSE 类型的组合。

表 N.1　不存在影像时定义的 DSE 类型的组合

DSE 类型	admPoint	cp	supr	nssr	sa	家族成员	注释
根（Root）			√	√			DSA 的根 DSE。如果 DSA 设置了 nssr 比特，则为第一级 DSA 的根 DSE。如果 DSA 设置了 supr 比特，则为非第一级的根 DSE
粘接（Glue）							粘接 DSE
条目（Entry）	√	√		√		√	客体条目 DSE；如果设置了 admPoint 比特，则其也是一个管理点；如果设置了 cp 比特，则其也是上下文前缀；如果设置了 nssr 比特，则其也是 nssr
别名（Alias）							别名条目 DSE
子条目（Subentry）		√					子条目 DSE
下级引用（subr）					√		下级引用 DSE；如果设置了 sa 比特，则为别名的下级引用点
直接上级引用（immSupr）						√	直接上级引用
交叉引用（xr）							交叉引用 DSE

注：DSE 类型 subr 和 immSupr 也可能会出现（可能在附加的比特 admPoint 中），尽管在表中不方便出现。RHOB 所维护的子条目和管理点信息通过比特 rhob 的出现而指示。

表 N.1 中的第一列标明了 DSE 类型，这些 DSE 类型不需要与其他 DSE 类型组合便可用于表示 DSE 的功能。

例如，可能会有一个 DSE 仅设置了比特 entry。第二列至第六列用勾号（√）标明了除第一列中标明的比特外，还可能被设置的附加 DSE 类型比特。这些比特可能被独立地设置。例如，一个 entryDSE 可能还设置了 nssr 比特、admPoint 比特和 cp 比特等，还可能是 admPoint、cp 和 nssr 比特的各种其他组合等。最后一列说明了表中该行所表示的各种 DSE 类型的组合。

表 N.2 规定了当存在影像时，可能出现的附加 DSE 类型的多种组合。类似于前一个表，表的第一列标明了 DSE 类型，在一个影像 DSA 中，这些 DSE 类型不需要与其他 DSE 类型组合便可用于表示 DSE 的功能。第二列至第六列用勾号（√）标明了除第一列中标明的比特外还可能被设置的附加 DSE 类型比特。这些比特可能被独立地设置。

表 N.2 当存在影像时定义的 DSE 类型的组合

DSE 类型	admPoint	cp	supr	nssr	sa	家族成员	注释
根 (Root)			√	√			第一级影像 DSA 的根 DSE，且设置了 nssr 比特
条目 (Entry)							对象条目 DSE；如果设置了 admPoint 比特，则其也是一个管理点；如果设置了 cp 比特，则其也是上下文前缀；如果设置了 nssr 比特，则其也是 nssr
别名 (Alias)	√	√		√		√	客体条目 DSE；如果设置了 admPoint 比特，则其也是一个管理点；如果设置了 cp 比特，则其也是上下文前缀；如果设置了 nssr 比特，则其也是 nssr
子条目 (Subentry)							别名条目 DSE
下级引用 (subr)		√					子条目 DSE
直接上级引用 (immSupr)					√		下级引用 DSE；如果设置了 sa 比特，则为别名的下级引用点
管理点 (admPoint)						√	直接上级引用
上下文前缀 (Cp)							没有用户属性的管理点 DSE(条目未被影像)；如果设置了 cp 比特，则其也是上下文前缀；如果设置了 nssr 比特，则其也是 nssr
非特定下级引用(nssr)							NssrDSE(条目未被影像)

注：表中所有的情况下，都设置了shadow 比特(因此在表中没有显式地表示出来)。如同在表 N.1 中的情况，DSE 类型 subr、immSupr 和shadow 也可能出现(可能在附加的比特admPoint 中)。最后，对于设置了subr 和/或immSupr 比特的 DSE，当被影像的条目信息被 RHOB 或影像维护的知识信息所覆盖时，则比特entry 和shadow 也可能出现。

附　录　O
（资料性附录）
知识的建模

下述示例举例说明了一个假设的DIT及其到3个DSA的潜在映射以及DSA为了支持此映射而必须维护的信息(包括知识信息)。

在下面的图O.1和图O.2中,使用了下述符号。

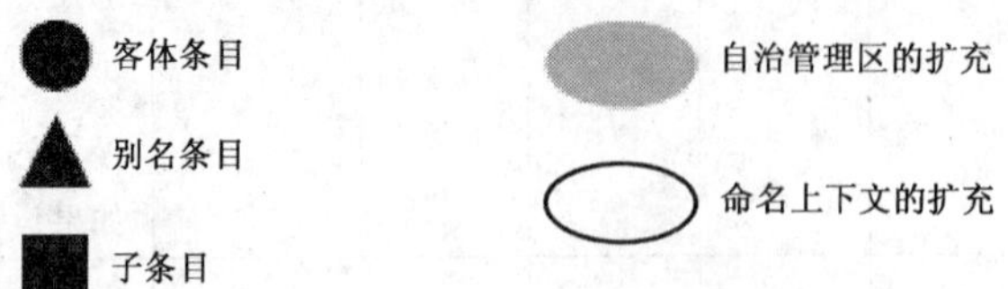

图O.1描述了一个假设的DIT。它被分割为4个自治管理区:单个条目的退化情况{C=WW}和{C=VV}以及两棵根分别为{C=WW，O=ABC}和{C=VV，O=DEF}的子树。还有一个条目{C=VV，O=DEF，OU=K}是客体条目{C=WW，O=ABC，OU=I}的一个别名。

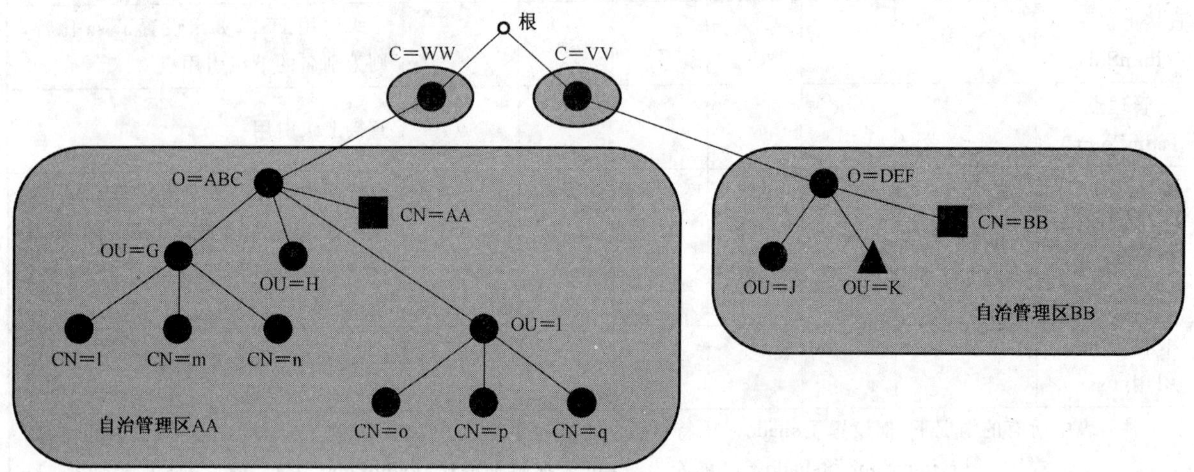

图 O.1　假设的 DIT

图O.2描述了将假设的DIT分割为5个命名上下文(A、B、C、D和E)以及它们与3个DSA(DSA1、DSA2和DSA3)之间的映射。在图中,DSA1拥有上下文C,DSA2拥有上下文A、B和E,最后DSA3拥有上下文D。

三个DSA拥有的知识如下所述:DSA1将DSA2作为它的上级引用,且对处于DSA2内的{C=WW，O=ABC}的下级信息有一个非特定的下级引用。DSA2是第一级DSA,并且维护一个到DSA1的关于上下文C的下级引用以及一个到DSA1的关于上下文E的直接上级上下文的直接上级引用。DSA2维护一个到DSA3的关于上下文D的下级引用。DSA3也将DSA2作为它的上级引用,并且到DSA2有一个关于上下文E的交叉引用。

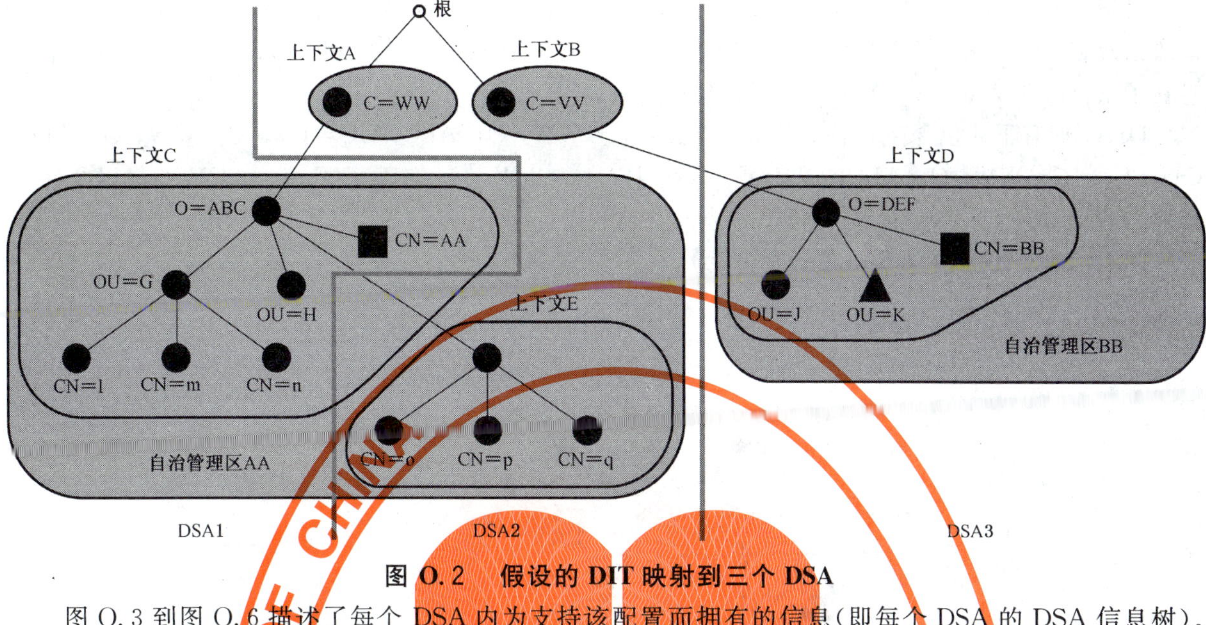

图 O.2　假设的 DIT 映射到三个 DSA

图 O.3 到图 O.6 描述了每个 DSA 内为支持该配置而拥有的信息(即每个 DSA 的 DSA 信息树)。下述符号用于这些图中。

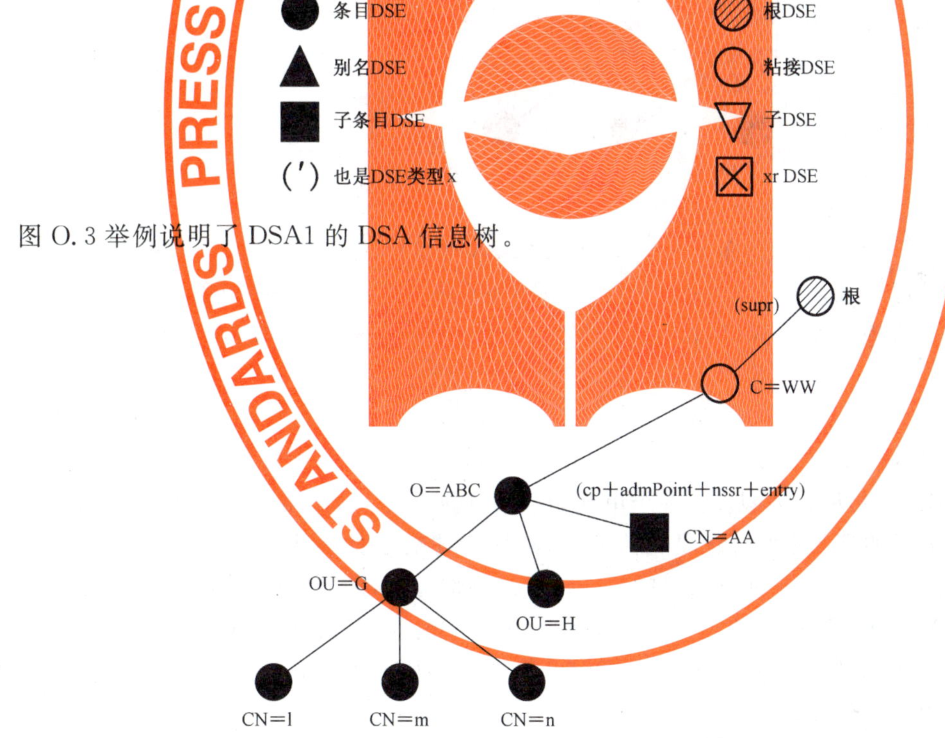

图 O.3 举例说明了 DSA1 的 DSA 信息树。

图 O.3　DSA1 的 DSA 信息树

由于 DSA1 不是第一级的 DSA,因此它的根 DSE 拥有一个上级引用,在本例中是 DSA2 的访问点。该 DSE 的类型为 root + supr。

DSA1 拥有一个粘接 DSE 来表示它的知识,名(称)为{C=WW}。

自治管理区 AA 被分割为两个命名上下文 C 和 E。其中上下文 C 由 DSA1 拥有。为了简化这个示例,假设与访问控制相关的特定管理区和子模式信息是一致的,且假设整个自治管理区内有一个单独的访问控制区和一个单独的子模式。上述假设的结果便是示例中的每个自治管理区仅需要一个单独的子条目(可能有多个目的)。

对于 DSA1,在{C=WW, O=ABC}处的 DSE,表示自治管理区 AA 的管理点、上下文 C 的上下文前缀以及到 DSA2 的一个非特定下级引用等,它的类型为 entry + cp + admPoint + nssr。区操作信息在子条目{C=WW, O=ABC, CN=AA}中拥有。

DSA1 拥有下述包含在上下文 C 中的条目:{C=WW, O=ABC, OU=G},{C=WW, O=ABC, OU=H},{C=WW, O=ABC, OU=G, CN=l},{C=WW, O=ABC, OU=G, CN=m}以及{C=WW, O=ABC, OU=G, CN=n}。

图 O.4 举例说明了 DSA2 的一个可能的 DSA 信息树。

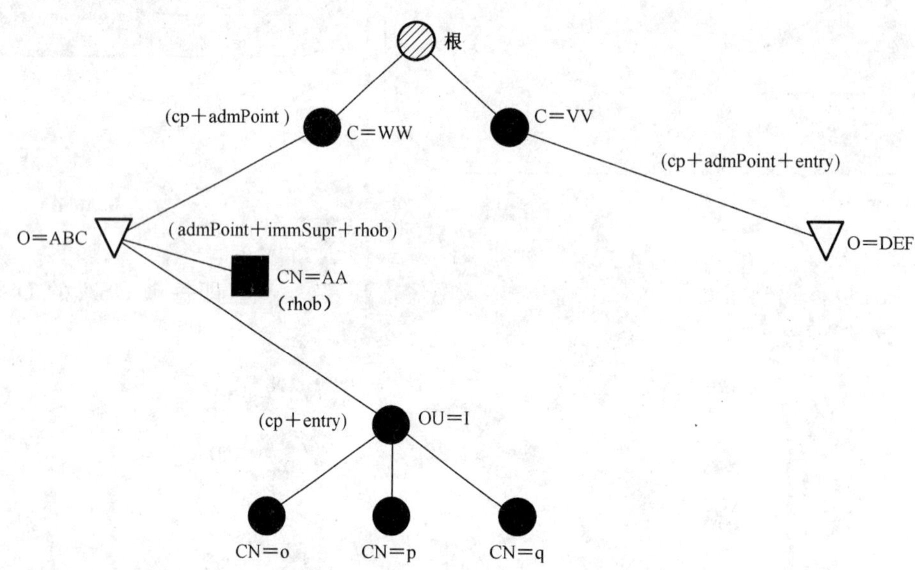

图 O.4　DSA2 的 DSA 信息树

在这个假设的情况下,DSA2 是第一级的 DSA,因此它的根 DSE 没有上级引用。

两个退化的自治管理区{C=WW}和{C=VV},表示它们的 DSE 的类型为 cp + entry + admPoint。

DIT 的下级知识由两个下级引用 DSE 来表示:{C=WW, O=ABC}和{C=VV, O=DEF}。在前一种情况下,该 DSE 的类型为 subr + admPoint + immSupr + rhob,原因将在下面描述。

在图 O.4 中,DSA2 被配置为假设有一个单独的子条目拥有关于 AA 的区操作信息。这就要求在 DSA2 中有一个子条目的拷贝(为了合理的性能)。实现上述需求的一个方法可以是建立 DSA1 和 DSA2 之间的 NHOB,以此来维护此子条目的拷贝。在这种情况下,区操作信息存储于名为{C=WW, O=ABC, CN=AA}的 DSE 内,它的类型为 subentry + rhob。在名为{C=WW, O=ABC}的 DSE 内拥有的 administrative-role 属性由 DSA1 向 DSA2 提供,作为 NHOB 的一部分。由于这个原因,该 DSE 的类型为 admPoint + rhob。

最后,命名上下文 E 包含如下信息:上下文前缀 DSE {C=WW, O=ABC, OU=I},它的类型为 cp + entry;其他三个条目 DSE{C=WW, O=ABC, OU=I, CN=o}、{C=WW, O=ABC, OU=I, CN=p}和{C=WW, O=ABC, OU=I, CN=q}。

配置 DSA2 的另一个替代方式在图 O.5 中举例说明。

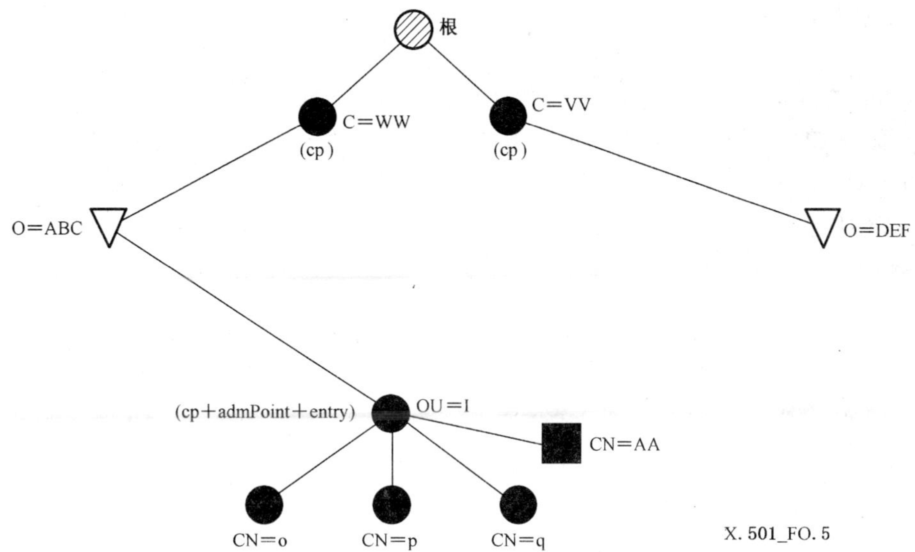

图 O.5　DSA2 的替代 DSA 信息树

与图 O.4 中所描述配置的不同之处仅在于对区操作信息的处理，这种配置的动机可能是希望避免维护与 DSA1 之间的 NHOB。

这种情况的策略是将 AA 分割为两个自治管理区（即分割域访问控制信息以及类似地分割子模式信息），其中一个与上下文 C 一致，另一个与上下文 E 一致。

在这种情况下，上下文前缀 DSE{C=WW，O=ABC，OU=I}也变为一个管理点，该 DSE 的类型为 cp + admPoint + entry。不再使用一个由 DSA1 提供的影像子条目作为 NHOB 的一部分，取而代之的是精简的区操作信息存储在子条目{C=WW，O=ABC，OU=I，CN=AA}中。

图 O.6 举例说明了 DSA3 的 DSA 信息树。

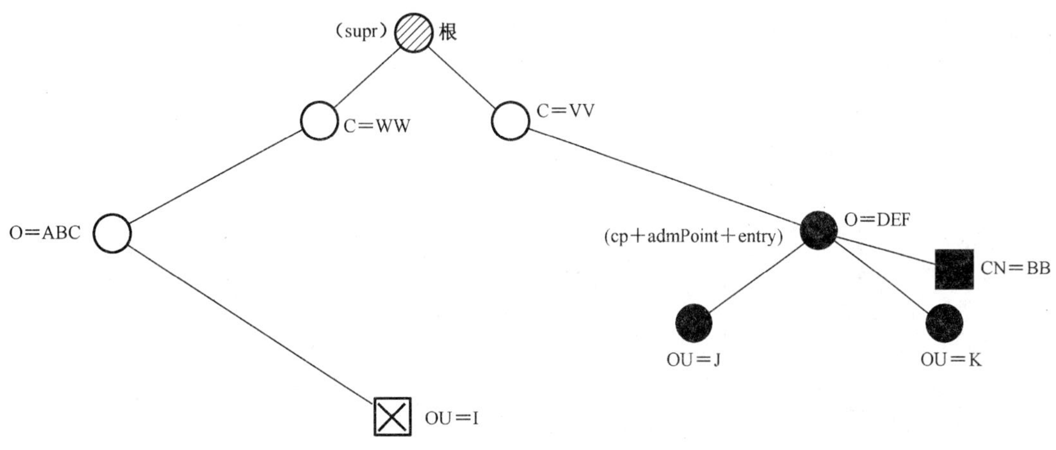

图 O.6　DSA3 的 DSA 信息树

同 DSA1 一样，DSA3 不是第一级的 DSA。它的根 DSE 拥有一个上级引用，本例中是 DSA2 的访问点。该 DSE 的类型为 root + supr。

DSA2 拥有一个 glue DSE 来表示其知识，名(称)为{C=VV}。

自治管理区 BB 与命名上下文 D 相一致。为了简化这个假设的示例，如同自治管理区 AA 的情况一样，假设与访问控制相关的特定管理区和子模式信息是一致的，且假设整个自治管理区内有一个单独的访问控制域和一个单独的子模式。上述假设的结果便是示例中的每个自治管理区仅需要一个单独的(但有多个目的的)子条目。

对于 DSA3，在{C=VV，O=DEF}处的 DSE，表示自治管理区 BB 的管理点以及上下文 D 的上下文前缀，它的类型为 entry + cp + admPoint。区操作信息在子条目{C=VV，O=DEF，CN=BB}中拥有。

DSA3 拥有包含在上下文 D 中的一个客体条目和一个别名条目：{C=VV，O=DEF，OU=J}（类型为 entry）和{C=VV，O=DEF，OU=K}（类型为 alias，且包含一个属性 aliasedEntryName，其值为{C=WW，O=ABC，OU=I}）。

最后，DSA3 拥有一个到上下文 E 的交叉引用，一个类型为 xr 的 DSE，名（称）为{C=WW，O=ABC，OU=I}。

附 录 P
（资料性附录）
作为属性值存储或作为参数使用的名(称)

当一个名(称)作为一个属性值存储于其他属性中时，或者作为一个属性值在某些交互中传递时(例如，一个别名指针)，总会有这样的问题存在，即所存储的名(称)是一个可替代辨别名还是一个主辨别名？它是否能够包含替代值？它是否能够包含上下文信息等。在本系列目录规范的必要位置会提及这些特定的限制。一般来说，对于作为一个属性值存储的名(称)没有限制；但是，为了简化与较老系统的交互并提供可预知的结果，有下述一些建议：

当一个操作属性的值是某个客体的名(称)时(例如creatorsName)，则此名(称)应当是该客体的主辨别名。可替代值和上下文信息不是必需的，但也可以包含在内。

当名(称)中的某个 RDN 的属性类型和值对包含了多个可辨别值时，这些可辨别值使用了values-WithContext，则应当使用主可辨别值作为AttributeTypeAndDistinguishedValue 中的value，这样与较老的系统之间的交互是可预知的。

当一个用户属性的值是一个名(称)时(例如名(称)组中的成员)，它可以是任意一个可替代辨别名、多可辨别名或所有可辨别名等，但建议使用主辨别名，这样与较老系统的交互是可预知的。另外，如果在这样的引用属性中包含了上下文和可替代值，这些上下文或可替代值一般是没什么作用的。

当属性是 DSA 信息树中的一部分，且用于名(称)解析中(如知识引用)时，则它须是主辨别名，且每个 RDN 都须在AttributeTypeAndDistinguishedValue 中为每个属性携带上下文和所有的可替代可辨别值，以便增强名(称)解析功能，并且与较老系统的交互也是可预知的。

附 录 Q
（资料性附录）
子过滤器

一个过滤器通过狄摩根(deMorgan)规则逐步展开后，可被转换为一系列的子过滤器。(狄摩根规则用于过滤器所使用的三值逻辑)。将一个过滤器看做一棵子树，这棵子树中，非叶结点对应于每个and{}、or{}、not{}，而每个叶结点是一个过滤项。子树中的每个弧表示 and{}、or{}、not{}中的一个元素；在 not{}情况下，仅有一条弧。

使用下面规则首先将每个 not{}发展成为叶结点：

not{and{x,y,z}}等同于 or{not{x}, not{y}, not{z}}

not{or{x,y,z}}等同于 and{not{x}, not{y}, not{z}}

not{not{x}}等同于 x 剩下的 not 直接应用于过滤项。

然后，再使用下面的规则来组合 and 和 or，并且朝着叶子的方向删除 and，使树再次得到简化：

and{and{x,y,z}, p, q}等同于 and{ x,y,z,p,q}

or{or{x,y,z}, p, q}等同于 or{ x,y,z,p,q}

and{or{x,y,z}, p, q}等同于 or{and{x,p,q}, and{y,p,q}, and{z,p,q}}

and (x,y,z)等同于 and{任何顺序的 x,y,z }

or (x,y,z)等同于 or{任何顺序的 x,y,z }

若 and{}为 TRUE，则 or{and{},x,y,z}总是 TRUE，且 and{and{},x,y,z}等同于 and{x,y,z}

若 or{}为 FALSE，则 and{or{},x,y,z}总是 FALSE，且 or{or{},x,y,z}等同于 or{x,y,z}

注—这里所使用的表示法，如{x,y,z}等的意思是零个、一个或多个成员的集合，如 x、y 和 z 等。

通过逐步地应用这些规则，过滤器最终将被转换为如下的一个规范格式：

or{and{p1, p2…,and{q1, q2… }…}其中，每个 pi 或 qi 或者是一个过滤项 F，或者是一个否定过滤项 not{F}。

则每个 and{p1, p2… }是原始过滤器的子过滤器。

附　录　R
（资料性附录）
复合条目的命名方式及其使用

本地成员名(称)的概念在9.3中做了介绍。本目录规范对于在结构规则之外如何分配名(称)不做任何限制。然而,在某些情况下,为家族成员建立一个命名方式对于取得所希望的效果来说是必要的。根据这个简单的方式,不同复合条目中的类似家族成员能够具有相同的本地成员名(称)。例如,一个拥有一个电话号码及其相关特性(如用法、话务量、呼叫限制等)的家族成员,能够在不同的复合条目中都具有相同的本地成员名(称)。当复合条目是层次结构组中的成员时(见GB/T 16264.3—2008中的7.13),这是非常必要的。还有另外一种方法来建立一个命名方式,即让一个家族成员的RDN反映出该成员所拥有的信息。例如,一个通信地址(例如一个电话号码或Email地址)能够拥有一个等于{ comAdressName = telephone1}或者{ comAdressName = emailAddress3 }的RDN。这样,通过对RDN执行最初的子字符串匹配即可定位电话号码家族成员。

下述使用命名方式的例子也是使用控制属性的一个例子,该控制属性由搜索规则组件additionalControl所指向(见16.10.8)。这个例子应当被明确地理解为仅是一个例子,而不是能够实现的一个规范,也不是其他规范能够正式引用的一个规范。它仅是一个给定的示例,显示了一个控制属性是如何被构造的以及什么规范可以与这样的控制属性相关联。

一个搜索规则控制了在DIT某个特定区内的一个搜索行为。这个服务对某些特定的访问用户是适合的。

然而,条目的"拥有者",如由客户条目所表示的客户,对于这个与该特定条目相关联的服务应如何被限制和调整,可能会有各自不同的可能合法的需求。这些各自不同的需求可以是:

a) 一个条目中的信息可能以不同的语言来提供。然而,该条目的拥有者可能会请求,如选址信息应当以某种特定的语言返回,而不论访问用户在搜索请求中使用的是哪种语言,也不论访问用户可能请求的是什么。该功能不能被上下文功能提供;

b) 一个条目的所有者可能会请求返回一个假的地址或一个替代的地址,即使访问用户匹配到了一个真实的地址;

c) 当一个访问用户匹配到一个电话号码时,他/她将得到所有的或选择的电话号码以及相关的信息。

这些不同的限制和调整可以由控制属性示例markingRules来执行。该属性可由某个特定服务管理区内的一个条目或一个复合条目的祖先所拥有。它的定义如下:

```
markingRules ATTRIBUTE   ::=   {
                WITH SYNTAX         MarkingRule
                USAGE           directoryOperation
                ID              id-oa-xx }

MarkingRule   ::=   SEQUENCE {
                searchRules         SEQUENCE SIZE (1 .. MAX) OF INTEGER      OPTIONAL,
                markingStrands          [0]  Filter             DEFAULT   and : { },
                localName           [1]  SEQUENCE SIZE (1 .. MAX) OF FilterItem   OPTIONAL,
                explicitUnmark          [2]  Filter             OPTIONAL }
```

控制属性markingRules的一个值表示了一个规则,该规则规定了如何对在搜索评估中已经匹配的复合条目中的成员加标注或不加标注以及如何从输出中删除已经匹配的非成员条目。

组件 searchRules 指示了该属性的某个特定值是应用于哪个搜索规则的。如果控制搜索规则拥有一个 id 等于该组件内的一个值,则须应用由该控制属性值所指定的标注。一个给定的搜索规则能够在本属性类型的多个值中表示。如果该组件缺失,则此标注规则应用于所有的搜索规则。

如果 familyGrouping 在匹配过程中取值为 strand 或者 multiStrand,则组件 markingStrands 是唯一相关联的。它指示了对于分支的某种可能标注,什么样的条件应当出现。该组件中的过滤器将针对这样的每个分支做评估,即分支中的所有成员都被标注为搜索过滤器匹配结果中的成员。如果至少有一个分支被评估为 TRUE,则此过滤器被评估为 TRUE。匹配所遵循的是 GB/T 16264.3—2008 的 7.8 中规定的规则。如果该组件缺失,则缺省值是一个总被评估为 TRUE 的过滤器。

如果 familyGrouping 在匹配过程中取值为 strand 或者 multiStrand,且 markingStrands 被评估为 TRUE,则组件 localName 是唯一相关联的。它通过选择零个或多个家族成员,指示了哪个分支中的家族成员应当被标注为参与成员。如果某个家族成员的本地成员名(称)的 RDN 个数与本组件中过滤项的个数相同,且每个过滤项与相应的 RDN 之间都一一匹配,则这样的家族成员将被选中。称一个过滤项与某个 RDN 匹配指的是该过滤器与 RDN 的一个 AVA 相匹配。如果任意一个分支穿过被选中的家族成员,则其所有的家族成员都被标注为参与。

组件 explicitUnmark 中规定了一个过滤器,如果与某个条目或家族成员匹配时,该过滤器将使得该条目或家族成员被显式地不标注。显式不标注仅针对于那些已经被选中在搜索结果中返回的条目和家族成员。

如果一个家族成员被显式不标注,且在搜索过滤器匹配中该家族分组不是 entryOnly,则该显式不标注的成员的所有家族条目下级也都将被显式不标注。对一个非家族成员进行显式不标注意味着将此条目从结果中删除,就好像从来没有匹配过一样。对一个家族成员进行显式不标注意味着这样一个家族成员不得被包含在结果中。

对控制属性 markingRules 的评估执行有两个阶段过程。

第一个阶段仅在这样的情况下执行,即在匹配过程中,familyGrouping 取值为 strand 或者 multiStrand,且在条目信息选择中 familyReturn 不是 contributingEntriesOnly。

在第一个阶段中,仅考虑在搜索过滤器评估中完全满足下述所有条件的复合条目:

a) 祖先拥有一个 markingRules 控制属性;

b) 一个或多个值可应用于控制搜索规则,且包含 localName 组件。

其他成员则被标注为参与成员,如上所述。

在第二个阶段,根据出现的控制属性类型 markingRules,所有当前已经被标注为参与成员的家族成员以及所有的非家族成员都被检测,然后再检测属性是否拥有一个或多个可应用于控制搜索规则的值。如果这样的话,组件 explicitUnmark 如果出现,则被评估。如果针对某个家族成员评估为 TRUE,则该家族成员被显式地不标注,即它既不被标注为参与,也不起作用。所有的下级家族成员也都被显式地不标注。如果针对的是非家族成员,则显式不标注的效果同搜索过滤器从来没有匹配过该条目一样。

附 录 S
(资料性附录)
命名概念和考虑

S.1 历史告诉我们……

由于本系列目录规范的第1版是在1998年第一次出版的,而到目前为止,在信息技术中发生了数不清的变化。这些变化中的一些是可预见和可预知的,而另一些是不可预见和预知的。因此相应的,在当前出版的本系列目录规范中的大部分内容与1998年出版时一样还是可应用的,而其他部分很明显不是。在本附录中,我们将标识出目前需要考虑的有关这两个集合的主要概念。

S.1.1 仍然有效的初始概念

幸运地,许多目前仍然有效的初始的目录概念正是初始规范中的那些非常基础的概念。特别是:

——目前仍然有效的是,目录是条目的一个集合,其中每个条目以属性的形式拥有信息,描述了一个特定的现实世界中的客体;

——目前仍然有效的是:将目录条目认为是已命名的实体,而且这些名(称)以一种层次关系进行组织,这种层次关系体现了相应的现实世界客体间可能被组织的某些合理的分类法;

——目前仍然有效的是:在命名中提供灵活性,并允许根据层次关系对命名机构进行授权;

——目前仍然有效的是:希望这些条目可以在目录服务器的集合内进行分布;

——目前仍然有效的是:如果给出了一个关于现实世界客体的任意数据内容,则希望目录能够快速发现一个描述了该客体本身的条目;以及

——目前仍然有效的是:这些给定的任意数据内容可以或者是条目的名(称),或者是条目所包含的一些非命名属性。

S.1.2 不再有效的初始概念

尽管有上述所列的基础概念仍然有效,但也还有其他的基础概念根据过去几十年的经验来看已经不再有效。这些概念中的一些有的已经被本系列目录规范所修订,而另外一些还没有。这些已经改变了的内容包括:

——目前不再有效的是:希望任何给定的现实世界的客体都精确地被一个条目所描述(即目前存在相关条目)。

——目前不再有效的是:尽管有安全方面的考虑,但希望包含在目录中的命名知识可以足以获得目录内的所有已命名条目(即目前存在多DIT)。

——目前不再有效的是:包含在目录内的命名知识是获取一个特定的已命名条目的唯一方法(即目前可能部署一个目录外部的服务来帮助定位一个已命名条目)。

——目前不再有效的是:可辨别名总是唯一地标识了一个单独的条目(即目前同一个DN可能被用来对存储于两个或多个DIT内的条目进行命名)。

——当给定一个关于某个客体的任意的非命名数据(应该是一个实例中的数据),而该客体可能处于多个目录服务器中的一个时,目前不再有效的是:用来定位一个所期望条目的唯一机制是分布式搜索(即目前的需求是可以拥有一个单独的本地服务器来明确地标识所关联的条目,而不论该条目是否被该服务器所拥有)。

S.2 关于名(称)解析的新考虑

因为命名对于一个目录服务的成功操作是如此重要,且由于关于目录服务特性的这些基本假设已经纳入考虑范围,因此本条将讨论关于名(称)解析的主题。本条首先介绍了关于名(称)解析的一些关

键性方面，然后提出当前的名(称)解析模型已经不再足以满足所有的目录需求。然后本条继续提出了一个替代方法来扩展模型以适应这些需求，同时保证后向兼容于已经存在的系统。

S.2.1 显式的知识模型

自从第一次出版后，本系列目录规范就提供了分布式的名(称)解析。从概念上说，在一个给定名(称)空间中参与的每个 DSA 都被要求维护最小的命名知识，以确保分布式的名(称)解析能够跨整个 DIT 以一种可预知的方式存在(当然，依赖于所有参与的服务器的真正可达到的能力)。明确地，最小的知识包括上级知识引用和下级知识引用，使得 DIT 被认为是具有"良好的连通性"，如果没有更好的术语来表达的话。使用此模型，在解析一个声称名时所包含在内的任何 DSA 都应当明确知道下面三个条件中的哪一个被满足：

——被声称名属于该 DSA 所拥有的一个命名上下文；

——被声称名属于该 DSA 已知的某个下级名(称)空间；或者

——上述两个都不是。

在第一个实例中，该 DSA 将通过标识出条目或判断出它的不存在而完成名(称)解析过程。在第二个实例中，名(称)解析过程将由到另一个 DSA 的下级引用来继续完成。在第三个实例中，名(称)解析过程将由上级引用来继续完成，如果这样的上级引用存在的话，否则解析过程将结束。一旦 DIT 被良好地关联，则名(称)解析将总是会得到一个明确的答案，即条目或者存在于某个特定的 DSA 内，或者不存在。

图 S.1 描述了一个示例场景，在该场景中名(称)解析过程是基于 DSA2 所拥有的一个条目的名(称)而进行的，如图所示。在图中，知识引用将以虚线箭头来表示。注意，DSA3 除了拥有一个作为 DSA2 下级的命名上下文外，它还拥有一个到 DSA1 的上级引用，而 DSA1 拥有根命名上下文。根据图中所包含的 DSA，名(称)解析过程如下所述：

——对于 DSA1，名(称)解析过程将沿着下级引用到达 DSA 2；

——对于 DSA2，名(称)解析将找到已命名的条目；

——对于 DSA3，名(称)解析将沿着上级引用到达 DSA 1，并按照上述的过程执行；

——对于 DSA4，名(称)解析将沿着上级引用到达 DSA 1，并按照上述的过程执行。

在所有情况下，名(称)解析都将找到已命名条目。

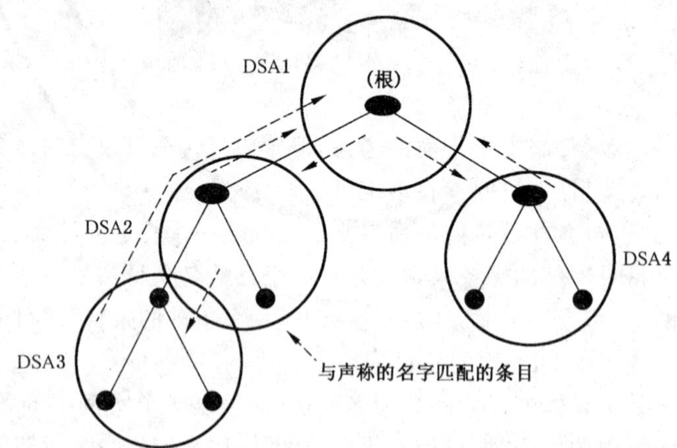

图 S.1

值得注意的是，尽管有一些优化是可应用的，但回答的成功不变。两个明显的优化包括：在 DSA3 中使用一个直接上级引用(避免穿过 DSA1 达到 DSA2 的需要)，在 DSA4 中使用一个交叉引用，允许名(称)解析的过程是从 DSA4 直接到 DSA2(再次避免了穿过 DSA1 达到 DSA2 的过程)。在任何情况下，本例中的名(称)解析将总是得到相同的答案。

不幸的是，正如上面所提到的，DIT 不再被假设为是一个具有良好连接的 DIT。存在着多 DIT，有时还包括重复的 DN。目前先不考虑重复名(称)的可能性,我们假设这样一个情况,如图 S.2 所示。在本例中,我们有两个 DIT,每个 DIT 内部都是良好连接的,但是每个 DIT 都不拥有另一个的知识。第一个 DIT,如上例中的情况一样,包含了从 DSA1 到 DSA4 所拥有的条目。第二个 DIT 包含了从 DSA5 到 DSA6 所拥有的条目。注意,如果将其认为是一个单独的 DIT,也仍然是合理的,因为相对于一个概念上的根而言,所有的 DN 都是明确的。然而,该 DIT 与一个良好连接的单独 DIT 之间还是有区别的,是因为基于这样的事实,即 DSA1 与 DSA5 都缺乏对作为根下级的命名上下文的完整知识。

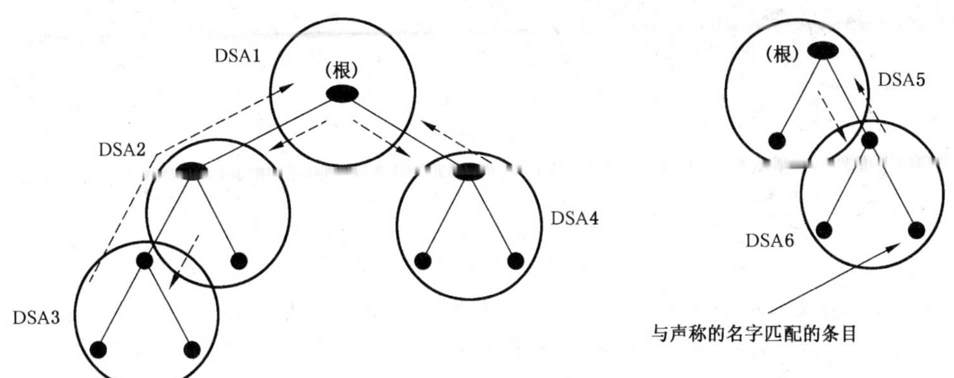

图 S.2

如图所示,当给定了所指示的条目名(称)时,名(称)解析工作如下所述:

——DSA1 到 DSA4 将不会找到该条目;

——DSA5 和 DSA 6 将成功找到该条目。

寻找条目失败可能是一个问题,也可能不是一个问题,取决于当时的需求。剩下的讨论将说明什么情况下这是一个问题。

在寻找一个解决方案时,首先部署使用交叉引用或某些类似的结构,看起来是合理的。例如,考虑使用一个交叉引用,该交叉引用给 DSA4 提供了关于 DSA6 中命名上下文的知识。上述讨论如图 S.3 举例说明。

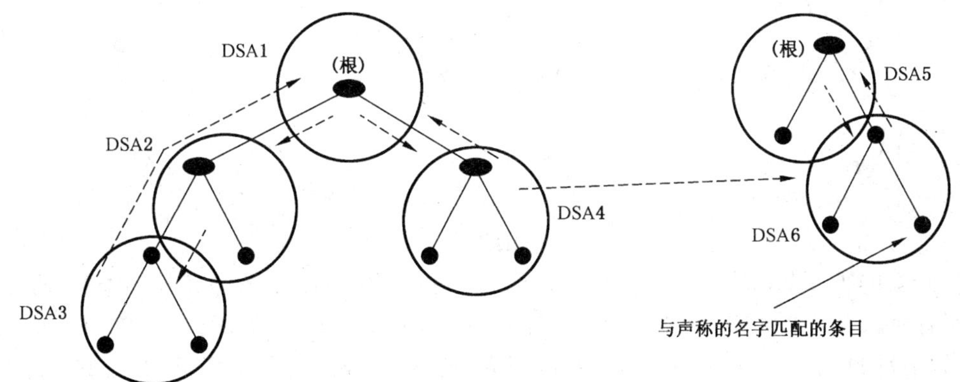

图 S.3

对这种方法的快速分析显示了如下场景:

——DSA1 到 DSA3 的名(称)解析将失败;

——DSA4 到 DSA6 的名(称)解析将成功。

尽管初看起来,这与上面所描述的相比,没有更受欢迎或更不受欢迎,但有一个关键的区别是:在一个良好定义的 DIT 范围内进行的名(称)解析,目前给出了不一致的结果。

为了给出一致的结果,有两种选择可以应用,都使用了当前存在的知识结构。一种方法是使用多个交叉引用,这样每个源 DSA 都拥有到目标命名上下文的交叉引用。这个概念在图 S.4 中显示。注意在这个场景中,位于左侧视图中的名(称)解析将始终如一地找到 DSA6 所拥有的命名上下文内的任何名

(称)。但这种方式下,在 DSA5 中的名(称)将找不到,而在 DSA1 到 DSA4 中的名(称)对于 DSA5 和 DSA6 来说是不可访问的。

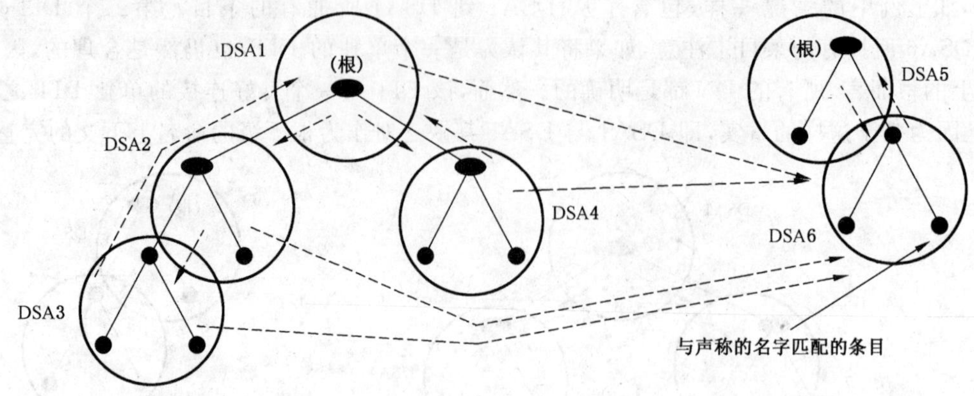

图 S.4

然而,当交叉引用在 DSA1 内实现时,可能会出现一个问题。即从 DSA1 的视角来看,在 DSA5 中引用的命名上下文认为是它所拥有的某个条目的命名上下文,但实际上可能是该条目的下级命名上下文。特定的,如果 DSA1 相信自己对根上下文有权限,则可能真的需要该交叉引用是一个下级引用,这样我们引入了第二种选择。

在左侧视图中,对 DSA6 的命名上下文提供一致的名(称)解析的第二种方法是:在 DSA1 中创建一个根级别的下级引用。这种方法在图 S.5 中举例说明。如果按照这种方法实现,则在 DSA2、DSA3 或 DSA4 中的任何交叉引用将是最优的。

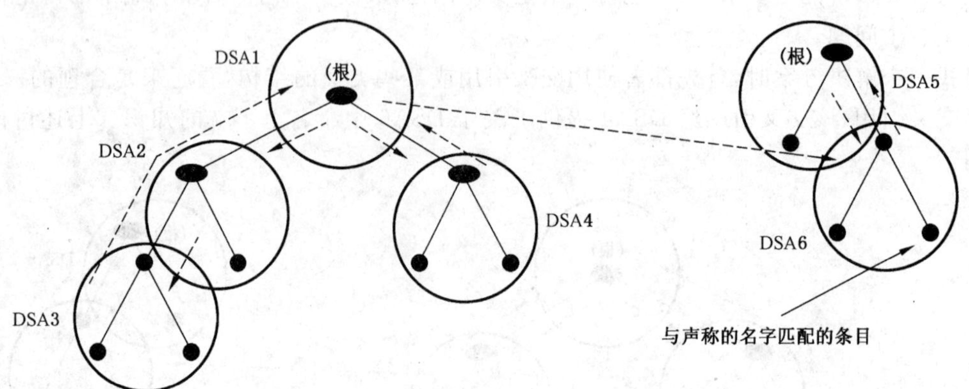

图 S.5

再将此概念扩展一步,如图 S.6 所示,又提出了一些有趣的问题。在本图中,DSA1 拥有 6 个 DSA 所拥有的所有命名上下文的完整下级知识,同时 DSA5 仅拥有 DSA5 或 DSA6 所拥有的命名上下文知识。注意,如果将 DSA2 和 DSA4 所拥有的命名上下文的下级知识给了 DSA5,则整个图将再次表示一个具有良好连接的 DIT。然而,本例中不是这种情况。从本质上来说,一个具有良好连接的单个 DIT 和多 DIT 之间的区分已经变得模糊,因此出现了一种情况,这种情况在当前的目录规范中无法充分地进行建模。根据非常实际的一种判断,本图是在许多环境中都被部署的一种情况。

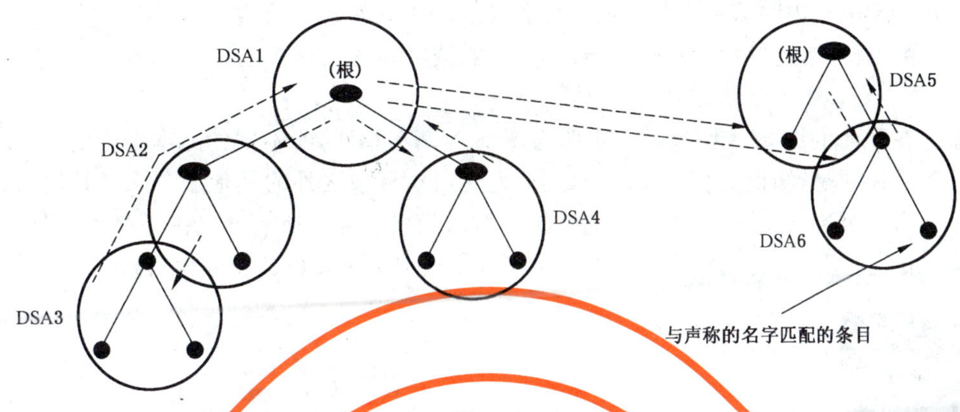

图 S.6

为了看看还有哪些复杂的情况在等待着我们，让我们先考虑这样一种情况：一个单独的 DN 存在于多个 DIT 中。一个简单的场景在图 S.7 中所示。在本例中，DSA5 中存在一个 DIT。这个新 DIT 的名(称)空间与之前示例中的名(称)空间有部分重叠，但是同时还引入了一些新的名(称)。特别的，箭头指向一个条目，该条目与其双亲一起，与 DSA2 中的某个条目共享了该条目的名(称)。这一对共享名(称)的条目可能拥有相同的信息，也可能不拥有，因此它们不应被认为是同一个条目。

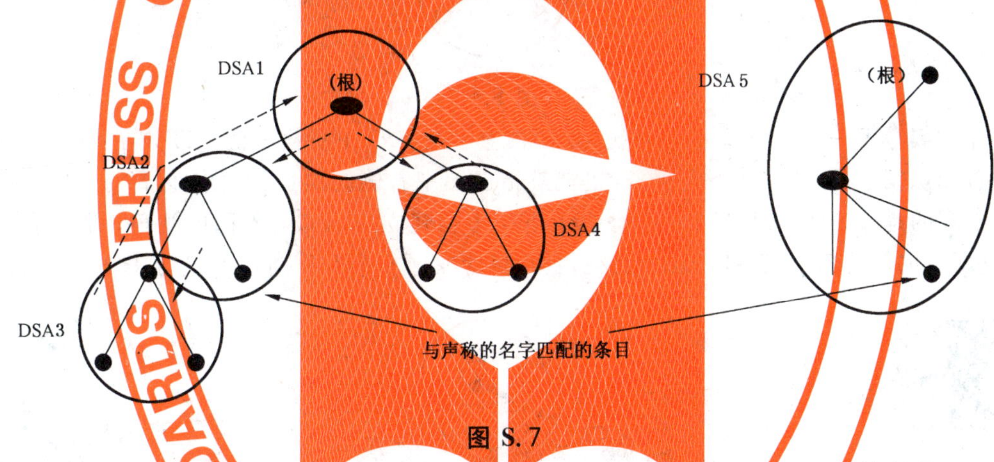

图 S.7

如果在这两个 DIT 间没有任何引用，则名(称)解析将非常有预知性。在一个特定的 DIT 内，将总是得出同样的结果。如果引入引用，将带来特殊的问题：

——将永远不会使用从 DSA2 到 DSA5 的交叉引用，或从 DSA5 到 DSA2 的交叉引用，因为它们每个都相信自己所拥有的命名上下文正是自己感兴趣的；

——从 DSA3 或 DSA4 到 DSA5 的交叉引用，其优先级高于上级引用；

——如果同时出现从 DSA3 到 DSA5 的交叉引用和从 DSA3 到 DSA2 的直接上级引用，则其行为不可确定；

——如果同时出现从 DSA1 到 DSA2 和 DSA1 到 DSA5 的下级引用，则其行为不可确定。

很明显，这些问题都是不希望发生的。另外还能够考虑到其他一些额外的场景，然而，上述所列的问题已经足够表明这种方法是不可接受的。不幸的是，导致这种特定类型的命名和知识分布场景的情况在现实世界中的出现频率还较高，不能被忽略。因此，需要某些形式的扩展。本条的剩余部分将讨论一种替代的方法。

S.2.2 具有隐含知识的名(称)解析

在上述所有的讨论中，名(称)解析都完全取决于 DSA 所拥有的显式的知识引用。在本系列目录规范之外(最显著的是在 IETF 内)，有一个概念是通过使用隐含知识来部分地解析名(称)，与这个概念相关的工作已经在许多年前就开始了。也就是说，有一个工作实体，在客户与某个 DSA 初始接触之前，就使用了包含在 DN 本身内的信息来部分地解析名(称)。从概念上说,如果名(称)中包含了足够的信息,则第一个接触的 DSA 就能够提供一个确定的答案;它或者包含了这个已命名条目,或者明确已知该条目不存在。

这个概念在下面的图 S.8 中显示。本图与图 S.1 基本相同,所不同的是本图中的 DSA 没有包含知识引用。所替代的是,知识隐含在 DN 中,且通过使用本目录之外的其他服务来进行解析,这个服务在本图中显示为一个黑盒。注意,该黑盒能够提供指向除根以外的所有命名上下文的指针。根据这种方法无法确定根的位置,因为与根相关联的空 DN 缺少任何关于其位置的隐含信息。

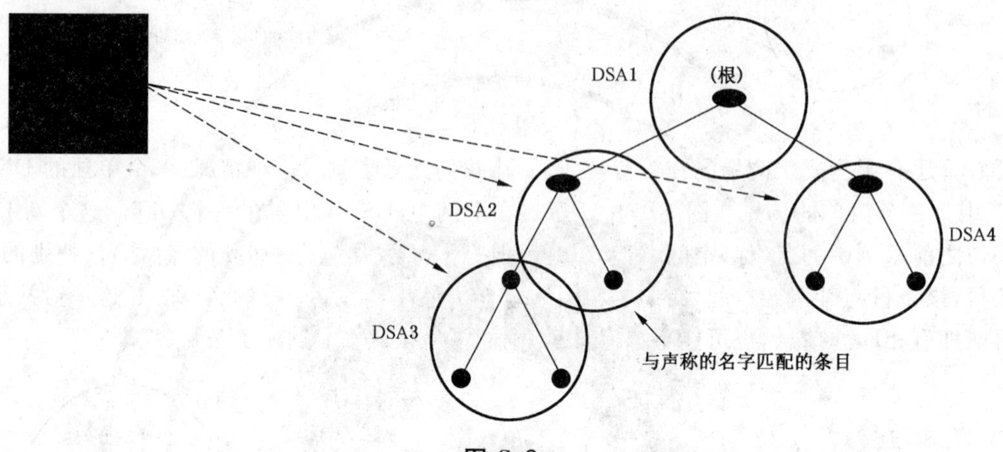

图 S.8

现在让我们考虑一下图 S.9 中的情况,该图相应于图 S.2 中所显示的 DIT。在这个场景中,假设同一个隐含知识模型,即同一个黑盒服务,也能够指向图中右侧新增加的命名上下文。与图 S.2 中的情况有所不同的是,DSA5 和 DSA6 中的命名上下文不会建立一个完全不同的视角。假设存在必要的连接,则这所有的 6 个 DSA 都处于相同的视角中,尽管在这 6 个 DSA 间并不存在显式的知识。

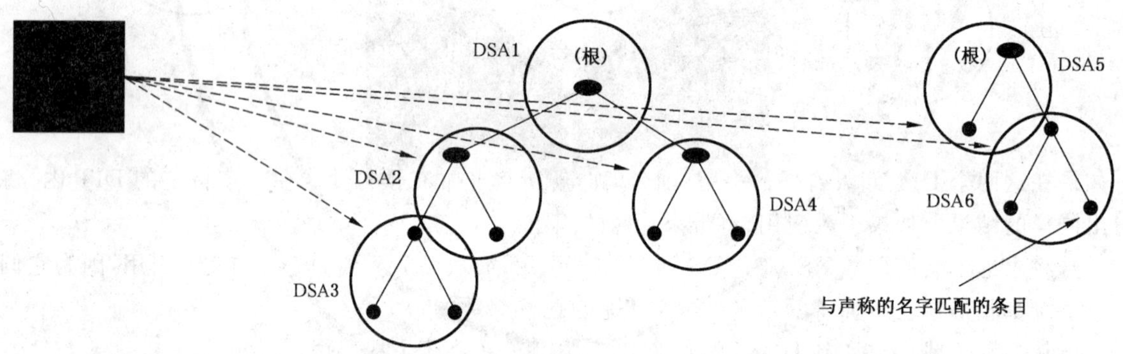

图 S.9

关于这个主题的最早出版的工作是 RFC 2247,该 RFC 在可辨别名和域名系统(DNS)之间定义了一个映射。此后,又出版了其他一些文稿,还有一些是正在进行中。到目前为止,关于此主题的已经出版的所有工作都是基于使用一个特殊的命名属性,已知为域组件(domainComponent 或 dc)属性。

为了对讨论进行简化,关于此主题的工作已经将一个概念进行了发展,即在最重要的 RDN 中使用 dc 属性构造的 DN 可以被隐含地解析到拥有该命名上下文的 DSA 中,而所使用的外部黑盒服务是 DNS。于是该 DSA 被联系,且在该 DSA 中完成了名(称)解析。

附　录　T
（资料性附录）
定义的英文字母顺序索引

本附录以英文字母表顺序列出了本目录规范中所定义的所有术语以及定义它们的章条的交叉引用。

A

access control scheme　访问控制方案 …………………………………………………… 第 17 章

administration directory management domain　公共目录管理域 ………………………… 第 6 章

administrative area　管理区 ……………………………………………………………… 第 11 章

administrative authority　公共管理机构 ………………………………………………… 第 6 章

administrative entry　管理条目 …………………………………………………………… 第 11 章

administrative point　管理点 ……………………………………………………………… 第 11 章

administrative user　管理用户 …………………………………………………………… 第 11 章

alias　别名 ………………………………………………………………………………… 第 9 章

alias dereferencing　别名解除引用 ……………………………………………………… 见解除引用

alias entry　别名条目 ……………………………………………………………………… 第 7 章

alias name　别名名字 ……………………………………………………………………… 见别名

ancestor　祖先 ……………………………………………………………………………… 第 7 章

attribute　属性 ……………………………………………………………………………… 第 8 章

attribute hierarchy　属性层次结构 ……………………………………………………… 第 8 章

attribute subtype (subtype)　属性子类型(子类型) ……………………………………… 第 8 章

attribute supertype (supertype)　属性上级类型(上级类型) …………………………… 第 8 章

attribute syntax　属性句法 ……………………………………………………………… 第 13 章

attribute type　属性类型 ………………………………………………………………… 第 8 章

attribute value　属性值 …………………………………………………………………… 第 8 章

attribute value assertion　属性值断言 …………………………………………………… 第 8 章

autonomous administrative area　自治管理区 …………………………………………… 第 11 章

auxiliary object class　辅助客体类 ……………………………………………………… 第 8 章

B

base　基 …………………………………………………………………………………… 第 12 章

C

category　种类 ……………………………………………………………………………… 第 22 章

chop　切除(集) ……………………………………………………………………………… 第 12 章

client LDAP　客户机 LDAP ……………………………………………………………… 第 6 章

collective attribute　集合属性 …………………………………………………………… 第 8 章

commonly usable　公共可用 ……………………………………………………………… 第 22 章

compound entry　复合条目 ………………………………………………………………… 第 7 章

context　上下文 …………………………………………………………………………… 第 8 章

context assertion 上下文断言 …… 第 8 章
context list 上下文列表 …… 第 8 章
context prefix 上下文前缀 …… 第 21 章
context type 上下文类型 …… 第 8 章
context value 上下文值 …… 第 8 章
cooperative state 合作状态 …… 第 25 章
cross reference 交叉引用 …… 第 22 章

D

derived attribute 派生属性 …… 第 8 章
derived entry 派生条目 …… 第 7 章
derived object class value 派生客体类值 …… 第 8 章
DIB fragment DIB 片段 …… 第 21 章
direct attribute reference 直接属性引用 …… 第 8 章
direct superclass 直接上级类 …… 第 7 章
directory administrative and operational information 目录管理和操作信息 …… 第 6 章
(directory) entry (目录)条目 …… 第 7 章
directory information base;DIB 目录信息库 …… 第 7 章
directory information tree;DIT 目录信息树 …… 第 7 章
directory management domain;DMD 目录管理域 …… 第 6 章
(directory) name (目录)名 …… 第 9 章
directory operational attribute 目录操作属性 …… 第 12 章
directory operational framework 目录操作框架 …… 第 25 章
directory schema 目录模式 …… 第 13 章
(directory) subschema (目录)子模式 …… 第 13 章
directory system agent;DSA 目录系统代理 …… 第 6 章
directory system schema 目录系统模式 …… 第 12 章
(directory) user (目录)用户 …… 第 6 章
directory user agent;DUA 目录用户代理 …… 第 6 章
directory user information 目录用户信息 …… 第 6 章
distinguished name (of an entry) (条目的)辨别名 …… 第 9 章
distinguished value 可辨别值 …… 第 8 章
DIT bridge knowledge reference DIT 桥接知识引用 …… 第 22 章
DIT content rule DIT 内容规则 …… 第 13 章
DIT context use DIT 上下文用法 …… 第 13 章
DIT domain DIT 域 …… 第 6 章
DIT domain administration authority DIT 域管理机构 …… 第 11 章
DIT domain policy DIT 域策略 …… 第 11 章
DIT structure rule DIT 结构规则 …… 第 13 章
DMD administrative authority DMD 管理机构 …… 第 11 章
DMD policy DMD 策略 …… 第 11 章
DMO policy DMO 策略 …… 第 11 章
DSA information tree DSA 信息树 …… 第 23 章

DSA-shared attribute　DSA 共享属性 …… 第 23 章
DSA-specific attribute　DSA 特定属性 …… 第 23 章
DSA-specific entry　DSA 特定条目 …… 第 23 章
DSE type　DSE 类型 …… 第 23 章
domain management organization　域管理组织 …… 第 6 章
dummy attribute　哑属性 …… 第 8 章

E

effectively present attribute type　有效出现的属性类型 …… 第 16 章
entry　条目 …… 第 12 章
entry collection　条目集合 …… 第 8 章
(entry) name　(条目)名 …… 第 9 章

F

family　家族 …… 第 7 章
family member　家族成员 …… 第 7 章
friend attributes　友员属性 …… 第 8 章

G

governing-search-rule　控制搜索规则 …… 第 16 章
governing structure rule (of an entry)　(条目的)控制结构规则 …… 第 13 章

H

hierarchical child　层次结构的孩子 …… 第 10 章
hierarchical group　层次结构组 …… 第 10 章
hierarchical leaf　层次结构的叶子 …… 第 10 章
hierarchical level　层次结构的级 …… 第 10 章
hierarchical link　层次结构的链 …… 第 10 章
hierarchical parent　层次结构的双亲 …… 第 10 章
hierarchical sibling　层次结构的兄弟 …… 第 10 章
hierarchical sibling-child　层次结构的兄弟的孩子 …… 第 10 章
hierarchical top　层次结构的顶端 …… 第 10 章

I

immediate superior　直接上级 …… 第 7 章
immediate superior reference　直接上级引用 …… 第 22 章
immediately hierarchical child　直接层次结构孩子 …… 第 10 章
immediately hierarchical parent　直接层次结构双亲 …… 第 10 章
indirect attribute reference　间接属性引用 …… 第 8 章
inner administrative area　内部管理区 …… 第 11 章

K

knowledge (information)　知识(信息) …… 第 22 章

knowledge reference 知识引用 ………………………………………………………………………… 第 22 章

L

LDAP requestor LDAP 请求者 ………………………………………………………………………… 第 6 章
LDAP responder LDAP 响应者 ………………………………………………………………………… 第 6 章
LDAP server LDAP 服务器 ………………………………………………………………………… 第 6 章
local member name 本地成员名(称) ……………………………………………………………… 第 9 章

M

master knowledge 主知识 ………………………………………………………………………… 第 22 章
matching rule 匹配规则 ………………………………………………………………………… 第 8 章
matching rule assertion 匹配规则断言 ………………………………………………………… 第 8 章

N

name form 名(称)格式 ………………………………………………………………………… 第 13 章
named-service 命名的服务 ………………………………………………………………………… 第 16 章
naming authority 命名机构 ………………………………………………………………………… 第 9 章
naming context 命名上下文 ………………………………………………………………………… 第 21 章
non-cooperative state 非合作状态 ………………………………………………………………… 第 25 章
non-specific subordinate reference 非特定下级引用 ………………………………………… 第 22 章

O

object class 客体类 ………………………………………………………………………… 第 7 章
object entry 客体条目 ………………………………………………………………………… 第 7 章
object (of interest) (关注的)客体 ……………………………………………………………… 第 7 章
operational attribute 操作属性 ………………………………………………………………… 第 8 章
operational binding 操作绑定 ………………………………………………………………… 第 25 章
operational binding establishment 操作绑定建立 …………………………………………… 第 25 章
operational binding instance 操作绑定实例 ………………………………………………… 第 25 章
operational binding management 操作绑定管理 …………………………………………… 第 25 章
operational binding modification 操作绑定修改 …………………………………………… 第 25 章
operational binding termination 操作绑定终止 …………………………………………… 第 25 章
operational binding type 操作绑定类型 ……………………………………………………… 第 25 章

P

policy 策略 ………………………………………………………………………… 第 11 章
policy attribute 策略属性 ………………………………………………………………………… 第 11 章
policy object 策略客体 ………………………………………………………………………… 第 11 章
policy parameter 策略参数 ………………………………………………………………………… 第 11 章
policy procedure 策略过程 ………………………………………………………………………… 第 11 章
private directory management domain 专用目录管理域 …………………………………… 第 6 章
protected item 被保护项 ………………………………………………………………………… 第 17 章
purported name 声称名 ………………………………………………………………………… 第 9 章

R

reference path 引用路径 …… 第 22 章
related entries 相关条目 …… 第 7 章
relative distinguished name 相关可辨别名 …… 第 9 章
request-attribute-profile 请求属性表 …… 第 16 章
request-attribute-type 请求属性类型 …… 第 16 章

S

search-rule 搜索规则 …… 第 16 章
service-type 服务类型 …… 第 16 章
shadow knowledge 影像知识 …… 第 22 章
specific administrative area 特定管理区 …… 第 11 章
specific administrative point 特定管理点 …… 第 11 章
structural object class 结构客体类 …… 第 8 章
structural object class of an entry 条目的结构客体类 …… 第 8 章
subclass 子类 …… 第 7 章
subentry 子条目 …… 第 12 章
subfilter 子过滤器 …… 第 16 章
subordinate 下级 …… 第 7 章
subordinate reference 下级引用 …… 第 22 章
subschema 子模式 …… 见目录子模式
subtree 子树 …… 第 12 章
subtree refinement 子树精选 …… 第 12 章
subtree specification 子树规范 …… 第 12 章
subtype 子类型 …… 见属性子类型
superclass 上级类 …… 第 7 章
superior 上级 …… 第 7 章
superior reference 上级引用 …… 第 22 章
superior structure rule 上级结构规则 …… 第 13 章
supertype 上级类型 …… 见属性上级类型

U

user attribute 用户属性 …… 第 8 章
user-class 用户类 …… 第 16 章

ICS 35.100.70
L 79

中华人民共和国国家标准

GB/T 16264.3—2008/ISO/IEC 9594-3:2005
代替 GB/T 16264.3—1996

信息技术　开放系统互连　目录
第3部分：抽象服务定义

Information technology—Open Systems Interconnection—The Directory—Part 3: Abstract service definition

(ISO/IEC 9594-3:2005 Information technology—Open Systems Interconnection—The Directory: Abstract service definition, IDT)

2008-08-06 发布　　2009-01-01 实施

中华人民共和国国家质量监督检验检疫总局
中国国家标准化管理委员会　发布

前 言

GB/T 16264《信息技术　开放系统互连　目录》包括以下 10 个部分：

——第 1 部分：概念、模型和服务的概述；

——第 2 部分：模型；

——第 3 部分：抽象服务定义；

——第 4 部分：分布式操作规程；

——第 5 部分：协议规范；

——第 6 部分：选定的属性类型；

——第 7 部分：选定的客体类；

——第 8 部分：公钥和属性证书框架；

——第 9 部分：复制（待发布）；

——第 10 部分：公用目录管理机构的系统管理用法（待发布）。

本部分是 GB/T 16264 的第 3 部分。

本部分等同采用 ISO/IEC 9594-3:2005《信息技术　开放系统互连　目录　抽象服务定义》，仅有编辑性修改。

本部分代替 GB/T 16264.3—1996。

本部分与 GB/T 16264.3—1996 的差异在于：

——增加 13 章搜索变元的分析；

——扩展了各章节的功能。

本部分的附录 A 是规范性附录，附录 B 和附录 C 是资料性附录。

本部分由中华人民共和国信息产业部提出。

本部分由全国信息技术标准化技术委员会归口。

本部分起草单位：中国电子技术标准化研究所。

本部分主要起草人：徐冬梅、冯惠、张翠、宋戚阳、胡顺。

本部分于 1996 年首次发布，本次为第一次修订。

引　言

GB/T 16264 的本部分连同本标准其他部分是为方便信息处理系统之间的互连以提供目录服务而制定的。所有这些系统的集合,连同它们所拥有的目录信息可被视为一个整体,被称为“目录”。目录所拥有的信息,总称为目录信息库(DIB),典型地被用于方便客体之间的通信、与客体的通信或有关客体的通信等,这些客体如应用实体、个人、终端和分布列表等。

目录在开放系统互连中扮演了重要角色,其目标是,在它们自身的互连标准之外做最少的技术约定的情况下,允许下述各种信息处理系统之间的互连:

——来自不同生产厂商;

——具有不同的管理;

——具有不同的复杂程度,以及

——有不同的年代。

本部分定义了目录为其用户提供的能力。

本部分提供了一些基础框架,在此框架基础上,其他标准化组织和业界论坛可以定义工业配置集。在这些框架中定义为可选的许多特性,可通过配置集的说明,在某种环境下作为必选特性来使用。ISO/IEC 9594 的第 5 版是原有国际标准第 4 版的修订和增强,但不是替代。在系统实现时仍可以声明为符合第 4 版。然而,在某些方面,将不再支持第 4 版(即不再消除一些报告上来的差错)。建议在系统实现时尽快符合第 5 版。

第 5 版详细定义了目录协议的第 1 版和第 2 版。

第 1 版和第 2 版仅定义了协议第 1 版。本版本(第 5 版)中定义的许多服务和协议被设计为可运行在第 1 版下。然而,一些增强的服务和协议,如署名差错,只有包含在操作中的所有的目录条目都协商支持协议第 2 版时才可运行。无论协商的是哪一版,第 5 版中所定义的服务之间的差异和协议之间的差异,除了那些特别分配给第 2 版的外,都可以使用 GB/T 16264.5—2008 中定义的扩展规则调节。

本部分使用术语“第 1 版系统”来指遵循国际标准第 1 版的所有系统,即 ISO/IEC 9594:1990 版本;本部分使用术语“第 2 版系统”来指遵循国际标准第 2 版本的所有系统,即 ISO/IEC 9594:1995 版本;本部分使用术语“第 3 版系统”来指遵循国际标准第 3 版的所有系统,即 ISO/IEC 9594:1998 版本;本部分使用术语“第 4 版系统”来指遵循国际标准第 4 版的所有系统,即 ISO/IEC 9594:2001 版本的第 1 部分到第 10 部分;本部分使用术语“第 5 版系统”来指遵循国际标准第 5 版的所有系统,即 ISO/IEC 9594:2005 版本。

GB/T 16264—1996 是参照 ISO/IEC 9594:1990 而制定的。我国没有制定与国际标准第 2 版、第 3 版、第 4 版对应的国家标准。本部分提到的版本号是指国际标准的版本号。

附录 A 是规范性附录,提供了目录抽象服务的 ASN.1 模块。

附录 B 是资料性附录,提供了用于描述与基本访问控制相关的语义的图表,它适用于目录操作的处理。

附录 C 是资料性附录,给出了条目族使用的例子。

信息技术　开放系统互连　目录
第3部分:抽象服务定义

1　范围

GB/T 16264 的本部分按抽象方法定义了目录所提供的外部可视服务。

本部分不规定具体实现或产品。

2　规范性引用文件

下列文件中的条款通过 GB/T 16264 的本部分的引用而成为本部分的条款。凡是注日期的引用文件,其随后所有的修改单(不包括勘误的内容)或修订版均不适用于本部分,然而,鼓励根据本部分达成协议的各方研究是否可使用这些文件的最新版本。凡是不注日期的引用文件,其最新版本适用于本部分。

GB/T 9387.1—1998　信息技术　开放系统互连　基本参考模型　第1部分:基本模型(idt ISO/IEC 7498-1:1994)

GB/T 16262.1—2006　信息技术　抽象语法记法一(ASN.1)　第1部分:基本记法规范(ISO/IEC 8824-1:2002,IDT)

GB/T 16262.2—2006　信息技术　抽象语法记法一(ASN.1)　第2部分:信息客体规范(ISO/IEC 8824-2:2002,IDT)

GB/T 16262.3—2006　信息技术　抽象语法记法一(ASN.1)　第3部分:约束规范(ISO/IEC 8824-3:2002,IDT)

GB/T 16262.4—2006　信息技术　抽象语法记法一(ASN.1)　第4部分:ASN.1规范的参数化(ISO/IEC 8824-4:2002,IDT)

GB/T 16264.1—2008　信息技术　开放系统互连　目录　第1部分:概念、模型和服务的概述(ISO/IEC 9594-1:2005,IDT)

GB/T 16264.2—2008　信息技术　开放系统互连　目录　第2部分:模型(ISO/IEC 9594-2:2005,IDT)

GB/T 16264.4—2008　信息技术　开放系统互连　目录　第4部分:分布式操作规程(ISO/IEC 9594-4:2005,IDT)

GB/T 16264.5—2008　信息技术　开放系统互连　目录　第5部分:协议规范(ISO/IEC 9594-5:2005,IDT)

GB/T 16264.6—2008　信息技术　开放系统互连　目录　第6部分:选定的属性类型(ISO/IEC 9594-6:2005,IDT)

GB/T 16264.7—2008　信息技术　开放系统互连　目录　第7部分:选定的客体类(ISO/IEC 9594-7:2005,IDT)

ISO/IEC 9594-8:2005　信息技术　开放系统互连　目录:公钥和属性证书框架

ISO/IEC 9594-9:2005　信息技术　开放系统互连　目录:复制

ISO/IEC 9594-10:2005　信息技术　开放系统互连　目录:公用目录管理机构的系统管理用法

3　术语和定义

下列术语和定义适用于 GB/T 16264 的本部分。

3.1 基本目录定义

下列术语在 GB/T 16264.1—2008 中规定：

a) 目录 directory；

b) 目录信息库 directory information base；

c) (目录)用户 (directory) user。

3.2 目录模型定义

下列术语在 GB/T 16264.2—2008 中规定：

a) 目录系统代理 directory system agent；

b) 目录用户代理 directory user agent。

3.3 目录信息库定义

下列术语在 GB/T 16264.2—2008 中规定：

a) 别名条目 alias entry；

b) 目录信息树 directory information tree；

c) (目录)条目 (directory) entry；

d) 直接上级 immediate superior；

e) 直接上级条目/客体 immediately superior entry/object；

f) 客体 object；

g) 客体类 object class；

h) 客体条目 object entry；

i) 下级 subordinate；

j) 上级 superior；

k) 祖(条目) ancestor；

l) (条目的)家族 family(of entries)；

m) 复合条目 compound entry。

3.4 目录条目定义

下列术语在 GB/T 16264.2—2008 中规定：

a) 属性 attribute；

b) 属性类型 attribute type；

c) 属性值 attribute value；

d) 属性值断言 attribute value assertion；

e) 上下文 context；

f) 上下文类型 context type；

g) 上下文值 context value；

h) 操作属性 operational attribute；

i) 用户属性 user attribute；

j) 匹配规则 matching rule。

3.5 名(称)定义

以下术语在 GB/T 16264.2—2008 中规定：

a) 别名 alias,alias name；

b) 可辨别名 distinguished name；

c) (目录)名(称) (directory) name；

d) 声称名 purported name；

e) 相关可辨别名 relative distinguished name。

3.6 分布式操作定义

以下术语在 GB/T 16264.4—2008 中规定：

a) 绑定 DSA bound DSA；

b) 链接 chaining；

c) 初始执行者 initial performer；

d) 转向推荐 referral。

3.7 抽象服务定义

下列术语和定义适用于本部分。

3.7.1

附加搜索 additional search

指的是从 joinBaseObject 开始的一次搜索，由始发者在 search 请求中规定。

3.7.2

贡献成员 contributing member

复合条目中的一个家族成员，它或者对阅读、搜索或者对修改条目操作做出贡献。

3.7.3

明确未标记的条目 explicitly unmarked entry

依据管理搜索规则引用的控制属性中规定的规范，未包括在 SearchResult 中的一个条目或家族成员。

3.7.4

家族组合 family grouping

出于操作评估目的，将复合属性的成员组合在一起。

3.7.5

过滤器 filter

有关条目的某些属性存在与否或属性值的断言，以便限制搜索范围。

3.7.6

始发者 originator

始发操作的用户。

3.7.7

参与成员 participation member

一个家族成员，或者是一个贡献成员，或是一个家族组合成员，作为整体匹配一个 search 过滤器。

3.7.8

主搜索 primary search

从 baseObject 开始的搜索，按照始发者在 search 请求中规定。

3.7.9

张弛 relaxation

如果接收的太少，为获取更多地匹配条目；或者如果接收的太多，为得到较少的匹配条目，在搜索期间对过滤器行为所做的渐进修改。

3.7.10

服务控制 service controls

作为操作一部分传递的参数，用于约束其性能的不同方面。

3.7.11

束 strand

包括从叶子家族成员一直到祖(条目)路径上的全部成员的家族组合。家族成员将驻于各束中，束的数量为其下叶家族成员的数量(直接或非直接下级)。

3.7.12

流结果 streamed result

包括在多个响应中的单个操作结果。

4 缩略语

下列缩略语适用于 GB/T 16264 的本部分。

AVA	属性值断言	(Attribute Value Assertion)
DIB	目录信息库	(Directory Information Base)
DIT	目录信息树	(Directory Information Tree)
DMD	目录管理域	(Directory Management Domain)
DSA	目录系统代理	(Directory System Agent)
DUA	目录用户代理	(Directory User Agent)
RDN	相关可辨别名	(Relative Distinguished Name)

5 约定

术语"目录规范(或本目录规范)"指的是 GB/T 16264.3。术语"系列目录规范"指的是GB/T 16264(或者 ISO/IEC 9594)的所有部分。

本目录规范使用术语"第 1 版系统"来指遵循系列目录规范第 1 版的所有系统,即 GB/T 16264—1996 版本。本目录规范使用术语"第 2 版系统"来指遵循系列目录规范第 2 版本的所有系统,即 ISO/IEC 9594:1995 版本。本目录规范使用术语"第 3 版系统"来指遵循系列目录规范第 3 版的所有系统,即 ISO/IEC 9594:1998 版本。本目录规范使用术语"第 4 版系统"来指遵循系列目录规范第 4 版的所有系统,即 ISO/IEC 9594:2001 年版本的第 1 部分到第 10 部分。

本目录规范使用术语"第 5 版系统"来指遵循系列目录规范第 5 版的所有系统,即 GB/T 16264—2008 版本的第 1 部分到第 7 部分以及 ISO/IEC 9594-8:2005、ISO/IEC 9594-9:2005 和 ISO/IEC 9594-10:2005。

本目录规范使用粗体字体来表示 ASN.1 符号。若在常规文本中要表示 ASN.1 的类型和值时,为了区别于常规文本,使用了粗体字表示。为了表示过程的语义而引用过程名时,为了区别于常规文本,使用了粗体字表示。访问控制许可使用斜体字表示。

6 目录服务概述

如 GB/T 16264.2—2008 中所描述,通过 DUA 的访问点提供目录服务,每个访问动作代表一个用户。这些概念如图 1 描述。通过访问点,利用若干目录操作,目录为其用户提供服务。

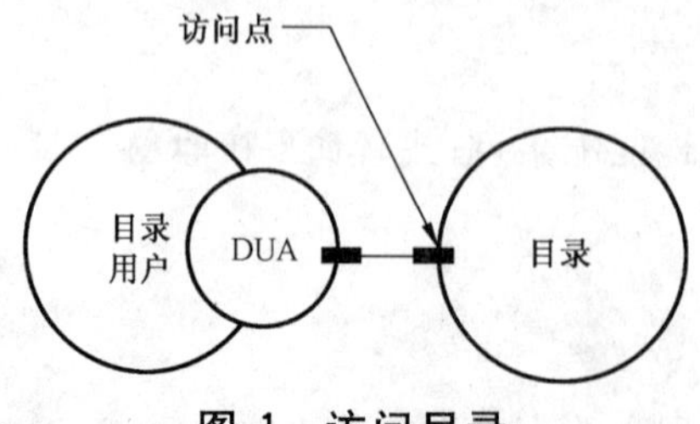

图 1 访问目录

有三种不同类型的目录操作:

a) 目录读操作,它查询单个目录条目;

b) 目录搜索操作,它查询若干潜在的目录条目;以及

c) 目录修改操作。

目录读操作、目录搜索操作和目录修改操作分别在第9章、第10章和第11章中规定。目录操作的一致性在GB/T 16264.5—2008中规定。

7 信息类型和公共规程

7.1 引言

本章标识(在某些情况下定义)后面的目录操作定义中使用的若干信息类型,这里所涉及的信息类型是那些用于多种操作,或在将来用于多种操作的通用信息类型,或者使用这些信息类型定义更复杂的或自包含的信息类型。

目录服务定义中使用的若干信息类型确实在其他地方进行了定义。7.2标识了这些类型,并指示了其定义的来源。7.3至7.10分别标识并定义了一种信息类型。

本章还规定了应用于多数或全部目录操作的若干公共规程元素。

7.2 在其他标准中定义的信息类型

以下信息类型在GB/T 16264.2—2008中规定:

a) Attribute;

b) AttributeType;

c) AttributeValue;

d) AttributeValueAssertion;

e) Context;

f) ContextAssertion;

g) DistinguishedName;

h) Name;

i) OPTIONALLY-PROTECTED;

j) OPTIONALLY-PROTECTED-SEQ;

k) RelativeDistinguishedName。

以下信息类型在GB/T 16264.6—2008中规定:

a) PresentationAddress。

以下信息类型在ISO/IEC 9594-8:2005中规定:

a) Certificate;

b) SIGNED;

c) CertificationPath。

以下信息类型在GB/T 16975.1中规定:

a) InvokeId。

以下信息类型在GB/T 16264.4—2008中规定:

a) OperationProgress;

b) ContinuationReference。

7.3 公共变元

CommonArguments信息可限定目录执行的每个操作的调用。

```
CommonArguments ::=SET {
    serviceControls         [30]    ServiceControls DEFAULT { },
    securityParameters      [29]    SecurityParameters OPTIONAL,
    requestor               [28]    DistinguishedName OPTIONAL,
    operationProgress       [27]    OperationProgress
```

```
                                   DEFAULT { nameResolutionPhase notStarted },
    aliasedRDNs                [26]   INTEGER OPTIONAL,
    criticalExtensions         [25]   BIT STRING OPTIONAL,
    referenceType              [24]   ReferenceType OPTIONAL,
    entryOnly                  [23]   BOOLEAN DEFAULT TRUE,
    nameResolveOnMaster        [21]   BOOLEAN DEFAULT FALSE,
    operationContexts          [20]   ContextSelection OPTIONAL,
    familyGrouping             [19]   FamilyGrouping DEFAULT entryOnly }
```

ServiceControls 组件在 7.5 中规定，不存在时表示控制为空集。

SecurityParameters 组件在 7.10 中规定。如果操作变元被请求方签名，那么SecurityParameters 组件应包括在变元中。SecurityParameters 组件缺省时表示为空集。

requestor 可辨别名标识某个抽象操作的始发者，它包含用户与目录建立绑定时使用的用户名。当要对请求签名(见 7.10)时，可以要求这个组件，并且包含发起请求的用户名。

注 1：当用户拥有一个由上下文区分的、可选的可辨别名时，用作requestor 值的名(称)应是所知的主可辨别名。否则，基于requestor 值的鉴别和访问控制可能无法按要求工作。

OperationProgress、referenceType、entryOnly、exclusions 和 nameResolveOnMaster 组件在 GB/T 16264.4—2008 中定义。它们在以下情况下由 DUA 提供：

a) 当按照 DSA 响应先前操作而返回的继续引用进行动作，并且其值由 DUA 从继续引用中复制；或

b) 当 DUA 代表管理 DSA 信息树的管理用户，并且manageDSAIT 选项在服务控制中设置。

aliasedRDNs 组件指示一个 DSA，在先前的操作中，其操作的客体组件通过别名解除引用进行创建，整数值指示客体中 RDN 的数量，它来自没有引用的别名(该值应在以前操作的转向推荐响应中设置)。

注 2：提供本组件是为了与目录第 1 版实现的兼容性。根据目录规范之后版本实现的 DUA(和 DSA)将总是从后续请求的CommonArguments 中省略该参数。这样，如果别名解除引用至进一步别名，目录将不发出差错信号。

operationContexts 组件提供了一组上下文断言，该组上下文断言适用与本操作生成的属性值断言和条目信息选择，否则对于相同的属性类型和上下文类型不包含上下文断言。如果operationContexts 不出现，或不描述某个特定的属性类型或上下文类型，那么 DSA 将使用缺省的上下文断言，如 GB/T 16264.2—2008 的 7.6.1、8.9.2.2 和 12.8 所述。如果选择了allContexts，那么所有属性类型的所有上下文都将是有效的，DSA 提供的各上下文缺省值都将被超越(ContextSelection 在 7.6 中定义)。

对于给定的操作处理，familyGrouping 用于描述应选择哪个家族成员，在 7.3.2 中对它有更为详细的描述。

7.3.1 临界扩展

criticalExtensions 组件提供了一种机制，以列出一组对目录抽象操作的执行来说是临界的扩展。如果扩展操作的始发者希望指示该操作必须和一个或多个扩展一起执行(即没有这些扩展的操作是不能接受的)这种执行是通过设置与该扩展相对应的criticalExtensions 位而进行的。如果目录和目录的某部分不能执行一个临界扩展，它返回一个unavailableCriticalExtension 指示(作为一个serviceError 或一个PartialOutcomeQualifier)。如果该目录不能报告一个非临界的扩展，则它忽略扩展的存在。

本目录规范不建立有关执行 DSA 对其所接收的 PDU 进行解码和处理的次序的规则。收到一个未知临界扩展的 DSA 将返回一个带问题unavailableCriticalExtension 的ServiceError，以发出信号通知操作失败。

目录规范定义了若干扩展。各扩展采用以下形式，即 BIT STRING(比特束)中的额外编号位，或

者集合(SET)或序列(SEQUENCE)中的额外组件,第1版本系统忽视了这一点。每一种扩展被分配了一个可在criticalExtensions 中设置成比特数的整数标识符。如果扩展的重要性设为临界,那么 DUA 将在criticalExtensions 中设置相应的位。如果扩展的重要性设为非临界,那么 DUA 在criticalExtensions 中可以或不可以设置相应的位。

扩展、扩展标识符、许可扩展的操作、推荐的临界性、定义扩展的章、相应的 LDAP 控制(如果有的话),均示于如表1。

表1 扩展

扩 展	标识符	操 作	临界性	定义(条号)	LDAP 控制
subentries	1	所有	非临界	7.5	1.3.6.1.4.1.4203.1.10.1
copyShallDo	2	读、比较、列表、搜索	非临界	7.5	
attribute size limit	3	读、搜索	非临界	7.5	
extraAttributes	4	读、搜索	非临界	7.6	
modifyRightsRequest	5	读	非临界	9.1	
pagedResultsRequest	6	列表、搜索	非临界	10.1	1.2.840.113556.1.4.319
matchedValuesOnly	7	搜索	非临界	10.2	1.2.826.0.1.3344810.2.3
extendedFilter	8	搜索	非临界	10.2	
targetSystem	9	增加条目	临界	11.1	
useAliasOnUpdate	10	增加条目、移除条目、修改条目	临界	11.1	
newSuperior	11	修改 DN	临界	11.4	
manageDSAIT	12	所有	临界	7.5、7.13	2.16.840.1.113730.3.4.2
useContexts	13	读、比较、列表、搜索、增加条目、修改条目、修改 DN	非临界	7.6、7.8	
partialNameResolution	14	读、搜索	非临界	7.5	
overspecFilter	15	搜索	非临界	10.1.3 f)	
selectionOnModify	16	修改条目	非临界	11.3.2	
安全参数 —Response	17	所有	非临界	7.10	
安全参数 —Operation code	18	所有	非临界	7.10	
安全参数 —Attribute certification path	19	所有	非临界	7.10	
安全参数 —Error Protection	20	所有	非临界	7.10	
SPKM Credentials	21	目录绑定	(注3)	8.1.1	
Bind token- Response	22	目录绑定	非临界	8.1.1	

表 1(续)

扩　展	标识符	操　作	临界性	定义(条号)	LDAP 控制
Bind token-Bind Int. Alg, Bind Int Key, Conf Alg and Conf Key Info	23	目录绑定	非临界	8.1.1	
Bind token-DIRQOP (obsolete)	24	目录绑定	非临界	8.1.1	
Service administration	25	读、搜索、修改条目	临界	10.2.2、第 13 章、GB/T 16264.2 第 16 章	
entryCount	26	搜索	非临界	10.1.3	
hierarchySelection	27	搜索	非临界	7.5	
relaxation	28	搜索	非临界	7.8	
familyGrouping	29	比较、搜索、移除条目	非临界 非临界 临界	7.3.2、7.8.3、9.2.2、10.2、11.2.2	
familyReturn	30	读、搜索、修改条目	非临界 非临界 非临界	7.6.4、7.7.1、9.1.3、10.2.3、11.3.3	
dnAttributes	31	搜索	非临界	10.2.2	
friend attributes	32	读、搜索	非临界	7.6、7.8.2	
Abandon of paged results	33	列表、搜索	临界	7.9	
Paged results on the DSP	34	列表、搜索	非临界	7.9	
replaceValues	35	修改条目	临界	11.3.1、11.3.2	

注 1：为首个扩展提供了标识符 1，对应 BIT STRING 的位 1。BIT STRING 的第 0 位没有使用。

注 2：对增加条目、移除条目、修改条目、修改 DN 使用加密的或签名的和加密安全转换或者对任何差错或结果使用保护，要求第 2 版或更高版本的协议。

注 3：SPKM 证书扩展至关重要，除非用在利用第 2 版或更高版本建立的关联中。

7.3.2 家族组合

家族组合允许将复合条目的单个家族成员、若干个家族成员或所有的家族成员结合在一起，以便在操作评估之前做综合考虑。这些语义可以用于以下操作(如下列描述所述)：比较(定义比较属性可能处于的范围)、搜索(定义可能进行过滤的组)、移除条目(定义移除组)。下列 ASN.1 用于选择家族成员。

```
FamilyGrouping ::= ENUMERATED {
      entryOnly            (1),
      compoundEntry        (2),
```

```
    strands                 (3),
    multiStrand             (4) }
```

entryOnly 含义是将在组中对操作选择的特定家族成员进行考虑。这是缺省值，确保向后兼容于目录规范的先前版本。

compoundEntry 含义是将把操作选择的、完整的复合条目看作是一个结合了所有属性的单元。对移除条目操作，只有当规定的客体名(称)是复合条目祖(条目)的客体名(称)时才适用，这将造成全部家族成员被相同操作移除(依据访问控制)。

strands 含义是操作将选择所有与家族成员关联的束。该选项对移除条目操作无效。对搜索操作，认为单个束是用于过滤器目的。如果一个或多个束的复合属性集匹配与过滤器匹配，那么认为复合条目与过滤器匹配。如果基本客体是一个孩子成员，那么只考虑那些通过基本客体的束。对比较操作，条目所属的所有束中所有家族成员的所有属性将会在比较中用到。

multiStrand 只适用于搜索操作，对家族信息限定过滤器的匹配规则。其他操作被忽略。它规定每次只考虑来自复合条目中每个组的一个束，但所有结合在一起考虑。如果基本客体是一个孩子家族成员，那么multiStrand 不适用，在这种情况下，multiStrand 将被忽略，entryOnly 将被替换。

7.4 公共结果

CommonResults 或CommonResultsSeq 信息用于限定目录能执行的各检索操作的结果。另外，它出现在任何返回的差错中。

```
CommonResults ::= SET {
    securityParameters      [30] SecurityParameters                          OPTIONAL,
    performer               [29] DistinguishedName                           OPTIONAL,
    aliasDereferenced       [28] BOOLEAN                                     DEFAULT FALSE,
    notification            [27] SEQUENCE SIZE (1..MAX) OF Attribute OPTIONAL }
    CommonResultsSeq ::= SEQUENCE {
    securityParameters      [30] SecurityParameters                          OPTIONAL,
    performer               [29] DistinguishedName                           OPTIONAL,
    aliasDereferenced       [28] BOOLEAN                                     DEFAULT FALSE,
    notification            [27] SEQUENCE SIZE (1..MAX) OF Attribute OPTIONAL }
```

注：CommonResults 和CommonResultsSeq 由相同的组件组成。当被COMPONENT 类型包含在集合类型中时，使用前者，而后者类似地用在序列类型中。

SecurityParameters 组件在 7.10 中规定。如果目录对结果进行签名，那么SecurityParameters 组件将包括在结果中。SecurityParameters 组件不出现将被认为相当于一个空集。

performer 可辨别名用于确定某个特定操作的执行者。当对结果进行签名时可能需要它(见 7.10)，并将持有签名结果的 DSA 的名(称)。

当作为操作目标的客体或基本客体的假设名(称)包括任何已解除引用的别名时，aliasDereferenced 组件将被设为TRUE。

notification 组件将用于限定返回结果和差错 APDU，例如用于提供更加精确的差错信息。标准通告属性在 GB/T 16264.6—2008 的 5.12 中定义。此类通告属性不必储存在目录条目中。

7.5 服务控制

ServiceControls 参数包含指导或限制提供服务的控制信息。

```
ServiceControls ::= SET {
    options                 [0] ServiceControlOptions DEFAULT { },
    priority                [1] INTEGER { low (0), medium (1), high (2) } DEFAULT medium,
    timeLimit               [2] INTEGER OPTIONAL,
```

```
    sizeLimit               [3] INTEGER OPTIONAL,
    scopeOfReferral         [4] INTEGER { dmd(0),country(1) } OPTIONAL,
    attributeSizeLimit      [5] INTEGER OPTIONAL,
    manageDSAITPlaneRef     [6] SEQUENCE {
        dsaName Name,
        agreementID AgreementID } OPTIONAL,
    serviceType             [7] OBJECT IDENTIFIER OPTIONAL,
    userClass               [8] INTEGER OPTIONAL }
ServiceControlOptions ::= BIT STRING {
        preferChaining              (0),
        chainingProhibited          (1),
        localScope                  (2),
        dontUseCopy                 (3),
        dontDereferenceAliases      (4),
        subentries                  (5),
        copyShallDo                 (6),
        partialNameResolution       (7),
        manageDSAIT                 (8),
        noSubtypeMatch              (9),
        noSubtypeSelection          (10),
        countFamily                 (11),
        dontSelectFriends           (12),
        dontMatchFriends            (13),
        allowWriteableCopy          (14) }
```

options 组件包含若干指示,若设置,则每个指示断言所建议的条件。因此:

a) preferChaining 指示优先选择是链接而不是转向推荐提供服务,不强迫目录依从该优先选择。

b) chainingProhibited 指示禁止链接以及其他有关目录的请求分发方法。

c) localScope 指示操作限于本地范围。该选项的定义本身是一个本地问题,例如,在一个单个 DSA 或一个单个 DMD 内。

d) dontUseCopy 指示拷贝的信息(如 GB/T 16264.4—2008 中定义)不会用于提供服务。

e) dontDereferenceAliases 指示不解除引用任何用于标识受操作影响的条目的别名。

注 1:允许引用别名条目本身而不是使用别名的条目,例如为了读别名条目。

f) subentries 指示搜索或列表操作仅用于访问子条目;常规条目变得不可访问,即目录行为如同常规条目不存在。如果不设置该服务控制,那么操作只访问常规条目,子条目变得不可访问。对搜索或列表之外的各操作忽略服务控制。

注 2:即使子条目是不可访问的,仍观察对访问控制、模式和联合属性的子条目影响。

注 3:如果设定该服务控制,那么可以继续将常规条目规定为操作的基本客体。

g) copyShallDo 指示如果目录能够部分地而不是全部地满足对条目拷贝的查询要求,那么它将不链接查询。只有当不设置dontUseCopy 时它才有意义。如果不设置copyShallDo,那么只有当它完整得足以允许操作彻底满足拷贝要求时,目录才使用影像数据。由于在影像拷贝中丢失某些请求的属性,一个查询可能只能部分地满足要求,由于 DSA 不持有它没有的属性值的所有上下文信息,或者由于持有影像数据的 DSA 不支持有关该数据的请求匹配规则,在影像拷贝中会丢失给定属性的某些属性值。如果设置了copyShallDo,并且目录无法彻底满足一个查询的要求，那么它将在返回的条目信息中设置incompleteEntry。

h) partialNameResolution 指示如果目录只能解析读或搜索操作中的部分声称名，即它将返回一个nameError，那么名(称)包括所有已解析 RDN 的条目将被认为是操作的目标，并且在结果中将partialName 设为TRUE。对读或搜索之外的各操作忽略该服务控制。

注 4：如果设定该服务控制，那么声称名将是一个上下文前缀条目，拒绝对其进行访问，请求方需要访问上级条目，而后将存在上下文前缀条目这一情况间接地泄露给请求方，即使拒绝条目的*DiscloseOnError*许可。

i) manageDSAIT 指示管理用户已请求操作，因此对 DSA 信息树进行管理。如果在 DSA 有多个复制平面需要管理，并且manageDSAITPlaneRef 服务控制未包括在操作中，那么 DSA 为操作选择一个合适的复制平面。

j) noSubtypeMatch 指示不会尝试进行属性子类型匹配。除了比较和搜索操作，对其他操作将忽略该服务控制。

k) noSubtypeSelection 指示不进行子类型选择。

l) countFamily 指示将把复合条目的每个成员当作一个单独的条目，例如出于大小和管理限制以及张弛控制目的。如果未设置该控制，那么将把复合属性的成员当作一个单个条目。

m) dontSelectFriends 指示条目信息选择中锚属性的规定不自动包括选择中的友人属性。

n) dontMatchFriends 指示过滤器项中锚属性的规定只能满足锚属性值的要求，不能满足友人属性的要求。

o) allowWriteableCopy 指示，在提供查询服务请求中，类型writeableCopy 的 DSE 是可接受的。

注 5：allowWriteableCopy 服务控制不同于copyShallDo，该服务控制用于指示需要一个完整的拷贝，但它不必来自主源，而copyShallDo 用于指示任何拷贝，不论是完整的还是不完整的，都可接受。

如果忽略该组件，那么假设以下内容：对链接没有优选权，但不禁止链接；对操作范围没有限制；许可使用拷贝；将解除引用别名(除非对修改操作，对它不支持别名解除引用)；子条目不可访问；对不能完全满足影像数据要求的操作需做进一步链接。不过，对这些缺省，在服务特定管理区域内可以通过搜索规则进行重写。

以priority (low、medium 或high)优先级提供服务。注意，在目录中这不是一个保证的服务，整体上不进行排队。在低层上使用优先级并不隐含任何关系。

timeLimit 指示服务提供中的最大耗费时间，以秒计。如果约束无法满足，那么报告一个差错。如果忽略该组件，那么不暗指任何时间限制。当在列表或搜索中时间限制超出时，结果是任选一个积累的结果。

注 6：该组件不显示流逝时间中的请求处理时间长度：在处理流逝时间中的请求时可能涉及任何数量的 DSA。

sizeLimit 仅适用于列表和搜索操作。它指示当不返回分页结果时的最大返回条目数。在超出了大小限制的情况下，列表或搜索操作的结果可以是任选一个积累的结果，数量上等于大小限制。将抛弃任何更多的结果。当返回分页结果时，执行分页的 DSA 将忽略 sizeLimit 的值，详见 7.9。

scopeOfReferral 指示 DSA 返回之转向推荐将关联的范围。依据选择的值是dmd 还是country，将只返回选定范围内的其他 DSA 转向推荐。这适用于referral 差错以及list 和search 结果unexplored 参数中的转向推荐。

attributeSizeLimit 指示任何属性的最大大小(即类型及其所有值)，它包括在返回的条目信息中。如果一个属性超出了该限制，那么从返回的条目信息中删去其所有值，并在返回的条目信息中设置incompleteEntry。采用的属性大小为其在持有数据的本地具体语法中的大小，以八位字计。由于所用的不同数据保存方法，限制是不精确的。如果未规定该参数，那么不暗指任何限制。

注 7：作为条目可辨别名一部分返回的属性值不受该限制所限。

priority、timeLimit 和sizeLimit 的某些结合可能产生冲突。例如，短时间限制可能与低优先级产生冲突;高大小限制可能与低时间限制产生冲突;等等。

manageDSAITPlaneRef 指示,管理用户已请求操作,因此对 DSA 信息树的某个特定复制平面进行管理。如果未设置manageDSAIT 选项,那么忽略manageDSAITPlaneRef 服务控制。平面由dsaName 组件(它是提供 DSA 的名(称))和agreementID 组件(它包含影像协议标识符)确定。

serviceType 服务控制只与search 请求相关,它在一个服务特定管理区域内开始其最初的评估阶段;否则将忽略之。如果提供,那么它增加获得有用通告信息的可能性,当差错表达search 请求时返回通告信息。

userClass 服务控制只与search 请求相关,它在一个服务特定管理区域内开始其最初的评估阶段;否则将忽略之。它确定一个用户类别。它允许请求方规定另一个用户类别,否则将应用目录。如果提供,那么它还会增加获得有用通告信息的可能性,当差错表达 search 请求时返回通告信息。

7.6 条目信息选择

EntryInformationSelection 参数用于指示在检索服务中条目所请求的哪些信息。

```
EntryInformationSelection ::=SET {
    attributes                  CHOICE {
      allUserAttributes           [0]    NULL,
      select                      [1]    SET OF AttributeType
      --empty set implies no attributes are requested--} DEFAULT allUserAttributes: NULL,
    infoTypes                     [2]    INTEGER {
      attributeTypesOnly                (0),
      attributeTypesAndValues           (1) } DEFAULT attributeTypesAndValues,
    extraAttributes                   CHOICE {
      allOperationalAttributes    [3] NULL,
      select                      [4] SET SIZE (1..MAX) OF AttributeType } OPTIONAL,
    contextSelection ContextSelection OPTIONAL,
    returnContexts BOOLEAN DEFAULT FALSE,
    familyReturn FamilyReturn DEFAULT
                                  { memberSelect contributingEntriesOnly } }
ContextSelection ::=CHOICE {
    allContexts                   NULL,
    selectedContexts              SET SIZE (1..MAX) OF TypeAndContextAssertion }
TypeAndContextAssertion ::=SEQUENCE {
    type                          AttributeType,
    contextAssertions             CHOICE {
        preference                       SEQUENCE OF ContextAssertion,
        all                              SET OF ContextAssertion } }
FamilyReturn ::=SEQUENCE {
    memberSelect   ENUMERATED {
        contributingEntriesOnly              (1),
        participatingEntriesOnly             (2),
        compoundEntry                        (3) },
    familySelect SEQUENCE SIZE (1..MAX) OF OBJECT-CLASS.&id OPTIONAL }
```

attributes 组件用于规定有关请求信息的用户和操作属性。

a) 如果选择select 选项,则列出所包含的属性;如果列表为空,则不返回属性;如果属性存在,则返回所选属性的有关信息;如果没有所选属性存在,则返回attributeError,并指明差错原因为noSuchAttributeOrValue;

b) 如果选择allUserAttributes选项,则请求条目中的全部属性的有关信息。

如果满足访问权限要求,则只返回属性信息。如果请求不能满足读全部属性的权限要求,则返回securityError,并指明差错原因为insufficientAccessRights。

注1:注意按照EntryInformationSelection组件,访问控制也适用于返回符合条件的属性和值,并可进一步减少返回的信息。

infoTypes组件规定是请求属性类型和属性值信息(缺省情况下)还是只请求属性类型信息。如果一个类型的某个属性是其他属性的载体,例如,family-information属性,那么将独立于infoTypes组件的设置返回值,infoTypes规范适用于所包含的属性。如果attributes组件不请求任何属性,那么该组件无意义。

extraAttributes组件规定一组附加用户和操作属性,这些信息是所请求的。如果选择allOperationalAttributes选项,那么条目中全部目录操作属性信息被请求。如果选择了select选项,则列表属性的信息被请求。

注2:该组件可以用于请求以下信息,例如,当attributes设为allUserAttributes时的特定操作属性,或者全部操作属性。如果在attributes和extraAttributes中都列出或暗含相同属性,作为请求一次对待。

如果未设置noSubtypeSelection服务控制选项,那么有关某个特殊属性的请求总被看作是对该属性及其所有子类型的请求(除了由第1版本系统处理的请求)。如果设置了noSubtypeSelection服务控制选项,那么只返回请求的属性,而不返回其子类型。同样,如果dontSelectFriends服务控制选项没有设置,那么有关某个拥有友人属性的特殊属性的请求,总被看作是对该属性及其所有友人属性的请求。

在响应一个有关属性信息的请求时,目录在对待条目的所有联合属性时就当它们仿佛是条目的实际用户属性,即像其他用户属性一样来选择它们,并合并进返回的条目信息中。有关allUserAttributes的请求将请求条目的所有联合属性,以及条目的普通属性。如果以下所有各项都为TRUE,那么属性是条目的一个联合属性:

a) 位于子树规范包括全部条目的子条目中;

b) 可以出现在等同于联合属性类型的collectiveExclusions属性值条目中;以及

c) 被条目的结构客体类的内容规则所认可。

contextSelection组件用于规定返回attributes或extraAttributes所选之属性中的哪个属性值。只对以下级性值的contextSelection进行评估,即依据EntryInformationSelection的其他组件,它们是候选的返回属性。如果它不提供,那么contextSelection的评估、缺省值的使用将在7.6.1到7.6.3论述。

如果infoTypes组件不请求任何属性值,或者attributes组件不请求任何属性,那么contextSelection组件没有意义。如果作为应用contextSelection的结果,没有任何属性值适于返回,那么可以不带任何值地返回属性。

returnContexts组件用于请求目录带其关联上下文清单地返回属性值。如果该组件不存在或用一个FALSE值来规定,那么在结果中将不返回任何上下文信息。如果该组件用一个TRUE值来规定,那么对每个返回的属性值,返回所有的上下文信息。注意,当returnContexts为TRUE时,contextSelection组件对返回什么上下文信息不产生选择性的影响。

如果已标记了一个或多个家族成员,那么familyReturn组件(如果存在的话)用于确定复合条目中的哪些条目将被返回(见7.6.4)。

7.6.1 使用contextSelection或上下文选择缺省值

contextSelection组件用于选择attributes或extraAttributes所选属性的某些属性值。只能依据候选返回属性值对contextSelection进行评估,候选属性值依据EntryInformationSelection的其他组件返回。对每个属性值,管理其属性的任何内容选择都应评估为TRUE(在7.6.2中定义),以便选择该属性值。

如果出现任何下列组件，那么contextSelection 用于管理属性类型：

——ContextSelection 用于规定allContexts（在这种情况下，选择所有属性类型的所有属性值）；

——ContextSelection 拥有一个 selectedContexts，它包括一个 TypeAndContextAssertion，其类型等同于属性类型或属性类型的父类型；或者

——ContextSelection 拥有一个 selectedContexts，它包括一个 TypeAndContextAssertion，其类型为id-oa-allAttributeTypes。

如果不提供contextSelection，或它不管理给定的属性类型，那么将应用一个缺省的contextSelection。除了EntryInformationSelection 中的contextSelection，还有三个潜在的contextSelection 来源：整体上为操作规定的contextSelection；在 DIT 各分条目中可用的contextSelection；在 DSA 中本地可用的contextSelection。依据以下优先级来使用它们：

a) 如果contextSelection 出现在EntryInformationSelection 中，并且它管理给定的属性类型，如上所述，那么将应用它；

b) 如果contextSelection 未出现在EntryInformationSelection 中，或者它出现了但不管理给定的属性类型。那么如 7.3 所述已经为操作提供的operationContexts 将被应用，如果它存在并且管理给定的属性类型；

c) 如果请求既不是EntryInformationSelection 中的contextSelection，也不是操作的operationContexts，或者也不管理给定的属性，那么将应用在控制条目的各上下文断言子条目（如果有的话）中的 contextAssertionDefaults 属性值，作为selectedContexts（上下文断言子条目在 GB/T 16264.2—2008 的 14.7 描述）；

d) 如果上面描述的来源中没有contextSelection 来管理给定的属性类型，那么 DSA 可以应用一个本地定义的缺省contextSelection。这样一个缺省值将典型地反映本地参数，例如语言、DSA 的部署位置、当前时间，但对其响应的每个 DUA，可以由 DSA 做不同的剪裁；

e) 如果任何这些来源中都没有任何contextSelection 来管理给定的属性类型，那么认为选择了该属性的所有值(即将allContexts 当作基本缺省值)。

注：除了管理相同属性类型但作出关于某个不同上下文类型断言的早期contextSelection 外，还将应用管理给定属性类型并作出关于某个上下文类型断言的缺省contextSelection，优先级顺序同上所述。

7.6.2 评估 contextSelection

contextSelection 将为TRUE（即选择一个给定的属性值），若：

a) 规定了allContexts（这允许一个上下文选择超越任何缺省值，否则如果省略该contextSelection，那么应用缺省值）；或者

b) selectedContexts 中的每个TypeAndContextAssertion 都为TRUE，如 7.6.3 所述。否则contextSelection 为FALSE。

7.6.3 评估 TypeAndContextAssertion

TypeAndContextAssertion 将为TRUE（即选择一个给定的属性值），若：

a) 属性类型不同于TypeAndContextAssertion 中的type（也不是其子类型），TypeAndContextAssertion中的type 不是id-oa-allAttributeTypes。在这种情况下，TypeAndContextAssertion 不适用于特定属性值的属性类型，因此不从选择中去除属性值；或者

b) 对属性值，TypeAndContextAssertion 中的contextAssertions 为TRUE，如下定义。

注 1：OBJECTI DENTIFIER 的值id-oa-allAttributeTypes 可以用作 TypeAndContextAssertion 中的type 值，以便推动依据属性类型的属性值对contextAssertions 进行评估。

contextAssertions 表示为一个有关首选上下文的有序序列，或一个有关上下文断言的复合集：

a) 如果规定为all，那么只有当 SET 中的每个ContextAssertion 都为TRUE 时，contextAssertions 才为 TRUE，如 GB/T 16264.2—2008 中 8.9.2.4 所定义。

b) 如果规定为preference，那么依据相同属性类型的所有候选属性值依次对 SEQUENCE 中的每个ContextAssertion 进行评估，直至ContextAssertion 评估为 TRUE，如 GB/T 16264.2—2008 中 8.9.2.4 所定义(fallback 标志如果出现，在整个 SEQUENCE 耗尽之前不对它作考虑)。一旦对其中之一的候选属性值ContextAssertion 评估为TRUE，那么将对相同属性类型的每个候选属性值都进行评估，但忽略SEQUENCE 中的后续ContextAssertion。

注 2：preference 提供了一种选择方式，以上下文第一选择、第二选择等形式进行规定(例如，语言＝法语，若没有法语，则语言＝英语)。

否则TypeAndContextAssertion 为 FALSE。

7.6.4 家族返回

如果一个或多个家族成员已标记为贡献成员或参与成员，那么familyReturn 组件用于确定将返回复合条目中的哪些条目。有关如何标记家族成员的规程在 7.13 中做进一步描述。

memberSelect 组件规定在结果中选择哪些条目予以返回：

——contributingEntriesOnly 意味着只返回由操作标记为起作用成员的家族成员。在读或修改条目操作的情况下，它为由 object 操作变元确定的家族成员，对搜索操作，它包括对匹配有影响的家族成员。

——participatingEntriesOnly 意味着只返回由操作标记为参与成员的家族成员。在读或修改条目操作的情况下，同contributingEntriesOnly。

——compoundEntry 意味着将返回复合条目中的每个家族成员，除了那些在搜索操作中可能由管理搜索规则明确未标记的成员。

除了memberSelect 规定的内容，通过规定返回选定家族的所有下级成员，familySelect 组件对memberSelect 组件进行补充。元素的序列并不重要。家族由祖(条目)的家族成员直接下级的结构客体类确定。

如果memberSelect 规定了compoundEntry，那么该组件没有作用。

注：一个管理搜索规则可以修改应返回什么信息(见 GB/T 16264.2—2008 的 16.10)。

7.7 条目信息

7.7.1 条目信息数据类型

EntryInformation 数据类型传递从条目选择的信息。

```
EntryInformation ::=SEQUENCE {
    name                                Name,
    fromEntry                           BOOLEAN DEFAULT TRUE,
    information                         SET SIZE (1..MAX) OF CHOICE {
        attributeType                   AttributeType,
        attribute                       Attribute } OPTIONAL,
    incompleteEntry        [3]   BOOLEAN DEFAULT FALSE,--不在第 1 版本系统中
    partialName            [4]   BOOLEAN DEFAULT FALSE,--不在第 1 或第 2 版本系统中
    derivedEntry           [5]   BOOLEAN DEFAULT FALSE--不在第 4 版本之前系统中--}
```

Name 参数指的是条目的可辨别名或者条目的别名。无论何时当准许访问控制策略，则返回条目的可辨别名。如果允许对条目的属性而非其可辨别名进行访问，那么目录可以返回一个差错或该条目有效别名的名(称)。

主可辨别名用于Name 参数。这意味着如果形成名(称)的 RDN 包括一个具有多个不同值(由上下文区分)的属性，那么主可辨别值将当作该属性返回 RDN AttributeTypeAndDistinguishedValue 中的值来使用。由于对每个 RD，返回的value 总为主要的不同值，因此将为所有的AttributeTypeAndDistinguishedValue 删去primaryDistinguished。

只有当上下文选择已用于返回的条目信息时,Name 中的 RDN 才包括可选的不同值。可选的可辨别名作为返回 RDN AttributeTypeAndDistinguishedValue 中valuesWithContext 的一部分返回。适用于返回条目信息的上下文选择(见 7.6.1)也适用于可选的不同值,用于确定在valuesWithContext 中使用哪个不同的值。

注 1:内容选择不适用于在Name 中返回的、主要的不同值。

如果已经请求利用结果返回上下文信息,那么上下文信息还将包括在的 Name 中不同值可用的地方(利用 RDN 的valuesWithContext 元素)。当返回可选的不同值时,总为所有的不同值返回上下文信息。

注 2:如果使用别名定位条目,那么该别名应为一个有效的别名。否则,它如何确保别名是有效的将处于这些目录规范的范畴之外。

注 3:当目录的某个特定组件选择返回一个它可用的别名时,建议在以下地方进行选择,即它可能为同一请求方提出的重复请求选择相同的别名,以便提供一致的服务。

fromEntry 参数用于指示信息是取自条目(TRUE)还是取自条目的拷贝(FALSE)。

如果返回条目中的任何属性信息,那么包括information 参数,合适的话,包含一系列attributeTypes 和 attributes。

无论何时当与用户请求相关的返回条目信息不完整时,包括 incompleteEntry 参数,并设为TRUE,例如,由于出于访问控制原因删去属性或属性值(以及允许泄露其存在情况),由于出现不完整的影像信息以及copyShallDo,或者由于超出了attributeSizeLimit。由于已返回别名名(称)而不是可辨别名,因此不设为TRUE。

在考虑partialNameResolution 服务控制之前,目录将在整体上完成操作的名(称)解析阶段(包括在转向推荐后,检查所有的相关知识引用,等等)。如果已耗尽所有的名(称)解析选项,并且已至少解析一个 RDN,那么将包括partialName 参数,如果请求已设置partialNameResolution 服务控制,并且目录无法完成对相关条目所有 RDN 的名(称)解析,那么设为TRUE。当partialName 返回为TRUE 时,它指示返回的信息来自条目,位置在成功解析最后一个 RDN 的地方。

无论何时当返回的条目信息包含联合结果(通过对源自多个目录条目的数据执行联合而获得),则包括derivedEntry 参数,并设为TRUE。当该参数为TRUE 时,name 的值可以是任何相关条目(条目信息源自这些条目)的名(称),或者是任何这些条目的别名名(称)。name 的值不得用在后续操作中。如果derivedEntry 参数设为TRUE,并且标记了响应,那么签名为执行联合的 DSA 的签名。

7.7.2 条目信息中的家族信息

当返回来自复合条目的信息时,则依据EntryInformationSelection(管理搜索规则可能对之进行修改)来选择每个待返回成员的属性。当在search 请求中设置了separateFamilyMembers 搜索控制选项时,则每个成员作为一个单独的条目返回。否则,如果返回多个成员,那么条目信息将以如下方式进行包装,即信息看起来像是来自一个单个条目,它可以是祖(条目)或者是一个下级成员(当search 请求的基本客体为下级于祖(条目)的家族成员并且FamilyReturn 尚未选择祖(条目)时,后者是合适的)。其他成员的属性将包装进一个family-information 派生属性中,如下所述。

注 1:依据上述内容,多个家族成员总是包装在一个read 或modifyEntry 结果中。

family-information 导出属性仅用于包装;属性不作为不同的实体存在;它不能直接由entryInformationSelection 选择(将忽略任何有关这方面的尝试),也不直接受访问控制保护。

```
family-information ATTRIBUTE ::={
WITH SYNTAX                  FamilyEntries
USAGE                        directoryOperation
ID                           id-at-family-information }
```

```
FamilyEntries ::=SEQUENCE {
family-class                    OBJECT-CLASS. &id,--结构客体类值
familyEntries                   SEQUENCE OF FamilyEntry }
FamilyEntry ::=SEQUENCE {
rdn                             RelativeDistinguishedName,
information                     SEQUENCE OF CHOICE {
    attributeType                   AttributeType,
    attribute                       Attribute },
family-info                     EQUENCE SIZE (1.. MAX) OF FamilyEntries OPTIONAL }
```

family-information 属性是一个多值属性。如果祖(条目)指定为信息源,那么每个属性值持有来自单个家族的信息。如果作为祖(条目)下级的一个家族成员指定为信息源,那么基于指定成员直接下级成员的结构客体类,信息归类为属性值。

选定的每个家族成员通过类型FamilyEntry 的一个值来描述,它包含:

——选定的属性信息(在适当的地方),作为一个属性类型,或作为一个完整的属性,它取决于EntryInformationSelection 中的infoTypes 值;

注 2:如 7.6 所述,infoTypes 规定只适用于所含的属性,不适用于family-information 属性自身。

——任何以完整的family-information 属性形式出现的、嵌套的FamilyEntries 信息,依据下级条目的结构客体类结合在一起;

——根本不对未选条目进行描述,除非它们是一个或多个所选家族成员的上级。

7.8 过滤器

7.8.1 过滤器参数

Filter 参数提供一个测试,该测试或被特定条目满足或不被满足。过滤器参数根据条目的属性是否存在或某些属性值的断言来表示,当且仅当判断为 TRUE 时,Filter 才能满足。

注:一个过滤器可以是TRUE、FALSE 或UNDEFINED(未定义)。

```
Filter ::=CHOICE {
  item     [0]  FilterItem,
  and      [1]  SET OF Filter,
  or       [2]  SET OF Filter,
  not      [3]  Filter }
FilterItem ::=CHOICE {
  equality        [0]   AttributeValueAssertion,
  substrings      [1]    SEQUENCE {
        type             ATTRIBUTE. &id ({ SupportedAttributes }),
        strings          SEQUENCE OF CHOICE {
           initial            [0]      ATTRIBUTE. &Type
                                       ({SupportedAttributes}{@substrings. type}),
           any                [1]      ATTRIBUTE. &Type
                                       ({SupportedAttributes}{@substrings. type}),
           final              [2]      ATTRIBUTE. &Type
                                       ({SupportedAttributes}{@substrings. type}),
           control                      Attribute } },--用于规定以下项的解释
   greaterOrEqual        [2]     AttributeValueAssertion,
   lessOrEqual           [3]     AttributeValueAssertion,
```

```
    present               [4]    AttributeType,
    approximateMatch      [5]    AttributeValueAssertion,
    extensibleMatch       [6]    MatchingRuleAssertion,
    contextPresent        [7]    AttributeTypeAssertion }
MatchingRuleAssertion ::=SEQUENCE {
    matchingRule          [1]    SET SIZE (1..MAX) OF MATCHING-RULE.&id,
    type                  [2]    AttributeType OPTIONAL,
    matchValue            [3]    MATCHING-RULE.&AssertionType ( CONSTRAINED BY {
          --matchValue 应是一个类型值,由matchingRule 确定的其中一个
          --MATCHING-RULE 的&AssertionType 字段规定。--} ),
    dnAttributes          [4]    OOLEAN DEFAULT FALSE }
```

一个Filter是一个FilterItem(见7.8.2),或者是一个涉及更简单过滤器的表达式,过滤器由逻辑运算符and、or和not合成。过滤器的评估结果受张弛策略行为的影响,它可引起用一个匹配规则替代另一个匹配规则,或可提供认为匹配的值。

一个Filter是一个具有FilterItem的值(即TRUE、FALSE或UNDEFINED)的FilterItem。

如果设置为空或者如果每个过滤器都为TRUE,那么一个为一系列过滤器and(“与”)运算结果的Filter值为TRUE;如果至少一个为FALSE,那么它为FALSE;否则它为UNDEFINED(即至少一个过滤器为UNDEFINED,并且没有任何一个过滤器为FALSE)。

如果设置为空或者如果每个过滤器都为FALSE,那么一个为一系列过滤器or(“或”)运算结果的Filter值为FALSE;如果至少一个为TRUE,那么它为TRUE;否则它为UNDEFINED(即至少一个过滤器为UNDEFINED,并且没有任何一个过滤器为TRUE)。

如果过滤器为FALSE,那么一个为某个过滤器not(“非”)运算结果的Filter值为TRUE;如果它为TRUE,那么Filter为TRUE;如果它为UNDEFINED,那么Filter为UNDEFINED。

一个非求反过滤器项定义为一个嵌入于最外Filter内偶数个(可能为0个)not元素中的过滤器项。因此,一个只含有and或or组合中过滤器项的过滤器将只含有非求反项。一个求反过滤器项定义为一个嵌入于最外Filter内奇数个not元素中的过滤器项。

7.8.2 过滤器项

FilterItem是一个有关所测试条目是否出现或者属性值的断言。如果条目包含属性的一个子类型,并且对子类型断言为TRUE,并且未设置noSubtypeMatch服务控制选项,或者如果有一个联合条目属性(见7.6),对其断言为TRUE,或者如果以下情况,那么有关某个特殊属性类型的断言也是满足要求的。

——不设置dontMatchFriends服务控制选项;以及

——条目包含一个有关规定属性的友人属性,它有一个兼容于断言的匹配规则;以及

——对友人属性,断言为TRUE。

每个断言为TRUE、FALSE或UNDEFINED。

每个FilterItem包括或暗指一个或多个用于确定所考虑之特定属性的AttributeTypes。

有关此类属性值的任何断言只有当评估机制了解AttributeType时才定义,假设的AttributeValue符合为该属性类型所定义的属性语法要求,隐含的或指示的匹配规则适用于该属性类型,并且(当使用时)出现的matchValue符合为指示的匹配规则所定义的语法要求。当不满足这些件时,FilterItem将评估为逻辑值UNDEFINED。

注1:访问控制限制可能影响对FilterItem的评估,并可能引起FilterItem被评估为UNDEFINED。

另外,如果相关于未出现在属性(其断言正在接受测试)中的属性值和属性类型,那么由这些件定义的断言评估为UNDEFINED。由这些件定义并且相关于出现之属性值的断言评估FALSE。

利用为该属性类型定义的匹配规则来评估过滤器项中的属性值断言，合适的话，依据张弛策略的行为，替代该属性类型。依据其定义中的规定对匹配规则断言进行评估。为某个特殊语法定义的匹配规则只能用于生成有关该语法属性或该语法子类型的断言。

注 2：张弛策略行为可引起某个特定的匹配规则回复为nullMatch 匹配规则（它总评估为 TRUE（如果非求反）或 FALSE（如果求反）——见 GB/T 16264.6—2008 的 6.7.2）。

一个FilterItem 可以为 UNDEFINED（如上所述）。否则，当FilterItem 断言为：

a) Equality：当且仅当有一个属性值或者equality 匹配规则的其中一个子类型应用于该值并且出现的值返回 TRUE，它才为 TRUE。

b) Substrings：当且仅当有一个属性值或者substring 匹配规则的其中一个子类型应用于该值并且在 strings 中出现的值返回 TRUE，它才为 TRUE。有关出现的值的语义描述见 GB/T 16264.6—2008。

c) greaterOrEqual：当且仅当有一个属性值或者ordering 匹配规则的其中一个子类型应用于该值并且出现的值返回 FALSE，即有一个属性值大于或等于出现的值，它才为 TRUE。

d) lessOrEqual：当且仅当有一个属性值或者equality 匹配规则或ordering 匹配规则的其中一个子类型应用于该值并且出现的值返回 TRUE，即有一个属性值小于或等于出现的值，它才为 TRUE。

e) present：当且仅当属性值或者其中一个子类型出现在条目中，它才为 TRUE。

f) approximateMatch：当且仅当有一个属性值或者某些本地定义的近似值匹配算法（例如拼写变化、语音匹配等）的其中一个子类型返回 TRUE，它才为 TRUE。如果一个项匹配等于，那么它也将满足近似匹配。否则在本版目录中没有任何有关近似匹配的特定指南。如果不支持近似匹配，那么该FilterItem 应当作是一个equality 匹配。

g) extensibleMatch：当且仅当有一个带指示type 的属性值或者在matchingRule 中规定了匹配规则的其中一个子类型应用于该值并且出现的值matchValue 返回 TRUE，它才为 TRUE。

如果提供了若干匹配规则，那么对这些规则如何结合成一个新规则的方法不做规定（它是一个本地定义算法，反映了组成匹配规则的语义，例如phonetic +keyword 匹配）。

如果省略type，那么对所有兼容该匹配规则的属性类型进行匹配。如果 dnAttributes 为 TRUE，那么除了在评估匹配中所用的那些条目属性之外，还使用条目的可辨别名属性。

如果在filter（而不是在extendedFilter）中请求extensibleMatch，那么将对CommonArguments 中criticalExtensions 参数中的extendedFilter 位进行设置，指示扩展是重要的。

如果实现方案不支持任何在matchingRule 子组件中定义的匹配规则，或者没有任何一个匹配规则兼容属性类型，那么若未设置performExactly 搜索控制选项，则extensibleMatch 过滤器项评估为 UNDEFINED。如果设置了performExactly 搜索控制选项，那么search 请求将被以下拒绝：

——一个带问题unsupportedMatchingUse 的serviceError；

——如果不支持所有匹配规则，那么为一个带值id-pr-unsupportedMatchingRule 的search-ServiceProblem 通告属性，否则为一个带值id-pr-unsupportedMatchingUse 的searchServiceProblem 通告属性；

——一个attributeTypeList 通告属性，值同定义了无效匹配规则的属性类型；以及

——一个attributeTypeList 通告属性，值同不支持与/或不兼容匹配规则的客体标识符。

注 3：对第 1 版本系统，不允许extensibleMatch。

h) contextPresent：当且仅当该属性类型的AttributeTypeAssertion 评估为 TRUE，或者若未设置noSubtypeMatch 服务控制选项，则其中一个子类型评估为 TRUE，它才为 TRUE。

如果上下文断言包括在过滤器项的一个属性值断言中，那么只依据那些满足所有给定上下文断言

的值来对过滤器项进行评估,如 GB/T 16264.2—2008 中 8.9.2 所述。如果没有任何上下文断言包括在属性值断言中,那么应用缺省的上下文断言,如 GB/T 16264.2—2008 中 8.9.2.2 所述。

7.8.3 评估带有家族信息的过滤器

在实现过滤器需求中,特定的家族组合工作如下:

entryOnly 意味着只有彻底实现了过滤器需求的那些家族成员才标记为贡献成员和参与成员(有关贡献成员和参与成员的定义见 7.13)。

compoundEntry 意味着整个复合条目形成组,它将满足完整过滤器的要求;在每个复合条目中,它满足过滤器的要求,对匹配起作用的家族成员标记为贡献成员,复合条目的所有成员标记均为参与条目。

strands 意味着过滤器应用于从叶到祖(条目)的每个完整束。如果至少一个束匹配过滤器,那么复合条目匹配过滤器。对匹配起作用的匹配束上的家族成员标记为贡献成员,匹配束上的所有成员标记均为参与条目。

一个束是家族内的一组成员,它们形成从叶到祖(条目)的一路径,由于有许多叶条目,因此会有许多束。

multiStrand 意味着对来自每个家族类别的束的结合是一种出于匹配条目的家族组合。所有的结合在当时都认为是一个。如果至少一个束结合匹配过滤器,那么复合条目匹配过滤器。对匹配起作用的匹配束上的家族成员标记为贡献成员,匹配束结合的所有成员标记均为参与条目。

当且仅当家族成员直接下级于具有相同结构客体类的祖(条目),两个束才能具有相同的家族类别。

当且仅当它出现在至少一个可能的、引起条目匹配分过滤器的束组合中,一个束才能匹配于一个过滤器。以下是必然结果:

——如果祖(条目)完全匹配分过滤器,那么所有的束都匹配。

——同样,如果对某个特定的祖(条目)有三个家族类别,并且两个家族类别满足分过滤器要求,而不考虑第三个家族类别,那么第三个家族类别的所有束都匹配。

只有当基本客体为 DIT 中的祖(条目)(或更高)时,multiStrand 才适用。如果基本客体是一个家族成员,但不是一个祖(条目),那么将忽略multiStrand,并替换entryOnly。

7.9 分页结果

DUA 利用PagedResultsRequest 参数来请求将列表或搜索操作的结果"逐页地"返回给它:它请求 DSA 只返回一个子集--操作结果的--页,特殊地,为下一个 pageSize 的下级或条目,并返回一个 queryReference,它可用于在接下来的查询中请求下一个结果集。

可以由 DSA 来执行分页结果,通过绑定操作,已将 DUA 绑定于其上(绑定的 DSA),或者可以由开始最初评估阶段的 DSA 来执行分页结果(最初的执行方如 GB/T 16264.4—2008 中 15.5.5 详述)。

如果将对结果进行标记,那么将不使用它,除非在 DSA 间达成合作提供分页结果的谅解,这样,执行分页的 DSA 可以从收自其他 DSA 的结果中移除签名,然后它自己对将返回给 DUA 的结果进行标记。建立这种谅解的方式在本目录规范的范围之外。虽然 DUA 可以请求pagedResults,但允许 DSA 忽略结果,并以常规方式返回其结果。

注 1:在配置不是"良好连接"的情况下,结果可能是不可预测的,例如因为影像和使用 NSSR,名(称)解析将确定多个基本客体。

如果请求分页结果并执行了分页,那么如果有的话,分页 DSA 将忽略sizeLimit 服务控制。如果不执行分页,那么将重视sizeLimit 服务控制。一个起作用的 DSA(见 GB/T 16264.4—2008 的 15.5.5)将重视sizeLimit 服务控制。

```
PagedResultsRequest ::=CHOICE {
  newRequest                SEQUENCE {
    pageSize                          INTEGER,
```

```
    sortKeys                        SEQUENCE SIZE (1..MAX) OF SortKey OPTIONAL,
    reverse                    [1]  BOOLEAN DEFAULT FALSE,
    unmerged                   [2]  BOOLEAN DEFAULT FALSE,
    pageNumber                 [3]  INTEGER OPTIONAL },
  queryReference                    OCTET STRING,
  abandonQuery       [0]            OCTET STRING }
SortKey ::=SEQUENCE {
  type                   AttributeType,
  orderingRule       MATCHING-RULE.&id OPTIONAL }
```

对一个新的列表或搜索操作，将PagedResultsRequest 设为newRequest，它由以下参数组成：

a) pageSize 参数用于规定结果中返回的下级或条目的最大数量。DSA 返回的条目数量最多可以达到请求的条目数量，但不超过。如果有的话，将忽略sizeLimit。当封装在familyinformation 派生属性中时，是否包括家族信息不取决于页的大小。

b) sortKeys 参数用于规定一系列属性类型，可选的次序匹配规则用作排序关键字，在返回 DUA 之前对返回的条目进行排序。在列表操作情况下，将通过 RDN 进行排序，但排序要求仅适用于 RDN 中的属性。在搜索操作情况下，排序仅适用于实际提供的属性（作为选择的结果，以可辨别名排序的访问控制作为反馈）。依据序列中第一个SortKey 的type 属性值对各条目进行排序，在多个条目具有相同排序位置的情况下，依据序列中下一个SortKey 的type 属性值进行排序，等等。

   对某个特殊的SortKey，如果它出现，那么 DSA 使用orderingRule 匹配规则，否则如果做了定义，那么使用属性的ordering 匹配规则。如果属性类型是多值的，那么用“最小的”值；如果属性类型从返回的结果中丢失，那么将之看作“大于”所有其他匹配的值。允许一个 DSA 只支持某些排序主要序列（因此，按首字母内部排序的、持有并返回其数据的 DSA 将只能符合一个序列关键序列的要求）。如果它不支持请求的序列，那么它将使用一个缺省的排序序列。不能分隔层次型组，但可以在序列中予以返回，如 GB/T 16264.2—2008 中 10.3 所规定的那样。当进行排序时，返回的层次型组的第一个条目将确定层次型组在排序结果中的位置。

   注 2：一个层次型组可以跨越若干页。

c) 如果reverse 参数为 TRUE，那么 DSA 将以倒序返回排序结果（即从“最大”到“最小”——如果属性类型是多值的，那么使用“最大”值；如果属性类型从返回的结果中丢失，那么将之看作“小于”所有其他匹配的值）。如果reverse 参数为 FALSE，那么 DSA 将以正序返回排序结果。如果没有规定任何sortKeys 参数，那么该参数将被忽略。

d) 如果unmerged 参数为 TRUE，并且负责分页的 DSA 收集来自若干其他 DSA 的结果，那么在返回来自下一个 DSA 的数据之前，它将返回来自某个 DSA 的所有数据（以排序次序）。如果unmerged 参数为 FALSE，那么 DSA 将收集来自所有其他 DSA 的结果，并在返回任何内容之前对合并的数据进行排序。如果没有规定任何sortKeys 参数，那么该参数将被忽略。不论DSA 是否支持 DSP 分页结果，unmerged 参数的语义都是相同的。

e) 如果pageNumber 参数出现，那么它指示用户想从某个特殊的页开始，而不必从第一页开始。如果未请求排序，那么该参数将被忽略。

对紧接着的请求，即请求分页结果的下一集合，DUA 如之前一样生成列表或搜索请求，当将PagedResultsRequest设为queryReference，该参数的值等同于在前一结果的PartialOutcomeQualifier 中返回的值。DUA 不了解queryReference，它供 DSA 使用，原因是它希望为该查询记录上下文信息。DSA 使用该信息来确定下一个要返回的结果。

通过生成如之前一样的list 或search 请求，通过将PagedResultsRequest 集设为abandonQuery，值

等同于在前一结果的PartialOutcomeQualifier 中返回的queryReference 值,DUA 可以在任何时候指示不需要更多的页了。将不请求或返回更多的页。它的实施依赖于各页何时被清除。

在做出queryReference 或abandonQuery 选择的情况下,新的请求和最初的信息在以下方面将是相同的:

——ListArgument 中SearchArgument 或object 中的baseObject 将呈现的和最初的请求进行匹配;

——pagedResults 的queryReference 子组件等同于在先前结果的PartialOutcomeQualifier 中返回的queryReference 值;

——ServiceControls 数据类型的选项组件将呈现的和最初的请求规定相同的选项;

——operationProgress (如果出现)对呈现的和最初的请求都是一样的。

否则,将返回带问题invalidQueryReference 的serviceError。

注 3:如果在搜索请求之间 DIB 发生了变化,那么 DUA 可能无法见到这些变化的效果。它依赖于执行情况。

注 4:即使 DUA 开始一个新的列表或搜索操作,一个查询引用可以继续保持有效。一个 DUA 请求可以通过若干查询来请求分页结果,而后返回给一个早期的查询,并利用提供给它的查询引用请求下一页结果。DUA 能返回的"活动"查询引用数量是一个本地的 DSA 执行选项,是这些查询引用的生命周期。

注 5:支持abandonQuery 选择仅适用于旧的第 4 版本系统。

注 6:当 DAP 关联终止时,对所有相关分页结果的访问丢失。分页结果只能在最初调用它们的 DAP 相关中进行访问。

7.10 安全参数

SecurityParameters 管理与目录操作有关的各种安全特性的操作。

注 1:安全参数由发送方传送给接收方。当这些参数作为抽象操作的自变元出现时,请求方为发送方,执行方为接收方。结果中,角色相反。

```
SecurityParameters ::=SET {
    certification-path            [0]   CertificationPath             OPTIONAL,
    name                          [1]   istinguishedName              OPTIONAL,
    time                          [2]   Time                          OPTIONAL,
    random                        [3]   BIT STRING                    OPTIONAL,
    target                        [4]   ProtectionRequest             OPTIONAL,
    response                      [5]   BIT STRING                    OPTIONAL,
    operationCode                 [6]   Code                          OPTIONAL,
    attributeCertificationPath    [7]   AttributeCertificationPath    OPTIONAL,
    errorProtection               [8]   ErrorProtectionRequest        OPTIONAL,
    errorCode                     [9]   Code                          OPTIONAL }
    ProtectionRequest ::=INTEGER { none (0),signed (1) }
Time ::=CHOICE {
    utcTime                 UTCTime,
    generalizedTime         GeneralizedTime }
ErrorProtectionRequest ::=INTEGER { none (0),signed (1) }
```

CertificationPath 组件是一个签名方用户证书的序列,也可有选择地包含一个或多个认证机构(CA)证书的序列(见 ISO/IEC 9594-8:2005 的第 7 章)。用户证书用于绑定签署方的公钥和可辨别名,并可以用来验证对请求变元、响应或差错的签名。如果签署了请求变元、响应或差错,那么该参数将出现,并包含签名方的用户证书。可以出现额外的证书,并可用来确定签名方的用户证书是否有效。如果接收方共用同一认证机构作为签署方,那么不需要额外的证书。如果接收方为确认需要一个鉴别途径,并且未出现一个可接受的参数,那么接收方是否拒绝签名或者尝试确定一个鉴别途径属本地事件。

name 为变元或结果第一个计划中接收方的可辨别名。例如,如果 DUA 产生一个经标记的变元,那么名(称)为操作提供给它的 DSA 的可辨别名。

注 2:第一个计划的接收方有可选的、由内容区分的可辨别名,name 可以是一个可选的名(称)。不过,如果不使用主可辨别名,那么基于name 值的鉴别和访问控制可能无法如期望的那样开展工作。

time 是计划中的终止时间,针对的是请求、响应或差错的有效性。它与随机数结合使用,使得能够检测重放攻击。

random 值应是一个不同于每个请求、响应或差错的数字。它与时间参数一起使用,以便能够检测重放攻击。如果要求序列完整性,那么随机变元可用于承载一个序列完整性数字,如下所述:

a) 与操作变元一起使用的随机值利用来自以下的预先商定序列(例如,前一个值加 1)获得:

1) 对绑定中从系统发送的第一个操作,由远程对等系统在绑定操作变元/结果中传送的随机值;以及

2) 对后续操作,在相同方向的前一个操作中传送的随机值。

b) 与操作结果或差错一起使用的随机值利用来自请求中随机值的预先商定序列(例如,请求变元中的随机数加 1)获得:

target、ProtectionRequest 只可出现于待完成的操作请求中,并指示请求方有关提供给结果的保护等级的优先级。提供了两个保护等级:none(没有请求保护,缺省值),以及signed(请求目录对结果进行标记)。实际提供给结果的保护等级以结果形式指示,依据目录的限制,它可能等于或小于所请求的等级。

response 用于将任何信息传送回请求的始发者。

operationCode 用于将操作代码安全地绑定于请求变元、结果或差错。

attributeCertificationPath 用于为基于规则的访问控制传送一个安全清晰说明,或属性证书中的其他属性,确认属性证书所需的证书为可选。

errorProtection 只可出现于待完成的操作请求中,并指示请求方有关提供给任何差错的保护等级的优先级。提供了两个保护等级:none(没有请求保护,缺省值),以及signed(请求目录对结果进行标记)。实际提供给差错的保护等级以差错形式指示,依据目录的限制,它可能等于或小于所请求的等级。

注 3:DUA 可以要求任何安全标签上下文都应利用上下文选择返回一个属性值。

当响应一个操作返回一个差错时,errorCode 用于保护差错代码。

如果Time 的语法选为UTCTime 类型,那么 2 个数字表示的年字段的值将被解释为 4 个数字表示的年值,如下所示:

——如果 2 个数字表示的值为 00~49(包含),那么值将加上 2000。

——如果 2 个数字表示的值为 90~99(包含),那么值将加上 1900。

如果商定的版本为 v2 或更高版本,那么将使用GeneralizedTime。当商定结果为 v1 时,GeneralizedTime 的使用可能有碍相互作用,实现方案无法感知是可能选择UTCTime 还是选择GeneralizedTime。这是那些用于规定域的版本的责任,在这些域中将使用目录规范,例如描述概貌组,什么时候可以使用GeneralizedTime。UTCTime 将不用于描述任何超过 2049 年的日期。

7.11 访问控制规程的公共元素

当basic-access-control、rule-based-access-control 或二者都起作用时,本小用于定义所有抽象服务操作公用的规程元素。如果两种机制都起作用,那么其应用次序问题将是一个本地问题,除非如果任何一个机制都拒绝对条目、属性类型或属性值的访问,那么来自其他机制的许可将不超越它。在这种情况下,basicaccess-control 的*DiscloseOnError* 许可是一种将不超越rule-based-access-control 拒绝的许可。

7.11.1 基本访问控制规程的公共元素

7.11.1.1 解除引用别名

如果在定位目标客体条目(在抽象服务操作变元中确定)过程中要求解除引用别名,那么为了解除引用别名不需要特定的许可。不过,如果别名解除引用将产生返回一个ContinuationReference(即在

Referral 中),那么应用以下访问控制序列。如果 DSA 将请求链接至另一个 DSA,并从其处收回一个转向推荐,那么若转向推荐中的targetObject 等同于链接请求中的targetObject,则访问控制将适用于转向推荐。也就是说,DSA 将对所有的转向推荐进行监管,不论其是本地产生的还是远程产生的。

a) 别名条目需要取得读许可。如果未赋予许可,那么依据 7.11.1 中所述的规程,操作失败。

b) aliasedEntryName 属性及其所含的单个值需要取得读许可。如果未赋予许可,那么操作失败,并返回一个带问题aliasDereferencingProblem 的nameError。matched 元素将包含别名条目的名(称)。

注:除了上面所述的访问控制,安全策略还可以防止泄漏知识信息,否则它将作为Referral 中的ContinuationReference 予以传送。如果这样一个策略发挥作用,并且如果 DUA 通过规定chainingProhibited 来约束服务,那么目录可能返回一个带问题chainingRequired 的serviceError。否则,将返回一个带问题insufficientAccessRights 或noInformation 的securityError。

7.11.1.2 返回名(称)差错

如果在执行抽象服务操作时不能找到特定的目标客体(别名或条目)——例如,待读条目的名(称)或search 请求中的baseObject,那么将返回一个带问题noSuchObject 的nameError。matched 元素将包含下一个赋予了*DiscloseOnError* 许可的上级条目的名(称),或者 DIT 根的名(称)(即一个空的RDNSequence)。

注:第二个选项可以通过 DSA 获得,它不访问所有的上级条目。

7.11.1.3 不泄露条目是否存在

如果在rule-based-access-control 下拒绝访问,那么*DiscloseOnError* 许可不适用。

如果在执行抽象服务操作时特定的目标客体条目未赋予所需的条目级许可——例如,待读条目,那么操作失败,返回的差错为以下之一:如果条目标条目赋予了*DiscloseOnError* 许可,那么返回一个带问题insufficientAccessRights 或noInformation 的securityError;否则,返回一个带问题noSuchObject 的nameError。matched 元素将包含下一个赋予了*DiscloseOnError* 许可的上级条目的名(称),或者 DIT 根的名(称)(即一个空的RDNSequence)。

注:第二个选项可以通过 DSA 获得,它不访问所有的上级条目。

另外,无论何时当目录检测到一个操作差错(包括转向推荐),它将确保在返回该差错时不否认已命名目标条目及其任何上级的存在。例如,在返回一个带问题timeLimitExceeded 的serviceError 或带问题notAllowedOnNonLeaf 的updateError 之前,目录将确认*DiscloseOnError* 许可赋予了目标条目。如果未赋予,那么接着执行上面段落中所述的规程。

7.11.1.4 返回可辨别名

在比较、列表或搜索操作中,如果是作为解除引用别名的结果,那么object (或baseObject)条目需要取得*ReturnDN* 许可,客体的可辨别名将在操作结果的name 参数中返回(见 9.2.3)。如果未赋予该许可,那么目录将为条目返回一个别名,如 7.7 所述,或者将全部忽略name 参数。

在读或搜索操作中,为了返回其在EntryInformation 中的可辨别名,条目需要取得*ReturnDN* 许可。如果未赋予该许可,那么目录将返回一个别名,如 7.7 所述,或者如果没有任何别名可用,那么操作将失败,产生一个nameError 差错(在读操作情况下),或者从结果中忽略该条目(在搜索操作情况下)。

如果在结果中返回用户提供的别名,那么不得将CommonResults 的aliasDeferenced 标志设为TRUE。

7.11.2 基于规则的访问控制规程的公共元素

7.11.2.1 访问条目(条目级许可)

为了访问一个条目,需要得到至少访问条目中一个属性值的许可。如果未赋予条目级的许可,那么将返回带问题noSuchObject 的nameError。

7.11.2.2 返回条目名(称)

为了返回一个条目的 DN,需要允许访问至少一个条目 RDN 上下文变元的所有属性值(术语定义为RDN 许可)。对条目的任何上级没有任何许可要求。如果未赋予 RDN 许可,那么 DSA 可以选择为已赋予 RDN 许可的属性值返回一个条目有效别名的 DN,或者从操作结果中删去名(称)组件。

注:有关适当别名的选择将在 7.7 的注释中做进一步描述。

7.11.2.3 解除引用别名

为了解除引用别名,需要得到访问aliasedEntryName 属性值的许可。

7.11.2.4 返回名(称)差错(noSuchObject)

带问题noSuchObject 的nameError 的matched 组件将设为下一个上级条目的名(称),其请求方拥有 RDN 许可。如果这样一个条目不适用于产生差错的 DSA,那么将返回 DIT 根的名(称)。

7.11.2.5 访问属性

为了访问一个属性,需要得到至少访问属性中一个值的许可。

7.11.2.6 删除信息

为了删除一个属性值,需要取得访问该值的许可。当删除一个条目或一个属性时,如果至少删除了一个属性值,那么操作将返回一个成功响应,而不管请求删除多少值。

7.11.2.7 调用搜索规则

为了依据搜索操作的变元对搜索规则进行评估,发起搜索操作的请求方需要调用搜索规则许可。为了访问搜索规则属性或包含它的分条目,用户不需要任何其他许可。

7.11.3 家族信息

家族信息当作为任何其他信息,除了 ACI,其ProtectedItem 标记为includeFamily;如果 ACI 适用于祖(条目)或家族成员,那么这将引起下级家族成员受制于同一 ACI。只有当应用于entry 保护项时,IncludeFamily 才有意义。

7.12 管理 DSA 信息树

由 DSA 持有的 DSA 信息树可以利用目录抽象服务进行管理。当管理 DSA 信息树时:

——DSA 中的所有 DSE 通过 DAP 都是可见的,包括根 DSE;

——规定不为用户修改的属性可被修改(虽然如果它不支持请求的修改,DSA 可以利用带问题unwillingToPerform 的serviceError 进行回复);

——知识只是另一个可以读和修改的属性;以及

——DSA 从不链接请求或返回转向推荐或连续引用。

DSE 的可见性和操作属性的检索或修改可以通过常规方式的访问控制进行控制。

DSA 信息树的管理通过使用以下规程的 DUA 实现:

a) DUA 直接绑定于持有 DSA 信息树的 DSA 上,将要对之进行管理;

b) 对每个用于管理 DSA 信息树的操作:

——将设置manageDSAIT 扩展位;

——将设置manageDSAIT 选项;

——如果需要管理特定的复制平面,那么将包括manageDSAITPlaneRef 选项;

目录忽略以下组件:

——CommonArgument 中的operationProgress;

——CommonArgument 中的referenceType;

——CommonArgument 中的entryOnly;

——CommonArgument 中的nameResolveOnMaster;以及

——ServiceControls 中的chainingProhibited。

7.13 条目家族规程

如 7.3.2 所规定,出于操作评估目的,可以将复合条目内的家族成员组合在一起。这种组合只与比较、搜索和移除条目操作有关。如果家族组合是为任何其他操作规定的,那么忽略之。

为了依据entryInformationSelection 的familyReturn 组件确定将返回哪些家族成员，引入了*贡献成员*和*参与成员*两个概念。这些概念只与将返回条目信息的操作相关，即读、搜索和修改条目操作。

如果家族成员对操作评估起积极的作用，那么它标记为贡献成员。如果它是匹配过滤器的家族组合的一部分，并且如果它持有一个或多个匹配于非求反过滤器项的属性，那么家族成员对匹配起作用。如果它持有某个给定类型的属性，并且如果相同类型的求反过滤器项不匹配，那么它也起作用。在读或修改条目操作中，只有操作选择的家族成员（如操作的object 组件所规定）才能被标记为贡献成员和参与成员。在搜索操作中，家族组合针对的是过滤器匹配。如果家族组合匹配过滤器（见7.8.3），那么所有对匹配起积极作用的成员都将被标记为贡献成员，而组的所有条目都被标记为参与成员。如果所用的过滤器是默认的过滤器（and：{ }），那么家族组合的所有成员都将被标记为参与成员，但不被标记为贡献成员。

当复合条目的家族组合匹配过滤器并且SearchArgument 规定了层次型选择（除了self）时，合适的话，对所选的条目也做标记。如果复合条目的祖（条目）标记为参与成员（也有可能标记为贡献成员），那么将选择不是复合条目的、层次型组的所有引用条目，否则将之排除在外。如果引用的条目是一个复合条目，那么按以下所述对其成员进行标记。以相同的方式对与匹配复合条目成员拥有相同本地成员名（称）的引用复合条目的每个成员进行标记。对引用复合条目的所有其他成员都不做标记。

由于一个搜索过滤器可能匹配若干个复合条目，因此最终的选择和标记将是单个匹配复合条目选择和标记的联合。

如果一个不是复合条目的匹配条目在其层次型选择中引用了一个复合条目，那么该复合条目的所有成员都被标记为参与成员。

有关该条目标记如何影响条目信息的返回在7.6.4 中详述。

家族成员可以包装进一个family-information 派生的属性。如果在结果中只返回了一个单个复合条目成员，那么将不执行包装。不过，如果从读或修改条目操作返回了若干成员，那么将对这些成员进行包装。当一个搜索操作返回若干复合属性成员时，将对它们进行包装，除非设置了separateFamilyMembers 搜索控制选项，在这种情况下，成员将作为单独条目返回。

当执行涉及复合条目的搜索操作时，对搜索操作有四个相关的阶段：

a) 每个关注条目中的家族成员组，如familyGrouping 所定义，在逻辑上在每个候选条目中考虑（即通过子集选择）。通过将所有的组属性汇集在一起，认为给定属性类型的所有属性值属于这个单个属性类型，即使它们来自不同的家族成员；

b) 过滤器适用于每个家族组合；如果过滤器满足组要求，那么复合条目满足过滤器要求，并考虑通过过滤器进行选择。对家族成员进行标记，如上所述；

c) 增加标记条目，通过EntryInformationSelection 中的familyReturn 来规定，以标记将返回的所有条目；

d) 如果在管理搜索规则中出现additionalControl 组件（见GB/T 16264.2—2008 中16.10.8），那么改变标记以及因此而返回的内容，作为处理所引用控制属性的结果。

8 绑定和解绑定操作

目录绑定和目录解绑定操作分别在8.1 和8.2 中定义，由DUA 在访问目录的某个特定周期的开始和结束时使用。

8.1 目录绑定

8.1.1 目录绑定语法

目录绑定操作在访问目录的周期的开始使用。操作变元可以由请求方进行标记、加密或者标记和加密(见 GB/T 16264.2—2008 中 17.3)。如果这样请求,那么目录可以对结果进行标记、加密或者标记和加密。

```
directoryBind OPERATION ::={
    ARGUMENT            DirectoryBindArgument
    RESULT              DirectoryBindResult
    ERRORS              { directoryBindError } }
DirectoryBindArgument ::=SET {
        Credentials         [0]  Credentials OPTIONAL,
        Versions            [1]  Versions DEFAULT {v1} }
Credentials ::=CHOICE {
        simple              [0]  SimpleCredentials,
        strong              [1]  StrongCredentials,
        externalProcedure   [2]  EXTERNAL,
        spkm                [3]  SpkmCredentials,
        sasl                [4]  SaslCredentials }
SimpleCredentials ::=SEQUENCE {
        Name            [0]  DistinguishedName,
        Validity        [1]  SET {
            time1           [0]     CHOICE {
                utc                 UTCTime,
                gt                  GeneralizedTime } OPTIONAL,
            time2           [1]     CHOICE {
                utc                 UTCTime,
                gt                  GeneralizedTime } OPTIONAL,
            random1         [2]     BIT STRING OPTIONAL,
            random2         [3]     BIT STRING OPTIONAL } OPTIONAL,
        password [2]        CHOICE {
            unprotected             OCTET STRING,
            protected               SIGNATURE {OCTET STRING} } OPTIONAL}
StrongCredentials ::=SET {
        certification-path          [0]  CertificationPath OPTIONAL,
        bind-token                  [1]  Token,
        name                        [2]  DistinguishedName OPTIONAL,
        attributeCertificationPath  [3]  AttributeCertificationPath OPTIONAL }
SpkmCredentials ::=CHOICE {
        req         [0]     SPKM-REQ,
        rep         [1]     SPKM-REP-TI }
SaslCredentials ::=SEQUENCE {
        Mechanism       [0]     DirectoryString { ub-saslMechanism },
        credentials     [1]     OCTET STRING OPTIONAL,
        saslAbort       [2]     BOOLEAN DEFAULT FALSE }
Token ::=SIGNED { SEQUENCE {
        algorithm           [0]  AlgorithmIdentifier,
```

```
            name                [1]  DistinguishedName,
            time                [2]  Time,
            random              [3]  BIT STRING,
            response            [4]  BIT STRING OPTIONAL,
            bindIntAlgorithm    [5]  SEQUENCE SIZE (1..MAX) OF AlgorithmIdentifier OPTIONAL,
            bindIntKeyInfo      [6]  BindKeyInfo OPTIONAL,
            bindConfAlgorithm[7]  SEQUENCE SIZE (1..MAX) OF AlgorithmIdentifier OPTIONAL,
            bindConfKeyInfo     [8]  BindKeyInfo OPTIONAL } }
Versions ::=BIT STRING {v1(0),v2(1)}
DirectoryBindResult ::=DirectoryBindArgument
directoryBindError ERROR ::={
            PARAMETER OPTIONALLY-PROTECTED {
SET {
                  versions [0]         Versions DEFAULT {v1},
                  error CHOICE {
                        serviceError       [1] ServiceProblem,
                        securityError      [2] SecurityProblem } } } }
BindKeyInfo ::=ENCRYPTED { BIT STRING }
```

8.1.2 目录绑定变元

DirectoryBindArgument 的credentials 变元允许目录建立用户的身份。证书可以是simple 或strong 或外部定义的(externalProcedure)(如 ISO/IEC 9594-8:2005 中所述)。

如果使用simple,那么它包括一个name(总为客体的可辨别名)、一个可选的validity 以及一个可选的password。这提供了有限程度的安全。password 可以是unprotected,或者可以是protected(保护 1 或保护 2),如 ISO/IEC 9594-8:2005 中所述。validity 提供了time1、time2、random1 和random2 变元,其含义来自双边协议,可用于检测重放。在某些情况下,受保护的口令可以通过一个客体来检查,该客体只有在本地重建对其自身口令拷贝的保护并对结果与绑定变元(password)中的值进行比较后,才能知晓口令。在其他情况下,可能直接进行比较。

如果商定的版本为v2 或更高版本,那么将对time1 和time2 使用GeneralizedTime。当商定结果为v1 时,GeneralizedTime 的使用可以有碍与实现的交互,实现无法感知是可能选择UTCTime 还是可能选择GeneralizedTime。这是那些用于规定域的版本的责任,在这些域中将使用目录规范,例如描述概貌组,什么时候可以使用GeneralizedTime。UTCTime 将不用于描述超过 2049 年的日期。

如果使用strong,那么它包括一个bind-token、一个可选的certification-path(鉴别和鉴别权威部门交叉鉴别序列,如 ISO/IEC 9594-8:2005 中所述)以及请求方的name。这使得目录能够对建立联系的请求方身份进行验证,反之亦然。如果在绑定操作中使用StrongCredentials 或pkmCredentials,则传送有关身份和验证的信息。这使得能够对任何一个实体的身份进行验证,还使得能够使用已经建立的密码以及完整性密码密钥资料。

BindIntAlgorithm 和bindConfAlgorithm 组件用于商定密码算法,以便用于保护绑定中的后续操作。请求方包括一个按优先次序排列的支持算法清单。目录从清单中选择一个算法,它符合其自身的安全策略要求,并在响应中指示这一点。

完整性和机密性算法使用的会话密钥通过使用bindIntKeyInfo 和bindConfKeyInfo 字段来建立。通过产生一个适当长度的会话密钥,并用其他公钥进行加密,请求方和目录对会话密钥的选择都有影响。会话密钥是这两个组件的异或。注意,请求方可以将会话密钥的生成交给目录,在这种情况下,将从绑定变元中删去上述各字段。

注1：鉴别证书可以通过安全交换服务元素进行传送(见GB/T 16264.5—2008)，在这种情况下，它们将不出现在绑定变元或结果中。

如果对操作进行标记和加密，那么包含属性的属性证书(见ISO/IEC 9594-8:2005第12章)可以用于传送属性访问所需的清晰说明。attributeCertificationPath用于传送基于规则的访问控制的安全清晰说明，或者在属性证书中传送的其他属性，可选地，还有验证属性证书所需的证书。

绑定令牌的变元如下使用。algorithm是用于标记该信息的算法标识符。name是计划中接收方的名(称)。time参数包含令牌的终止时间。random数是一个应不同于各个未终止令牌的数，接收方可用之来检测重放攻击。

注2：当名(称)用在简单或增强证书中时，如果存在，可能使用可选的可辨别名。不过，如果不使用主可辨别名，那么基于名(称)的鉴别和访问控制可能无法如期望的那样开展工作。在成功处理经鉴别的BIND操作后，在BIND变元中无论使用什么名(称)，各绑定实体相互间都将知道其主可辨别名，以便在BIND起作用的情况下推动访问控制操作。

如果使用externalProcedure，那么正在使用的鉴别方案的语义将在目录规范范围之外。

当使用RFC 2222中规定的简单鉴别和安全层(SASL)时，使用sasl。如果通过值设为空字符束的SaslCredentials机制来调用directoryBind操作，那么将返回一个inappropriateAuthentication的SecurityError。

DirectoryBindArgument的versions变元用于确定DUA准备参与的服务的版本。值v1表示协议版本1，值v2表示协议版本2。如果在后续ModifyEntry操作中将传送alterValues或resetValue修改类型，或者需要一个非NULL的结果(见11.3)，那么将使用值v2。如果对增加条目、移除条目、修改条目、修改DN使用差错或结果标记，那么值将设为v2。

通过以下措施推动目录向未来版本的迁移：

a) 将接受和忽略DirectoryBindArgument的任何元素，而非本目录规范中定义的那些元素；

b) 将接受和忽略有关未定义的DirectoryBindArgument命名位(如版本)的各额外选项。

如果要求抢占响应鉴别，那么response组件用于承载一个随机数。

BindIntAlgorithm、bindKeyInfo、bindConfAlgorithm和bindConfKey组件用于承载保护绑定中后续操作所需的信息。

8.1.3 目录绑定结果

如果绑定请求成功，那么将返回一个结果。

DirectoryBindResult的credentials变元允许用户建立目录的身份。它允许将用于确定DSA(直接提供目录服务)的信息传送给DUA。其形式(即CHOICE)将与用户提供的形式相同。

DirectoryBindResult的versions参数用于指示DSA将实际提供哪个版本的服务(DUA请求的)。

8.1.4 目录绑定差错

如果绑定请求失败，那么将返回一个绑定差错。

directoryBindError的versions参数指示DSA支持哪个版本。

securityError或serviceError将按如下方式提供：

——securityError inappropriateAuthentication
invalidCredentials
blockedCredentials

——serviceError unavailable
saslBindInProgress

8.2 目录解绑定

访问目录周期结束之时的解绑定针对的是GB/T 16264.5—2008中7.6.4所规定的OSI环境以及GB/T 16264.5—2008中9.3.2中所规定的TCP/IP环境。

注：在解绑定时，尚未访问的所有分页结果将变得不可访问，应去除。

9 目录读操作

有两个“类似读”操作：read 和compare，分别在 9.1 和 9.2 中定义。为方便起见，在 9.3 中定义的abandon 操作将与这些操作分在一组。

9.1 读

9.1.1 读语法

读操作用于从一个显式标识的条目中提取信息。它还可用于验证可辨别名。操作变元可以由请求方进行标记(见 GB/T 16264.2—2008 中 17.3)。如果这样请求，那么目录可以对结果进行标记。

```
read OPERATION ::={
        ARGUMENT        ReadArgument
        RESULT          ReadResult
        ERRORS          { attributeError | nameError | serviceError | referral | abandoned |
                        securityError }
        CODE            id-opcode-read }
ReadArgument ::=OPTIONALLY-PROTECTED {
        SET {
            object                  [0] Name,
            selection               [1] EntryInformationSelection DEFAULT { },
            modifyRightsRequest     [2] BOOLEAN DEFAULT FALSE,
            COMPONENTS OF   CommonArguments } }
ReadResult ::=OPTIONALLY-PROTECTED {
        SET {
            entry           [0] EntryInformation,
            modifyRights    [1] ModifyRights OPTIONAL,
            COMPONENTS OF   CommonResults } }
ModifyRights ::=SET OF SEQUENCE {
        item            CHOICE {
            entry       [0]     NULL,
            attribute   [1]     AttributeType,
            value       [2]     AttributeValueAssertion },
        permission      [3]     BIT STRING { add (0),remove (1),rename (2),move (3) } }
```

9.1.2 读变元

Object 变元用于请求信息的客体条目。如果Name 涉及一个或多个别名，那么解除引用它们(除非相关的服务控制禁止之)。Name 可以是一个可替换的名(称)，并可包括上下文信息，如 GB/T 16264.2—2008 中 9.3 中所述。

selection 变元指示自条目请求什么信息(见 7.6)。不过，不应假设返回的属性等同于请求的那些属性或限于请求的那些属性。

CommonArguments (见 7.3)包括有关适用于请求的服务控制和安全参数的规定。出于本操作的目的，sizeLimit 组件不相关，如果提供，将被忽略。如果请求方对该操作的变元进行标记、加密或者标记和加密，那么SecurityParameters (见 7.10)组件将包括在变元中。

modifyRightsRequest 变元用于请求将请求方的修改权限返回给条目及其属性。

9.1.3 读结果

如果请求成功,那么将返回结果。

条目结果参数持有请求的信息(见 7.7)。如果因EntryInformationSelection 中familyReturn 元素出现而提出要求,那么这可以包括家族信息。

如果通过modifyRightsRequest 变元提出请求,那么modifyRights 参数出现,用户对某些或所有的请求条目信息拥有修改特权,本地安全策略允许返回该信息。如果返回,那么为条目和selection 变元中规定的属性返回请求方的修改权限。参数包含以下内容:

——为entry、对每个请求的用户attribute(用户拥有增加或移除权限)、为每个返回的属性value(用户增加或移除它的权限不同于对应属性的那些权限)返回一个SET 的元素。

——返回的permission 指示用户在条目上实施的哪些操作或行为将取得成功。在一个条目的情况下,remove 指示RemoveEntry 操作将取得成功;rename 指示,如果newSuperior 参数不存在,那么ModifyDN 将取得成功;move 指示,如果newSuperior 参数出现,那么ModifyDN 和未改变的 RDN 将取得成功。在属性和值的情况下,add 指示增加属性或值的ModifyEntry 将取得成功;remove 指示,移除属性或值的ModifyEntry 将取得成功。

注:将条目移至一个新上级的操作还可能依赖于与新上级关联的许可(例如,通过basic-accesscontrol)。当确定permission 时,这些将被忽略。

CommonResults (见 7.4)包括适用于响应的安全参数。如果目录对结果进行标记、加密或者标记和加密,那么SecurityParameters 组件(见 7.10)将包括在结果中。

9.1.4 读差错

如果请求失败,那么将报告其中的一个列出差错。如果无法返回任何一个明确列于selection 中的属性,那么将报告一个带问题noSuchAttributeOrValue 的attributeError。将报告其他差错的情况在第12 章中定义。

9.1.5 基本访问控制的读操作决策点

如果rule-based-access-control 也应用,那么有关basic-access-control 应用的次序问题将是一个本地问题,除非有任何一个机制都拒绝对条目、属性类型或属性值的访问,那么它将不被其他机制超越。在这种情况下,basic-access-control 的*DiscloseOnError* 许可是一种将不超越rule-based-access-control 拒绝的许可。

如果basic-access-control 对正在读的条目起作用,那么应用以下访问控制序列:

a) 对正在读的条目需要读许可。如果未赋予许可,那么依据 7.11.1.3,操作失败。

b) 如果selection 的infoTypes 元素规定只能返回属性类型,那么对每个将要返回的属性类型,需要读许可。如果未赋予许可,那么从ReadResult 中删去属性类型。如果作为应用这些控制的结果,没有返回任何属性信息,那么依据 9.1.5.1,整个操作失败。

c) 如果selection 的infoTypes 元素规定返回属性类型和值,那么对每个将要返回的属性类型和值,需要读许可。如果对属性类型未赋予许可,那么从ReadResult 中删去属性。如果对属性值未赋予许可,那么从其对应的属性中删去值。在未将许可赋予属性内任何值的情况下,返回一个包含空SET OF AttributeValue 的Attribute 元素。如果作为应用这些控制的结果,没有返回任何属性信息,那么依据 9.1.5.1,整个操作失败。

注:允许 DAP 读操作的特权在 LDAP 环境中可能不起作用,当中需要得到浏览许可,以便支持相当的读服务。

9.1.5.1 差错返回

如果操作失败,如 9.1.5 中 b)和 c)定义,那么有效的差错返回为以下之一:

a) 如果规定了一个无限制的选项(即allUserAttributes 或allOperationalAttributes),那么将返回一个带问题 insufficientAccessRights 或noInformation 的securityError。

b) 否则,如果规定了一个select 选项(在attributes 中与/或在extraAttributes 中),那么如果为任何选定的属性赋予了*DiscloseOnError* 许可,那么将返回一个带问题insufficientAccessRights或noInformation 的securityError。否则,将返回一个带问题noSuchAttributeOrValue 的attributeError。

9.1.5.2 不泄露不完整的结果

如果在EntryInformation 中返回一个不完整的结果,即因适用的访问控制而删去了某些属性或属性值,如果*DiscloseOnError* 许可赋给至少一个结果中保留的属性类型,或者赋给至少一个结果中保留的属性值(对该属性类型赋予了*读*许可),那么incompleteEntry 元素将被设为 TRUE。

9.1.6 基于规则的访问控制的读操作决策点

如果basic-access-control 也应用,那么有关rule-based-access-control 应用的次序问题将是一个本地问题,除非如果任何一个机制都拒绝对条目、属性类型或属性值的访问,那么它将不被其他机制超越。在这种情况下,basic-access-control 的*DiscloseOnError* 许可是一种将不超越rule-based-access-control 拒绝的许可。

如果rule-based-access-control、rule-and-basic-access-control 或rule-and-simple-access-control 对正在读的条目起作用,那么应用以下访问控制:

a) 如果在rule-based-access-control 下拒绝条目级访问,那么依据 7.11.2.4,操作失败,返回一个带问题noSuchObject 的nameError。

b) 如果在basic-access-control 方案下不允许访问条目,如 9.1.5a)所述,那么依据 7.11.1.3,操作失败。

c) 如果selection 的infoTypes 元素规定只返回属性类型,那么如果在rule-based-accesscontrol 下,未准予访问该类型的所有属性值,那么从ReadResult 中删去属性类型。如果作为应用这些控制的结果,未返回任何属性信息,那么依据 9.1.5.1 b),整个操作失败,返回一个带问题noSuchAttributeOrValue 的attributeError。

d) 如果selection 的infoTypes 元素规定只返回属性类型,那么应用basic-access-control,如 9.1.5b)所述。

e) 在rule-based-access-control 下,如果selection 的infoTypes 元素规定返回属性类型和值,那么对每个将要返回的属性值,将准予访问。如果未准予访问某个属性值,那么从其对应的属性中删去该属性值。在未准予访问某个属性中任何属性值的情况下,从ReadResult 中删去整个属性。如果作为应用这些控制的结果,未返回任何属性信息,那么整个操作失败,返回一个带问题noSuchAttributeOrValue 的attributeError。

f) 应用basic-access-control,如 9.1.5c)所述。

g) 按 7.11.2.2 定义确定在操作结果中返回的名(称)。

9.2 比较

9.2.1 比较语法

比较操作用于一个值(作为请求变元提供)与某个特定客体条目中某个特定属性类型值的比较。操作变元可以由请求方进行标记、加密或者标记和加密(见 GB/T 16264.2—2008 中 17.3)。如果这样请求,那么目录可以对结果进行标记、加密或者标记和加密。

除了multiStrand,可以使用任何familyGrouping 值,所有成组家族成员的属性都将在与假设的属性值断言的比较中使用。如果familyGrouping 规定了multiStrand,那么采用compoundEntry。

```
compare OPERATION ::= {
    ARGUMENT      CompareArgument
    RESULT        CompareResult
    ERRORS        { attributeError | nameError | serviceError | referral | abandoned |
                  securityError }
```

```
    CODE                id-opcode-compare }
CompareArgument ::=OPTIONALLY-PROTECTED {
        SET {
            object              [0]         Name,
            purported           [1]         AttributeValueAssertion,
            COMPONENTS OF                   CommonArguments } }
CompareResult ::=OPTIONALLY-PROTECTED {
        SET {
            name                            Name OPTIONAL,
            matched             [0]         BOOLEAN,
            fromEntry           [1]         BOOLEAN DEFAULT TRUE,
            matchedSubtype      [2]         AttributeType OPTIONAL,
            COMPONENTS OF                   CommonResults } }
```

9.2.2 比较变元

object 变元为所考虑的特殊客体条目的名(称)。如果Name 涉及一个或多个别名,那么解除引用(除非相关的服务控制禁止之)。Name 可以是一个可选的名(称),并可包括上下文信息,如GB/T 16264.2—2008 中 9.3 中所述。

purported 变元用于确定将要与条目中属性类型和值进行比较的属性类型和值。如果条目持有假设的属性类型或其子类型之一,或者存在一个为假设的属性类型或其子类型之一的共同条目属性(见7.6),并且如果存在一个匹配假设值的属性值(利用属性的equality 匹配规则),那么比较结果为TRUE。

注:compare 请求无法满足变元中所规定的属性类型的友人属性类型的要求。

如果属性值断言中包括上下文断言,那么将只对那些满足所有给定上下文断言要求的值尝试匹配,如 GB/T 16264.2—2008 中 8.9.2 所述。如果在属性值断言中未包括任何上下文断言,那么将应用缺省上下文断言,如 GB/T 16264.2—2008 中 8.9.2.2 所述。

CommonArguments (见 7.3)包括有关服务控制和适用于请求的安全参数的规定。出于该操作的目的,sizeLimit 组件不相关,如果提供,将被忽略。如果请求方对该操作的变元进行标记、加密或者标记和加密,那么SecurityParameters (见 7.10)组件将包括在变元中。

9.2.3 比较结果

如果请求成功(即真实地完成了比较),那么将返回结果。

name 为条目的可辨别名或条目的别名,如 7.7 所述。只有当别名解除引用时、当 RDN 已解析为主要 RDN 时,或者当内容选择已应用时、当将要返回的名(称)不同于操作变元中所提供的Object 名(称)时,它才出现。

matched 结果参数持有比较结果。如果对值进行了比较并匹配,那么参数取 TRUE 值,如果不是这样,那么取 FALSE 值。

如果fromEntry 为TRUE,那么信息与条目进行比较;如果为 FALSE,那么信息与拷贝进行比较。

只有当匹配结果为 TRUE 并且因假设属性的子类型匹配而使匹配取得成功时,matchedSubtype 参数才出现。如果多个这样的子类型可用,那么返回层次中最高的那个。

CommonResults (见 7.4)包括适用于响应的安全参数。如果目录对结果进行签名、加密或者签名和加密,那么SecurityParameters 组件(见 7.10)将包括在结果中。

9.2.4 比较差错

如果请求失败,那么将报告其中一个列出的差错。对将报告特殊差错的情况在第 12 章中进行定义。

9.2.5 基本访问控制的比较操作决策点

如果rule-based-access-control也应用,那么有关basic-access-control应用的次序问题将是一个本地问题,除非如果任何一个机制都拒绝对条目、属性类型或属性值的访问,那么它将不被其他机制超越。在这种情况下,basic-access-control的*DiscloseOnError*许可是一种将不超越rule-based-access-control拒绝的许可。

如果basic-access-control对正在比较的条目起作用,那么应用以下访问控制序列:

a) 对将要比较的条目需要读许可。如果不赋予该许可,那么依据7.11.1.3,该操作失败;

b) 对正在比较的属性需要比较许可。如果不赋予该许可,那么依据9.2.5.1,该操作失败;

c) 如果在正在比较的属性中存在一个匹配purported变元的值,并且赋予了比较许可,那么操作在CompareResult的matched结果参数中将返回值TURE。否则,操作将返回值FALSE。

9.2.5.1 差错返回

如果操作失败,如9.2.5中b)定义,那么有效的差错返回是如下之一:如果将*DiscloseOnError*许可赋予了正在比较的属性,那么将返回一个带问题insufficientAccessRights或noInformation的securityError;否则,将返回一个带问题noSuchAttributeOrValue的attributeError。

9.2.6 基于规则的访问控制的比较操作决策点

如果basic-access-control也应用,那么有关rule-based-access-control应用的次序问题将是一个本地问题,除非如果任何一个机制都拒绝对条目、属性类型或属性值的访问,那么它将不被其他机制超越。在这种情况下,basic-access-control的*DiscloseOnError*许可是一种将不超越rule-based-access-control拒绝的许可。

如果rule-based-access-control、rule-and-basic-access-control或rule-and-simple-access-control对正在比较的条目起作用,那么应用以下访问控制:

a) 如果在rule-based-access-control下拒绝条目级访问,那么依据7.11.2.4,操作失败,返回一个带问题noSuchObject的nameError;

b) 如果在based-access-control方案下不允许访问条目,如9.2.5中a)所述,那么依据7.11.1.3,操作失败;

c) 如果访问未赋予正在比较的属性值,那么目录将按以下方式开展工作,即仿佛属性值没有出现;

d) 应用basic-access-control,如9.2.5中b)和c)所述;

e) 按7.11.2.2定义确定在操作结果中返回的名(称)。

9.3 放弃

如果用户对结果不再关注,那么可以利用abandon操作放弃查询目录的操作。操作变元可以由请求方进行标记、加密或者标记和加密(见GB/T 16264.2—2008的17.3)。如果这样请求,那么目录可以对结果进行标记、加密或者标记和加密。

```
abandon OPERATION ::={
    ARGUMENT        AbandonArgument
    RESULT          AbandonResult
    ERRORS          { abandonFailed }
    CODE            id-opcode-abandon }
AbandonArgument ::=OPTIONALLY-PROTECTED-SEQ {
    SEQUENCE {
        invokeID            [0]    InvokeId } }
AbandonResult ::=CHOICE {
    null            NULL,
```

```
information        OPTIONALLY-PROTECTED-SEQ {
                       SEQUENCE {
                           invokeID               InvokeId,
                           COMPONENTS OF          CommonResultsSeq } } }
```

有单个变元invokeID，用于确定将要放弃的操作。InvokeID 的值等于用于调用将要放弃的操作的invokeID。

如果请求成功，那么将返回一个结果。如果目录对该结果进行标记、加密或者标记和加密，那么CommonResultsSeq（见 7.4）的SecurityParameters 组件（见 7.10）将包括在结果中。如果目录不对该操作的结果进行标记，那么不随结果传送任何信息。最初的操作将因abandoned 差错而失败。

如果请求失败，那么将报告abandonFailed 差错。作为一个本地问题，DSA 可以选择不放弃操作，而后返回abandonFailed 差错。该差错在 12.3 中进行描述。

放弃仅适用于查询操作，即读、比较、列表和搜索操作。

DSA 可以在本地放弃一个操作。如果 DSA 已将操作链接或多点传送至其他 DSA，那么它可以依次对它们进行查询，以便放弃操作。

10 目录搜索操作

有两个"类似搜索"操作：列表和搜索，分别在 10.1 和 10.2 中定义。

10.1 列表

10.1.1 列表语法

列表操作用于获取一个明确确定的条目的直接下级。在某些情况下，返回的列表是不完整的。操作变元可以由请求方进行标记、加密或者标记和加密（见 GB/T 16264.2—2008 的 17.3）。如果这样请求，那么目录可以对结果进行标记、加密或者标记和加密。

```
list   OPERATION ::= {
       ARGUMENT        ListArgument
       RESULT          ListResult
       ERRORS          { nameError | serviceError | referral | abandoned | securityError }
       CODE            id-opcode-list }
ListArgument ::= OPTIONALLY-PROTECTED {
     SET {
         object                       [0]   Name,
         pagedResults                 [1]   PagedResultsRequest OPTIONAL,
         listFamily                   [2]   BOOLEAN DEFAULT FALSE,
         COMPONENTS OF                      CommonArguments } }
ListResult ::= OPTIONALLY-PROTECTED {
     CHOICE {
         listInfo                           SET {
             name                                     Name OPTIONAL,
             subordinates                   [1]   SET OF SEQUENCE {
                 rdn                                    RelativeDistinguishedName,
                 aliasEntry                   [0]       BOOLEAN DEFAULT FALSE,
                 fromEntry                    [1]       BOOLEAN DEFAULT TRUE },
             partialOutcomeQualifier        [2]   PartialOutcomeQualifier OPTIONAL,
             COMPONENTS OF                        CommonResults },
```

```
        uncorrelatedListInfo        [0]     SET OF ListResult } }
PartialOutcomeQualifier ::=SET {
    limitProblem                     [0] LimitProblem OPTIONAL,
    unexplored                       [1] SET SIZE (1..MAX) OF ContinuationReference OPTIONAL,
    unavailableCriticalExtensions    [2] BOOLEAN DEFAULT FALSE,
    unknownErrors                    [3] SET SIZE (1..MAX) OF ABSTRACT-SYNTAX.&Type OPTIONAL,
    queryReference                   [4] OCTET STRING OPTIONAL,
    overspecFilter                   [5] Filter OPTIONAL,
    notification                     [6] SEQUENCE SIZE (1..MAX) OF Attribute OPTIONAL,
    entryCount                           CHOICE {
          bestEstimate               [7] INTEGER,
          lowEstimate                [8] INTEGER,
          exact                      [9] INTEGER } OPTIONAL,
    streamedResult                   [10] BOOLEAN DEFAULT FALSE}
LimitProblem ::=INTEGER{
     timeLimitExceeded (0),sizeLimitExceeded (1),administrativeLimitExceeded (2) }
```

10.1.2 列表变元

object 变元用于确定客体条目(或可能是根),将列出其直接下级。如果Name 涉及一个或多个别名,那么解除引用它们(除非相关的服务控制禁止这么做)。Name 可以是一个可选的名(称),并可以包括上下文信息,如 GB/T 16264.2—2008 中 9.3 所述。

pagedResults 变元用于请求逐页返回的操作结果,如 7.9 所述。

如果listFamily 为TRUE,并且object 为祖(条目),那么列出的下级取自直接的下级家族成员;不包括任何其他下级。否则,列出的下级只能取自不是家族成员的直接下级。

CommonArguments (见 7.3)包括适用于请求的服务控制规定。如果请求方将对该操作的变元进行标记、加密或者标记和加密,那么SecurityParameters 组件(见 7.10)将包括在变元中。

10.1.3 列表结果

依据访问控制,如果找到了object,而不管是否返回下级信息,那么请求成功。

name 为条目的可辨别名或条目的别名,如 7.7 所述。只有当别名解除引用时、当 RDN 已解析为主要 RDN 时,或者当内容选择已应用时、当将要返回的名(称)不同于操作变元中所提供的object 名(称)时,它才出现。

如果有的话,subordinates 参数用于传送命名条目直接下级上的信息。如果任何下级条目为别名,那么它们将不被解除引用。

rdn 参数为下级的相对可辨别名。这可能受 7.7 中为Name 所述的上下文影响。

fromEntry 参数用于指示信息是取自条目(TRUE)还是条目的一个拷贝(FALSE)。

aliasEntry 参数用于指示下级条目是一个别名条目(TRUE)还是不是一个别名条目(FALSE)。

partialOutcomeQualifier 由九个如下所述的子组件组成。无论何时,当由于时间限制、大小限制或管理限制等问题、由于未开发 DIT 区域、由于某些重要的扩展不可用、由于收到了一个位置的差错、由于返回分页结果、由于指出一个过度规定的过滤器、由于返回一个或多个通告属性、或者由于操作结果是一个流结果并且该响应不是结果的最后一个响应,而使结果不完整时,将出现该参数。

a) LimitProblem 参数用于指出是否已经超出了时间限制、大小限制或管理限制。返回的结果为当达到限度时可用的那些结果。
b) 如果没有探索到 DIT 区域,那么unexplored 参数将出现。其信息允许 DUA 通过联系其他访问点(如果它这么选择的话)来继续处理列表操作。参数包括一系列(可能为空)Continuation-References,每个包括基本客体(在其上可以进行操作)的名(称)、OperationProgress 的适当值、一系列访问点(在其上可以进一步进行请求)。返回的ContinuationReferences 将处于在操作服务控制请求的转向推荐范围内。见 12.6。

c) unavailableCriticalExtensions 参数指出,如果出现,在目录的某些部分,一个或多个临界扩展是不可用的。

d) unknownErrors 参数用于返回未知的差错类型或在操作处理中自其他 DSA 接收的参数。SET 的每个成员都包含一个这样的未知差错。见 GB/T 16264.5—2008 中 12.2.4。

e) 当 DUA 已请求分页结果并且 DSA 未返回所有的可用结果时,queryReferencc 参数将出现。见 7.9。当 DSA 能够确定对用户有效的所有结果都已返回时,它将不存在(即,它不是一个应用访问控制的结果)。

f) overspecFilter 组件只与搜索操作一起使用,当作为过度规定过滤的结果,返回的搜索结果为空时,虽然存在候选的条目,它们只匹配于部分过滤器,或者只大致匹配于过滤器。只有当搜索请求包括checkOverspecified 项并且目录能够确定过滤器过度规定了时,才返回它。它包括在search 变元中提供的过滤器,利用成功匹配的过滤器的那些元素,删去某些目。产生overspecFilter 的实际规程是一个本地问题。

注 1:分布式目录中适当overspecFilter 的返回有待进一步研究。

g) notification 参数可以用来发送差错结果限定,并可针对使用的搜索操作,返回一个proposedRelaxation 属性(见 GB/T 16264.6—2008 中 5.12.15,它提供了一种张弛策略,可供用户使用。在这种情况下,可以提供MRMapping 元素序列,它将用于影响张弛(或紧缩)策略,由有关的搜索规则规定。

注 2:notification 中sequence-of Attribute 的次序并不重要。

h) entryCount 参数只与search 结果有关,并且如果出现,那么它将对满足搜索准则要求的条目数量给出一个最佳的估计。该子组件将出现,当且仅当:

- 在搜索变元中或者通过管理搜索规则设置了entryCount 搜索控制选项;
- 如果已经请求了分页结果或者超出了大小限制;以及
- 如果至少一个参数 DSA 支持该特性。

当entryCount 子组件出现时,如果所有执行 DSA 都支持该特性,并且如果所有符合要求的 DSA 都参与了操作,那么将采用bestEstimate 或准确选择。如果所有参与的 DSA 都能提供一个准确的计数,那么将采用准确的选择,否则将采用bestEstimate 选择。如果不是所有符合要求的 DSA 都参与了操作,或者部分参与的 DSA 不支持entryCount 参数,那么将采用lowEstimate 选择。复合条目的家族成员只当作是一个单个条目。

i) streamedResult 参数指示,当出现并为TRUE 时,DSA 发送一个流结果并且该响应不是结果的最后响应。如果不存在或以 FALSE 出现,该参数指示该响应是流结果的最后响应或者它是一个非流响应。流结果中的每个响应将用相同的invokeId 进行确定。

如果遇到限制问题,它将导致在PartialOutcomeQualifier 中使用limitProblem 元素,那么该组件将在所有作为分页结果集的一部分而提供的所有后续结果中予以重复。

注 3:流结果中的每个响应都将利用同一invokeID 进行确定。这样,只有 IDM 目录协议可以使用该选项,如 GB/T 16264.5—2008 所规定。

当 DUA 已经提出了标记保护请求时,或者如果出于其他原因致使目录无法关联信息,那么uncorrelatedListInfo 参数可以包含若干源自目录不同组件并由之标记的结果参数集。如果在链接中没有任何 DSA 能够关联所有的结果,那么 DUA 将从各种不同的片断中组装实际的结果。

CommonResults (见 7.4)包括适用于响应的安全参数。如果目录对结果进行标记、加密或者标记和加密,那么SecurityParameters 组件(见 7.10)将包括在结果中。

10.1.4 列表差错

如果请求失败,那么将报告其中一个列出的差错。对将报告特殊差错的情况在第 12 章中进行定义。

10.1.5 基本访问控制的列表操作决策点

如果rule-based-access-control 也应用,那么有关basic-access-control 应用的次序问题将是一个本地问题,除非如果任何一个机制都拒绝对条目、属性类型或属性值的访问,那么它将不被其他机制超越。在这种情况下,basic-access-control 的*DiscloseOnError* 许可是一种将不超越rule-based-access-control拒绝的许可。

如果basic-access-control 对正在执行list 操作的那部分 DIB 起作用,那么应用以下访问控制序列:

a) 对由object 变元确定的条目不需要任何特殊的许可;

b) 对每个将在subordinates 中返回一个RelativeDistinguishedName 的直接下级,对该条目需要浏览和*ReturnDN* 许可。将忽略那些未赋予许可的条目。如果作为应用这些控制的结果,没有返回任何下级信息(PartialOutcomeQualifier 中的任何ContinuationReferences 除外),并且如果未将*DiscloseOnError* 许可赋予给由object 变元确定的条目,那么操作失败,并将返回一个带问题noSuchObject 的nameError。matched 元素或者包含下一个上级条目的名(称),该条目赋予了*DiscloseOnError* 许可,或者包含 DIT 根的名(称)(即一个空RDNSequence)。否则,操作成功,但它不传送任何下级信息(PartialOutcomeQualifie 中的任何ContinuationReferences 除外)。

注 1:在返回nameError 的情况下,未访问所有上级条目的 DSA 可能使用空RDNSequence。

注 2:安全策略可以防止泄漏下级信息,否则将作为PartialOutcomeQualifier 中的ContinuationReferences 予以传送。如果这样一个策略发挥作用,并且如果 DUA 通过规定chainingProhibited 来约束服务,那么目录可能返回一个带问题chainingRequired 的serviceError。否则将接着执行上面 b)中所述的规程。

注 3:安全策略可以防止目录指示一个列出的下级条目是一个别名条目。例如,如果 DUA 未将读访问赋予别名条目、其包含的objectClass 属性和值alias,那么目录可能从ListResult 中删去subordinates 的aliasEntry 组件,或者将之设为FALSE。

注 4:如果未将*DiscloseOnError* 许可赋予object 变元确定的条目,那么不应返回指示limitProblem 或unavailableCriticalExtensions 的partialOutcomeQualifier,原因是它可能对本条目的安全造成危害。

10.1.6 基于规则的访问控制的列表操作决策点

如果basic-access-control 也应用,那么有关rule-based-access-control 应用的次序问题将是一个本地问题,除非如果任何一个机制都拒绝对条目、属性类型或属性值的访问,那么它将不被其他机制超越。在这种情况下,basic-access-control 的*DiscloseOnError* 许可是一种将不超越rule-based-access-control拒绝的许可。

如果rule-based-access-control、rule-and-basic-access-control 或rule-and-simple-access-control 对正在执行List 操作的那部分 DIB 起作用,那么应用以下访问控制序列:

a) 如果对由object 变元确定的条目拒绝基于规则的条目级许可,那么将依据 7.11.2.4 返回带问题noSuchObject 的nameError。

b) 对每个将在subordinates 中返回RelativeDistinguishedName 的直接下级,务必将基于规则的RDN 许可赋予给该条目。忽略未准予访问的各条目。

c) 应用basic-access-control,如 10.1.5 所述。

10.2 搜索

10.2.1 搜索语法

搜索操作对关注的条目搜索目录的一个或多个部分,并从这些条目返回选定的信息。操作变元可以由请求方进行标记、加密或者标记和加密(见 GB/T 16264.2—2008 的中 17.3)。如果这样请求,那么目录可以对结果进行标记、加密或者标记和加密。

```
search OPERATION ::={
    ARGUMENT        SearchArgument
```

```
    RESULT          SearchResult
    ERRORS          { attributeError | nameError | serviceError | referral | abandoned |
                    securityError }
    CODE            id-opcode-search }
SearchArgument ::=OPTIONALLY-PROTECTED {
    SET {
        baseObject              [0]   Name,
        subset                  [1]   INTEGER {
            baseObject(0),oneLevel (1),wholeSubtree(2)} DEFAULT baseObject,
        filter                  [2]   Filter DEFAULT and: { },
        searchAliases           [3]   BOOLEAN DEFAULT TRUE,
        selection               [4]   EntryInformationSelection DEFAULT { },
        pagedResults            [5]   PagedResultsRequest OPTIONAL,
        matchedValuesOnly       [6]   BOOLEAN DEFAULT FALSE,
        extendedFilter          [7]   Filter OPTIONAL,
        checkOverspecified      [8]   BOOLEAN DEFAULT FALSE,
        relaxation              [9]   RelaxationPolicy          OPTIONAL,
        extendedArea            [10]  INTEGER                   OPTIONAL,
        hierarchySelections     [11]  HierarchySelections DEFAULT { self },
        searchControlOptions    [12]  SearchControlOptions   DEFAULT { searchAliases },
        joinArguments           [13]  SEQUENCE SIZE (1..MAX) OF JoinArgument OPTIONAL,
        joinType                [14]  ENUMERATED {
            innerJoin(0),leftOuterJoin(1),fullOuterJoin (2) } DEFAULTleftOuterJoin,
        COMPONENTS OF        CommonArguments } }
HierarchySelections ::=BIT STRING {
    self                (0),
    children            (1),
    parent              (2),
    hierarchy           (3),
    top                 (4),
    subtree             (5),
    siblings            (6),
    siblingChildren     (7),
    siblingSubtree      (8),
    all                 (9)}
SearchControlOptions ::=BIT STRING {
    searchAliases                   (0),
    matchedValuesOnly               (1),
    checkOverspecified              (2),
    performExactly                  (3),
    includeAllAreas                 (4),
    noSystemRelaxation              (5).
    dnAttribute                     (6),
```

```
    matchOnResidualName          (7),
    entryCount                   (8).
    useSubset                    (9),
    separateFamilyMembers        (10),
    searchFamily                 (11) }
JoinArgument ::=SEQUENCE {
    joinBaseObject          [0]     Name,
    domainLocalID           [1]     DomainLocalID OPTIONAL,
    joinSubset              [2]     ENUMERATED {
        baseObject(0),oneLevel(1),wholeSubtree(2)} DEFAULT baseObject,
    joinFilter              [3]     Filter OPTIONAL,
    joinAttributes          [4]     SEQUENCE SIZE (1..MAX) OF JoinAttPair OPTIONAL,
    joinSelection           [5]     EntryInformationSelection }
DomainLocalID ::=DirectoryString { ub-domainLocalID }
```

DomainLocalID 是一个字符束，在本地唯一确定一个部分持有另一个 DIT 的远程域。

注：该字符束在本地定义，无需由任何注册机构进行注册。

```
JoinAttPair ::=SEQUENCE {
    baseAtt        AttributeType,
    joinAtt        AttributeType,
    joinContext    SEQUENCE SIZE (1..MAX) OF JoinContextType OPTIONAL }
JoinContextType ::=CONTEXT.&id({SupportedContexts})
SearchResult ::=OPTIONALLY-PROTECTED {
        CHOICE {
            SearchInfo                          SET {
                name                                    Name OPTIONAL,
                entries                         [0]     SET OF EntryInformation,
                partialOutcomeQualifier         [2]     PartialOutcomeQualifier OP-
                TIONAL,
                altMatching                     [3]     BOOLEAN DEFAULT
                FALSE,
                COMPONENTS OF                           CommonResults },
            uncorrelatedSearchInfo              [0]     SET OF SearchResult } }
```

10.2.2 搜索变元

baseObject 变元用于标识与将要发生的主搜索相关的客体条目（或可能的话为根条目）。baseObject 可以是一个可选的名（称），并包括上下文信息，如 GB/T 16264.2—2008 中 9.3 所述。

subset 变元指示主要搜索是否应用于：

a) 只有baseObject；

b) 只有基本客体的直接下级（oneLevel）；

c) 基本客体及其所有下级（wholeSubtree）。

如果基本客体是一个普通条目，那么依据subset 规定，认为复合条目是单个条目。如果基本客体是复合条目的祖（条目），那么searchFamily 搜索控制选项将控制准确的行为。如果基本客体是一个子家族成员，那么认为家族成员是单个条目。

filter 变元用于从主要搜索空间中去除不关注的条目。只在符合过滤器要求的条目上返回信息（见 7.8）。在出现基本的用户提供的或搜索规则提供的张弛策略情况下，将以要求的匹配规则替换，在第一时间对过滤器进行评估。

在出现用户提供的或搜索规则提供的张弛策略情况下，或者在二者都出现的情况下，如果返回的结果比最低的要求还要少，那么将对过滤器重新进行评估，利用适当的张弛策略（见7.8和以下内容，它们有关 SearchArgument 的张弛元素），逐步递增，直至有足够多的条目或者没有更多的张弛策略可定义。同样，如果返回的结果比最高的要求还要多，那么也将对过滤器重新进行评估，利用适当的张弛策略，逐步递增，直至有足够少的条目或者没有更多的紧缩策略可定义。

注1：如果未提供搜索规则的张弛策略，那么用户可能需要对过滤器进行简化，并做再次测试，或者可选地定义一个用户定义的张弛策略。

CommonArguments 的familyGrouping 组件用于在应用过滤器之前，在逻辑上将各条目合并进一个家族中，如7.3.2和7.8.3所述。

当找到基本客体后，依据dontDereferenceAliases 服务控制设置，别名将被解除引用。基本客体下的别名将依据searchAliases 参数设置，在搜索期间被解除引用。如果searchAliases 参数为TRUE，那么别名将被解除引用，如果参数为FALSE，那么别名将不被解除引用。如果searchAliases 参数为TRUE，那么将在别名条目的子树中继续进行搜索。

selection 变元指示自条目请求什么信息（见7.6）。然而，不应假设返回的属性等同于请求的那些属性或限于请求的那些属性。

注2：出于分布式操作的目的，用于协调相关条目分布式操作的DSA（即已完成对包含joinArguments 的搜索变元的名（称）解析，并需要从非内部来源中获得一个潜在相关的条目集）需要超越 DAP 提供的、带attributeTypesAndValues的infoTypes，并且在选择需要利用分布式操作返回的属性中，还需要包括联合属性（即由JoinArgument . joinAttributes 中JoinAttPair . joinAtt 规定的集合中的属性）。不过，如果infoTypes 值为attributeTypesOnly，那么通过协调 DSA 返回给用户的条目和派生的条目将删去 DAP 返回信息中的属性值，并将因此依据最初的用户请求返回EntryInformation。

pagedResults 变元用于请求应逐页返回操作结果，如7.9所述。

matchedValuesOnly 变元用于指出将从返回的条目信息中删去某些属性值。尤其是，当返回的属性是多值的，并且某些但不是所有的属性值都对搜索过滤器起作用，以其最后的有效形式（即考虑张弛的匹配规则）通过present 之外的过滤器项返回 TRUE，那么从返回的目信息中删去不那么起作用的值。

如果在search 变元中规定了matchedValuesOnly 变元，那么对将要返回的属性应用以下逻辑处理过程：

a） 如果过滤器由一个过滤器项组成，那么应用以下规则：

  1） 如果过滤器项类型为present，那么matchedValuesOnly 变元对该过滤器项中的属性不起作用。

  2） 如果过滤器项类型为equality、substrings、greaterOrEqual、lessOrEqual、approximateMatch、contextPresent 或extensibleMatch，并且对属性的断言不为 TRUE，那么matchedValuesOnly变元对该属性不起作用。如果断言为 TRUE，那么将从返回的条目信息中删去不匹配过滤器项的该属性的值。

  3） 如果对过滤器项求反，那么matchedValuesOnly 变元对该属性不起作用。

b） 如果过滤器是复杂的（包括多个过滤器项），那么应用以下规则：

  1） 如果过滤器包含一个求反（即not）过滤器，那么matchedValuesOnly 变元对求反过滤器中的任何属性都不起作用。

  注3：这还适用于嵌套的、求反的过滤器。

  2） matchedValuesOnly 变元对或（即 or）过滤器的任何元素的属性都不起作用，评估为FALSE 或 UNDEFINED。

  3） 对一个在过滤器中出现多次的属性只需其中一次出现评估为 TRUE，如上面 a）的 2）所述，对有效的 matchedValuesOnly 变元，即一次有效将超越一次或多次忽略。

  4） 对 or 过滤器中的每个过滤器都应评估 matchedValuesOnly，即使过滤器的真值可以在彻底评估完成之前确定。

在混合版本情况下，使用extendedFilter 变元来规定上述中的一个可选过滤器。当该变元出现时，filter 变元（如果有的话）将被第 2 版本和后续版本的系统所忽略。extendedFilter 总被第 1 版本系统所忽略。搜索张弛策略仅用于filter。

注 4：通过包括两个过滤器，在搜索请求的分布式处理中，DUA 就可以规定第 1 版本系统使用一个过滤器，第 2 版本和后续版本系统使用另一个不同的过滤器。第 1 版本系统不支持属性多态性或匹配规则断言。

如果搜索操作的结果为空并且目录能够确定这是因过滤器过度规定而造成的，那么将用check-Overspecified 变元来请求目录返回一个partialOutcomeQualifier 中的overspecFilter 项。

可以用relaxation 组件来规定一个用户提供的RelaxationPolicy，利用 GB/T 16264.2—2008 中 16.10 中定义的结构。

依据管理搜索规则，如果替换将引起搜索无效，那么search 请求规定的替换将不在服务特定管理区域内执行。当替换匹配规则出现以下情况时，将与管理搜索规则发生冲突：

a） 从search 过滤器中有效地移除一个或多个过滤器项；或者

b） 与属性类型的matchingUse 规定发生冲突（见 GB/T 16264.2—2008 中 16.10.2）。

注 5：nullMatch 匹配规则可以将一个或多个过滤器项从过滤器中移除。当使用该匹配规则时，管理搜索规则可能冲突。

如果在服务特定管理区域外执行搜索操作，或者如果管理搜索规则未提供RelaxationPolicy 组件，那么应用用户提供的RelaxationPolicy，如 GB/T 16264.2—2008 中 16.10.7 所述。当搜索规则提供的RelaxationPolicy 也出现时，依据以下规程，实施结合：

a） 搜索规则规定的基本替换策略，如果有的话，在搜索确认过程中应用。因此而进行管理搜索规则规定的、可能的基本替换。

b） 在search 请求中规定的基本替换和基于映射的映射，如果出现的话，将应用。不过，不应用将引起管理搜索规则冲突的基本替换，而是忽略之。在这种情况下，oldMatchingRule 值（如果提供了的话）适用于基本的匹配规则，即在搜索规则应用的基本替换策略不存在的情况下，它将适用。

c） 张弛/紧缩替换，如果有的话，在search 请求中规定，而后与任何规定的、基于映射的匹配一起使用，依据的是在 GB/T 16264.2—2008 中 16.10.7 中规定的规则。如果在任何引起与管理搜索规则不一致的点遇到替换匹配规则，那么彻底放弃该特殊替换，以及任何由search 请求为该属性类型规定的进一步的替换。如果在该过程中，search 请求中规定的minimum 或maximum 规定得到了满足，那么停止该过程。

d） 应用管理搜索规则提供的张弛或紧缩替换，例外是，对已执行了张弛或紧缩替换的属性类型，不进行任何替换。也就是说，进一步的张弛或紧缩替换只适用于到目前为止尚未进行张弛或紧缩替换的属性类型的匹配规则。在这部分过程中，将继续使用search 请求中的maximum 或minimum 规定，而不使用那些在管理搜索规则中规定的规定。

如果在search 请求中规定的替换提议了一个不支持的匹配规则，那么现有的匹配规则将继续发挥作用。如果该策略无法产生一个支持的匹配规则，那么过滤器项被评估为 UNDEFINED。

用户可以提议系统通过规定哑匹配规则systemProposedMatch 来提供某种张弛或紧缩。

extendedArea 组件用于指示张弛的程度（如果大于 0 的话）或者紧缩的程度（如果小于 0 的话）。如果该组件出现，那么它对张弛或紧缩有影响，如 GB/T 16264.2—2008 中 16.10.7 所述。

hierarchySelection 搜索控制通过一个比特束来规定将要在每个匹配条目层次型组中执行的层次型选择。对不是层次型组一部分的匹配条目将忽略之。如果匹配一个层次中的若干条目，那么层次型选择将不产生返回多次的相同条目。如果该搜索控制不出现，那么不执行任何层次型选择。当出现时，以下选择可能是单独的或结合的：

a) self 指示,应从匹配条目返回条目信息。如果这是唯一选择,那么它对应的是不进行任何层次型选择。

b) children 指示,对每个匹配的条目,如果有的话,从每个匹配条目的所有直接层次下级返回条目信息。如果这是唯一设置,那么没有任何信息从匹配条目返回。

c) parent 指示,对每个匹配的条目,如果有的话,从每个匹配条目的所有直接层次上级返回条目信息。如果这是唯一设置,那么没有任何信息从匹配条目返回。

d) hierarchy 指示,对每个匹配的条目,从所有层次上级返回条目信息。如果这是唯一设置,那么没有任何信息从匹配条目返回。

e) top 指示,对每个匹配的条目,从层次顶层返回条目信息。如果这是唯一设置,那么没有任何信息从匹配条目返回,除非匹配条目是顶层条目。

f) subtree 指示,对每个匹配的条目,如果有的话,从其所有层次下级返回条目信息。如果这是唯一设置,那么没有任何信息从匹配条目返回。

g) siblings 指示,对每个匹配的条目,从所有层次同胞返回条目信息。如果这是唯一设置,那么没有任何信息从匹配条目返回。

h) siblingChildren 指示,对每个匹配的条目,从所有层次同胞的直接层次下级返回条目信息。如果这是唯一设置,那么没有任何信息从匹配条目及其同胞返回。

i) siblingSubtree 指示,对每个匹配的条目,从所有层次同胞的所有下级返回条目信息。如果这是唯一设置,那么没有任何信息从匹配条目及其同胞返回。

j) all 指示,对每个匹配的条目,从层次家族的所有条目返回条目信息。

searchControlOptions 组件只包含适用于搜索操作的控制选项。该组件拥有语义等同于搜索变元布尔类型组件语义的指示器。一个支持服务管理扩展的实现方案将支持该组件。一个发送支持的实现方案例如一个 DUA)在设置布尔类型组件之外还将设置该组件的各对应位(除非应用缺省值)。如果一个支持 DSA 的实现方案用该组件接收一个 search 请求,那么它将忽略请求中的布尔类型组件。如果在请求中不存在该组件,那么缺省设置将被理解为重新设置所有位,除非如下所述:

a) searchAliases 搜索控制选项是对searchAliases 搜索变元组件的替换。如果设置了该位,那么它对应值为TRUE 的searchAliases 组件。如果searchControlOptions 组件不存在,那么缺省值取决于searchAliases 组件,即如果searchAliases 组件不存在或者设为 TRUE,那么该位缺省为设置值。

b) matchedValuesOnly 搜索控制选项是对matchedValuesOnly 搜索变元组件的替换。如果设置了该位,那么它对应值为TRUE 的matchedValuesOnly 组件。如果searchControlOptions 组件不存在,那么缺省值取决于matchedValuesOnly 组件,即如果matchedValuesOnly 设为TRUE,那么该位缺省为设置值;否则该位缺省为重新设置。

c) checkOverspecified 搜索控制选项是对checkOverspecified 搜索变元组件的替换。如果设置了该位,那么它对应值为TRUE 的checkOverspecified 组件。如果searchControlOptions 组件不存在,那么缺省值取决于 checkOverspecified 组件,即如果 checkOverspecified 组件设为TRUE,那么该位缺省为设置值;否则该位缺省为重新设置。

d) performExactly 搜索控制选项指示,合适的话,在替换基本的匹配规则后,将严格按照过滤器规定的或暗指的相关匹配规则,执行一个操作。当extensibleMatch 过滤器项规定了一个不支持的匹配规则时,如果设置了该搜索控制选项,那么将拒绝search 请求。否则,过滤器项评估为 UNDEFINED。如果搜索操作在服务特定管理区域内开始其初始评估阶段,并且搜索规则中的匹配限制出现冲突,那么当且仅当设置了该搜索控制选项,搜索规则将使搜索确认失败。

e) 只有当extendedArea 组件包括一个 0 或更大值时,includeAllAreas 搜索控制选项才相关。在所有其他情况下,它将被忽略。如果值为TRUE,那么执行包含的张弛;否则如果可能的话,执行排他的张弛(见 GB/T 16264.2—2008 中 13.6)。

f) 当用户要求不使用 DSA 提供的张弛策略时,使用noSystemRelaxation 搜索控制选项。DSA 仍将使用基本策略,除非有一个超越它的用户提供的基本策略,但将不能使用任何后续的张弛或紧缩策略。也就是说,对候选条目集,过滤器从不评估一次以上,除非由于用户提供的张弛策略。

g) dnAttribute 搜索控制选项用于指示,除了当依据条目对过滤器进行评估时所用的那些条目属性外,还使用了哪些条目的可辨别名的属性。如果设置,它将超越extensibleMatch 过滤器项中任何可能的dnAttribute 规定。它还适用于所有的过滤器项类型。

h) 只有当设置了partialNameResolution 搜索控制选项时,matchOnResidualName 搜索控制选项才相关。它用于指示,如果目录只能解析search 操作中的部分假设名(称),那么未解析 RDN 的 AVA 将被当作是经过 AND(与)运算的equality 过滤器项。这些过滤器项与搜索过滤器做 AND("与")运算,针对的是依据搜索规则的搜索评估和条目匹配。

i) entryCount 搜索控制选项指示,在超出了服务控制大小限制或管理大小限制的情况下,将在 search 结果中提供一个条目计数。entryCount 指示,返回多少条目将拥有一个未遇到过的大小限制。如果设置了subentries 服务控制选项,那么将忽略该搜索控制。

j) useSubset 搜索控制选项指示,将忽略imposedSubset 搜索规则组件(见 GB/T 16264.2—2008 中 16.10.9)。

k) separateFamilyMembers 搜索控制选项指示,家族成员将作为单独的条目而非嵌入在family-information 派生属性中返回。

l) 如果基本客体为复合属性的一个祖(条目),那么searchFamily 搜索控制选项将规定如何执行搜索。如果基本客体不是一个祖(条目),或者如果在CommonArguments 或ChainingArguments 中设置了entryOnly,那么忽略该选项。如果设置了该选项,那么依据subset 和sizeLimit 规定,只对复合条目执行该操作,并将每个家族成员当作一个单独的条目。如果未设置search-Family 选项,那么依据subset 规定,认为复合条目是一个单个条目。

注 6:后者意味着,作为例子,如果subset 设为baseObject,并且familyGrouping 为entryOnly,那么每个单个家族成员都在搜索范围内。

JoinArguments 变元用于规定目录的额外部分,将出于以下目的对其进行搜索,即确定和访问与主要搜索相关的条目,并规定将在联合相关条目中使用的属性。虽然规定为一个 SEQUENCE,但joinArgument 变元出现的次序并不重要。

注 7:当规定joinArguments 时,认为主要搜索和每个额外搜索都将产生一系列中间结果。来自joinArgument 规定的每个中间结果集将联合主要搜索的结果,所有的联合都将在返回SearchResult 中的任何结果之前执行。各中间结果对目录用户是不可见的。

joinBaseObject 变元用于确定相对每个将要进行的额外搜索的客体条目(或可能的话为根)。join-BaseObject 可以是一个可选的名(称),并包括上下文信息,如 GB/T 16264.2—2008 中 9.3 所述。

domainLocalID 变元用于任选地确定一个独立的 DIT,在其中将启动对joinBaseObject 的搜索。如果不存在,那么对joinBaseObject 的搜索将在 DSA 所知的所有 DIT 中启动。

joinSubset 变元指示额外搜索是否应用于:

a) 只有joinBaseObject;

b) 只有联合基本客体的直接下级(oneLevel);

c) 联合基本客体及其所有下级(wholeSubtree)。

joinFilter 变元用于从不关注的额外搜索空间去除条目。对联合相关条目,将只考虑符合joinFilter 要求的信息。如果不规定joinFilter,那么将使用SearchArgument filter 组件中的值。如果未提供 SearchArgument 的filter 组件,那么将使用该组件的缺省值。当出现时,依据有关extendedFilter 的规则，将对joinFilter进行处理。

joinAttributes变元用于规定各属性对，它们将用于联合来自主要搜索的条目和来自额外搜索的条目。如果存在一个joinAttrPair，使以下件为TRUE，那么认为一个来自主要搜索的条目（“主要条目”）与一个来自额外搜索的条目（“额外条目”）相关：

a) 主要条目拥有一个由baseAtt为属性类型规定的值。

b) 额外条目拥有一个由joinAtt为属性类型规定的值。

c) 依据以下规则，主要条目中的一个属性值和额外条目中的一个属性值是相同的：

 1) 如果属性类型相同，那么对该属性类型使用等同的匹配规则。

 2) 如果属性类型不相同，但有相同的语法，那么对为主要条目规定的属性类型使用等同的匹配规则。

 3) 如果joinContexts出现，那么依据上面规则1)或规则2)，在评估中只能使用规定上下文的属性值。如果joinContexts不存在，那么依据上面规则1)或规则2)，在评估中可以使用所有上下文的属性值。

在为潜在的联合评估joinAttributes中，将忽略联合属性的子类型。只有明确确定的baseAtt和joinAtt才会用于评估一个潜在的联合。

如果应用一个等同规则，并评估为FALSE或UNDEFINED，那么不认为各条目是相关的。

如果在上述件c)下没有合适的匹配规则可用，那么不认为各条目是相关的。

注8：当规定涉及多值属性的联合时，应注意防止无意地搜索没有意义的数据。例如，如果条目使用一个多值属性，如雇员标识符，来表示委员会中的成员资格，那么在执行联合中该多值属性的规定将返回一个包含家族成员名(称)、电话号码、电子邮件等的无关联集。不过，当规定外部联合时，将返回所有的被检索条目，即使它不相关。

joinSelection变元用于从不关注的额外搜索中间结果中去除属性。

joinType变元用于规定将对相关条目执行的联合类型，如下所述：

a) 如果规定了innerJoin，那么结果条目集将只包括那些执行了联合的条目，它基于joinAttributes中规定的属性对。每个结果条目都将包括所有对应的相关条目，作为related Entry属性值。

b) 如果规定了leftOuterJoin，那么结果条目集将包括所有由主要搜索选择的条目；所有执行了联合的条目(基于joinAttributes中规定的属性对)都将包括所有对应的相关条目，作为related Entry属性值。

c) 如果规定了fullOuterJoin，那么结果条目集将包括所有来自主要搜索和额外搜索的条目；所有执行了联合的条目(基于joinAttributes中规定的属性对)都将包括所有对应的相关条目，作为relatedEntry属性值，而不是作为明确的条目。

除非joinAttributes值包含至少一个JoinAttPair，并且依据匹配规则，每个JoinAttPair都是有效的，否则不得尝试任何联合。如果不是这种情况，那么不得尝试任何联合，并且将以下作为合并各JoinAttPair的结果，依据的是联合类型：

联合类型	合并后的输出
inner-join	空
left-outer-join	只有主要结果
full-outer-join	来自主要搜索和联合搜索的结果

否则，只有当提供所有的相关联合属性值时，条目才适于联合。

联合结果将包括匹配的联合属性的所有组合。

注9：例如，考虑A、B、C(作为来自主要搜索的条目)、P、Q、R(作为来自使用J的额外搜索的条目)、对应的JoinAttPair值，并假设发生以下匹配是J的结果：

- A与P、A与Q、A与R;
- B与Q;
- C与P以及C与Q。

而后联合的结果将包括:

- A与{P,Q,R};
- B与{Q};
- C与{P,Q}。

即使Q的结果出现三次。

CommonArguments(见7.3)包括适用于请求的服务控制规定和安全参数。如果请求方对该操作的变元进行标记、加密或者标记和加密,那么将在变元中包括SecurityParameters(见7.10)组件。

10.2.3 搜索结果

依据访问控制,如果找到了baseObject,而不管是否返回下级,并且如果在服务特定的管理区域内没有规定任何阻止搜索操作继续进行的服务限制,那么请求成功。

注1:作为其必然结果,对查询同一条目属性集的读操作而言,适用于单个条目的未过滤搜索的结果可以不相同。这是因为如果在条目中不存在任何选定的属性,那么后者将返回一个AttributeError。

name为条目的可辨别名或条目的别名,如7.7所述。只有当别名解除引用时、当RDN已解析为主要RDN时,或者当内容选择已应用时、当将要返回的名(称)不同于操作变元中所提供的baseObject名(称)时,它才出现。

entries参数从各个(0个或多个)满足过滤器要求的条目传送请求的信息(见7.5)。作为entries一部分提供的名(称)可能会受7.7中为Name所述的上下文影响。条目信息可以包括如EntryInformationSelection familyReturn元素要求的家族信息。familyGrouping与familyReturn之间的交互作用在过滤器的四阶段评估中以及返回内容的后续评估中进行定义,如7.8.3所述。

partialOutcomeQualifier如10.1.3所述。

注2:如果某个特定条目的返回条目信息不完整,那么它通过返回条目信息中的incompleteEntry参数来指出。

altMatching用于指示未按search请求中规定的要求准确应用匹配规则。

CommonResults notifications元素中的appliedRelaxation属性用于列出已放宽或收紧的过滤器属性,而不是放宽策略basic元素提出的那些属性(见GB/T 16264.6—2008中5.12.16)。

所描述的uncorrelatedSearchInfo参数针对的是10.1.3中的uncorrelatedListInfo。

CommonResults(见7.4)包括适用于响应的安全参数。如果目录对该结果进行标记、加密或者标记和加密,那么将在结果包括SecurityParameters(见7.10)组件。

10.2.4 服务管理

管理权威部门可以建立服务特定的管理区域,如GB/T 16264.2—2008中第7章所述。这使得管理权威部门能够通过限制搜索操作来对服务进行管理,它通过定义搜索规则来限定可以搜索的DIT区域、可以形成的搜索类型、可以返回的信息等。

10.2.5 搜索差错

如果请求失败,那么将报告其中一个列出的差错。对将报告特殊差错的情况在第12章中进行定义。当在服务特定的管理区域内执行搜索时,可以返回若干额外的、非常详细的差错信息元素,详细内容见第13章。

10.2.6 基本访问控制的搜索操作决策点

如果rule-based-access-control也应用,那么有关basic-access-control应用的次序问题将是一个本地问题,除非如果任何一个机制都拒绝对条目、属性类型或属性值的访问,那么它将不被其他机制超越。在这种情况下,basic-access-control的DiscloseOnError许可是一种将不超越rule-based-access-control拒绝的许可。

如果basic-access-control对将要搜索的那部分DIT起作用,那么应用以下访问控制序列:

a) 对由baseObject 变元确定的条目不需要任何特殊的许可。

注 1：如果baseObject 处于SearchArgument 范围内(即当subset 变元规定baseObject 或wholeSubtree 时)，那么应用 b)～e)中规定的访问控制。

b) 对在SearchArgument 范围内的每个条目(将作为候选考虑客体)，需要浏览许可。将忽略未赋予该许可的各条目。

c) filter 变元适用于每个留待考虑 2)后才考虑的条目，依据的是以下内容：

1) 对每个规定一个属性的FilterItem，在FilterItem 被评估为 TRUE 或 FALSE 之前，对属性类型需要*FilterMatch* 许可。未赋予该许可的FilterItem 评估为 UNDEFINED。

2) 对每个额外规定一个属性值的FilterItem，对每个保存的属性值(将考虑把它用于匹配条目的)都需要*FilterMatch* 许可。如果存在一个匹配FilterItem 的值，并且赋予了许可，那么FilterItem 评估为 TRUE，否则评估为 FALSE。

d) 如果出现，那么joinCriteria 变元适用于每个留待考虑 3)后才考虑的条目，依据的是以下内容：

1) 对每个规定一个属性的JoinCriteriaItem，在JoinCriteriaItem 被评估为 TRUE 或 FALSE 之前，对属性类型需要*FilterMatch* 许可。未赋予该许可的JoinCriteriaItem 评估为 UNDEFINED。

2) 对每个额外规定一个属性值的JoinCriteriaItem，对每个保存的属性值(将考虑把它用于匹配条目的)都需要*FilterMatch* 许可。如果存在一个匹配JoinCriteriaItem 的值，并且赋予了许可，那么JoinCriteriaItem 评估为 TRUE，否则评估为 FALSE。

e) 一旦应用了在 b)～d)中定义的规程，那么要么选择条目，要么抛弃条目。如果作为对整个范围内的子树应用这些控制的结果，没有选择任何条目(partialOutcomeQualifier 中的任何ContinuationReferences 除外)，并且如果未将*DiscloseOnError* 许可赋予给由baseObject 变元确定的条目，那么操作失败，并将返回一个带问题noSuchObject 的nameError。matched 元素将包含下一个上级条目的名(称)，对该条目赋予了*DiscloseOnError* 许可，或者将包含 DIT 根的名(称)(即一个空RDNSequence)。否则，操作成功，但它不传送任何下级信息。

注 2：在返回nameError 的情况下，不访问所有上级条目的 DSA 可以使用空RDNSequence。

注 3：安全策略可以防止泄露知识信息，否则将作为partialOutcomeQualifier 中的ContinuationReferences 予以传送。如果这样一个策略发挥作用，并且如果 DUA 通过规定chainingProhibited 来约束服务，那么目录可能返回一个带问题chainingRequired 的serviceError。否则，将从partialOutcomeQualifier 中省略ContinuationReference。

f) 否则，对每个选定的条目，返回的信息如下所述：

1) 如果selection 的infoTypes 元素规定只能返回属性类型，那么对每个将要返回的属性类型，需要读许可。如果未赋予许可，那么从EntryInformation 中删去属性类型。如果作为应用这些控制的结果，没有选择任何属性类型信息，那么返回EntryInformation 元素，但不用它传送任何属性类型信息(即省略SET OF CHOICE 元素或为空)。

2) 如果selection 的infoTypes 元素规定返回属性类型和值，那么对每个将要返回的属性类型和值，需要读许可。如果对属性类型未赋予许可，那么从EntryInformation 中删去属性。如果对属性值未赋予许可，那么从其对应的属性中删去值。在未将许可赋予属性内任何值的情况下，返回一个包含空SET OF AttributeValue 的Attribute 元素。如果作为应用这些控制的结果，没有选择任何属性信息，那么返回EntryInformation 元素，但不用它传送任何属性信息(即省略SET OF CHOICE 元素或为空)。

注 4：如果*DiscloseOnError* 许可未赋予baseObject 变元确定的条目，那么不应返回指出limitProblem 或unavailableCriticalExtensions 的partialOutcomeQualifier，原因是它可能对该条目的安全造成危害。

10.2.6.1 在额外搜索情况下基本访问控制的搜索操作决策点

如果joinArguments 变元出现，并且如果basic-access-control 对将要搜索的那部分 DIT 起作用，那么对每个附加搜索应用以下访问控制序列：

a) 对由joinBaseObject 变元确定的条目不需要任何特殊的许可。

注 1：如果joinBaseObject 处于joinArgument 范围内（即当joinSubset 变元规定baseObject 或wholeSubtree 时），那么应用 b)～ f)中规定的访问控制。

b) 对在joinArgument 范围内的每个目（将作为候选考虑客体），需要浏览许可。将忽略未赋予该许可的各条目。

c) 如果出现，那么joinFilter 变元适用于每个留待考虑 b)后才考虑的条目，依据的是以下内容：

1) 对每个规定一个属性的FilterItem，在FilterItem 被评估为 TRUE 或 FALSE 之前，对属性类型需要*FilterMatch* 许可。未赋予该许可的FilterItem 评估为 UNDEFINED。

2) 对每个额外规定一个属性值的FilterItem，对每个保存的属性值（将考虑把它用于匹配条目的）都需要*FilterMatch* 许可。如果存在一个匹配FilterItem 的值，并且赋予了许可，那么FilterItem 评估为 TRUE，否则评估为 FALSE。

d) 如果joinFilter 变元不出现，那么filter 变元适用于每个留待考虑 b)后才考虑的条目，依据的是以下内容：

1) 对每个规定一个属性的FilterItem，在FilterItem 被评估为 TRUE 或 FALSE 之前，对属性类型需要*FilterMatch* 许可。未赋予该许可的FilterItem 评估为 UNDEFINED。

2) 对每个额外规定一个属性值的FilterItem，对每个保存的属性值（将考虑把它用于匹配条目的）都需要*FilterMatch* 许可。如果存在一个匹配FilterItem 的值，并且赋予了许可，那么FilterItem 评估为 TRUE，否则评估为 FALSE。

e) 一旦应用了在 b)～d)中定义的规程，那么要么选择条目，要么抛弃条目。如果作为对整个范围内的子树应用这些控制的结果，没有选择任何条目（partialOutcomeQualifier 中的任何ContinuationReferences 除外），并且如果未将*DiscloseOnError* 许可赋予给由aseObject 变元确定的条目，那么操作失败，并将返回一个带问题noSuchObject 的nameError。matched 元素将包含下一个上级条目的名（称），对该条目赋予了*DiscloseOnError* 许可，或者将包含 DIT 根的名（称）（即一个空RDNSequence）。否则，操作成功，但它不传送任何下级信息。

注 2：在返回nameError 的情况下，不访问所有上级条目的 DSA 可以使用空RDNSequence。

注 3：安全策略可以防止泄露知识信息，否则将作为partialOutcomeQualifier 中的ContinuationReferences 予以传送。如果这样一个策略发挥作用，并且如果 DUA 通过规定chainingProhibited 来约束服务，那么目录可能返回一个带问题chainingRequired 的serviceError。否则，将从partialOutcomeQualifier 中省略ContinuationReference。

f) 否则，对每个选定的条目，返回的信息如下所述：

1) 如果selection 的infoTypes 元素规定只能返回属性类型，那么对每个将要返回的属性类型，需要读许可。如果未赋予许可，那么从EntryInformation 中删去属性类型。如果作为应用这些控制的结果，没有选择任何属性类型信息，那么返回EntryInformation 元素，但不用它传送任何属性类型信息（即省略SET OF CHOICE 元素或为空）。

2) 如果selection 的infoTypes 元素规定返回属性类型和值，那么对每个将要返回的属性类型和值，需要读许可。如果对属性类型未赋予许可，那么从EntryInformation 中删去属性。如果对属性值未赋予许可，那么从其对应的属性中删去值。在未将许可赋予属性内任何值的情况下，返回一个包含空SET OF AttributeValue 的Attribute 元素。如果作为应用这些控制的结果，没有选择任何属性信息，那么返回EntryInformation 元素，但不用它传送任何属性信息（即省略SET OF CHOICE 元素或为空）。

注 4：如果*DiscloseOnError* 许可未赋予baseObject 变元确定的条目，那么不应返回指出limitProblem 或

unavailableCriticalExtensions 的partialOutcomeQualifier，原因是它可能对该条目的安全造成危害。

10.2.6.2 搜索期间解除引用别名

对search 操作过程中发生的别名解除引用不需要任何特殊的许可(由于searchAliases 参数设为TRUE)。不过，对每个遇到的别名条目，如果别名解除引用将导致在partialOutcomeQualifier 中返回ContinuationReference，那么将应用以下访问控制：对别名条目、aliasedEntryName 属性及其包含的单个值需要读许可。如果未赋予任何这些许可，那么将从partialOutcomeQualifier 中删去Continuation-Reference。这些访问控制也适用于在另一个 DSA 响应中收到的continuationReference。也就是说，DSA 将管辖所有的continuationReferences，不论它们是否在本地产生。

注：除了上面所述的访问控制，安全策略可以防止泄露知识信息，否则将作为partialOutcomeQualifier 中的ContinuationReferences 予以传送。如果这样一个策略发挥作用，并且如果 DUA 通过规定chainingProhibited 来约束服务，那么目录可能返回一个带问题chainingRequired 的serviceError。否则，将从partialOutcomeQualifier 中省略ContinuationReference。

10.2.6.3 不泄露不完整的结果

如果在EntryInformation 中返回一个不完整的结果，即因适用的访问控制而删去了某些属性或属性值，如果*DiscloseOnError* 许可赋给至少一个结果中保留的属性类型，或者赋给至少一个结果中保留的属性值(对该属性类型赋予了*读*许可)，那么incompleteEntry 元素将被设为 TRUE。

10.2.7 基于规则的访问控制的搜索操作决策点

如果basic-access-control 也应用，那么有关rule-based-access-control 应用的次序问题将是一个本地问题，除非如果任何一个机制都拒绝对条目、属性类型或属性值的访问，那么它将不被其他机制超越。在这种情况下，basic-access-contro 的*DiscloseOnError* 许可是一种将不超越rule-based-access-control 拒绝的许可。

如果rule-based-access-control、rule-and-basic-access-control 或rule-and-simple-access-control 对正在执行search 操作的那部分 DIB 起作用，那么应用以下访问控制序列：

a) 如果对由baseObject 变元确定的条目拒绝基于规则的条目级许可，那么返回带问题noSuchObject 的nameError，如 7.11.2.4 定义；
b) 在rule-based-access-control 下，将忽略SearchArgument 范围内的每个条目，对SearchArgument，拒绝条目级访问；
c) 应用有关条目的basic-access-control，如 10.2.6 的 b)定义；
d) 应用filter，忽略在rule-based-access-control 下拒绝访问的属性值；
e) 应用有关filter 的basic-access-control，如 10.2.6 的 c)和 d)定义；
f) 对任何选定的条目：
   1) 对每个在rule-based-access-control 下可能返回的属性类型，务必将访问赋予该类型的至少一个属性值；
   2) 将不返回在rule-based-access-control 下拒绝访问的属性值；
g) 对返回的信息应用basic-access-control，如 10.2.6 的 e)定义。

11 目录修改操作

有四种操作可用于修改目录：分别是在 11.1 至 11.4 中定义的addEntry、removeEntry、modifyEntry 和modifyDN。

注 1：这些操作中的每一个都通过其可辨别名来确定目标条目。

注 2：addEntry、removeEntry 和modifyDN 操作的成功执行可能依赖于跨越目录的 DIB 的物理分布。如果失败，将报告带问题affectsMultipleDSAs 的updateError。见 GB/T 16264.4—2008。

注 3：在基本通信机制发生故障的情况下，操作的结果是不确定的。用户应使用目录查询操作来检查尝试的修改操作是否取得了成功。

11.1 增加条目

11.1.1 增加条目语法

addEntry 操作用于向 DIT 增加一个叶条目(一个客体条目或一个别名条目)。操作变元可以由请求方进行标记、加密或者标记和加密(见 GB/T 16264.2—2008 的中 17.3)。如果这样请求,那么目录可以对结果进行标记、加密或者标记和加密。

```
addEntry OPERATION ::={
    ARGUMENT        AddEntryArgument
    RESULT          AddEntryResult
    ERRORS          {attributeError|nameError|serviceError|referral|securityError|
                    updateError }
    CODE            id -opcode-addEntry }
AddEntryArgument ::=OPTIONALLY-PROTECTED {
    SET {
        object              [0]  Name,
        entry               [1]  SET OF Attribute,
        targetSystem        [2]  AccessPoint OPTIONAL,
        COMPONENTS OF            CommonArguments} }
AddEntryResult ::=CHOICE {
    null            NULL,
    information     OPTIONALLY-PROTECTED-SEQ {
                    SEQUENCE { COMPONENTS OF CommonResultsSeq } } }
```

11.1.2 增加条目变元

object 变元用于确定将要增加的条目。其直接上级(为了操作取得成功,它必须已经存在)通过移除最后一个 RDN 组件(它属于将要创建的条目)来确定。object 可以是一个可选的名(称),并可以包括上下文信息,如 GB/T 16264.2—2008 中 9.3 所述。最后一个 RDN 组件将是主要的 RDN,并将包括所有的不同值,其所有属性的上下文清单对 RDN 起作用。如果最后一个 RDN 组件中提供的任何AttributeTypeAndDistinguishedValue 都不带可选的不同值,那么提供的单个值将用作该属性的单个不同值。

entry 变元包含属性信息,与来自 RDN 的信息一起组成将要创建的条目。目录将确保条目复合目录方案要求。如果正在创建的条目是一个别名,那么不需要任何检查即可确保aliasedEntryName 属性指向一个有效的条目。

targetSystem 变元指示 DSA 持有新的条目。如果该变元不存在,那么它将意味着同一 DSA 持有新客体的上级。如果该变元出现,那么它将是带AccessPoint 的 DSA。当增加子条目时,参数不存在。

如果变元存在,那么将对CommonArguments 中 criticalExtensions 参数中的 targetSystem 位进行设置,指示该扩展是重要的。

注 1:如果指示或暗指 DSA 的选择与本地管理策略冲突,那么不执行操作并返回一个差错。

CommonArguments (见 7.3)包括有关服务控制和适用于请求的安全参数的规定。除非在critical Extensions中设置useAliasOnUpdate 临界扩展位,否则忽略dontDereferenceAlias 选项(并当作已经设置了)。因此,只有当不设置dontDereferenceAlias 并且设置useAliasOnUpdate 时,才通过该操作解除引用别名。如果提供,那么忽略sizeLimit 组件。如果请求方对该操作的变元进行标记、加密或者标记和加密,那么SecurityParameters (见 7.10)组件将包括在变元中。

注 2:如果遇到第 1 版本 DSA,那么涉及解除引用别名的更新操作将总失败。

11.1.3 增加条目结果

如果请求成功,那么将返回一个结果。如果目录对该结果进行标记、加密或者标记和加密,那么

CommonResultsSeq（见 7.4）的SecurityParameters 组件（见 7.10）将包括在结果中。如果目录不对该操作的结果进行标记，那么不随结果传送任何信息。

11.1.4 增加条目差错

如果请求失败，那么将报告其中一个列出的差错。对将报告特殊差错的情况在第 12 章中进行定义。

11.1.5 基本访问控制的增加条目操作决策点

如果rule-based-access-control 也应用，那么有关basic-access-control 应用的次序问题将是一个本地问题，除非如果任何一个机制都拒绝对条目、属性类型或属性值的访问，那么它将不被其他机制超越。在这种情况下，basic-access-control 的DiscloseOnErro 许可是一种将不超越rule-based-access-control 拒绝的许可。

如果basic-access-control 对正在增加的条目起作用，那么应用以下访问控制序列：

a） 对由object 变元确定的条目的直接上级不需要任何特殊的许可。

注 1：安全策略可以防止目录用户越过 DSA 边界来增加条目（例如，利用targetSystem 变元）。在这种情况下，可能返回一个适当的nameError、serviceError、securityError 或updateError，前提是它不会危害直接上级条目的存在。如果这样（即未将*DiscloseOnError* 赋予上级条目），那么之后将执行 7.11.3 中定义的、关于上级条目的规程将紧跟其后。

b） 如果条目已经存在，并且可辨别名等于object 变元，那么依据 11.1.5.1a），该操作失败。

c） 对正在增加的新条目需要增加许可。如果不赋予该许可，那么依据 11.1.5.1b），该操作失败。

注 2：当尝试增加一个条目时，增加许可将作为prescriptiveACI 提供，当尝试增加一个子条目时，增加许可将作为prescriptiveACI 或subentryACI 提供。

d） 对将要增加的每个属性类型和每个值，需要增加许可。如果未出现任何许可，那么依据 11.1.5.1c），该操作失败。

11.1.5.1 差错返回

如果操作失败，如 11.1.5 定义，那么应用以下规程：

a） 如果操作失败，如 11.1.5b）定义，那么有效的差错返回为以下之一：如果DiscloseOnError 或增加许可赋予给了现有的条目，那么将返回一个带问题entryAlreadyExists 的 updateError。否则对正在增加的条目，紧接着执行如 7.11.3 所述的规程。

b） 如果操作失败，如 11.1.5c）定义，那么对正在增加的条目，紧接着执行如 7.11.3 所述的规程。

c） 如果操作失败，如 11.1.5d）定义，那么有效的差错返回为带问题insufficientAccessRights 或 noInformation 的securityError。

11.1.6 基于规则的访问控制的增加条目操作决策点

如果basic-access-control 也应用，那么有关rule-based-access-control 应用的次序问题将是一个本地问题，除非如果任何一个机制都拒绝对条目、属性类型或属性值的访问，那么它将不被其他机制超越。在这种情况下，basic-access-control 的*DiscloseOnError* 许可是一种将不超越rule-based-access-control 拒绝的许可。

如果rule-based-access-control、rule-and-basic-access-control 或rule-and-simple-access-control 对正在执行addEntry 操作的那部分 DIB 起作用，那么应用以下访问控制序列：

a） 如果拒绝赋予直接上级基于规则的条目级许可，那么返回带问题noSuchObject 的nameError，如 7.11.2.4 定义。

b） 应用basic-access-control，如 11.1.5 定义。

11.2 移除条目

11.2.1 移除条目语法

移除条目操作用于从 DIT 移除一个叶条目（一个客体条目、家族成员或别名条目）或一个非叶祖

(条目)及其孩子。操作变元可以由请求方进行标记、加密或者标记和加密(见 GB/T 16264.2—2008 中 17.3)。如果这样请求,那么目录可以对结果进行标记、加密或者标记和加密。

```
removeEntry OPERATION ::={
    ARGUMENT        RemoveEntryArgument
    RESULT          RemoveEntryResult
    ERRORS          { nameError|serviceError|referral|securityError|updateError }
    CODE            id-opcode-removeEntry }
RemoveEntryArgument ::=OPTIONALLY-PROTECTED {
    SET {
        object              [0]  Name,
        COMPONENTS OF            CommonArguments } }
RemoveEntryResult ::=CHOICE {
    null                NULL,
    information         OPTIONALLY-PROTECTED-SEQ {
        SEQUENCE { COMPONENTS OF CommonResultsSeq } } }
```

11.2.2 移除条目变元

object 变元用于确定将要删除的条目。object 可以是一个可选的名(称),并可以包括上下文信息,如 GB/T 16264.2—2008 中 9.3 所述。

CommonArguments(见 7.3)包括有关服务控制和适用于请求的安全参数的规定。除非在criticalExtensions中设置useAliasOnUpdate 临界扩展位,否则忽略dontDereferenceAlias 选项(并当作已经设置了)。因此,只有当不设置dontDereferenceAlias 并且设置useAliasOnUpdate 时,才通过该操作解除引用别名。如果提供,那么忽略sizeLimit 组件。如果请求方对该操作的变元进行标记、加密或者标记和加密,那么SecurityParameters(见 7.10)组件将包括在变元中。

注:如果遇到第 1 版本 DSA,那么涉及解除引用别名的更新操作将总失败。

FamilyGrouping 可以按如下设置:

- 对该操作,entryOnly 为缺省值。将要移除的条目将是一个叶条目。
- 可以为祖(条目)规定compoundEntry。将移除复合条目的所有成员。如果目标客体不是祖(条目),那么操作失败,返回带问题notAncestor 的updateError。如果不可能移除所有成员,例如出于安全原因,那么操作也将失败,返回一个适当的差错。

如果FamilyGrouping 不出现或设置为上述值之外的任何其他值,那么采用entryOnly。

11.2.3 移除条目结果

如果请求成功,那么将返回一个结果。如果目录对该结果进行标记、加密或者标记和加密,那么CommonResultsSeq(见 7.4)的SecurityParameters 组件(见 7.10)将包括在结果中。如果目录不对该操作的结果进行标记,那么不随结果传送任何信息。

当EntryInformationSelection 中的familyReturn 选择家族信息时,返回的信息在 7.6.4 中定义。

information 组件中返回的信息对应(成功)执行修改条目操作后的 DIB 状态。

11.2.4 移除条目差错

如果请求失败,那么将报告其中一个列出的差错。对将报告特殊差错的情况在第 12 章中进行定义。

11.2.5 基本访问控制的移除条目操作决策点

如果rule-based-access-control 也应用,那么有关basic-access-control 应用的次序问题将是一个本地问题,除非如果任何一个机制都拒绝对条目、属性类型或属性值的访问,那么它将不被其他机制超越。在这种情况下,basic-access-control 的*DiscloseOnError* 许可是一种将不超越rule-based-access-control

拒绝的许可。

如果basic-access-control 对正在移除的条目起作用，那么应用以下访问控制：

- 对正在移除的条目需要移除许可。如果不赋予该许可，那么依据 7.11.1，该操作失败。

注：对出现在被移除条目中的任何属性和属性值，不需要任何特殊的许可。

11.2.6 基于规则的访问控制的移除条目操作决策点

如果basic-access-control 也应用，那么有关rule-based-access-control 应用的次序问题将是一个本地问题，除非如果任何一个机制都拒绝对条目、属性类型或属性值的访问，那么它将不被其他机制超越。在这种情况下，basic-access-control 的DiscloseOnError 许可是一种将不超越rule-based-access-control 拒绝的许可。

如果rule-based-access-control、rule-and-basic-access-control 或rule-and-simple-access-control 对正在移除的条目起作用，那么应用以下访问控制序列：

a) 如果未赋予目标条目基于规则的条目级许可，那么操作失败，返回带问题noSuchObject 的nameError，如 7.11.2.4 定义；

b) 应用条目级basic-access-control，如 11.2.5 规定；

c) 如果未赋予属性值基于规则的访问，那么它将不被移除；

d) 如果未赋予基于规则的 RDN 访问，那么 RDN 的任何属性值都将不被移除。如果移除所有的属性值，那么从条目中移除属性。如果移除所有的属性，那么从 DIT 中移除条目。如果移除至少一个属性值，并且请求方没有 RDN 许可，那么操作成功，但条目继续留在 DIT 中，带一个或多个属性；

   注 1：除非条目不同值的标签上下文的所有值都有相同的值，否则这不支持基于规则的访问控制策略。

e) 在rule-based-access-control 下，如果赋予了 RDN 许可，但未赋予访问至少一个其他属性值的许可，那么不移除 RDN，操作失败，返回带问题insufficientAccessRights 的securityError。是否移除请求方拥有访问许可的其他属性值是一个本地问题；

   注 2：这向请求方表明，至少存在一个无法访问的属性值。

f) 如果移除条目的所有属性，那么从 DIT 中移除该条目，操作成功。

11.3 修改条目

11.3.1 修改条目语法

修改条目操作用于对单个条目执行一系列以下修改中的一个或多个：

a) 增加一个新的属性；

b) 移除一个属性；

c) 增加属性值；

d) 移除属性值；

e) 替换属性值；

f) 修改一个别名；

g) 增加一个常量或一个属性的所有值；

h) 删去所有属性值，在每个上下文中回退为 FALSE。

操作变元可以由请求方进行标记、加密或者标记和加密（见 GB/T 16264.2—2008 中 17.3）。如果这样请求，那么目录可以对结果进行标记、加密或者标记和加密。

```
modifyEntry OPERATION ::={
        ARGUMENT        ModifyEntryArgument
        RESULT          ModifyEntryResult
        ERRORS          {attributeError|nameError|serviceError|referral|securityError|
                        updateError}
```

```
    CODE                    id-opcode-modifyEntry}
ModifyEntryArgument ::=OPTIONALLY-PROTECTED{
    SET{
        object              [0]  Name,
        changes             [1]  SEQUENCE OF EntryModification,
        selection           [2]  EntryInformationSelection OPTIONAL,
        COMPONENTS OF       CommonArguments}}
ModifyEntryResult ::=CHOICE{
    null                    NULL,
    information             OPTIONALLY-PROTECTED -SEQ{
        SEQUENCE {
        entry           [0] EntryInformation OPTIONAL,
        COMPONENTS OF       CommonResultsSeq}}}
EntryModification ::= CHOICE{
    addAttribute        [0]  Attribute,
    removeAttribute     [1]  AttributeType,
    addValues           [2]  Attribute,
    removeValues        [3]  Attribute,
    alterValues         [4]  AttributeTypeAndValue,
    resetValue          [5]  AttributeType,
    replaceValues       [6]  Attribute}
```

11.3.2 修改条目变元

object 变元用于确定适用于修改的条目。object 可以是一个可选的名(称),并可以包括上下文信息,如 GB/T 16264.2—2008 中 9.3 所述。

changes 变元用于确定修改序列,它以规定的次序应用。如果任何一个单个修改失败,那么产生一个attributeError,条目仍处于操作之前它的状态。也就是说,操作是很小的。修改序列的最终结果不应与目录方案出现冲突。不过,对单个EntryModification 修改它可能这样做,并且有时候需要这样做。可能发生以下类型的修改:

a) addAttribute:它确定一个将要加入条目的新属性,它完全由变元确定。任何增加一个已经存在的属性的尝试都将导致一个attributeError。

b) removeAttribute:变元用于确定(通过其类型)一个将要从条目中移除的属性。任何移除一个不存在的属性的尝试都将导致一个attributeError。

注 1:如果属性值出现在 RDN 中,那么将不允许进行本操作。

c) addValues ——通过变元中的变元类型,它确定一个属性,并规定一个或多个将要加入属性的属性值。任何增加一个已经存在的值的尝试都将导致一个差错。任何向一个不存在的类型增加一个值的尝试都将导致类型和值的增加。

d) removeValues ——通过变元中的变元类型,它确定一个属性,并规定一个或多个将要从属性中移除的属性值。如果值未出现在属性中,那么将导致一个attributeError。任何从一个属性中移除最后一个值的尝试都将导致移除属性类型。

注 2:如果其中之一的值出现在 RDN 中,那么将不允许进行本操作。

可以通过或不通过一个上下文清单来规定将要增加的属性或属性值。上下文不能加入现有的属性值,不能从现有的属性值中移除,也不能修改。为了更改现有属性值的上下文清单,首先需要移除属性值,而后以新的上下文清单插入相同的属性值。当移除一个属性值时,将不提供任何上下文清单，并且与正要移除的属性值关联的任何现有上下文清单都将随属性值移除。

e) alterValues：它确定一个属性类型，并规定一个将要加入所有属性值的数量。尝试对语法不是为INTEGER 或REAL 的属性进行修改将导致一个attributeError。

f) resetValue：它通过其类型确定一个属性，并移除属性的所有值(如果有的话)，它有一个关联的属性值上下文，其退路为FALSE。resetValue 不移除任何没有上下文的属性值。

g) replaceValues：它用提供的值替换给定属性类型的所有现有值，如果它不存在，那么创建属性类型。如果它存在，不带值的替换将移除属性类型，如果类型不存在，将忽略之。

注 3：本目录规范不建立有关执行 DSA 对其所接收的 PDU 进行解码和处理的次序的规则。如果在处理每个元素之前，DSA 对整个 PDU 进行解码，并且如果对非可选的选项存在一个新的和非预期的值，如replaceValues，那么 DSA 将发出一个编码差错信号。不过，如果 DSA 根据需要对各元素进行解码，那么它很可能将检测到一个未知的临界扩展，并返回一个不支持的临界扩展理由代码，告知操作失败。在任何一种情况下，DSA 不对操作进行处理都是正确的；不过，执行方应意识到，任何一种信号都可以用来指示操作失败。

变元将被单个ModifyEntry 操作中的addValues 和removeValues 组合所替代。

CommonArguments (见 7.3)包括有关服务控制和适用于请求的安全参数的规定。除非在criticalExtensions 中设置useAliasOnUpdate 临界扩展位，否则忽略dontDereferenceAlias 选项(并当作已经设置了)。因此，只有当不设置dontDereferenceAlias 并且设置useAliasOnUpdate 时，才通过该操作解除引用别名。如果提供，那么忽略sizeLimit 组件。如果请求方对该操作的变元进行标记、加密或者标记和加密，那么SecurityParameters (见 7.10)组件将包括在变元中。

注 4：如果遇到第 1 版本 DSA，那么涉及解除引用别名的更新操作将总失败。

selection 变元用于规定一个可选的条目信息选择，它用于控制是否在操作结果中返回信息，并规定返回的特定属性和值。只有当通过绑定操作商定的版本为v2 或更高时，才规定它。

操作可用于修改目录操作属性。只能对那些不是分类noUserModification (并且用户拥有有效的修改访问权限)的目录操作属性进行修改。

注 5：无论用户修改是否允许，目录都可以对目录操作属性的值进行修改，作为其他目录操作的副作用。

只有当服务控制subentries 为TRUE，并且object 为实际持有待修改之联合属性的分条目时，操作才可用于修改联合属性。

注 6：因此，在修改读条目返回的信息时需小心：某些信息可能来自属性集，在针对条目本身的操作中不能对之进行修改。例如，不可能通过针对条目的removeAttribute 条目修改来从一个(普通)条目中删去属性集(将返回一个带问题noSuchAttributeOrValue 的attributeError)。

如果值规定了辅助客体类，那么操作可用于修改一个条目的客体类属性值。不过，如果尝试修改一个客体类值(它规定了一个条目的结构客体类)，那么将导致一个带问题objectClassModificationProhibited 的updateError。对辅助客体类的任何修改将使超类链接与作为结果的客体类定义保持一致与正确。

11.3.3 修改条目结果

如果请求成功，那么将返回一个result。如果在操作变元中没有规定任何selection，并且不对结果进行标记、加密或者标记和加密，那么返回空结果。如果没有规定任何selection (但目录将对结果进行标记、加密或者标记和加密)，那么省略条目组件。如果目录对结果进行标记、加密或者标记和加密，那么CommonResultsSeq (见 7.4)的SecurityParameters 组件(见 7.10)将包括在结果中。如果目录不对结果进行标记，那么不随结果传送任何条目信息。

11.3.4 修改条目差错

如果请求失败，那么将报告其中一个列出的差错。对将报告特殊差错的情况在第 12 章中进行定义。

11.3.5 基本访问控制的修改条目操作决策点

如果rule-based-access-control也应用，那么有关basic-access-control应用的次序问题将是一个本地问题，除非如果任何一个机制都拒绝对条目、属性类型或属性值的访问，那么它将不被其他机制超越。在这种情况下，basic-access-control的*DiscloseOnError* 许可是一种将不超越rule-based-access-control拒绝的许可。

如果basic-access-control对正在修改的条目起作用，那么应用以下访问控制序列：

a) 对正在修改的条目需要修改许可。如果不赋予该许可，那么依据7.11.1，该操作失败。

b) 对在序列中应用的、每个规定的EntryModification变元，需要以下许可：

  1) 对在addAttribute参数中规定的属性类型和每个值的增加许可。如果不赋予这些许可或属性已经存在，那么依据11.3.5.1a)，该操作失败。

  2) 对在removeAttribute参数中规定的属性类型的删除许可。如果不赋予该许可，那么依据11.3.5.1b)，该操作失败。

  注1：对出现在被移除属性中的任何属性值，不需要任何特殊的许可。

  3) 对在addValues参数中规定的每个属性值的增加许可。如果不赋予这些许可或任何属性值已经存在，那么依据11.3.5.1c)，该操作失败。

  4) 对在removeValues参数中规定的每个值的移除许可。如果不赋予这些许可，那么依据11.3.5.1d)，该操作失败。

  注2：如果removeValues修改的最终结果是移除属性的最后一个值(它将移除属性自身)，那么对规定的属性类型也需要移除许可。

  5) 对在alterValues参数中规定的每个值的增加和移除许可。如果不赋予这些许可，那么依据11.3.5.1e)，该操作失败。

  6) 对将要通过resetValue参数移除的每个值的移除许可。如果将至少移除一个值并且不赋予这些许可，那么依据11.3.5.1f)，该操作失败。

11.3.5.1 差错返回

如果操作失败，如11.3.5定义，那么应用以下规程：

a) 如果操作失败，如11.3.5的b)的1)所定义，那么有效的差错返回是以下之一：如果属性已经存在，并且将*DiscloseOnError* 或增加赋予了该属性，那么将返回一个带问题attributeOrValueAlreadyExists的attributeError；否则，将返回一个带问题insufficientAccessRights或noInformation的securityError。

b) 如果操作失败，如11.3.5的b)的2)所定义，那么有效的差错返回是以下之一：如果将DiscloseOnError许可赋予了正要移除的属性，并且该属性存在，那么将返回一个带问题insufficientAccessRights或noInformation的securityError；否则，将返回一个带问题noSuchAttributeOrValue的attributeError。

c) 如果操作失败，如11.3.5的b)的3)所定义，那么有效的差错返回是以下之一：如果属性值已经存在，并且将DiscloseOnError或增加赋予了该属性值，那么将返回一个带问题attributeOrValueAlreadyExists的attributeError；否则，将在属性级上对DiscloseOnError许可进行验证。如果将DiscloseOnError赋予了该属性，那么将返回一个带问题insufficientAccessRights或noInformation的securityError；否则，将返回一个带问题noSuchAttributeOrValue的attributeError。

d) 如果操作失败，如11.3.5的b)的4)所定义，那么有效的差错返回是以下之一：如果将DiscloseOnError许可赋予了任何正要移除的属性值，那么将返回一个带问题insufficientAccessRights或noInformation的securityError；否则，将返回一个带问题noSuchAttributeOrValue的attributeError。

e) 如果操作失败,如 11.3.5 的 b)的 5)所定义,那么有效的差错返回是以下之一:如果将DiscloseOnError 许可赋予了任何正要更改的属性值,那么将返回一个带问题insufficientAccessRights 或noInformation 的securityError;否则,将返回一个带问题noSuchAttributeOrValue 的attributeError。

f) 如果操作失败,如 11.3.5 的 b)的 6)所定义,那么有效的差错返回是以下之一:如果将DiscloseOnError 许可赋予了任何正要移除的属性值,那么将返回一个带问题insufficientAccessRights 或noInformation 的securityError;否则,将返回一个带问题noSuchAttributeOrValue 的attributeError。

11.3.6 基于规则的访问控制的修改条目操作决策点

如果basic-access-control 也应用,那么有关rule-based-access-control 应用的次序问题将是一个本地问题,除非如果任何一个机制都拒绝对条目、属性类型或属性值的访问,那么它将不被其他机制超越。在这种情况下,basic-access-control 的*DiscloseOnError* 许可是一种将不超越rule-based-access-control 拒绝的许可。

如果rule-based-access-control、rule-and-basic-access-control 或rule-and-simple-access-control 对正在修改的条目起作用,那么应用以下访问控制序列:

a) 如果未赋予目标条目基于规则的条目级许可,那么依据 7.11.2.4,操作失败,返回带问题 noSuchObject 的 nameError。

b) 使用 11.3.5.1 中条目级basic-access-control。

c) 务必准予对每个移除的属性值(如果有的话)进行访问。如果不将rule-based-access-control 许可赋予任何将要移除的属性值,那么操作失败,返回带问题noSuchAttributeOrValue 的attributeError。

d) 使用 11.3.5 的 b)中属性级basic-access-control。

11.4 修改 DN

11.4.1 修改 DN 语法

修改 DN 操作用于修改条目的相对可辨别名、修改条目的主要相对可辨别名、增加和减少属性的不同值,与/或将条目移至 DIT 的一个新上级。它可以与客体条目一起使用,包括复合条目或别名条目。

对家族成员,其使用限于以下情况,即受影响的家族成员仍将留在同一复合条目中。

如果条目有下级,那么相应地对所有下级进行重新命名或移动(即子树仍保持完整)。请求方可以对操作变元进行标记、加密或者标记和加密(见 GB/T 16264.2—2008 中 17.3)。如果这样请求,那么目录可以对结果进行标记、加密或者标记和加密。

注 1:第 1 版本系统只能将该操作用于修改叶条目的相对可辨别名。

注 2:只有当旧的上级、新的上级、条目及其所有下级都在一个 DSA 中时,第 2 版本和后续版本系统才能使用该操作将条目移至一个新的上级。

注 3:操作不将条目移至一个新的上级;所有的条目都将继续留在最初的 DSA 中。

注 4:整体上操作成功或失败;某些条目移动、某些条目不移动将不算失败。对目录的用户,操作的任何中间状态都将是外部不可见的。

注 5:在该操作后可能需要某些离线行为,以便保持一致性,例如对任何持有可辨别名值的条目的属性进行更新,指的是重新命名或移除的各条目。

注 6:对重新命名或移除条目的下级条目,不对其modifyTimeStamp 属性进行更新。

```
modifyDN OPERATION ::={
    ARGUMENT        ModifyDNArgument
    RESULT          ModifyDNResult
    ERRORS          { nameError|serviceError|referral|securityError|updateError}
    CODE            id-opcode-modifyDN }
```

```
ModifyDNArgument ::=OPTIONALLY-PROTECTED {
    SET {
        object              [0]  DistinguishedName,
        newRDN              [1]  RelativeDistinguishedName,
        deleteOldRDN        [2]  BOOLEAN DEFAULT FALSE,
        newSuperior         [3]  DistinguishedName OPTIONAL,
        COMPONENTS OF            CommonArguments } }
ModifyDNResult ::=CHOICE{
    null                NULL,
    information         OPTIONALLY-PROTECTED-SEQ {
        SEQUENCE {
            newRDN              RelativeDistinguishedName,
            COMPONENTS OF       CommonResultsSeq } } }
```

11.4.2 修改 DN 变元

object 变元用于确定将对其可辨别名进行修改的条目。将不解除引用名(称)中的各别名。object 可以是一个可选的名(称),并可包括上下文信息,如 GB/T 16264.2—2008 中 9.3 所述。

newRDN 变元用于规定条目新的 RDN。如果操作将条目移至一个新的上级,而不改变其 RDN,那么为该参数提供旧的 RDN。

如果在条目中尚未存在新的 RDN 属性值(作为旧的 RDN 的一部分或者作为非不同值),那么增加之。如果不能增加,那么返回一个差错。

对每个对 RDN 起作用的属性,如果不同的值通过上下文区分,那么newRDN 可以提供可选的不同值,如 GB/T 16264.2—2008 中 9.3 所述。如果这样,那么newRDN 将是一个主要RDN,将包括所有的不同值,其针对所有属性的上下文清单对 RDN 起作用(包括继续保留作为不同值的现有的不同值)。不带可选不同值而提供的、newRDN 中的一个AttributeTypeAndDistinguishedValue 用于指示有关该属性的一个单个不同值。

如果设置了deleteOldRDN 标志,那么不在新的 RDN 中的旧的 RDN 中的所有属性值都将被删去。这包括通过上下文区分的可选不同值,如果它们存在于旧的 RDN 中而未包括在新的 RDN 中。如果未设置该标志,那么旧的不同值仍将留在条目中(但不再是不同值)。当通过操作改变了 RDN 中的一个单个值属性,那么将设置该标志。如果旧的 RDN 中的属性值等同于新的 RDN 中的属性值(除了其上下文清单),那么旧的 RDN 中的属性值将被新的 RDN 中的属性值所替换。如果该操作移除了属性的最后一个属性值,那么该属性将被删去。

如果变元存在,那么newSuperior 规定条目将被移至 DIT 中的一个新的上级。条目变成为带指示可辨别名的条目的一个直接下级,它必须是一个已经存在的客体条目。新的上级不会是条目自身,或者任何其属,或者一个别名,否则移除的条目将与任何 DIT 结构规则都将产生冲突。移除条目的条目下级有可能与活动的子方案产生冲突,在这种情况下,子方案管理权威部门负责对这些条目进行后续调整,使之与子方案保持一致,如 GB/T 16264.2—2008 中第 14 章所述。

如果变元存在,那么将对CommonArguments 中criticalExtensions 参数中的newSuperior 位进行设置,指示该扩展是重要的。

newSuperior 可以是一个可选的名(称),并可以包括上下文信息,如 GB/T 16264.2—2008 中 9.3 所述。

CommonArguments (见 7.3)包括有关服务控制和适用于请求的安全参数的规定。出于该操作的目的,dontDereferenceAlias 选项与sizeLimit 组件不相关,如果提供,将被忽略。该操作从不解除引用别名。如果请求方对该操作的变元进行标记、加密或者标记和加密,那么SecurityParameters (见 7.10)

组件将包括在变元中。

11.4.3 修改 DN 结果

如果请求成功,那么将返回一个结果。如果目录对该结果进行标记、加密或者标记和加密,那么CommonResultsSeq(见7.4)的SecurityParameters组件(见7.10)以及新的RDN将包括在结果中。如果目录不对结果进行标记,那么不随结果传送任何信息。

11.4.4 修改 DN 差错

如果请求失败,那么将报告其中一个列出的差错。对将报告特殊差错的情况在第12章中进行定义。

11.4.5 基本访问控制的修改 DN 操作

如果rule-based-access-control也应用,那么有关basic-access-control应用的次序问题将是一个本地问题,除非如果任何一个机制都拒绝对条目、属性类型或属性值的访问,那么它将不被其他机制超越。在这种情况下,basic-access-control的*DiscloseOnError*许可是一种将不超越rule-based-access-control拒绝的许可。

如果basic-access-control对正在重新命名的条目起作用,那么应用以下访问控制:

- 如果操作的作用是修改条目的RDN,那么对正在重新命名的条目需要重新命名许可(考虑其最初的名(称))。如果不赋予该许可,那么依据11.4.5.1,操作失败。
- 如果操作的作用是将一个条目移至DIT的一个新上级,那么对正在考虑其最初名(称)的条目需要输出许可,对正在考虑其新名(称)的条目需要输入许可。如果不赋予这些许可中的任何一个许可,那么依据11.4.5.1,操作失败。

注1:输入许可应作为说明性ACI提供。

注2:无需任何额外的许可,即使作为修改名(称)最后RDN的结果,需要增加一个新的不同值或删除一个旧的值。

11.4.5.1 差错返回

如果操作失败,如11.4.5所定义,那么紧跟着将执行7.11.1中所述的规程,它有关重新命名的条目(考虑其最初的名(称))。

11.4.6 基于规则的访问控制的修改 DN 操作

如果basic-access-control也应用,那么有关rule-based-access-control应用的次序问题将是一个本地问题,除非如果任何一个机制都拒绝对条目、属性类型或属性值的访问,那么它将不被其他机制超越。在这种情况下,basic-access-control的*DiscloseOnError*许可是一种将不超越rule-based-access-control拒绝的许可。

如果rule-based-access-control、rule-and-basic-access-control或rule-and-simple-access-control对正在重新命名的条目起作用,那么应用以下访问控制序列:

a) 如果未赋予目标条目基于规则的RDN许可,那么依据7.11.2.4,操作失败,返回带问题noSuchObject的nameError。
b) 依据11.4.5,应用条目级basic-access-control。
c) 如果操作的作用是将条目移至DIT的一个新上级,那么对新的上级需要基于规则的RDN许可,否则依据7.11.2.4,操作失败,返回带问题noSuchObject的nameError。

12 差错

12.1 差错优先级

目录不继续执行以下点之外的操作,即它在该点确定报告差错。

注1:该规则的一个含义是,对相同查询的重复例子,遇到的第一个差错可以不同,原因是,对处理某个给定的查询,没有一个特定的逻辑次序。例如,可以以不同的次序来搜索DSA。

注2:此处规定的差错优先级规则仅适用于目录作为一个整体提供的抽象服务。当考虑目录的内部结构时,将应用

不同的规则。

如果目录同时检测到多个差错，那么以下清单将确定报告哪个差错。清单中级别较高的差错比级别较低的差错具有更高的逻辑优先级，报告级别较高的差错。

a） nameError；

b） updateError；

c） attributeError；

d） securityError；

e） serviceError。

以下差错不会引起任何优先级冲突：

a） abandonFailed，原因是它只针对放弃这一操作，不会遇到任何其他差错；

b） abandoned，如果与差错检测同时接收到放弃操作，那么不报告它。在这种情况下，返回带问题tooLate 的abandonFailed，并报告遇到的实际差错；

c） referral，它不是一个"真实的"差错，只是指出目录已经检测到 DUA 应将其请求提交给另一个访问点。

12.2 放弃

如果 DUA 利用适当的 InvokeId 调用一个放弃操作，那么对任何未完成的目录查询操作（即读、搜索、比较、列表）都可以报告该结果。如果操作参数由请求方进行标记、加密或者标记和加密（见 GB/T 16264.2—2008 中 17.3），那么目录可以对差错参数进行标记、加密或者标记和加密。

```
abandoned ERROR ::={--不是字面上的"错误"
    PARAMETER    OPTIONALLY-PROTECTED{
        SET{COMPONENTS OF   CommonResults}}
    CODE      id-errocde-abandoned}
```

如果目录对差错进行标记、加密或者标记和加密，那么SecurityParameters 组件（见 7.10）将包括在 CommonResults 中（见 7.4）。

12.3 放弃失败

abandonFailed 差错用于报告在尝试放弃一个操作过程中遇到的问题。如果操作参数由请求方进行标记、加密或者标记和加密（见 GB/T 16264.2—2008 中 17.3），那么目录可以对差错参数进行标记、加密或者标记和加密。

```
abandonFailed ERROR ::={
    PARAMETER                OPTIONALLY-PROTECTED{
        SET {
            problem          [0]    AbandonProblem,
            operation        [1]    InvokeId,
            COMPONENTS OF    CommonResults}}
    CODE              id-errcode-abandonFailed}
AbandonProblem ::=INTEGER{noSuchOperation (1),tooLate(2),cannotAbandon(3)}
```

各个参数具有以下含义。

规定遇到的特殊problem。可指出以下任何问题：

a） noSuchOperation：当目录不了解将被放弃的操作时（可由于未发生此类调用，或由于目录忘了它）；

b） tooLate：当目录已对操作做出响应时；

c） cannotAbandon：当已尝试放弃一个操作时（对之是禁止的，如修改），或者当无法执行放弃时。

将放弃标识特定的operation（调用）。

如果目录对差错进行标记、加密或者标记和加密，SecurityParameters 组件（见 7.10）将包括在 CommonResults 中（见 7.4）。

通过使用CommonResults 的notification 组件，可以任选地对差错问题提供的信息做出限制。

12.4 属性差错

attributeError 用于报告一个与属性有关的问题。如果操作参数由请求方进行标记、加密或者标记和加密（见 GB/T 16264.2—2008 的 17.3），那么目录可以对差错参数进行标记、加密或者标记和加密。

```
attributeError ERROR ::={
    PARAMETER       OPTIONALLY-PROTECTED {
        SET{
            object      [0]  Name,
            problems    [1]  SET OF SEQUENCE{
                problem     [0]  AttributeProblem,
                type        [1]  AttributeType,
                value       [2]  AttributeValue OPTIONAL },
            COMPONENTS OF CommonResults } }
    CODE        id-errcode-attributeError }

AttributeProblem ::=INTEGER {
    noSuchAttributeOrValue          (1),
    invalidAttributeSyntax          (2),
    undefinedAttributeType          (3),
    inappropriateMatching           (4),
    constraintViolation             (5),
    attributeOrValueAlreadyExists   (6),
    contextViolation                (7) }
```

各个参数具有以下含义。

object 参数用于确定当发生差错时操作正在使用哪个条目。返回的名（称）可以只包括有关包含多个不同值（由上下文区分）的属性的主要不同值（即 DSA 不必使用上下文选择，如 7.7 所述，如同它对成功的操作所做的那样）。

可以规定一个或多个problems。每个problem（在下面确定）伴随一个属性type 指示，如果需要避免模糊性，那么value 将引起以下问题：

a) noSuchAttributeOrValue：命名的条目缺少一个属性或属性值，它规定为操作的一个变元；
b) invalidAttributeSyntax：规定为操作的一个变元的假设属性值不符合属性类型的属性语法；
c) undefinedAttributeType：提供了一个未定义的属性类型，作为操作的一个变元。该差错只可能发生在与addEntry 或modifyEntry 相关的操作中；
d) inappropriateMatching：尝试使用一个未为相关属性类型定义的匹配规则，如在一个过滤器中；
e) constraintViolation：在操作变元中提供的属性值不符合 GB/T 16264.2—2008 或属性定义所提的约束要求（例如，值超过了允许的最大值）；
f) attributeOrValueAlreadyExists：尝试增加一个已经在条目中存在的属性，或者一个已经在属性中存在的值；
g) contextViolation：在操作变元中随属性值提供的上下文清单或上下文不符合 GB/T 16264.2—2008 或上下文定义（例如，上下文值不符合正确的语法）或 DIT 上下文使用所提的约束要求。

如果目录对差错进行标记、加密或者标记和加密，SecurityParameters 组件（见 7.10）将包括在 CommonResults 中（见 7.4）。

通过使用CommonResults 的notification 组件，可以任选地对差错问题提供的信息做出限制。

12.5 名（称）差错

nameError 用于报告一个与名（称）有关的问题，提供的名（称）作为操作的变元。如果操作参数由请求方进行标记、加密或者标记和加密（见 GB/T 16264.2—2008 的 17.3），那么目录可以对差错参数进行标记、加密或者标记和加密。

```
nameError ERROR ::={
    PARAMETER    OPTIONALLY-PROTECTED {
        SET {
            problem              [0]  NameProblem,
            matched              [1]  Name,
            COMPONENTS OF        CommonResults } }
    CODE            id-errcode-nameError }
NameProblem ::=INTEGER {
    noSuchObject                  (1),
    aliasProblem                  (2),
    invalidAttributeSyntax        (3),
    aliasDereferencingProblem     (4),
    contextProblem                (5)}
```

各个参数具有以下含义。

遇到特殊的problem。可能指出任何以下问题：

a) noSuchObject：提供的名（称）不匹配任何客体的名（称）；

b) aliasProblem：别名已解除引用，它未命名任何客体；

c) invalidAttributeSyntax：名（称）中 AVA 中的属性类型及其伴随的属性值不兼容；

d) aliasDereferencingProblem：在不允许别名的地方或者拒绝访问的地方遇到了别名；

e) contextProblem：名（称）中所用的上下文类型或值无法理解或无效、上下文变元名（称）的使用不可接受，或者在名（称）解析期间，一个声称名匹配于多个 DIT 条目的名（称）。

matched 参数包含匹配的 DIT 中最低条目（客体或别名）的名（称），并且是所提供名（称）的简短形式，或者如果已经解除引用别名，那么是结果名（称）的简短形式。返回的名（称）可以只包括有关包含多个不同值（由上下文区分）的属性的主要不同值（即 DSA 不必使用上下文选择，如 7.7 所述，如同它对成功的操作所做的那样）。

注：如果在目录操作变元提供的名（称）中存在属性类型与/或值问题，那么它通过带问题invalidAttributeSyntax 的 nameError 来报告，而不是作为attributeError 或updateError。

如果目录对差错进行标记、加密或者标记和加密，SecurityParameters 组件（见 7.10）将包括在 CommonResults 中（见 7.4）。

通过使用CommonResults 的notification 组件，可以任选地对差错问题提供的信息做出限制。

12.6 转向推荐

referral 操作用于将服务用户重新引导至一个或多个更适于完成所请求操作的访问点上。如果操作参数由请求方进行标记、加密或者标记和加密（见 GB/T 16264.2—2008 的 17.3），那么目录可以对差错参数进行标记、加密或者标记和加密。

```
referral ERROR ::={不是文字上的“差错”
        PARAMETER OPTIONALLY-PROTECTED{
```

```
        SET{
            candidate           [0]     ContinuationReference,
            COMPONENTS OF               CommonResults}}
    CODE            id-errcode-referral}
```

差错有单个参数，它包含一个ContinuationReference，用于推动操作(见 GB/T 16264.4—2008)。

如果 DSA 对应一个 LDAP 请求，那么ContinuationReference 中的accessPoints 组件将包含一个有效的LabeledURI 值，在这种情况下，它将使用该值来创建一个 LDAP 转向推荐。如果它不包含一个有效的LabeledURI 值，那么它将不返回一个转向推荐。

如果目录对差错进行标记，那么SecurityParameters 组件(见 7.10)将包括在CommonResults 中(见 7.4)。

在进行连续引用之前，DUA 将检查与连续引用产生的请求完全相同的请求还未作为处理相同用户请求的一部分发布。如果已经发布，那么 DUA 将不进行连续引用，以避免循环引用。

12.7 安全差错

securityError 用于报告在因安全原因而执行的操作中出现的问题。如果操作参数由请求方进行标记、加密或者标记和加密(见 GB/T 16264.2—2008 的 17.3)，那么目录可以对差错参数进行标记、加密或者标记和加密。

```
securityError ERROR ::={
    PARAMETER       OPTIONALLY-PROTECTED {
        SET {
            problem             [0]   SecurityProblem,
            spkmInfo            [1]   SPKM-ERROR,
            COMPONENTS OF  CommonResults } }
    CODE            id-errcode-securityError }
SecurityProblem ::=INTEGER {
    inappropriateAuthentication     (1),
    invalidCredentials              (2),
    insufficientAccessRights        (3),
    invalidSignature                (4),
    protectionRequired              (5),
    noInformation                   (6),
    blockedCredentials              (7),
    invalidQOPMatch                 (8),
    spkmError                       (9) }
```

差错有一个单个参数，用于报告遇到的特殊problem。可以指出以下问题：

a) inappropriateAuthentication：与请求方证书关联的安全级别与请求的保护级别不一致，例如，提供的是简单的证书，而要求的是增强的证书；

b) invalidCredentials：提供的证书无效；

c) insufficientAccessRights：请求方无权完成请求的操作；

d) invalidSignature：发现请求签名无效；

e) protectionRequired：目录不愿完成请求的操作，原因是变元未标记；

f) noInformation：请求的操作产生一个安全差错，对它没有任何信息可用；

g) blockedCredentials：证书因安全方面的因素而受阻(例如，因连续多次提供无效的口令)；返回该差错的决定由对 DSA 起作用的安全策略进行管理；

h） invalidQOPMatch：两个实体具有不同的保护参数，分别为各自的安全服务而定义；

i） spkmError：发现提供的 SPKM 令牌无效。spkmInfo 参数包含一个指示，指出这是一个 SPKM 差错令牌，以及与该差错关联的 SPKM 上下文标识符。

如果目录对差错进行签名、加密或者签名和加密，SecurityParameters 组件（见 7.10）将包括在 CommonResults 中（见 7.4）

通过使用CommonResults 的notification 组件，可以任选地对差错问题提供的信息做出限制。

12.8 服务差错

serviceError 用于报告与服务提供有关的问题。如果操作参数由请求方进行签名、加密或者签名和加密（见 GB/T 16264.2—2008 的 17.3），那么目录可以对差错参数进行签名、加密或者签名和加密。

```
serviceError ERROR ::={
    PARAMETER        OPTIONALLY-PROTECTED {
            SET {
                    problem              [0]       ServiceProblem,
                    COMPONENTS OF                  CommonResults } }
    CODE             id-errcode-serviceError }
ServiceProblem ::=INTEGER {
    busy                              (1),
    unavailable                       (2),
    unwillingToPerform                (3),
    chainingRequired                  (4),
    unableToProceed                   (5),
    invalidReference                  (6),
    timeLimitExceeded                 (7),
    administrativeLimitExceeded       (8),
    loopDetected                      (9),
    unavailableCriticalExtension      (10),
    outOfScope                        (11),
    ditError                          (12),
    invalidQueryReference             (13),
    requestedServiceNotAvailable      (14),
    unsupportedMatchingUse            (15),
    ambiguousKeyAttributes            ( 16),
    saslBindlnProgress                (17) }
```

差错有一个单个参数，用于报告遇到的特殊problem。可以指出以下问题：

a） busy：目录或其某部分目前太忙，无法执行请求的操作，但可以在短暂等待后执行。

b） unavailable：目录或其某部分目前无法使用。

c） unwillingToPerform：目录或其某部分目前尚未做好执行该请求的准备，例如，由于它将导致过量耗费资源或者与所涉及的管理权威部门的策略存在冲突。

d） chainingRequired：除了通过链接，目录无法完成请求，然而链接被chainingProhibited 服务控制选项所禁止。

e） unableToProceed：返回该差错的 DSA 对相应的命名上下文没有管理权限，结果是，无法参与名（称）解析。

f） invalidReference：无法执行 DUA 指向的请求，（通过OperationProgress）——这由使用无效的

转向推荐而引起。

g) timeLimitExceeded:目录到达了用户在服务控制中设置的时间限度。无任何结果可返回给用户。

h) administrativeLimitExceeded:目录到达了管理权威部门设置的某个限度,并且没有任何部分结果可返回给用户。

i) loopDetected:因内部循环,目录无法完成该请求。

j) unavailableCriticalExtension:因一个或多个临界扩展无法使用,目录无法完成请求。

k) outOfScope:在请求范围内没有任何转向推荐可用。

l) ditError:因 DIT 一致性问题,目录无法完成请求。

m) invalidQueryReference:请求操作的参数无效。如果分页结果中的queryReference 无效,那么报告该问题。

注:第 1 版本系统不支持该问题。

n) requestedServiceNotAvailable:由于没有任何搜索规则可用于搜索,或者由于搜索与所用的搜索规则发生冲突,因此服务特定管理区域内的搜索请求失败。可以与该服务问题一起返回额外的诊断信息。对不同情况下的此类额外信息在第 13 章中定义。

o) unsupportedMatchingUse:当设置了performExactly 搜索选项时,尝试使用 DSA 不支持的匹配规则,例如,在过滤器中。

p) ambiguousKeyAttributes:选择了基于映射的匹配规则,但可映射的过滤器项提供了多个违犯相关映射表的匹配。该差错情况伴随一个通告属性,由相关的、基于匹配的匹配规则指示。

q) saslBindInProgress:对某些鉴别机制,请求方可能需要多次调用directoryBind 操作。这通过响应方发送一个带问题saslBindInProgress 的serviceError 来指示。它指出,响应方要求请求方调用一个新的directoryBind 操作,利用同样的SaslCredentials 机制,继续进行鉴别过程。如果请求方希望能在任何阶段中断鉴别过程,那么它可以调用一个SaslAbort 设为TRUE 的directoryBind 操作。

如果目录对差错进行标记、加密或者标记和加密,SecurityParameters 组件(见 7.10)将包括在CommonResults 中(见 7.4)。

通过使用CommonResults 的notification 组件,可以任选地对差错问题提供的信息做出限制。

12.9 更新差错

updateError 用于报告与尝试增加、删除或修改 DIB 中信息有关的问题。如果操作参数由请求方进行标记、加密或者标记和加密(见 GB/T 16264.2—2008 的 17.3),那么目录可以对差错参数进行标记、加密或者标记和加密。

```
updateError ERROR ::={
    PARAMETER       OPTIONALLY-PROTECTED {
        SET {
            problem             [0]  UpdateProblem,
            attributeInfo       [1]  SET SIZE (1..MAX) OF CHOICE {
                attributeType            AttributeType,
                attribute                Attribute } OPTIONAL,
            COMPONENTS OF CommonResults } }
    CODE                id-errcode-updateError }
UpdateProblem ::=INTEGER {
    namingViolation                 (1),
    objectClassViolation            (2),
```

```
notAllowedOnNonLeaf                 (3),
notAllowedOnRDN                     (4),
entryAlreadyExists                  (5),
affectsMultipleDSAs                 (6),
objectClassModificationProhibited   (7),
noSuchSuperior                      (8),
notAncestor                         (9),
parentNotAncestor                   (10),
hierarchyRuleViolation              (11),
familyRuleViolation                 (12) }
```

问题参数用于报告遇到的特殊问题。可以指出以下问题：

a) namingViolation：所做的增加或修改尝试将与目录方案和 GB/T 16264.2—2008 中定义的 DIT 结构规则发生冲突。也就是说，它将把一个条目作为别名条目的下级，或者在 DIT 区域内不允许其客体类成员，或者将为条目定义一个 RDN，以便包括禁止的属性类型；

b) objectClassViolation：所做的更新尝试将产生一个与条目内容规则不一致的条目，例如其客体类定义、DTI 内容规则，或者与客体类相关的、GB/T 16264.2—2008 中的各定义；

c) notAllowedOnNonLeaf：只允许对 DIT 的叶条目尝试操作；

d) notAllowedOnRDN：所做的操作尝试将对 RDN 产生影响（例如，移除作为 RDN 一部分的某个属性）；

e) entryAlreadyExists：尝试的addEntry 或modifyDN 操作，命名一个已经存在的条目；

注 1：这包括由 RDN 引起的冲突，它包括多个由上下文区分的不同值，而不管上下文是什么，如 GB/T 16264.2—2008 所述。

f) affectsMultipleDSAs：所做的更新尝试将需要在多个不允许该操作的 DSA 上进行；

g) objectClassModificationProhibited 一个尝试修改条目结构客体类的操作；

h) noSuchSuperior：尝试的modifyDN 操作，命名一个不存在的、新的上级条目；

i) notAncestor：尝试删除复合条目而不将祖（条目）规定为客体的操作；

j) parentNotAncestor：尝试将条目建成为非祖（条目）家族成员下直接层次下级的操作；

k) hierarchyRuleViolation：尝试打破适用于层次型组的规则的操作：一个层次型组必须完全处于任何服务特定管理区域外，或者必须完全包含在某个服务特定管理区域内；层次型组局限于单个 DSA；

l) familyRuleViolation：尝试打破适用于复合条目内各家族的规则的操作。

attributeInfo 参数用于确定引起问题的特殊属性类型和可能值。如果报告objectClassViolation，那么attribute 项将出现，指示引起问题的objectClass 属性类型，列出引起问题的客体类；还可以出现额外的attributeType 项（例如，用于确定丢失的强制性属性或外来属性）。

注 2：updateError 不是利用addEntry、removeEntry、modifyEntry 或modifyDN 操作中遇到的属性类型、值或约束冲突来报告问题。此类问题通过attributeError 来报告。

如果目录对差错进行标记、加密或者标记和加密，那么SecurityParameters 组件（见 7.10）将包括在 CommonResults 中（见 7.4）。

通过使用CommonResults 的notification 组件，可以任选地对差错问题提供的信息做出限制。

13 搜索变元的分析

本章只与在服务特定管理区域内开始其最初评估阶段的搜索操作有关。

本规程有两个目的：

a) 它提供了搜索确认功能(见 GB/T 16264.2—2008 中 16.12)。不过,搜索确认功能不产生差错信息。如果在规程运行期间遇到差错,那么评估停止并返回 FALSE,否则返回 TRUE。对空搜索规则的搜索确认将总返回 TRUE。

b) 当未找到任何管理-搜索-规则时,使用本规程,当标识单个搜索规则时,可以对SearchArgument 进行评估,以确定search 请求为什么失败。在这种情况下,当发现一个差错条件时,评估停止,在CommonResults 数据类型的notification 组件中提供必要的诊断信息,并返回一个带问题requestedServiceNotAvailable 的服务差错。包括什么样的诊断信息取决于确定的差错类型。

注:依据上述规定,可以利用相同的搜索规则对一个搜索请求做两次评估。如何优化它不在本规范的讨论范围内,而是一个执行决定。

本规程假设执行将不允许可调用的搜索规则:

——规定不支持的属性类型、上下文类型、匹配规则、匹配限制等;

——规定基于映射的匹配算法,对于搜索规则管理的搜索类型,它们不被支持或无关;

——规定与搜索规则冲突的匹配规则替换;

——指的是执行不支持的、可选的搜索规则特性;或者

——不一致的或差错的。

13.1 一般性检查搜索过滤器

评估首先检查过滤器是否与某些利用以下规程的基本限制有冲突:

a) 如果过滤器中描述的属性类型未由请求属性概貌在inputAttributeTypes 搜索规则组件中进行描述,那么notification 将包含:

——searchServiceProblem 通告属性,值为id-pr-searchAttributeViolation;

——serviceType 通告属性,值为搜索规则的serviceType 组件;以及

——attributeTypeList 通告属性,值为用于确定非法属性类型的客体标识符。

b) 如果存在只通过求反的过滤器项描述的属性类型,那么notification 将包含:

——searchServiceProblem 通告属性,值为id-pr-attributeNegationViolation;

——serviceType 通告属性,值为搜索规则的serviceType 组件;以及

——attributeTypeList 通告属性,值为用于确定在过滤器中被非法求反的属性类型的客体标识符。

c) 检查attributeCombination 中规定的条件是否满足有关属性类型非求反出现的要求。如果强制性属性类型,即需无条件地由非求反的过滤器项在过滤器中描述的属性类型,未出现在任何分过滤器中,那么notification 将包含:

——searchServiceProblem 通告属性,值为id-pr-missingSearchAttribute;

——serviceType 通告属性,值为搜索规则的serviceType 组件;以及

——attributeTypeList 通告属性,值为用于确定丢失属性类型的客体标识符。

如果要求的组合未出现,那么notification 将包含:

——searchServiceProblem 通告属性,值为id-pr-searchAttributeCombinationViolation;

——serviceType 通告属性,值为搜索规则的serviceType 组件;以及

——用于确定丢失组合的attributeCombinations 通告属性。

d) 对拥有selectedValues 子组件而值集为空的请求属性概貌,检查这些属性类型中是否存在不满足以下要求之一的过滤器项:

——过滤器项为present 类型,并且contexts 子组件未出现在请求属性概貌中;或者

——过滤器项为contextPresent 类型,并且contexts 子组件出现在请求属性概貌中。

如果上述检查对任何过滤器项都失败,那么notification 将包含:

——searchServiceProblem 通告属性，值为id-pr-searchValueNotAllowed；

——serviceType 通告属性，值为搜索规则的serviceType 组件；以及

——filterItem 通告属性，值为失败的过滤器项。

e) 对拥有contexts 子组件的请求属性概貌，检查上下文类型中是否存在不包括在该子组件中的过滤器项。如果存在，那么notification 将包含：

——searchServiceProblem 通告属性，值为id-pr-searchContextViolation；

——serviceType 通告属性，值为搜索规则的serviceType 组件；以及

——contextTypeList 通告属性，值为有关非法上下文类型的客体标识符。

f) 如果在搜索规则中采用了针对subset 组件的allowed 选项，那么检查SearchArgument 的subset 变元是否符合规定的要求。如果不复合，那么notification 将包含：

——searchServiceProblem 通告属性，值为id-pr-searchSubsetViolation；以及

——serviceType 通告属性，值为搜索规则的serviceType 组件。

13.2 检查请求属性概貌

如果上述规程未发生任何差错，那么需对每个分过滤器进行检查，看各分过滤器中所描述的任何属性类型是否也都有效地出现了。该规程不规定任何对分过滤器进行评估的次序。对有效出现在分过滤器中的属性类型，至少需要通过一个非求反的过滤器项对其进行描述，指出它符合相应请求属性概貌的要求。利用以下规程对非求反的过滤器项进行评估。

按以下次序对非求反的过滤器项进行检查：

a) 对每个分过滤器，对需无条件进行描述的属性类型的过滤器项进行检查；

b) 对每个分过滤器，对需条件进行描述的属性类型的过滤器项进行检查；以及

c) 对每个分过滤器，对剩余的过滤器项进行检查。

如果对分过滤器的评估失败，那么评估停止并返回差错信息，详述如下。

如果分过滤器中的属性类型通过若干非求反的过滤器项进行描述，那么原则上对每个这样的过滤器项都进行检查，直至找到一个符合要求的过滤器项，或对所有的过滤器项都进行了检查。如果在规程运行过程中有一个过滤器项失败，那么它留待进一步评估。由最后一个失败的属性类型过滤器项来决定返回的诊断信息。

利用以下程度对过滤器项进行评估：

a) 如果请求属性概貌中的selectedValues 组件不存在，或者它存在并非空，那么检查equality、substrings、approximateMatch 或extensibleMatch 类型的过滤器项。如果不这样，那么notification 将包含：

——searchServiceProblem 通告属性，值为id-pr-searchValueRequired；

——serviceType 通告属性，值为搜索规则的serviceType 组件；以及

——attributeTypeList 通告属性，值为用于从过滤器项中确定属性类型的客体标识符。

b) 如果相应请求属性概貌中的selectedValues 子组件存在并非空，那么检查过滤器项是否不匹配该子组件中规定的任何值。如果这样，那么notification 将包含：

——searchServiceProblem 通告属性，值为id-pr-invalidSearchValue；

——serviceType 通告属性，值为搜索规则的serviceType 组件；以及

——filterItem 通告属性，失败的过滤器项作为其唯一值。

c) 如果contexts 子组件未出现，那么继续下一个小条。

d) 检查contextCombination 子组件中规定的条件是否满足有关上下文类型的要求。如果强制性上下文类型丢失，即需无条件地为属性类型描述的上下文类型，那么notification 将包含：

——searchServiceProblem 通告属性，值为id-pr-missingSearchContext；

——serviceType 通告属性，值为搜索规则的serviceType 组件；

——attributeTypeList 通告属性，只有一个值，为用于从过滤器项中确定属性类型的客体标识符；以及

——contextTypeList 通告属性，值为用于确定丢失上下文类型的客体标识符。

如果要求的组合未出现，那么notification 将包含：

——searchServiceProblem 通告属性，值为id-pr-searchContextCombinationViolation；

——serviceType 通告属性，值为搜索规则的serviceType 组件；

——attributeTypeList 通告属性，只有一个值，为用于从过滤器项中确定属性类型的客体标识符；以及

——contextCombinations 通告属性，用于确定丢失的组合。

e) 检查分过滤器中的属性类型的上下文断言是否全部都包括在了contexts 子组件中。如果不这样，那么notification 将包含：

——searchServiceProblem 通告属性，值为id-pr-searchContextViolation；

——serviceType 通告属性，值为搜索规则的serviceType 组件；

——attributeTypeList 通告属性，只有一个值，为用于从过滤器项中确定属性类型的客体标识符；以及

——contextTypeList 通告属性，值为用于确定属性类型不允许的上下文类型的客体标识符。

f) 如果包括了请求属性概貌contexts 子组件中任何上下文类型的上下文值，那么检查在分过滤器中为属性类型规定的任何上下文断言是否都包含了未为contexts 子组件中相应上下文类型规定的值。如果这样，那么notification 将包含：

——searchServiceProblem 通告属性，值为id-pr-searchContextValueViolation；

——serviceType 通告属性，值为搜索规则的serviceType 组件；

——attributeTypeList 通告属性，只有一个值，为用于从过滤器项中确定属性类型的客体标识符；以及

——contextList 通告属性，值为属性类型不允许的上下文断言。

13.3 检查控制和层次选择

如果搜索请求未成功完成控制和层次选择的测试，如 GB/T 16264.2—2008 中所规定，那么将执行本条中的规程。

a) 如果搜索规则的defaultControls 组件或defaultControls 的hierarchyOptions 子组件不存在，并且搜索请求规定self 旁的层次选择，那么notification 将包含：

——searchServiceProblem 通告属性，值为id-pr-hierarchySelectForbidden；以及

——serviceType 通告属性，值为搜索规则的serviceType 组件。

b) 如果依据搜索规则中defaultControls 和mandatoryControls 组件的组合，不允许请求中的层次选择选项或丢失某些选择，那么notification 将包含：

——searchServiceProblem 通告属性，值为id-pr-invalidHierarchySelect；

——serviceType 通告属性，值为搜索规则的serviceType 组件；以及

——hierarchySelectList 通告属性，值为确定无效层次选择选项的比特束。

c) 如果 DSA 不支持请求中的层次选择选项，并且不被 b)涵盖，那么notification 将包含：

——searchServiceProblem 通告属性，值为id-pr-unavailableHierarchySelect；

——serviceType 通告属性，值为搜索规则的serviceType 组件；以及

——hierarchySelectList 通告属性，值为确定不支持层次选择选项的比特束。

d) 如果依据搜索规则中defaultControls 和mandatoryControls 组件的组合，不允许请求中的搜索控制选项（通过 10.2.1 定义）或丢失某些选项，那么notification 将包含：

——searchServiceProblem 通告属性，值为id-pr-invalidSearchControlOptions；

——serviceType 通告属性,值为搜索规则的serviceType 组件;以及

——searchControlOptionsList 通告属性,值为确定无效搜索控制选项的比特束。

e) 如果依据搜索规则中defaultControls 和mandatoryControls 组件的组合,不允许请求中的服务控制选项或丢失某些选项,那么notification 将包含:

——searchServiceProblem 通告属性,值为id-pr-invalidServiceControlOptions;

——serviceType 通告属性,值为搜索规则的serviceType 组件;以及

——serviceControlOptionsList 通告属性,值为确定无效服务控制选项的比特束。

13.4 检查匹配使用

在搜索确认规程中,本条代表确认中的最后一步,它假设search 请求已通过了所有其他确认步骤。最后一步失败的搜索规则置于MatchProblemSR(见 GB/T 16264.4—2008 的 19.3.2.2.1 的 c))清单中。

如果搜索请求不符合matchingUse 的要求,如 GB/T 16264.2—2008 的 16.10.2 中有关请求属性概貌的规定,那么有关其中之一失败的请求属性概貌的notification 将包含:

——如果匹配限制冲突,那么是一个带值id-pr-attributeMatchingViolation 的 searchServiceProblem 通告属性,如果匹配规则以一种不支持的方式进行应用,那么是一个带值id-pr-unsupportedMatchingUse 的 searchServiceProblem 通告属性;

——serviceType 通告属性,值为搜索规则的serviceType 组件;

——attributeTypeList 通告属性,值只为确定属性类型的客体标识符;以及

——对冲突的匹配限制,应包含额外的通告属性,由规范为该匹配限制规定。

注:当有若干request-attribute-profiles 无法确认时,那么选择哪个来创建一个notification 将是一件本地的事情。

附　录　A
（规范性附录）
用 ASN.1 描述的抽象服务

本附录包括本目录规范中所含的所有 ASN.1 类型、值和信息客体定义，其形式为 ASN.1 模块。DirectoryAbstractService。

```
DirectoryAbstractService {joint-iso-itu-t ds(5) module(1) directoryAbstractService(2) 5}
DEFINITIONS ::=
BEGIN
--EXPORTS All--
——输出本模块中定义的类型和值用于目录规范中所含的其他 ASN.1 模块，并供其他将使用它们
——访问目录服务的应用使用。其他应用可以将它们用于其自身目的，但这不会限制维护或改进目录；
——服务所需的扩展和修改。
IMPORTS
——来自 GB/T 16264.2—2008
    attributeCertificateDefinitions, authenticationFramework, basicAccessControl,
    commonProtocolSpecification, directoryShadowAbstractService, distributedOperations,
    enhancedSecurity, id-at, informationFramework, selectedAttributeTypes, serviceAdministration,
    upperBounds
        FROM UsefulDefinitions {joint-iso-itu-t ds(5) module(1) usefulDefinitions(0) 5}
    Attribute, ATTRIBUTE, AttributeType, AttributeTypeAssertion, AttributeValue,
    AttributeValueAssertion, CONTEXT, ContextAssertion, DistinguishedName,
    MATCHING-RULE, Name, OBJECT-CLASS, RelativeDistinguishedName,
    SupportedAttributes, SupportedContexts
        FROM InformationFramework informationFramework

    RelaxationPolicy
        FROM ServiceAdministration serviceAdministration

    AttributeTypeAndValue
        FROM BasicAccessControl basicAccessControl

    OPTIONALLY-PROTECTED{ }, OPTIONALLY-PROTECTED-SEQ{ }
        FROM EnhancedSecurity enhancedSecurity

——来自 GB/T 16264.4—2008
    AccessPoint, ContinuationReference, Exclusions, OperationProgress, ReferenceType
        FROM DistributedOperations distributedOperations

——来自 GB/T 16264.5—2008
    Code, ERROR, id-errcode-abandoned, id-errcode-abandonFailed, id-errcode-attributeError,
```

```
    id-errcode-nameError,id-errcode-referral,id-errcode-securityError,id-errcode-serviceError,
    id-errcode-updateError,id-opcode-abandon,id-opcode-addEntry,id-opcode-compare,
    id-opcode-list,id-opcode-modifyDN,id-opcode-modifyEntry,id-opcode-read,
    id-opcode-removeEntry,id-opcode-search,InvokeId,OPERATION
        FROM CommonProtocolSpecification commonProtocolSpecification

——来自 GB/T 16264.6—2008
    DirectoryString {}
        FROM SelectedAttributeTypes selectedAttributeTypes

    ub-domainLocalID,ub-saslMechanism
        FROM UpperBounds upperBounds

——来自 ISO/IEC 9594-8:2005
    AlgorithmIdentifier,CertificationPath,ENCRYPTED {},SIGNATURE {},SIGNED {}
        FROM AuthenticationFramework authenticationFramework

    AttributeCertificationPath
        FROM AttributeCertificateDefinitions attributeCertificateDefinitions

——来自 ISO/IEC 9594-9:2005
    AgreementID
        FROM DirectoryShadowAbstractService directoryShadowAbstractService

——来自 RFC 2025
    SPKM-ERROR,SPKM-REP-TI,SPKM-REQ
        FROM SpkmGssTokens { iso (1)identified-organization (3) dod(6)internet (1)
                security (5) mechanisms (5) spkm (1) spkmGssTokens (10) } ;

--公共数据类型--
CommonArguments ::=SET {
    serviceControls          [30]  ServiceControls DEFAULT { },
    securityParameters       [29]  SecurityParameters OPTIONAL,
    requestor                [28]  DistinguishedName OPTIONAL,
    operationProgress        [27]  OperationProgress
                                     DEFAULT { nameResolutionPhase notStarted },
    aliasedRDNs              [26]  INTEGER OPTIONAL,
    criticalExtensions       [25]  BIT STRING OPTIONAL,
    referenceType            [24]  ReferenceType OPTIONAL,
    entryOnly                [23]  BOOLEAN DEFAULT TRUE,
    nameResolveOnMaster      [21]  BOOLEAN DEFAULT FALSE,
    operationContexts        [20]  ContextSelection OPTIONAL,
    familyGrouping           [19]  FamilyGrouping DEFAULT entryOnly }
```

```
FamilyGrouping ::=ENUMERATED {
      entryOnly          (1),
      compoundEntry      (2),
      strands            (3),
      multiStrand        (4) }

CommonResults ::=SET {
      securityParameters  [30] SecurityParameters                OPTIONAL,
      performer           [29] DistinguishedName                 OPTIONAL,
      aliasDereferenced   [28] BOOLEAN                           DEFAULT FALSE,
      notification        [27] SEQUENCE SIZE (1..MAX)OF Attribute OPTIONAL }

CommonResultsSeq ::=SEQUENCE {
      securityParameters  [30] SecurityParameters                OPTIONAL,
      performer           [29] DistinguishedName                 OPTIONAL,
      aliasDereferenced   [28] BOOLEAN                           DEFAULT FALSE,
      notification        [27] SEQUENCE SIZE (1..MAX)OF Attribute OPTIONAL }

ServiceControls ::=SET {
      options              [0] ServiceControlOptions DEFAULT { },
      priority             [1] INTEGER { low (0),medium (1),high (2) } DEFAULT medium,
      timeLimit            [2] INTEGER OPTIONAL,
      sizeLimit            [3] INTEGER OPTIONAL,
      scopeOfReferral      [4] INTEGER { dmd(0),country(1) } OPTIONAL,
      attributeSizeLimit   [5] INTEGER OPTIONAL,
      manageDSAITPlaneRef  [6] SEQUENCE {
            dsaName                          Name,
            agreementID                      AgreementID } OPTIONAL,
      serviceType          [7] OBJECT IDENTIFIER OPTIONAL,
      userClass            [8] INTEGER OPTIONAL }

ServiceControlOptions ::=BIT STRING {
            preferChaining              (0),
            chainingProhibited          (1),
            localScope                  (2),
            dontUseCopy                 (3),
            dontDereferenceAliases      (4),
            subentries                  (5),
            copyShallDo                 (6),
            partialNameResolution       (7),
            manageDSAIT                 (8),
            noSubtypeMatch              (9),
            noSubtypeSelection          (10),
```

```
        countFamily                    (11),
        dontSelectFriends              (12),
        dontMatchFriends               (13) }

EntryInformationSelection ::=SET {
    attributes                         CHOICE {
        allUserAttributes          [0]  NULL,
        select                     [1]  SET OF AttributeType
        --空集意味着不需要任何属性--}DEFAULT allUserAttributes:NULL,
    infoTypes                      [2]     INTEGER {
        attributeTypesOnly                    (0),
        attributeTypesAndValues               (1) } DEFAULT attributeTypesAndValues,
    extraAttributes                    CHOICE {
          allOperationalAttributes [3]  NULL,
          select                   [4]  SET SIZE (1..MAX) OF AttributeType } OPTIONAL,
    contextSelection               ContextSelection OPTIONAL,
    returnContexts                 BOOLEAN DEFAULT FALSE,
    familyReturn                   FamilyReturn DEFAULT
                                   { memberSelect contributingEntriesOnly } }

ContextSelection ::=CHOICE (
    allContexts           NULL,
    selectedContexts      SET SIZE (1..MAX) OF TypeAndContextAssertion }

TypeAndContextAssertion ::=SEQUENCE {
    type                  AttributeType,
    contextAssertions     CHOICE {
        preference            SEQUENCE OF ContextAssertion,
        all                   SET OF ContextAssertion } }

FamilyReturn ::=SEQUENCE {
    memberSelect       ENUMERATED {
          contributingEntriesOnly   (1),
          participatingEntriesOnly  (2),
          compoundEntry             (3) },
    familySelect       SEQUENCE SIZE (1..MAX) OF OBJECT-CLASS.&id OPTIONAL }

EntryInformation ::=SEQUENCE {
    name                           Name,
    fromEntry                      BOOLEAN DEFAULT TRUE,
    information                    SET SIZE (1..MAX)OF CHOICE {
        attributeType                  AttributeType,
        attribute                      Attribute } OPTIONAL,
```

```
    incompleteEntry         [3]  BOOLEAN DEFAULT FALSE,--不在第一版本系统中
    partialName             [4]  BOOLEAN DEFAULT FALSE,--不在第一或第二版本系统中
    derivedEntry            [5]  BOOLEAN DEFAULT FALSE--不在第四版本之前的系统中--}

family-information ATTRIBUTE ::={
    WITH SYNTAX             FamilyEntries
    USAGE                   directoryOperation
    ID                      id-at-family-information }

FamilyEntries ::=SEQUENCE {
    family-class            OBJECT-CLASS. &id,--结构客体类别值
    familyEntries           SEQUENCE OF FamilyEntry }

FamilyEntry ::=SEQUENCE{
    rdn                     RelativeDistinguishedName,
    information             SEQUENCE OF CHOICE {
        attributeType           AttributeType,
        attribute               Attribute },
    family-info             SEQUENCE SIZE (1..MAX) OF FamilyEntries OPTIONAL }

Filter ::=CHOICE {
    item    [0]   FilterItem,
    and     [1]   SET OF Filter,
    or      [2]   SET OF Filter,
    not     [3]   Filter }

FilterItem ::=CHOICE {
    equality            [0]   AttributeValueAssertion,
    substrings          [1]   SEQUENCE {
        type                    ATTRIBUTE. &id ({ SupportedAttributes }),
        strings                 SEQUENCE OF CHOICE {
            initial             [0]  ATTRIBUTE. &Type
                                       ({ SupportedAttributes }{@substrings. type} ),
            any                 [1]  ATTRIBUTE. &Type
                                       ({ SupportedAttributes }{@substrings. type} ),
            final               [2]  ATTRIBUTE. &Type
                                       ({ SupportedAttributes }{@substrings. type}),
            control                  Attribute } },--用于规定以下项的解释
    greaterOrEqual      [2]   AttributeValueAssertion,
    lessOrEqual         [3]   AttributeValueAssertion,
    present             [4]   AttributeType,
    approximateMatch    [5]   AttributeValueAssertion,
    extensibleMatch     [6]   MatchingRuleAssertion,
```

```
    contextPresent          [7]  AttributeTypeAssertion}

MatchingRuleAssertion ::=SEQUENCE {
    matchingRule            [1]  SET SIZE (1..MAX) OF MATCHING-RULE.&id,
    type                    [2]  AttributeType OPTIONAL,
    matchValue              [3]  MATCHING-RULE.&AssertionType ( CONSTRAINED BY {
                            --matchValue 应是一个类型值，由 matchingRule 确定的其中一个
                            --MATCHING-RULE 的 &AssertionType 字段规定。--}),
    dnAttributes            [4]  BOOLEAN DEFAULT FALSE }

PagedResultsRequest ::=CHOICE {
    newRequest                  SEQUENCE {
        pageSize                            INTEGER,
        sortKeys                            SEQUENCE SIZE (1..MAX} OF SortKey OPTIONAL,
        reverse             [1]             BOOLEAN DEFAULT FALSE,
        unmerged            [2]             BOOLEAN DEFAULT FALSE,
        pageNumber          [3]             INTEGER OPTIONAL },
    queryReference              OCTET STRING,
    abandonQuery        [0]     OCTET STRING }

SortKey ::=SEQUENCE {
    type                    AttributeType,
    orderingRule            MATCHING-RULE.&id OPTIONAL }

SecurityParameters ::=SET {
    certification-path              [0]  CertificationPath              OPTIONAL,
    name                            [1]  DistinguishedName              OPTIONAL,
    time                            [2]  Time                           OPTIONAL,
    random                          [3]  BIT STRING                     OPTIONAL,
    target                          [4]  ProtectionRequest              OPTIONAL,
    response                        [5]  BIT STRING                     OPTIONAL,
    operationCode                   [6]  Code                           OPTIONAL,
    attributeCertificationPath      [7]  AttributeCertificationPath     OPTIONAL,
    errorProtection                 [8]  ErrorProtectionRequest         OPTIONAL,
    errorCode                       [9]  Code                           OPTIONAL }

ProtectionRequest ::=INTEGER {none(0),signed (1) }
Time ::=CHOICE {
    utcTime                 UTCTime,
    generalizedTime         GeneralizedTime }

ErrorProtectionRequest ::=INTEGER { none (0),signed (1) }

--绑定和解绑定操作--
```

```
directoryBind OPERATION ::={
        ARGUMENT            DirectoryBindArgument
        RESULT              DirectoryBindResult
        ERRORS              { directoryBindError } }

DirectoryBindArgument ::=SET {
        credentials          [0]  Credentials OPTIONAL,
        versions             [1]  Versions DEFAULT {v1} }

Credentials ::=CHOICE {
        simple               [0]  SimpleCredentials,
        strong               [1]  StrongCredentials,
        externalProcedure    [2]  EXTERNAL,
        spkm                 [3]  SpkmCredentials,
        sasl                 [4]  SaslCredentials }

SimpleCredentials ::=SEQUENCE {
        name                 [0]  DistinguishedName,
        validity             [1]  SET {
            time1                 [0]  CHOICE {
                utc                    UTCTime,
                gt                     GeneralizedTime } OPTIONAL,
            time 2                [1]  CHOICE {
                utc                    UTCTime,
                gt                     GeneralizedTime } OPTIONAL,
            random1               [2]  BIT STRING OPTIONAL,
            random2               [3]  BIT STRING OPTIONAL } OPTIONAL,
        password             [2]  CHOICE {
            unprotected            OCTET STRING,
            protected              SIGNATURE {OCTET STRING} } OPTIONAL}

StrongCredentials ::=SET {
        certification-path             [0]  CertificationPath OPTIONAL,
        bind-token                     [1]  Token,
        name                           [2]  DistinguishedName OPTIONAL,
        attributeCertificationPath     [3]  AttributeCertificationPath OPTIONAL }

SpkmCredentials ::=CHOICE {
        req     [0]     SPKM-REQ,
        rep     [1]   SPKM-REP-TI }

SaslCredentials ::=SEQUENCE {
        mechanism            [0]  DirectoryString { ub-saslMechanism },
        credentials          [1]  OCTET STRING OPTIONAL,
```

```
    saslAbort              [2]  BOOLEAN DEFAULT FALSE}

Token ::=SIGNED { SEQUENCE {
     algorithm             [0]  AlgorithmIdentifier,
     name                  [1]  DistinguishedName,
     time                  [2]  UTCTime,
     random                [3]  BIT STRING,
     response              [4]  BIT STRING OPTIONAL,
     bindlntAlgorithm      [5]  SEQUENCE SIZE (1..MAX) OF AlgorithmIdentifier OPTIONAL,
     bindlntKeyInfo        [6]  BindKeyInfo OPTIONAL,
     bindConfAlgorithm     [7]  SEQUENCE SIZE (1..MAX) OF AlgorithmIdentifier OPTIONAL,
     bindConfKeylnfo       [8]  BindKeyInfo OPTIONAL } }

Versions ::=BIT STRING {v1(0),v2(1) }

DirectoryBindResult ::=DirectoryBindArgument

directoryBindError ERROR ::={
    PARAMETER              OPTIONALLY-PROTECTED {
        SET {
            versions             [0]  Versions DEFAULT {v1},
            error                     CHOICE {
                serviceError          [1]  ServiceProblem,
                aecurityError         [2]  SecurityProblem }}}}

BindKeyInfo ::=ENCRYPTED { BIT STRING }

--操作、变元和结果--
read OPERATION ::={
    ARGUMENT          ReadArgument
    RESULT            ReadResult
    ERRORS            { attributeError|nameError|serviceError|referral|abandoned|
                      securityError }
    CODE              id-opcode-read }

ReadArgument ::=OPTIONALLY-PROTECTED {
    SET{
        object                  [0]  Name,
        selection               [1]  EntrylnformationSelection DEFAULT { },
        modifyRightsRequest     [2]  BOOLEAN DEFAULT FALSE,
        COMPONENTS OF                 CommonArguments } }

ReadResult ::=OPTIONALLY-PROTECTED {
```

```
SET{
    entry                  [0]  EntryInformation,
    modifyRights           [1]  ModifyRights OPTIONAL,
    COMPONENTS OF          CommonResults } }

ModifyRights ::=SET OF SEQUENCE {
    item                   CHOICE {
        entry                  [0]    NULL,
        attribute              [1]    AttributeType,
        value                  [2]    AttributeValueAssertion },
    permission  [3]    BIT STRING { add (0),remove (1),rename (2),move (3) } }

compare OPERATION ::={
    ARGUMENT        CompareArgument
    RESULT          CompareResult
    ERRORS          { attributeError|nameError|serviceError|referral|abandoned|
                    securityError }
    CODE            id-opcode-compare }

CompareArgument ::=OPTIONALLY-PROTECTED {
    SET {
        object                 [0]   Name,
        purported              [1]   AttributeValueAssertion,
        COMPONENTS OF                CommonArguments } }

CompareResult ::=OPTIONALLY-PROTECTED {
    SET {
        name                         Name OPTIONAL,
        matched                [0]   BOOLEAN,
        fromEntry              [1]   BOOLEAN DEFAULT TRUE,
        matchedSubtype         [2]   AttributeType OPTIONAL,
        COMPONENTS OF                CommonResults } }

abandon OPERATION ::=
    ARGUMENT AbandonArgument
    RESULT      AbandonResult
    ERRORS      { abandonFailed }
    CODE        id-opcode-abandon }

AbandonArgument ::=OPTIONALLY-PROTECTED-SEQ {
    SEQUENCE {
        invokeID               [0]      InvokeId } }
```

```
AbandonResult ::=CHOICE {
    null              NULL,
    information       OPTIONALLY-PROTECTED-SEQ{
                                  SEQUENCE {
                                      invokeID              InvokeId,
                                      COMPONENTS OF         CommonResultsSeq } } }

list OPERATION ::={
    ARGUMENT          ListArgument
    RESULT            ListResult
    ERRORS            {nameError|serviceError|referral|abandoned|securityError }
    CODE              id-opcode-list }

ListArgument ::=OPTIONALLY-PROTECTED {
    SET {
        object                [0]  Name,
        pagedResults          [1]  PagedResultsRequest OPTIONAL,
        listFamily            [2]  BOOLEAN DEFAULT FALSE,
        COMPONENTS OF         CommonArguments } }

ListResult ::=OPTIONALLY-PROTECTED {
    CHOICE {
        listInfo                          SET {
            name                              Name OPTIONAL,
            subordinates                  [1]  SET OF SEQUENCE {
                rdn                                   RelativeDistinguishedName,
                aliasEntry                    [0]  BOOLEAN DEFAULT FALSE,
                fromEntry                     [1]  BOOLEAN DEFAULT TRUE },
            partialOutcomeQualifier       [2]  PartialOutcomeQualifier OPTIONAL,
            COMPONENTS OF                     CommonResults },
        uncorrelatedListInfo    [0]       SET OF ListResult } }

PartialOutcomeQualifier ::=SET {
    limitProblem                  [0]  LimitProblem OPTIONAL,
    unexplored                    [1]  SET SIZE (1..MAX)OF ContinuationReference OPTIONAL,
    unavailableCriticalExtensions [2]  BOOLEAN DEFAULT FALSE,
    unknownErrors                 [3]  SET SIZE (1..MAX)OF ABSTRACT-SYNTAX.&Type
                                       OPTIONAL,
    queryReference                [4]  OCTET STRING OPTIONAL,
    overspecFilter                [5]  Filter OPTIONAL,
    notification                  [6]  SEQUENCE SIZE (1..MAX)OF Attribute OPTIONAL,
    entryCount                         CHOICE {
        bestEstimate              [7]  INTEGER,
```

```
        lowEstimate          [8]  INTEGER,
        exact                [9]  INTEGER } OPTIONAL,
    streamedResult           [10] BOOLEAN DEFAULT FALSE }

LimitProblem ::=INTEGER {
    timeLimitExceeded (0),sizeLimitExceeded (1),administrativeLimitExceeded (2)}

search OPERATION ::={
    ARGUMENT     SearchArgument
    RESULT       SearchResult
    ERRORS       { attributeError|nameError|serviceError|referral|abandoned|
                 securityError }
    CODE         id-opcode-search }

SearchArgument ::=OPTIONALLY-PROTECTED {
    SET {
        baseObject             [0]   Name,
        subset                 [1]   INTEGER {
            baseObject(0),oneLevel(1),wholeSubtree(2) } DEFAULT baseObject,
        filter                 [2]   Filter DEFAULT and :{ },
        searchAliases          [3]   BOOLEAN DEFAULT TRUE,
        selection              [4]   EntryInformationSelection DEFAULT {},
        pagedResults           [5]   PagedResultsRequest OPTIONAL,
        matchedValuesOnly      [6]   BOOLEAN DEFAULT FALSE,
        extendedFilter         [7]   Filter OPTIONAL,
        checkOverspecified     [8]   BOOLEAN DEFAULT FALSE,
        relaxation             [9]   RelaxationPolicy OPTIONAL,
        extendedArea           [10]  INTEGER       OPTIONAL,
        hierarchySelections    [11]  HierarchySelections DEFAULT { self },
        searchControlOptions   [12]  SearchControlOptions DEFAULT { searchAliases },
        joinArguments          [13]  SEQUENCE SIZE (1..MAX) OF JoinArgument OPTIONAL,
        joinType               [14]  ENUMERATED {
            innerJoin(0),leftOuterJoin(1),fullOuterJoin(2)} DEFAULT leftOuterJoin,
        COMPONENTS OF  CommonArguments } }

HierarchySelections ::=BIT STRING {
    self         (0),
    children     (1),
    parent       (2),
    hierarchy    (3),
    top          (4),
    subtree      (5),
    siblings     (6),
```

```
        siblingChildren  (7),
        siblingSubtree   (8),
        all              (9) }

SearchControlOptions ::=BIT STRING{
        searchAliases                  (0),
        matchedValuesOnly              (1),
        checkOverspecified             (2),
        performExactly                 (3),
        includeAllAreas                (4),
        noSystemRelaxation             (5),
        dnAttribute                    (6),
        matchOnResidualName            (7),
        entryCount                     (8),
        useSubset                      (9),
        separateFamilyMembers          (10),
        searchFamily                   (11) }

JoinArgument ::=SEQUENCE {
        joinBaseObject          [0]     Name,
        domainLocalID           [1]     DomainLocalID OPTIONAL,
        joinSubset              [2]     ENUMERATED {
                 baseObject(0),oneLevel(1),wholeSubtree(2) } DEFAULT baseObject,
        joinFilter              [3]     Filter OPTIONAL,
        joinAttributes          [4]     SEQUENCE SIZE (1..MAX) OF JoinAttPair OPTIONAL,
        joinSelection           [5]     EntryInformationSelection }

DomainLocalID      ::=DirectoryString { ub-domainLocalID }

JoinAttPair ::=SEQUENCE {
       baseAtt                 AttributeType,
       joinAtt                 AttributeType,
       joinContext             SEQUENCE SIZE (1..MAX) OF JoinContextType OPTIONAL }

JoinContextType ::=CONTEXT.&id({SupportedContexts})

SearchResult ::=OPTIONALLY-PROTECTED {
        CHOICE {
                searchInfo                          SET {
                        name                                 Name OPTIONAL,
                        entries                     [0]      SET OF EntryInformation,
                        partialOutcomeQualifier     [2]      PartialOutcomeQualifier OPTIONAL,
                        altMatching                 [3]      BOOLEAN DEFAULT FALSE,
```

```
                COMPONENTS OF               CommonResults },
    uncorrelatedSearchInfo       [0]       SET OF SearchResult } }

addEntry OPERATION ::={
        ARGUMENT            AddEntryArgument
        RESULT              AddEntryResult
        ERRORS              { attributeError|nameError|serviceError|referral|securityError|
                            updateError }
        CODE                id-opcode-addEntry }

AddEntryArgument ::=OPTIONALLY-PROTECTED {
        SET {
            object                  [0]     Name,
            entry                   [1]     SET OF Attribute,
            targetSystem            [2]     AccessPoint OPTIONAL,
            COMPONENTS OF           CommonArguments} }

AddEntryResult ::=CHOICE {
        null                NULL,
        information         OPTIONALLY-PROTECTED-SEQ {
                            SEQUENCE { COMPONENTS OF CommonResultsSeq } } }

removeEntry OPERATION ::={
        ARGUMENT            RemoveEntryArgument
        RESULT              RemoveEntryResult
        ERRORS              { nameError|serviceError|referral|securityError|updateError }
        CODE                id-opcode-removeEntry }

RemoveEntryArgument ::=OPTIONALLY-PROTECTED {
        SET {
            object                  [0]  Name,
            COMPONENTS OF           CommonArguments } }

RemoveEntryResult ::=CHOICE {
        null            NULL,
        information OPTIONALLY-PROTECTED-SEQ {
            SEQUENCE { COMPONENTS OF CommonResultsSeq } } }

modifyEntry OPERATION ::={
        ARGUMENT            ModifyEntryArgument
        RESULT              ModifyEntryResult
        ERRORS              { attributeError|nameError|serviceError|referral|securityError|
                            updateError }
```

```
    CODE                    id-opcode-modifyEntry }

ModifyEntryArgument ::=OPTIONALLY-PROTECTED {
    SET {
        object              [0]   Name,
        changes             [1]   SEQUENCE OF EntryModification,
        selection           [2]   EntryInformationSelection OPTIONAL,
        COMPONENTS OF             CommonArguments } }

ModifyEntryResult ::=CHOICE {
    null                NULL,
    information         OPTIONALLY-PROTECTED-SEQ {
        SEQUENCE {
            entry               [0]   EntryInformation OPTIONAL,
            COMPONENTS OF             CommonResultsSeq } } }

EntryModification ::= CHOICE {
    addAttribute            [0]   Attribute,
    removeAttribute         [1]   AttributeType,
    addValues               [2]   Attribute,
    removeValues            [3]   Attribute,
    alterValues             [4]   AttributeTypeAndValue,
    resetValue              [5]   AttributeType,
    replaceValues           [6]   Attribute }

modifyDN OPERATION ::={
    ARGUMENT                ModifyDNArgument
    RESULT                  ModifyDNResult
    ERRORS                  { nameError|serviceError|referral|securityError|updateError }
    CODE                    id-opcode-modifyDN }

ModifyDNArgument ::=OPTIONALLY-PROTECTED {
    SET {
        object              [0]   DistinguishedName,
        newRDN              [1]   RelativeDistinguishedName,
        deleteOldRDN        [2]   BOOLEAN DEFAULT FALSE,
        newSuperior         [3]   DistinguishedName OPTIONAL,
        COMPONENTS OF             CommonArguments } }

ModifyDNResult ::=CHOICE{
    null                    NUL,
    information OPTIONALLY-PROTECTED-SEQ {
        SEQUENCE {
```

```
            newRDN                  ReiativeDistinguishedName,
            COMPONENTS OF           CommonResultsSeq } } }

--差错和参数--
abandoned ERROR ::={--不是字面上的"错误"
    PARAMETER   OPTIONALLY-PROTECTED {
            SET {COMPONENTS OF CommonResults} }
    CODE            id-errcode-abandoned }

abandonFailed ERROR ::={
    PARAMETER                   OPTIONALLY-PROTECTED {
        SET {
            problem                 [0]     AbandonProblem,
            operation               [1]     Invokeld,
            COMPONENTS OF                   CommonResults } }
        CODE            id-errcode-abandonFailed }

AbandonProblem ::=INTEGER { noSuchOperation (1),tooLate (2),cannotAbandon (3) }

attributeError ERROR::={
    PARAMETER   OPTIONALLY-PROTECTED {
        SET{
            object          [0]         Name,
            problems        [1]         SET OF SEQUENCE {
                problem                 [0]     AttributeProblem,
                type                    [1]     AttributeType,
                value                   [2]     AttributeValue OPTIONAL },
            COMPONENTS OF CommonResults } }
    CODE                id-errcode-attributeError }

AttributeProblem ::=INTEGER {
    noSuchAttributeOrValue              (1),
    invalidAttributeSyntax              (2),
    undefinedAttributeType              (3),
    inappropriateMatching               (4),
    constraintViolation                 (5),
    attributeOrValueAlreadyExists       (6),
    contextViolation                    (7) }

nameError ERROR ::={
    PARAMETER   OPTIONALLY-PROTECTED {
```

```
        SET {
              problem              [0]   NameProblem,
              matched              [1]   Name,
              COMPONENTS OF              CommonResults } }
    CODE              id-errcode-nameError }

NameProblem ::=INTEGER {
    noSuchObject                        (1),
    aliasProblem                        (2),
    invalidAttributeSyntax              (3),
    aliasDereferencingProblem           (4),
    contextProblem                      (5) }

referral ERROR ::={--不是文字上的"差错"
    PARAMETER OPTIONALLY-PROTECTED {
        SET {
              candidate            [0]   ContinuationReference,
              COMPONENTS OF              CommonResults } }
    CODE              id-errcode-referral }

securityError ERROR ::={
    PARAMETER      OPTIONALLY-PROTECTED {
        SET{
              problem                [0]    SecurityProblem,
              spkmlnfo               [1]    SPKM-ERROR,
              COMPONENTS OF                 CommonResults } }
    CODE              id-errcode-securityError }

SecurityProblem ::=INTEGER {
    inappropriateAuthentication                (1),
    invalidCredentials                         (2),
    insufficientAccessRights                   (3),
    invalidSignature                           (4),
    protectionRequired                         (5),
    nolnformation                              (6),
    blockedCredentials                         (7),
    invalidQOPMatch                            (8),
    spkmError                                  (9) }

serviceError ERROR ::={
    PARAMETER      OPTIONALLY-PROTECTED {
```

```
            SET {
                  problem                [0]      ServiceProblem,
                  COMPONENTS OF                   CommonResults } }
      CODE              id-errcode-serviceError }

ServiceProblem ::=INTEGER {
        busy                                      (1),
        unavailable                               (2),
        unwillingToPerform                        (3),
        chainingRequired                          (4),
        unableToProceed                           (5),
        invalidReference                          (6),
        timeLimitExceeded                         (7),
        administrativeLimitExceeded               (8),
        loopDetected                              (9),
        unavailableCriticalExtension              (10),
        outOfScope                                (11),
        ditError                                  (12),
        invalidQueryReference                     (13),
        requestedServiceNotAvailable              (14),
        unsupportedMatchingUse                    (15),
        ambiguousKeyAttributes                    (16),
        saslBindInProgress                        (17)}

updateError ERROR ::={
        PARAMETER    OPTIONALLY-PROTECTED{
            SET{
                  problem                    [0]    UpdateProblem,
                  attributeInfo              [1]    SET SIZE(1..MAX) OF CHOICE{
                        attributeType                      AttributeType,
                        attribute                          Attribute}OPTIONAL,
                  COMPONENTS OF              CommonResults}}
        CODE                   id-errcode-updateError}

UpdateProblem ::=INTEGER{
        namingViolation                           (1),
        objectClassViolation                      (2),
        notAllowedOnNonLeaf                       (3),
        notAllowedOnRDN                           (4),
        entryAlreadyExists                        (5),
        affectsMultipleDSAs                       (6),
```

```
    objectClassModificationProhibited      (7),
    noSuchSuperior                         (8),
    notAncestor                            (9),
    parentNotAncestor                      (10),
    hierarchyRuleViolation                 (11),
    familyRuleViolation                    (12)}

--属性类型--
id-at-family-information        OBJECTIDENTIFIER      ::=     {id-at 64}
END--目录抽象服务
```

附 录 B
（资料性附录）
基本访问控制的操作语义

本附录包含许多个图表，用于描述与基本访问控制关联的语义，适用于目录操作的处理（见图 B.1～图 B.16）。

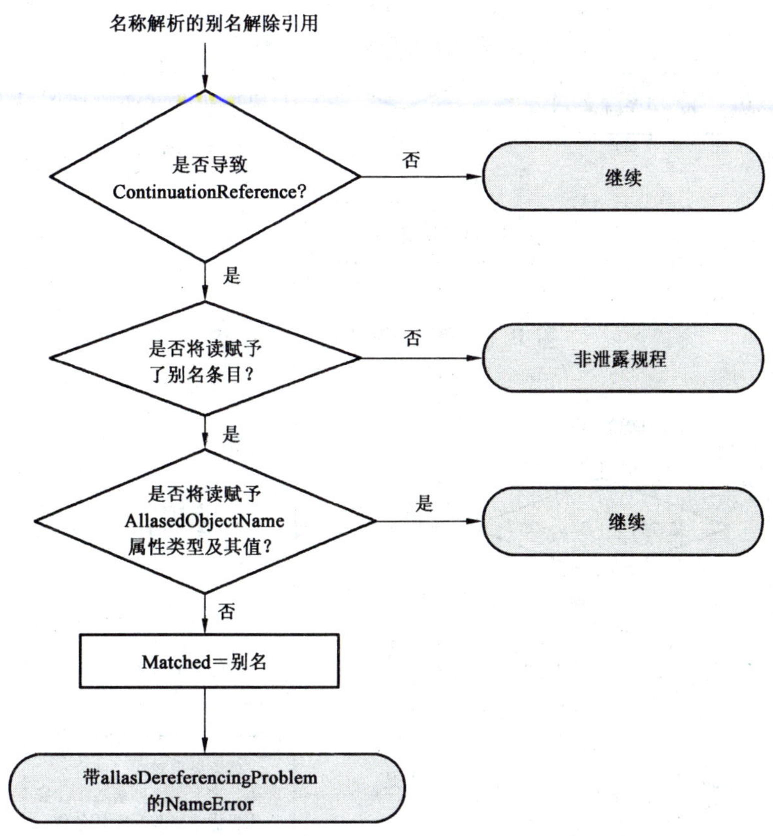

图 B.1　名（称）解析中别名解除引用

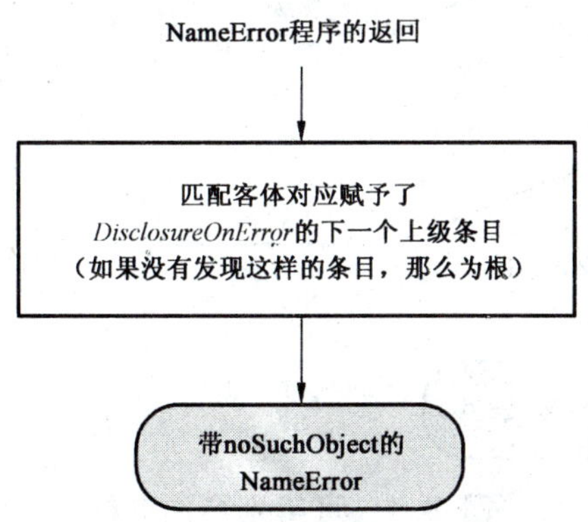

图 B.2　NameError 的返回

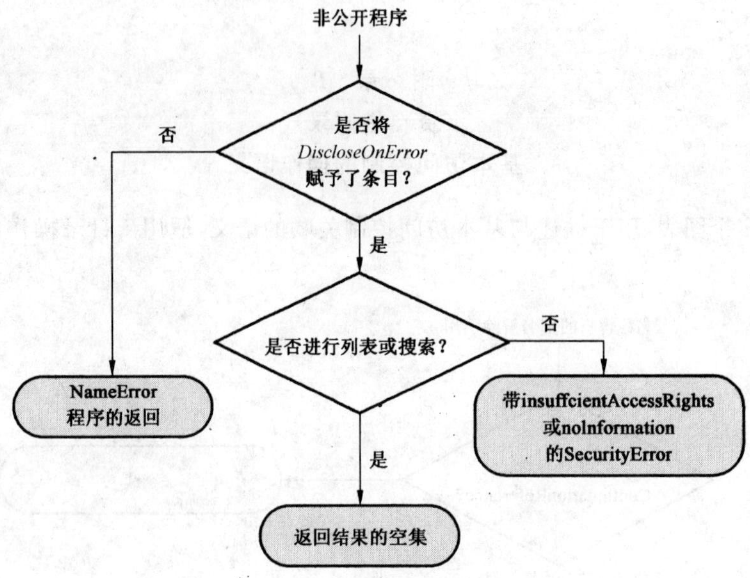

图 B.3 不公开条目是否存在

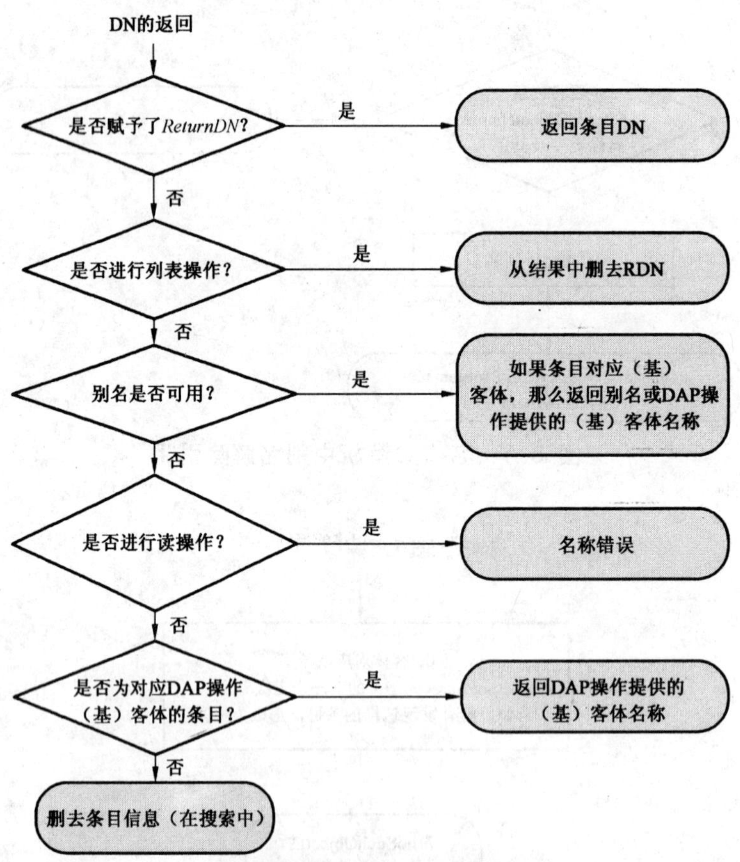

图 B.4 可辨别名的返回

读操作
是否将读赋予了条目?
否
非公开规程
是
incompleteEntry=FALSE
Dn规程的返回,
以获得在结果中提供的名称
选项是否
为空?
是
返回读结果或
nameError
否
对选择的每个属性
结束
没有此类属性或值
——读规程
属性
是否将出现在
条目中?
否
是
是否
将读赋予了
属性类型
是
否
是否将
DiscloseOnError
赋予了属性类型?
否
是否要求
属性类型和值?
是
是
否
incompleteEntry=TRUE
包括属性类型
结束
对每个属性值
是否将读赋予了属性值?
是
否
是否将
DiscloseOnError
赋予了属性值?
否
是
incompleteEntry=TRUE
包括属性类型

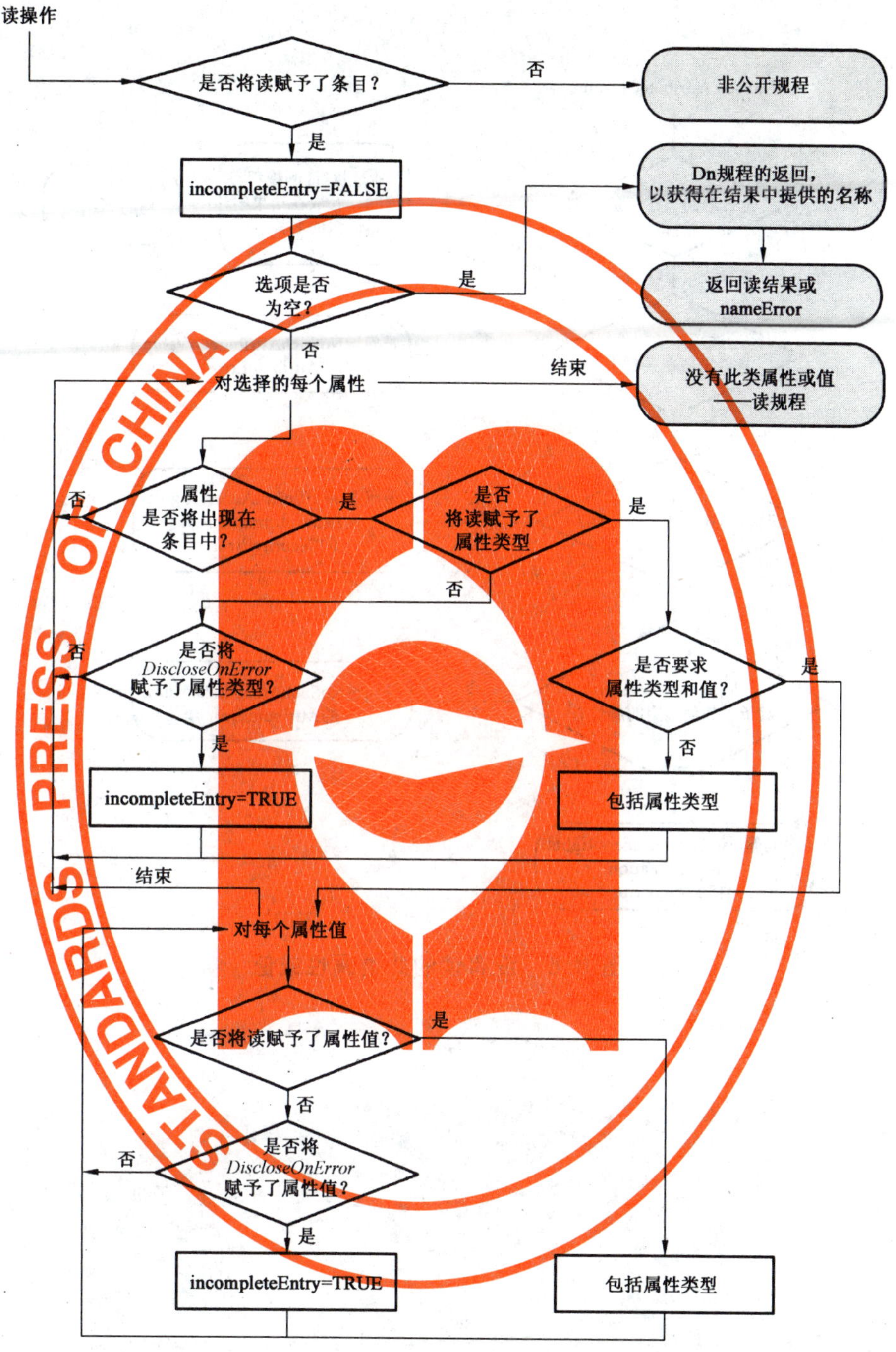

图 B.5 读操作

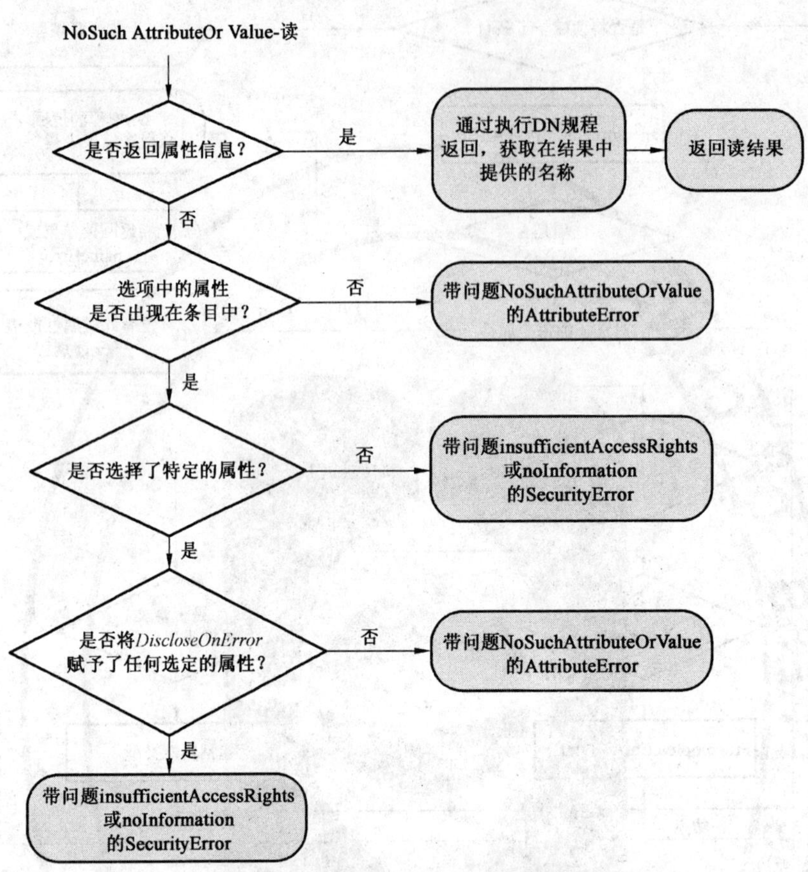

图 B.6 没有读的此类属性或值

比较操作
是否将读赋予了条目?
否
非公开规程
是
属性或子类型是否出现?
否
带问题NoSuchAttributeOrValue的AttributeError
是
是否将比较赋予了属性类型或子类型?
否
是否将DiscloseOnError赋予了属性?
是
否
带问题InvalidAccessRights或NoInformation的Security Error
对相关类型的每个属性值
结束
是否将比较赋予了属性值?
属性值是否匹配提供的值?
匹配=TRUE
匹配=FALSE
通过执行DN规程的返回,获得在结果中提供的名称
返回比较

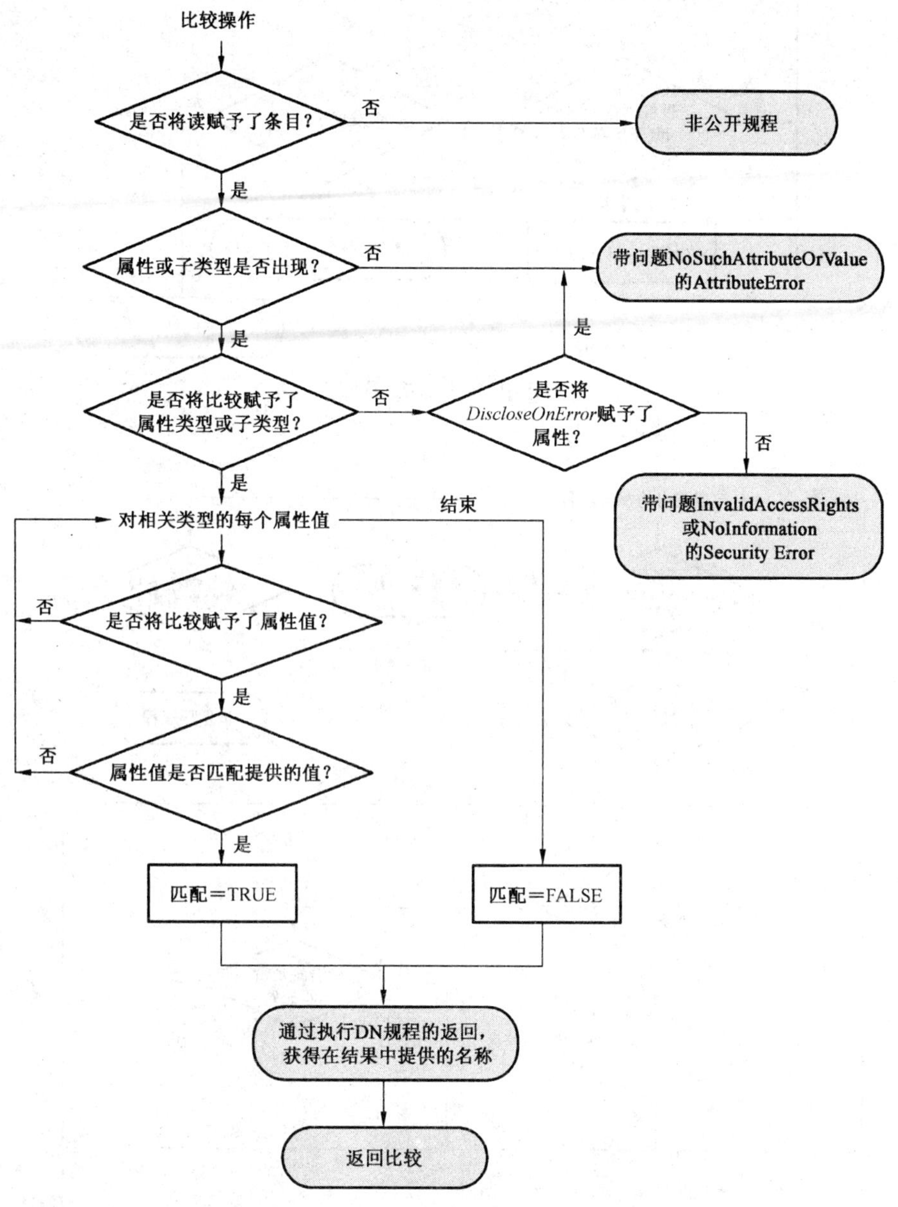

图 B.7　比较操作

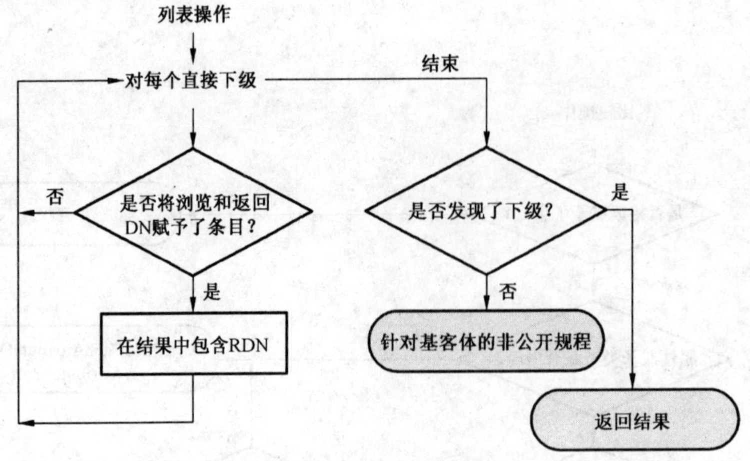

图 B.8　列表操作

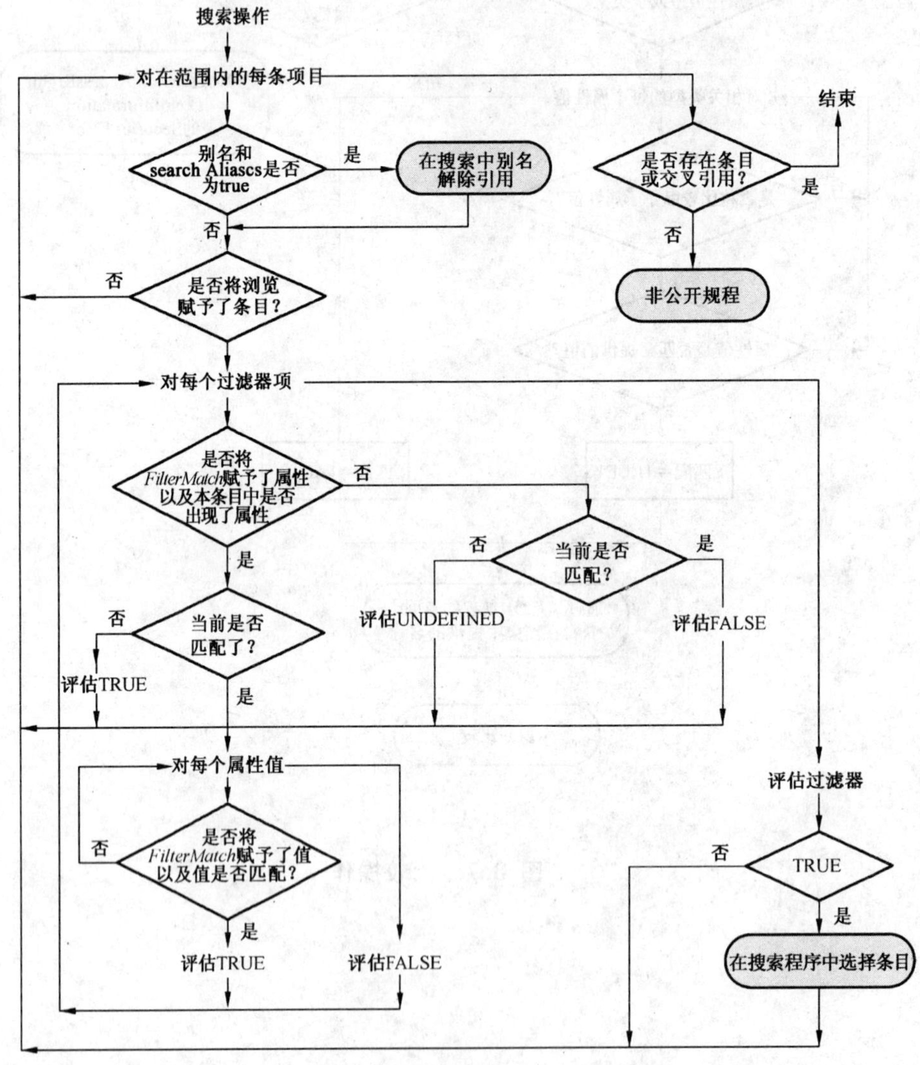

图 B.9　搜索操作

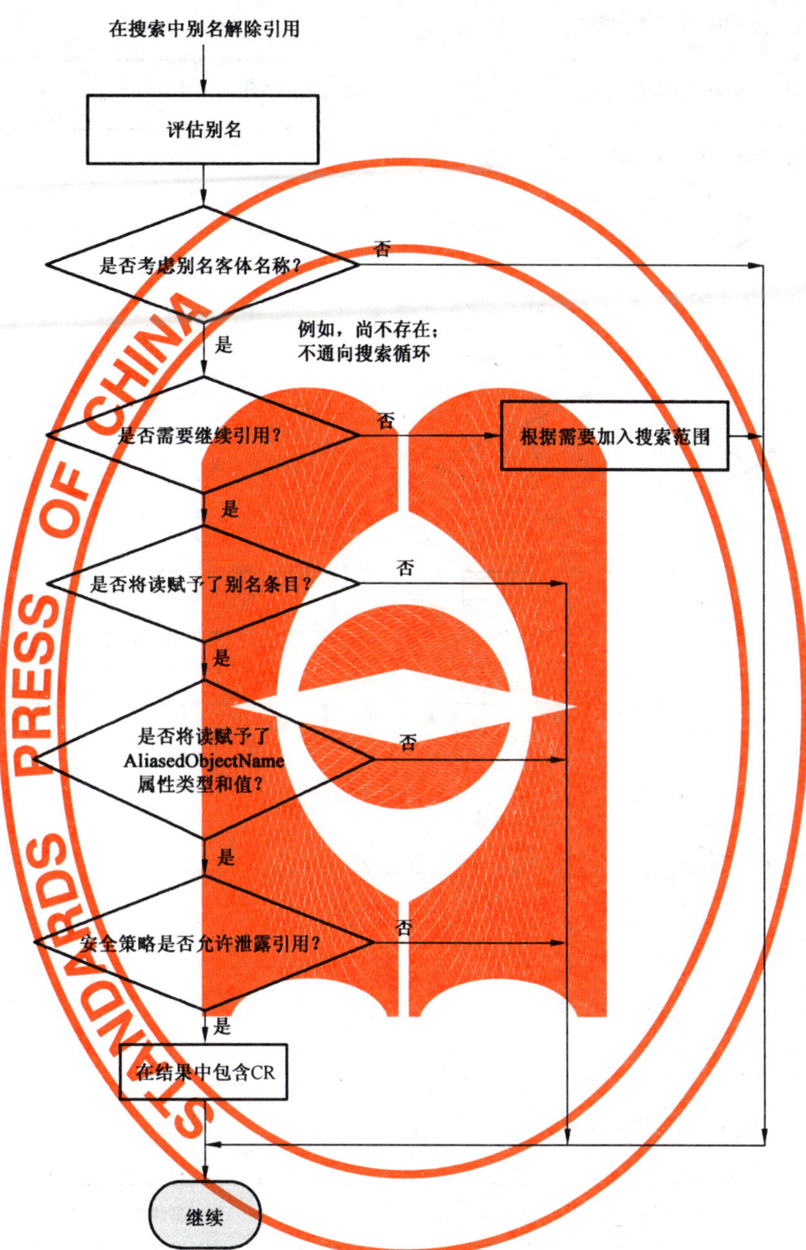

图 B.10 在搜索中别名解除引用

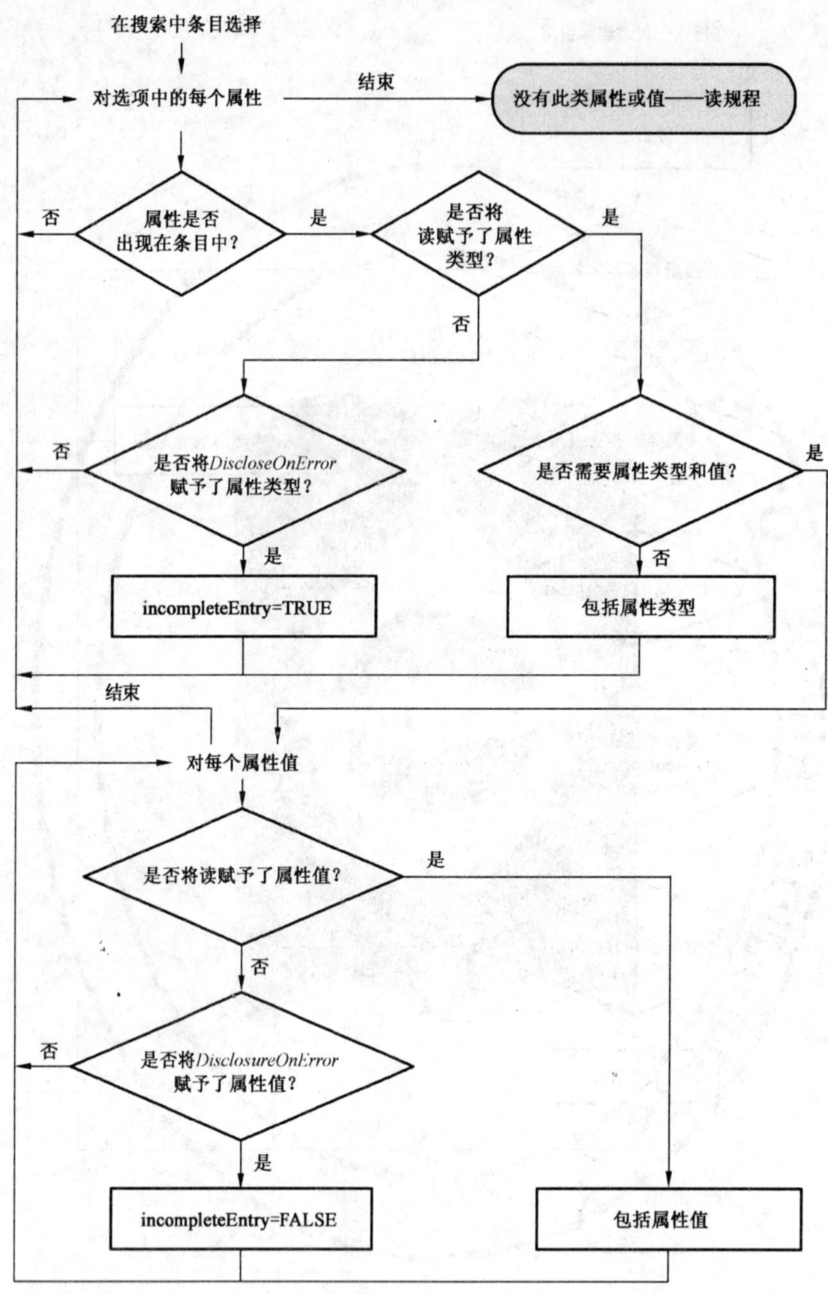

图 B.11 在搜索中条目选择

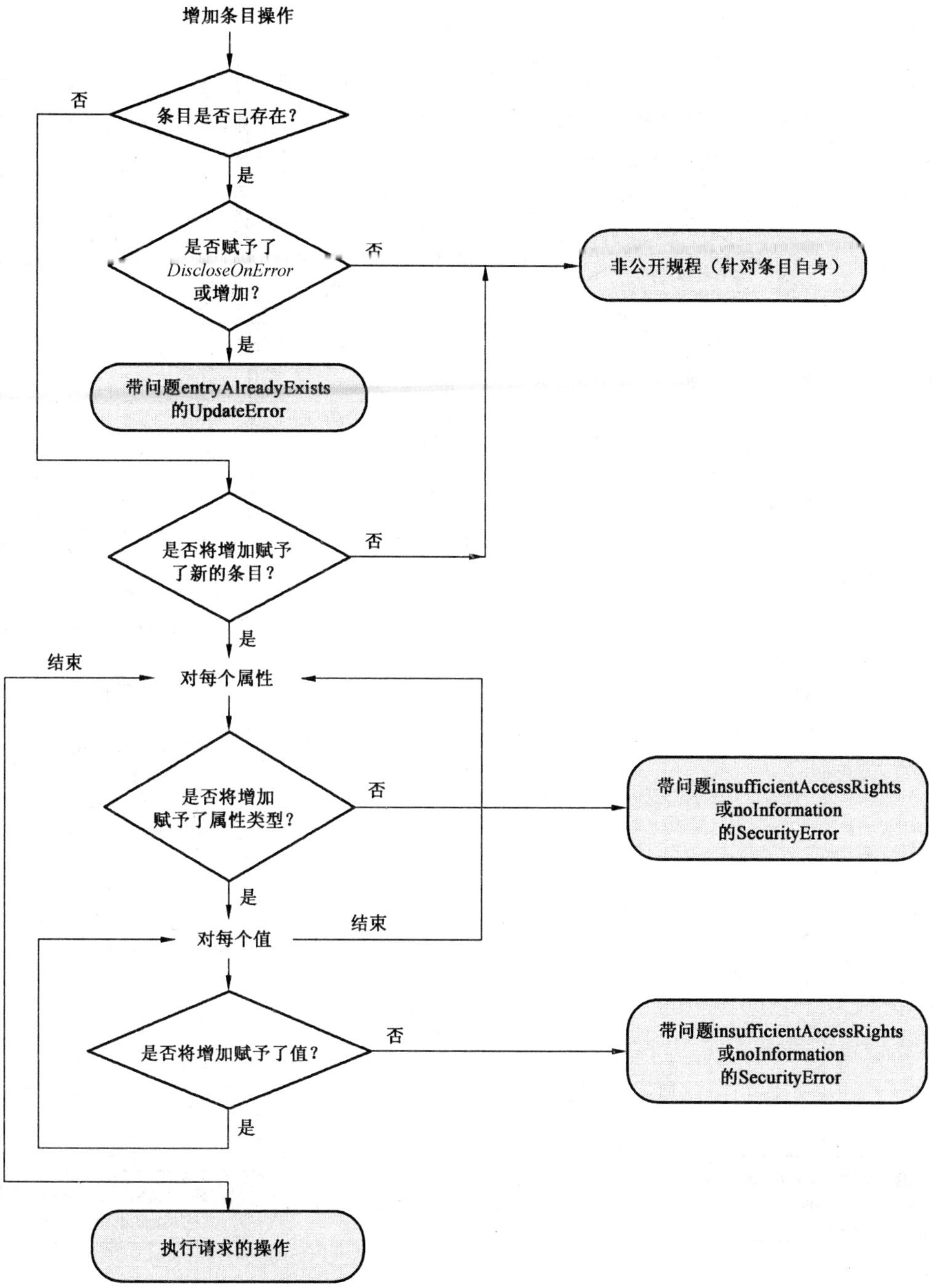

增加条目操作
条目是否已存在?
否
是
是否赋予了
DiscloseOnError
或增加?
否
非公开规程(针对条目自身)
是
带问题entryAlreadyExists
的UpdateError
是否将增加赋予
了新的条目?
否
是
结束
对每个属性
是否将增加
赋予了属性类型?
否
带问题insufficientAccessRights
或noInformation
的SecurityError
是
对每个值
结束
是否将增加赋予了值?
否
带问题insufficientAccessRights
或noInformation
的SecurityError
是
执行请求的操作

图 B.12 增加条目操作

删除条目操作
是否将移去赋予了条目?
否
非公开规程
是
执行请求的操作

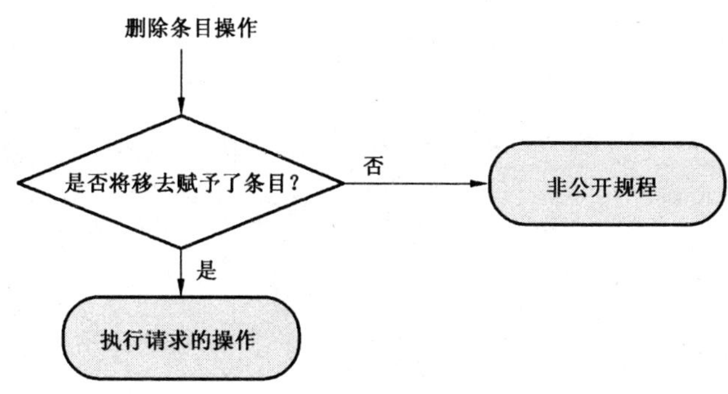

图 B.13 移除条目操作

修改条目操作
是否就修改赋予了正在修改的条目?
否
非公开规程
结束
执行请求的操作
是
对每个修改
(删除属性)
(增加属性或值)
(删除值)
属性是否存在?
否
修改增加属性或值程序
属性是否存在?
否
是
是
是否将删除赋予了属性?
是
否
对每个要删除的值
结束
值是否存在?
否
是
是否将DiscloseOnError赋予了属性?
否
是
将删除赋予值?
否
是
是否将DiscloseOnError赋予了属性?
是
否
带问题insufficientAccessRights或noInformation的SecurityError
带问题的noSuchAttributeOrValue的AttributeError

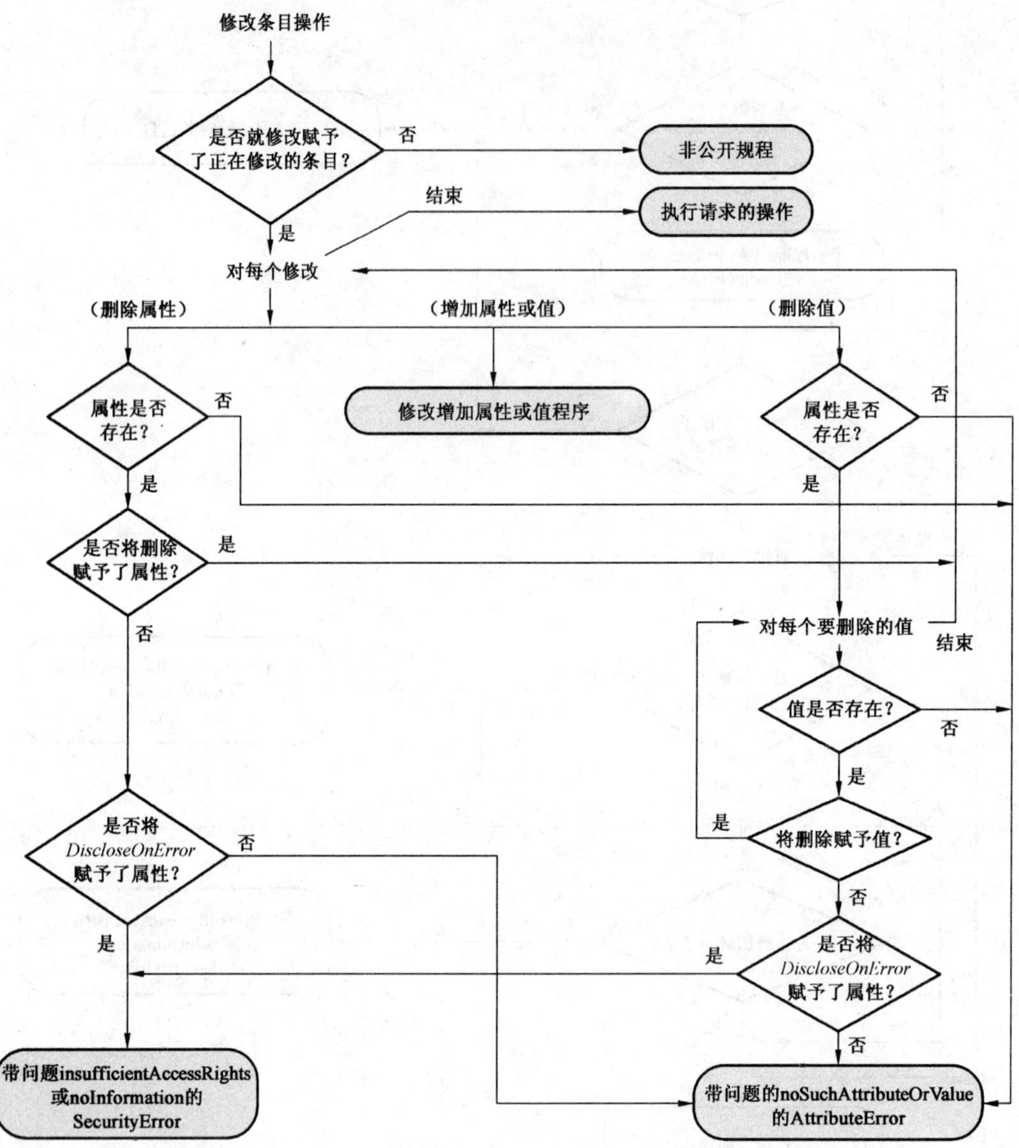

图 B.14 修改条目操作

修改DN操作
效果是否是修改最后的RDN？
否
是
是否将重新命名赋予了正在删除的条目？
否
非公开规程
是
效果是否是修改了直接上级条目的名称？
否
是
是否将出口赋予了拥有旧名称的条目？
否
是
是否将输入赋予了拥有新名称的条目？
否
是
执行请求的操作

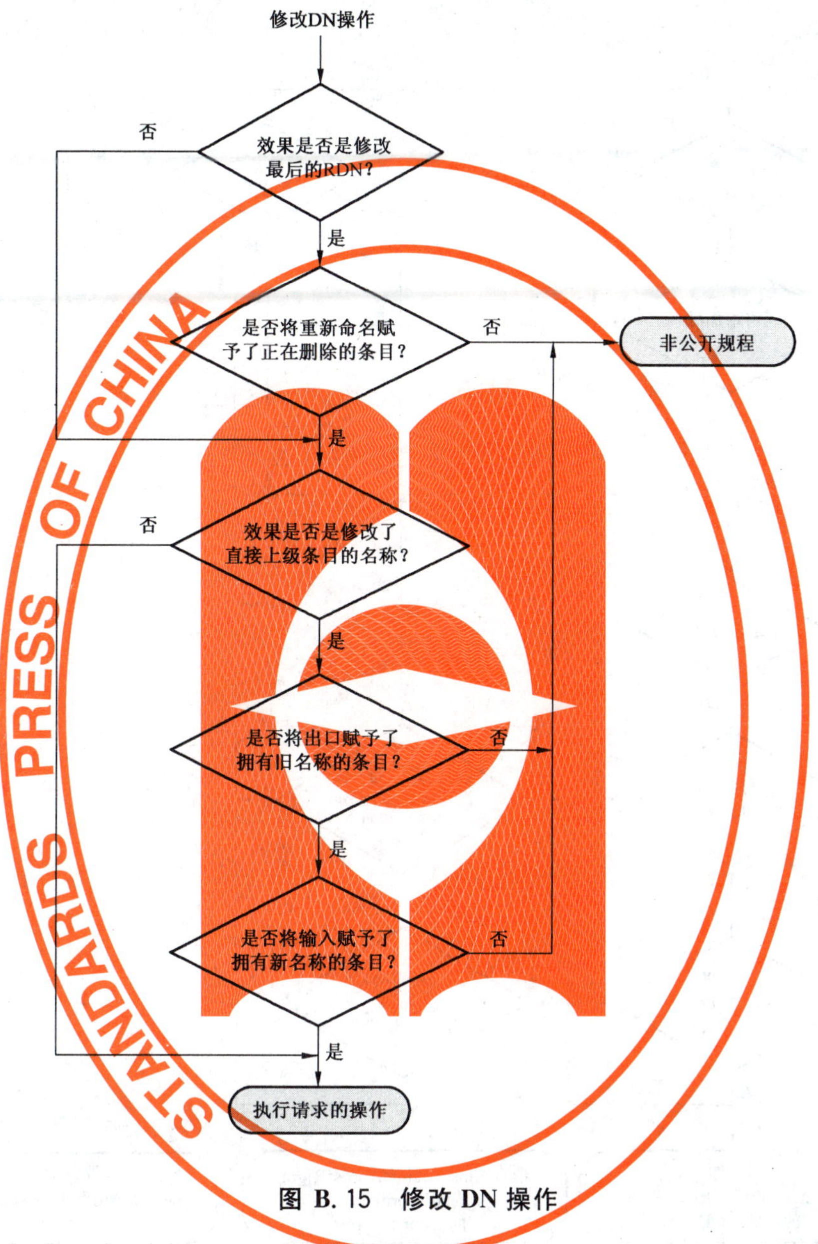

图 B.15 修改 DN 操作

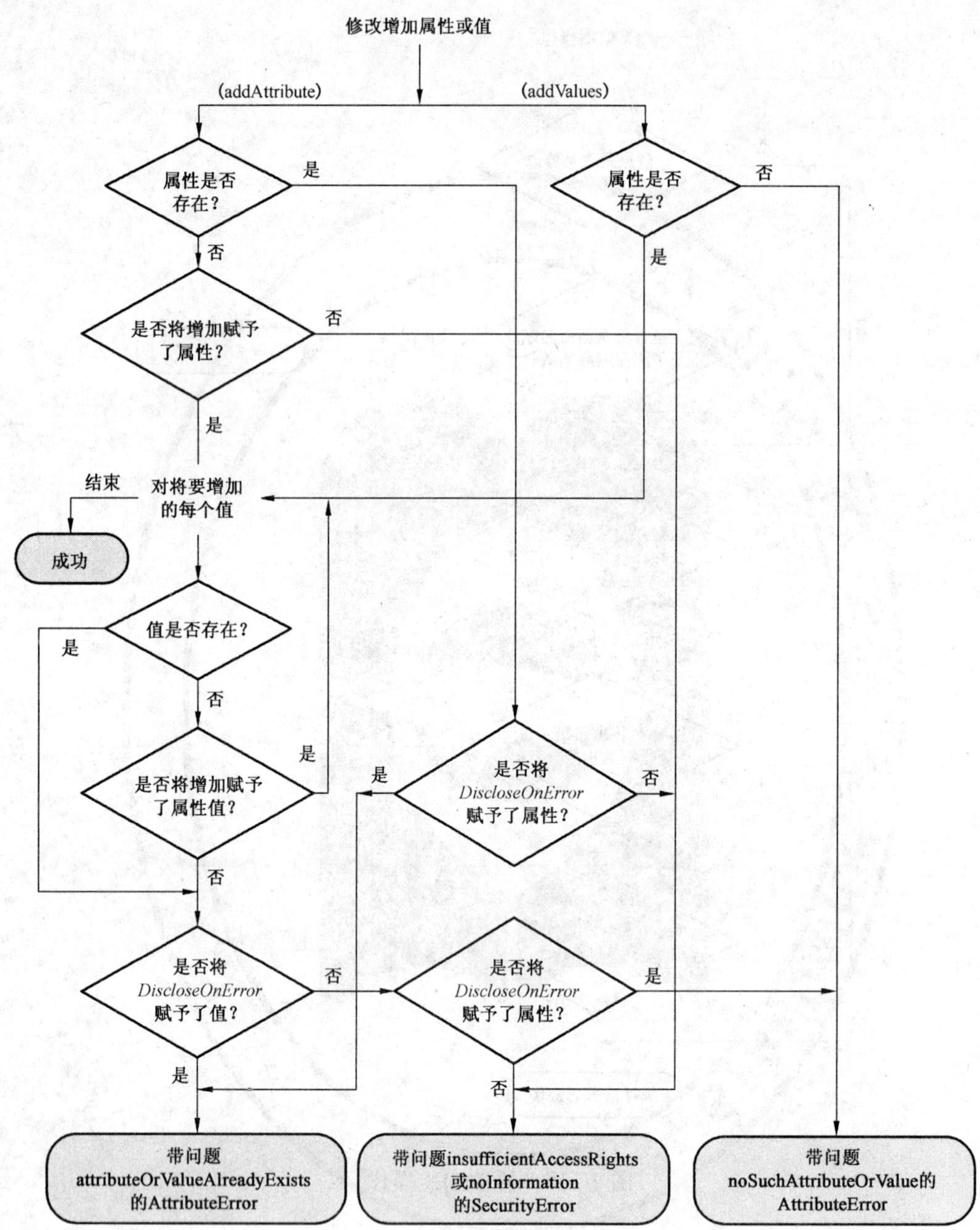

图 B.16 修改增加属性或值

附 录 C
（资料性附录）
搜索条目家族举例

C.1 单个家族举例

假设 Charles Smith 有多种通信模式：陆地电话、传真、移动电话和电子邮件，每种模式有其自身的关联参数。进一步假设 Charles Smith 有两个电子邮件账户，一个在其工作场所，一个在其家中，两个都提供了 POP3 邮箱和 SMTP 服务器。所有这些信息都可以存在于一个复合条目中。Charles Smith 的成员作为祖(条目)，每种通信模式作为下级成员，每种电子邮件服务作为电子邮件通信模式的下级。这如下面的图 C.1 所示。由于作为祖(条目)直接下级的所有成员都有相同的结构客体类(comAddr)，因此复合条目由一个单个的家族组成。

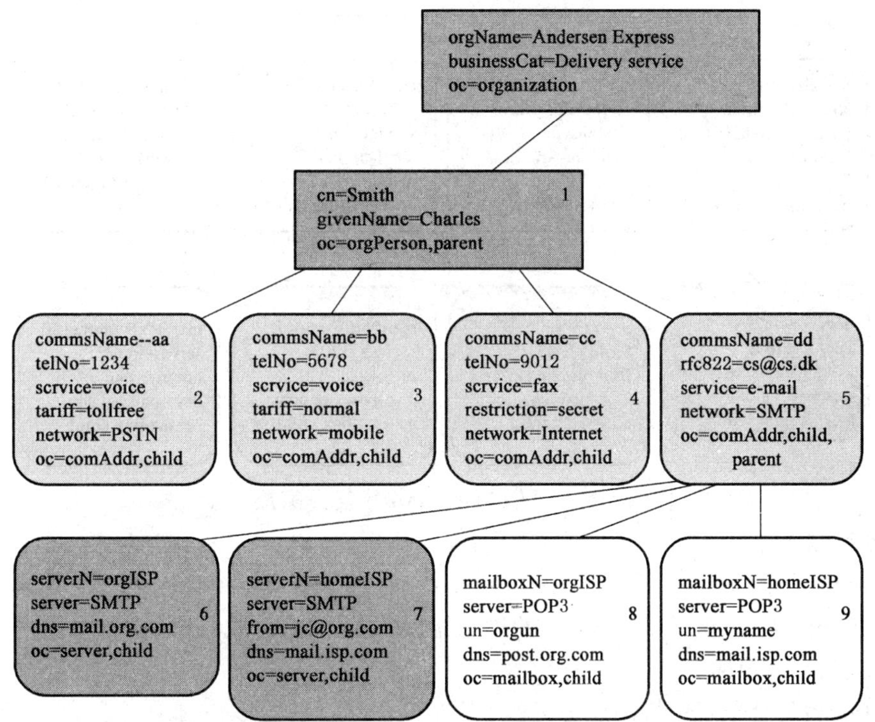

图 C.1 Charles Smith 的条目家族

假设search 请求由{…o=Andersen Express}的基本客体、{telNo=1234 & tariff=normal}的过滤器、wholeSubtree 或oneLevel 的子集产生。当familyGrouping 参数设为以下值时：

a) entryOnly：家族中将没有任何成员匹配于过滤器；

b) strands 或multiStrand：家族中将没有任何束或多束匹配于过滤器；

c) compoundEntry：成员 2 和成员 3 将一起匹配于过滤器，并将被标记为贡献成员。所有的成员都将被标记为参与成员。

对上面情况 a)和情况 b)，将不返回任何本复合条目中的内容。

对上面情况 c)，返回的信息将依赖于家族返回规范(如由EntryInformationSelection 中的familyReturn 给出)：

a) contributingEntriesOnly：各成员标记为贡献成员，即成员 2 和成员 3 将被返回；

b) participatingEntriesOnly 和compoundEntry：复合条目中的所有成员都将被返回。

C.2 多个家族举例

假设 Charles Smith 只有陆地电话和电子邮件，但还有两个具有关联参数的邮政地址。所有这些信息都可以存在于一个复合条目中，Charles Smith 的成员作为祖(条目)，每种通信模式或每个邮政地址作为下级成员。这如下面的图 C.2 所示。由于作为祖(条目)直接下级的所有成员属于两个不同的结构客体类(comAddr 和postAddr)，因此复合条目由两个家族组成，其中成员 1、成员 2 和成员 3 构成一个家族，成员 1、成员 4、成员 5、成员 6、成员 7、成员 8 和成员 9 构成另一个家族。

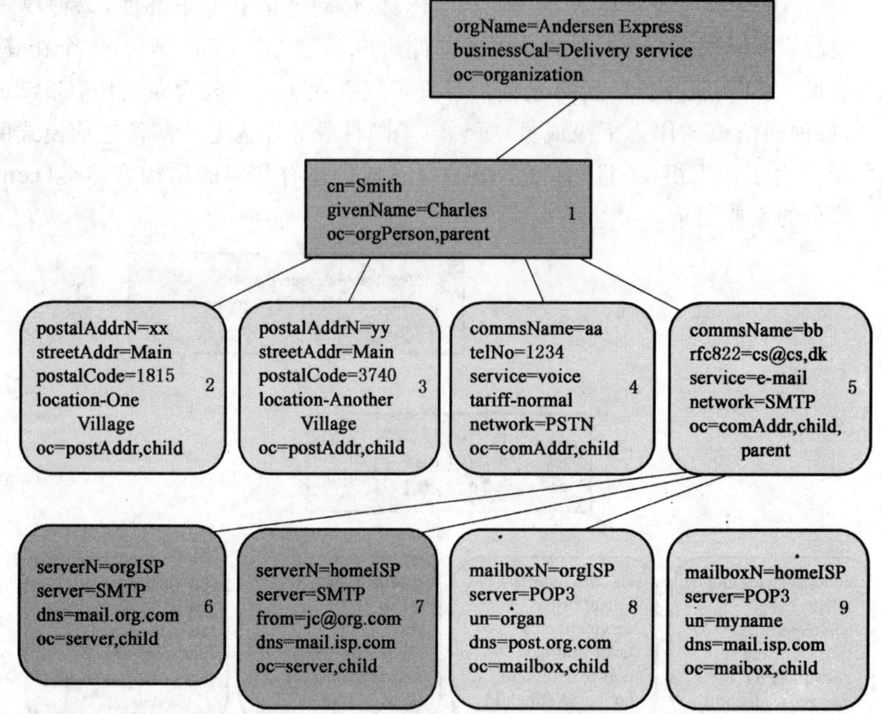

图 C.2 Charles Smith 条目家族

C.2.1 过滤器举例 1

现假设 Search 请求由{…o＝Andersen Express}的基本客体、{telNo＝1234 & service＝e-mail &streetAddr＝Main & postalCode＝3740}的过滤器、wholeSubtree 或oneLeve 的子集产生。当family-Grouping 参数设为以下值时：

a) entryOnly：复合条目中将没有任何单个成员匹配于过滤器；

b) strands：家族中将没有任何单个束匹配于过滤器；

c) multiStrand：每个家族中将没有任何束的组合或单个束匹配于过滤器；

d) compoundEntry：成员 2、成员 3、成员 4 和成员 5 将一起匹配于过滤器，并将被标记为贡献成员。所有的成员都将被标记为参与成员。

对上面情况 a)、情况 b)和情况 c)，将不返回任何本复合条目中的内容；

对上面情况 d)，返回的信息将依赖于家族返回规范：

1) contributingEntriesOnly：各成员标记为贡献成员，即成员 2、成员 3、成员 4 和成员 5 将被返回；

2) participatingEntriesOnly 和compoundEntry：复合条目中的所有成员都将被返回。

C.2.2 过滤器举例 2

如果将过滤器改为{rfc822＝cs@cs. dk & service＝e-mail & streetAddr＝Main & postalCode＝1815}，当familyGrouping 参数设为以下值时：

a) entryOnly:复合条目中将没有任何单个成员匹配于过滤器;

b) strands:任何家族中将没有任何单个束匹配于过滤器;

c) multiStrand:在成员 2 中结束的束以及任何通过成员 5 的束将匹配于过滤器。成员 2 和成员 5 有助于匹配,并将被标记为贡献成员。成员 1、成员 2、成员 5、成员 6、成员 7、成员 8 和成员 9 将被标记为参与成员;

d) compoundEntry:成员 2 和成员 5 将一起匹配于过滤器,并将被标记为贡献成员。所有的成员都将被标记为参与成员。

对上面情况 a)和情况 b),将不返回任何本复合条目中的内容。

对上面情况 c),返回的信息将依赖于家族返回规范:

1) contributingEntriesOnly:各成员标记为贡献成员,即成员 2 和成员 5 将被返回;

2) participatingEntriesOnly:标记为参员成员的各成员将被返回,即成员 1、成员 2、成员 5、成员 6、成员 7、成员 8 和成员 9;

3) compoundEntry:复合条目中的所有成员都将被返回。

对上面情况 d),返回的信息将依赖于家族返回规范:

1) contributingEntriesOnly:各成员标记为贡献成员,即成员 2 和成员 5 将被返回;

2) participatingEntriesOnly 和compoundEntry:复合条目中的所有成员都将被返回。

C.2.3 过滤器举例 3

如果将过滤器改为{rfc822=cs@cs.dk & service=e-mail},当 familyGrouping 参数设为以下值时:

a) entryOnly:只有成员 5 将匹配于过滤器,该成员将被标记为贡献成员和参与成员。

b) strands:任何通过成员 5 的束将匹配于过滤器。成员 5 将被标记为贡献成员。成员 1、成员 5、成员 6、成员 7、成员 8 和成员 9 将被标记为参与成员。

c) multiStrand:任何通过成员 5 的束以及任何邮政地址家族的束都将匹配于过滤器。成员 5 将被标记为贡献成员。成员 1、成员 2、成员 3、成员 5、成员 6、成员 7、成员 8 和成员 9 将被标记为参与成员。

d) compoundEntry:成员 5 将匹配于过滤器,并将被标记为贡献成员。所有的成员都将被标记为参与成员。

对上面情况 a),返回的信息将依赖于家族返回规范:

1) contributingEntriesOnly 和participatingEntriesOnly:成员 5 将被返回;

2) compoundEntry:复合条目中的所有成员都将被返回。

对上面情况 b),返回的信息将依赖于家族返回规范:

1) contributingEntriesOnly:成员 5 将被返回;

2) participatingEntriesOnly:标记为参与成员的所有成员都将被返回,即成员 1、成员 5、成员 6、成员 7、成员 8 和成员 9;

3) compoundEntry:复合条目中的所有成员都将被返回。

对上面情况 c),返回的信息将依赖于家族返回规范:

1) contributingEntriesOnly:成员 5 将被返回;

2) participatingEntriesOnly:标记为参与成员的所有成员都将被返回,即成员 1、成员 2、成员 3、成员 5、成员 6、成员 7、成员 8 和成员 9;

3) compoundEntry:复合条目中的所有成员都将被返回。

对上面情况 d),返回的信息将依赖于家族返回规范:

1) contributingEntriesOnly:成员 5 将被返回;

2) participatingEntriesOnly 和compoundEntry:复合条目中的所有成员都将被返回。

C.2.4 过滤器举例 4

如果将过滤器改为{cn=Smith & givenName=Charles}。只有祖(条目)将匹配于过滤器：

a) entryOnly：只有祖(条目)(成员 1)将被标记为贡献成员和参与成员。

b) strands、multiStrand 和compoundEntry：祖(条目)将被标记为贡献成员，所有的成员都将被标记为参与成员。

对上面情况 a)，返回的信息将依赖于家族返回规范：

1) contributingEntriesOnly 和participatingEntriesOnly：成员 1 将被返回；

2) compoundEntry：复合条目中的所有成员都将被返回。

对上面情况 b)，返回的信息将依赖于家族返回规范：

1) contributingEntriesOnly：成员 1 将被返回；

2) participatingEntriesOnly 和compoundEntry：复合条目中的所有成员都将被返回。

ICS 35.100.70
L 79

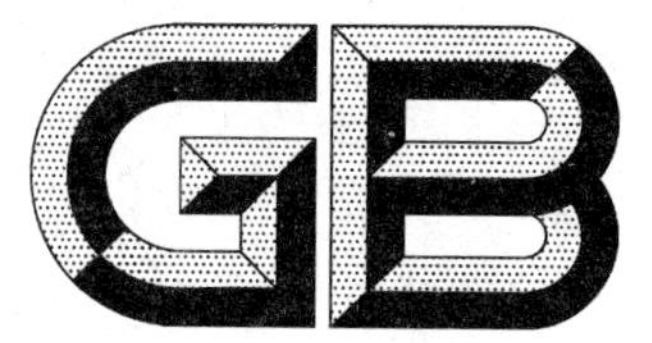

中华人民共和国国家标准

GB/T 16264.4—2008/ISO/IEC 9594-4:2005
代替 GB/T 16264.4—1996

信息技术　开放系统互连　目录　第4部分：分布式操作规程

Information technology—Open Systems Interconnection—The Directory—Part 4: Procedures for distributed operation

(ISO/IEC 9594-1:2005 Information technology—Open Systems Interconnection—The Directory: Procedures for distributed operation, IDT)

2008-08-06 发布　　　　2009-01-01 实施

中华人民共和国国家质量监督检验检疫总局
中国国家标准化管理委员会　发布

前　言

GB/T 16264 在《信息技术　开放系统互连　目录》总标题下，包括以下 10 个部分：

——第 1 部分：概念、模型和服务的概述；

——第 2 部分：模型；

——第 3 部分：抽象服务定义；

——第 4 部分：分布式操作规程；

——第 5 部分：协议规范；

——第 6 部分：选定的属性类型；

——第 7 部分：选定的客体类；

——第 8 部分：公钥和属性证书框架；

——第 9 部分：复制(待发布)；

——第 10 部分：公用目录管理机构的系统管理用法(待发布)。

本部分是 GB/T 16264 的第 4 部分。

本部分等同采用国际标准 ISO/IEC 9594-4:2005《信息技术　开放系统互连　目录　分布式操作规程》，仅有编辑性修改。

本部分代替 GB/T 16264.4—1996。

本部分与 GB/T 16264.4—1996 的差异在于：

——增加知识管理；

——扩展了各章条内容。

本部分的附录 A 和附录 D 是规范性附录，附录 B、附录 C 和附录 E 是资料性附录。

本部分由中华人民共和国信息产业部提出。

本部分由全国信息技术标准化技术委员会归口。

本部分起草单位：中国电子技术标准化研究所。

本部分主要起草人：徐冬梅、张翠、冯惠、胡顺、刘文治。

本部分于 1996 年首次发布，本次为第一次修订。

引　　言

GB/T 16264 的本部分连同本标准其他部分是为方便信息处理系统之间的互连以提供目录服务而制定的。所有这些系统的集合，连同它们所拥有的目录信息可被视为一个整体，被称为“目录”。目录所拥有的信息，总称为目录信息库(DIB)，典型地被用于方便客体之间的通信、与客体的通信或有关客体的通信等，这些客体如应用实体、个人、终端和分布列表等。

目录在开放系统互连中扮演了重要角色，其目标是，在它们自身的互连标准之外做最少的技术约定的情况下，允许下述各种信息处理系统之间的互连：

——来自不同生产厂商；

——具有不同的管理；

——具有不同的复杂程度，以及

——有不同的年代。

本部分规定了目录各组件进行交互工作所遵循的规程，以便为用户提供一致的服务。

本部分提供了一些基础框架，在此框架基础上，其他标准化组织和业界论坛可以定义工业配置集。在这些框架中定义为可选的许多特性，可通过配置集的说明，在某种环境下作为必选特性来使用。ISO/IEC 9594 的第 5 版是原有国际标准第 4 版的修订和增强，但不是替代。在系统实现时仍可以声明为符合第 4 版。然而，在某些方面，将不再支持第 4 版(即不再消除一些报告上来的差错)。建议在系统实现时尽快符合第 5 版。

第 5 版详细定义了目录协议的第 1 版和第 2 版。

第 1 版和第 2 版仅定义了协议第 1 版。本版本(第 5 版)中定义的许多服务和协议被设计为可运行在第 1 版下。然而，一些增强的服务和协议，如署名差错，只有包含在操作中的所有的目录条目都协商支持协议第 2 版时才可运行。无论协商的是哪一版，第 5 版中所定义的服务之间的差异和协议之间的差异，除了那些特别分配给第 2 版的外，都可以使用 GB/T 16264.5—2008 中定义的扩展规则调节。

本部分使用术语“第 1 版系统”来指遵循国际标准第 1 版的所有系统，即 ISO/IEC 9594:1990 版本；本部分使用术语“第 2 版系统”来指遵循国际标准第 2 版本的所有系统，即 ISO/IEC 9594:1995 版本；本部分使用术语“第 3 版系统”来指遵循国际标准第 3 版的所有系统，即 ISO/IEC 9594:1998 版本；本部分使用术语“第 4 版系统”来指遵循国际标准第 4 版的所有系统，即 ISO/IEC 9594:2001 版本的第 1 部分到第 10 部分；本部分使用术语“第 5 版系统”来指遵循国际标准第 5 版的所有系统，即 ISO/IEC 9594:2005 版本。

GB/T 16264—1996 是参照 ISO/IEC 9594:1990 而制定的。我国没有制定与国际标准第 2 版、第 3 版、第 4 版对应的国家标准。本部分提到的版本号是指国际标准的版本号。

附录 A 是规范性附录，提供了目录分布式操作的 ASN.1 模块定义。

附录 B 是资料性附录，描述了分布式名(称)解析的一个示例。

附录 C 是资料性附录，描述了分布式操作环境中的鉴别。

附录 D 是规范性附录，提供了本目录规范中引入的 ASN.1 信息客体类的定义。

附录 E 是资料性附录，举例说明了知识的维护。

信息技术　开放系统互连　目录
第4部分：分布式操作规程

第一篇：综　　述

1　范围

GB/T 16264的本部分规定涉及分布式目录应用的DSA行为。对于跨越许多DSA的广域DIB，已经设计了允许的行为以确保提供一致的服务。

虽然目录可以建立在某种通用的数据库系统之上，但它本身并不属于这样一种通用的数据库系统。目录是在假定查询操作远比更新操作频繁的情况下建立的。

2　规范性引用文件

下列文件中的条款通过GB/T 16264的本部分的引用而成为本部分的条款。凡是注日期的引用文件，其随后所有的修改单(不包括勘误的内容)或修订版均不适用于本部分，然而，鼓励根据本部分达成协议的各方研究是否可使用这些文件的最新版本。凡是不注日期的引用文件，其最新版本适用于本部分。

GB/T 9387.1—1998　信息技术　开放系统互连　基本参考模型　第1部分：基本模型(idt ISO/IEC 7498-1:1994)

GB/T 16262.1—2006　信息技术　抽象语法记法一(ASN.1)　第1部分：基本记法规范(ISO/IEC 8824-1:2002,IDT)

GB/T 16262.2—2006　信息技术　抽象语法记法一(ASN.1)　第2部分：信息客体规范(ISO/IEC 8824-2:2002,IDT)

GB/T 16262.3—2006　信息技术　抽象语法记法一(ASN.1)　第3部分：约束规范(ISO/IEC 8824-3:2002,IDT)

GB/T 16262.4—2006　信息技术　抽象语法记法一(ASN.1)　第4部分：ASN.1规范的参数化(ISO/IEC 8824-4:2002,IDT)

GB/T 16264.1—2008　信息技术　开放系统互连　目录　第1部分：概念、模型和服务的概述(ISO/IEC 9594-1:2005,IDT)

GB/T 16264.2—2008　信息技术　开放系统互连　目录　第2部分：模型(ISO/IEC 9594-2:2005,IDT)

GB/T 16264.3—2008　信息技术　开放系统互连　目录　第3部分：抽象服务定义(ISO/IEC 9594-3:2005,IDT)

GB/T 16264.5—2008　信息技术　开放系统互连　目录　第5部分：协议规范(ISO/IEC 9594-5:2005,IDT)

GB/T 16264.6—2008　信息技术　开放系统互连　目录　第6部分：选定的属性类型(ISO/IEC 9594-6:2005,IDT)

GB/T 16264.7—2008　信息技术　开放系统互连　目录　第7部分：选定的客体类(ISO/IEC 9594-7:2005,IDT)

ISO/IEC 9594-8:2005　信息技术　开放系统互连　目录：公钥和属性证书框架

ISO/IEC 9594-9:2005　信息技术　开放系统互连　目录：复制

ISO/IEC 9594-10:2005　信息技术　开放系统互连　目录：公用目录管理机构的系统管理用法

IETF RFC 2251:1997　轻量级目录访问协议(v3)

IETF RFC 3377:2002　轻量级目录访问协议(v3):技术规范

3　术语和定义

下列术语和定义适用于 GB/T 16264 的本部分。

3.1　通信模型定义

本部分使用 GB/T 16264.5—2008 中定义的下列术语:

应用实体名称　*application-entity-title*;

3.2　基本目录定义

本部分使用 GB/T 16264.1—2008 中定义的下列术语:

a)　目录　*(the) Directory*

b)　目录信息库　*Directory Information Base*

3.3　目录模型定义

本部分使用 GB/T 16264.2—2008 中定义的下列术语:

a)　访问点　*access point*;

b)　别名 *alias*;

c)　可辨别名　*distinguished name*;

d)　目录信息树(*DIT*)　*Directory Information Tree*(*DIT*);

e)　目录系统代理(*DSA*)　*Directory System Agent* (*DSA*);

f)　目录用户代理(*DUA*)　*Directory User Agent* (*DUA*);

g)　相关可辨别名　*relative distinguished name*。

3.4　DSA 信息模型定义

本部分使用 GB/T 16264.2—2008 中定义的下列术语:

a)　种类　*category*;

b)　公共可用的　*commonly usable*;

c)　上下文前缀　*context prefix*;

d)　交叉引用　*cross reference*;

e)　*DIB* 片段　*DIB fragment*;

f)　*DSA* 信息树　*DSA information tree*;

g)　*DSA* 特定条目(*DSE*)　*DSA- Specific Entry* (*DSE*);

h)　*DSE* 类型　*DSE type*;

i)　直接上级引用　*immediate superior reference*;

j)　知识信息　*knowledge information*;

k)　知识引用种类　*knowledge reference category*;

l)　知识引用类型　*knowledge reference type*;

m)　命名上下文　*naming context*;

n)　非特定知识　*non-specific knowledge*;

o)　非特定下级引用　*non-specific subordinate reference*;

p)　操作属性　*operational attribute*;

q)　引用路径　*reference path*;

r)　特定知识　*specific knowledge*;

s)　下级引用　*subordinate reference*;

t)　上级引用　*superior reference*。

3.5 抽象服务定义

本部分使用GB/T 16264.3—2008中定义的下列术语：

a) 流结果 *streamed result*；

3.6 目录复制定义

本部分使用ISO/IEC 9594-9:2005中定义的下列术语：

a) 属性完备性 *attribute completeness*；

b) 影像操作绑定 *shadowing operational binding*；

c) 下级完备性 *subordinate completeness*；

d) 复制单元 *unit of replication*。

3.7 分布式操作定义

下列术语和定义适用于本部分。

3.7.1

基本客体 base object

一个客体或别名条目，是发起者所发起的某个操作的目标。

3.7.2

绑定的DSA bound DSA

一个DSA，发起请求的DUA通过与该DSA执行一个绑定操作而与之绑定起来。

3.7.3

绑定的DSA的分页结果 bound-DSA paged results

分页完全由DUA所绑定的DSA来执行。

注：这是遵循第5版之前的系统所支持的唯一一种分页模式。

3.7.4

链接 chaining

单链接或多链接的通用术语。

3.7.5

上下文前缀信息 context prefix information

上级DSA在一个RHOB中向下级DSA所提供的关于下级上下文前缀的上级DIT顶点的操作信息和用户信息。

3.7.6

分布式名(称)解析 distributed name resolution

在多于一个的DSA中执行名(称)解析的过程。

3.7.7

DSP分页结果 DSP paged results

当执行的DSA与绑定的DSA不相同时且由初始执行者完成的分页结果，依据DSP协议提供。

3.7.8

差错 error

由执行者向请求者发送的信息，信息中携带了一个对之前接收到的请求的否定结果。

3.7.9

硬差错 hard error

一个明确的差错，该差错指示如果没有外部的干预，则操作目前不能被执行。

3.7.10

分等级操作绑定 hierarchical operational binding；HOB

指两个拥有命名上下文的主DSA之间的关系，其中一个是另一个的直接下级，在该关系中，上级DSA拥有一个指向下级DSA的下级引用。

3.7.11

初始执行者 initial performer

开始执行某个操作的第一个 DSA，即进入操作赋值阶段的第一个 DSA。

3.7.12

修改操作 modification operations

指目录修改操作，即修改条目、增加条目、移除条目和修改 DN 等。

3.7.13

多链接 multi-chaining

一种交互模式，在该模式中，自身执行某个请求的 DSA 向其他 DSA 的集合发出多个请求，或者是并列的，或者是顺序的。

3.7.14

多条目查询操作 multiple entry interrogation operations

指目录搜索操作，即列表和搜索。

3.7.15

名(称)解析 name resolution

定位某个条目的过程，该过程是通过对声称名(称)的每个 RDN 与 DIT 的顶点进行顺序匹配而完成的。

3.7.16

非特定分等级操作绑定 non-specific hierarchical operational binding;NHOB

指两个拥有命名上下文的主 DSA 之间的关系，其中一个是另一个的直接下级，在该关系中，上级 DSA 拥有一个指向下级 DSA 的非特定下级引用。

3.7.17

分解 NSSR decomposition NSSR

将非特定知识引用分解为多个子请求以便于其他 DSA 能够继续执行；这些子请求可以被执行该分解的 DSA 链接到其他 DSA；或者可以将标识了其他 DSA 的一个连续引用返回给请求者，由请求者来继续执行；或者执行分解的 DSA 可以继续执行某些子请求，而留下其他子请求交给请求者来继续执行。

3.7.18

操作进展 operation progress

一系列的值，指示了名(称)解析所完成的程度。

3.7.19

发起者 originator

发起一个特定的(分布式)操作的 DUA。

3.7.20

分页 paging

以一页或多页的分段方式返回的搜索或列表操作的结果，每页都由有限数量的条目组成。

3.7.21

执行者 performer

接收了某个请求的 DSA(即将执行某个操作)。

注：执行者也是初始执行者，除非对于可以包括多个 DSA 进行赋值的操作。

3.7.22

规程 procedure

关于 DSA 如何将给定的输入变元集及其 DSA 信息树映射为一个结果的一个(非正式)规范。

注：输入变元和结果可以对应为从一个被请求的操作中接收到的信息和在一个答复中发送的信息，或者它们可以表示根据一个被请求的操作而对答复进行计算的中间阶段。在 14.2，前面一种输入变元和结果类型被称为是外部的。

3.7.23

相关的分等级操作绑定　relevant hierarchical operational binding;RHOB

或者是指一个 HOB,或者是指一个 NHOB,依赖于上下文。

3.7.24

转向推荐　referral

自己不能执行某个操作的 DSA 返回的一种结果,标识了一个或多个可以执行此操作的其他 DSA。

3.7.25

答复　reply

一个结果或一个差错。

3.7.26

请求　request

由一个操作代码和相关变元所组成的信息,表示从请求者向执行者所发起的一个目录操作。

3.7.27

请求分解　request decomposition

将一个请求分解为多个子请求以便于其他 DSA 能够继续执行;这些子请求可以被执行分解的 DSA 链接到其他 DSA;或者可以将标识了其他 DSA 的连续引用返回给请求者,由请求者来继续执行;或者执行分解的 DSA 可以继续执行某些子请求,而留下其他子请求交给请求者来继续执行。

3.7.28

请求者　requester

发送一个请求以便执行(即调用)某个操作的一个 DUA 或 DSA。

3.7.29

单条目查询操作　single entry interrogation operations

指目录阅读操作,即阅读和比较操作。

3.7.30

软差错　soft error

一个差错,可以是瞬时的,也可以指示了一个局部的问题,在这种情况下,使用一个不同的知识引用或访问点可获得一个结果或一个硬差错。

3.7.31

下级 DSA　subordinate DSA

共享一个 HOB 或一个 NHOB 的两个 DSA 中,其中拥有下级命名上下文的那个 DSA。

3.7.32

子请求　subrequest

通过请求分解而产生的一个请求。

3.7.33

上级 DSA　superior DSA

共享一个 HOB 或一个 NHOB 的两个 DSA 中,其中拥有上级命名上下文的那个 DSA。

3.7.34

上级、下级 DSA　superior, subordinate DSA

两个拥有命名上下文的主 DSA,其中一个是另一个的直接下级;这两个 DSA 之间的关系可以通过一个 HOB(或 NHOB)来显式地管理,或者依靠上级 DSA 来隐含存在,该上级 DSA 拥有一个指向下级 DSA 的下级引用(或非特定下级引用)。

3.7.35

目标客体名 target object name

一个条目的名(称),该条目或者是操作在名(称)解析的某个特定阶段所指向的客体,或者是包含在操作赋值中。

3.7.36

单链接 uni-chaining

某个自身不能直接执行操作的 DSA 可选使用的一种交互模式。DSA 的链接是通过调用另一个 DSA 的某个操作,并且将结果再转发给初始请求者来完成的。

4 缩略语

下列缩略语适用于 GB/T 16264 的本部分:

ASN.1	抽象语法标记一
DISP	目录信息影像协议
DMD	目录管理域
DOP	目录操作绑定管理协议
DSE	DSA 特定条目
HOB	分等级操作绑定
NHOB	非特定的分等级操作绑定
NSSR	非特定下级引用
RHOB	相关的分等级操作绑定

5 约定

术语"目录规范(或本目录规范)"指的是 GB/T 16264.4。术语"系列目录规范"指的是GB/T 16264(或者 ISO/IEC 9594)的所有部分。

本目录规范使用术语"第 1 版系统"来指遵循系列目录规范第 1 版的所有系统,即 GB/T 16264—1996 版本。本目录规范使用术语"第 2 版系统"来指遵循系列目录规范第 2 版本的所有系统,即 ISO/IEC 9594:1995 版本。本目录规范使用术语"第 3 版系统"来指遵循系列目录规范第 3 版的所有系统,即 ISO/IEC 9594:1998 版本。本目录规范使用术语"第 4 版系统"来指遵循系列目录规范第 4 版的所有系统,即 ISO/IEC 9594:2001 版本的第 1 部分到第 10 部分。

本目录规范使用术语"第 5 版系统"来指遵循系列目录规范第 5 版的所有系统,即 GB/T 16264—2008 版本的第 1 部分到第 7 部分以及 ISO/IEC 9594-8:2005、ISO/IEC 9594-9:2005 和 ISO/IEC 9594-10:2005。

本目录规范使用粗体字来表示 ASN.1 符号。若在常规文本中要表示 ASN.1 的类型和值时,为了区别于常规文本,使用了粗体字表示。为了表示过程的语义而引用过程名时,为了区别于常规文本,使用了粗体字表示。访问控制许可使用斜体字表示。

第二篇:概　　述

6 概述

目录抽象服务允许对 DIB 中的目录信息进行查询、获取和修改。该服务按照 GB/T 16424.3 中规定的抽象目录客体来进行描述。类似的,轻量级目录访问协议(LDAP)允许对 DIB 中的目录信息进行查询、获取和修改。该协议以及它所允许的服务在 RFC 3377 中规定。

必要地,抽象目录客体的规范没有以任何方式指定目录的物理实现:尤其是它没有指定目录系统代理(DSA)的规范,这些 DSA 存储了 DIB 并对 DIB 进行管理,并且通过 DSA 提供服务。另外,它没有考虑 DIB 是否是分布式的，即 DIB 是包含在一个单独的 DSA 内，还是分布在多个 DSA 内。因此，为了在一个分布式环境中支持抽象服务，需要 DSA 具有其他 DSA 的知识，能够导航到其他 DSA，并且与其他 DSA 进行合作等，这些需求也没有涵盖在服务描述中。

本目录规范对抽象目录客体进行了细化，这种细化通过一个或多个 DSA 客体集来表示，这些 DSA 客体共同构成了分布的目录服务。

另外，本目录规范规定了 DIB 可被分布到一个或多个 DSA 内的允许的方式。对于某种受限情况，即 DIB 包含在一个单独的 DSA 内，这种情况下目录实际上是集中式的；对于 DIB 分布在两个或多个 DSA 内的情况，则规定了知识和导航机制以确保所有的拥有组成条目的 DSA 能够潜在地访问到整个 DIB。

DIB 的一部分内容也可在多个 DSA 内被复制。本目录规范中描述的协议允许使用复制信息来提高分布式目录服务的可用性、性能和效率。复制信息的使用在某种程度上是在用户的控制之下的，通过使用服务控制选项来实现。本目录规范中描述的规程也指示了在使用复制信息时进行设计最优化的某些时机。

另外，也规定了请求处理的交互，使得特定的目录操作特性能够被它的用户所控制。尤其是当 DSA 要响应一个与其他 DSA 中拥有的信息相关的目录请求时，用户能够控制一个 DSA 是否拥有直接查询其他 DSA 的权力(即链接)，或者它是否应当在响应中提供其他能够继续处理请求的 DSA 的信息(即转向推荐)。

一般来说，一个 DSA 是进行链接还是转向推荐的决定是根据用户所设置的服务控制，以及 DSA 的自身管理、操作或技术环境来决定的。

应当意识到的是，一般来说，目录将是分布式的，因此目录请求将由任意数量的合作 DSA 来满足，这些 DSA 根据上述的条件可以是任意地进行链接或转向推荐，本目录规范规定了 DSA 在响应分布式目录请求时所采用的适当的规程。这些规程将确保分布式目录服务的用户能够感觉到规程既是用户友好的，又是协调一致的。

第三篇：分布式目录模型

7 分布式目录系统模型

目录抽象服务，如在 GB/T 16264.3 中定义的那样，将目录建模为一个客体，该客体向其用户提供了一系列的目录服务。目录用户通过一个访问点来访问它所提供的服务。目录可以拥有一个或多个访问点，且每个访问点都通过它所提供的服务以及提供这些服务的交互模式来描述其特性。

图 1 举例说明了分布式目录模型，该模型将作为规定目录分布特性的基础。它举例说明了由一个或多个 DSA 的集合所组成的目录。

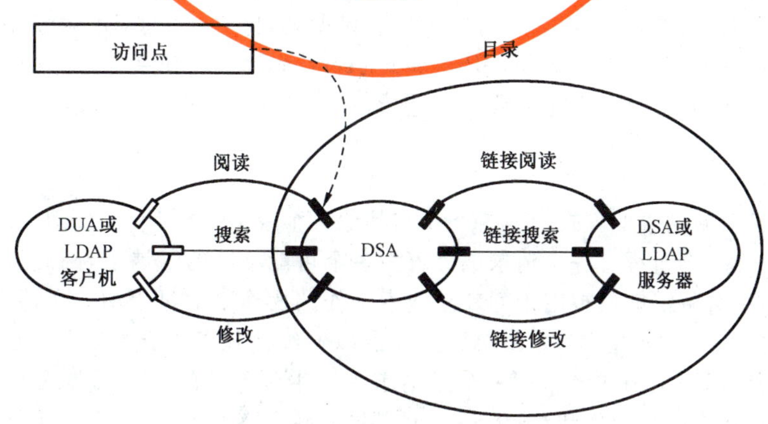

图 1 分布式目录模型中的客体

在本目录规范的后续章条中将详细规定DSA。本章仅仅陈述一些它们的特性作为介绍性引言，同时建立本目录规范和其他目录规范之间的关系。

DSA的定义是为了能够适应DIB的分布，且一系列的在物理上分布的DSA能够以一种预定义的、合作的方式进行交互来向目录用户(DUA或LDAP客户机)提供目录服务。

图1举例说明了目录抽象服务和DSA抽象服务之间的关系。目录抽象服务在GB/T 16264.3中定义，是通过一系列的目录操作来提供的。为了实现该服务，组成目录的各DSA之间需要相互交互。

这种交互的自然特性是根据一个DSA可以向另一个DSA所提供的服务来定义的，即DSA抽象服务。DSA抽象服务是通过一系列的操作来提供的，这些操作被称为链接操作，每个操作都在目录抽象服务中拥有一个对应操作。

因此，在目录抽象服务中给定的一个操作，如阅读，可要求提供服务的DSA通过使用链接操作来与其他的一个或多个DSA进行交互，如链接阅读。

注：对于作为LDAP请求者的DSA来说，进行链接操作也是可能的，例如，使用LDAP控制或扩展操作；然而，完成这些的规程和协议不在本目录规范的定义范围之内。

8 DSA交互模型

目录的一个基本特性是，给定一个分布式DIB，一个用户应当潜在地能够被满足任何服务请求(在符合安全性、访问控制和管理策略等的前提下)，而不论请求所发起的访问点。为了适应此需求，必要的是任何一个与满足某个特定服务请求相关的DSA都应拥有被请求的信息位于何处的知识(在GB/T 16264.2—2008中指定)，并且，或者将这些知识返回给请求者，或者试图自己来满足此请求(请求者可以是一个DUA、一个LDAP客户机或其他的DSA；在后一种情况下，两个DSA都应支持DSP)。

定义了三种DSA交互模式以便符合这些需求，这三种模式被称为“单链接”，“多链接”和“转向推荐”。在本目录规范的后续部分，使用通用术语“链接”在适当的上下文中来表示单链接和/或多链接。“链接”指的是DSA为了满足某个请求，而向另一个DSA发送一个或多个链接操作；“转向推荐”指的是向请求者返回知识信息，于是请求者自身可以再与知识信息中所标识的DSA进行交互。

单链接或转向推荐交互可源于一个单独的请求。可选的，请求可以在交互之前被分解为多个子请求。多链接或多转向推荐交互，或两者的混合，可能源自分解后的请求。定义了两种分解类型：NSSR分解和请求分解。

8.1 一个请求的分解

8.1.1 NSSR分解

NSSR分解是将同样的请求准备成便于传送到(或者是顺序的，或者是并行的)多个下级DSA中去的过程，这是在名(称)解析的过程中遇到一个NSSR的结果。非特定下级引用中不包含被引用的下级命名上下文的RDN，因此，引用的DSA不能够区分哪个下级DSA拥有哪个下级命名上下文。因此，在名(称)解析过程中，一个遇到NSSR的DSA应向每个下级DSA(在没有影像的情况下)发送一个同样的请求。这可以是顺序执行的，也可以是并行执行的。典型地，仅有一个DSA能够继续执行名(称)解析；而其余DSA将返回一个问题为unableToProceed的serviceError。在某种(很少)情况下，有可能有多个DSA将继续进行名(称)解析，由此导致了双重结果。

注：NSSR不能引用LDAP服务器。

8.1.2 请求分解

请求分解，另一种分解请求的方式，是在DSA与其他一个或多个DSA和/或LDAP服务器通信之前，由DSA内部执行的一个过程。一个请求被分解为多个可能不同的子请求，因此每个子请求完成原始任务的一部分。请求分解能够仅被用于列表或搜索操作的操作赋值过程中。在请求分解完成后，每个子请求可以被链接到其他DSA和/或LDAP服务器以便继续任务的执行，或者可有一个局部结果(一个内嵌的转向推荐)返回给请求者。同一个子请求被产生到不同的DSA和/或LDAP服务器中的一个示例为：某个条目具有下级引用和/或NSSR，且共同引用了多个DSA或LDAP服务器。不同的子请求被产生到相同的或不同的DSA和/或LDAP服务器中的一个示例为：两个不同的条目在某个搜索

(子树)的操作中相遇,且每个都拥有一个下级引用。

8.2 单链接

当一个 DSA 具有另一个 DSA 所拥有的命名上下文的知识时,第一个 DSA 可使用这种交互模式(图 2 中显示)将请求传递给第二个 DSA。单链接可用于与某个单独的 DSA 联系,该 DSA 是在交叉引用、下级引用、上级引用、提供者引用或主引用中被指向的 DSA。

注:在图 2 中,交互的顺序由交互线上相关联的数字来定义。

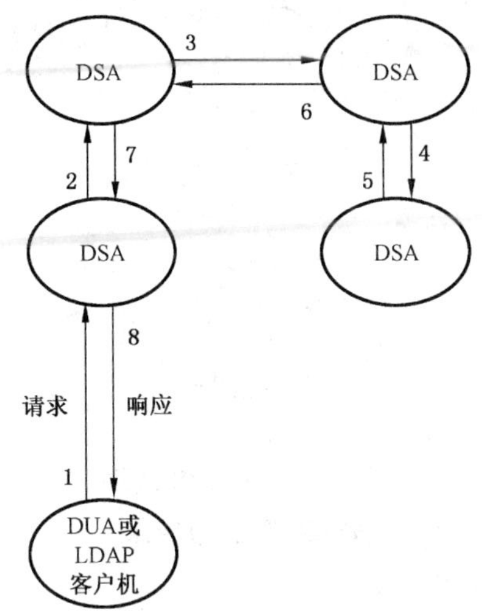

图 2 单链接模式

8.3 多链接

DSA 使用这种交互模式来传递多个出请求,这些出请求来自于同一个入请求,或者是请求分解的结果,或者是 NSSR 分解的结果。

8.3.1 并行多链接

在并行多链接情况下,DSA 将多个出请求同步进行传递(见图 3a))。并行多链接可带来性能的提高,但同时它也可以在某种环境下,如在影像存在时,导致接收到复制结果。

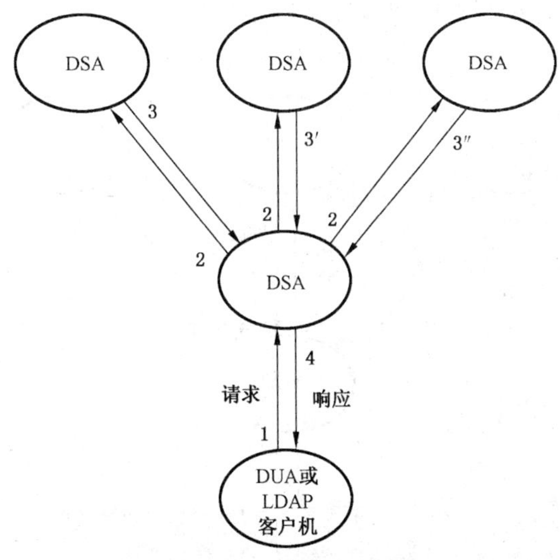

图 3a) 并行多链接

8.3.2 顺序多链接

在顺序多链接情况下,DSA 在一个时间点传递一个出请求,并且在发送下一个请求前等待此请求的结果或差错(见图 3b))。顺序多链接可以不是一种最快的交互模式,但同时它也不可以导致接收到复制结果。

注:一个 DSA 可以联合使用并行多链接和顺序多链接。

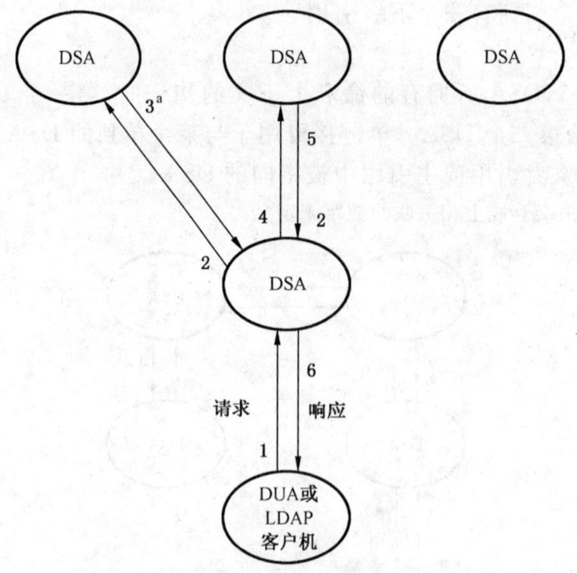

a 不能继续。

图 3b） 顺序多链接
（NSSR 分解的结果）

8.4 转向推荐

DSA 可以在响应从某个 DUA、LDAP 客户机或其他 DSA 发来的请求时，返回一个转向推荐（在图 4a）和图 4b）中描述）。转向推荐可构成整个响应（在这种情况下，它被分类为一种差错）或者仅仅是响应的一部分。转向推荐包含了知识引用，该知识引用可以是一个上级引用、下级引用、交叉引用、非特定下级引用，提供者引用或主引用等。

接收到转向推荐的 DSA（见图 4a））可使用包含在转向推荐中的知识引用来进行随后的链接或多播（依赖于引用的类型），将一个原始请求链接或多播到其他的 DSA。可选的，接收到转向推荐的 DSA，可在其响应中依次传递转向推荐。接收到转向推荐的一个 DUA 或 LDAP 客户机（见图 4b））可使用该转向推荐来与一个或多个其他 DSA 联系以便继续执行请求。

注：在图 4a）和图 4b）中，交互的顺序由交互线上相关联的数字来定义。

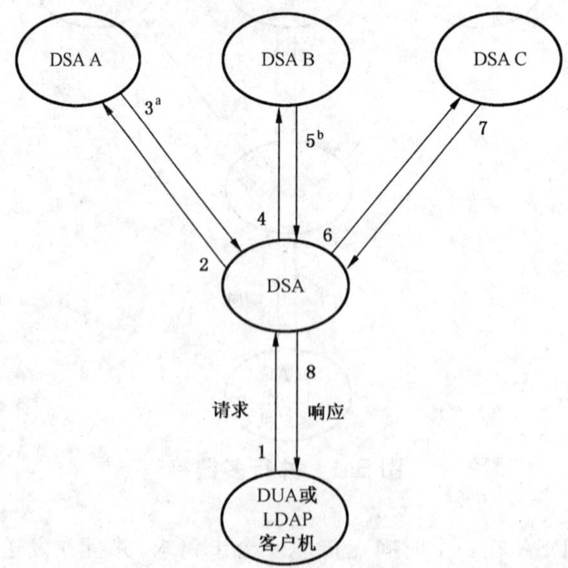

a 转向推荐到 B。

b 转向推荐到 C。

图 4a） 转向推荐模式（DSA 根据转向推荐执行动作）

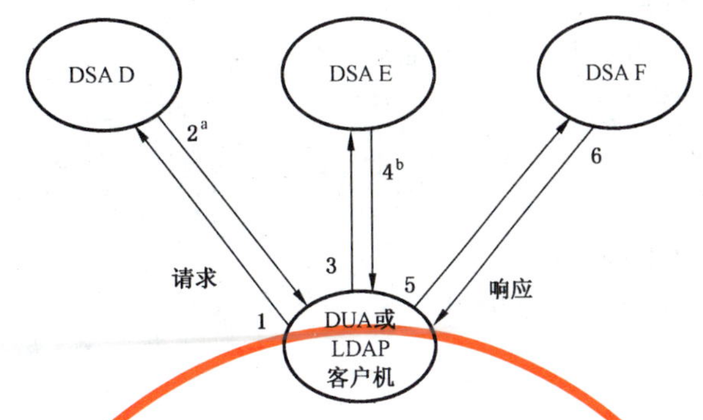

[a] 转向推荐到 E。

[b] 转向推荐到 F。

图 4b) 转向推荐模式(DUA 根据转向推荐执行动作)

8.5 模式的决定

如果一个 DSA 自身不能完全地解决一个请求,则它应将该请求(或通过分解原始请求而形成的一个请求)链接到另一个 DSA,除非:

a) 用户通过服务控制禁止链接,在这种情况下,DSA 应返回一个转向推荐或一个问题为chaining Required 的serviceError;或者

b) DSA 由于管理、操作或技术等方面的原因倾向于不进行链接,在这种情况下,DSA 应返回一个转向推荐。

注 1:不进行链接的一个"技术原因"是在知识引用中标识的 DSA 不支持 DSP。

注 2:如果服务控制localScope 被设置,则 DSA(或 DMD)应或者解决该请求,或者返回一个差错。

注 3:如果用户更希望转向推荐,则用户应设置chainingProhibited。

第四篇:DSA 抽象服务

9 DSA 抽象服务概述

目录服务在 GB/T 16264.3—2008 中有全面描述。当这样的一个服务在分布式环境中提供时,如第 7 章中的建模,它可以被认为是通过一系列的 DSA 来提供的。如图 1 中所示。

对于目录服务中定义的每个操作,在 DSA 抽象服务中都定义了一个相应的"链接"操作,在完成目录服务操作中合作的 DSA 之间可以使用这些操作。这样,一个从 DUA 处接收到阅读操作的 DSA 可请求另一个 DSA 的协助(例如,另一个 DSA 中拥有目标条目或其拷贝)来满足此操作,因此会向此 DSA 发送一个链接阅读操作。

在 DSA 抽象服务中交互的信息类型在第 10 章定义。DSA 抽象服务的操作和差错在第 11 章到第 13 章定义。

10 信息类型

10.1 引言

本章标识,同时在某些情况下定义,在后续的 DSA 抽象服务的各种操作定义中所使用的一系列信息类型。

这些涉及到的信息类型包括:对于多个操作而言是通用的信息类型,或者将来可以是通用的信息类型,或者是足够复杂或自包含的信息,需要与使用它们的操作分别定义。

在 DSA 抽象服务的定义中使用的多个信息类型实际上是在别处定义的。10.2 标识了这些类型,并且指示了它们的定义来源。10.3 到 10.10 分别标识并定义了一个信息类型。

10.2 其他地方定义的信息类型

下列信息类型在 GB/T 16264.2—2008 中定义：

——aliasedEntryName；

——DistinguishedName；

——Name；

——RelativeDistinguishedName。

下列信息类型在 GB/T 16264.3—2008 中定义：

（绑定）

——DirectoryBind。

（操作）

——Abandon。

（差错）

——abandoned；

——attributeError；

——nameError；

——securityError；

——serviceError；

——updateError。

（信息客体类）

——OPTIONALLY-PROTECTED。

（数据类型）

——SecurityParameters。

下列信息类型在 GB/T 16264.6—2008 中定义：

——PresentationAddress。

10.3 链接变元

链接变元ChainingArguments 出现在每个链接操作中，向某个 DSA 传递信息，这些信息是在该 DSA 成功执行全部任务中它需要完成的部分时所需的信息：

```
ChainingArguments  ::= SET {
    originator              [0]    DistinguishedName OPTIONAL,
    targetObject            [1]    DistinguishedName OPTIONAL,
    operationProgress       [2]    OperationProgress
                                   DEFAULT { nameResolutionPhase notStarted },
    traceInformation        [3]    TraceInformation,
    aliasDereferenced       [4]    BOOLEAN DEFAULT FALSE,
    aliasedRDNs             [5]    INTEGER OPTIONAL,
                        ——仅出现在第 1 版本系统中
    returnCrossRefs         [6]    BOOLEAN DEFAULT FALSE,
    referenceType           [7]    ReferenceType DEFAULT superior,
    info                    [8]    DomainInfo OPTIONAL,
    timeLimit               [9]    Time OPTIONAL,
    securityParameters      [10]   SecurityParameters DEFAULT { },
    entryOnly               [11]   BOOLEAN DEFAULT FALSE,
    uniqueIdentifier        [12]   UniqueIdentifier OPTIONAL,
```

```
	authenticationLevel        [13]    AuthenticationLevel OPTIONAL,
	exclusions                 [14]    Exclusions OPTIONAL,
	excludeShadows             [15]    BOOLEAN DEFAULT FALSE,
	nameResolveOnMaster        [16]    BOOLEAN DEFAULT FALSE,
	operationIdentifier        [17]    INTEGER OPTIONAL,
	searchRuleId               [18]    SearchRuleId OPTIONAL,
	chainedRelaxation          [19]    MRMapping OPTIONAL,
	relatedEntry               [20]    INTEGER OPTIONAL,
	dspPaging                  [21]    BOOLEAN DEFAULT FALSE,
	nonDapPdu                  [22]    ENUMERATED { ldap (0) } OPTIONAL,
	streamedResults            [23]    INTEGER OPTIONAL
	excludeWriteableCopies     [24]    BOOLEAN DEFAULT FALSE }
Time ::= CHOICE {
	utcTime              UTCTime,
	generalizedTime      GeneralizedTime }
```

不同组件的含义定义如下：

a) 组件originator 携带了请求的最初发起者的名(称)，除非已经在安全参数中指定。如果在CommonArguments 中出现了requester，则该变元可以被忽略。

注 1：当发起者具有通过上下文所区分的可替代名(称)时，则用于originator 值的名(称)应是主可辨别名，如果已知的话。否则，基于originator 值的鉴别和访问控制可以不按照期望的方式工作。

b) 组件targetObject 携带了其目录条目是要被指向的客体名。该客体的角色依赖于相关的特定操作：它可以是其条目要被操作的客体，或者是某个包含多个客体的请求或子请求的基本客体(例如chainedList 或chainedSearch)。当且仅当本组件的取值与链接操作中的客体或基本客体参数的取值相同时，本组件才能够被忽略，在这种情况下，它的隐含值即为该参数值。

当targetObject 所包括的 RDN 包含了属性类型和值对，且有多个通过上下文所区分的可辨别值时，被解析的 RDN 应是主 RDN。

c) 组件operationProgress 用于向 DSA 通报操作的执行进展，因此也通报了该 DSA 在整个执行过程中所期望承担的角色。本组件中携带的信息在 10.5 指定。

d) 组件traceInformation 用于当操作中有链接时，防止在 DSA 间出现环回。一个 DSA 在向另一个 DSA 链接一个操作之前，将在踪迹信息中增加一个新的元素。当一个 DSA 被请求执行某个操作时，该 DSA 将通过检查踪迹信息来证实该操作没有形成一个环回。本组件中携带的信息在 10.6 指定。

e) 组件aliasDereferenced 是一个布尔值，用于指示在分布式名(称)解析过程中，到目前为止所遇到的一个或多个别名条目是否被解除引用。缺省值FALSE 指示没有别名条目被解除引用。

f) 组件aliasedRDNs 指示了已经有多少个targetObject 的 Name 中的 RDN 从一个(或多个)别名条目的aliasedEntryName 属性中产生出来。当遇到一个别名条目并被解除引用后，该整数值被设置。当且仅当组件aliasDereferenced 为TRUE 时，本组件应存在。

注 2：本组件是为了与目录第 1 版本的实现相兼容而提供的。根据目录规范的后续版本实现的 DUA(和 DSA)应当总是忽略后续请求中CommonArguments 中的此参数。在这种方式下，如果别名解除引用到其他的别名时，目录不会发出差错信号。

g) 组件returnCrossRefs 是一个布尔值，指示了在执行一个分布式操作的过程中所使用的知识引用是否被要求作为交叉引用，伴随一个结果或转向推荐而传递回初始的 DSA。缺省值为FALSE 指示了这样的知识引用将不被返回。

h) 组件referenceType 向被要求执行操作的 DSA 指示，使用了什么类型的知识将请求路由到该 DSA。因此，该 DSA 能够在调用者所拥有的知识中检测到差错。如果有这样的差错被检测出，则它应在serviceError 中指示，且携带的问题为invalidReference。ReferenceType 在 10.7 中完整描述。

注 3：如果referenceType 缺失，则假设值为superior。

i) 组件info 用于在多个 DSA 之间传递 DMD 特定的信息，这些 DSA 包含在某个公共请求的处理中。本组件的类型为DomainInfo，是一个无限制的类型：

DomainInfo ::= ABSTRACT-SYNTAX.&Type

j) 组件timeLimit，如果存在，则指示了操作应当完成的时间限制(见 16.1.4.1)。在Time 的值用于任何一个比较操作之前，且Time 的语法选择为UTCTime 类型时，两位数字的年字段值应被合理化为四位数字的年字段值，如下所述：

——如果两位数字的值是 00 到 49(含)，则最后的值应当加 2000。

——如果两位数字的值是 50 到 99(含)，则最后的值应当加 1900。

注 4：使用GeneralizedTime 可阻止与某些实现的互操作，这些实现不关注选择UTCTime 或GeneralizedTime 的可能性。谁规定了本目录规范将应用的域，例如轮廓分组，则应当由谁来负责什么时候可使用GeneralizedTime。在任何情况下，UTCTime 都不能被用于表示超出 2049 年以后的日期。

k) 组件SecurityParameters 在 GB/T 16264.3—2008 中指定。它的缺失被认为与安全参数为空集是等价的。

l) 如果初始的操作是一个搜索操作，其中变元subset 被设置为oneLevel，且遇到一个别名条目是baseObject 的直接下级，在这种情况下，组件entryOnly 被设置为TRUE。成功地对targetObject 的名(称)执行了名(称)解析的 DSA 应对这个唯一的命名条目执行客体赋值。

m) 组件uniqueIdentifier 是可选提供的，当它被要求证实发起者的名(称)时才提供。其数据类型UniqueIdentifier 在 GB/T 16264.2—2008 中描述。

n) 组件authenticationLevel 是可选提供的，当它被要求指示鉴别执行的方式时才提供。其数据类型AuthenticationLevel 在 GB/T 16264.2—2008 中描述。

o) 组件exclusions 仅对于搜索操作有意义；它如果存在的话，指示了targetObject 的哪个下级条目子树应从搜索操作的结果中排除出去(见 10.9)。

p) 组件excludeShadows 仅对于搜索和列表操作有意义；它指示了搜索应被应用于条目，而不能应用于条目拷贝。本可选组件可以被某个 DSA 使用，用以避免接收到复制的结果(见 20.1)。

q) 组件nameResolveOnMaster 仅在名(称)解析时有意义，且仅在遇到 NSSR 时，才被设置。如果被设置为TRUE，则它指示后续的名(称)解析，即匹配从nextRDNToBeResolved 开始的剩余 RDN，不能够部署条目拷贝信息，其中包括多主实现中的可写拷贝；后续对每个剩余 RDN 的解析都应在该 RDN 所标识的条目的主 DSA 中执行(见 20.1)。

r) 组件operationIdentifier 简化了 DAP 操作与后续相关的 DSP 操作以及结果之间的相关性。它由第一个接收到 DAP 请求的 DSA 所分配，或者从要求链接的 DSP 请求的链接变元中复制。分配operationIdentifier 的 DSA 在一段足够长的时间段内，不能重新使用已分配的整数值。相关的 DAP 和 DSP 请求及结果的相关性通过这样的方式被简化，即对于每个操作和结果，DSA 都将operationIdentifier 以及分配它的 DSA(在链接请求的traceInformation 中的第一个 DSA)的名(称)记入日志。这样的相关性可能在用于日志、审计、计费和结算等目的时是有用的。

s) 组件searchRuleId 携带了某个搜索规则的唯一标识符。在下述情况下，它将包含在执行初始搜索规程(Ⅰ)的 DSA 中，即如果该规程在一个服务特定的管理区内发起，且当在 DIT 中往下执行时，或者跟随着别名时，或者跟随着分等级分组指针时，搜索操作被传递到其他 DSA。

t) 组件chainedRelaxation 可以在一个分布方式下为链接搜索操作执行放宽。如果某个 DSA 接收到一个链接搜索操作,且支持放宽策略,则该 DSA 能够使用所提供的chainedRelaxation 组件来替代任何它可以实现的其他放宽策略,因此使得放宽可以在那些潜在地返回搜索结果的 DSA 间进行协调。

u) 当接收 DSA 被要求解析相关的条目时,元素relatedEntry 应存在。若存在时,接收 DSA 应仅对SearchArgument 中joinAttributes 的值relatedEntry 所指定的特定相关条目元素进行响应。这样,值为零的一个relatedEntry 应选择SearchArgument 的joinAttributes 序列中的第一个元素。该值永远不能超过一个低于SearchArgument 中joinAttributes 组件内元素个数的一个值。在某个指定相关条目的 DSP 操作中,如果ChainingArguments 内的relatedEntry 元素缺失,则表示正在被链接的分布式操作是基本客体搜索,而不是搜索的相关条目部分。

注 5:如果一个将要被链接指向的 DSA 被要求既处理通常的搜索结果又处理相关条目结果,则通过向此 DSA 发送两个不同的 DSP 操作来实现。

当relatedEntry 元素存在,则应应用下列特殊的规则:

——在评估SearchArgument 的组件selection 的子组件infoTypes 时,infoTypes 应被认为具有值attributeTypesAndValues,而不论初始指定的值是什么;

——在JoinAttPair 的任意joinAtt 组件中指定的所有属性应被包含在选择中,不论之前是否被包含在内;

——整理相关条目结果的 DSA 应忽略值和未指定的变元,这样使得结果可以符合初始的用户请求。

在某个支持相关条目的 DSA 的后续的出ChainingArguments 中,应将变元relatedEntry 传递出去。

v) 如果绑定 DSA 不同于初始执行者(见 15.5.5),且绑定 DSA 支持 DSP 分页结果,则它可以设置dspPaging 组件值为 TRUE 来指示初始执行者提供 DSP 分页结果。如果该组件取值为 FALSE(缺省值),则初始执行者不应执行 DSP 分页结果。一个支持 DSP 分页结果的初始执行者不应将该组件前向到它正在发送子请求的那些 DSA。

w) 组件nonDapPdu 用于指示 PDU 在链接变元中是否被封装,该链接变元源自一个非 DAP 请求,如一个 LDAP 请求。

x) 组件streamedResults 用作一个计数器,来决定在响应该操作时,是否要链接流结果。当且仅当该计数器存在,且 DSA 理解流结果,并且 DSA 希望为其链接操作接收流结果时,每个包含在名(称)解析中的 DSA 才将该计数器加 1。因此,该计数器被最终完成名(称)解析的 DSA 使用来判断之前的每个 DSA 是否都准备要处理流结果。

y) 组件excludeWriteableCopies 仅针对搜索和列表操作有意义;它指示搜索应应用于条目的主拷贝,而不能应用于这些条目的可写拷贝。本可选组件可以被某个 DSA 使用作为一种方式来避免接收到复制结果(见 20.1)。

10.4 链接结果

链接结果ChainingResults 出现在每个操作的结果中,并向调用该操作的 DSA 提供反馈信息。

```
ChainingResults ::= SET {
    info [0] DomainInfo OPTIONAL,
    crossReferences [1] SEQUENCE SIZE (1..MAX) OF CrossReference OPTIONAL,
    securityParameters [2] SecurityParameters DEFAULT { },
    alreadySearched [3] Exclusions OPTIONAL }
```

不同组件的含义定义如下:

a) 组件info 用于在处理一个公共请求过程中所包含的多个 DSA 之间传递 DMD 特定的信息。

该组件的类型为DomainInfo，是一个无限制类型。

b) 组件crossReferences一般不出现在ChainingResults中，除非相应请求中的returnCrossRefs组件取值为TRUE。该组件由一个按序排列的CrossReference项所组成，每个项中都包含一个contextPrefix和一个accessPoint描述符(见10.8)。

```
CrossReference ::= SET {
contextPrefix [0] DistinguishedName,
accessPoint [1] AccessPointInformation }
```

当某个操作的targetObject变元中的一部分与某个DSA的上下文前缀之一相匹配时，则该DSA可增加一个CrossReference。DSA的管理机构可有策略规定不能返回这样的知识，在这种情况下，则不会在序列中增加相应项。

c) 数据类型SecurityParameters在GB/T 16264.3—2008中指定。组件securityParameters的缺失被认为与安全参数为空集时是等价的。

d) 组件alreadySearched，如果存在，指示了作为targetObject下级的哪个下级RDN已经被作为链接搜索操作的一部分被处理过了，因此在后续的子请求中将被排除出去。

注：处于contextPrefix或alreadySearched中的名(称)应是主可辨别名，且不应包含可替代可辨别名。

10.5 操作进展

OperationProgress的值描述了执行一个操作的进展状态，该操作中有多个DSA参与。

```
OperationProgress ::= SET {
        nameResolutionPhase [0] ENUMERATED {
            notStarted (1),
            proceeding (2),
            completed (3) },
        nextRDNToBeResolved [1] INTEGER OPTIONAL }
```

不同组件的含义定义如下：

a) 组件nameResolutionPhase指示了在处理某个操作的targetObject名(称)时，已经到达了哪个阶段。当它指示名(称)解析尚未开始时(值为notStarted)，则表示迄今为止尚未接触到这样的DSA，即在命名上下文中包含该名(称)的初始RDN的DSA。如果名(称)解析是正在进行中(值为proceeding)，则表示名(称)的初始部分已经被可辨别，尽管尚未到达拥有目标客体的DSA。组件nextRDNToBeResolved指示已经识别了名(称)的多少部分(见10.5的b))。如果名(称)解析已经完成(值为completed)，则表示已经到达了拥有目标客体的DSA，且适当的操作正在执行中。

b) 组件nextRDNToBeResolved向DSA指示了在targetObject名(称)中的哪个RDN是下一个将被解析的客体。它的格式是一个整数，取值范围从1到名(称)中RDN的个数。该组件仅在组件nameResolutionPhase取值为proceeding时，才存在。

10.6 踪迹信息

踪迹信息TraceInformation的值中携带了包含在某个操作执行过程中的DSA的记录。它可用于判断由于知识不一致或DIT中出现别名环回而可导致的环回的存在，或者避免环回的出现。

```
TraceInformation ::= SEQUENCE OF TraceItem
TraceItem ::= SET {
        dsa [0] Name,
        targetObject [1] Name OPTIONAL,
        operationProgress [2] OperationProgress }
```

每个将操作散播到其他DSA的DSA将在TraceItem序列的尾部增加一个新的项。每个这样的

TraceItem 包含：

a) 增加该项的 DSA 的名(称)。

b) targetObject 的名(称)是增加该项的 DSA 在入请求中接收到的名(称)。如果被链接的请求来自一个 DUA(在这种情况下，它的隐含值为XOperation 中的object 或baseObject)，或者如果它的值与出请求中的ChainingArgument 内的targetObject 值相同(实际相同或隐含相同)，则该参数被忽略。

c) operationProgress 的值是增加该项的 DSA 在入请求中接收到的值。

dsa 应是主可辨别名，且不应包含可替代可辨别名。被处理的targetObject 中的每个 RDN 都应是一个主 RDN。

在 RDN 的AttributeTypeAndDistinguishedValue 内的组件valuesWithContext 中可以包含带有上下文的可替代可辨别名

10.7 引用类型

引用类型ReferenceType 的值指示了在 GB/T 16264.2—2008 中定义的各种类型的引用之一。

```
ReferenceType ::= ENUMERATED {
        superior                    (1),
        subordinate                 (2),
        cross                       (3),
        nonSpecificSubordinate      (4),
        supplier                    (5),
        master                      (6),
        immediateSuperior           (7),
        self                        (8),
        ditBridge                   (9) }
```

10.8 访问点信息

有三种类型的访问点：

a) 一个AccessPoint 值标识了一个特定的点，在该点可以对目录，更明确来说是对一个 DSA 或一个 LDAP 服务器，进行访问。当标识的是一个 DSA 时，则访问点应具有相关 DSA 的名(称) Name，并且可有一个表示层地址PresentationAddress，用于该 DSA 的 OSI 或 IDM 通信，在这种情况下，不能出现labeledURI。当标识的是一个 LDAP 服务器时，则访问点应有一个LabeledURI，用于与该 LDAP 服务器的 LDAP 通信中。若LabeledURI 项存在，则Name 和PresentationAddress 都应被忽略，且SET OF protocolInformation 不应当出现。

```
AccessPoint ::= SET {
    ae-title [0] Name,
    address [1] PresentationAddress,
    protocolInformation [2] SET SIZE (1..MAX) OF ProtocolInformation OPTIONAL,
    labeledURI [6] LabeledURI OPTIONAL }
LabeledURI ::= DirectoryString{ub-labeledURI}
```

b) 一个MasterOrShadowAccessPoint 值标识了目录的一个访问点。访问点的category，取值或者为master，或者为shadow，依赖于它是指向一个命名上下文，还是指向一个公共可用的复制区。组件chainingRequired 指示对于此 DSA，链接是否是需要的，即不应当向该 DSA 返回一个转向推荐。

```
MasterOrShadowAccessPoint ::= SET {
    COMPONENTS OF AccessPoint,
```

category [3] ENUMERATED {

master (0),

shadow (1) } DEFAULT master,

chainingRequired [5] BOOLEAN DEFAULT FALSE }

c) 一个MasterAndShadowAccessPoints 值标识了目录的一系列访问点，即一系列相关的 DSA 和/或 LDAP 服务器。这些访问点共享特性，每个访问点都标识了一个 DSA 或 LDAP 服务器，这些 DSA 或 LDAP 服务器都拥有来自一个公共命名上下文的条目信息（或者如果值是属性nonSpecificKnowledge 的一个值时，则是来自一个由 DSA 主管的命名上下文的一个公共集合中）。MasterAndShadowAccessPoints 的一个值指示它所包含的每个AccessPoint 值的category。命名上下文的主 DSA 或 LDAP 服务器的访问点不必包含在此集合中。

注：实现者应当认识到对于一个 LDAP 服务器来说，这种情况是可能的，即使它被标识为shadow，它也可以根据接收到的 LDAP 更新操作来更新条目。

MasterAndShadowAccessPoints ::= SET SIZE (1.. MAX) OF MasterOrShadowAccessPoint

一个AccessPointInformation 值标识了一个或多个目录的访问点。

AccessPointInformation ::= SET {

COMPONENTS OF MasterOrShadowAccessPoint,

additionalPoints [4] MasterAndShadowAccessPoints OPTIONAL }

若产生一个AccessPointInformation 值的 DSA 是按照第 1 版本实现的 DSA，则该集合中的可选组件不存在。若解释AccessPointInformation 值的 DSA 是按照第 1 版本实现的 DSA，则出现的任何MasterAndShadowAccessPoints 值都被忽略。

若 DSA 是按照第 2 版本和后续版本实现的，则为一个AccessPointInformation 值而产生的MasterOrShadowAccessPoint 值组件的种类可以是属主或影像，由产生该值的 DSA 的知识选择规程来决定。它可以被看作是一个建议的访问点，由产生该值的 DSA 向接收该值的 DSA 提供。可选的，还可以为一个AccessPointInformation 值产生一个MasterAndShadowAccessPoints 值。它由附加的信息组成，这些信息可以由接收 DSA 的知识选择规程来部署，用于决定一个替代的访问点。

10.9 DIT 桥接知识

一个ditBridgeKnowledge 值标识了一个特定的点，在该点可以对另一个 DIT，更明确来说是对一个 DSA 或一个 LDAP 服务器进行访问。ditBridgeKnowledge 指定了一个访问点accessPoint，在这点上可以访问到 DSA 或 LDAP 服务器。

DitBridgeKnowledge ::= SEQUENCE {

domainLocalID DirectoryString{ub-domainLocalID} OPTIONAL,

accessPoints MasterAndShadowAccessPoints }

domainLocalID 包含一个可读的描述符，标识了包含在引用中的 DIT。

10.10 排除

正如在 10.3 中定义的那样，ChainingArguments 中的exclusions 组件被用于限制某个搜索操作的范围，这是通过标识一系列的作为目标客体下级的条目以及它们的所有下级来实现的，所标识的这些条目都不能包含在该搜索操作的处理过程中。组件exclusion 被定义为 ASN.1 数据类型Exclusions 的一个值。

Exclusions ::= SET SIZE (1.. MAX) OF RDNSequence

Exclusions 集中的每个RDNSequence 值都应当标识一个作为目标客体下级的命名上下文的上下文前缀。如果一个 DSA 接收到一个search 请求，且携带的某个RDNSequence 值不符合本限制，则该 DSA 可忽略此值。RDNSequence 是相对于目标客体的，因此不是上下文前缀的可辨别名。

Exclusions 应是主可辨别名。可替代可辨别名和上下文信息也可以包含在内。

除了可以作为某个用户请求中一部分，Exclusions 还能够被 DSA 使用，使得在影像信息存在的情况下，从搜索子请求中返回的复制信息最少。

图 5 举例说明了Exclusions 的一种用法示例。在这个例子中，一个 DSA 拥有两个复制区，其中一个在另一个的下面。一个起始于上下文前缀 X，另一个起始于上下文前缀 C。一个处于 Y 的条目拷贝拥有三个下级引用，分别指向命名上下文 A、B 和 C。

作为一个示例，如果该 DSA 执行了一个子树搜索，该搜索起始于命名上下文 X 内的一个基本客体，则 DSA 能够从复制区 X 和 C 中提供信息。命名上下文 A 和 B 中的信息应通过下级引用才能够被提供。在执行请求分解时，可用于partialResults 或链接中的连续引用，将指定 Y 为目标客体，而 C 为一个Exclusions 集内的单独元素。

图 5　排除

10.11　连续引用

一个连续引用ContinuationReference 描述了某个操作的全部或部分是如何在一个不同的 DSA、LDAP 服务器或它们的某种组合中继续执行的。典型地，当包含在内的 DSA 不能够或不愿意自己去传播请求时，连续引用是作为一个转向推荐来返回的。

```
ContinuationReference ::= SET {
    targetObject [0] Name,
    aliasedRDNs [1] INTEGER OPTIONAL, ——仅出现在第 1 版本系统中
    operationProgress [2] OperationProgress,
    rdnsResolved [3] INTEGER OPTIONAL,
    referenceType [4] ReferenceType,
    accessPoints [5] SET OF AccessPointInformation,
    entryOnly [6] BOOLEAN DEFAULT FALSE,
    exclusions [7] Exclusions OPTIONAL,
    returnToDUA [8] BOOLEAN DEFAULT FALSE,
    nameResolveOnMaster [9] BOOLEAN DEFAULT FALSE }
```

不同组件的含义定义如下：

a) 组件targetObject 指示了在继续执行操作中所要使用的客体名。它可以不同于入请求中接收到的targetObject 中的名(称)，例如在一个别名被解除引用，或者搜索中的基本客体已经被定位的情况下。在targetObject 中的 RDN 应是主 RDN(对于已经处理过的 RDN)。带上下文的

可替代可辨别值也可以包含在内。

b) 组件aliasedRDNs 指示了在目标客体名中有多少个 RDN(如果有的话)已经被别名解除引用处理过了。当且仅当别名已经被解除引用时该变元存在。

注:提供本组件是为了与目录第1版本的实现相兼容。根据后续的目录规范版本实现的 DUA(和 DSA)应当总是忽略后续请求的CommonArguments 中的此参数。在这种情况下,如果别名解除引用到其他别名时,目录不会发出差错信号。

c) 组件operationProgress 指示了已经完成的名(称)解析的数量,该参数将控制指定 DSA 的后续操作的执行,假设接收ContinuationReference 的 DSA 或 DUA 希望在其后继续执行。

d) 组件rdnsResolved 的值(如果名(称)中的部分 RDN 不能进行完全的名(称)解析,但是被假设通过一个交叉引用而纠正了,在这种情况下,才需要出现该组件)指示了实际上有多少个 RDN 仅使用内部引用就已经被解析过了。

e) 组件referenceType 指示了什么类型的知识被用于产生此连续引用。

f) 组件accessPoints 指示了为了获得此连续引用而需要接触的访问点。仅在包含非特定下级引用时,才能够出现多个AccessPointInformation 项。

g) 当初始操作是一个搜索操作,且subset 变元被设置为oneLevel,并且遇到一个别名条目是baseObject 的直接下级时,在这种情况下,组件entryOnly 被设置为TRUE。针对targetObject 名(称)成功地执行了名(称)解析的 DSA,应对此唯一的命名条目执行客体赋值。

h) 组件exclusions 标识了一系列下级命名上下文,这些下级命名上下文不能由接收方 DSA 部署。

i) 元素returnToDUA 是可选提供的,当创建此连续引用的 DSA 希望指示出它不愿意通过一个中介 DSA 来返回信息(如出于安全原因),并且希望指示出信息可以通过初始 DUA 或 LDAP 客户机和 DSA 之间的一个 DAP 或 LDAP 操作而直接可用时,则提供此组件。若returnToDUA 被设置为 TRUE,则referenceType 可以被设置为self。

j) 元素nameResolveOnMaster 是可选提供的,当创建此连续引用的 DSA 遇到 NSSR 时,则提供此组件。如果设置为TRUE,则它指示后续的名(称)解析,即与从nextRDNToBeResolved 开始的剩余 RDN 进行匹配时,不能使用条目拷贝信息,其中包括多主实现中的可写拷贝;对每个剩余 RDN 的后续解析应在该 RDN 所标识的条目的主 DSA 内进行(见 20.1)。

11 绑定和解绑定

DSABind 和DSAUnbind 分别被 DSA 用在访问另一个 DSA 的时间段的起始点和结束点。一个DSP 联系的绑定和解绑定本身不能够导致在联系过程中所请求的任何分布式分页结果的丢失。

11.1 DSA 绑定

一个DSABind 操作被用于开始两个提供目录服务的 DSA 之间的合作阶段。

```
DSABind ::= BIND
    ARGUMENT DirectoryBindArgument
    RESULT DirectoryBindResult
    BIND-ERROR DirectoryBindError
```

DSABind 中的组件与目录绑定DirectoryBind (见 GB/T 16264.3—2008)中的对等部分是相同的,除了下列所述的不同:

——DirectoryBindArgument 中的Credentials 允许标识始发 DSA 的AE-Title 的信息能够被发送到响应 DSA。AE-Title 的格式应为一个目录可辨别名。

——DirectoryBindResult 中的Credentials 允许标识响应 DSA 的AE-Title 的信息能够被发送到始发 DSA。AE-Title 的格式应为一个可辨别名。

——DSA 的名(称)或AE-Title可以使用可替代可辨别名,并且可以包含上下文信息。

注 1:因为名(称)可被用于简单证书或强证书,因此可以使用可替代可辨别名,如果它们存在的话。然而,如果不使用主可辨别名,则基于名(称)的鉴别和访问控制可以不能按照期望的那样工作。随后对已鉴别的 BIND 操作的成功处理,无论在 BIND 操作中使用什么样的名(称),从此以后被绑定的实体相互之间应知道它们的主可辨别名,以便简化在 BIND 生效过程中访问控制的操作。

注 2:鉴别所要求的证书可以被安全交换服务元素(见 GB/T 16264.5—2008)所携带,在这种情况下,它们不出现在绑定变元或结果中。

11.2 DSA 解绑定

两个提供目录服务的 DSA 之间合作阶段结束时的解绑定,如果用于 OSI 环境,则在 GB/T 16264.5—2008 的 7.6.4 和 7.6.5 规定,如果用于 TCP/IP 环境,则在 GB/T 16264.5—2008 的 9.3.2 规定。

12 链接操作

对于每个用于访问目录抽象服务的操作,在合作的 DSA 之间都有一个一一对应的对等操作。所选择的操作名(称)要体现出这种对应性,因此在合作的 DSA 之间使用的操作名(称)前都增加一个前缀“链接”。

链接操作的变元、结果和差错都是从目录抽象服务的相应操作的变元、结果和差错中系统构建而成的(见 12.1 的描述),只有一个例外。这个例外便是ChainedAbandon 操作,它在语法上是等同于它相对应的目录抽象服务的(见 12.2 的描述)。

12.1 链接操作

如果一个 DSA 接收到来自一个 DUA 或 LDAP 客户机的操作,则它可以选择构建该操作的一个链接形式来将此操作传播到另一个 DSA。而接收到一个操作的链接形式的 DSA,也可以选择将此操作链接到另外一个 DSA。

调用一个操作的链接形式的 DSA 可以对操作的参数进行签名、加密,或签名并加密;而执行操作的 DSA,如果被这样请求的话,也可以对操作响应者所返回的结果或差错进行签名、加密或签名并加密。从某个 LDAP 客户机处接收到一个操作的 DSA,或者从另一个 DSA 处接收到一个 LDAP 操作的 DSA,可以选择将原始的 LDAP 客户机提供的操作传播到一个 LDAP 服务器。

一个操作的链接形式的规范是使用参数化类型chained { }。

```
chained { OPERATION : operation } OPERATION ::= {
    ARGUMENT OPTIONALLY-PROTECTED {
        SET {
            chainedArgument ChainingArguments,
            argument [0] operation.&ArgumentType } }
    RESULT OPTIONALLY-PROTECTED {
        SET {
            chainedResult ChainingResults,
            result [0] operation.&ResultType } }
    ERRORS { operation.&Errors EXCEPT referral | dsaReferral }
    CODE operation.&operationCode }
```

注 1:可以被用于chained { }中的实际参数的目录抽象服务的操作包括abandoned 差错。在一个链接操作的一系列可能差错中,此差错的出现体现了 12.2 讨论的可能性,即当一个链接的联系失效时,可以为chainedModify 操作产生一个chainedAbandon。

注 2:在附录 A 中对 DSA 抽象服务的明确规范中,应用了此参数化类型来构造所有的抽象服务的链接操作。派生出的操作的变元具有下列组件:

a) chainedArgument:这是ChainingArguments 的一个值,包含了除始发 DUA 或 LDAP 客户机

提供的变元之外的那些信息,为了让执行的 DSA 或 LDAP 服务器能够完成操作,需要这些信息。该信息类型在 10.3 定义。

b) argument:这是 operation. &Argument 的一个值,包含了 DUA 提供的原始变元,如同在 GB/T 16264.3—2008 的相应章条规定的那样,或者包含了 LDAP 客户机提供的原始变元,如同在 RFC 2251 的相应章条规定的那样。

注 3:如果认为适当的话,它还可以封装除了源自 DAP 或 LDAP 的 PDU 类型之外的其他 PDU 类型。完成上述工作机制的规范尚待研究。

如果请求成功,则派生操作的结果具有如下组件:

a) chainedResult:这是ChainingResults 的一个值,包含了除将要提供给始发 DUA 的信息之外的那些信息,在某个链接中,之前的 DSA 可能需要这些信息。该信息类型在 10.4 中定义。

b) result:这是operation. &Result 的值,由该操作的执行者将要返回的结果组成,并且将要被放在返回给始发 DUA 的结果中而被传递回去。该信息在 GB/T 16264.3—2008 的适当章条中规定。

如果请求失败,除了dsaReferral 要替代referral 被返回之外,还将返回operation. &Errors 差错集中的一个差错。可被上报的差错集在 GB/T 16264.3—2008 中为相应操作描述。差错dsaReferral 在 13.2 中描述。

12.2 链接放弃操作

chainedAbandon 操作由一个 DSA 使用,向另一个 DSA 指示它不再对之前调用的某个分布式操作继续被执行感兴趣。这可以出于多种原因,其中示例如下:

——让 DSA 初始发起链接的操作本身已经被放弃了,或者由于联系的中断而被隐含中止了;

——DSA 已经通过另外的方法获得了必要的信息,例如已经从一个包含在并行多链接中的某个更快的响应 DSA 处获得了信息。

一个 DSA 永远都不能被迫发起一个chainedAbandon,或者实际上确实放弃了一个操作,如果被要求如此的话。

如果chainedAbandon 真正成功停止了某个操作的执行,则将有一个结果被返回,且相应的操作将返回一个abandoned 差错。如果chainedAbandon 没有成功停止某个操作,则它本身将返回一个abandonFailed 差错。

12.3 链接操作和协议版本

要求协议版本要高于第 1 版的操作(例如带某些变元的modifyEntry 操作),或者当与某个版本高于第 1 版的协议使用时,返回不同结果的操作(例如带一个签名变元的modifyEntry 操作),应仅被链接到与传送请求的联系具有相同版本或更高版本的联系上。

13 链接差错

13.1 引言

在大多数情况下,在目录抽象服务中返回的相同差错都能够在 DSA 抽象服务中返回。例外情况是 dsaReferral 差错被返回(见 13.2),而替代了Referral,同时下列服务问题具有相同的抽象语法但具有不同的语义:

a) invalidReference:返回此差错的 DSA 在呼叫方 DSA 的知识中检测到一个差错,呼叫方 DSA 的知识在链接变元referenceType 中指定。

b) loopDetected:返回此差错的 DSA 在目录的知识信息中检测到一个环回。

可以出现的差错的优先级同目录抽象服务中的优先级相同,在 GB/T 16264.3—2008 中指定。

如果在一个链接操作中出现了一个差错,则响应方 DSA 可对返回的差错进行签名、加密或签名并加密。

13.2 DSA 转向推荐

dsaReferral 差错由 DSA 产生，无论何种原因，当 DSA 不愿意将该操作链接到一个或多个其他 DSA 而继续执行该操作时，产生此差错。它可以返回一个转向推荐的环境在 8.3 描述。

```
dsaReferral ERROR ::= {
    PARAMETER OPTIONALLY-PROTECTED {
        SET {
            reference [0] ContinuationReference,
            contextPrefix [1] DistinguishedName OPTIONAL,
            COMPONENTS OF CommonResults } }
    CODE id-errcode-dsaReferral }
```

不同参数的含义如下所述：

a) ContinuationReference 包含调用者在将适当的请求传播到另一个 DSA 或一个 LDAP 服务器时所需的信息。该信息的类型在 10.11 规定。

b) 如果该操作的ChainingArguments 的returnCrossRefs 组件取值为TRUE，且该转向推荐是基于一个下级引用或交叉引用，则可以可选地包含参数contextPrefix。任意 DSA 的管理机构将决定哪种知识引用（如果有的话）能够以此种方式返回（例如，其他方式可以对该 DSA 是保密的）。

contextPrefix 或一个继续转向推荐应是主可辨别名。带上下文的可替代可辨别名可以包含在任意 RDN 的AttributeTypeAndDistinguishedValue 的valuesWithContext 组件中。

所提供的信息能够可选地通过使用CommonResults 中的notification 组件进行限定。

第五篇：分布式规程

14 概述

14.1 范围和限制

本章规定了 DSA 所执行的目录分布式操作的规程。每个 DSA 都独立地执行下面所描述的规程；所有 DSA 的集体行为将构成目录提供给用户的完整的服务集合。

14.2 一致性

本章对 DSA 规程的描述是基于 GB/T 16264.2—2008 中的第 8 章和第 9 章描述的模型，以及本目录规范的第 7 章和第 8 章描述的模型。流程图及其相应的文字描述是一种方式，将一个给定的向 DSA 输入的外部（DAP、LDAP 和/或 DSP）输入集合映射为该 DSA 所产生的一个或多个外部输出（即一个结果、差错、转向推荐或链接请求等），依赖于该 DSA 所拥有的特定的 DSA 信息树。

目录很可能分布在各种不同的 DSA 之间，这些 DSA 可根据目录规范的不同版本实现，或者仅支持 LDAP 的实现等。发起请求的 DUA 或 LDAP 客户机不会关注满足 DUA 或 LDAP 客户机请求的一个或多个 DSA 是按照哪个版本实现的。因此，要在这样一个异构环境下执行操作，DSA 应根据 GB/T 16264.5—2008 的第 12 章中定义的扩展规则来实现。

注 1：仅支持 LDAP 而实现的 DSA，可根据，也可不根据该扩展规则来实现。

DSA 的实现应在功能上与这里所描述的这些规程所规定的外部行为是等价的。某个特定的 DSA 在实现时，如何根据给定的输入以及拥有的 DSA 信息树而导出正确的输出，所使用的算法是没有被标准化的。

注 2：伴随规程的流程图是辅助性的，用来帮助对规程的理解。但不能认为它们是对文字描述的一种精确替代。

对于某个特定的规程，如果在文字描述和流程图之间有分歧，则认为文字描述的优先级较高。

14.2.1 包含第 1 版本 DSA 的交互

如果修改操作是在跨 DSA 的边界进行评估的（即带有TargetSystem 的addEntry 操作，移除或重命名某个上下文前缀等操作），则本目录规范仅规定了两个第 2 版本或后续版本的 DSA 应当具有何种行为。两个第1版本的DSA之间的交互,以及第1版本的DSA和第2版本或后续版本的DSA之间的交互,不在本系列目录规范的定义范围之内。如果混合版本的DSA之间具有一个分等级的操作绑定,则彼此版本的知识可允许向用户给出一个一致性方面的差错。

14.3 概念模型

目录分布式操作的复杂性引发了这样的一个需求,即同时使用叙述性描述技术和图形描述技术来进行概念建模。然而,无论是叙述性方法还是图形图表方法都不能被认为是对分布式目录操作的一种正式描述。

14.4 DSA的单独操作和合作操作

该模型从两个不同的视角对DSA操作进行观察,这两个视角结合起来共同提供了一个完整的目录操作视图。

a) 以DSA为中心的视角:在这种视角下,支持目录的一系列规程都从一个单独DSA的视点进行描述。这就使得为每个规程都提供一个明确的规范成为可能,并且能够完整地解决它们之间的相互关系和全面的控制结构。第16章到第22章便从一个以DSA为中心的视角描述了DSA规程。

b) 以操作为中心的视角:以DSA为中心的视点提供了完整的细节,但对理解单个操作的结构变得困难,这些操作可被多个DSA所执行。因此在后面的第15章采用了一个主要以操作为中心的视点来介绍应用到每个操作的执行阶段。

为了支持目录的分布式操作,每个DSA都应执行两类动作,一类是实现每个操作的自身目的所需的动作,另一类是为了将这些实现在多个DSA间分布所需的附加动作。第15章研究了这两类动作之间的差异。第16章到第22章对这两类动作都给出了详细规定。

14.5 DSA之间的合作商定

所有的DSA如果根据它们所拥有的命名上下文而处于一种下级/上级关系中,则这样的DSA之间具有分等级操作绑定和/或非特定的分等级操作绑定,依赖于这些DSA所拥有的知识引用的类型。两个DSA之间的分等级操作绑定和非特定分等级操作绑定可通过使用第24章和第25章中定义的规程来进行管理,或者通过其他的途径(如电话)来进行管理。

一个DSA,如果它拥有的条目处于其上级DSA的管理区内,则该DSA应管理子模式,应遵循控制搜索规则(如果有的话),且应按照管理机构的要求对条目的访问进行控制。管理区内条目的调整可按照GB/T 16264.2—2008中定义的那样执行,也可通过本地机制来执行。

15 分布式目录行为

15.1 操作的合作实施

每个DSA都配备有相应的规程来完整地实施所有的目录操作。如果一个DSA包含完整的DIB,则在这种情况下,实际上所有的操作都完全是在此DSA内部执行的。如果DIB是分布在多个DSA内的,则在这种情况下,一个典型操作的实现是分段的,在每个潜在的合作DSA内将仅执行该操作的一部分。

在分布式环境中,典型的DSA将每个操作都看作是一个临时事件:由一个DUA、一个LDAP客户机或某些其他DSA所调用的操作;DSA对相应客体进行处理,然后将其前向到另一个DSA以便作后续处理。

一个替代视点认为整个处理是在其实施过程中通过多个合作的DSA由一个操作所完成的。这种视角揭示了可以应用到所有操作的公共处理阶段。

15.2 操作处理的阶段

每个目录操作都可被认为由三个不同的阶段构成:

a) *名(称)解析(Name Resolution)*阶段,在此阶段,某个特定操作将要执行的条目所在的客体名被用来定位拥有此条目的DSA;

b) *赋值(Evaluation)阶段*,在此阶段,某个特定的目录请求所指定的操作(如一个阅读操作)被真正地执行;

c) *结果合并阶段(Results Merging phase)*,在此阶段,某个指定操作的结果被返回到发出请求的DUA或LDAP客户机。如果选择了交互的链接模式,则结果合并阶段可包含多个DSA,其中每个DSA都在之前的一个或两个阶段中将原始请求或子请求(如15.3.1中的定义——请求分解)链接到另一个DSA。

在操作为阅读、比较、列表、搜索、修改条目、修改DN和移除条目的情况下,名(称)解析针对的是在操作参数中所提供的客体名。在操作为增加条目的情况下,名(称)解析的目标条目是操作参数所提供的条目的直接上级。

条目——这可以很容易地通过将操作参数所提供的名(称)中的最后一个RDN去掉而得到(这是通过18.3.1中FindDSE过程中的本地参数m而实现的)。

针对某个特定条目的操作可被初始发送到目录内的任意DSA。该DSA,使用它的知识,还可联合其他的DSA一起,通过上述三个阶段来处理此操作。

15.2.1 名(称)解析阶段

名(称)解析是一个将某个声称名(称)中的每个RDN与DIT的弧(或顶点)进行顺序匹配的过程,逻辑上起始于DIT的根,并在DIT内一直向下进行。然而,由于DIT是分布在任意的多个DSA内的,因此每个DSA可仅能够执行名(称)解析过程中的一小部分。一个给定的DSA通过遍历它的本地DSA信息树来执行名(称)解析过程中属于它的那部分。该过程在第18章中描述,并且提供了相应的图(见图9到图12)。基于它的本地DSA信息树,以及包含在内的知识信息,一个DSA能够推断出名(称)解析是否可以被一个或多个其他DSA继续进行,或者名(称)是否是差错的。

如果服务控制选项manageDSAIT被设置,则名(称)解析阶段将被限制为仅在一个DSA信息树内工作。

15.2.2 赋值阶段

当名(称)解析阶段完成后,所要求的实际操作(如阅读或搜索操作)就开始执行了。

包含一个单独条目查询的操作——阅读和比较——可能完全是在此条目所在的DSA内执行的。

包含多个条目查询的操作——列表和搜索——需要定位目标客体的下级,而这些下级可处于同一个DSA,也可处于不同的DSA。如果它们不是全部都处于同一个DSA内,则操作需要被指引到其他的DSA来完成赋值过程,这些DSA是通过(适当的)下级引用、非特定下级引用、提供者引用、或主引用来指定的。

如果服务控制选项manageDSAIT被设置,则赋值阶段将被限制为仅在一个DSA信息树内工作。类似的,如果赋值过程起始于一个服务特定的管理区,则赋值将被限制在该管理区内。

15.2.3 结果合并阶段

一旦赋值阶段的某些结果可用,则进入到结果合并阶段。

如果操作仅受一个单独条目的影响,则在这种情况下,操作结果可以被简单地返回给请求DUA或LDAP客户机。如果操作受到多个DSA内的多个条目的影响,则在这种情况下,结果可以被组合。如果对结果执行了保护,则结果不能被组合。返回给DUA或LDAP客户机的结果应是没有执行合并的结果。

在结果合并后,允许返回给请求者的响应包括:

a) 操作的完整结果;

b) 不完整的结果,由于DIT的某些部分仍是不可查询的(仅应用于列表和搜索)。这样的一个*部分结果*中可以包含为那些不能查询的DIT部分的连续引用;

c) 一个差错(转向推荐是一种特殊的情况);以及

d) 如果请求者是一个DSA,则可以返回一个ChainingResults。

15.3 管理分布式操作

在DSA可被要求执行的每个操作的变元中包含的信息,指示了当操作在跨越目录的多个DSA时,该操作的执行进展情况。这使得对于每个DSA来说可以执行处理所要求的适当方面,并且在将操作向外前向到其他DSA前,记录此方面工作的完成。

在DSA中还包括附加的规程以便在物理上分布操作,同时支持由于它们的分布而引发的其他需求。

15.3.1 请求分解

请求分解是在DSA与其他一个或多个其他DSA和LDAP服务器通信之前,由DSA内部执行的一个过程。一个请求被分解为多个子请求,因此每个子请求完成原始任务的一部分。例如在搜索操作中,在基本客体被发现后可以使用请求分解。在分解后,每个子请求可被单链接或多链接到其他DSA和/或LDAP服务器上,以便继续执行任务。

如果操作是由一个DUA发起的,则一个链接请求(见12.1)或子请求的argument应是未经修改的操作变元,而如果操作是由一个LDAP客户机发起的,则该argument应是未经修改的LDAP消息。一个接收到链接请求的DSA在做请求分解时不应当修改argument。

注:下面的各条规定了argument中的各个组件的需求。但不应当被解释为那些没有被显式提及的组件是可以修改的。

15.3.2 DSA作为请求响应者

接收请求的DSA可以使用operationProgress参数来检查该请求的进展情况。这可以判断操作是仍然处于名(称)解析阶段还是已经到了赋值阶段,以及DSA应准备满足操作的哪一部分。如果DSA不能够完全满足请求,则它应或者将请求(通过单链接或多链接)传递到其他的能够帮助实现请求的一个或多个DSA和/或LDAP服务器,或者返回另一个DSA或LDAP服务器的转向推荐,或者终止该请求并返回一个差错。

15.3.3 操作的完成

每个发起操作的DSA,或者将操作传播到一个或多个其他DSA和/或LDAP服务器的DSA,都应保持该操作的存在踪迹,直到每个其他的DSA和/或LDAP服务器都已经返回了一个结果或差错,或者操作的最大时间限制已经超时。此需求可应用到所有的操作、传播模式和处理阶段。它确保了传播到目录的分布式操作可以按顺序结束。

15.4 环回的处理

DIT可处于某种状态而引起环回。例如,在名(称)解析过程中,当对一个或多个别名进行的解除引用,使得解析又回到DIT的相同分支上时,则出现环回。另一个引起环回的潜在原因是由于差错地配置了知识引用。

在一个特定的目录操作的上下文内,如果在任何时间,操作返回到之前的某个状态,则出现环回,这里,状态通过下面的组件来定义:

——当前处理操作的DSA的名(称);

——包含在操作变元中的targetObject的名(称);

——包含在操作变元中的operationProgress,如10.5的定义。

这并不意味着一个操作不能被某个特定的DSA多次处理。然而,它意味着DSA不能多次处理处于同一状态的同一个操作。

可以使用10.6定义的traceInformation变元来控制环回,该变元记录了某个特定操作已经经历过的状态序列。定义了两个策略来判断是否出现了环回,或者将要出现环回。这两个策略是环回检测和环回避免,它们分别在15.4.1和15.4.2中描述。

环回检测是必选的,而环回避免是可选的。

15.4.1 环回检测

一旦接收到一个目录操作,DSA最初应对操作进行有效性判断以确保该操作是可被继续执行的。有效性判断的一个重要任务是检查环回,通过判断操作的当前状态是否已经存在于该操作的traceInformation变元中所记录的之前状态序列中。检查环回的这一步骤便是环回检测。

15.4.2 环回避免

环回避免要求某个 DSA,作为链接规程的一部分在将某个请求前向到另一个 DSA 之前,就要判断由此而产生的操作状态(这是一个traceItem,接收的 DSA 在接收到它之后会将其增加到traceInformation 中)是否已经存在于该初始入操作的traceInformation 变元中记录的之前状态序列中。

若接收到转向推荐或对转向推荐进行操作,在这种情况下,就不能仅仅通过检查traceInformation来完成环回避免和环回检测。在这种情况下,每次 DSA 对转向推荐进行操作时,它都应存储由此而产生的操作状态(即traceItem,接收的 DSA 在接收到该请求之后会将其增加到traceInformation 中),并且将入请求记录也随之存储。在对某个转向推荐进行操作或返回某个转向推荐之前,DSA 都需要检查此列表,以便检查当准备为入操作服务时,相同的请求在之前并未发送过。

15.5 分布式操作的其他考虑

15.5.1 服务控制

在分布式环境中,为了操作能够按照所请求的方式执行,某些服务控制需要特殊的考虑。

a) chainingProhibited:一个 DSA 在决定某个操作的传播方式时,需要考虑此服务控制。如果它被设置,则 DSA 将总是使用转向推荐方式。然而,如果它未被设置,则 DSA 能够依赖于它自身的能力,选择是使用链接方式,还是使用转向推荐方式。

b) timeLimit:一个 DSA 需要考虑此服务控制以确保该 DSA 中没有超出时间限制。被某个 DUA 请求执行操作的 DSA,最初应注意 DUA 所表达的timeLimit,该时间限制以秒计,作为完成该操作的可用的持续时间。如果要求链接,则timeLimit 包含在将要传递到下一个 DSA 的链接变元中。在这种情况下,同样的限制值将用于每个链接请求,且在此时间(UTC)之前,操作应完成以满足最初规定的限制。在接收到指定了timeLimit 的ChainingArguments 时,接收的 DSA 应遵守此限制。

c) sizeLimit:一个 DSA 需要考虑此服务控制以确保结果列表没有超出指定的尺寸限制。该限制包含在初始请求的公共变元中,在请求被链接时将被无改变地传递。如果要求进行请求分解,则相同的值包含在将要传递到下一个 DSA 的变元中,对每个子请求都应用完全的限制。当结果返回时,请求者 DSA 分析多个结果,并将此限制应用于全体结果以便确保仅有请求的数量被返回。如果超出了该限制,将在答复中指出。

d) priority:在所有的传播方式下,每个 DSA 都有责任确保操作的处理过程是有序的,以便支持此服务控制,如果此服务控制存在的话。

e) localScope:操作被限制在一个本地定义的范围内,且每个 DSA 都不能将请求传播到该范围之外。

f) scopeOfReferral:如果 DSA 针对某个列表或搜索操作返回了一个转向推荐或部分结果,则所包含的连续引用应处于被请求的范围之内。

所有其他的服务控制都需要被遵守,但是它们的使用在分布式环境中不需要任何特别的考虑。

15.5.2 扩展

如果一个 DSA 在处理过程的名(称)解析阶段遇到一个扩展操作,且判断操作应被链接到一个或多个 DSA,则它应在链接操作中无变化地包含任何出现的扩展。

注:一个管理机构,如果不希望传播一个扩展时,它可判断返回一个问题为unwillingToPerform 的serviceError 是合适的。

如果一个 DSA 在处理过程的赋值阶段遇到一个它不支持的扩展,则有两种可能性出现。如果扩展不是关键的,则 DSA 应忽略此扩展。如果扩展是关键的,则 DSA 应返回一个问题为unavailableCriticalExtension的serviceError。一个关键扩展,如果扩展到多客体操作,可能会导致出现多样的结果和服务差错。合并这些结果和差错的 DSA 应抛弃这些服务差错,并且使用PartialOutcomeQualifier 的组件unavailableCriticalExtension,正如在 GB/T 16264.3—2008 中描述的那样。

15.5.3 别名解除引用

别名解除引用是创建一个新的目标客体名(称)的过程,它使用别名条目的AliasedEntryName 的属性值来替换原始目标客体名的别名条目的可辨别名部分。在操作中的object名(称)不受别名解除引用的影响。

15.5.4 解析上下文变体的名(称)

在名(称)解析阶段,当RDN被处理时,通过确保RDN中的每个AttributeTypeAndDistinguished-Value都使用该属性的主可辨别值作为其value,则可以创建一个新的目标客体名。通过这种方法,目标客体名被处理为一个主可辨别名。这样做是为了提供一致的名(称)处理,尤其是在名(称)解析中可以包含第3版本之前的DSA时。在操作中的object名(称)不受该替代的影响。

15.5.5 分页结果

当DUA在搜索或列表操作的请求(见GB/T 16264.3—2008的7.9)中包含PagedResultsRequest时,分页可以是由直接与DUA绑定DSA来执行的,这种DSA又被称为绑定DSA;或者可以是由拥有搜索或列表操作请求中的baseObject/object条目的DSA来执行的(可以在一个或多个别名解除引用之后),这样的DSA又被称为初始执行者。如果分页是由绑定DSA执行的,该DSA也可以是初始执行者,则这样的分页被称为绑定DSA的分页结果。如果分页是由初始执行者执行的,且初始执行者不同于绑定DSA,则这样的分页被称为DSP分页结果。

一个支持DSP分页结果的DSA应:

——支持绑定DSA的分页结果;

——作为一个绑定DSA时,支持DSP分页结果;

——作为一个初始执行者时,支持DSP分页结果;且

——支持PartialOutcomeQualifier的子组件entryCount。

如果一个绑定DSA接收到一个包含PagedResultsRequest的搜索或列表请求,且绑定DSA不是该请求的初始执行者时,则绑定DSA可选择在ChainingArguments中包含参数dspPaging。初始执行者可选择完成DSP分页结果。这种情况会通过在PartialOutcomeQualifier中包含一个queryReference参数而向绑定DSA发出信号。返回给DUA的queryReference将被用于检索下一页。

如果初始执行者不支持DSP分页结果,或者选择不去执行DSP分页结果,则绑定DSA可执行正常的绑定DSA分页。

一个作为执行者但不是初始执行者的DSA,应忽略chainingArguments中可能的dspPaging组件,并且它应遵守服务控制sizeLimit,如果该服务控制存在的话。

15.6 分布式操作的鉴别

目录的用户,以及提供目录服务的管理机构可根据它们自己的决定,要求目录操作被鉴别。对于任意一个特定的目录操作,鉴别过程的特性依赖于当时生效的安全策略。

有两个鉴别规程的集合可用,两者联合起来共同满足一定范围内的鉴别需求。一个规程集是由绑定提供的:这些规程简化了两个目录应用实体之间为了建立一个联系而所需的鉴别。绑定规程包含了一定范围的鉴别交互,从身份的简单交换到强鉴别。

除了绑定所提供的建立联系时对等实体之间的鉴别外,在目录内还定义了另外的规程使得独立的操作也可被鉴别。定义了两个不同的目录鉴别规程集。一个是发起者鉴别服务,由一个DSA对原始服务请求的发起者进行鉴别。第二个是结果鉴别服务,由发起者对返回的任意结果进行鉴别。

对于发起者鉴别,定义了两个规程,一个是基于身份的简单交换,被称为基于身份的鉴别;另一个是基于数字签名技术,被称为基于签名的鉴别。前一个规程从本质上说是最初级的,因为身份交换是基于可辨别名的交换,而可辨别名是明文传送的。

对于结果鉴别,定义了一个单独的结果鉴别规程,是基于数字签名技术的;由于一般从本质上来说结果核对是复杂的,因此没有定义简单的,基于身份的规程。

差错响应的鉴别可被这些规程所支持。

下面所描述的服务被认为是对绑定服务所提供服务的增强;假设绑定规程在对目录操作进行鉴别之前就已经被成功实现了。

DSA 所实现的提供发起者鉴别和结果鉴别的规程在第 22 章规定。

16 操作调度程序

操作调度程序是 DSA 内主要的控制规程。它引导每个操作都经过请求处理的三个阶段。因此，操作调度程序使用一系列的规程来完全地处理请求，如图 6 所示。

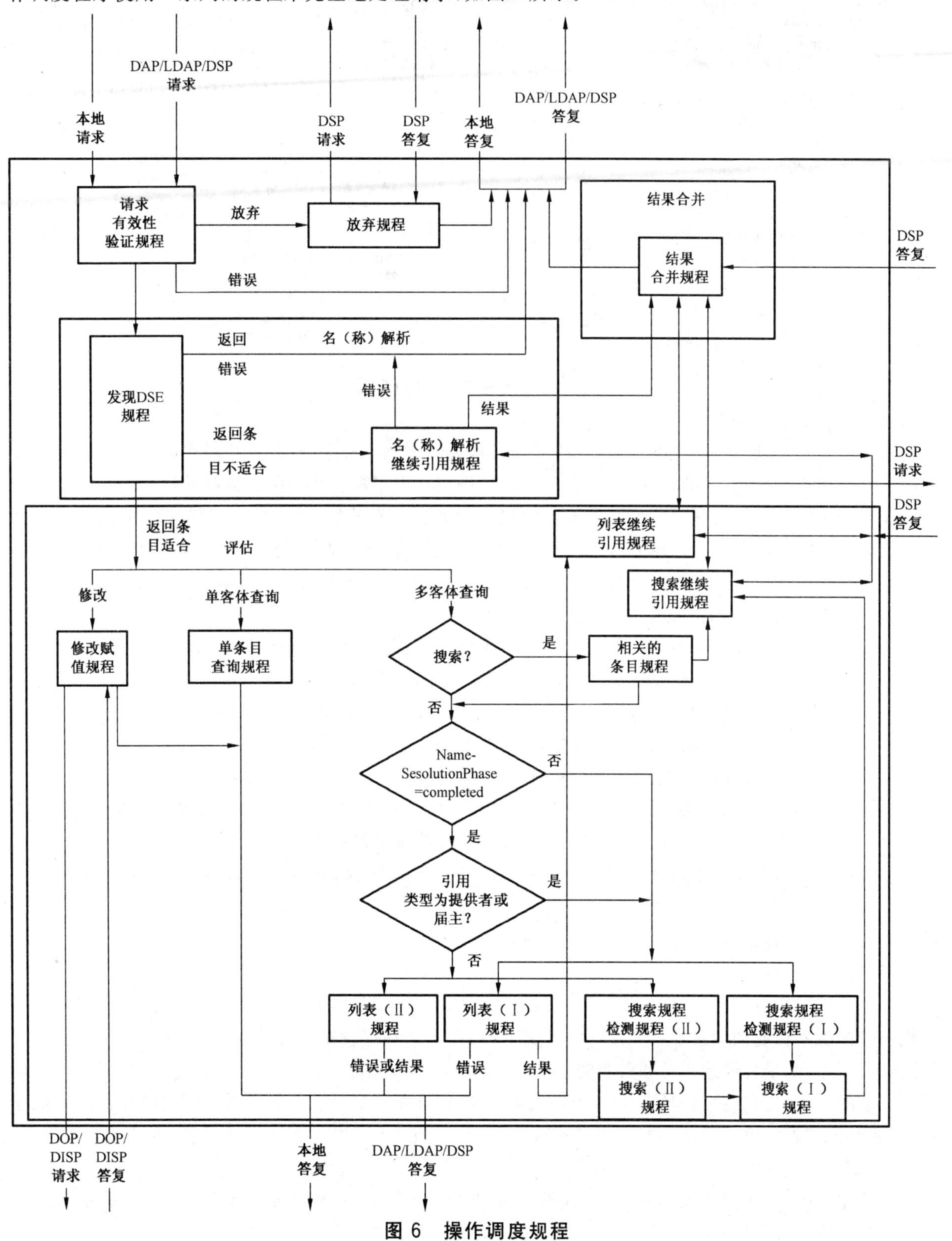

图 6　操作调度规程

16.1 通用概念

16.1.1 规程

操作调度程序所部署的每一个规程都包含一个概念性的接口定义,这是根据其参数来定义的,即变元、结果和差错等;同时还包含一个关于规程步骤本身的描述。这些规程的行为通过流程图和文字来描述。在一个流程图内所使用的符号具有如下语义(见图7)。

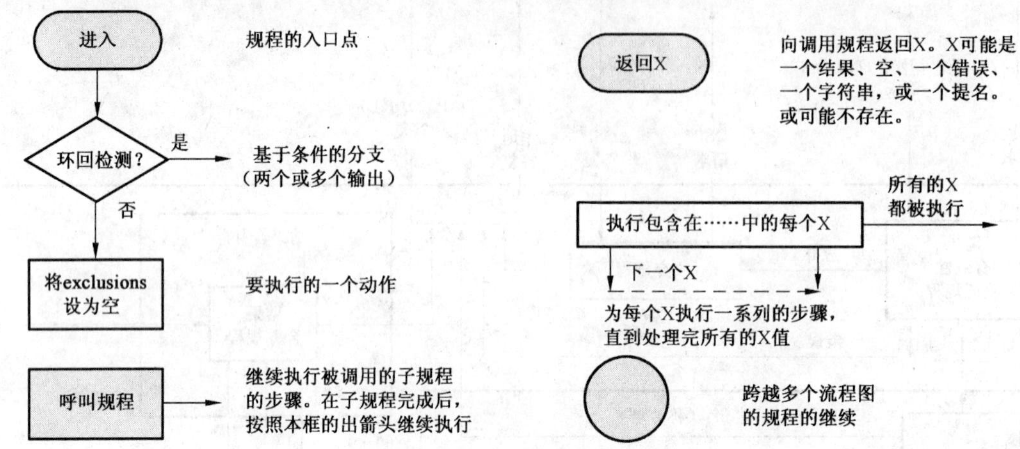

图7 流程图中使用的符号

16.1.2 公共数据结构的使用

所有的规程都使用一些数据结构,这些数据结构在操作调用程序内,在某个操作的处理过程中是可用的。这些数据结构用于协调操作调用程序内的数据流。大多数这些数据结构都直接与操作的变元和为操作而产生的结果相关联。变元和结果组件的表示都是在相关的 ASN.1 定义中使用它们的名(称)来完成的(例如链接变元的operationProgress 组件)。如果这些结构中的任意一个是复合结构,则该结构的一个组件可被表示为compound. component (例如operationProgress. nameResolutionPhase)。

下面数据结构在操作调用程序中定义:

——NRcontinuationList:所创建的连续引用的列表,在名(称)解析连续引用规程中使用。

——SRcontinuationList:所创建的连续引用的列表,在列表或搜索连续引用规程中使用。

——admPoints:名(称)解析过程中收集到的类型为管理点的 DSE 的引用列表。

——referralRequests:由于运行转向推荐而被链接的请求或子请求的列表。每个这样的请求/子请求都以TraceItem 的形式进行概括。该列表被 15.4.2 中定义的环回避免规程使用。

——emptyHierarchySelect:一个布尔型的变量,其值可在等级选择规程中被设置。在一个搜索操作过程中,当第一次进入等级选择规程时,假设该变量被重置。

——streamedResultsOK:一个布尔型的变量,其值在名(称)解析规程中被设置,用来指示该操作可接收流结果。该变量的缺省值为 false。

另外,一个规程还可使用本地定义的一系列变量。

16.1.3 差错

在处理的每个阶段,执行任何子规程时,都可检测到差错。在本子规程中标识的差错一般会作为一个相应的协议差错返回给请求者。在这种情况下,操作调度程序将被立即终止。如果在接收到多个差错的情况下,本地规程可选择返回其中的一个。

可选的,一个规程也可选择在操作处理的某个点来处理差错(例如,如果一个带有问题为busy 的serviceError 被返回给一个链接搜索子请求)。在这种情况下,规程将继续它的运行,而不会有差错返回给请求者。

可选的,DSA 可基于所选择的DirQOP 和所请求的差错保护,对某个分布式操作中返回的差错进行签名、加密,或签名并加密。

16.1.4 异步事件

在操作调度程序内对某个操作请求的处理过程中，可发生多个异步事件。下面的段落规定了如何去处理时间限制或尺寸限制或管理限制的越限、联系的丢失，以及对一个正在进行的操作发起放弃请求等事件。所有其他异步事件的处理，如本地策略的决定等，不在本目录规范的定义范围之内。

16.1.4.1 时间限制

在CommonArguments 中规定的timeLimit 可以在操作过程中的任意时间点到期。在这种情况下，一般会有一个问题为timeLimitExceeded 的serviceError 返回给发出请求的DUA、LDAP 客户机或DSA，且操作调度程序将被终止。可选的，一个规程可以选择某种不同的方式来处理本事件(如在一个搜索请求的处理过程中)。

如果一个 DSA 接收到从另一个 DSA 发来的请求，且超越了时间限制，则它应发送一个问题为timeLimitExceeded 的serviceError，而不再对请求进行任何后续处理。

如果一个 DSA 正在处理一个(子)请求，且当 timeLimit 到期时，尚无结果可用，则它应向请求者返回一个问题为timeLimitExceeded 的serviceError。

如果一个 DSA 正在处理一个子请求，且当timeLimit 到期时，有结果可用，则它应向请求者返回一个结果，并具有如下内容：

a) 一直到timeLimit 到期前，所有收集到的结果；

b) 结果参数partialOutcomeQualifier 中的limitProblem 组件应被设置为timeLimitExceeded；

c) 结果参数partialOutcomeQualifier 中的unexplored 组件应为每个 DSA 集包含一个连续引用值，这些 DSA 是子请求发向的目的地，但是它们的结果没有被包含在返回给请求者的结果中，该组件中还应当包括本 DSA 不愿意发送子请求的那些 DSA 的连续引用值。

16.1.4.2 联系丢失

如果与请求者之间的联系丢失，则所有可以返回的结果都会丢失。DSA 可选地为每个正在执行的查询(子)请求发送一个chainedAbandon 请求，除非与正在讨论的 DSA 的联系也丢失了。这些chainedAbandon 请求的所有响应，以及正在执行的(子)请求的所有响应都应被丢弃。在 DSP 分页结果的情况下，绑定 DSA 应当取消当前的分页结果，这是通过选择PagedResultsRequest 中的abandonQuery 选项而产生一个新的分页结果请求来实现的。

如果与当前链接的子请求的其中一个的联系丢失，但与请求者的联系尚未丢失，则仅对于查询操作而言，DSA 可以可选地对指向其他能够处理链接请求的 DSA 的任何可替代引用进行尝试(例如，当与主 DSA 的联系丢失后，可以尝试指向某个影像 DSA 的引用)。如果这样也不成功，则 DSA 应按照如下所述：

a) 如果operationProgress. nameResolution 的值被设置为notStarted 或proceeding，则或者向请求者返回一个问题为unavailable 的serviceError，或者返回一个转向推荐差错，其连续引用中包含能够继续处理操作的 DSA 集。如果在名(称)解析过程中使用了非特定下级引用，且不是所有的当前联系都丢失，则可选地可以尝试进行名(称)解析，但不包括联系丢失的 DSA。如果这样也失败，则返回一个问题为unavailable 的serviceError，或者返回一个包含 NSSRs 完整集合的转向推荐差错。

   如果使用本地知识的 DSA 已知需要链接到丢失了联系的 DSA 上，这可体现在适当的MasterOrShadowAccessPoint 值中，则它应选择发送一个问题为unavailable 的serviceError，且数据结构CommonResults 的notification 组件中应包含：

   ——一个dSAProblem 通知属性，且值为id-pr-targetDsaUnavailable；以及

   ——一个distinguishedName 属性，且值为 DSA 的可辨别名。

b) 如果operationProgress. nameResolution 的值被设置为completed，且该请求是一个单客体操作，则向请求者返回一个问题为unavailable 的serviceError。

c) 如果operationProgress. nameResolution 的值被设置为completed,且该请求是一个多条目查询操作,则 DSA 应在操作结果的partialOutcomeQualifier. unexplored 中增加一个连续引用,并携带AccessPointInformation 信息,用以标识可以继续处理该操作的 DSA 集,其中包括联系已经丢失了的那些 DSA。

16.1.4.3 **放弃操作**

在某个操作的处理过程中,可接收到对该操作的一个放弃请求。在这种情况下,在处理放弃请求的过程中,针对此要被放弃的操作,Abandon 规程被调用。

16.1.4.4 **管理限制**

可由本地 DSA 管理机构或者 DSA 实现本身施加某些限制,例如在处理一个请求时所花费的时间量,或者返回数据的最大尺寸等。如果这些限制中的任意一个被越限,则 DSA 应或者返回一个问题为administrativeLimitExceeded 的serviceError,或者返回一个部分结果(从已经收集的结果集中得到),且limitProblem 被设置为administrativeLimitExceeded。

在通知属性dSAProblem 中应返回的附加信息包括如下:

a) 如果限制是由管理机构施加的,则通知属性dSAProblem 应取值为id-pr-administratorImposedLimit;

注:这并不意味着要求某种实现对实施管理限制的管理机构具有客户化的能力。

b) 如果限制是由某个实现约束引起的,且问题被认为是一个永久性的问题,则通知属性dSAProblem 应取值为id-pr-permanentRestriction;

c) 如果限制是由某个实现约束引起的,且问题被认为是一个临时性的问题,如临时拥塞,则通知属性dSAProblem 应取值为id-pr-temporaryRestriction。

16.1.4.5 **尺寸限制**

在CommonArguments 中规定的尺寸限制可在列表或搜索操作处理过程中的任意时间点被越限。在这种情况下,应向请求者返回一个部分结果(从已经收集的结果集中得到),且limitProblem 被设置为sizeLimitExceeded。另外,可使用unexplored 组件来返回未访问到的 DSA 的连续引用。

如果这是一个搜索操作,且设置了entryCount 搜索控制选项,则 DSA 应作一个最佳估计,即在考虑访问控制但不是分等级选择时,如果没有尺寸限制,可以有多少个条目被潜在地返回,然后如果没有尚未访问到的 DSA,则使用bestEstimate 选择,并将此数值在PartialOutcomeQualifier 的entryCount 组件中返回,否则它应使用lowEstimate 选择。然后操作调度程序被终止。

16.2 **操作调度程序的规程**

操作调度程序为处理每个接收到的请求(通过 DAP、LDAP 或 DSP)而执行的规程由下面的步骤来定义。由于有别名解除引用,该规程也可以调用自己(一个本地请求),在这种情况下,将返回一个本地答复(而不是一个 DAP、LDAP 或 DSP 答复)。

a) 对操作变元的多个方面进行有效性验证(请求有效性验证规程)。如果在有效性验证过程中遇到一个差错,则通过本地方式或通过 DAP/LDAP/DSP 返回此差错。

b) 如果接收到的操作是一个放弃操作,则调用放弃规程,并随后返回一个答复。

c) 通过执行发现 DSE 规程来对目标客体的名(称)进行解析(该规程中包括目标发现和目标未发现子规程)。如果被请求的条目被发现且适用(根据服务控制、链接变元和本地策略决策等的设置),则继续第 f)步的赋值阶段。如果在名(称)解析过程中遇到一个差错,则被返回。如果条目被发现但不适用,继续执行步骤 d)。

d) 调用名(称)解析连续引用规程来处理NRcontinuationList 中存储的连续引用列表。为了处理这些连续引用,可向其他 DSA 发起链接请求(如果服务控制和本地策略决策允许的话)。

在出现差错的情况下,该差错或者通过本地方式,或者通过 DAP/LDAP/DSP 被直接返回。如果链接请求产生了一个结果,则继续执行步骤 e)。

e) 调用结果合并规程来将本地结果与接收到的链接结果合并起来。如果链接结果中包含内嵌的连续引用,则它们可以首先被解析,若服务控制和本地策略允许或要求的话。

这样可导致发起附加的链接请求(其链接结果也可以包含内嵌的连续引用)。

合并后的结果被返回给调用者,同时对请求的处理停止。

如果对结果执行了保护,则不能对结果执行合并。

f) 如果操作是一个修改操作,继续执行步骤 g)。

如果操作是一个单独条目查询操作,则继续执行步骤 h)。

如果操作是一个多条目查询操作,则继续执行步骤 i)。

g) 在执行一个修改规程时,作为操作执行的结果,操作绑定可需要被建立、修改或终止,或者影像可以需要被更新等。这些工作与初始操作的执行是同步进行的还是异步进行的,依赖于不同的修改操作(以及本地策略)。一个本地或 DAP/LDAP/DSP 结果或差错被返回给调用者。

h) 单独条目查询操作的结果,作为一个本地或 DAP/LDAP/DSP 结果被直接返回给调用者。

i) 如果操作是一个多条目查询操作,则检查操作的nameResolutionPhase。如果它的值不是completed,则分别调用列表(Ⅰ)规程或搜索(Ⅰ)规程,否则分别调用列表(Ⅱ)或搜索(Ⅱ)规程。

j) 调用列表(Ⅱ)规程的输出(结果或差错)以及调用列表(Ⅰ)规程的输出(在这种情况下,该结果为一个差错)能够直接返回给调用者(作为一个本地结果或 DAP/LDAP/DSP 结果)。

如果被调用的规程是列表(Ⅰ)规程,则结果中可以包含连续引用,该连续引用应被解除引用(依赖于服务控制和本地策略)。这可导致链接列表操作被发送到不同的 DSA。为了合并结果,继续执行第 e)步骤,并呼叫结果合并规程。

k) 如果操作是一个搜索操作,则任何连续引用都被搜索连续引用规程所解析(如果被要求或被允许的话)。这可导致链接搜索请求被发送到不同的 DSA。结果合并规程(见第 e)步骤)被调用来合并搜索结果,同时可以对包含的连续引用进行解除引用,如果有的话。

16.3 规程概述

本条对操作调度程序所部署的规程的基本功能给出了概述,这些规程在第 17 章到第 22 章中定义。

16.3.1 请求有效性验证规程

该规程在第 17 章描述,用于在执行本地名(称)解析之前执行环回检测、限制检测和安全检测等。如果请求是来自 DUA 或 LDAP 客户机,且 DAP 或 LDAP 客户机没有提供ChainingArgument 中的某些参数的值时,该规程还为这些参数提供缺省的设置。另外,该规程挑选任意的abandon 请求,并且将其通知给操作调度程序。

16.3.2 放弃规程

该规程在 20.5 描述,试图发现那些被放弃的操作,并且终止这些操作。如果有任意一个正在进行的子请求,则可以在发出请求后发送链接放弃操作。该规程可以向调用者返回一个空结果,或者返回一个差错指示(例如,问题为tooLate 的abandonError)。

16.3.3 发现 DSE 规程

该规程在 18.2 和 18.3 描述,对目标客体的名(称)组件与本地拥有的 DSE 进行匹配,以便解析目标客体名。如果遇到一个别名 DSE,则该别名被解除引用(如果允许的话),且该规程被重新执行来解析新的名(称)。

如果目标客体没有被发现,则该规程继续执行目标未发现子规程。如果目标客体被发现,则该规程继续执行目标发现子规程。

注:目标未发现和目标发现是发现 DSE 规程的继续。

该规程可引起各种差错,在这种情况下,相关的协议差错将返回给请求者,且操作调度程序被终止。

16.3.3.1 目标未发现子规程

该规程在18.3.2中定义，对已定位的中介DSE执行赋值，并且基于在发现DSE规程中检测出的知识引用集，在NRcontinuationList中创建一个连续引用集。然后，该引用集在名(称)解析连续引用规程中被进行后续处理。

该规程可引起各种差错，在这种情况下，相关的差错将返回给请求者，且操作调度程序被终止。

16.3.3.2 目标发现子规程

该规程在18.3.3中定义，检查已经发现的DSE是否适合于所请求的操作，即在它是影像信息的情况下。在多客体操作的情况下(如子树搜索)，这可包括对目标客体下的整个影像信息子树的适宜性进行检查。

如果被定位的条目是适合的，则将调用适当的操作赋值规程。否则，一个指向信息的提供者(或属主)的ContinuationReference将在NRcontinuationList中创建，且名(称)解析连续引用规程被调用。

16.3.4 单条目查询规程

该规程在19.2描述，被调用来实际地执行那些仅影响一个单独条目的操作，如阅读和比较操作。在操作完成后，该规程产生的一个答复(结果或差错)将被返回给发起请求的DSA/DUA/LDAP客户机。

16.3.5 修改规程

这些规程在19.1描绘，被调用来处理修改操作，即增加条目、移除条目，修改条目和修改DN等。这是通过执行为每个这样的操作定义的特定子规程来完成的。在这些子规程过程中(或结束后)，可向其他DSA发起DOP和DISP请求。在成功完成后，一个结果(由子规程创建)被返回给发起请求的DSA/DUA/LDAP客户机。

16.3.6 多条目查询规程

这些规程在19.3描述，被调用来处理影响多个条目的操作，这些条目可以位于，也可不位于同一个DSA内。这是通过执行为了完成请求分解，而为每个搜索和列表操作定义的特定子规程来完成的。这些规程创建了操作赋值的一个本地结果，并且可选地，在SRcontinuationList中创建了一系列连续引用。如果在本规程结束时，SRcontinuationList为空，则被创建的结果将直接返回给请求的DSA/DUA/LDAP客户机。如果这是一个搜索操作，且结果为空并且变量emptyHierarchySelect被设置，则在PartialOutcomeQualifier的notification组件中返回：

——一个searchServiceProblem通知属性，且取值为id-pr-emptyHierarchySelection。

如果SRcontinuationList不为空，则根据操作类型，通过调用列表或搜索连续引用规程来处理这些连续引用。

16.3.7 名(称)解析连续引用规程

该规程在20.4.1中描述，对在名(称)解析阶段创建的NRcontinuationList中的连续引用进行处理。这些连续引用或者被用来发起链接子请求，或者在一个转向推荐差错中被返回。在链接的情况下，从链接请求返回的结果或差错被返回，以便由结果合并规程作进一步的处理。

16.3.8 列表和搜索连续引用规程

这些规程在20.4.2和20.4.3中描述，对在多条目查询规程中创建的SRcontinuationList中的连续引用进行处理，或者通过发起链接子请求来完成对它们的解析，或者是在partialOutcomeQualifier.unexplored内创建相应连续引用。当接收到所有正在进行的子请求的结果或差错时，它们将被返回，以便由结果合并规程作进一步的处理。

16.3.9 结果合并规程

该规程在第21章描述，或者检查从链接请求返回的结果，或者将本地操作结果与从链接子请求中接收到的结果进行组合。如果一个子请求返回了一个差错，则该规程将决定此差错将被如何处理。

如果在结果中还留有连续引用，则它们将（如果本地策略允许这样，且服务控制要求这样）相应地被名（称）解析连续引用、列表连续引用或搜索连续引用等规程来解除引用。如果没有被签名的话，复制的信息将从结果中移除。

合并后的结果（包括所有的合并结果和未解析的连续引用）被返回给发起请求的 DUA/LDAP 客户机/DSA。如果对结果执行了保护，则不应对结果执行合并。

17 请求有效性验证规程

17.1 引言

请求有效性验证规程是操作调度程序对于来自 DUA、LDAP 客户机和 DSA 的输入的入口点，为这些输入进行名（称）解析处理作准备。该规程的功能包括检测放弃操作；执行安全检查；调整从 DUA 或 LDAP 客户机接收到的输入，使得它们可以与从 DSA 接收到的输入一样以相同的方法进行处理；检查请求中变元的有效语法和语义；执行环回检测；以及执行其他各种检查等。请求有效性验证的流程如图 8 所示。

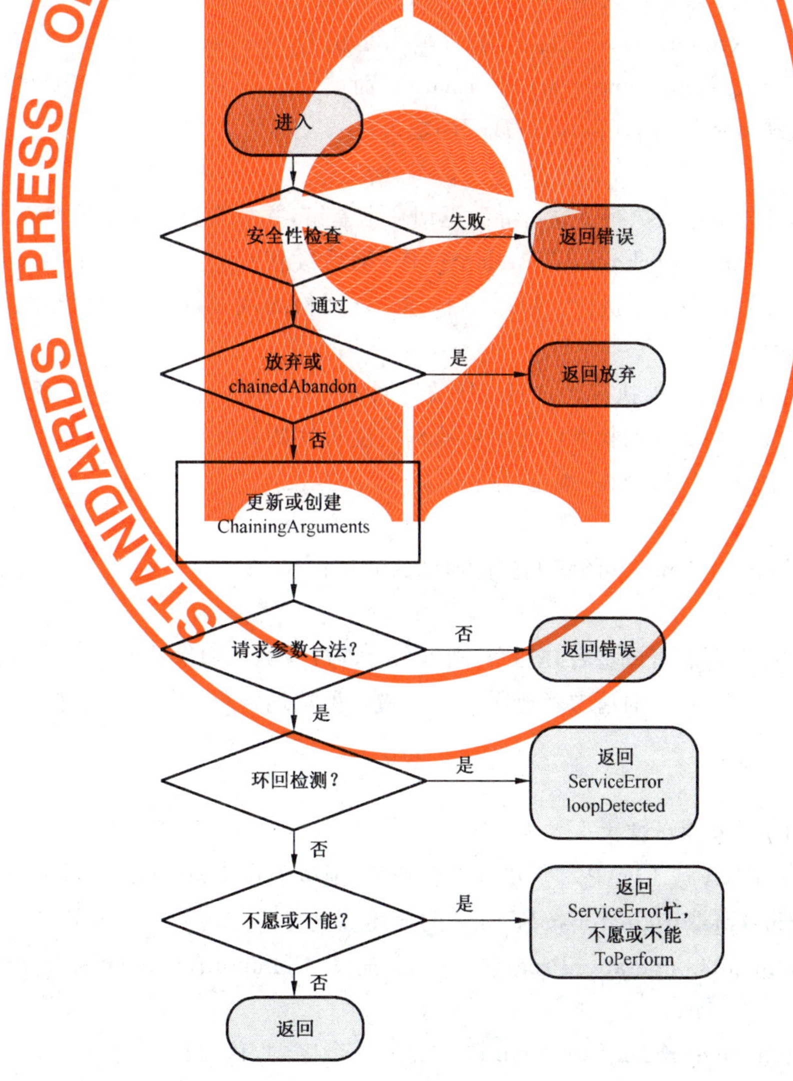

图 8 请求有效性验证规程

17.2 规程参数

17.2.1 变元

如果从DSA处接收到请求,以及请求的发起者所给出的变元等,请求有效性验证的输入变元包括ChainingArguments(除了在chainedAbandon操作的情况下)。

17.2.2 结果

请求有效性验证的输出结果包括五种可能性。

a) 如果安全检查失败,则向请求者返回一个差错。

b) 如果输入是一个abandon或chainedAbandon操作,则输出为该操作的变元。

c) 如果请求的变元非有效,则向请求者返回一个差错。依赖于本地策略,DSA可以选择或者返回一个serviceError,或者返回一个securityError。

d) 如果检测到一个环回,则向请求者返回带有问题loopDetected的serviceError。

e) 基于资源问题或策略方面的考虑,如果DSA不能或不愿意执行操作,则向请求者返回一个serviceError(问题为busy,unavailable,或unwillingToPerform)。如果相关,则可以返回带有问题dataSourceUnavailable的serviceError。

f) 在所有其他情况下,如果输入是从DUA或LDAP客户机接收到的,则有效性验证后的输入通过加入ChainingArguments而被传送;如果输入是从DSA接收到的,则有效性验证后的输入通过更新ChainingArguments. traceInformation而被传送,这些有效性验证后的输入是本规程的输出,并且随后将作为名(称)解析规程的输入。

17.3 规程定义

17.3.2中描述的安全检查被执行。这可导致返回一个差错,并且终止该操作调度程序。

如果输入是一个abandon或chainedAbandon操作,则后续仅执行17.3.1中定义的步骤,否则17.3.3～17.3.5中定义的步骤都被执行。17.3.5描述了环回检测规程,该规程可导致返回一个差错,并且终止该操作调度程序。

其次,17.3.6中描述的检查被执行。它们可导致返回一个差错,并且终止该操作调度程序。

如果17.3.2～17.3.6中描述的检查没有导致操作调度程序的终止,则17.3.7中定义的步骤被执行,且其结果被传送到名(称)解析规程,本规程终止。

17.3.1 放弃处理

一个abandon或chainedAbandon的变元被传递到放弃规程(见20.5),来处理放弃请求。

17.3.2 安全检测

如果操作的变元被签名、加密或签名并加密,则签名可以被检测。如果签名非有效,或者加密失败,或者应存在的时候没有存在,则会向请求者返回一个差错。可选地,一个DSA还可执行任何其他本地定义的动作。

17.3.3 输入准备

17.3.3.1 DUA或LDAP客户机请求

如果操作是从一个DUA或LDAP客户机处接收到的,则被创建ChainingArguments值如下:

a) ChainingArguments. originator按照10.3的描述被设置。

b) ChainingArguments. operationProgress被设置为CommonArguments. operationProgress的值。

c) ChainingArguments. traceInformation被设置为一个序列,该序列包含一个单独的TraceItem值。该值的构造如下所述。TraceItem. dsa被设置为执行请求有效性验证的DSA的名(称)。TraceItem. targetObject应被忽略。TraceItem. operationProgress被设置为输入值。

d) 如果操作的服务控制规定了一个时间限制(操作完成的可用时间段,以秒计数),则ChainingArguments. timeLimit 被设置为该(UTC)时间,到该时间为止操作应被完成以满足用户指定的时间限制。

e) ChainingArguments. AuthenticationLevel 和ChainingArguments. UniqueIdentifier 根据本地安全策略被设置。

f) ChainingArguments. nameResolveOnMaster 拷贝 CommonArguments. nameResolveOnMaster。

g) ChainingArguments. exclusions,ChainingArguments. entryOnly 和ChainingArguments. referenceType 拷贝自CommonArguments. exclusions, CommonArguments. entryOnly 和CommonArguments. referenceType,如果它们都存在的话,否则它们被忽略。

h) 如果manageDSAIT 选项在ServiceControls 中被设置,则:

——operationProgress 的组件nameResolutionPhase 应被设置为completed;

——operationProgress 的组件nextRDNToBeResolved 应被忽略;

——referenceType 应取值为self;

——entryOnly 应取值为FALSE;

——nameResolveOnMaster 应取值为FALSE;且

——ServiceControls 中的chainingProhibited 选项应被设置;

——ChainingArguments 中的剩余可选元素被忽略,如果指定则假设为缺省值。

i) 如果在ServiceControls 中没有设置manageDSAIT 选项,则ChainingArguments 中的剩余可选元素被忽略,如果指定则假设为缺省值。

j) ChainingArguments. SecurityParameters. ProtectionRequest 被用来指示准备应用于结果的保护级别(签名、加密、或签名并加密)。

17.3.3.2 LDAP 请求

如果操作是从一个 LDAP 客户机处接收到的,则创建的ChainingArguments 值如 17.3.3.1 中所描述的,但有一个例外,即ChainingArguments. operationProgress 应被设置为nameResolutionPhase notStarted,且 ChainingArguments. exclusions,ChainingArguments. entryOnly 和 ChainingArguments. referenceType 的值应被忽略。

17.3.3.3 DSA 请求

如果操作是从一个 DSA 处接收到的,则ChainingArguments. traceInformation 的值被更新,这是通过在TraceItem 序列的结尾处附加一个值实现的。该值的构成如下所述:

a) TraceItem. dsa 被设置为执行请求有效性验证的 DSA 的名(称);

b) TraceItem. targetObject 被设置为ChainingArguments. targetObject 的值,除非请求变元的object(或搜索操作中的baseObject)与ChainingArguments. targetObject 相同,在这种情况下,TraceItem. targetObject 应被忽略;

c) TraceItem. operationProgress 被设置为ChainingArguments. operationProgress 的值。

如果操作是从一个 DSA 处接收到的,且如果ChainingArguments. streamedResults 包含一个大于或等于 1 的值,则当且仅当 DSA 理解流结果,并且愿意为此操作接收流结果时,才为ChainingArguments. streamedResults 的值加 1。

17.3.4 有效性声明

操作变元的语法和语义的有效性应被检查,这是根据在定义每个操作的章条中所包含的规则来实施的(例如,应检查nextRDNToBeResolved 不能提供一个超出了targetObject 中的 RDN 数量的数目)。

如果请求被检测出包含了非法变元,则操作被终止,并向用户返回一个差错,依赖于所检测出的非法类型。

17.3.5 环回检测

如果ChainingArguments. traceInformation 中的任意两个TraceItem 值(如 17.3.3 中准备的那样)是相同的,则操作的处理将返回到一个之前的状态,即检测出一个环回。在这种情况下,应向请求者返回一个serviceError (问题为loopDetected),且操作调度程序终止。

17.3.6 不能或不愿执行

请求有效性验证可评估可用的资源,并决定操作不能被执行。它还可基于策略的考虑,决定操作不应当被执行。在这些情况下,可向请求者返回一个serviceError (问题为busy,unavailable,或unwillingToPerform),且操作调度程序终止。

如果一个 DSA 通过本地方式能够判断出问题是与本地 DIB 资源的不可用相关的,则它应发送一个问题为unavailable 的serviceError,且数据类型CommonResults 的notification 组件中应包含:

——dSAProblem 通知属性,且取值为id-pr-dataSourceUnavailable;以及

——distinguishedName 属性,取值为 DSA 的可辨别名。

17.3.7 输出处理

在请求有效性验证的最后一个阶段,如果输入是从 DUA 或 LDAP 客户机接收到的,则有效性验证后的输入将通过加入ChainingArguments 中而被传送;如果输入是从 DSA 接收到的,则有效性验证后的输入将通过更新ChainingArguments. traceInformation 而被传送,这些有效性验证后的输入被返回,并且随后将作为名(称)解析规程的输入。

18 名(称)解析规程

18.1 引言

本章描述了名(称)解析规程,以及它的变元、结果和可能的差错条件。如图 6 中所示(操作调度程序),名(称)解析规程包含两个规程:

——发现 DSE 规程;

——名(称)解析连续引用规程。

发现 DSE 规程在三个流程图中描述,分别为发现 DSE,目标发现和目标未发现。发现 DSE 规程将目标条目名与本地存储的 DSE 进行匹配,一个组件接着一个组件地进行。如果目标条目在本地发现,则发现 DSE 继续执行目标发现子规程,然后调用检查适宜性规程来检测所发现的 DSE 是否适合赋值。如果目标条目没有在本地发现,则发现 DSE 规程继续执行目标未发现子规程,准备要加入到NRcontinuationList 中的连续引用,然后由名(称)解析连续引用规程来调度。

注 1:当判断一个匹配时,名(称)解析应对多个由上下文所区分的可辨别值执行名(称)匹配,如在 GB/T 16264.2—2008 的 9.4 中描述的那样。

注 2:如果一个第 3 版本之前的上级 DSA 拥有一个下级引用,其指向的条目由一个后续版本的 DSA 所拥有,且该条目的 RDN 中包含有上下文,则名(称)解析可能会失败。当一个可替代名(称)被用作声称的名(称),而影像条目由一个第 1 版本或第 2 版本的 DSA 所拥有时,则针对此条目的影像拷贝的名(称)解析会失败。

18.2 发现 DSE 规程参数

18.2.1 变元

本规程使用如下变元:

a) ChainingArguments. traceInformation;

b) ChainingArguments. aliasDereferenced;

c) ChainingArguments.aliasedRDNs;

d) ChainingArguments.excludeShadows;

e) ChainingArguments.nameResolveOnMaster;

f) ChainingArguments.operationProgress (nameResolutionPhase，nextRDNToBeResolved);

g) ChainingArguments.referenceType;

h) ChainingArguments.targetObject;

i) ChainingArguments.relatedEntry;

j) ChainingArguments.streamedResults;

k) 操作类型;

l) 操作变元。

注：如果没有实际值存在时，将使用缺省的或隐含的值，如10.3中的规定。

18.2.2 结果

有两种从Find DSE成功的结果(分别由条目适合或条目不适合来指示)：

第一种成功的结果是在NRcontinuationList中返回连续引用(从目标未发现子规程中返回)，然后该连续引用被传递到名(称)解析连续引用规程，继续执行名(称)解析阶段。

第二种成功的结果是返回一个指向DSE的引用(从目标发现子规程中返回)，该引用被继续传递到某个赋值规程。

18.2.3 差错

下列差错可以被返回：

a) serviceError：unableToProceed，invalidReference，unavailableCriticalExtension，requested-ServiceNotAvailable;

b) nameError：noSuchObject，aliasDereferencingProblem，contextProblem。

18.2.4 全局变量

本规程使用下列全局变量：

——NRcontinuationList 列表存储了在名(称)解析连续引用规程中继续进行名(称)解析所需要的连续引用;

——StreamedResultsOK 存储了一个决定，即该DSA是否可以在此操作的响应中链接流结果。

18.2.5 本地和共享变量

该规程使用下列本地变量：

a) I 索引，用于标识正在被操作的目标名(称)的组件。

b) m 目标客体名的长度，在名(称)解析中使用。对于那些名(称)要解析到其父条目的操作，即增加条目操作，m被设置为(目标客体中RDN的个数)－1。对于所有的其他操作，m被设置为目标客体中的RDN的个数。

c) lastEntryFound 索引，表示此DSE(lastEntryFound)是最后一个匹配的类型为entry的DSE。

d) lastCP 索引，表示此DSE(lastCP)是所遇到的最后一个被影像的上下文前缀。

e) candidateRefs 连续引用的集合。

共享变量admPoints(在操作调度程序中定义)也被使用。为了简便，目标客体名中的组件i表示为N(i)。

18.3 规程

注：在流程图中有一些仅与特定操作相关的文字描述。这没有在流程图中显示，但是在相应的文字中进行了描述。

18.3.1 Find DSE 规程

见图 9。

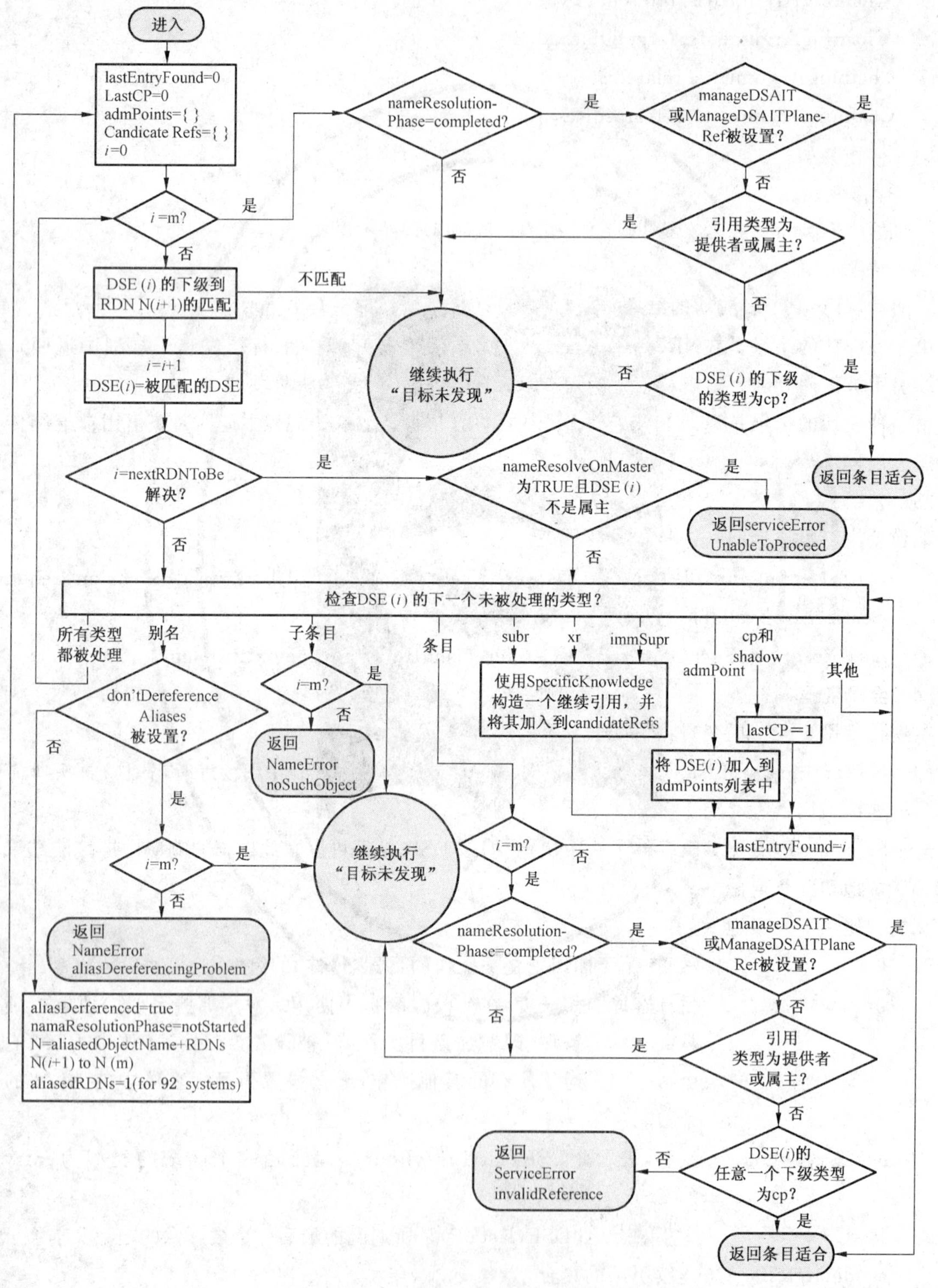

图 9　发现 DSE 规程

目标客体名的判断如下所述：

a） 如果在ChainingArguments 中存在targetObject，则使用该组件的值。

b） 如果在ChainingArguments 中存在relatedEntry，而不是targetObject，则使用relatedEntry 所标识的JoinArgument 中的baseObject 组件。

注 1：这仅与某个受保护的搜索请求相关。

c） 如果在ChainingArguments 中既没有存在relatedEntry，也没有存在targetObject，则使用操作变元中的base(baseObject)组件。

本规程试图在本地解析目标客体名。

a） 初始化本地变量lastEntryFound 和lastCP 为 0；admPoints 和candidateRefs 为空集，且初始化 i 为 0。

b） 比较 i 和 m。如果它们不相等，则继续执行步骤 5)。

c） 如果它们相等，则检查nameResolutionPhase 是否为completed。如果不是completed，则继续执行目标未发现子规程。

如果nameResolutionPhase 的值为completed，且manageDSAIT 关键扩展被设置，则返回条目适合。

d） 如果nameResolutionPhase 的值为completed，则检查 DSE(i)的任意一个直接下级是否是一个上下文前缀(类型为 cp)。

——如果一个(或多个)直接下级 DSE 的类型为 cp，则返回条目适合。

注 2：这种情况针对列表（Ⅱ）和搜索（Ⅱ）子请求。

——如果没有直接下级 DSE 的类型为 cp，则继续执行目标未发现子规程。

e） 尝试在目标客体名的第(i+1)个组件与最后匹配的 DSE 的某个下级名(称)之间找到一个匹配。在 i=0 的情况下，尝试与作为根 DSE 直接下级的某个 DSE 进行匹配。如果没有发现匹配，则继续执行目标未发现子规程。如果发现了一个单独的匹配，则 i 增加 1，并且在已发现的 DSE 的向量中增加该匹配的 DSE，作为第 i 个元素。

注 3：名(称)匹配包括对已知的，由上下文所区分的多个可辨别名的处理，如在 GB/T 16264.2—2008 的 9.4 中的描述。

如果发现了多个匹配，则返回一个问题为contextProblem 的nameError。

注 4：例如，可以是这样一种情况，当一个声称的名(称)中的AttributeTypeAndDistinguishedValue 包含了由上下文所区分的多个可辨别属性值，且这些不同的值与不同目标名(称)中的值相匹配。

f） 如果 i 等于nextRDNToBeResolved，则检查下面的两个条件是否都满足：

——ChainingArgument. nameResolveOnMaster 取值为TRUE；

——DSE(i)不是一个主条目。

如果这两个条件都满足，则返回一个问题为unableToProceed 的serviceError。

注 5：这指示了使用nameResolveOnMaster 可以避免对同一目标客体出现多条路径。

g） 检查 DSE(i)中的所有 DSE 类型比特。对于每一个类型比特，需要某些潜在的处理。为每种发现的类型要执行的动作如下所述：

——如果cp 和shadow 比特都被设置，则记住lastCP 中的索引 i。

——如果admPoint 比特被设置，则检查administrativeRole 操作属性。如果这是一个自治管理区的开始，则清空admPoints 列表。如果这是一个或多个特定管理区的开始，则检查

admPoints 列表,并删除任何已存在的但不再相关的点(即它们的作用已经被新的管理点所替代)。在列表中存储 DSE (i)。

——如果subr,xr,immSupr,或ditBridge 比特中的其中一个被设置,则产生一个连续引用,方法是使用specificKnowledge 属性,其中operationProgress. nameResolutionPhase 被设置为proceeding,nextRDNToBeResolved 被设置为 i,targetObject 是由使用主 RDN(可替代可辨别值可以也包含在 RDN 中)的已解析组件与剩余的尚未解析的组件级联起来构成的,且accessPoints 和referenceType 都被适当地设置。在candidateRefs 的连续引用列表中增加该连续引用。

——如果entry 比特被设置,则检查 i 是否等于 m(因此目标客体名正在被完整匹配)。如果 i 不等于 m,则通过将lastEntryFound 设置为 i 而记住此发现的条目,并且继续处理 DSE (i)的类型比特。如果 i 与 m 相等,则继续执行步骤 8)。

——如果subentry 比特被设置,则检查 i 是否等于 m(因此目标客体名正在被完整匹配)。如果它们相等,则继续执行目标发现规程;如果它们不相等,则返回一个问题为noSuchObject 的nameError。

——如果alias 比特被设置,则检查dontDereferenceAliases 是否被设置。

——如果dontDereferenceAliases 未被设置,则别名可被解除引用。因此,设置chainingArguments. aliasDereferenced 为TRUE,nameResolutionPhase 为notStarted,且目标客体名为别名条目所提供的aliasedEntryName 与前一个目标客体名中的剩余未匹配组件级联起来组成(即,与前一个目标客体名中的第 (i+1)个到第 m 个组件级联起来)。第 2 版本和后续版本的 DSA 不设置aliasedRDNs (反之,第 1 版本的 DSA 将aliasedRDNs 设置为aliasedEntryName 中的 RDN 的个数)。再次开始名(称)解析,继续执行步骤 a)。

如果dontDereferenceAliases 被设置,则别名不能被解除引用。通过比较 i 和 m 是否相等,来检查目标客体名是否已经被完整地处理。如果它们相等(因此名(称)完全匹配),则继续执行目标发现子规程。如果它们不相等(因此名(称)不是完全匹配),则返回一个问题为aliasDereferencingProblem 的nameError。

——对于其他所有可能的 DSE 类型,不需要任何其他动作。在内部标注已经处理过的 DSE 类型,并且继续处理 DSE(i)中尚未处理的 DSE 类型比特。

——如果 DSE(i)的所有类型比特都被处理过,则继续步骤 b)。

h) 检查nameResolutionPhase 是否为completed。如果不是,则继续执行目标发现子规程。

i) 如果nameResolutionPhase 已经为completed,且manageDSAIT 关键扩展被设置,则返回条目适合。

j) 否则,检查作为 DSE(i)直接下级的任何 DSE 是否是一个上下文前缀(即类型为 cp)。如果有一个或多个,则返回条目适合。如果没有直接下级条目的类型为上下文前缀,则返回一个问题为invalidReference 的serviceError。

注 6:这种情况是针对列表(Ⅱ)和搜索(Ⅱ)子请求。

18.3.2 目标未发现子规程

见图 10。

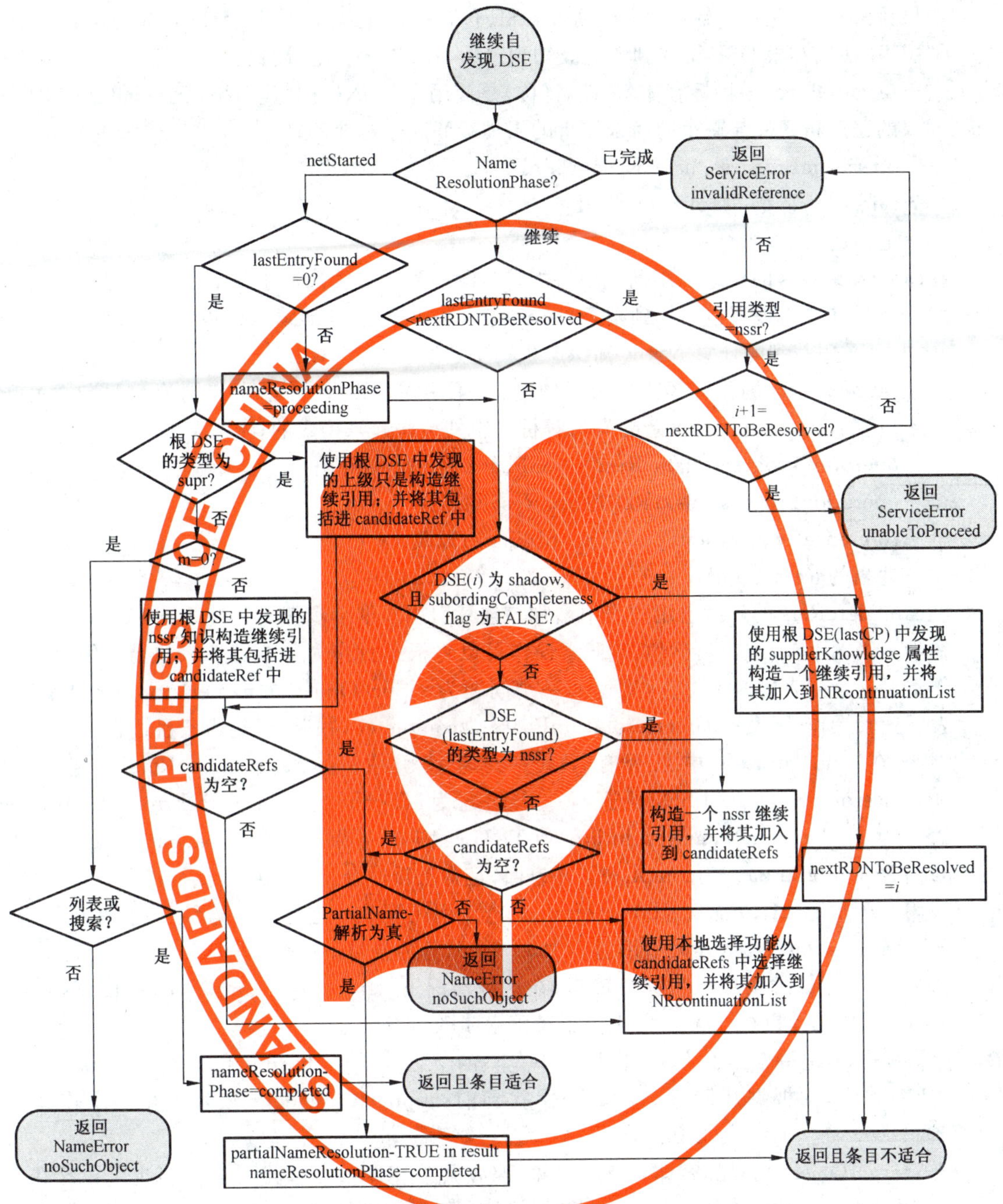

图 10　目标未发现子规程

当目标客体名没有在本地 DSA 中发现时，调用本子规程。本子规程将决定用来继续进行名(称)解析的知识引用的最佳类型，除非检测到一个差错，在这种情况下，将返回差错。

a) 当继续自发现 DSE 规程时，要区分名(称)解析阶段的三个可能的阶段：

——如果nameResolutionPhase 为notStarted，则继续执行步骤 b)。

——如果nameResolutionPhase 为proceeding，则继续执行步骤 h)。

——如果nameResolutionPhase 为completed，则继续执行步骤 l)。

b) 如果发现了一个条目(lastEntryFound 不等于 0)，则设置 nameResolutionPhase 为 proceeding，并且继续执行步骤 i)。

c) 如果没有发现条目(lastEntryFound=0)，则检查该 DSA 是否为第一级的 DSA。

如果它是第一级的 DSA，则根 DSE 不包含一个上级引用，因此其类型不是 supr。在这种情况下，继续执行步骤 d)。

如果该DSA不是第一级的DSA，则根DSE包含一个上级引用，因此其类型为supr。在这种情况下，使用在根DSE中找到的上级知识产生一个连续引用，设置：

——targetObject为目标客体名，该名(称)是使用主RDN(可替代辨别值也可包含在RDN中)的已解析组件与剩余的尚未解析的组件级联起来构成的；

——operationProgress. nameResolutionPhase为notStarted；

——referenceType为superior；以及

——适当的accessPoints。

在candidateRefs的连续引用列表中增加该连续引用。继续执行步骤f)。

d) 检查该操作是否被直接引导到根条目(m=0?)。如果是，则继续执行步骤e)。如果不是，则使用根DSE中找到的任意NSSR知识产生一个连续引用，设置：

——targetObject为目标客体名，该名(称)是使用主RDN(可替代辨别值也可包含在RDN中)的已解析组件与剩余的尚未解析的组件级联起来构成的；

——operationProgress. nameResolutionPhase为proceeding；

——operationProgress. nextRDNToBeResolved为1；

——referenceType为nonSpecificSubordinate；以及

——适当的accessPoints。

在candidateRefs的连续引用列表中增加该连续引用。继续步骤f)。

e) 在第一级的DSA中，仅有列表或搜索操作可以将根条目作为基本客体来执行。因此，如果操作不是一个列表或搜索操作，则返回一个问题为noSuchObject的nameError。如果是一个列表或搜索操作，则设置nameResolutionPhase为completed，并返回，且为条目适合。

f) 检查在candidateRefs中是否有任意一个连续引用。如果candidateRefs为空且partialNameResolution为FALSE，则返回一个问题为noSuchObject的nameError。如果candidateRefs为空且partialNameResolution为TRUE，则在结果中，设置partialName为TRUE，nameResolutionPhase为completed，并返回，且为条目适合。否则继续执行步骤g)。

g) 使用一个本地选择功能从candidateRefs的连续引用列表中选择一个连续引用，并将其增加到NRcontinuationList的连续引用列表中，并返回，且为条目不适合。

h) 如果DSA不能继续执行名(称)解析(在这种情况下，lastEntryFound小于nextRDNToBeResolved)，则继续执行步骤k)。否则继续下一步骤。

i) 如果DSE(i)是一个影像DSE，且具有不完整的下级知识(subordinateCompletenessFlag取值为FALSE)，则根据从DSE(lastCP)中找到的supplierKnowledge属性产生一个连续引用。设置：

——targetObject为目标客体名，该名(称)是使用主RDN(可替代可辨别值也可包含在RDN中)的已解析组件与剩余的尚未解析的组件级联起来构成的；

——operationProgress. nameResolutionPhase为proceeding；

——operationProgress. nextRDNToBeResolved为lastEntryFound；

——referenceType为supplier；以及

——适当的accessPoints。

在NRcontinuationList的连续引用列表中增加该连续引用，并返回，且为条目不适合。

j) 如果最后发现的条目包含一个NSSR(即DSE(lastEntryFound)的类型为nssr)，则根据从DSE(lastEntryFound)中发现的NSSR知识产生一个连续引用。设置：

——targetObject为目标客体名，该名(称)是使用主RDN(可替代可辨别值也可包含在RDN中)的已解析组件与剩余的尚未解析的组件级联起来构成的；

——operationProgress. nameResolutionPhase为proceeding；

——operationProgress. nextRDNToBeResolved 为lastEntryFound+1;

——referenceType 为nonSpecificSubordinate;以及

——适当的accessPoints。

在candidateRefs 的连续引用列表中增加该连续引用。继续步骤 h)。

如果 DSE(lastEntryFound)不是类型nssr,则继续步骤 g)。

k) 如果chainingArguments. referenceType 是类型nssr,则继续步骤 m),否则继续步骤 l)。

l) 返回一个问题为invalidReference 的serviceError。

m) 如果 $i+1$ 等于nextRDNToBeResolved,则根据一个 NSSR,请求被引导到一个不能继续名(称)解析的 DSA;在这种情况下,返回一个问题为unableToProceed 的serviceError;否则继续执行步骤 l)。

18.3.3 目标发现子规程

当目标客体名与本地的某个条目 DSE 相匹配,则进入本子规程。本子规程检查所发现的条目是否适合在本地对请求进行处理(如图 11 所示):

a) 调用检查适宜性规程。

b) 如果条目是适合的(即条目适合),则执行下述动作:

——设置nameResolutionPhase 为completed;

——比较ChainingArguments. streamedResults 的值(如果存在)与ChainingArguments. traceInformation 中的元素个数;如果相等,则将StreamedResultsOK 设置为真;并且

——返回条目适合。

c) 如果条目是不适合的(即条目不适合),则根据从DSE (lastCP)中发现的supplierKnowledge 属性产生一个连续引用。设置:

——targetObject 为目标客体名,该名(称)是使用主 RDN(可替代可辨别值也可包含在 RDN 中)的已解析组件与剩余的尚未解析的组件级联起来构成的;

——operationProgress. nameResolutionPhase 为proceeding;

——operationProgress. nextRDNToBeResolved 为 m;

——referenceType 为supplier;以及

——适当的accessPoints。

在NRcontinuationList 的连续引用列表中增加该连续引用。返回条目不适合。

注:如果设置了服务控制选项localScope,然而,基于本地策略,DSA 能够决定将此条目认为是适合的,并按照第 b)步骤来继续执行。

d) 如果不支持关键扩展(不支持的关键扩展),则返回一个问题为unavailableCriticalExtension 的serviceError。

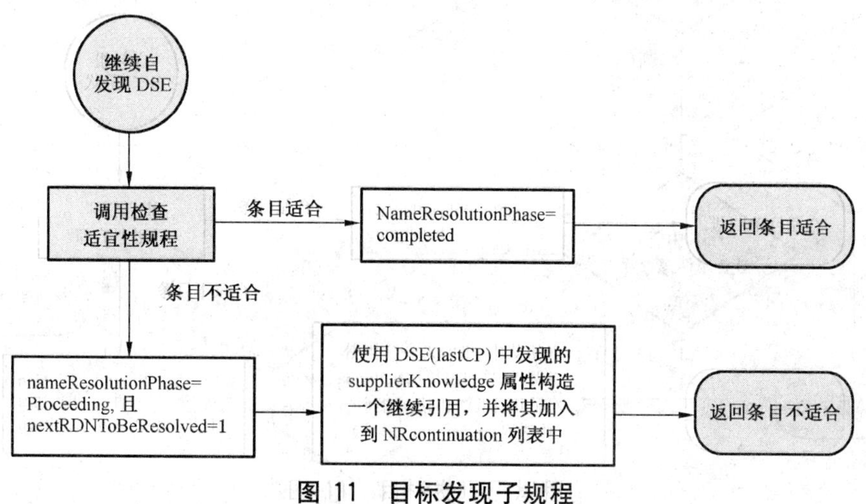

图 11 目标发现子规程

18.3.4 检查适宜性规程

调用该规程是用来决定一个发现的DSE是否适合执行所请求的操作(见图12)。它考虑Chaining-Arguments,ServiceControls,用户所提供的变元,操作类型,以及DSE的特性(影像,下级知识,存在的属性等)。

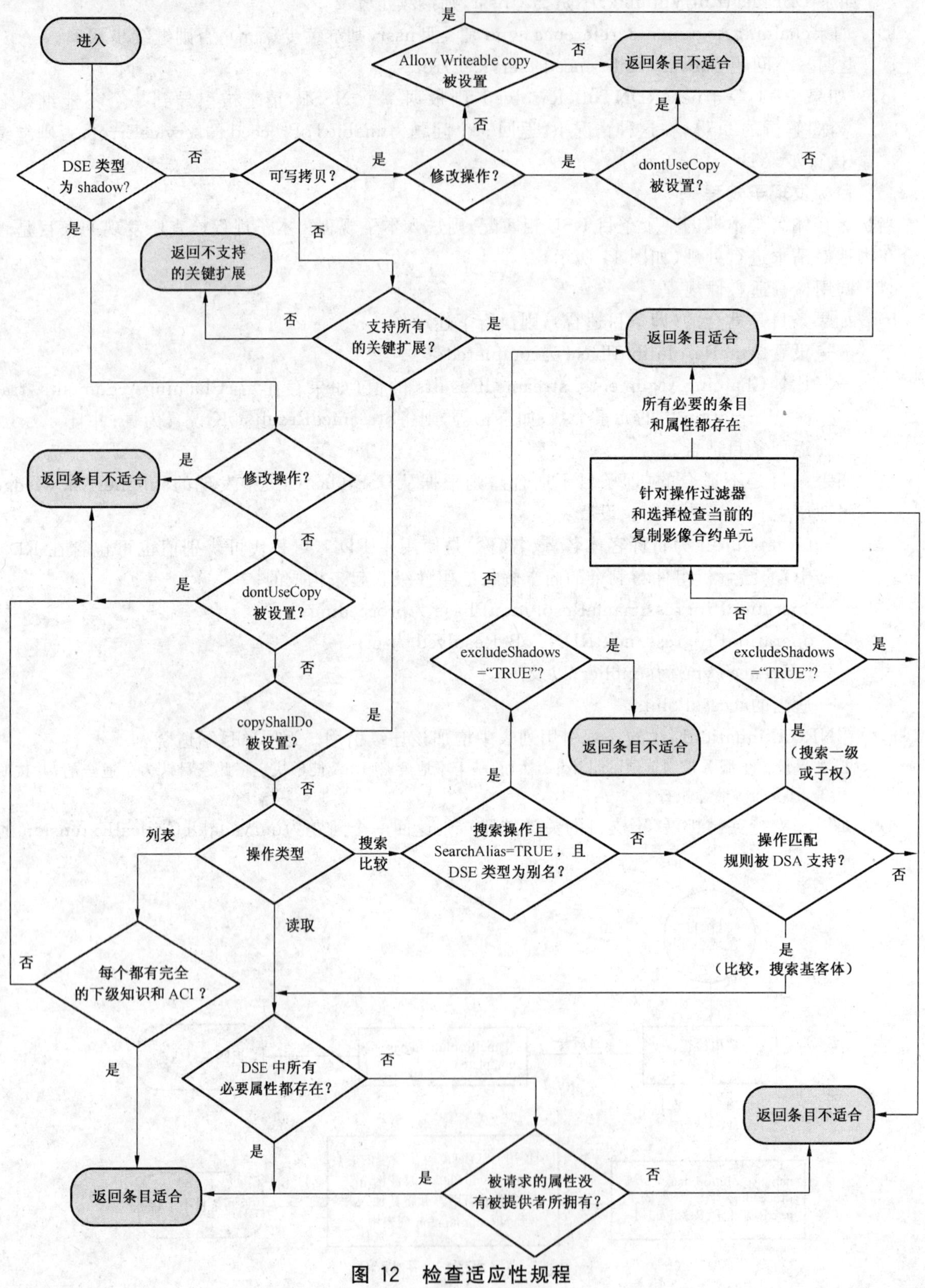

图12 检查适应性规程

18.3.4.1 规程参数

本规程的输入变元为：

——一个指向某 DSE 的引用；

——操作类型，为了此操作类型，DSE 的适宜性将被检查；

——ChainingArguments；以及

——操作变元。

输出可以是条目适合，条目不适合，或者不支持的关键扩展。

a) 如果 DSE 不是 shadow 类型，也不是writeableCopy 类型，则检查是否所有的criticalExtensions 都被支持。如果是，则返回条目适合，否则返回不支持的关键扩展。

b) DSE 的类型为shadow。如果下面的任意一条为真，则返回条目不适合：

——被请求的操作类型为一个修改操作。

——服务控制dontUseCopy 被设置。

否则，继续下一步骤。

c) 如果 DSE 的类型为writeableCopy，且下面的任意一条为真，则返回条目不适合：

——被请求的操作类型为一个修改操作且服务控制dontUseCopy 被设置。

——被请求的操作类型为一个查询操作且服务控制allowWriteableCopy 没有被设置。

否则，返回条目适合。

d) 如果服务控制copyShallDo 被设置，则检查是否所有的criticalExtensions 都被支持。如果是，则返回条目适合，否则返回不支持的关键扩展。

e) 如果服务控制copyShallDo 没有被设置，则检查是否所有的criticalExtensions 都被支持。如果是，则转到步骤 e)，否则返回条目不适合。

f) 区分几类操作类型：

如果为列表操作，则继续执行步骤 f)。

如果为阅读操作，则继续执行步骤 g)。

如果为搜索或比较操作，则继续执行步骤 h)。

g) 如果条目具有完整的下级知识，则列表操作可以被执行。在这种情况下，返回条目适合，否则返回条目不适合。

h) 如果所有被请求的属性都出现在 DSE 中，则返回条目适合。如果某些属性缺失，则通过本地方式判断影像拷贝是否保存了属主所拥有的所有属性(例如，通过参考影像商定可以得知)。如果是，则条目是适合的(返回条目适合)。否则，提供者可以拥有影像中不存在的那些被请求的属性；在这种情况下，请求应被链接(返回条目不适合)。

i) 如果操作为search，且searchAliases 被设置为TRUE，同时 DSE 的类型为alias，则如果chainingArguments. excludeShadows 为FALSE，则返回条目适合，如果为TRUE 则返回条目不适合。

j) 如果 DSA 支持所要求的用于比较或搜索的匹配规则，且操作为compare 或search 操作，其中subset 为baseObject，则继续执行步骤 g)。如果 DSA 支持匹配规则，且操作为search，其中subset 为oneLevel 或subtree，则继续执行步骤 j)。否则返回条目不适合。

k) 如果chainingArguments. excludeShadows 为TRUE，则返回条目不适合。否则，根据操作过滤器和选择来检查影像信息规范的本地理解。如果所有的必要条目和属性都存在，则返回条目适合。如果有任意条目或属性缺失，则返回条目不适合。

19 操作赋值(evaluation)

本章定义了如果(在名(称)解析阶段)已经在本地找到了某个操作的目标条目，则一个 DSA 应遵循的规程。

根据操作的类型，下面的规程之一将被调用：

——对于一个addEntry，chainedAddEntry，removeEntry，chainedRemoveEntry，modifyEntry，chainedModifyEntry，modifyDN或chainedModifyDN等操作，应遵循19.1中定义的规程。

——对于一个read，chainedRead，compare或chainedCompare操作，应遵循19.2中定义的规程。

——对于一个search，chainedSearch，list或chainedList操作，应遵循19.3中定义的规程。

19.1 修改规程

根据修改操作的类型，应遵循19.1.1到19.1.4中定义的相应规程。

19.1.1 增加条目操作

a) DSA应检查发起者是否有足够的访问权限，如同GB/T 16264.3—2008的11.1.5定义的那样。如果没有，则返回一个适当的差错。

b) DSA应确保要被加入的条目的名(称)所对应的条目尚不存在。否则，应返回一个问题为entryAlreadyExists的updateError。如果上级DSE具有附加的类型nssr，则DSA应遵循19.1.5(修改操作和NSSR)中定义的规程，以便确保新条目的名(称)是无二义性的。如果要加入的条目的名(称)中，最后一个RDN的某些属性包含了由上下文所区分的多个可辨别值，则DSA应确保在可能构建的可替代RDN中，没有一个会产生和已经存在的条目名相同的名(称)(不考虑上下文)。

c) 如果targetSystem存在，且AccessPoint不是当前DSA的访问点，则转到步骤d)。如果targetSystem不存在，或存在但AccessPoint是当前DSA的访问点，则转到步骤e)。

d) 如果该条目是一个子条目，则DSA应返回一个问题为affectsMultipleDSAs的updateError。如果该条目不是一个子条目，则DSA有一个本地选择，即它是否愿意与指定的DSA之间建立一个HOB。

   如果不愿意，则DSA应返回一个问题为unwillingToPerform的serviceError，否则DSA应与指定的下级DSA之间建立一个分等级的操作绑定(HOB)。如果支持DOP，则应遵循24.3.1.1中定义的规程。否则，将使用本地方式建立该HOB。如果下级DSA不愿意建立此操作绑定，则addEntry操作将返回一个问题为unwillingToPerform的serviceError。如果HOB被成功建立，则继续执行步骤g)。

   注1：规程中的本步骤不能应用于在一个下级DSA中创建自治管理区。

e) DSA应确保新的条目符合子模式，或者新的子条目或其他类型的DSE符合系统模式(例如一个子条目的直接上级DSE的类型为admPoint)。如果不符合，则DSA应返回一个适当的updateError或attributeError，否则它应加入此新的DSE。如果是条目，则继续执行步骤g)。如果是子条目，则继续执行步骤f)。否则，应当执行其他DSE类型的适当的知识管理规程。见第六篇。

f) DSA应在一个适当的时间点，将一个修改操作绑定前向到所有相关的下级DSA，本DSA与这些下级DSA之间具有分等级操作绑定或非特定的分等级操作绑定。相关的绑定是与作为上级DSE的下级的命名上下文相关的绑定。上下文前缀符合自治管理点的命名上下文是不相关的。如果支持DOP，则应遵循24.3.2.1和25.3.2中规定的规程。如果不支持DOP，则应使用本地方式来修改RHOB。

   注2：一个适当的时间由DSA管理者来指定，其范围可以包括从操作结果刚刚返回(甚至在返回之前)一直到某个周期性策略(例如在某个指定的小时)。时间可根据修改的原因而变化，例如对ACI的更新会立即生效，而对模式的修改可周期性进行。

g) 如果增加的条目或子条目是在一个或多个影像商定的UnitOfReplication内，则影像消费者应被更新，方法是使用ISO/IEC 9594-9:2005中规定的目录信息影像服务规程。

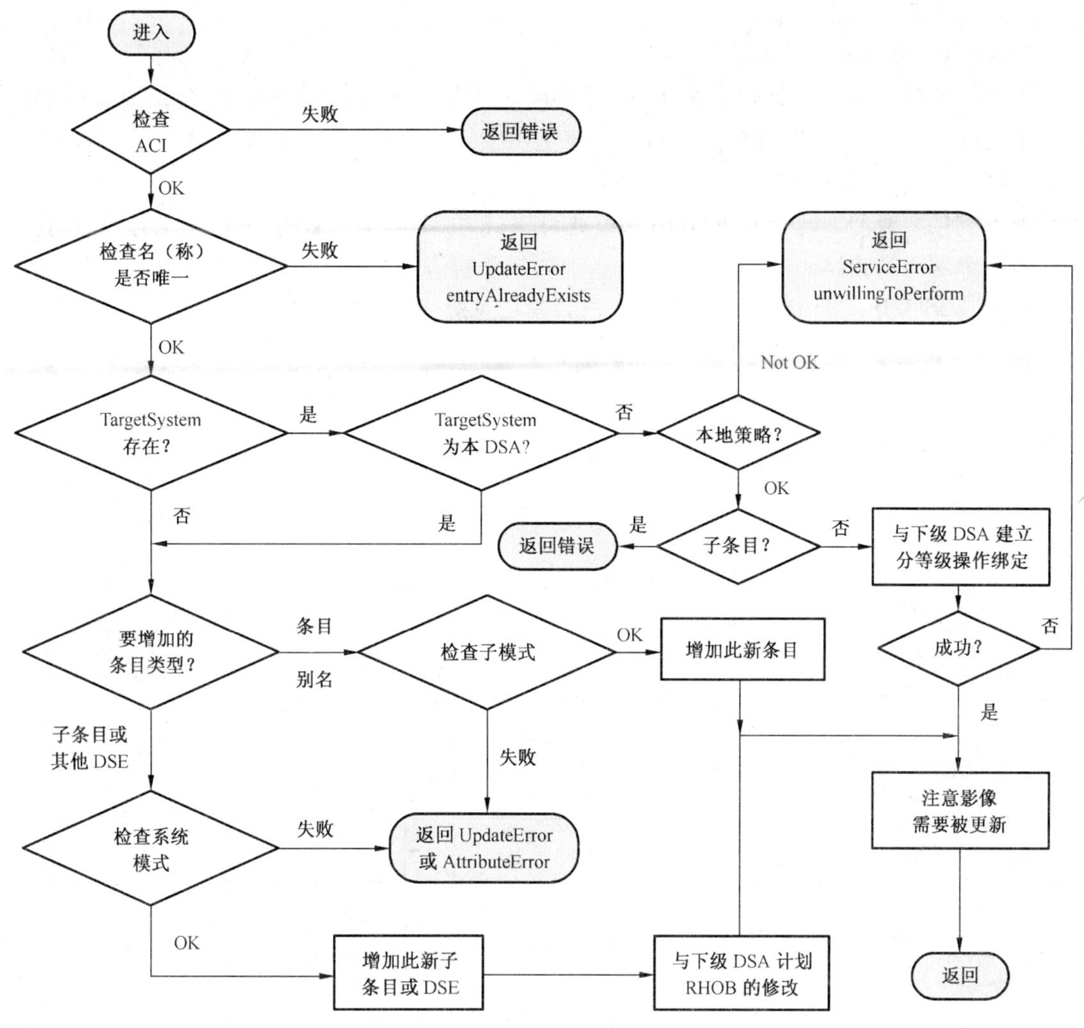

图 13　增加条目规程

19.1.2　移除条目操作

a) DSA 应检查发起者是否有足够的访问权限，如同 GB/T 16264.3—2008 的 11.2.5 定义的那样。如果没有，则返回一个适当的差错。

b) DSA 应确保要移除的条目是一个叶条目。否则，DSA 应返回一个问题为 notAllowedOnNonLeaf 的 updateError。

c) 要移除的条目的 DSE 类型被检查。如果是 subentry，则继续执行步骤 e)。如果是 cp，则继续执行步骤 f)。如果是 entry 或 alias，则继续执行步骤 d)。否则，应当执行其他 DSE 类型的适当的知识管理规程。见第六篇。

d) 移除条目或别名条目，并继续执行步骤 g)。

e) 移除子条目。在一个适当的时间点，修改所有相关的下级 DSA 的操作绑定，本 DSA 与这些下级 DSA 之间具有分等级操作绑定或非特定的分等级操作绑定。相关的绑定是与作为上级 DSE 的下级的命名上下文相关的那些绑定。

   上下文前缀符合自治管理点的命名上下文是不相关的。如果支持 DOP，则应遵循 24.3.2.1 和 25.3.2 中规定的规程。否则应使用本地方式。继续执行步骤 g)。

f) 移除命名上下文。如果该 DSA 有一个此命名上下文的分等级操作绑定，则它应终止与其直接上级 DSA 之间的分等级操作绑定。如果该 DSA 有一个此命名上下文的非特定分等级操作绑定,且这是非特定分等级操作绑定的最后一个命名上下文,则它应终止与其直接上级 DSA 之间的非特定分等级操作绑定。如果支持 DOP,则应遵循 24.3.3.2 和 25.3.3.2 中规定的规程。否则,应使用本地方式来终止 RHOB。

g) 如果已移除的命名上下文、条目、别名条目或子条目等是在一个或多个影像商定的UnitOfReplication内,则影像消费者应被更新,方法是使用 ITU-T X.525 建议书 | ISO/IEC 9594-9:2005 中规定的目录信息影像服务规程。

如果直接上级 DSA 内(其 RHOB 被终止)已移除的下级引用或非特定下级引用,是在一个或多个影像商定的UnitOfReplication 内,则影像消费者应被更新,方法是使用 ITU-T X.525 建议书 | ISO/IEC 9594-9:2005 中规定的目录信息影像服务规程。

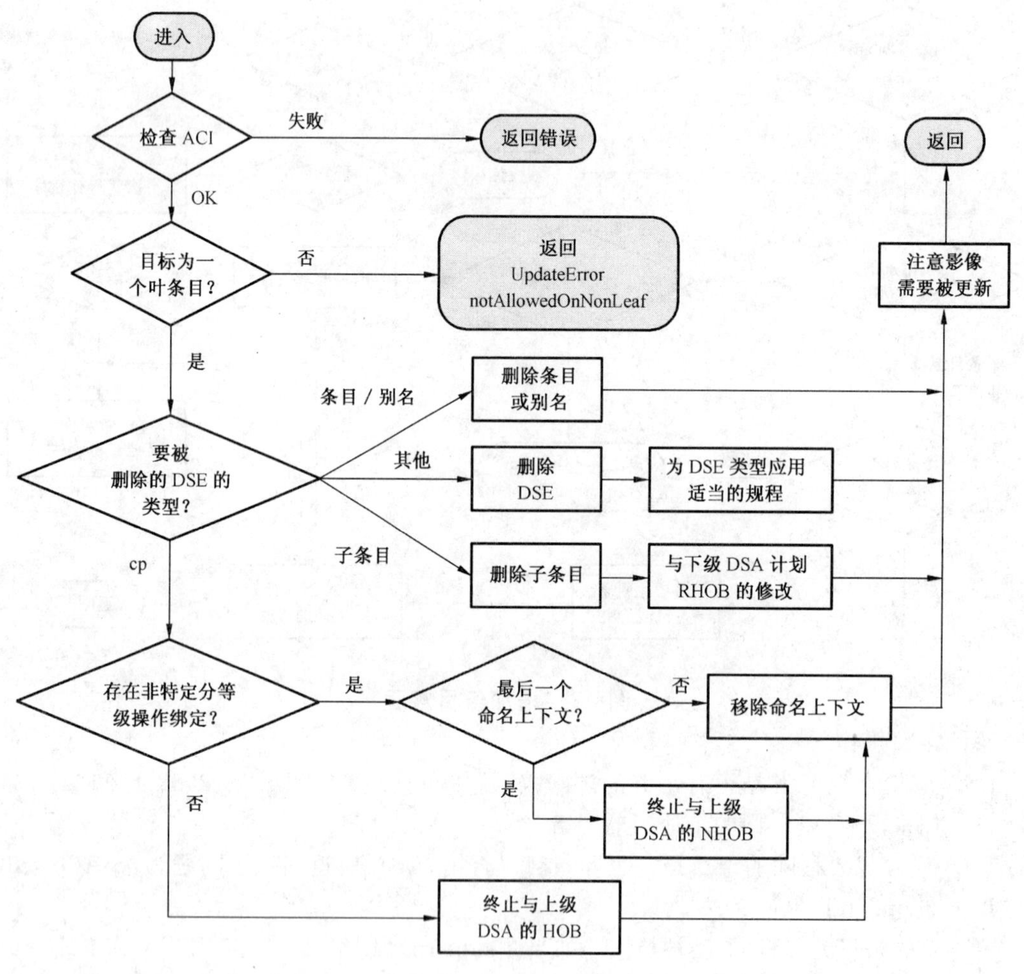

图 14 移除条目规程

19.1.3 修改条目操作

a) DSA 应检查发起者是否有足够的访问权限,如同 GB/T 16264.3—2008 的 11.3.5 定义的那样。如果没有,则返回一个适当的差错。

b) 对条目或别名的修改应符合子模式。对 DSE 的其他类型的修改,包括子条目,应符合系统模式。否则,DSA 应返回一个适当的updateError 或attributeError。在执行了修改之后,如果目标 DSE 的类型为subentry,则继续执行步骤 c);如果目标 DSE 的类型为entry 或alias,则继续执行步骤 d);

否则,应当执行其他 DSE 类型的适当的知识管理规程。见第六篇。

c) DSA应在一个适当的时间点，修改与所有相关的下级DSA的操作绑定，本DSA与这些下级DSA之间具有分等级操作绑定或非特定的分等级操作绑定。相关的绑定是与作为管理点的下级的那些命名上下文相关的绑定，被修改的子条目位于此管理点之下。上下文前缀符合自治管理点的命名上下文是不相关的。如果支持DOP，则应遵循24.3.2.1和25.3.2中规定的规程。否则，将使用本地方式。

d) 如果被修改的条目、别名条目或子条目等是在一个或多个影像商定的UnitOfReplication内，则影像消费者应被更新，方法是使用ISO/IEC 9594-9:2005中规定的目录信息影像服务规程。

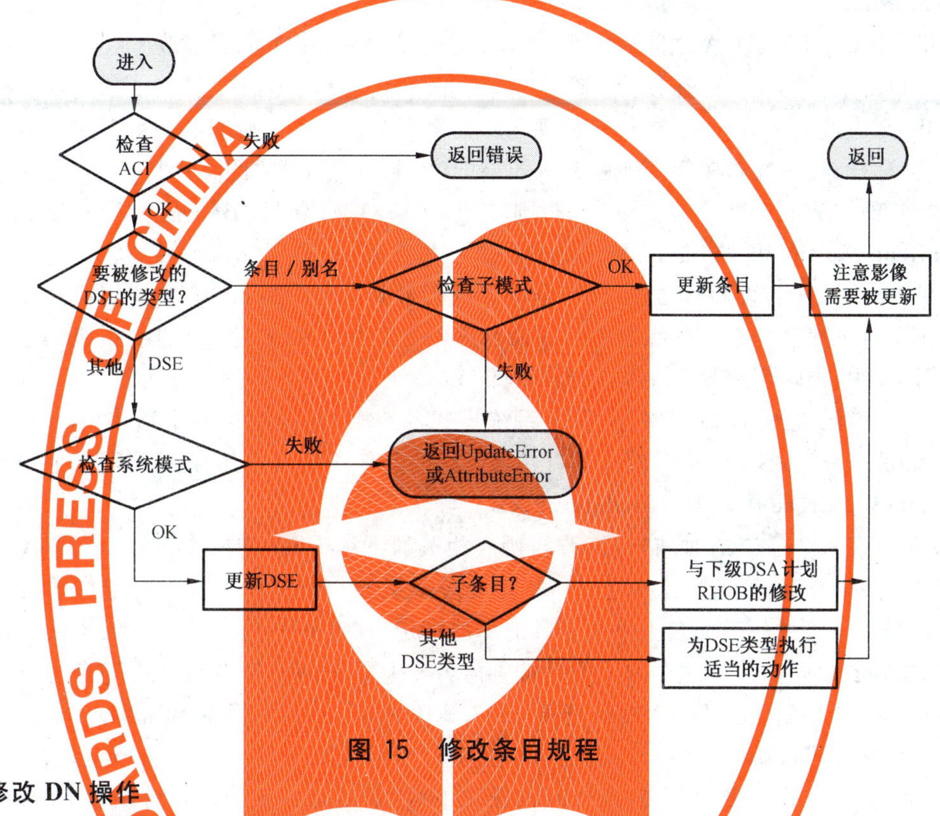

图15 修改条目规程

19.1.4 修改DN操作

a) DSA应检查发起者是否有足够的访问权限，如同GB/T 16264.3—2008的11.4.5定义的那样。如果没有，则返回一个适当的差错。

b) 如果操作是移动一个条目，或者是既移动条目又修改其相对可辨别名，则转到步骤c)。如果操作仅仅是修改一个条目的相对可辨别名，则转到步骤d)。

c) 操作应按照GB/T 16264.3—2008的11.4.1中的定义来执行。如果旧的上级、新的上级、本条目或其任意下级中的一个不在本DSA内，或者如果新的上级有NSSR，则该操作应被拒绝，且返回问题为affectsMultipleDSAs的updateError。DSA应确保不存在具有此新名(称)的其他条目。否则，它应返回一个问题为entryAlreadyExists的updateError。DSA应确保条目的新名(称)符合子模式。否则，它应返回一个适当的attributeError或updateError。如果没有发生上述这些问题，则移动该条目(如果需要，则修改RDN)，并且转到步骤i)。

d) 下面的文字应用于修改条目的相对可辨别名，该条目可以是，也可以不是一个叶条目；而且可以在一个或多个DSA中具有或不具有一个或多个下级。对要重命名的条目的DSE类型进行检查。如果为subentry，则继续执行步骤g)。如果为cp，则继续执行步骤f)。如果为entry或alias，则继续执行步骤e)。

e) DSA应确保具有此新名(称)的其他条目尚不存在。否则，应返回一个问题为entryAlreadyExists的updateError。如果被重命名的条目的上级DSE具有附加的类型nssr，则DSA应遵循

19.1.5(修改操作和NSSR)中定义的规程,以便确保条目的新名(称)是无二义性的。如果新名(称)中某个RDN的某些属性包含了由上下文所区分的多个可辨别值,则DSA应确保在可能构建的RDN中,没有一个会产生和已经存在的条目名相同的名(称)(不考虑上下文)。DSA应确保条目的新名(称)符合子模式。否则,它应返回一个适当的attributeError或updateError。重新命名条目或别名条目。如果条目是一个非叶条目,且有下级在其他的DSA中,则继续执行步骤h),否则继续执行步骤i)。

f) DSA应确保命名上下文的新名(称)符合子模式;否则,它应返回一个适当的attributeError或updateError。

如果DSA与上级DSA之间有一个HOB,则下级DSA应在响应修改DN操作之前就尝试修改HOB。上级DSA应在接受修改之前,确保没有具有新名(称)的其他条目存在。如果支持DOP,则应遵循24.3.2.2中规定的规程。如果不支持DOP,则HOB如何被修改,且如何检查新名(称)的唯一性等属于本地事务。如果HOB被成功修改,且命名上下文具有下级命名上下文在其他DSA中,则转到步骤h);否则转到步骤i)。如果HOB不能被修改,则返回一个问题为affectsMultipleDSAs的updateError。

如果DSA与其上级DSA之间有一个关于该命名上下文的NHOB,则如何检测出复制的条目不在本目录规范的定义范围之内。重命名此条目。如果命名上下文具有下级命名上下文在其他DSA中,则转到步骤h);否则转到步骤i)。

g) DSA应确保子条目的新名(称)符合系统模式。否则,它应返回一个适当的attributeError或updateError。DSA应确保没有具有新名(称)的其他子条目已经存在。否则,它应返回一个问题为entryAlreadyExists的updateError。

h) DSA应在一个适当的时间点,修改与所有相关的下级DSA的操作绑定,本DSA与这些下级DSA之间具有分等级操作绑定或非特定的分等级操作绑定。相关的绑定指的是与作为重命名条目的下级的所有命名上下文相关的那些绑定,或者是与作为管理点的下级的命名上下文相关的那些绑定,此管理点的子条目被重命名。上下文前缀符合自治管理点的命名上下文是不相关的。如果支持DOP,则应遵循24.3.2.1和25.3.2中规定的规程。否则,将使用本地方式来更新RHOB。

i) 如果被重命名的命名上下文、条目或其任意下级、别名条目或子条目等是在DSA所拥有的一个或多个影像商定的UnitOfReplication内,则影像消费者应被更新,方法是使用ITU-T X.525建议书 | ISO/IEC 9594-9:2005中规定的目录信息影像服务规程。

如果条目、别名条目或子条目等是在DSA所拥有的一个或多个影像商定的UnitOfReplication内,但重命名的条目、别名条目或子条目等的上级不在此UnitOfReplication内,则影像消费者应被更新,方法是使用ITU-T X.525建议书 | ISO/IEC 9594-9:2005中规定的目录影像服务规程;在这种情况下,被影像的条目及其所有下级都应被移除。

如果条目、别名条目或子条目等不在DSA所拥有的一个或多个影像商定的UnitOfReplication内,但重命名的条目、别名条目或子条目等目前在此UnitOfReplication内,则影像消费者应被更新,方法是使用ITU-T X.525建议书 | ISO/IEC 9594-9:2005中规定的目录影像服务规程;在这种情况下,被影像的条目及其所有下级都应被影像。

如果处于直接上级DSA内的被重命名的下级引用(其HOB在上述的第f)步被修改)是在一个或多个它的影像商定的UnitOfReplication内,则影像消费者应被更新,方法是使用ISO/IEC 9594-9:2005中规定的目录信息影像服务规程。

如果与某个下级DSA绑定的一个RHOB的组件(在上述的第h)步被修改)是在下级DSA所拥有的一个或多个影像商定的UnitOfReplication内,则影像消费者应被更新,方法是使用ISO/IEC 9594-9:2005中规定的目录信息影像服务规程。

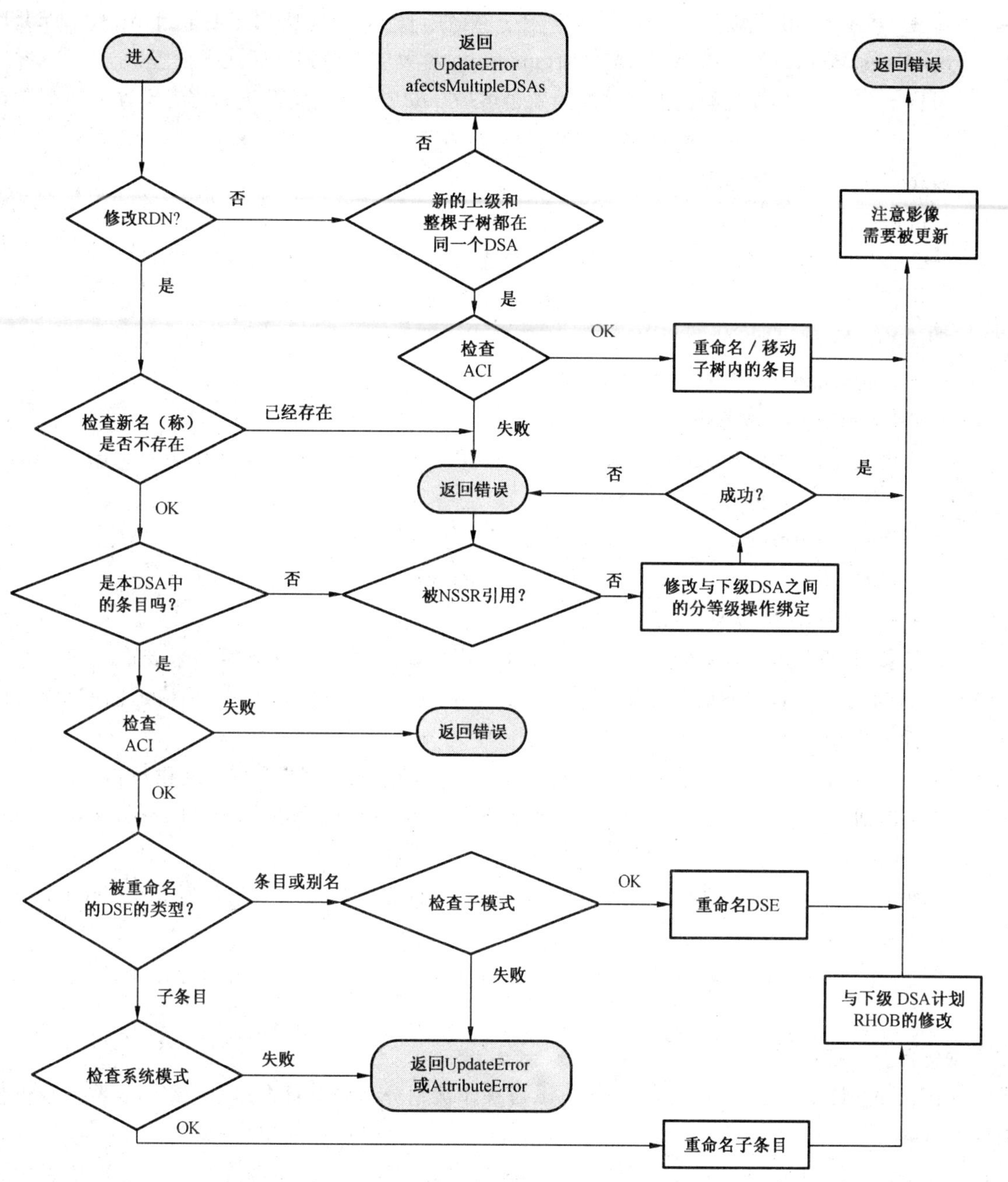

图 16 修改 DN 规程

19.1.5 修改操作和非特定下级引用

如果一个 DSA 具有 NSSR 且不知道某个条目的所有下级的完整名(称)集合，对于该 DSA，或者：

a) 有一个addEntry 操作已经被指向到该 DSA；或者

b) 有一个modifyDN 操作已经被指向到该 DSA。

则该 DSA 可以在执行操作前执行下列的规程集。

a) 如果chainingProhibited 服务控制选项在addEntry 或modifyDN 操作中被设置，则返回一个问题为affectsMultipleDSAs 的updateError。

b) 如果该 DSA 不愿意或不能够多链接出请求，则分别返回一个问题为unwillingToPerform 或unavailable 的serviceError。

c) DSA 应将一个chainedReadEntry 操作多链接到 NSSR 的accessPointInformation 集合中的每个主 DSA 上(由于影像所引起的临时不一致性,DSA 应仅使用来自每个MasterAndShadowAccessPoints 的主 DSA)。ReadArgument 的参数应按照如下所述来设置:

object　　或者设置为要增加的条目名(在addEntry 的情况下),或者设置为某个存在条目的声称名(在 modifyDN 的情况下)。

Selection　　客体类属性。

CommonArguments 的参数应按照如下所述来设置:

——设置dontDereferenceAliases 服务控制选项;

——设置OperationProgress. nameResolutionPhase 为completed。

ChainingArguments 的参数应按照如下所述来设置:

——设置originator 为发起者的名(称);

——targetObject 被忽略;

——设置 OperationProgress. nameResolutionPhase 为 proceeding,且设置 nextRDNToBeResolved 为(客体名中的 RDN 数量)－1;

——设置traceInformation 为一个空序列;

——设置referenceType 为nonSpecificSubordinate;

——timeLimit,根据入请求进行适当地设置。

其他参数,例如SecurityParameters,可以被适当地设置,例如由本地策略来设置。

d) DSA 等待响应的完整集合。如果有任意一个响应是一个ReadResult,则应返回一个差错,如下面的 f)中所述。

e) 如果所有的响应是问题为unableToProceed 的serviceError,则操作赋值可继续进行。

f) 如果返回了一个 ReadResult,则应为原始操作返回一个问题为entryAlreadyExists 的updateError;

g) 如果有任意一个其他的差错返回给readEntry 请求,则应返回一个问题为unwillingToPerform 的serviceError。

接收到chainedRead 请求的 DSA 应根据条目的存在与否,以及它的访问控制策略来给出一个响应。

19.2 单条目查询规程

阅读、ChainedRead、比较和ChainedCompare 等操作被划分为单条目查询规程组。这些规程仅包含下列三个步骤:

a) 检查访问控制,如同 GB/T 16264.3—2008 第 9 章中的描述。如果该操作不允许,则返回相应的安全差错。

b) 在发现的 DSE 上执行操作,如同 GB/T 16264.3—2008 第 9 章中的描述。

c) 准备答复,然后返回。

19.3 多条目查询规程

根据查询操作的类型(列表或搜索),应遵循 19.3.1 和 19.3.2 中定义的相应规程。

19.3.1 列表规程

本条规定了特定于list 和ChainedList 操作的评估规程。

当列表请求的operationProgress. nameResolutionPhase 组件被设置为notStarted 或proceeding,且当 DSA 在执行完名(称)解析后,发现它拥有基本客体时,应遵循列表(Ⅰ)规程。当列表请求的nameResolutionPhase 组件被设置为completed 时,应遵循列表(Ⅱ)规程。

19.3.1.1 规程参数

19.3.1.1.1 变元

本规程使用的变元为：

——ListArgument；

——目标 DSE e；

——chainingArgument 的operationProgress。

19.3.1.1.2 结果

如果本规程被成功执行，则它返回：

——一系列 e 的下级，在listInfo. subordinates 中；

——limitProblem，在partialOutcomeQualifier 中指示；

——一系列的连续引用，在SRcontinuationList 中。

19.3.1.2 规程定义

19.3.1.2.1 列表（Ⅰ）规程

列表（Ⅰ）规程包含下列步骤，如图 17 所示：

a) 如果服务控制subentry 被设置，则转到步骤 e)；否则转到步骤 b)。

b) 如果 DSE e 的类型为nssr，则向SRcontinuationList 中增加一个连续引用，其组件被设置如下：

——targetObject 被设置为 DSE e 的主可辨别名（可替代可辨别值也可包含在该 RDN 中）；

——aliasedRDNs 缺失；

——nameResolutionPhase 的 operationProgress 被设置为 completed，且 nextRDNtoBeResolved 缺失；

——rdnsResolved 缺失；

——referenceType 被设置为nonSpecificSubordinate；

——accessPoints 被设置为一系列accessPointInformation，每个值都源自 DSE e 的nonSpecificKnowledge 属性的一个值。

c) 对于作为 DSE e 直接下级的每个 DSE e'，执行下列步骤：

1) 检查 e'中的 ACI 是否可用。如果 ACI 不允许列出 e'的 RDN，则跳过该 DSE。如果 ACI 不可用（例如在下级引用和粘接的情况下），则由本地策略来决定是否继续。

2) 检查 e'的所有 DSE 类型。

i) 如果 e'的类型为subr，则有两种情况。在第一种情况下，下级条目的 ACI 和客体类是本地可用的，在这种情况下，基于本地策略和 ACI 的准许，将 e'的 RDN 加入到listInfo. subordinates 中，其中aliasEntry 被设置为TRUE，如果 e'的类型为sa，则fromEntry 被设置为FALSE。另一种情况是条目的 ACI 在 e'中不可用，在这种情况下，向SRcontinuationList 中增加一个连续引用，其组件被设置如下：

——targetObject 被设置为 DSE e 的主可辨别名（可替代可辨别名也可包含在 RDN 中）；

——aliasedRDNs 缺失；

——nameResolutionPhase 的operationProgress 被设置为completed，且nextRDNtoBeResolved 缺失；

——rdnsResolved 缺失；

——referenceType 被设置为subordinate；

——accessPoints 被设置为包含在 DSE e'的specificKnowledge 属性中的值。

ii) 如果 DSE e'的类型为entry 或glue，则将 e'的 RDN 加入到listInfo. subordinates 中，其中aliasEntry 被设置为FALSE，同时根据 e'是否是一个拷贝，而设置fromEntry 的值。

注：在 e'的类型是glue 的情况下，它应拥有一个或多个下级，这意味着它不能是主 DSA 中的一个别名。另外，任何与列表操作相关的 ACI 都存储在此 DSE 中，通过影像协议来提供。

iii) 如果 DSE e'的类型为alias,则将 e'的 RDN 加入到listInfo. subordinates 中,其中aliasEntry 被设置为TRUE,同时根据 e'是否是一个拷贝,而设置fromEntry 的值。

3) 检查时间、尺寸或管理限制是否被超越。如果被超越,则在partialOutcomeQualifier 中设置相应的limitProblem 并返回。

4) 继续执行步骤 c)中的 1),直到所有的下级 DSE 都被处理过。

d) 如果所有的下级 DSE 都被处理,则返回到操作调度程序。

e) 对于作为 DSE e 直接下级的每个子条目 e',执行下列步骤:

1) 检查 e'中的 ACI。如果 ACI 不允许列出 e'的 RDN,则跳过此 DSE。否则,将 e'的 RDN 加入到listInfo. subordinates 中,其中aliasEntry 被设置为FALSE,同时根据 e'是否是一个拷贝,而设置fromEntry 的值。

2) 检查时间、尺寸或管理限制是否被超越。如果被超越,则在partialOutcomeQualifier 中设置相应的limitProblem 并返回。

f) 返回到操作调度程序。

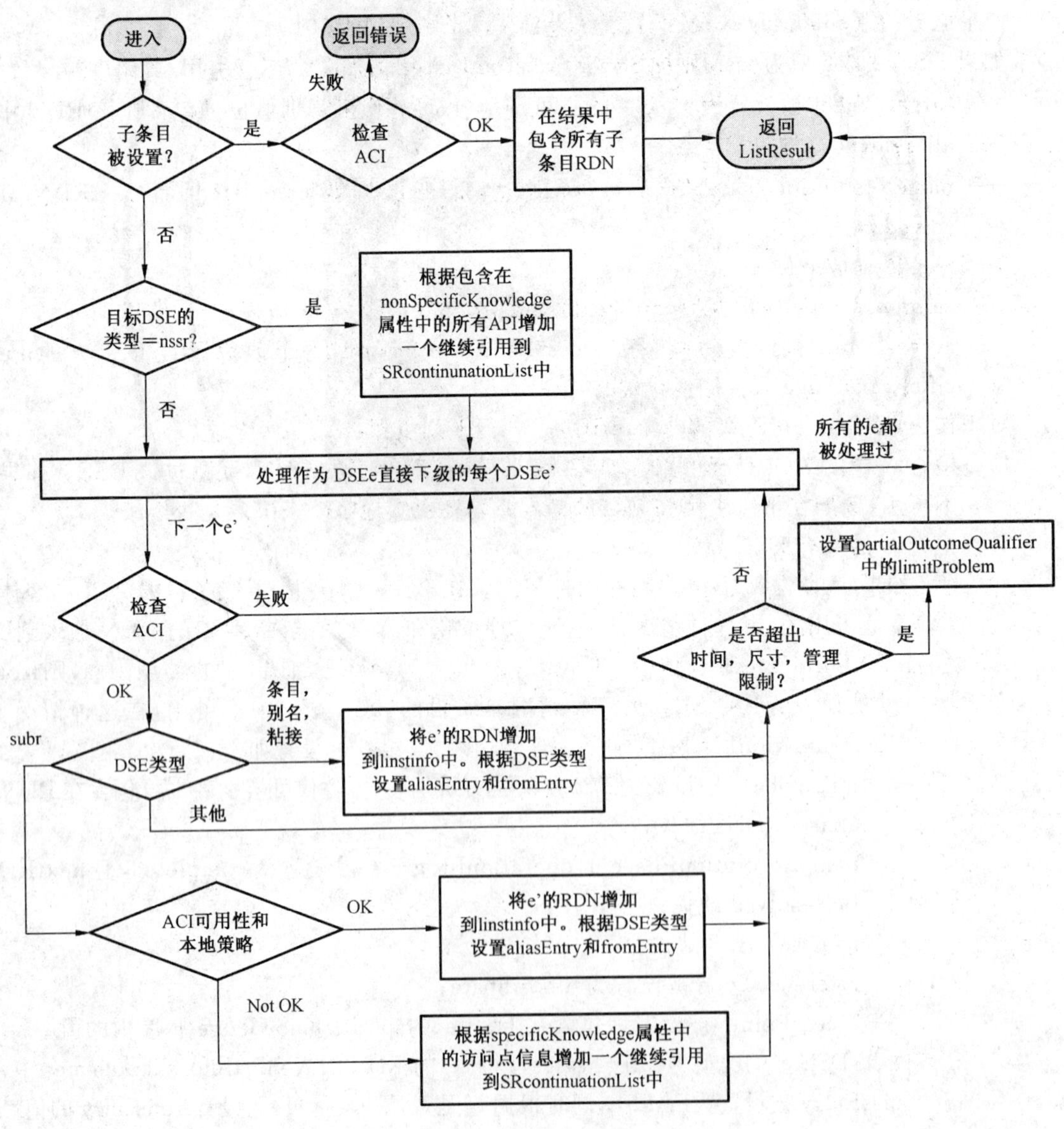

图 17 列表(Ⅰ)规程

19.3.1.2.2 列表(Ⅱ)规程

列表(Ⅱ)规程包含下列步骤,如图 18 所示:

a) 对于作为 DSE e 直接下级的每个 DSE e',执行步骤 a)中的 1)到 4):

1) 如果 e'不是一个条目或别名,则继续下一个直接下级。

2) 检查 e'中的 ACI。如果 ACI 不允许该操作,则继续 e 的下一个直接下级。

3) 将 DSE e'的 RDN 加入到listInfo. subordinates 中,其中根据 e'是否是一个别名来设置listInfo. subordinates 的aliasEntry 组件的值,同时根据 e'是否是一个拷贝,而设置fromEntry 组件的值。如果 excludeShadows 为 TRUE,则忽略那些类型为 shadow 或 writableCopy 的 DSE。

4) 检查时间、尺寸或管理限制是否被超越。如果被超越,则在partialOutcomeQualifier 中设置相应的limitProblem 并返回。

5) 继续执行步骤 a)中的 1)直到所有的下级 DSE 都被处理过。

b) 如果所有的下级 DSE 都已经被处理,则检查该子请求是否来自 DAP 或 DSP。如果该子请求是通过 DAP 提交的,且ListResult 为空,则向操作调度程序返回一个问题为invalidReference 的serviceError。否则,返回ListResult。

注:当用户不能访问到上级条目时,invalidReference 被用作一个安全预警。如果上级的条目 ACI 可用(通过 RHOB 来提供),则如果允许的话,可返回一个空结果。

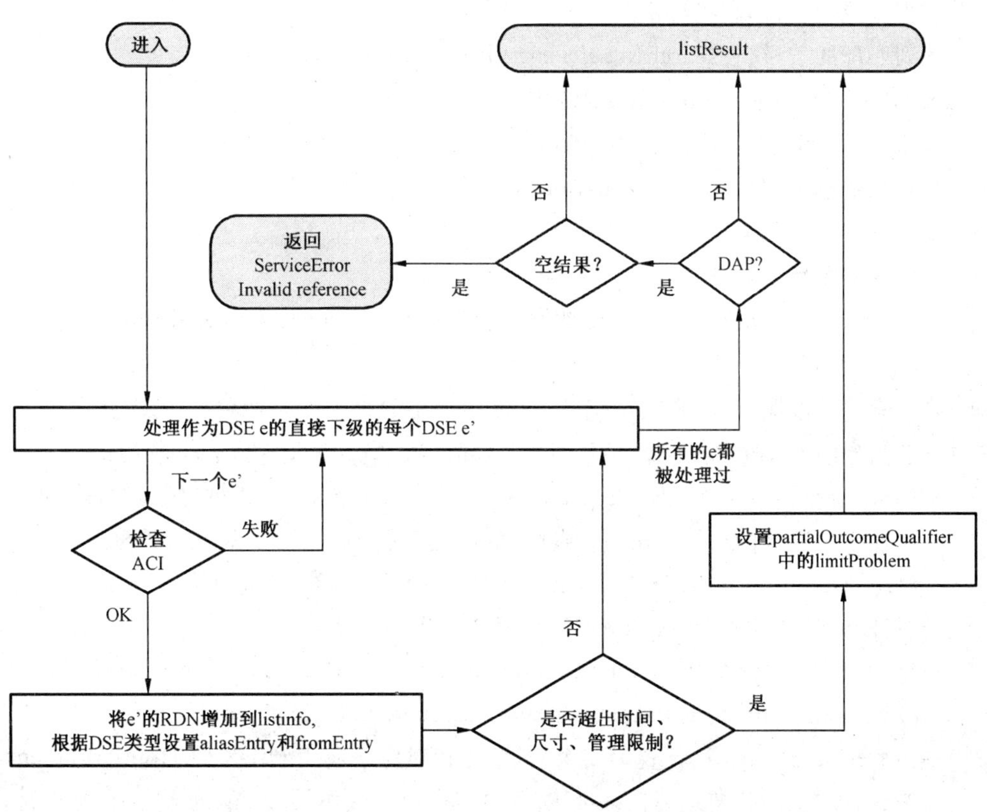

图 18 列表(Ⅱ)规程

19.3.2 搜索规程

本条规定了特定于Search 和Chained Search 操作的赋值规程。

当搜索请求的operationProgress. nameResolutionPhase 组件被设置为notStarted 或proceeding，且当 DSA 在执行完名(称)解析后，发现它拥有一个目标客体时，应遵循搜索规则检查(Ⅰ)规程。如果该规程返回了一个差错，则返回此差错。否则，应遵循Search（Ⅰ)规程。

当搜索请求的nameResolutionPhase 组件被设置为completed 时，应遵循搜索规则检查(Ⅱ)规程。如果该规程返回了一个差错，则返回此差错。否则，应遵循Search（Ⅱ）规程。

注：若nameResolutionPhase 为completed，则期望目标客体是一个上下文前缀的直接上级。

19.3.2.1 规程参数

19.3.2.1.1 变元

本规程所使用的变元包括：

——SearchArgument；

——目标 DSE e；

——ChainingArguments 的operationProgress；

——ChainingArguments 的exclusions(要从搜索中排除出去的 RDN 列表)；

——ChainingArguments 的traceInformation；

——ChainingArguments 的searchRuleId；

——ChainingArguments 的chainedRelaxation；以及

——ChainingArguments 的relatedEntry。

19.3.2.1.2 结果

如果本规程被成功执行，它将返回：

——一系列匹配的条目，在searchResult. entryInformation 中；

——alreadySearched，在ChainingResults 中；

——根据条件的一个数目，在partialOutcomeQualifier. entryCount 中；以及

——一系列的连续引用，在SRcontinuationList 中。

19.3.2.2 规程定义

19.3.2.2.1 相关的条目变元规程

只有当搜索请求有一个joinArguments 组件，且ChainingArguments(如果有的话)没有relatedEntry 组件时，本规程才相关。

a) 如果搜索请求被保护，则为joinArguments 组件中的每个元素产生一个 DSP 请求，每个请求都包含了初始的 DAP 请求或 LDAP 消息。ChainingArguments 应如下所述：

——如果入请求有一个ChainingArguments，且带了originator 组件，则该组件的值将被拷贝到所产生的请求的originator 组件中；否则该组件的使用由本地安全策略所决定；

注：接收端 DSA 可能不能够使用本组件中给定的名(称)，如果它是来自一个不同的 DIT 的话。

——组件operationProgress 应被忽略或者被设置为缺省值；

——组件 traceInformation、aliasDereferenced、aliasedRDNs、returnCrossRefs、entryOnly、exclusions、nameResolutionOnMaster、searchRuleId、chainedRelaxation 等应被忽略；且

——组件relatedEntry 被设置为一个值，该值相对应于应用到 DSA 的JoinArgument 的相对位置，而该 DSA 是请求要前向的 DSA；当第一个JoinArgument 被给定值为 0 时，下一个值则为 1，依此类推。

b) 如果入请求没有被保护，则为joinArguments 组件中的每个元素产生一个 DSP 请求，此时SearchArgument 应按照如下所述产生：

——组件baseObject 的值应拷贝自相应的JoinArgument 中的joinBaseObject 组件；

——组件subset应拷贝自相应的JoinArgument中的joinSubset组件；

——组件filter应拷贝自相应的JoinArgument中的filter组件；且

——剩余的组件应与原始请求中相应组件的值相同，除了joinArguments和joinType组件应被忽略。

ChainingArguments应与上面被保护的请求的要求相同，除了relatedEntry组件应被忽略以外。

c) 为每个要本地继续执行的请求调用操作调度程序。

d) 如果操作调度程序返回一个referral差错，或忙，或不可用差错等，则在SearchResult的partialOutcomeQualifier中增加(或产生并增加)一个连续引用，并返回。

e) 如果操作调度程序返回其他差错，则丢弃并返回。

f) 如果操作调度程序返回一个SearchResult，则：

1) 如果结果被签名、加密或签名并加密，则将该结果增加到SearchResult的uncorrelatedSearchInfo中。

2) 如果结果没有被签名、加密或签名并加密，则根据GB/T 16264.3—2008中的规定执行合并过程。

19.3.2.2.2 搜索规则检查规程(Ⅰ)

当且仅当DSA支持服务特定的管理区时，本规程才相关。

如果searchRuleId组件出现在ChainingArguments中，则该操作是之前的赋值阶段中的一个别名解除引用规程的结果。然后，如果目标DSE处于一个具有不同dmdId的服务特定管理区内，或者如果目标DSE处于某个服务特定管理区之外，则返回一个unwillingToPerform服务差错。否则基于searchRuleId中的信息选择适当的搜索规则，并返回。

注1：服务管理已经被定义为一个关键扩展。当一个不支持服务管理的DSA接收到一个链接搜索请求，且带有一个searchRuleId组件时，它将返回一个问题为unavailableCriticalExtension的serviceError。

如果searchRuleId组件不存在，且目标DSE处于某个服务特定管理区之外；或者如果它处于这样的一个管理区内但没有子条目与此管理区相关联，则返回。

如果目标DSE处于某个服务特定管理区内，且traceInformation显示该操作已经在之前的赋值阶段出现过，则返回一个unwillingToPerform服务差错。

注2：这是这样一种情况，即一个搜索操作已经在某个服务特定管理区外启动了它的初始赋值，而目前准备扩展到一个不同的服务特定管理区内。

否则，应遵循下述规程：

a) 查找定位所有的与目标DSE相关联的搜索规则，即在服务子条目中，其子树规范内具有目标DSE的所有搜索规则(例如通过使用searchRulesSubentry操作属性)。这些搜索规则在后续被称为候选搜索规则。如果没有这样的搜索规则，则产生一个问题为requestedServiceNotAvailable的服务差错，并在CommonResults的notification组件中，包括一个取值为id-pr-unidentifiedOperation的searchServiceProblem属性，并返回。

b) 如果在搜索请求中包含了serviceType和/或userClass服务控制，则从候选搜索规则中除去所有的与这些服务控制不符合的搜索规则。如果这样使得剩余的列表为空，则产生一个问题为requestedServiceNotAvailable的服务差错；并在CommonResults的notification组件中，包括下列详述的信息，并返回：

——一个取值为id-pr-unidentifiedOperation的searchServiceProblem属性；

——如果在搜索请求中包括了serviceType服务控制，则返回一个取值为该服务控制的serviceType 属性。

c) 将候选搜索规则划分为四个列表(某些列表可以是空的):

——一个GoodPermittedSR 列表,包含了所有这样的候选搜索规则,即请求者具有对这些搜索规则的调用许可,且根据 GB/T 16264.3—2008 中第 13 章规定的搜索有效性验证规程,搜索请求符合这些搜索规则;

注 3:如果此列表非空,则没有理由去创建其他列表。

——一个MatchProblemSR 列表,包含了所有这样的候选搜索规则,即请求者具有对这些搜索规则的调用许可,且除了在一个或多个请求属性表中的matchingUse 外,搜索请求符合这些搜索规则;

——一个BadPermittedSR 列表,包含了所有这样的候选搜索规则,即请求者具有对这些搜索规则的调用许可,但搜索请求不符合这些搜索规则;

——一个DeniedSR 列表,包含了所有这样的候选搜索规则,即请求者不具有对这些搜索规则的调用许可。

d) 如果GoodPermittedSR 列表中包含了一个或多个空搜索规则,则使用本地算法选择这些空搜索规则中的一个作为控制搜索规则,然后返回。

e) 如果GoodPermittedSR 列表非空,则除了那些具有最高userClass 指示的搜索规则外,丢弃所有其他的搜索规则。

f) 使用本地算法,在GoodPermittedSR 列表中,选择剩余的搜索规则中的一个作为控制搜索规则,然后返回。

注 4:如果在上述列表中有多个搜索规则可供选择,则在实现时应当将事件记入日志,以便为管理之用,因为搜索规则的定义可需要改写。

g) 如果MatchProblemSR 列表非空,则根据与上述 e)和 f)中规定的算法类似的一种算法选择其中一个搜索规则;产生一个服务差错以及如 GB/T 16264.3—2008 的 13.4 详述的相关信息,并且返回。

h) 如果DeniedSR 列表为空,继续执行步骤 j);否则,将那些搜索请求不符合的所有搜索规则从列表中丢弃,并且丢弃所有的空搜索规则。如果此时列表为空,则继续执行步骤 j);否则产生一个问题为requestedServiceNotAvailable 的服务控制;同时在CommonResults 的notification 组件中包含下面详述的子组件,并且返回:

——一个取值为id-pr-unavailableOperation 的searchServiceProblem 属性;

——如果在DeniedSR 列表中的所有剩余搜索规则的serviceType 组件都具有相同的值,则包括一个取值为该值的serviceType 属性。

i) 如果BadPermittedSR 列表为空,则产生一个问题为requestedServiceNotAvailable 的服务差错;同时在CommonResults 的notification 组件中包含下面详述的子组件,并且返回:

——一个取值为id-pr-unidentifiedOperation 的searchServiceProblem 属性。

j) 对于 GB/T 16264.3—2008 的 13.1 定义的规程中的每个按顺序标号的项,根据BadPermittedSR 中剩余的搜索规则检查搜索请求,并且对于每个项:

——如果搜索操作符合该项中的某些搜索规则,但不是所有的搜索规则,则丢弃那些不符合的搜索规则;

——如果BadPermittedSR 中目前仅拥有一个搜索规则,则执行 GB/T 16264.3—2008 的第 13 章规定的规程,然后返回;

——否则,检查下一项。

k) 根据到此为止的规程，如果BadPermittedSR 中目前仅含有搜索操作不符合的那些搜索规则，则产生一个问题为requestedServiceNotAvailable 的服务差错；同时在CommonResults 的notification 组件中包含下面详述的子组件，并且返回：

——一个取值为id-pr-unidentifiedOperation 的searchServiceProblem 属性；

——如果BadPermittedSR 中的所有搜索规则都规定了同一个服务类型，则包含一个取值为该服务类型的serviceType 属性。

l) 对于 GB/T 16264.3—2008 的 13.2 定义的规程中的每个按顺序标号的项，根据BadPermittedSR 中剩余的搜索规则检查搜索请求，并且对于每个项：

——如果搜索操作符合该项中的某些搜索规则，但不是所有的搜索规则，则丢弃那些不符合的搜索规则；

——如果BadPermittedSR 中目前仅拥有一个搜索规则，则执行 GB/T 16264.3—2008 的第 13 章规定的规程，然后返回；

——否则，检查下一项。

m) 对于 GB/T 16264.3—2008 的 13.3 定义的规程中的每个按顺序标号的项，根据BadPermittedSR 中剩余的搜索规则检查搜索请求，并且对于每个项：

——如果搜索操作符合该项中的某些搜索规则，但不是所有的搜索规则，则丢弃那些不符合的搜索规则；

——如果BadPermittedSR 中目前仅拥有一个搜索规则，则执行 GB/T 16264.3—2008 的第 13 章规定的规程，然后返回；

——否则，检查下一项。

n) 产生一个问题为requestedServiceNotAvailable 的服务差错；同时在CommonResults 的notification 组件中包含下面详述的子组件，并且返回：

——一个取值为id-pr-unidentifiedOperation 的searchServiceProblem 属性；

——如果BadPermittedSR 列表中的所有搜索规则都指定了同一个服务类型，则包含一个取值为该服务类型的serviceType 属性。

19.3.2.2.3 搜索规则检查规程（Ⅱ）

当且仅当 DSA 支持服务特定的管理区时，本规程才相关。

如果searchRuleId 不存在，且目标 DSE 的所有直接下级条目（上下文前缀）都是服务特定管理点，则返回一个问题为 unwillingToPerform 的serviceError。然而，如果某些下级条目不是服务特定管理点，则为搜索赋值选择相应的命名上下文并且返回。

如果searchRuleId 存在，目标 DSE 的每个下级条目都被检查以验证它是否与目标 DSE 处于同一个服务特定管理区内。如果不是，则相应的命名上下文从搜索中排除。如果还有搜索操作可以继续进行的剩余命名上下文（包含正在执行的 DSA 中的那些命名上下文），在这些上下文中，则选择在searchRuleId 中指定的搜索规则并且返回。如果没有搜索操作可以继续进行的剩余命名上下文，则产生一个问题为unwillingToPerform 的serviceError 并且返回。

注：如果知识信息在 DSA 与拥有上级命名上下文的 DSA 之间是一致的，则后一种情况不可以发生。

19.3.2.2.4 条目信息选择

对于已经匹配的条目，以及被选择作为分等级选择中的一部分的条目而言，所选择的属性信息为下列信息的交集：

a) 由searchArgument. selection 所规定的信息，可以被缺省的上下文规范修改，对于已经匹配的

条目,还包括由searchArgument. matchedValuesOnly 所规定的信息;

b) 由控制搜索规则(如果有的话)所决定的信息。

该条目信息被加入到searchResult. entryInformation 中的条目列表中。

仅将尺寸(类型和所有的值)不大于attributeSizeLimit 的属性加入。

19.3.2.2.5 搜索(Ⅰ)规程

这是一个递归规程,应用于一个起始于某个给定的目标条目 e 的搜索请求。它搜索目标条目 e,然后处理作为 e 的直接下级的那些 DSE。当整个子树都需要被搜索时,该规程被自己递归调用。该规程包括如下步骤,如图 19 所示:

a) 如果 DSE e 的类型为 cp(即一个作为上下文前缀的 DSE),则检查exclusions 变元中是否有任意一个元素是 e 的 DN 的一个前缀。

 1) 如果是,则返回。

 2) 否则,调用检查适宜性规程。

  i) 如果 e 不适合,则按照如下所述构建一个continuationReference,并且将其加入到SR ContinuationList 中:

  ——targetObject 被设置为 DSE e 的 DN;

  ——nameResolutionPhase 的 operationProgres 被设置为 proceeding,且 nextRDNtoBeResolved 被设置为 e 中的 RDN 的数量;

  ——continuationReference 中的所有其他组件都不变。

  然后返回。

  注 1:当一个搜索子请求被链接到一个影像提供者时,这是唯一的情况。换句话说,这样一个链接子请求的目标客体总是一个上下文前缀。

  ii) 否则,将 e 的可辨别名加入到ChainingResults 的alreadySearched 中。

  注 2:alreadySearched 仅包含上下文前缀。

b) 如果 e 的类型为alias,且SearchArgument 中的searchAliases 为TRUE,则调用搜索别名规程,然后返回。

c) 如果subset 是oneLevel,则继续执行步骤 f)。

注 3:e 在这个点上,不可能是不完整的下级,因为针对上下文前缀检查适宜性已经保证了这种情况不会发生。

d) 如果subset 为baseObject,或者如果entryOnly 为TRUE,则继续本步骤;否则转到步骤 e)。

如果下列情况之一是正确的:

 1) e 的类型为subentry,且服务控制subentry 被设置;或者

 2) e 的类型不是subentry,且服务控制subentry 未被设置,则执行下列步骤:

  i) 检查 ACI。如果本操作不被允许,则返回。

  ii) 将SearchArgument. filter 中指定的过滤器变元应用到 DSE e。确保对过滤器中使用的所有属性的访问是被准予的,如同 GB/T 16264.2—2008 中的定义。如果过滤器匹配,且根据分等级选择,条目未被排除,则按照 19.3.2.2.3 中的规定增加属性信息。

  iii) 如果在搜索请求中包含hierarchySelection 搜索控制(可以被某个搜索规则规范所修改),同时本条目是一个拥有多个成员的分等级分组中的一部分,且不仅self 指示被设置,则调用分等级选择(Ⅰ)规程。

 然后返回。

e) 如果subset 为subtree (且entryOnly 不为TRUE),并且下列中的一个是正确的:

1） e 的类型为subentry，且服务控制subentry 被设置；或者

2） e 的类型不是subentry，且服务控制subentry 未被设置，则执行下列步骤：

i） 检查 ACI。如果本操作不被允许，则转到步骤 f）。

ii） 将SearchArgument. filter 中指定的过滤器变元应用到 DSE e。确保对过滤器中使用的所有属性的访问是被准予的，如 GB/T 16264.2—2008 中的定义。如果过滤器匹配，且根据分等级选择，条目未被排除，则按照 19.3.2.2.3 中的规定增加属性信息。

iii） 如果在搜索请求中包含hierarchySelection 服务控制（可以被某个搜索规则规范所修改），同时本条目是一个拥有多个成员的分等级分组中的一部分，且不仅self 指示被设置，则调用分等级选择（Ⅰ）规程。

iv） 继续执行步骤 f）。

f） 如果 e 的类型为nssr，则向SRcontinuationList 中增加一个连续引用，其组件如下所述：

——targetObject 被设置为 DSE e 的主可辨别名（可替代可辨别值可包含在 RDN 中）；

——aliasedRDNs 缺失；

——nameResolutionPhase 的operationProgress 被设置为completed，且nextRDNtoBeResolved 缺失；

——rdnsResolved 缺失；

——referenceType 被设置为nssr；

——accessPoints 被设置为AccessPointInformation，该值根据nonSpecificKnowledge 属性中发现的值推导而来。

g） 对处于目标 DSE e 的直接下级的所有 DSE e’进行处理，直到所有的下级 DSE 都处理完成。如果 e 是处于某个服务特定管理区内，则仅对那些作为同一服务特定管理区内的直接下级 DSE 才进行处理。如果 e 处于服务特定管理区外，则不应当对那些作为某一个服务特定管理区内的直接下级 DSE 进行处理。

在这个环回过程中，如果在searchResult. entryInformation 中的已匹配条目的列表超出了尺寸限制，或者时间限制或管理限制被超越，则在partialOutcomeQualifier 中设置相应的limit Problem，并返回。

注 4：在每次searchResult 被更新时，都隐含应用了对尺寸限制的检查。

1） 如果 DSE e’的类型为subr，不是 cp，且不表示一个下级条目，该下级条目是一个服务特定的管理点，则向SRcontinuationList 中增加一个连续引用，其组件如下所述：

——targetObject 被设置为 DSE e 的主可辨别名（可替代可辨别值可包含在 RDN 中）；

——aliasedRDNs 缺失；

——nameResolutionPhase 的operationProgress 被设置为completed，且nextRDNtoBeResolved 缺失；

——rdnsResolved 缺失；

——referenceType 被设置为subr；

——accessPoints 被设置为包含在 DSE e’的specificKnowledge 属性中的访问点信息。

注 5：如果 e’的类型既是 cp 又是subr，则能够潜在地生成一个搜索子请求，或者根据下级引用，或者根据上级知识，但不会两个都是。本规程使用后一种（即根据 cp 中发现的提供者引用）。

2） 对于所有的情况：

i） 如果subset 为oneLevel，则设置entryOnly 为TRUE。

ii） 为目标 DSE e’递归执行Search（Ⅰ）规程。

h） 如果所有的下级都已经被处理，则返回到操作调度程序以便执行进一步的处理。

进入
返回
DSE e的类型为cp?
是
否
e处于排除中吗?
是
否
将继续引用增加到SrcontrinuationList中，该列表指向提供者（含属主）
条目不适合
为DSE e调用检查适宜性规程
条目适合
将e的DN增加到alreadySearched
e的类型为alias且searchAliases=TRUE?
调用搜索别名规程
Subset=oneLevel?
e的类型为子条目，且子条目被设置?
e不是子条目，且子条目未被设置?
不匹配
匹配e与过滤器
OK
检查ACI
失败
匹配
将所选择的DSE属性增加到searchinfo中
subset=baseObject或entryOnly=TRUE?
DSE e的类型nssr?
根据包含在属性nonSpecialicKnowledge中的所有访问点增加一个继续引用，并将其加入到SRcontinuationList中
将targetObject设置为e的DN
所有的e都被处理过
处理作为DSEe直接下级的每一个DSE e'
下一个e'
e'的类型为subr
e'的类型为cp
为specialicKnowledge属性中的访问点信息增加一个继续引用，并将其加入到SRcontinuationList中
时间，尺寸，管理限制超出?
调用e'的搜索规程（I）如果subset=oneLevel则设置entryOnly为真
设置partialOutcomeQualifier中的limitProblem

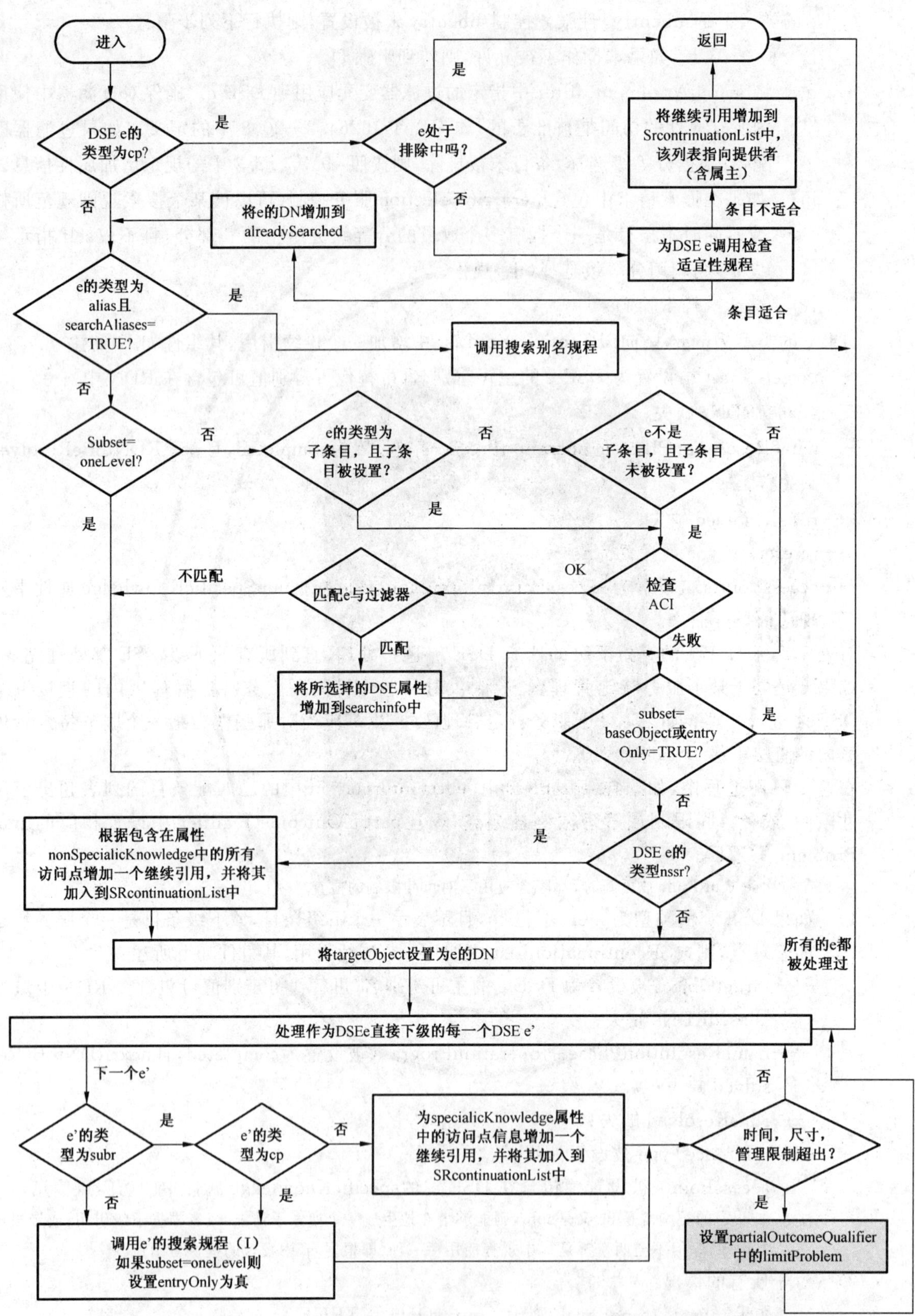

图 19　搜索(Ⅰ)规程

19.3.2.2.6 搜索(Ⅱ)规程

如果一个搜索请求是源自某个 DSA 处的一个请求分解,而该 DSA 是接收请求的 DSA,则当该请求被处理时,应用本规范。本规程处理目标 DSE e 之下的 DSE,并且为每个客体条目调用搜索(Ⅰ)规程:

a) 对处于目标 DSE e 的直接下级的所有 DSE e'进行处理,直到所有的下级 DSE 都处理完成。如果所有的下级都已经被处理,则返回到操作调度程序以便执行进一步的处理。

b) 如果 DSE 的类型不是 cp,则忽略该 DSE。返回到步骤 a)。

c) 调用检查适宜性。如果条目适合,则转到步骤 d);否则忽略此 DSE 并返回到步骤 a)。

d) 对 DSE e'执行搜索规程(Ⅰ),如 19.3.2.2 中的描述。如果 DSE 的类型为alias 且subset 参数的值被设置为oneLevel,则在调用搜索(Ⅰ)规程时,设置ChainingArguments. entryOnly 为 TRUE。返回到步骤 a)。

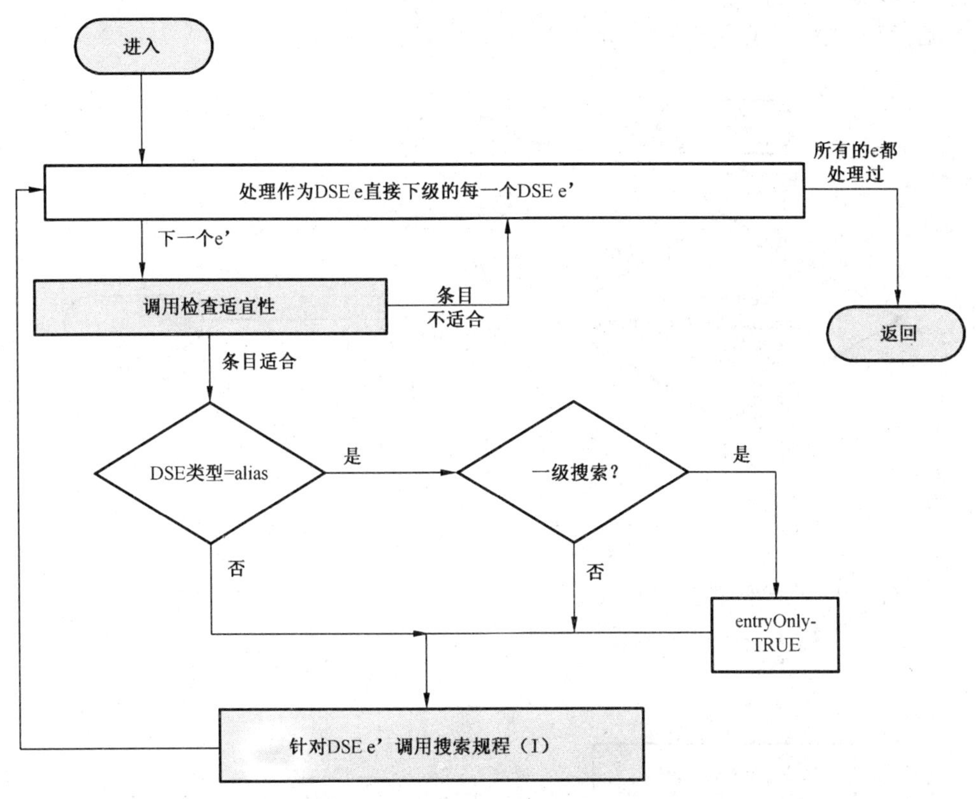

图 20 搜索(Ⅱ)规程

19.3.2.2.7 搜索别名规程

在一个搜索请求的处理过程中,当遇到一个类型为 alias 的 DSE 时,运行本规程(见图 21):

a) 如果subset 为baseObject 或oneLevel,则转到步骤 d)。

b) 如果 aliasedEntryName 是 targetObject 或 baseObject 的一个前缀,或者是 ChainingArguments. traceInformation 中的targetObject 的任意一个之前值,则该别名被排除出搜索操作,因为这会引起一个递归搜索导致复制的结果。

c) 如果targetObject 或baseObject 或ChainingArguments. traceInformation 中的targetObject 的任意一个之前值是aliasedEntryName 的一个前缀,则不需要对此别名作任何特殊的处理,因为无论如何被起别名的子树都将被搜索。

注:对于上述的两种情况,由于别名解除引用,baseObject 可以不是targetObject 的前缀。

d) 如果该搜索是在一个服务特定管理区内执行的,且如果服务特定管理点不是aliasedEntryName 的一个前缀,则不需要对此别名作任何特殊的处理,因为被起别名的条目是在服务特定管理区之外。

e) 构建一个 DSP 请求,其中targetObject 被设置为aliasedEntryName。如果subset 为oneLevel,则设置entryOnly 为TRUE。然后为该请求调用操作调度程序,在本地继续执行。

f) 如果操作调度程序返回了一个referral 差错,或忙,或不可用差错,则在SearchResult 的partial OutcomeQualifier 中增加(或构建并增加)一个连续引用,然后返回。

g) 如果操作调度程序返回了其他差错,则丢弃并返回。

h) 如果操作调度程序返回了一个SearchResult,则:

1) 如果结果被签名、加密,或签名并加密,则将其加入到SearchResult 中的uncorrelated SearchInfo。

2) 如果结果没有被签名、加密,或没有签名并加密,则将其加入到SearchResult 中的search Info。

然后返回。

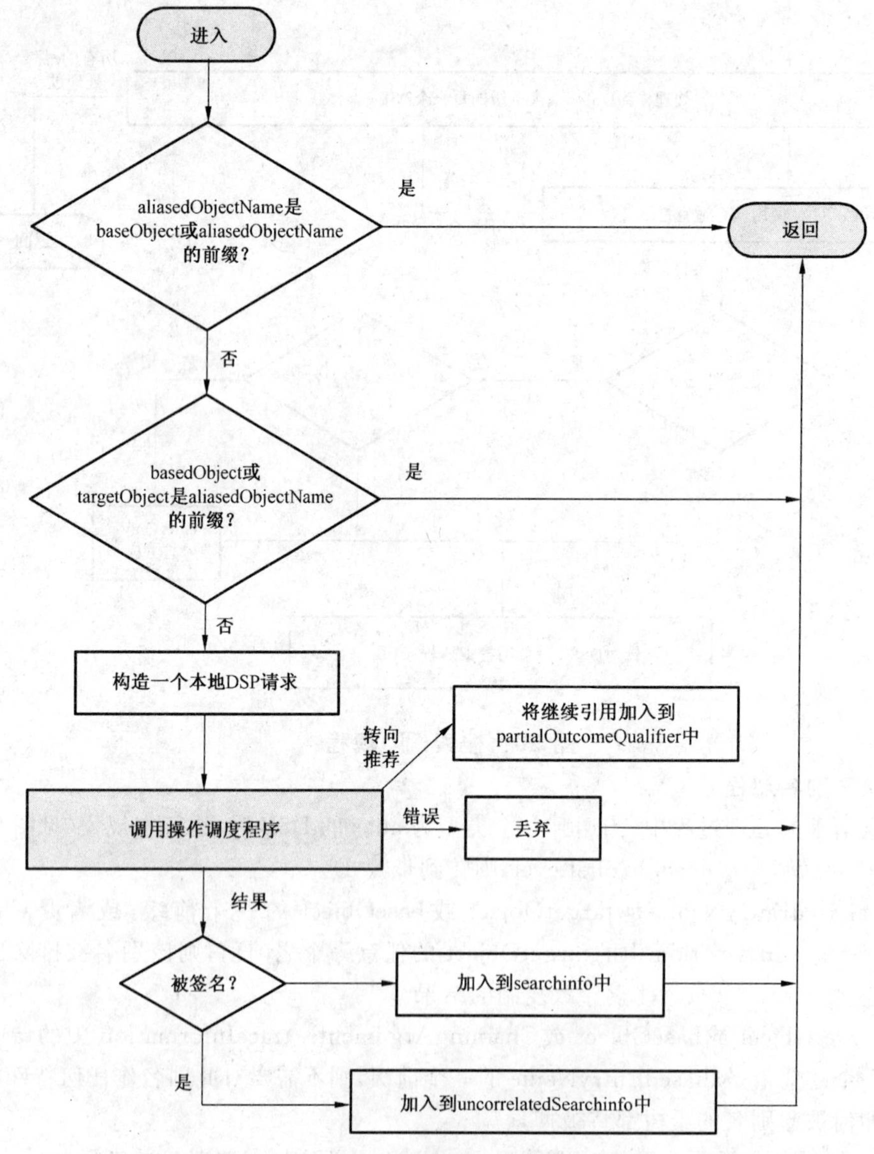

图 21 搜索别名规程

19.3.2.2.8 分等级选择规程(Ⅰ)

在一个规定了分等级选择的搜索请求的处理过程中,当遇到一个分等级分组中的某个成员时,运行本规程。

a) 如果 DSA 不支持的一个分等级选择存在,则返回如下信息:

——一个问题为requestedServiceNotAvailable 的serviceError;

——一个取值为id-pr-unavailableHierarchySelect 的通知属性searchServiceProblem;

——一个通知属性serviceType,其取值与搜索规则中的serviceType 组件的值相同;以及

——一个指示了非法选择的通知属性hierarchySelectList。

b) 否则,按照 19.3.2.2.4 中定义的那样,加入分等级选择所定义的所有条目。如果这样导致没有任何条目被加入,即分等级选择仅仅指定了一些不存在的条目,则设置全局变量emptyHierarchySelect。

20 连续引用规程

调用本章中的规程可以处理由其他规程所创建的连续引用列表(NRcontinuationList 或SRcontinuationList)。

连续引用规程由图 24、图 25 和图 26 中显示的步骤组成。第一阶段是从连续引用列表中标识那些具有公共目标客体组件的连续引用集。这些引用集合是根据与 DIT 中同一个条目相关的下级引用集或非特定下级引用集而创建的。在每个引用集中,可有的连续引用不止出现一次。这些集合应被扫描,并且发现的任何复制引用都应被丢弃。

这些集合(每个都拥有一个不同的 targetObject 组件)可独立地被 DSA 处理,或者是顺序处理,或者是并行处理,因为不会有从任意两个集合中返回同一个结果的风险存在。然而,在一个集合中对每个连续引用的处理,在一个连续引用中对每个AccessPointInformation 的处理,以及在一个AccessPointInformation 中对每个访问点的处理,都应被控制,否则可出现复制结果,如 20.1 中的描述。

在 APInfo 规程中采纳的规程是一个接一个地处理包含在一个单独AccessPointInformation 中的访问点集合。这些都指向同一个命名上下文(或其拷贝)(或者在 NSSR 的情况下,可指向一个 DSA 所拥有的一个命名上下文集)。如果第一个访问点产生了一个结果或一个硬差错,则后续的访问点不需要再被处理。然而,如果差错是一个软差错,即一个 serviceError (问题可以为busy、unavailable、unwillingToPerform、invalidReference 或administrativeLimitExceeded),则作为一个本地选项,该 DSA 可从集合中选择另一个访问点来处理。

对一个连续引用集中的AccessPointInformation 值的处理应当以一种统一的方式进行,而不考虑连续引用源自何处(这是因为处于一个单独条目之下的两个类型为subr 的 DSE 将产生两个连续引用,其中每个都包含一个AccessPointInformation 值,然而对于一个类型为nssr 的 DSE,如果nssr 指向同样的这两个下级 DSE,假设它们由不同的 DSA 所拥有,则将产生一个连续引用,该引用包含了两个Access PointInformation 值)。

accessPointInformation 值的处理可以是按顺序的,也可以是并行的,在 20.1 中描述。并行策略更易于产生复制结果。复制结果应总是被丢弃。

20.1 影像存在时的链接策略

影像存在时,当某个 DSA 应将一个请求多链接到多个 DSA 时,该 DSA 可在两个不同的策略之间进行选择。如果 DSA 应处理针对同一个targetObject 的多个连续引用时,总是会发生此选择。这可在两种情况下发生,一种是在名(称)解析过程中由于 NSSR 分解而引起的多链接情况(如图 22 所示),另一种是在一个多客体操作的赋值过程中由于请求分解而引起的情况(如图 23 所示)。

这些策略的目的是为了解决在请求的多链接中使用影像信息时所出现的复制结果和复制处理的问题(由于 NSSR 分解或者请求分解而引起)。例如,在图 22 中,由于在 DSE B 中所拥有的 NSSR,DSA 1 将一个请求多链接到 DSA 2 和 DSA 3。如果允许使用影像信息,则 DSA 2 和 DSA 3 可以将链接操作

应用到分别起始于X和Y的两棵子树上。

类似的，在图23中(由于请求分解的结果)DSA 1将请求多链接到两个下级引用，这两个下级引用分别由DSE X和DSE Y所拥有。同样的，如果允许使用影像信息，则DSA 2和DSA 3可以将链接操作应用到分别起始于X和Y的两棵子树上。

为了处理这种复制问题，当多链接到多个DSA的请求具有同一个targetObject时，一个DSA可以选择下面的策略之一。

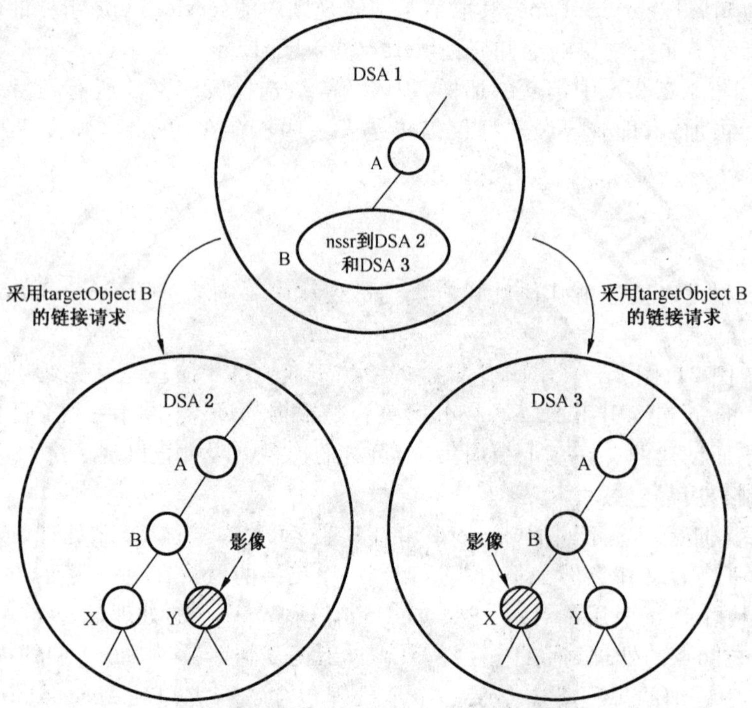

图22　在名(称)解析阶段由于NSSR引起的多链接

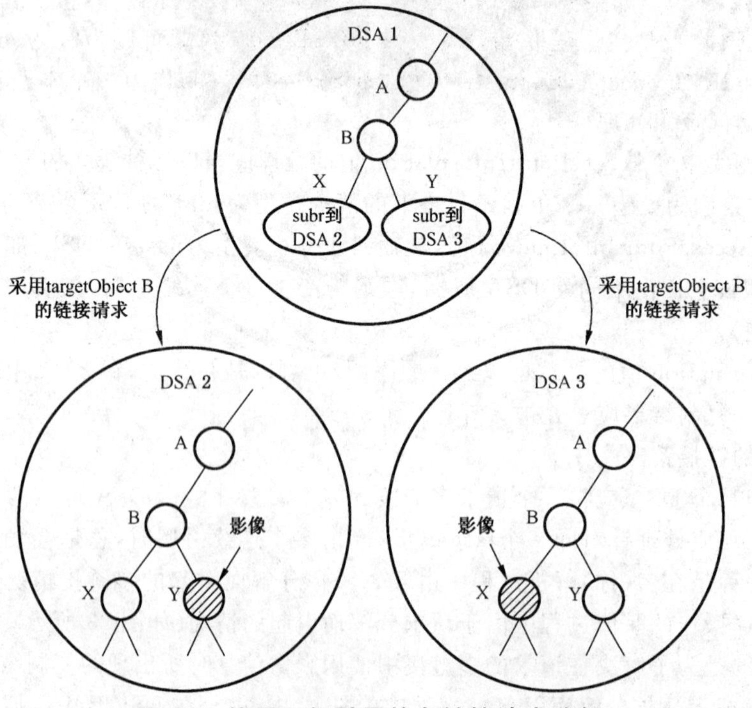

图23　使用下级引用的多链接请求分解

20.1.1 仅使用属主策略

在某个搜索或列表赋值过程中,当执行一个由于NSSR分解或请求分解而引起的并行或顺序多链接时,DSA可选择本策略来防止使用影像信息。为了使用本策略,在某个搜索或列表操作赋值过程中,ChainingArguments的组件excludeShadows被设置为TRUE。如果在名(称)解析过程中遇到了NSSR,则DSA可设置nameResolveOnMaster为TRUE来确保仅遵循一个单独的路径。如果遇到了NSSR,且操作是目录修改操作中的一种,则nameResolveOnMaster应被设置为TRUE。在任何一种情况下,仅有拥有与操作相关的主条目的DSA才应当执行此操作。在并行和顺序多链接过程中都可以使用此"仅使用属主"策略。

注:设置nameResolveOnMaster为TRUE就排除了在名(称)解析过程中出现多路径的可能性,这是通过如下方式实现的:

a) 忽略影像条目和条目的可写拷贝;以及

b) 确保仅有一个DSA可以继续进行名(称)解析过程,否则在一种复杂DIT分布的情况下,可允许多条路径来继续处理。

这是通过仅允许一个DSA来继续进行名(称)解析而实现的,该DSA拥有与目标客体名中的第一个nextRDNToBeResolved RDN相应的主条目。其他任何DSA都不能够继续处理,即使它们可拥有与更多的目标客体名相匹配的主条目。

20.1.2 并行策略

使用本策略,一个DSA将所有的链接请求通过并行的多链接发出。在搜索或列表赋值阶段,以及NSSR的名(称)解析阶段,可使用本策略。这将会允许使用影像信息来处理链接请求,但是可引起对操作的复制处理和产生复制结果。如果一个DSA选择了本策略,则它应从返回的操作结果中将复制结果移除。

如果请求的是一个签名结果,则移除复制结果是不可能的,因此如果在搜索赋值阶段要求签名结果时,DSA不能使用本策略,除非excludeShadows也被设置。

20.1.3 顺序策略

本策略通过使用顺序多链接来处理一个搜索分解或一个NSSR分解的链接请求(或链接子请求),可以避免产生复制结果。每个链接请求都被一个接着一个地处理。

在NSSR分解的情况下,如果某个请求有一个结果或一个硬差错返回,则后续的请求不必再被链接。如果有一个软差错返回,依据本地策略,则可以有一个后续的请求被链接,或者将该软差错返回给请求者。

在搜索赋值的情况下,ChainingArguments的exclusions组件被设置为已经被处理过的RDN集合。这是通过将ChainingResults. alreadySearched中的元素合并到下一个链接请求的exclusions变元中来实现的。这是唯一的一种策略可以在搜索赋值阶段完全地避免复制。

没有为列表评估定义顺序策略(尽管也可使用顺序多链接),因为一个上级DSA没有办法将特定的下级从后续列表子请求的返回中排除出去(注意excludeShadows不排除特定的下级,但它是一种更粗糙的方式将所有的影像和可写拷贝都排除出去)。

20.2 向一个远端DSA发起链接子请求

在发起一个子请求之前,当DSA应建立一个与远端DSA之间的联系时,它应先运行一个dSABind操作。对联系的管理不在本系列目录规范的定义范围之内。当联系不能够被建立,或者DSA由于本地原因决定不建立联系时,与另一个DSA之间的联系被认为是不可用的。在这种情况下,dSABind失败。何时停止对联系建立的尝试并宣称一个联系是不可用的,由本地决策来决定。

当一个DSA尝试向另一个DSA发起dSABind,但接收到一个directoryBindError时,则子请求的发起失败。

20.3 规程的参数

20.3.1 变元

这些规程使用如下变元：

——要处理的连续引用的列表，在NRcontinuationList（对于名（称）解析连续引用规程）和SRcontinuationList（分别对于列表连续引用和搜索连续引用规程）中；

——操作变元的CommonArguments；

——ChainingArguments。

20.3.2 结果

这些规程产生如下结果：

——如果选择了链接，则针对所发起的链接请求接收到的结果/差错列表；

——一个更新后的未处理的连续引用的列表，在continuationList中。

20.3.3 差错

这些规程能够返回如下差错之一：

——若一个转向推荐已经被产生但它不在scopeOfReferral内时，则产生一个问题为outOfScope的serviceError；

——若一个非法的知识引用已经被检测到，则返回一个问题为ditError的serviceError；

——若所有的来自NSSR分解的子请求都返回unableToProceed时，则返回一个问题为noSuchObject的nameError；

——某个链接子请求返回的任何其他差错；

——若链接未被选择且operationProgress. nameResolutionPhase被设置为notStarted或proceeding时，则返回一个referral。

20.4 规程的定义

如果operationProgress. nameResolutionPhase被设置为notStarted或proceeding，则应遵循20.4.1（名（称）解析连续引用规程）中的规程。多条目查询操作列表和搜索将分别调用20.4.2和20.4.3的规程。

20.4.1 名（称）解析连续引用规程

名（称）解析连续引用规程由图24中显示的步骤组成。本规程的基本原则是顺序地处理在名（称）解析阶段创建的连续引用集。对于NRcontinuationList中包含的每个连续引用C，按照一个选定的顺序，应运行下面的步骤，直到所有的连续引用都被处理过或者有一个差错或结果已经返回。如果所有的引用都已经被处理，则返回到操作调度程序继续执行，并且使用结果合并规程来处理所接收到的结果或转向推荐。

a) 检查chainingProhibited是否被设置。如果已经被设置，则DSA不允许链接。根据本地策略，或者有一个问题为chainingRequired的serviceError，或者一个转向推荐被返回到操作调度程序。

b) 如果chainingProhibited没有被设置，则检查本地策略是否允许链接。如果链接不被允许，则返回一个转向推荐。如果本地策略允许链接，则继续下一步步骤。

c) 处理在NRcontinuationList中发现的连续引用列表中的每一个连续引用。如果不再有未处理过的连续引用，则返回serviceError。

d) 处理NRcontinuationList中的下一个连续引用C。如果它是一个NSSR，则继续执行步骤e)。

如果它不是一个NSSR,则调用APInfo规程来处理它。区分对APInfo规程的调用可返回的两种结果:

——如果APInfo规程返回了一个空结果,则继续执行步骤c),处理下一个连续引用。

——如果APInfo规程返回了一个差错、转向推荐或结果,则将其返回。

e) 在这种情况下,连续引用的类型为NSSR,且DSA可以选择进行顺序的或并行的链接,依赖于策略的本地选择。如果NSSR将被顺序地处理,则继续执行步骤f)。如果它将被并行地处理,则对于NSSR中的每个AccessPointInformation (API),APInfo规程都被调用,因此它们被并行地执行。等待所有的API都被处理,即等待所有对APInfo规程的调用都返回。按照如下顺序检查所有的从APInfo规程的调用中接收到的结果:

——如果所有的调用都返回一个问题为unableToProceed的serviceError,且partialNameResolution为FALSE,则返回nameError。

——如果所有的调用都返回一个问题为unableToProceed的serviceError,且partialNameResolution为TRUE,则在结果中设置partialName为TRUE,nameResolutionPhase为completed,且设置为条目适合(这将是为lastEntryFound而设置),然后转到适当的操作赋值。

——如果接收到一个或多个结果,则丢弃可能的复制并且返回结果。

——如果接收到一个不是serviceError的差错(例如,一个nameError),则返回该差错。

——否则根据本地选择,向操作调度程序返回一个转向推荐或serviceError。

f) 从NSSR的API集合中选择下一个未被处理的API,然后继续执行步骤g)。如果所有的API都已经被处理过了,则检查是否所有的对APInfo规程的调用都返回一个问题为unableToProceed的serviceError。

——如果是这样,且partialNameResolution为FALSE,则不能发现条目且返回一个nameError。如果是这样,且partialnameResolution为TRUE,则在结果中设置partialName为TRUE,nameResolutionPhase为completed,且设置为条目适合(这将是为lastEntryFound而设置),然后转到适当的操作赋值。如果不是这样,则根据本地选择,返回一个转向推荐或一个serviceError。

g) 调用APInfo规程。区分对APInfo规程的调用可返回的结果:

——如果接收到一个问题为unableToProceed的serviceError,则尝试另一个访问点。继续执行步骤f)。

——如果接收到一个问题为busy、unavailable、unwillingToPerform或invalidReference的serviceError,则被指示的差错可以是一个具有临时特性的差错,是否尝试将请求链接到另一个DSA,是一个本地选择。如果选择要尝试另一个DSA,则继续执行步骤f);否则根据本地选择,返回一个转向推荐或一个serviceError。

——如果接收到一个差错,但不是问题为busy、unavailable、unwillingToPerform、invalidReference或unableToProceed的serviceError,则该差错应被返回到操作调度程序。如果serviceError为invalidReference,则在返回给请求者之前应被转换为ditError。

——如果接收到一个结果或一个转向推荐,则将其返回到操作调度程序。

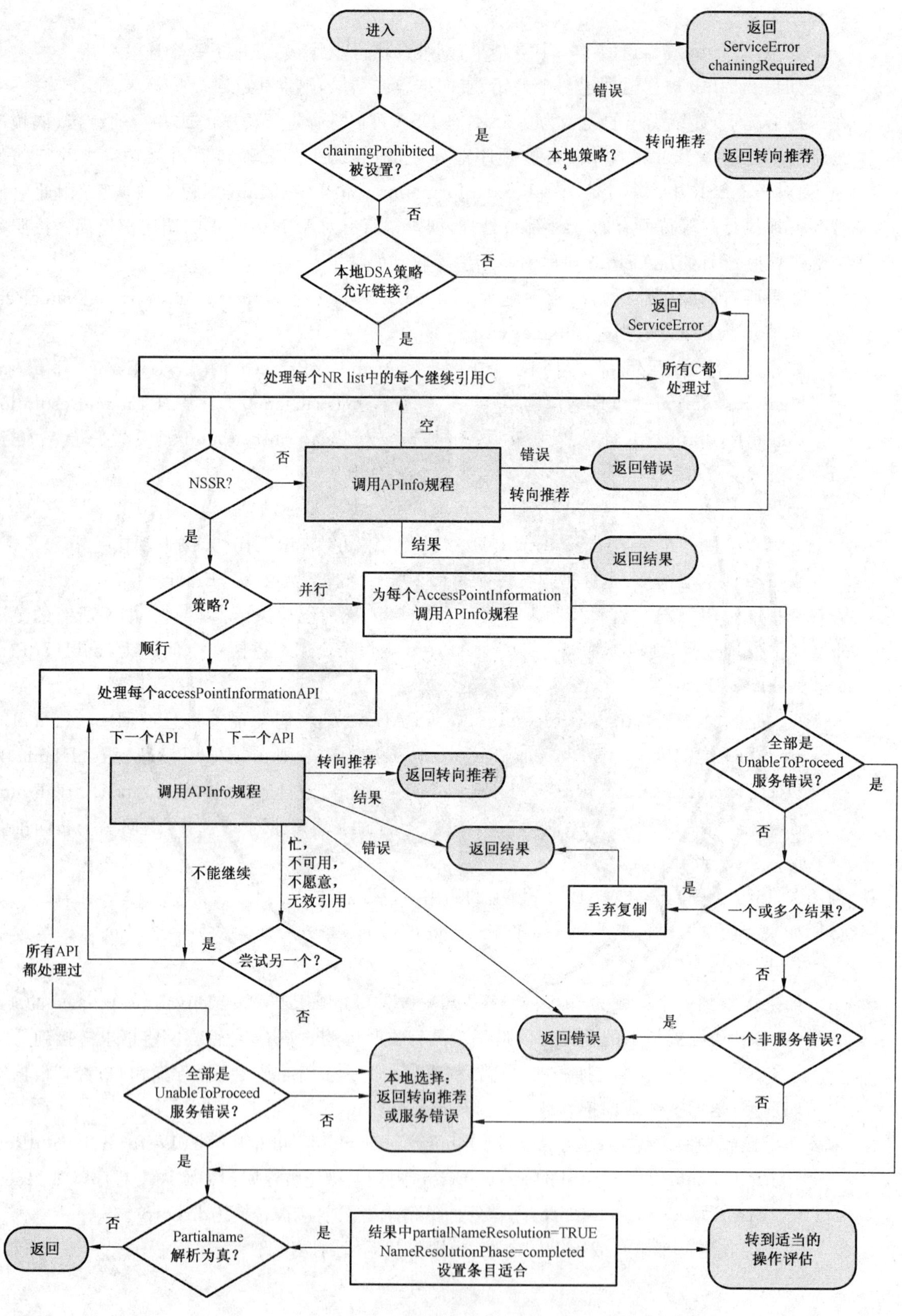

图 24　名(称)解析连续引用规程

20.4.2 列表连续引用规程

列表连续引用规程由图 25 中显示的步骤组成。当本地 DSA 不能够满足某个列表请求，且为了链接或转向推荐已经有一系列的连续引用被加入到SRcontinuationList 中时，本规程被调用。所有的这些连续引用（CR）都具有相同的targetObject。这些具有referenceType 为nssr 的 CR 具有一个或多个AccessPointInformation 值（API），而同时其他类型的 CR 仅具有一个 API。这些 API 中的每一个都被抽取出来，并考虑用作链接或转向推荐。

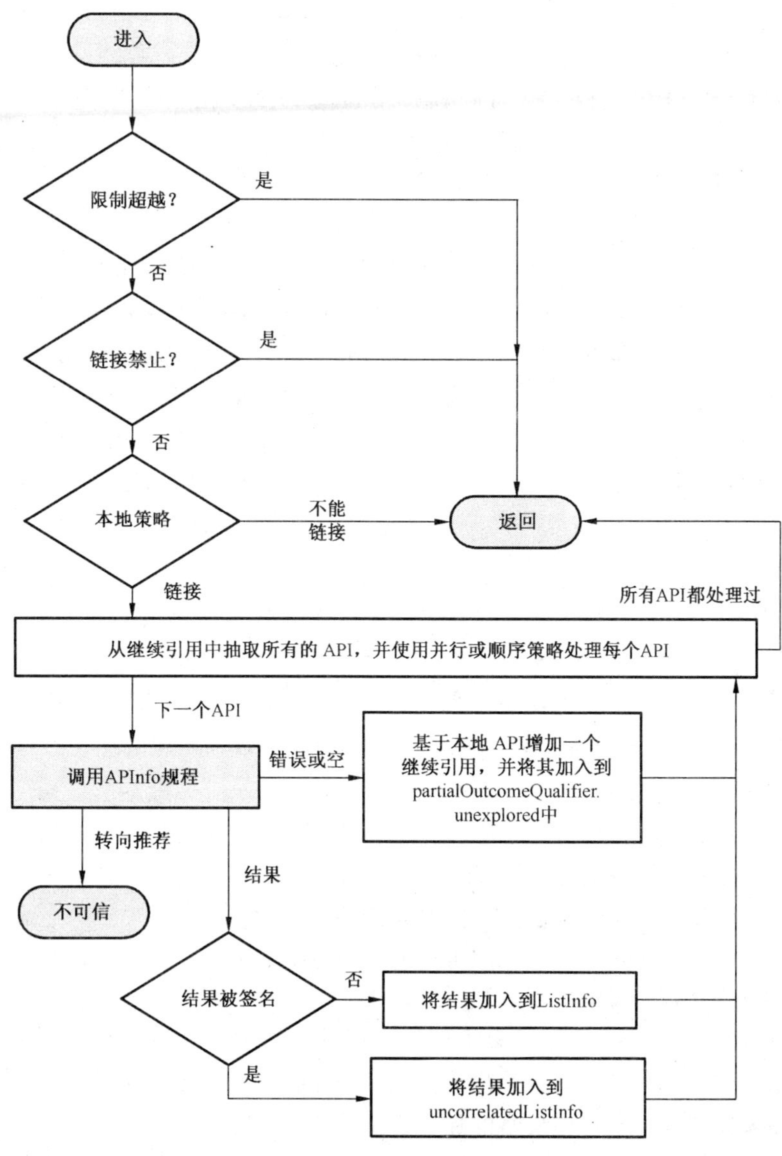

图 25 列表连续引用规程

下述步骤应被执行：

a) 迄今为止，如果有任意一个限制问题被超越，则返回到操作调度程序来继续进行结果合并规程。

b) 如果CommonArguments. serviceControls 中的chainingProhibited 标志被设置，或者由于 DSA 的本地操作策略，DSA 决定不做任何链接，则 DSA 应直接返回到操作调度程序来继续进行结果合并规程。

c) 根据SRcontinuationList 中的每个连续引用的accessPoints 组件，创建一个AccessPointInformation 值的集合。

使用并行或顺序策略来处理每个 API，如下所述：

1) 对集合中的下一个 API 调用 APInfo 规程。

2) 如果有一个结果返回，且没有被签名的话，则将其加入到listInfo 中，或者如果结果被签名的话，则将其加入到uncorrelatedListInfo 中。

3) 如果返回的是一个差错或空结果，则它意味着APInfo 已经尝试了 API 中的所有访问点而没有成功。则基于本地操作和安全策略，或者忽略并继续下一个 API，或者向partialOutcomeQualifier 中增加一个基于此 API 的连续引用。

注：从APInfo 中取回一个转向推荐是不可信任的。任何“转向推荐”应以 partialOutcomeQualifier 中的 unexplored 形式出现。

d) 当所有的 APIs 都被处理后，返回到操作调度程序。

20.4.3 搜索连续引用规程

搜索连续引用规程由图 26 中显示的步骤组成。当本地 DSA 不能够满足某个搜索请求，且为了链接或转向推荐已经有一系列的连续引用被加入到SRcontinuationList 中时，本规程被调用。本规程非常类似于列表连续引用规程。区别是在本规程中，SRcontinuationList 中的连续引用（CR)可以具有不同的targetObject 值。因此，这些连续引用被分类为不同的连续引用集合，每个集合拥有相同的targetObject。另外，在链接变元中的exclusions 的用法，以及链接结果中的alreadySearched 的用法都被定义，因为对于搜索来说这是一个重要的策略。exclusions 和alreadySearched 的用法被应用到对具有相同targetObject 的每个连续引用集合的处理中。

下述步骤应被执行：

a) 迄今为止，如果有任意一个限制问题被超越，则返回到操作调度程序来继续进行结果合并规程。

b) 如果CommonArguments. serviceControls 中的chainingProhibited 标志被设置，或者由于 DSA 的本地操作策略，DSA 决定不做任何链接时，则 DSA 应直接返回到操作调度程序来继续进行结果合并规程。

c) 将SRcontinuationList 中的连续引用分类为不同的集合，每个集合具有相同的targetObject。在这样的集合中不包括类型为ditBridge 的连续引用，但每个这种类型的连续引用组成了自己的一个集合。在每个集合中，移除任何复制内容。

注 1：如果有一个或多个targetObject 的值不是一个主 RDN，则这种分类可以是不正确的。分类应考虑可替代的可辨别 RDN，如果已知的话。

d) 对于连续引用的每个子集，根据子集中的每个连续引用的accessPoints 组件，创建一个Access PointInformation 值集，并且选择顺序或并行策略来做后续处理。如果选择的是并行策略，则跳过下列标示为仅应用于顺序策略的那些步骤。

1) 如果选择的是顺序策略，则为每个具有相同targetObject 的连续引用集合维护一个本地变量localExclusions。初始化时，localExclusions 被设置为入链接请求（如果存在的话）中的exclusions，且所有本地搜索过的子树直接置于targetObject 下。

2) 如果选择的是顺序策略，则比较targetObject 与localExclusions 中的所有元素，并且移除那些没有将targetObject 作为一个前缀的元素。这些是针对当前目标客体的相关排除。

3) 从当前目标客体集合中的所有连续引用中抽取出所有的 API。

4) 循环执行每个 API。对于每个 API：

i) 调用APInfo。

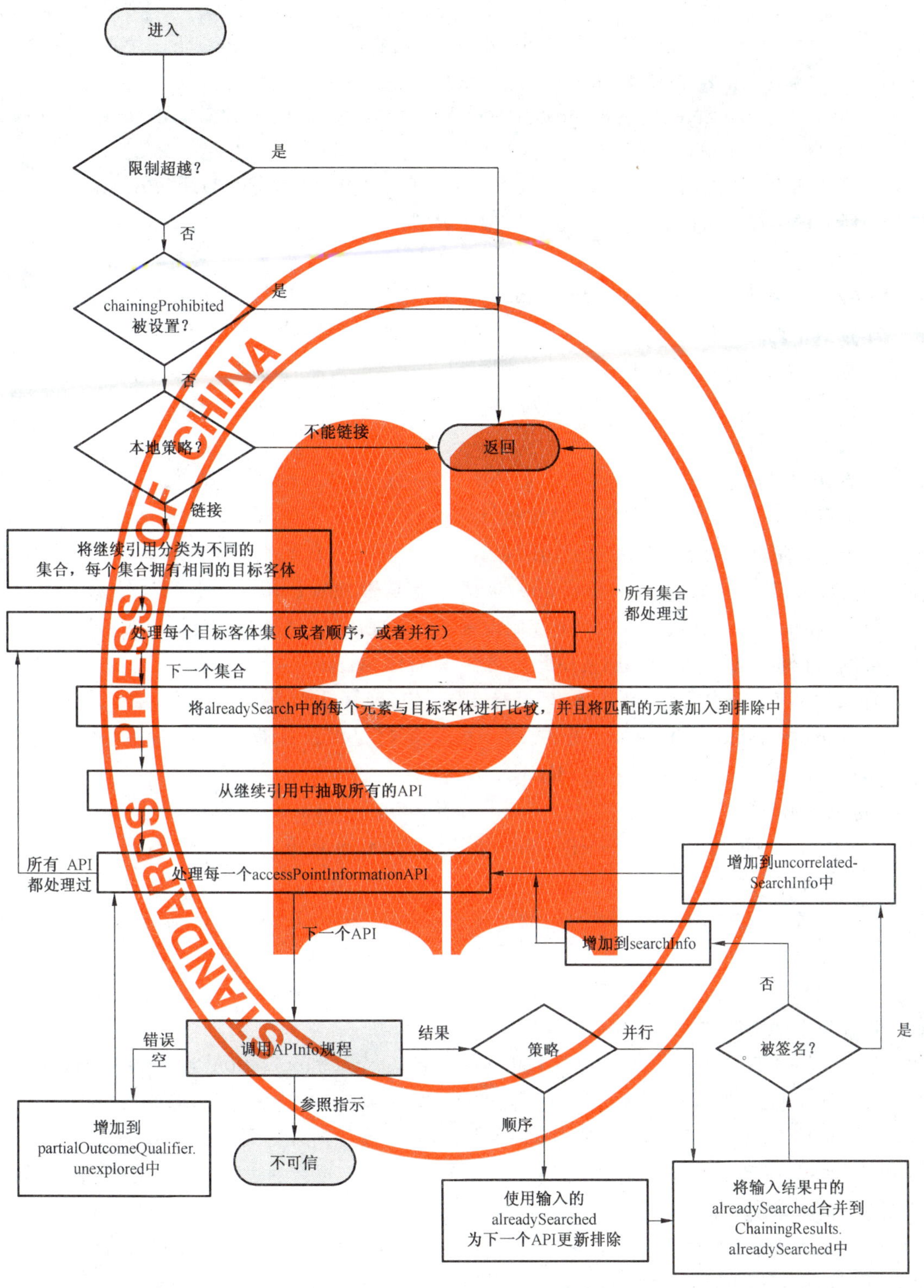

图 26 搜索连续引用规程

ii) 如果返回一个结果，则若结果未被签名，则将其增加到searchInfo中，若结果被签名，则将其增加到uncorrelatedSearchInfo中。如果使用了顺序策略，则使用入答复中的alreadySearched更新localExclusions，并且将入答复中的alreadySearched合并到该DSA的ChainingResults.alreadySearched中。然后继续下一个API。

iii) 如果返回一个差错或空结果，则它意味着APInfo已经尝试了API中的所有访问点而没有成功。则基于本地操作和安全策略，或者忽略并继续下一个API，或者向partialOutcomeQualifier中增加一个基于此API的连续引用。

注2：从APInfo中取回一个转向推荐是不可信任的。任何“转向推荐”应以partialOutcomeQualifier中的unexplored的形式出现。

5) 当所有的APIs都被处理后，继续下一个具有相同targetObject的连续引用集合。

e) 当所有的连续引用都被处理后，返回到操作调度程序。

20.4.4 APInfo规程

本规程被调用来处理一个AccessPointInformation，该信息中包含了一个或多个访问点(见图27)。它们被一个接一个地处理直到返回一个结果或一个差错。如果差错是一个服务差错，因此尝试另一个访问点可以成功，因此只要本地操作策略允许，则可以一直尝试其他的访问点：

a) 执行环回检测。如果有一个环回被检测出，则返回一个问题为loopDetected的serviceError。否则继续执行步骤b)。

b) 根据访问点信息处理每个访问点。如果所有访问点都已经被处理，则返回一个空结果。如果还有任意一个访问点要处理，则继续执行步骤c)。

c) 检查本地策略是否允许链接到此访问点。这种检查应考虑到服务控制和链接变元的设置(例如chainingProhibited、preferChaining，该访问点是否处于localScope内以及excludeShadows等)。如果本地设置或相应的服务控制设置不允许使用这个特定的访问点，则忽略此访问点并继续执行步骤b)。如果能够使用此访问点，则继续执行步骤d)。

d) 如果本地策略选择了“仅使用属主”策略，则将链接变元excludeShadows设置为TRUE。

如果nameResolutionPhase不是completed，且策略是继续执行主条目的名(称)解析，则将nameResolveOnMaster设置为TRUE。

如果下列的任何一点为真，则链接变元nameResolveOnMaster应被设置为TRUE：

——在入链接变元中，nameResolutionPhase为proceeding，且nameResolveOnMaster为TRUE；或者

——操作是修改操作之一，要发出的链接请求的referenceType为NSSR，且使用了一个并行策略。

注：这种使用nameResolveOnMaster的方法是为了防止由于NSSR的存在，而多次应用修改操作。

e) 构建一个链接请求并尝试发起该请求：

1) 执行环回避免，方法是检查具有相同的targetObject和operationProgress的项是否出现在所接收到的ChainingArguments内的traceInformation中。如果接收到的请求(如步骤e)的第3)项所描述)将导致一个环回，则DSA或者向发起请求的DUA/LDAP客户机/DSA返回一个问题为loopDetected的serviceError，或者通过继续执行步骤2)来忽略此访问点，并尝试下一个访问点。

2) 如果将要被链接的请求或子请求是执行一个转向推荐的结果，则要求执行一个额外的环回避免检查。方法是检查具有相同的targetObject、operationProgress和目标DSA的项是否出现在referralRequests中。如果这样的话，则执行a)项中指定的动作。如果没有，则向referralRequests中增加一个新的TraceItem，并具有如下组件：

——targetObject和operationProgress被设置为与被链接的请求/子请求的值相同；

——dsa被设置为请求/子请求要被链接向的DSA的名(称)。

3) 在一个成功的绑定后，DSA应发起一个与被处理的操作具有相同操作类型的链接操作，并具有如下参数：

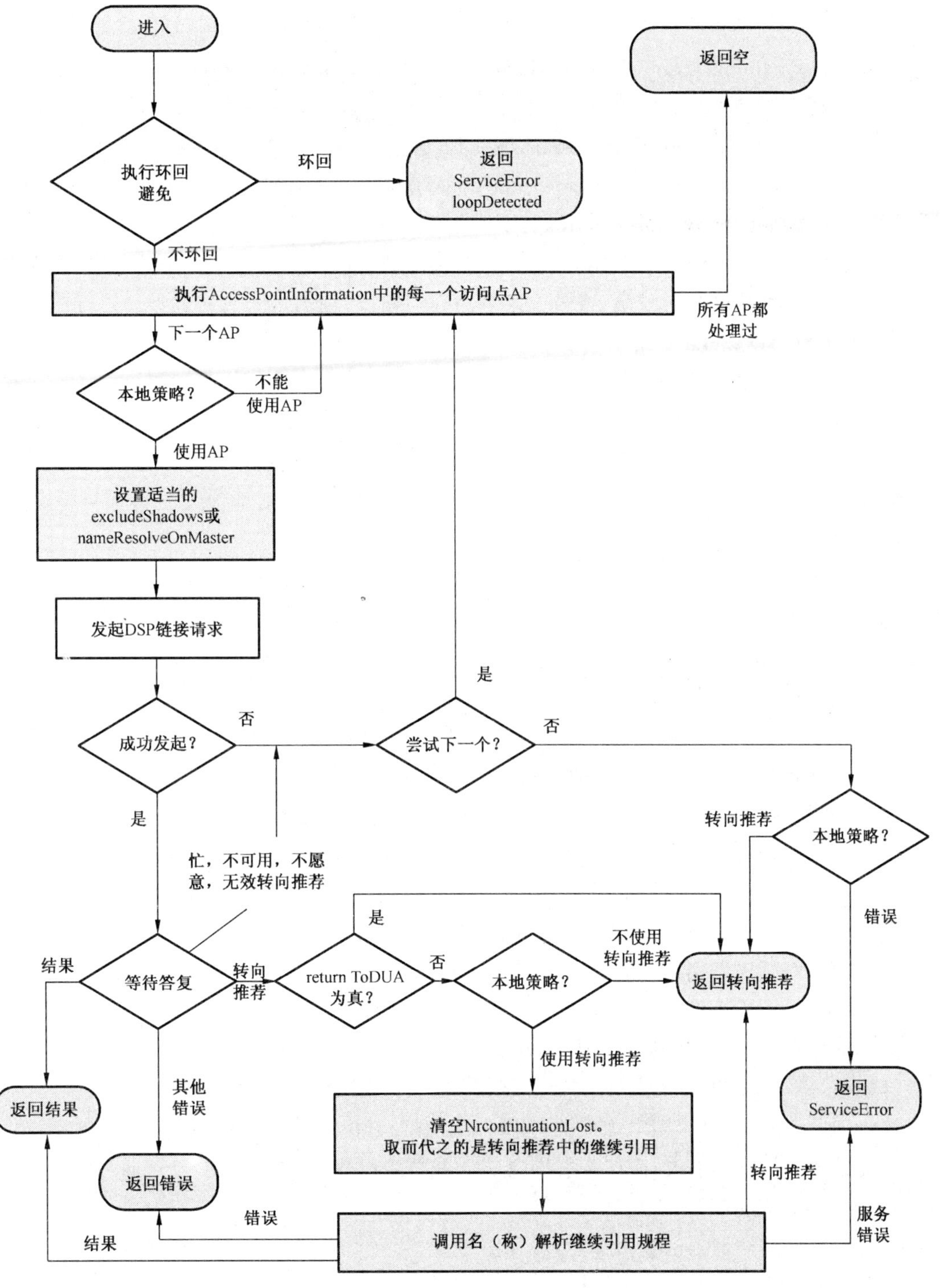

图 27 APInfo 规程

——链接操作中的操作变元被设置为与接收到的操作变元相同；

——ChainingArguments. originator 被设置为与接收到的相同；

——ChainingArguments. targetObject 被设置为连续引用的targetObject；

——ChainingArguments. operationProgress 被设置为连续引用的 operationProgress 的值；

——如果连续引用的类型不是ditBridge,则ChainingArguments. traceInformation 被设置为由请求有效性验证规程更新过的踪迹信息,否则该组件应缺失;

——ChainingArguments. aliasDereferenced 被设置为本地更新后的aliasDereferenced 的更新后的值;

——ChainingArguments. returnCrossRefs 的设置是一个本地选择;

——ChainingArguments. referenceType 被设置为连续引用的referenceType 的值;

——ChainingArguments. timeLimit 被设置为接收到的timeLimit 的值;

——如果被搜索连续引用规程所调用,则chainingArguments. exclusions 被设置为当前目标客体的相关排除,或者如果 APInfo 规程是由名(称)解析或列表连续引用规程所调用,则该chainingArguments. exclusions 缺失;

——SecurityParameters 被设置为接收到的SecurityParameters 的值。

f) 如果请求不能被成功发出,则继续执行步骤 g)。如果能够被成功发出,则继续执行步骤 h)。

g) 是否继续执行由本地选择。如果 DSA 选择继续,则此差错被忽略,下一个访问点将被尝试。继续执行步骤 b)。如果 DSA 决定不再尝试下一个访问点,则本地策略将选择是向规程的调用者返回一个相应的转向推荐还是一个serviceError。

h) 如果请求能够被成功发出,则 DSA 应等待答复,并对答复进行处理:

1) 如果接收到一个结果,则该结果被返回给规程的调用者。

2) 如果接收到一个问题为 busy、unavailable、unwillingToPerform 或 invalidReference 的 serviceError,则继续执行步骤 g)。

3) 如果接收到一个转向推荐,且returnToDUA 被设置为TRUE,则接收方 DSA 不应当对该转向推荐执行动作,而应将转向推荐返回给请求者。

4) 如果接收到一个转向推荐,且returnToDUA 被设置为FALSE,则应用同步骤 3)同样的本地策略进行考虑(考虑服务控制、链接变元、链接策略等)。如果决定不对转向推荐解除引用,则向调用者返回该转向推荐。如果决定对转向推荐解除引用,则清空NRcontinuationList,将接收到的转向推荐中的连续引用放置到NRcontinuationList 中,并且调用名(称)解析连续引用规程。这可产生一个结果、转向推荐、服务差错或其他差错。无论从名(称)解析连续引用规程的调用中接收到什么,都应被返回给调用者。

5) 如果出现任何其他差错,则应被返回给调用者。

20.5 放弃规程

如果接收到一个放弃请求,则本规程被调用。它由图 28 中显示的下列步骤组成。

a) 当接收到一个放弃请求,而该请求指向一个未知的操作,则应向请求者返回一个问题为noSuchOperation 的abandonFailed。

b) 如果要被放弃的请求已经被答复,且DSA 已经保留了需要知道的信息,则可向请求者返回一个问题为tooLate 的abandonError。

c) 如果要被放弃的请求是非有效的,即要求放弃的请求不是一个查询请求,则应向请求者返回一个问题为cannotAbandon 的abandonFailed。

d) 如果一个 DSA 在接收到一个有效的对原始请求的放弃请求时,还有链接请求(或子请求)正在进行中,而 DSA 决定尝试执行放弃,则它可向本操作的正在进行的请求(或子请求)的部分或全部发送放弃请求,并且等待放弃请求和正在进行的请求(或子请求)的答复。在本操作执行过程中的任何时间点,DSA 都可向请求者发送一个放弃结果和一个abandonFailed,然后当所发起的放弃请求和正在进行的请求(或子请求)的答复到达时,放弃它们。

如果 DSA 决定直到没有正在进行的请求(或子请求)时,才向请求者发送答复,则如果所有发起的abandon 请求都被答复为具有abandonedFailed 差错,且没有本地放弃操作被执行时,DSA 可以可选地向请求者发送一个abandonedFailed 差错。

如果向请求者返回了一个AbandonedFailed 差错,则原始请求应被处理,就好像从来没有接收过放弃操作一样。

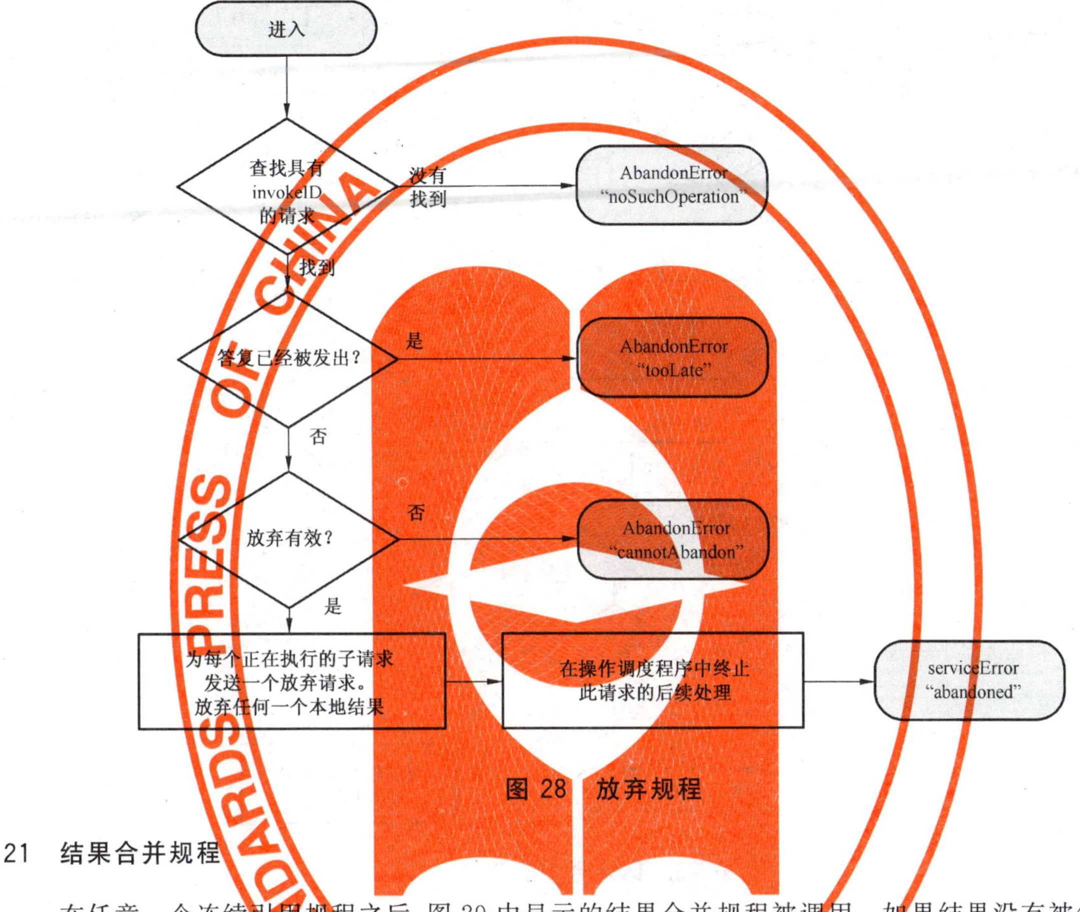

图 28　放弃规程

21　结果合并规程

在任意一个连续引用规程之后,图 29 中显示的结果合并规程被调用。如果结果没有被签名,且如果在partialOutcomeQualifier. unexplored 中有附加的连续引用时,本规程将移除复制。因此如果本地操作策略允许的话,相关的连续引用规程将被调用:

a) 如果操作是一个列表操作,则继续执行步骤 b);如果操作是一个搜索操作,则继续执行步骤 c);否则,返回作为结果合并规程的输入参数所提供的结果。

b) 操作是一个列表操作。移除所有的复制,且属主信息的优先级高于影像信息。

   如果操作结果是本地产生的,且它包含连续引用,因此这些结果不能被用于链接而是要返回给用户。在这种情况下,继续执行步骤 f)。

   如果接收到的操作结果是一个链接列表操作的结果,则该结果中可以包含连续引用。在这种情况下,检查preferChaining 服务控制是否被设置。如果被设置为TRUE,则 DSA 应使用此连续引用来进行链接。继续执行步骤 d)。

c) 操作是一个搜索操作。移除所有的复制,且属主信息的优先级高于影像信息。如果有一个限制问题,则返回此结果。否则继续执行步骤 d)。

d) 处理任意链接操作结果中partialOutcomeQualifier. unexplored 内的每一个连续引用。如果本地策略决定不使用它来进行链接,则忽略它并选择另一个连续引用。如果本地策略允许使用该连续引用来进行链接,则执行如下动作:

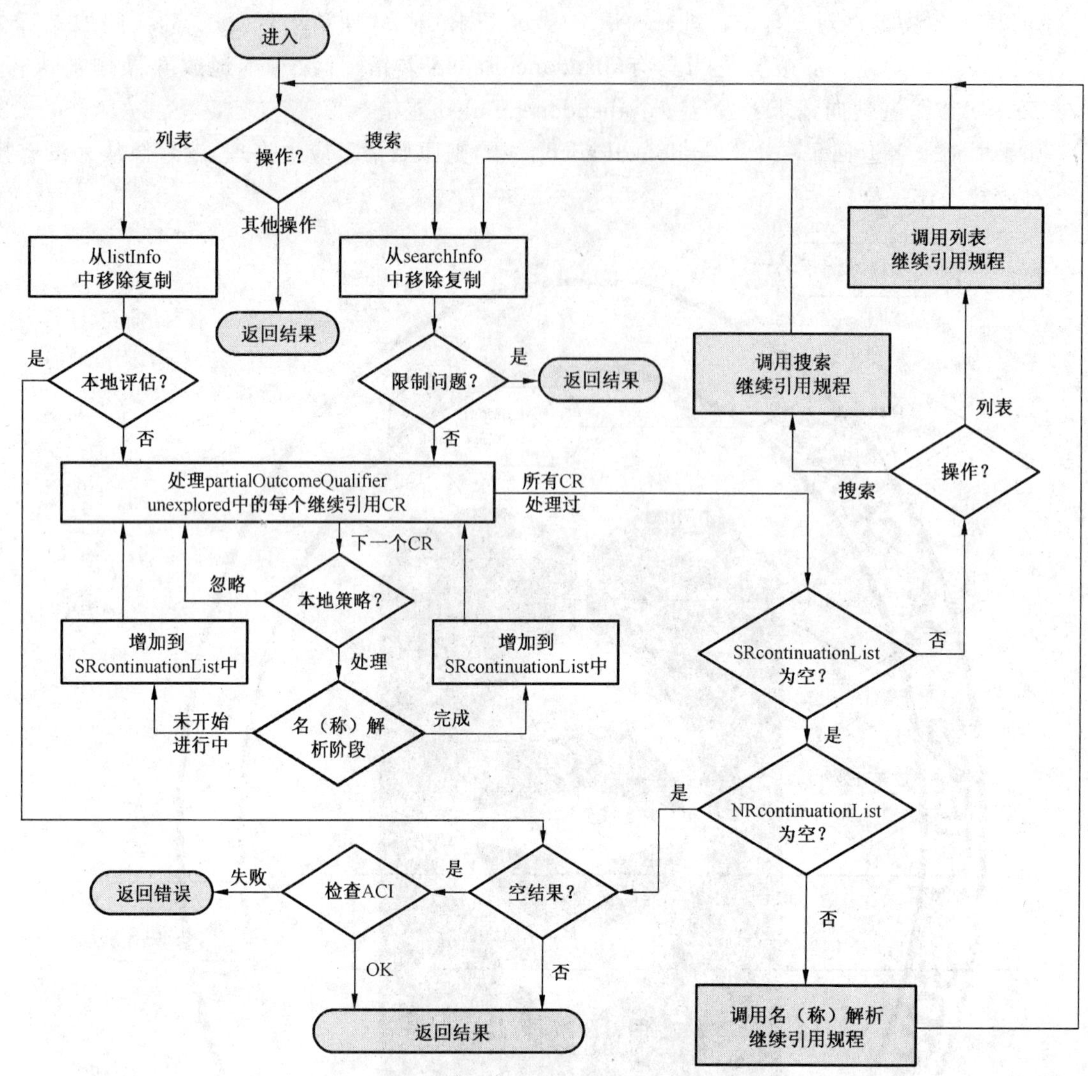

图 29 结果合并规程

检查连续引用中提供的nameResolutionPhase。如果它的值为notStarted或proceeding，则将其加入到准备提供给名(称)解析继续规程的连续引用列表中(NRcontinuationList)。如果nameResolutionPhase的值为completed，则将连续引用加入到提供给子请求继续规程的连续引用列表中(SRcontinuationList)。

继续执行，直到所有的连续引用都被处理过。

e) 如果在SRcontinuationList中有要处理的连续引用，则检查操作类型。如果操作是一个列表操作，则调用列表连续引用规程，并继续执行步骤b)。如果操作是一个搜索操作，则调用搜索连续引用规程，并继续执行步骤c)。

如果SRcontinuationList为空，则检查在NRcontinuationList中是否有连续引用。如果有，则调用名(称)解析连续引用规程，并继续执行步骤c)。

如果两个连续引用列表都为空，则继续执行步骤f)。

f) 检查结果是否为空。如果非空，则返回该结果。如果为空，且访问控制和本地策略允许，则返回一个空结果，或者返回一个适当的差错。

当一个DSA从其他DSA处接收到搜索或列表结果，且这些结果中含有该DSA未知的参数时，则无关的结果应被返回。否则，如果搜索结果未被签名，或者如果DSA是一个允许移除签名的初始执行者时(见 GB/T 16264.3—2008 的 7.9),则 DSA 应执行合并。

如果一个 DSA 从一个不能执行合并的 DSA 处接收到未被签名的、不相关的结果,且该 DSA 对这些不相关的结果的所有参数都拥有正确知识时,该 DSA 应执行合并。

如果一个 DSA 从另一个 DSA 处接收到未被签名的结果,同时它也可拥有一个本地结果,则该 DSA 将产生一个条目数量,该条目数量将放在 DSA 产生的PartialOutcomeQualifier 的entryCount 中被返回,这个条目数量将是所有接收到的entryCount 的值,本地结果,以及从没有返回entryCount 值的 DSA 处接收到的条目数量的总和,然后再将复制结果抵消后的值。如果该 DSA 是初始执行者,且分页结果被请求时,则它还应包括从其他 DSA 处接收到的签名结果中的条目数量。

如果分页结果被请求,且任何 DSA 都没有遇到限制问题,则 DSA 应为entryCount 参数执行exact 选择。应为每个返回的页给出同样的值。

如果一个或多个 DSA 遇到了某个限制问题,则:

——如果所有遇到限制问题的 DSA 都已经返回了一个entryCount,且具有exact 或bestEstimate 选择,则如果仅有一个 DSA 能够执行该选择,则它应执行bestEstimate 选择;否则它应执行exact 选择;

——如果只有一个 DSA 遇到一个限制问题,且返回了一个选择为lowEstimate 的entryCount,或不返回一个entryCount,则它应执行lowEstimate 选择。

22 分布式鉴别规程

本章规定了支持目录分布式鉴别服务所必需的规程。这些服务以及相应的规程,被分类为:

——发起者鉴别,对它的支持或者采用一种未被保护(基于简单身份)的方式,或者采用一种安全(基于数字签名)的方式;以及

——结果鉴别,采用类似被保护的方式(也是基于数字签名)。

22.1 发起者鉴别

22.1.1 基于身份的鉴别

基于身份的鉴别服务使得 DSA 可以出于实现本地访问控制的目的,对信息的初始请求者进行鉴别。希望使用此服务的 DSA 应采用下列规程:

——对于一个要求对 DAP 或 LDAP 请求进行鉴别的 DSA,在一个 DUA 联系(DUA 到 DSA)或 LDAP 客户机联系(LDAP 客户机到 DSA)建立的时刻,该 DSA 通过绑定规程获得请求者的可辨别名。这些规程的成功结果在任何时候都不会损害后续使用此联系来处理操作时所要求的鉴别级别。

——与 DUA 或 LDAP 客户机存在联系的 DSA 应为链接到其他 DSA 的所有子请求,将请求者的可辨别名插入到ChainingArguments 的发起者字段中。

——一个 DSA,在接收到一个链接操作时,可以满足此操作,也可以不满足,依赖于访问权限的决定(一个本地定义的机制)。如果输出不满意,则可以返回一个问题为insufficientAccessRights 的securityError。

22.1.2 基于签名的发起者鉴别

基于签名的发起者鉴别服务使得 DSA 可以对一个特定的服务请求的发起者进行鉴别(以一种安全的方式)。DSA 在实现此服务时使用的规程在本条中描述。

基于签名的鉴别服务由一个 DUA 来调用,方法是使用一个可选的被保护请求中的PROTECTED 变元,其中DirQOP 取值为signed 或signedAndEncrypted。

一个 DSA,在从另一个 DSA 处接收到一个签名的请求后,应在处理此操作之前移除那个 DSA 的签名。假设任何签名有效性验证的结果证明是满足的,则 DSA 将继续执行此操作。如果在处理过程中,DSA 需要执行链接,则每个相关的链接操作的变元集应按照如下所述来构建:

——DSA 构造一个可以被签名的变元集；该变元集由输入的已签名变元集和一个修改后的ChainingArguments 共同组成。

如果 DSA 能够将信息发布给响应，则基于签名服务请求的发起者鉴别可以被用来决定对此信息的访问权限。

如果一个 DSA 接收到一个关于某信息的未被签名的服务请求，而根据发起者鉴别该信息只能被释放，则应返回一个问题为protectionRequired 的securityError。

22.2 结果鉴别

本服务的提供使得目录操作的请求者(DUA、LDAP 客户机或 DSA)能够验证(使用数字签名机制这样一个安全方式)结果的来源。可以要求使用结果鉴别服务，而不用考虑是否使用了发起者鉴别。

结果鉴别服务的发起是使用包含在目录操作变元集内的protectionRequest 组件的签名值来实现的；一个 DSA 如果接收到一个带有此选项的操作时，可以可选地对任何子请求结果进行签名。在保护请求中的签名选项，其作用是向 DSA 指示了请求者的优先级；实际上，DSA 可以对，也可以不对任意子请求结果进行签名。

在一个 DSA 执行链接的情况下，根据返回到请求者的结果形式，DSA 拥有一系列的选项，这些选项为：

a) 向请求者返回一个复合响应(签名的或未签名的)；

b) 向请求者返回两个或多个未被合并的部分响应的集合(签名的或未签名的)；在此集合中可以有零个或多个成员被签名，也可以有零个或一个未被签名。如果有一个未被签名的部分结果存在，则该成员实际上可以是一个或多个未被签名的部分响应的集合，这些部分响应可以是从其他 DSA 处接收到的，或者是由本 DSA 提供的，或者两种都有可能。

当一个 DSA 对相关条目进行合并时，执行合并的 DSA 可对结果进行签名。

第六篇：知识管理

23 知识管理概述

为了以一种一致性和性能可接受的程度来操作广泛分布的目录，需要有规程对每个 DSA 中拥有的知识进行创建、维护和扩展。下列机制被共同使用来管理 DSA 的知识。

a) 分等级操作绑定和非特定分等级操作绑定：这些规程和协议在第 24 章和第 25 章中定义。它们被用来维护下级引用、非特定下级引用、直接上级引用、以及命名上下文的上下文前缀信息等。这些操作绑定是在主 DSA 之间建立的，这些主 DSA 拥有彼此之间分等级相关的命名上下文，即具有直接下级与直接上级的关系。本规程的触发可以是修改条目 RDN、增加条目、或移除条目等操作的一个副作用，那些条目的直接上级不是由拥有该条目的同一个 DSA 所拥有的。

b) 影像操作绑定：这些规程和协议在 ISO/IEC 9594-9 中定义。它们被用来以两种方法创建和维护知识引用。第一种是作为建立(或终止)影像商定的一个副作用，访问点被加入到consumerKnowledge 中或可选的secondaryShadow 操作属性中，或从中移除。因此这些信息可以被上面讨论的规程和协议使用来更新上级主 DSA 中的下级引用，或者下级主 DSA 中的直接上级引用。第二种是 DISP 将主 DSA 中拥有的知识引用传播到影像消费者 DSA 处。

c) 交叉引用：交叉引用的分布是 DSP 的一个特性。它用于创建和维护交叉引用，在 23.2 给出了摘要。

注：初始化和维护上级引用以及myAccessPoint 的机制，不在本目录规范的定义范围之内。

23.1 知识引用的维护

本条描述了 DOP 是如何被用来维护表示知识的 DSA 操作属性的。关于知识属性和用于维护这些知识属性的协议之间的关系，有一个简单示例在附录 E 中描述。

23.1.1 提供者和主 DSA 对消费者知识的维护

一个消费者引用，通过consumerKnowledge 属性的值来表示，由一个影像提供者 DSA 所拥有，并与一个命名上下文的上下文前缀相关联；一个提供者引用，通过 supplierKnowledge 属性的值来表示，由一个影像消费者 DSA 所拥有，并与一个命名上下文的上下文前缀相关联。这两个属性都由类型为 cp 的 DSE 所拥有。这些属性的每个值都是在影像操作绑定建立时被创建的，并且在影像操作绑定修改时更新。

一个提供者 DSA 可以获取信息来构建secondaryShadows 属性的值，这是在它与某个消费者的 ShadowingAgreementInfo 中的可选组件secondaryShadows 取值为TRUE 的情况下。在这种情况下，无论何时，当消费者 DSA 检测出拥有公共可用复制区拷贝的 DSA 集合(包括它的消费者，以及消费者的消费者等，可以携带任意深度的二次影像)被修改了(通过增加、修改或移除访问点)，则它会通过一个 modifyOperationalBinding 操作来传达此新信息(一个SupplierAndConsumers 的集合)，该操作在 ITU-T X.525 建议书 | ISO/IEC 9594-9:2005 中描述。

一个提供者 DSA 维护其自身的，与上下文前缀相关的secondaryShadows 属性，如下所述：

a) 通过modifyOperationalBinding 操作从一个消费者处接收到的SupplierAndConsumers 集合可以被用于创建或替代本属性的值。SupplierAndConsumers 中的提供者组件表示了一个消费者 DSA(或消费者的消费者等，依赖于二次影像的深度)的访问点；消费者组件表示消费者的消费者集合(或其消费者，依赖于二次影像的深度)。

b) 每个在modifyOperationalBinding 操作中提供其提供者的消费者，都包含一个SupplierAndConsumers 集合，具有下列值：它的secondaryShadows 属性的值，以及一个新构造的值。这个新值是这样构造的：使用它自己的访问点myAccessPoint(作为提供者组件)，以及包含在consumerKnowledge 属性中的表示拥有公共可用影像的消费者的访问点值(作为消费者组件)。

本规程的递归使用可以使一个命名上下文的主 DSA 能够知道它的所有的二次影像消费者 DSA，这些 DSA 拥有从该命名上下文派生的公共可用的复制区。于是，这些信息可用于对下级引用、非特定下级引用和直接上级引用等的维护。

23.1.2 主 DSA 中下级和直接上级知识的维护

一个下级引用通过specificKnowledge 属性的一个值来表示，该属性由拥有此下级引用的直接上级命名上下文的 DSA 中类型为subr 的 DSE 所拥有；一个直接上级引用通过specificKnowledge 属性的一个值来表示，该属性由拥有此上级引用的直接下级命名上下文的 DSA 中类型为immSupr 的 DSE 所拥有。这些属性的每个值都在相应的上级和下级主 DSA 中建立 HOB 时创建，并在 HOB 修改时更新。

一个下级主 DSA 通过它在 DOP 中传送到上级的SubordinateToSuperior 参数中的accessPoints 组件，向其上级主 DSA 提供信息来构造它的下级引用。包含在accessPoints 中的信息由下级 DSA 所拥有的属性值来决定，如下所述：

a) myAccessPoint 属性的值(由根 DSE 拥有)被用来构造accessPoints 中的元素，其中category 的取值为master。

b) consumerKnowledge 和secondaryShadows 的值(两个都由下级上下文前缀 DSE 拥有)被用于构造accessPoints 中的附加元素，其中category 的取值为shadow。

一个上级主 DSA 通过它在 DOP 中传送到下级的SuperiorToSubordinate 参数中的contextPrefixInfo 组件，向其下级主 DSA 提供信息来构造它的直接上级引用。该组件的值类型为SEQUENCE OF Vertex，包含了与 DIT 中的根到此下级上下文前缀之间的路径相对应的元素序列。对于这些元素中的其中一个与直接上级命名上下文的上下文前缀相应的元素，可选组件accessPoints 将存在。下级 DSA 将此信息作为类型为immSupr 的 DSE 中的一个specificKnowledge 属性，相应于contextPrefixInfo 中的这个元素。包含在上级 DSA 的accessPoints 中的信息由上级 DSA 所拥有的属性值来决定，如下所述：

a) myAccessPoint 属性的值(由根 DSE 拥有)被用来构造accessPoints 中的元素,其中category 的取值为 master。

b) consumerKnowledge 和secondaryShadows 的值(两个都由上级上下文前缀 DSE 拥有)被用于构造accessPoints 中的附加元素,其中category 的取值为shadow。

注:仅有那些与接收到公共可用复制区的消费者 DSA 相应的访问点才应当被上级 DSA 和下级 DSA 根据它们的consumerKnowledge 属性选中,并将其包含到accessPoints 中。构造 secondaryShadows 的规程会确保这些访问点可以标识出拥有公共可用复制区的影像 DSA。

23.1.3 消费者 DSA 中下级和直接上级知识的维护

一个影像消费者 DSA 与其提供者之间有商定,可以接收到与某个复制单元相关的直接上级和下级知识,如果该商定有效,则也有商定由它的影像提供者 DSA 通过 DISP 来维护其直接上级和下级引用。

注:对于某些复制规范单元,对于消费者 DSA 来说,为了能够让它的提供者可以向其提供下级知识,可以有必要定义商定来接收extendedKnowledge。

23.2 请求交叉引用

为了改进目录系统的性能,可以使用普通的目录操作来扩展交叉引用的本地集合。如果一个 DSA 支持 DSP,它可请求另一个 DSA(该 DSA 也支持 DSP)返回那些包含了与一个普通目录操作的目标客体名相关的命名上下文的位置信息的知识引用。

如果 ChainingArguments 中的 returnCrossRefs 组件被设置为 TRUE,则 ChainingResults 中的 crossReferences 组件可存在,且包含了一个交叉引用项的集合。

如果一个 DSA 不能够将一个请求链接到下一个 DSA,则一个转向推荐会被返回到发起请求的 DSA。如果ChainingArguments 中的returnCrossRefs 组件为TRUE,则该转向推荐中另外还包含此转向推荐所指向的命名上下文的上下文前缀。如果该转向推荐是基于非特定下级引用,则contextPrefix 组件缺失。一个转向推荐所返回的交叉引用是基于产生该转向推荐的 DSA 所拥有的知识的。

在两种情况下(链接结果和转向推荐),某个管理机构,通过他的 DSA,可选择忽略那些返回交叉引用的请求。

23.3 知识的不一致性

目录应支持一致性检查机制来保证某种程度的知识一致性。

注:在某种环境中,一个知识引用是正确的(在下面描述的情况下不是非法的),但是对于某个 DSA 来说使用它是无效的,因为被引用的 DSA 的 DMD 根本不希望被引用它的 DSA 所接触(例如,一个 DSA 不知何故获得了一个指向被引用的 DSA 的交叉引用),或者不希望它以某种角色被接触(例如,作为某个命名上下文的主 DSA)。

23.3.1 知识不一致性的检测

不一致性的类型及其检测根据知识引用类型的不同而不同。

a) 交叉引用和下级引用——如果被引用的 DSA 没有拥有一个命名上下文或者一个复制区,该复制区所来自的命名上下文具有引用中所包含的上下文前缀时,这种类型的引用是非有效的。这种不一致性可以在名(称)解析过程中被检测出来,方法是通过检查ChainingArguments 中的operationProgress 和referenceType 组件。

b) 非特定下级引用——如果被引用的 DSA 没有拥有一个本地命名上下文,该命名上下文的上下文前缀是引用中所包含的上下文前缀减去最后一个 RDN 而形成的时,这种类型的引用是非有效的。一致性检查的应用如上所述。

c) 上级引用——一个非法的上级引用是不能够构成到根的一个引用路径的引用。上级引用的维护应通过外部方式来维护,且不在本目录规范的定位范围之内。

注:并不总是能够检测出一个非法的上级引用。

d) 直接上级引用——如果被引用的 DSA 没有拥有一个命名上下文或者一个复制区,该复制区所来自的命名上下文具有引用中所包含的上下文前缀时,这种类型的引用是非有效的。另外,仅当ChainingArguments 中的operationProgress 组件取值为notStarted 或proceeding 时,使用这种类型的引用才是有效的。这种不一致性可以在名(称)解析过程中被检测出来,方法是通过检查ChainingArguments 中的operationProgress 和referenceType 组件。

e) 提供者引用——这种类型的引用,标识了某个复制区的提供者,并且可选地标识了该复制区所来自的命名上下文的属主,当被引用的 DSA 不是使用该引用的 DSA 的影像提供者时(当ChainingArguments 的referenceType 组件取值为supplier 时),或者当被引用的 DSA 不是该命名上下文的属主时(当referenceType 的取值为master 时),这种类型的引用是非法的。这种不一致性可以在操作处理的名(称)解析阶段和操作赋值阶段被检测出来,方法是通过检查ChainingArguments 中的referenceType 组件。

23.3.2 知识不一致性的上报

如果使用链接来执行一个目录请求,则所有的知识不一致性都将被拥有非法知识引用的 DSA 检测出来,方法是通过接收到一个问题为invalidReference 的serviceError。

如果一个 DSA 返回了一个基于某个非法知识引用的转向推荐,则请求者如果使用了该转向推荐的话,将被返回一个问题为invalidReference 的serviceError。差错条件是如何被传播到存储此非法引用的 DSA 的,不在本目录规范的定义范围之内。

23.3.3 不一致的知识引用的处理

当一个 DSA 在检测到一个非法引用后,它应尝试去重新建立知识的一致性。例如,这可以通过简单地删除一个非法交叉引用来实现,或者通过将其替换为一个使用returnCrossRefs 机制而获得的正确引用来实现。

实际上,DSA 如何处理非法引用的方法属于本地事务,不在本目录规范的定义范围之内。

23.4 知识引用和上下文

知识引用中的名(称)应是主可辨别名,对于任意 RDN 中使用的任意属性,也可以包含可替代的可辨别值以及在valuesWithContext 中拥有的上下文信息,如同 GB/T 16264.2—2008 的 9.3 中的描述。

依赖于一个知识引用是如何被获得的(尤其是对于一个第 3 版本之前的 DSA,其是否拥有该引用,或者是否是获取引用的链接中的一部分),可能一个知识引用中不会包含所有可能的可替代可辨别名。这可导致一个声称名不被该知识引用的所有者认为是同一个名(称),这在某种情况下,会导致需要在名(称)解析过程中执行额外的步骤,或者在某种情况下,会导致不一致的结果或名(称)解析失败。在主可辨别名已知时,通常使用主可辨别名,会优化目录处理名(称)中的上下文变元的能力。

24 分等级操作绑定

一个分等级操作绑定被用来表示两个 DSA 之间的关系,这两个 DSA 拥有两个命名上下文,其中一个是另一个的直接下级。在 HOB 的情况下,上级 DSA 拥有一个指向下级 DSA 所拥有的命名上下文的下级引用;下级 DSA 拥有一个指向上级 DSA 所拥有的命名上下文的直接上级引用。操作绑定确保了可以在两个 DSA 之间交换和维护适当的知识信息,因此,两个 DSA 都能够在名(称)解析和操作赋值的处理过程中,按照第 18 章和第 19 章的定义来运转。

24.1 操作绑定类型特性

24.1.1 对称与角色

分等级操作绑定类型是一种非对称的操作绑定类型。在这种类型的绑定中有两种角色,分别为:

a) 上级命名上下文的主 DSA 所承担的角色,称为上级 DSA(相关的抽象角色为“A”);以及

b) 下级命名上下文的主 DSA 所承担的角色,称为下级 DSA(相关的抽象角色为“B”)。

24.1.2 商定

在建立分等级操作绑定的过程中,所交换的商定信息是HierarchicalAgreement 的一个值。它包括新的上下文前缀的相对可辨别名(rdn 组件)以及该新的命名上下文的直接上级条目的可辨别名(immediateSuperior 组件)。此信息应被发起该 HOB 的 DSA 所提供。

```
HierarchicalAgreement ::= SEQUENCE {
      rdn                    [0]  RelativeDistinguishedName,
      immediateSuperior      [1]  DistinguishedName }
```

rdn 应是主 RDN,且immediateSuperior 应是一个主可辨别名。上下文信息以及所有的可替代可辨别值应被包含在任意 RDN 的AttributeTypeAndDistinguishedValue 的valuesWithContext 组件中,如同 GB/T 16264.2—2008 的 9.3 中的描述。

24.1.3 发起者

24.1.3.1 建立

一个分等级操作绑定的建立可以由任意一种角色来发起。上级 DSA 的发起可以是由于一个增加条目操作而引起的,其中在targetSystem 扩展中指定了下级 DSA,或者是由于管理干预而引起的。下级 DSA 的发起(将一个本地存在的条目或子树与全球 DIT 连接起来)是由于管理干预而引起的。

24.1.3.2 修改

一个分等级操作绑定的修改可以由任意一种角色来发起。由于上级上下文前缀信息的修改,使得上级 DSA 可以发起修改。这可以是任意修改操作的结果,或者是管理干预的结果。

如果下级命名上下文的上下文前缀条目的 RDN 被修改,则任意一个 DSA 都可以修改此商定。上级 DSA 发起此修改,是由于一个相对可辨别名被修改为高于此 DIT 而引起的,或者是由于管理干预而引起的。下级 DSA 发起此修改,是由于针对一个上下文前缀的ModifyDN 而引起的,或者是由于管理干预而引起的。

如果该命名上下文的访问点信息发生了变化,则任何一个 DSA 也都可以修改此 HOB。

24.1.3.3 终止

一个分等级操作绑定的终止可以由任意一种角色来发起。上级 DSA 的发起可以是由于管理干预而引起的。下级 DSA 的发起可以是由于一个移除条目操作而引起的,该操作移除了下级命名上下文的上下文前缀条目,或者是由于管理干预而引起的。

24.1.4 建立参数

一个 HOB 的两种角色,上级 DSA 和下级 DSA,它们的建立参数是不同的。上级 DSA 角色使用的建立参数是SuperiorToSubordinate 的一个值,下级 DSA 角色使用的建立参数是SubordinateToSuperior 的一个值。

24.1.4.1 上级 DSA 的建立参数

由上级 DSA 所发起的建立参数是SuperiorToSubordinate 的一个值,向下级 DSA 提供了关于新的命名上下文的上下文前缀的上级 DIT 顶点的相关信息(包含了直接上级引用),可选的,还提供了下级上下文前缀条目的用户属性和操作属性,以及新上下文前缀的直接上级条目的用户属性和操作属性的拷贝。

```
SuperiorToSubordinate ::= SEQUENCE {
      contextPrefixInfo         [0]   DITcontext,
      entryInfo                 [1]   SET SIZE (1..MAX) OF Attribute OPTIONAL,
      immediateSuperiorInfo     [2]   SET SIZE (1..MAX) OF Attribute OPTIONAL }
```

Vertex 或 SubentryInfo 中的rdn 应是主 RDN,且上下文信息和所有其他的可辨别值都应被包含在 RDN 的AttributeTypeAndDistinguishedValue 组件中,如同在 GB/T 16264.2—2008 的 9.3 中的描述。

24.1.4.1.1 上下文前缀信息

SuperiorToSubordinate 中的contextPrefixInfo 组件是类型为DITcontext 的一个值,这是一个Vertex 值的序列。

```
DITcontext ::= SEQUENCE OF Vertex
```

```
Vertex ::= SEQUENCE {
    rdn             [0]  RelativeDistinguishedName,
    admPointInfo    [1]  SET SIZE (1..MAX) OF Attribute OPTIONAL,
    subentries      [2]  SET SIZE (1..MAX) OF SubentryInfo OPTIONAL,
    accessPoints    [3]  MasterAndShadowAccessPoints OPTIONAL }
```

contextPrefixInfo 组件是 RDN 的序列，这些 RDN 构成了新的上下文前缀的直接上级的可辨别名，每个 RDN(由rdn 组件给定)可选地还伴随有附加的信息。

一个Vertex 中可选的admPointInfo 组件表示了该 DIT 顶点是一个管理点，并至少提供了它的administrativeRole 操作属性。

与一个管理点相关联的子条目信息由Vertex 中的subentries 组件提供，该组件是一个或多个SubentryInfo 值的集合。每个SubentryInfo 值由子条目的 RDN(rdn 组件)和子条目的属性(info 组件)组成。

```
SubentryInfo ::= SEQUENCE {
    rdn    [0]  RelativeDistinguishedName,
    info   [1]  SET OF Attribute }
```

一个 Vertex 中可选的accessPoints 组件表示了该顶点符合直接上级命名上下文的上下文前缀。上级使用此组件以便向下级提供其直接上级引用所需的信息。

注：accessPoints 中的主访问点与建立和修改操作绑定操作中传递到accessPoint 参数中的主访问点相同。

24.1.4.1.2 条目信息

SuperiorToSubordinate 中可选的entryInfo 组件是建立新的上下文前缀条目内容的一个属性集合。

24.1.4.1.3 直接上级条目信息

SuperiorToSubordinate 中可选的immediateSuperiorInfo 组件是新的上下文前缀的直接上级条目的属性集的一个拷贝，尤其是objectClass 和entryACI。

注：本组件可以被下级使用来优化一个列表请求的赋值，该列表请求针对某个基本客体产生了一个空的ListResult，而此基本客体是下级上下文前缀的直接上级(见 19.3.1.2.2 中 b)的注)。

24.1.4.2 下级 DSA 的建立参数

下级 DSA 发起的建立参数是SubordinateToSuperior 的一个值，向上级 DSA 提供了与下级命名上下文相关的信息。

```
SubordinateToSuperior ::= SEQUENCE {
    accessPoints   [0]  MasterAndShadowAccessPoints OPTIONAL,
    alias          [1]  BOOLEAN DEFAULT FALSE,
    entryInfo      [2]  SET SIZE (1..MAX) OF Attribute OPTIONAL,
    subentries     [3]  SET SIZE (1..MAX) OF SubentryInfo OPTIONAL }
```

SubordinateToSuperior 中的accessPoints 组件被下级使用，向上级提供其下级引用所需的信息。

注 1：accessPoints 中的主访问点与建立和修改操作绑定操作中传递到accessPoint 参数中的主访问点相同。

SubordinateToSuperior 中的alias 组件用于向上级表示该下级命名上下文包含一个单独的别名条目。

SubordinateToSuperior 中的entryInfo 组件包含了新的上下文前缀条目的属性集的一个拷贝，尤其是objectClass 和entryACI 属性，而且如果可应用的话，还包含administrativeRole 操作属性。

注 2：前两个属性可以被上级使用来优化一个列表请求或一个一级搜索请求的赋值，而这些请求的基本客体是下级上下文前缀的直接上级条目，同时，最后一个属性被用来避免对一个搜索操作进行不必要的处理，使其进入到某个服务特定的管理区或者从某个服务特定的管理区出来。

SubordinateToSuperior 中的subentries 组件被下级使用来向上级传递包含了预定 ACI 的子条目。

24.1.5 修改参数

对于 HOB 的修改,上级角色的修改参数SuperiorToSubordinateModification 是SuperiorToSubordinate,其中有一个限制为 entryInfo 组件可以不存在;下级角色的修改参数是SubordinateToSuperior。

```
SuperiorToSubordinateModification ::= SuperiorToSubordinate (
        WITH COMPONENTS { ..., entryInfo ABSENT})
```

这些参数与相应的建立参数是相同的(除了上面所标注的限制外),并且被用于表示在 HOB 建立之后,建立参数中提供的信息所发生的变化。

如果 SuperiorToSubordinate (或者 SuperiorToSubordinateModification)、或者 SubordinateToSuperior 中的任何组件经历了一次变化(例如SuperiorToSubordinate 中的contextPrefixInfo 组件),则修改参数中的相应组件(例如SuperiorToSubordinateModification 中的contextPrefixInfo 组件)应在修改操作绑定中被完整提供。

24.1.6 终止参数

当终止一个 HOB 时,两种角色都不提供终止参数。

24.1.7 类型标识

分等级操作绑定由客体标识符来标识,这些客体标识符是在 24.2 定义hierarchicalOperationalBindingOPERATIONAL-BINDING 信息客体时被分配的。

24.2 操作绑定信息客体类定义

本条使用 GB/T 16264.2—2008 中定义的OPERATIONAL-BINDING 信息客体类模板,定义了分等级操作绑定的类型。

```
hierarchicalOperationalBinding OPERATIONAL-BINDING ::= {
      AGREEMENT          HierarchicalAgreement
      APPLICATION CONTEXTS {
                         {directorySystemAC} }
      ASYMMETRIC
          ROLE-A { -- 上级 DSA
              ESTABLISHMENT-INITIATOR        TRUE
              ESTABLISHMENT-PARAMETER        SuperiorToSubordinate
              MODIFICATION-INITIATOR         TRUE
              MODIFICATION-PARAMETER         SuperiorToSubordinateModification
              TERMINATION-INITIATOR          TRUE }
          ROLE-B {--下级 DSA
              ESTABLISHMENT-INITIATOR        TRUE
              ESTABLISHMENT-PARAMETER        SubordinateToSuperior
              MODIFICATION-INITIATOR         TRUE
              MODIFICATION-PARAMETER         SubordinateToSuperior
              TERMINATION-INITIATOR          TRUE }
      ID                 id-op-binding-hierarchical }
```

24.3 分等级操作绑定管理的 DSA 规程

在下面的规程中,由一个 DSA 创建的一个新 DSE 或一个标记(即一个与信息的某些项相关联的状态指示)应被存储在一个静态存储器中。只有这样做,才能使得遵循下面规程的两个 DSA 在出现通信和终端系统失败时,有可能对 HOB 的参数维护一个一致的理解。

在下面所描述的establishment 和modification 两个规程中,承担了响应者角色的 DSA(即没有发起建立或修改操作)可向承担了发起者角色的DSA提供信息(例如操作属性),而由于这样或那样的原因,这些信息是不可接受的。在这些情况下,发起者DSA可终止此操作绑定。

24.3.1 建立规程

24.3.1.1 上级DSA发起的建立

如果一个DSA与另一个在targetSystem扩展中指定的不同DSA之间执行了一个增加条目操作,则该DSA应根据下列规程建立一个分等级的操作绑定。出于管理原因,如果一个DSA希望与一个下级DSA之间建立一个HOB,且它支持DOP HOB协议,则应遵循下列规程:

a) 上级DSA创建一个类型为subr的新DSE,其名(称)为新条目名,并且将这个新的DSE标记为"将被增加"。上级DSA产生一个唯一的bindingID,并将其与新的DSE存储在一起。

b) 上级DSA应向下级DSA发送一个建立操作绑定操作,并包含下列参数:

   1) bindingType被设置为hierarchicalOperationalBindingID;

   2) SuperiorToSubordinate建立参数中,contextPrefixInfo和entryInfo组件存在;所有其他参数都是可选的;

   3) HierarchicalAgreement中,immediateSuperior组件被设置为新条目的直接上级的可辨别名,且rdn组件被设置为新条目的RDN;以及

   4) 适当的bindingID,myAccessPoint和valid参数。

c) 如果下级DSA接受此操作,则它将创建所需的类型相应为glue、subentry、admPoint、rhob和immSupr的DSE来表示contextPrefixInfo;或者类型相应为cp和entry或alias的DSE来表示新的上下文前缀客体或别名条目;以及类型相应为rhob和entry的DSE来表示immediateSuperiorInfo。它将bindingID与新的上下文前缀条目的DSE存储在一起,并且向上级DSA返回一个SubordinateToSuperior参数。

   如果下级DSA拒绝此操作,则它会返回一个操作绑定差错,并且设置适当的问题值。

   如果命名上下文已经存在,且已经存在的命名上下文与新的上下文的bindingID值相同,即下级DSA已经创建了所请求的命名上下文,在这种情况下,下级DSA向上级DSA返回一个结果。如果这两个值不相同,则发送一个问题为invalidAgreement的操作绑定差错;这就意味着上级DSA有一个永久的知识不一致,需要管理者的纠正。

d) 如果上级DSA接收到一个差错,则它移除类型为subr的被标记DSE,并且为增加条目操作返回一个差错。

   如果上级DSA接收到一个结果,则它从表示subr的DSE中移除标记,并且为增加条目操作返回一个结果。

   如果有任何失败出现(如通信失败或终端系统失败),上级DSA都应从步骤2)开始重复执行上述步骤,直到以该DSA为发起者的每个悬置的分等级操作绑定建立操作都接收到一个结果或差错为止。

   如果建立是由于一个增加条目操作而引起的,且在建立完成之前由请求者中止了该操作(例如通过释放或中止应用联系),则上级DSA应忽略此事件,并且完成此次建立(可以成功,也可以不成功)。在这种情况下,增加条目操作的输出不会通知到用户。

   注1:对下级进行标注可以帮助恢复和进行同步控制。另一个用户不能增加一个已经被标注的条目,且在一次失败后,DSA将为所有被标注的下级重复建立操作绑定。

   注2:通过上述规程,知识仅具有临时的不一致性。当下级引用被标注时,上级DSA如何处理那些对下级引用进行阅读的不相关操作属于本地事务。

24.3.1.2 下级DSA发起的建立

下级DSA可以发起建立一个分等级的操作绑定。这可以是由于某个管理者希望将该DSA内拥有的一棵条目子树与全球DIT中的某个点相关联起来而引起的。在这种情况下,下级DSA应根据下列

规程建立一个 HOB:

a) 下级 DSA 或者具有一个类型为cp 的 DSE 作为一个已经存在的命名上下文的一部分,或者创建一个新的这种 DSE。它将这个新的 DSE 标记为"将被增加",且产生一个唯一的bindingID,并将其与上下文前缀 DSE 存储在一起。

b) 下级 DSA 向上级 DSA 发起一个建立操作绑定操作,包含下列参数:

   1) bindingType 被设置为hierarchicalOperationalBindingID;

   2) 适当的SubordinateToSuperior 建立参数;

   3) HierarchicalAgreement 中,immediateSuperior 组件被设置为新条目的直接上级的可辨别名,且rdn 组件被设置为新条目的 RDN;以及

   4) 适当的bindingID,myAccessPoint 和valid 参数。

   如果上级 DSA 拒绝此操作,则它返回一个操作绑定差错,并且设置适当的问题值。

c) 上级 DSA 检测出它是新的上下文前缀条目的直接上级的属主,或者返回一个问题为roleAssignment 的operationalBindingError。

d) 上级 DSA 检测被请求的新的上下文前缀的 RDN 是否尚未被使用。如果使用本地拥有的信息没有找到匹配的 RDN,但是直接上级 DSE 的类型为nssr,则遵循 19.1.5 中的规程。如果使用此规程没有发现匹配的 RDN,则上级 DSA 创建一个类型为 subr 的 DSE,并且将bindingID与其存储在一起,然后返回一个结果。

   如果发现一个下级引用与此 RDN 匹配,则比较两个bindingID 的值。如果它们相等,则返回一个结果。且由上级 DSA 所返回的SuperiorToSubordinate 参数中,不能够包含entry 组件。如果两个bindingID 值不相等,则发送一个问题为invalidAgreement 的operationalBindingError;这就意味着上级 DSA 具有一个永久的知识不一致,需要管理者的纠正。

   如果通过部署一个 NSSR,发现一个匹配的 RDN,则发送一个问题为invalidAgreement 的operationalBindingError,这也意味着上级 DSA 具有一个永久的知识不一致,需要管理者的纠正。

e) 如果下级 DSA 接收到一个差错,它将移除新的上下文前缀 DSE 及其标记。如何决定该上下文前缀 DSE 所来源的条目信息的命运,属于本地事务。

   如果下级 DSA 接收到一个结果,它将增加必要的相应类型为glue、subentry、admPoint、rhob和immSupr 的一个 DSE,来表示contextPrefixInfo;以及相应类型为 rhob 和 entry 的一个DSE,来表示immediateSuperiorInfo。上下文前缀 DSE 的标记被移除。

   如果有任何失败出现(如通信失败或终端系统失败),下级 DSA 都应从步骤 b)开始重复执行上述步骤,直到以该 DSA 为发起者的每个悬置的分等级操作绑定建立操作都接收到一个结果或差错为止。

24.3.2 修改规程

定义了下列规程来修改一个 HOB,该 HOB 是根据 24.3.1 详述的规程而建立的。

24.3.2.1 上级发起的修改规程

本规程的调用可以是由于修改操作引起的,如 19.1 中的描述,或者是由于管理干预而引起的(例如传递 HOB 的myAccessPoint、agreement 或valid 参数的变化)。另外,如果一个上级 DSA 检测出它提供给下级 DSA 的SuperiorToSubordinate 中的contextPrefixInfo 或immediateSuperiorInfo 组件发生了变化,则它应使用下列规程将新的信息传播给下级 DSA:

a) 将类型为subr 的 DSE 标记为"将被修改",并且如果这种修改是由于对下级上下文前缀条目的RDN 进行修改而引起的,则一个新的 subr 类型为的 DSE 被增加,并被标记为"将被增加"。

b) 上级 DSA 根据已经存在的值产生一个新的bindingID 值,方法是增加其version 组件的值。使

用此新的bindingID,它向下级 DSA 发送一个修改操作绑定操作,且修改参数为SuperiorToSubordinateModification。

c) 下级 DSA 检查bindingID 中的identifier 组件。如果它与上级之间无此商定,或者如果version 组件小于 HOB 的版本,则它应返回一个问题为invalidAgreement 的operationalBindingError。

d) 下级 DSA 可接受对 HOB 的修改,即修改或重建表示上下文前缀信息的 DSE,更新它的bindingID 中的version 组件,并且返回一个结果。可选的,它也可返回一个差错并且终止此商定。

e) 如果上级 DSA 接收到一个结果,则修改完成。如果这种修改是由于对下级上下文前缀条目的RDN 进行修改而引起的,则类型为subr,并被标注为"将被增加"的新的 DSE,其标注被移除,并且被标注为"将被修改"的老的 DSE 被移除。如果不是,则仅是"将被修改"的标注被简单移除。

如果上级 DSA 接收到一个差错,则修改失败。"将被修改"的标注被移除。如果这种修改是由于对下级上下文前缀条目的 RDN 进行修改而引起的,则类型为subr,并被标注为"将被增加"的新的 DSE 被移除。如果不是,则所采取的措施不在本目录规范的定义范围之内。

如果有任何失败出现(如通信失败或终端系统失败),上级 DSA 都应从步骤 2)开始重复执行上述步骤,直到以该 DSA 为发起者的每个悬置的分等级操作绑定修改操作都接收到一个结果或差错为止。

如果修改是由于一个修改下级上下文前缀条目的 RDN 的ModifyDN 操作而引起的,且在修改完成之前由请求者中止了该操作(例如通过释放或中止应用联系),则上级 DSA 应忽略此事件,并且完成此次修改(可以成功,也可以不成功)。在这种情况下,修改 DN 操作的输出不会被通知到用户。

24.3.2.2 下级发起的修改规程

本规程的调用可以是由于管理干预而引起的(例如传递 HOB 的myAccessPoint、agreement 或valid 参数的变化)。另外,如果一个下级 DSA 检测出它提供给上级 DSA 的SubordinateToSuperior 的值发生了变化,则它应使用下列规程将新的信息传播给上级 DSA:

a) 将类型为cp 的 DSE 标注为"将被修改"。

b) 下级 DSA 根据已经存在的值产生一个新的bindingID 值,方法是增加其version 组件的值。使用此新的bindingID,它向上级 DSA 发送一个修改操作绑定操作,且修改参数为SubordinateToSuperior。

c) 上级 DSA 检查 bindingID 中的identifier 组件。如果它与下级之间无此商定,或者如果version 组件小于 HOB 的版本,则它应返回一个问题为invalidAgreement 的operationalBindingError。

d) 上级 DSA 可接受对 HOB 的修改,即修改表示下级引用的 DSE,并返回一个结果。可选的,它也可返回一个差错并且终止此商定。

另外,如果这个将被重命名的 DSE(类型为subr)的上级 DSE 的类型为nssr,则 DSA 在响应 HOB 修改请求之前,应遵循 19.1.5 中定义的规程(修改操作和 NSSR)以确保条目的新名(称)是无二义性的。

e) 如果下级 DSA 接收到一个结果,则修改完成,并且移除了标记。如果它接收到一个差错,则所采取的措施不在本目录规范的定义范围之内。

如果有任何失败出现(如通信失败或终端系统失败),下级 DSA 都应从步骤 b)开始重复执行上述步骤,直到以该 DSA 为发起者的每个悬置的分等级操作绑定修改操作都接收到一个结果或差错为止。

24.3.3 终止规程

定义了下列规程来终止一个 HOB,该 HOB 是根据 24.3.1 详述的规程而建立的。

24.3.3.1 上级 DSA 发起的终止

上级 DSA 发起的对分等级操作绑定的终止只能是由于管理干预而引起的。下列规程应被遵循:

a) 上级 DSA 将表示下级引用的 DSE 标注为“将被移除”,因此在名(称)解析过程中,该下级引用不能再被使用。

b) 针对分等级操作绑定,上级 DSA 向下级 DSA 发出一个终止操作绑定的操作。bindingID 中的 version 组件被上级忽略。

c) 当下级 DSA 接收到该终止操作绑定,则它将移除关于此分等级操作绑定的所有信息,并且发送一个结果,除非bindingID 中的identifier 组件未知,在这种情况下,将返回一个问题为invalid ID 的operationalBindingError。如何决定与该下级命名上下文相关的条目信息的命运,属于本地事务。

d) 如果上级 DSA 接收到一个结果,或者一个问题为invalidID 的operationalBindingError,则它应移除标记为“将被移除”的 DSE,该 DSE 表示了与分等级操作绑定相关的下级引用,并且移除与操作绑定相关的所有信息。

   如果有任何失败出现(如通信失败或终端系统失败),上级 DSA 都应从步骤 b)开始重复执行上述步骤,直到以该 DSA 为发起者的每个悬置的分等级操作绑定终止操作都接收到一个结果或差错为止。

24.3.3.2 下级 DSA 发起的终止

由下级 DSA 发起的终止规程可以是由于一个移除条目操作而引起的,该操作移除了下级命名上下文中的最后一个条目,即上下文前缀条目,或者是由于管理干预而引起的。应遵循下列规程:

a) 下级 DSA 将命名上下文的上下文前缀 DSE 标记为“将被移除”。

b) 下级 DSA 向上级 DSA 发起一个关于分等级操作绑定的终止操作绑定操作。bindingID 中的 version 组件被下级 DSA 忽略。

c) 当上级 DSA 接收到该终止操作绑定,则它将移除表示下级引用的 DSE,此下级引用是与分等级操作绑定相关联的,同时移除关于此操作绑定的所有信息,并且发送一个结果,除非binding ID 中的identifier 组件未知,在这种情况下,将返回一个问题为invalidID 的operationalBindingError。

d) 如果下级 DSA 接收到一个结果或者一个问题为invalidID 的operationalBindingError,则它应移除关于此操作绑定的所有信息。

   注:命名上下文的条目信息的命运对下级 DSA 来说是一种本地事务。由于重新命名(即移动)一个命名上下文是不被修改 DN 操作所允许的,则一个管理者可终止 HOB,为命名上下文选择另一个上下文前缀,并且将其与 DIT 的另一部分重新连接起来(即建立一个新的 HOB)。

   如果有任何失败出现(如通信失败或终端系统失败),下级 DSA 都应从步骤 2)开始重复执行上述步骤,直到以该 DSA 为发起者的每个悬置的分等级操作绑定终止操作都接收到一个结果或差错为止。

24.4 操作规程

在一个分等级操作绑定的合作状态中可以被执行的操作是在应用上下文 directorySystemAC 中定义的那些操作。

在一个分等级操作绑定中包含的 DSA 所应遵循的规程在第 16 章到第 22 章中定义。

24.5 应用上下文的用法

为了能够使用本目录标准中的协议和规程来建立、修改或终止一个分等级操作绑定,一个 DSA 应使用operationalBindingManagementAC 应用上下文。

25 非特定分等级操作绑定

一个非特定分等级操作绑定被用来表示两个DSA之间的关系，这两个DSA拥有两个命名上下文，其中一个是另一个的直接下级。在NHOB的情况下，上级DSA拥有一个指向下级DSA所拥有的命名上下文的非特定下级引用；下级DSA拥有一个指向上级DSA所拥有的命名上下文的直接上级引用。操作绑定确保了在两个DSA之间可以交换和维护适当的知识信息，因此，两个DSA都能够在名(称)解析和操作赋值的处理过程中，按照第18章和第19章的定义来运转。

25.1 操作绑定类型特性

25.1.1 对称和角色

分等级操作绑定类型是一种非对称的操作绑定类型。在这种类型的绑定中有两种角色，分别为：

a) 上级命名上下文的主DSA所承担的角色，称为上级DSA(相关的抽象角色为“A”)；以及

b) 下级命名上下文的主DSA所承担的角色，称为下级DSA(相关的抽象角色为“B”)。

25.1.2 商定

在建立非特定分等级操作绑定的过程中，所交换的商定信息是NonSpecificHierarchicalAgreement的一个值。它仅包括新的命名上下文的直接上级条目的可辨别名(immediateSuperior 组件)。该信息应被发起该NHOB的DSA所提供。

```
NonSpecificHierarchicalAgreement ::= SEQUENCE {
    immediateSuperior    [1]   DistinguishedName }
```

注：下级DSA如何判断新的命名上下文的名(称)是无二义性的，不在本部分的定义范围之内。如果名(称)被有关命名机构正确分配，且没有其他的DSA拥有与此名(称)相同的一个主条目，则该名(称)是无二义性的。

25.1.3 发起者

25.1.3.1 建立

一个非特定分等级操作绑定的建立仅可以由下级DSA角色来发起。下级DSA的发起(将一个或多个本地存在的条目或子树与全球DIT连接起来)是由于管理干预而引起的。

25.1.3.2 修改

一个非特定分等级操作绑定的修改可以由任意一种角色来发起。由于上级上下文前缀信息的修改，使得上级DSA可发起修改。这可以是任何修改操作的结果，或者是管理干预的结果。

如果该命名上下文(或者在下级角色的情况下，它的直接下级命名上下文中的一个)的访问点信息发生了变化，则任何一个DSA也都可以修改此NHOB。

25.1.3.3 终止

一个分等级操作绑定的终止可以由任意一种角色来发起。上级DSA的发起是由于管理干预而引起的。下级DSA的发起可以是由于一个移除条目操作而引起的，该操作移除了商定中immediateSuperior组件的直接下级所拥有的最后一个上下文前缀条目，或者是由于管理干预而引起的。

25.1.4 建立参数

上级DSA发起的建立参数是NHOBSuperiorToSubordinate的一个值，它与相应的HOB建立参数相同，除了entryInfo组件是缺失的。

```
NHOBSuperiorToSubordinate ::= SuperiorToSubordinate (
    WITH COMPONENTS { ... , entryInfo ABSENT})
```

下级DSA发起的建立参数是NHOBSubordinateToSuperior的一个值，它与相应的HOB建立参数是相同的，除了alias和entryInfo组件是缺失的。

```
NHOBSubordinateToSuperior ::= SEQUENCE {
    accessPoints   [0]  MasterAndShadowAccessPoints OPTIONAL,
    subentries     [3]  SET SIZE (1..MAX) OF SubentryInfo OPTIONAL }
```

25.1.5 修改参数

这些参数与相应的建立参数是相同的，并且被用于表示在NHOB建立之后，建立参数中提供的信息所发生的变化。

如果NHOBSuperiorToSubordinate或者NHOBSubordinateToSuperior中的任何组件经历了一次变化（例如NHOBSuperiorToSubordinate中的contextPrefixInfo组件），则修改参数中的相应组件（例如NHOBSuperiorToSubordinate中的contextPrefixInfo组件）应在修改操作绑定中被完整提供。

25.1.6 终止参数

当终止一个NHOB时，两种角色都不提供终止参数。

25.1.7 类型标识

非特定分等级操作绑定由客体标识符来标识，这些客体标识符是在25.2定义nonSpecificHierarchicalOperationalBinding OPERATIONAL-BINDING信息客体时被分配的。

25.2 操作绑定信息客体类定义

本条使用GB/T 16264.2—2008中定义的OPERATIONAL-BINDING信息客体类模板，定义了非特定分等级操作绑定的类型。

```
nonSpecificHierarchicalOperationalBinding OPERATIONAL-BINDING ::= {
    AGREEMENT    NonSpecificHierarchicalAgreement
    APPLICATION CONTEXTS {
            { directorySystemAC } }
    ASYMMETRIC
        ROLE-A {        ——上级 DSA
            ESTABLISHMENT-PARAMETER      NHOBSuperiorToSubordinate
            MODIFICATION-INITIATOR       TRUE
            MODIFICATION-PARAMETER       NHOBSuperiorToSubordinate
            TERMINATION-INITIATOR        TRUE }
        ROLE-B {        ——下级 DSA
            ESTABLISHMENT-INITIATOR      TRUE
            ESTABLISHMENT-PARAMETER      NHOBSubordinateToSuperior
            MODIFICATION-INITIATOR       TRUE
            MODIFICATION-PARAMETER       NHOBSubordinateToSuperior
            TERMINATION-INITIATOR        TRUE }
    ID id-op-binding-non-specific-hierarchical }
```

25.3 非特定分等级操作绑定管理的DSA规程

在下面的规程中，如同24.3中描述的规程那样，由一个DSA创建的一个新DSE或一个标记应被存储在一个静态存储器中。

在下面所描述的建立和修改两个规程中，承担了响应者角色的DSA（即没有发起建立或修改操作）可向承担了发起者角色的DSA提供信息（例如操作属性），而由于这样或那样的原因，这些信息是不可接受的。在这些情况下，发起者DSA可终止此操作绑定。

25.3.1 建立规程

仅有下级DSA才可发起一个分等级操作绑定。这可以是由于一个管理者希望将DSA内拥有的一个或多个条目子树与全球DIT中的某个点相关联起来而引起的。在这种情况下，下级DSA应根据下列规程建立一个NHOB：

a) 下级DSA或者具有一个类型为cp的DSE，该DSE是一个已经存在的命名上下文的一部分，或者创建一个新的这种DSE。它将此DSE标记为“将被增加”，且产生一个唯一的bindingID，并将其与上下文前缀 DSE 存储在一起。

b) 下级 DSA 向上级 DSA 发送一个建立操作绑定操作,并包含下列参数:
   1) bindingType 被设置为nonSpecificHierarchicalOperationalBindingID;
   2) 适当的NHOBSubordinateToSuperior 建立参数;
   3) NonSpecificHierarchicalAgreement 中的immediateSuperior 组件被设置为新条目的直接上级的可辨别名;
   4) 适当的bindingID、myAccessPoint 和valid 参数。
c) 上级 DSA 检测出它是新的上下文前缀条目的直接上级的属主,或者返回一个问题为roleAssignment 的operationalBindingError。
d) 上级 DSA 将 DSE 类型nssr (以及nonSpecificKnowledge 属性信息)加入到新条目的直接上级的 DSE 中,并将bindingID 与其一起存储起来,然后返回一个结果。
e) 如果下级 DSA 接收到一个差错,它将移除新的上下文前缀 DSE 及其标记。如何决定该上下文前缀 DSE 所来源的条目信息的命运,属于本地事务。

   如果下级 DSA 接收到一个结果,它将增加必要的相应类型为glue、subentry、admPoint、rhob 和immSupr 的一个 DSE,来表示contextPrefixInfo;以及相应类型为 rhob 和 entry 的一个 DSE,来表示immediateSuperiorInfo。上下文前缀 DSE 的标记被移除。

   如果有任何失败出现(如通信失败或终端系统失败),下级 DSA 都应从步骤 2)开始重复执行上述步骤,直到以该 DSA 为发起者的每个悬置的分等级操作绑定建立操作都接收到一个结果或差错为止。

25.3.2 修改规程

如果上级 DSA 检测出在一个非特定分等级操作绑定内,它提供给下级 DSA 的NHOBSuperiorToSubordinate 信息发生了任何变化,则它应将发生变化的信息传播给下级 DSA。如果 NHOB 是使用25.3.1 中的规程而建立的,则它的修改应根据 24.3.2.1 中为修改分等级操作绑定而定义的规程(其中,NHOBSuperiorToSubordinate 取代了SuperiorToSubordinateModification)。

类似的,如果下级 DSA 检测出它提供给上级 DSA 的NHOBSubordinateToSuperior 信息发生了任何变化,则它应将此变化传播给上级 DSA。如果 NHOB 是使用 25.3.1 中的规程而建立的,则它的修改应根据 24.3.2.2 中为修改分等级操作绑定而定义的规程(其中,NHOBSubordinateToSuperior 取代了SubordinateToSuperior)。

25.3.3 终止规程

定义了下列规程来终止一个 NHOB,该 NHOB 是根据 25.3.1 详述的规程而建立的。

25.3.3.1 上级 DSA 发起的终止

上级 DSA 发起的对分等级操作绑定的终止只能是由于管理干预而引起的。下列规程应被遵循:

a) 上级 DSA 将nonSpecificKnowledge 属性中对应于下级 DSA 的值标注为“将被移除”,该属性由直接上级条目的 DSE 所拥有。
b) 针对与下级 DSA 之间的 NHOB,上级 DSA 发送一个终止操作绑定操作。bindingID 中的version 组件被上级 DSA 忽略。
c) 当下级 DSA 接收到该终止操作绑定的操作时,它将移除关于此 NHOB 的所有信息,并且发送一个结果,除非bindingID 中的identifier 组件未知,在这种情况下,将返回一个问题为invalidID 的operationalBindingError。如何决定与该下级命名上下文相关的条目信息的命运,属于本地事务。
d) 如果上级 DSA 接收到一个结果,或者一个问题为invalidID 的operationalBindingError,则它应删除标记为“将被删除”的nonSpecificKnowledge 属性的值,该属性表示了与 NHOB 相关的访问点信息,并且删除与操作绑定相关的所有信息。如果这是nonSpecificKnowledge 属性的最后一个值，则它从 DSE 中删除此nonSpecificKnowledge 属性和 DSE 类型nssr。如果有任何失败出现（如通信失败或终端系统失败），上级 DSA 都应从步骤 2）开始重复执行上述步骤，直到以该 DSA 为发起者的每个悬置的 NHOB 终止操作都接收到一个结果或差错为止。

25.3.3.2 下级 DSA 发起的终止

由下级 DSA 发起的终止规程可以是由于一个移除条目操作而引起的，该操作移除了下级命名上下文中的最后一个条目，即由下级 DSA 所拥有的最后一个下级命名上下文的上下文前缀条目，或者是由于管理干预而引起的。

应遵循下列规程：

a） 下级 DSA 将命名上下文的上下文前缀 DSE 标注为“将被删除”。

b） 下级 DSA 向上级 DSA 发起一个关于分等级操作绑定的终止操作绑定操作。bindingID 中的 version 组件被下级 DSA 忽略。

c） 当上级 DSA 接收到该终止操作绑定的操作，它将移除表示与 NHOB 相关的访问点信息的 nonSpecificKnowledge 属性的值，同时移除关于此操作绑定的所有信息，从下级命名上下文的直接上级 DSE 中移除nonSpecificKnowledge 属性和 DSE 类型nssr（如果被移除的值是nonSpecificKnowledge 属性的最后一个值），并且发送一个结果，除非bindingID 中的identifier 组件未知，在这种情况下，将返回一个问题为invalidID 的operationalBindingError。

d） 如果下级 DSA 接收到一个结果或者一个问题为invalidID 的operationalBindingError，则它应移除关于此操作绑定的所有信息。如何决定与该下级命名上下文相关的条目信息的命运，属于本地事务。

如果有任何失败出现（如通信失败或终端系统失败），下级 DSA 都应从步骤 2）开始重复执行上述步骤，直到以该 DSA 为发起者的每个悬置的终止 NHOB 操作都接收到一个结果或差错为止。

25.4 操作规程

在一个非特定分等级操作绑定的合作状态中可以被执行的操作是在应用上下文directorySystemAC 中定义的那些操作。

在一个非特定分等级操作绑定中包含的 DSA 所应遵循的规程在第 16 章到第 22 章中定义。

25.5 应用上下文的用法

为了能够使用本目录标准中的协议和规程来建立、修改或终止一个非特定分等级操作绑定，一个 DSA 应使用operationalBindingManagementAC 应用上下文。

附 录 A
（规范性附录）
分布式操作的 ASN.1 定义

本附录包含了本目录规范中的所有 ASN.1 类型和值定义，以 ASN.1 模块DistributedOperations的形式提供。

DistributedOperations {joint-iso-ITU-T ds(5) module(1) distributedOperations(3) 5}
DEFINITIONS ::=
BEGIN

--EXPORTS All--

——本模块中定义的所有类型与值都可被输出到本系列目录规范所包含的其他的 ASN.1 模块中，供其使用，

——也可以被其他应用所使用，这些应用将使用本模块中的定义来访问目录服务。

——其他应用可将本模块中的定义用于其自身目的，但是不会限制为了维护和改进目录服务而进行的扩展和修改。

——来自*GB/T 16264.2—2008*

```
basicAccessControl, commonProtocolSpecification, directoryAbstractService,
enhancedSecurity, informationFramework, selectedAttributeTypes,
serviceAdministration, upperBounds
    FROM UsefulDefinitions {joint-iso-ITU-T ds(5) module(1) usefulDefinitions(0) 5}

DistinguishedName, Name, RDNSequence
    FROM InformationFramework informationFramework

MRMapping, SearchRuleId
    FROM ServiceAdministration serviceAdministration

AuthenticationLevel
    FROM BasicAccessControl basicAccessControl

OPTIONALLY-PROTECTED{ }
    FROM EnhancedSecurity enhancedSecurity
```

——来自*GB/T 16264.3—2008*

```
abandon, addEntry, CommonResults, compare, directoryBind, list, modifyDN, modifyEn-
try, read, referral, removeEntry, search, SecurityParameters
    FROM DirectoryAbstractService directoryAbstractService
```

——来自*GB/T 16264.5—2008*

```
    ERROR, id-errcode-dsaReferral, OPERATION
        FROM CommonProtocolSpecification commonProtocolSpecification
```

——来自*GB/T 16264.6—2008*

```
    DirectoryString{}, PresentationAddress, ProtocolInformation, UniqueIdentifier
        FROM SelectedAttributeTypes selectedAttributeTypes.

    ub-domainLocalID, ub-labeledURI
        FROM UpperBounds upperBounds;

--派生链接操作所需的参数化类型--

    chained { OPERATION : operation }
    OPERATION ::= { ARGUMENT
    OPTIONALLY-PROTECTED {
        SET {
            chainedArgument ChainingArguments,
            argument        [0]
                operation.&ArgumentType } } RESULT
                OPTIONALLY-PROTECTED {
        SET {
            chainedResult   ChainingResults,
            result          [0]
        operation.&ResultType } } ERRORS
    { operation.&Errors EXCEPT referral | dsaReferral }
    CODE     operation.&operationCode }
--绑定和解绑定操作--
dSABind                  ::=directoryBind
--dSAUnbind              ::=directoryUnbind
--链接操作--
chainedRead              ::=chained { read }
chainedCompare           ::=chained { compare }
chainedAbandon           ::=abandon
chainedList              ::=chained { list }
chainedSearch            ::=chained { search }
chainedAddEntry          ::=chained { addEntry }
chainedRemoveEntry       ::=chained { removeEntry }
chainedModifyEntry       ::=chained { modifyEntry }
chainedModifyDN          ::=chained { modifyDN }
--差错和参数--
```

```
dsaReferral     ERROR ::= {
    PARAMETER
        OPTIONALLY-PROTECTED
        { SET {
            reference       [0]    ContinuationReference,
            contextPrefix   [1]    DistinguishedName OPTIONAL,
            COMPONENTS OF
    CommonResults } } CODE
                id-errcode-dsaReferral }
--公共变元和结果--
ChainingArguments    ::= SET {
        originator                 [0]    DistinguishedName OPTIONAL,
        targetObject               [1]    DistinguishedName OPTIONAL,
        operationProgress          [2]    OperationProgress
                                   DEFAULT { nameResolutionPhase notStarted },
        traceInformation           [3]    TraceInformation,
        aliasDereferenced          [4]    BOOLEAN DEFAULT FALSE,
        aliasedRDNs                [5]    INTEGER OPTIONAL,
                          ——仅在第1版本系统中存在
        returnCrossRefs            [6]    BOOLEAN DEFAULT FALSE,
        referenceType              [7]    ReferenceType DEFAULTsuperior,
        info                       [8]    DomainInfo OPTIONAL,
        timeLimit                  [9]    Time OPTIONAL,
        securityParameters         [10]   SecurityParameters DEFAULT { },
        entryOnly                  [11]   BOOLEAN DEFAULT FALSE,
        uniqueIdentifier           [12]   UniqueIdentifier OPTIONAL,
        authenticationLevel        [13]   AuthenticationLevel OPTIONAL,
        exclusions                 [14]   Exclusions OPTIONAL,
        excludeShadows             [15]   BOOLEAN DEFAULT FALSE,
        nameResolveOnMaster        [16]   BOOLEAN DEFAULT FALSE,
        operationIdentifier        [17]   INTEGER OPTIONAL,
        searchRuleId               [18]   SearchRuleId OPTIONAL,
        chainedRelaxation          [19]   MRMapping     OPTIONAL,
        relatedEntry               [20]   INTEGER OPTIONAL,
        dspPaging                  [21]   BOOLEAN DEFAULT FALSE,
        nonDapPdu                  [22]   ENUMERATED { ldap (0) } OPTIONAL,
        streamedResults            [23]   INTEGER OPTIONAL,
        excludeWriteableCopies     [24]   BOOLEAN DEFAULT FALSE }
Time ::= CHOICE {
        utcTime
                UTCTime,
        generalizedTime
        GeneralizedTime }
```

```
DomainInfo      ::= ABSTRACT-SYNTAX.&Type

ChainingResults ::= SET {
        info                    [0]  DomainInfo OPTIONAL,
        crossReferences         [1]  SEQUENCE SIZE (1..MAX) OF CrossReference OPTIONAL,
        securityParameters      [2]  SecurityParameters DEFAULT { },
        alreadySearched         [3]  Exclusions OPTIONAL } CrossReference ::= SET {
CrossReference    ::= SET {
        contextPrefix           [0]  DistinguishedName,
        accessPoint             [1]  AccessPointInformation }
OperationProgress ::= SET {
        nameResolutionPhase     [0]  ENUMERATED {
          notStarted      (1),
          proceeding      (2),
          completed       (3) },
        nextRDNToBeResolved     [1]  INTEGER OPTIONAL }
TraceInformation ::= SEQUENCE OF TraceItem
TraceItem ::= SET {
        dsa                     [0]  Name,
        targetObject            [1]  Name OPTIONAL,
        operationProgress       [2]  OperationProgress }
ReferenceType ::= ENUMERATED {
        superior                     (1),
        subordinate                  (2),
        cross                        (3),
        nonSpecificSubordinate       (4),
        supplier                     (5),
        master                       (6),
        immediateSuperior            (7),
        self                         (8),
        ditBridge                    (9) }
AccessPoint ::= SET {
        ae-title                [0]  Name,
        address                 [1]  PresentationAddress,
        protocolInformation     [2]  SET SIZE (1..MAX) OF ProtocolInformation OPTIONAL
        labeledURI              [6]  LabeledURI OPTIONAL }
LabeledURI ::= DirectoryString{ub-labeledURI}
MasterOrShadowAccessPoint ::= SET {
        COMPONENTS        AccessPoint,
        OF
        category                [3]  ENUMERATED {
            master              (0),
            shadow              (1) } DEFAULT master,
```

```
        chainingRequired         [5]  BOOLEAN DEFAULT FALSE }
MasterAndShadowAccessPoints ::= SET SIZE (1..MAX) OF MasterOrShadowAccessPoint
AccessPointInformation ::= SET {
        COMPONENTS                 MasterOrShadowAccessPoint,
        OF
        additionalPoints         [4]  MasterAndShadowAccessPoints OPTIONAL }
DitBridgeKnowledge ::= SEQUENCE {
        domainLocalID           DirectoryString{ub-domainLocalID}
        OPTIONAL, accessPoints      MasterAndShadowAccessPoints }
Exclusions ::= SET SIZE (1..MAX) OF RDNSequence
ContinuationReference ::= SET {
        targetObject             [0]  Name,
        aliasedRDNs              [1]  INTEGER OPTIONAL,——仅在第1版本系统中存在
        operationProgress        [2]  OperationProgress,
        rdnsResolved             [3]  INTEGER OPTIONAL,
        referenceType            [4]  ReferenceType,
        accessPoints             [5]  SET OF AccessPointInformation,
        entryOnly                [6]  BOOLEAN DEFAULT FALSE,
        exclusions               [7]  Exclusions OPTIONAL,
        returnToDUA              [8]  BOOLEAN DEFAULT FALSE,
        nameResolveOnMaster      [9]  BOOLEAN DEFAULT FALSE }

END -- DistributedOperations
```

附 录 B
（资料性附录）
分布式名(称)解析的示例

图B.1是一个关于如何使用分布式名(称)解析来处理不同的目录请求的示例。本例的基础是GB/T 16264.2—2008的附录O(知识的建模)中所描述的一棵假设的DIT以及相应的DSA配置，为了便于阅读在这里复制如下。

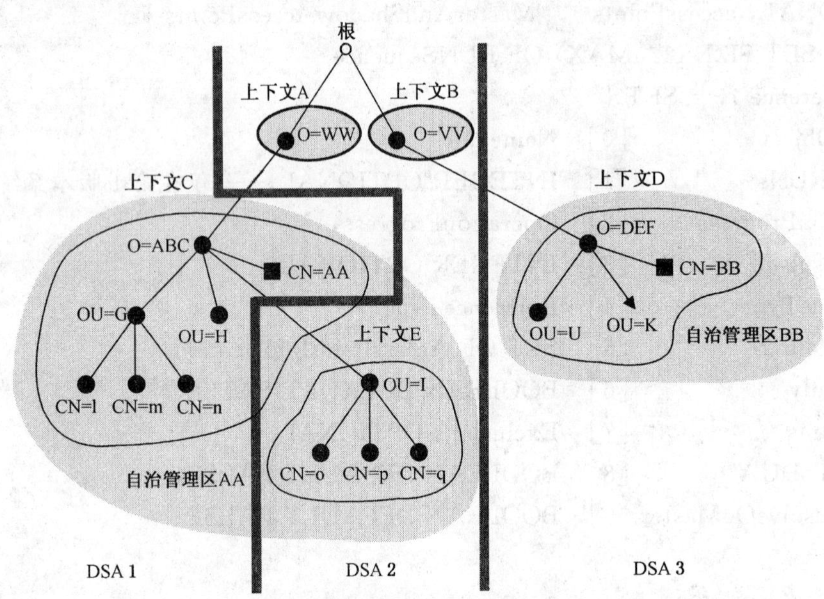

图 B.1 映射到三个 DSA 上的假设 DIT

假设一种链接的传播模式，发给DSA 1的下列请求应按如下处理：

a) 一个请求，其中可辨别名为{C = WW, O = ABC, OU = G , CN = l}

——名(称)解析将对目标名(称)中的每个RDN与DSA 1所拥有的DSE进行成功地匹配，直到目标DSE被定位。

b) 一个请求，其中可辨别名为{C = WW, O = JPR}

——DSA 1中的名(称)解析规程将匹配到DSE C = WW，但无法进行后续的匹配。在这点上，DSA 1潜在地发现两个引用可以帮助它来继续进行：一个是在DSE C=WW中的immSupr引用；另一个是在根DSE中的supr引用。在这个假设的示例中，两个都指向DSA 2。因此，该请求被链接至DSA 2。

——在DSA 2中，名(称)解析规程将匹配到DSE C = WW，但无法进行后续的匹配。在这种情况下，由于DSE C = WW的类型为cp和entry，且DSA 2是该条目的主DSA，而在C=WW处没有nssr，因此DSA 2可以判断出在本目录中没有此名(称)。一个问题为noSuchObject的nameError将被返回。

c) 一个请求，其中可辨别名为{C = VV, O = DEF, OU = K}

——DSA 1中的名(称)解析规程不能匹配到任何一个DSE。仅有的一个可用的引用是根DSE中的supr引用，该引用指向DSA 2。因此该请求被链接至DSA 2。

——在DSA 2中，名(称)解析规程将匹配到DSE C = VV，然后匹配到DSE O = DEF，然后就无法进行后续的匹配了。由于DSE O = DEF被发现其类型为subr，这个特定的指向DSA 3的知识引用被使用，并将本请求链接至DSA 3。

——在 DSA 3 中，名(称)解析规程将匹配到完整的目标客体名，并且发现这个被定位的 DSE 类型为alias。假设在这种情况下，别名将被解除引用，使用包含在已匹配 DSE 中的aliasedEntryName，可以构建一个新的名(称)。于是 DSA 3 将重新进入到名(称)解析规程中继续进行处理。

附　录　C
（资料性附录）
鉴别的分布式使用

C.1　摘要

安全模式在 GB/T 16264.2—2008 的第 17 章定义。下面是该模型的要点摘要：

a)　在 DSP 中支持强鉴别，方法是对请求、结果和差错等进行签名。

b)　在 DSP 中支持对请求、结果和差错等进行加密。

本附录描述了在分布式目录中如何实现这些要求。它使用了 ISO/IEC 9594-8:2005 中定义的术语和表示法。

C.2　分布式保护模型

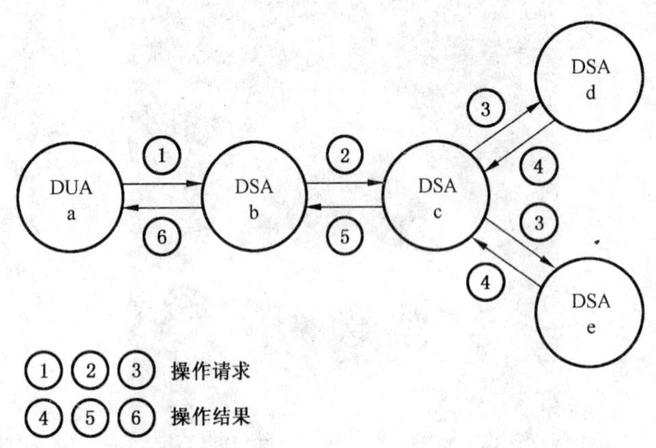

图 C.1　分布式保护

图 C.1 举例说明了在规定分布式保护过程中所使用的模型。该模型标识了在一般情况下列表操作或搜索操作的信息流序列。该操作被认为是由 DUA 'a'发起的，引用了一个位于执行操作的DSA 'c'内的目标客体，DSA 'b'、'c'、'd'和'e'也被包含在内。

最初，DUA 'a'与没有拥有目标客体的任何 DSA（DSA 'b'）交互，但该 DSA 能够通过链接，将请求导航到拥有目标客体的一个 DSA（DSA 'c'）。如果所有的 DSA 都可以以转向推荐方式运行，则该模型将被明显地简化，且每个 DSA/DSA 的交互，从保护来看，将等同于 DUA 'a'和 DSA 'b'之间的交互。

C.2.1　保护的质量

在应用联系的生命周期中使用的保护质量是在目录绑定操作过程中建立的。系统策略将对 DUA 和 DSA 应遵守的保护级别进行评估。DIRQOP 是一个信息客体类，可被用于规范与每个操作（请求、结果或差错）相关联的保护质量。DUA 在 DirectoryBindArgument 中传送 DIRQOP 信息客体类，而 DSA 在DirectoryBindResult 中接受此保护级别。保护质量可被用于提供下列类型的保护：签名的、加密的、或签名并加密的。

C.3　签名的链接操作

如果支持数字签名的链接操作，则由 DUA 来负责验证 DSA 所返回的列表或搜索结果中的数字签名。如果使用一个分布式环境来产生列表或搜索结果，则要求 DUA 有能力验证来自多个 DSA 的数字签名。将列表和搜索操作的结果相关联起来是 DUA 的责任。DSA 不必代表 DUA 来合并这些结果。

在某些情况下,DUA 可从多个不同的 DSA 中接收信息,而每个 DSA 支持不同级别的鉴别和数字签名。则由 DUA 来决定当数字签名非法时,是否使用所返回的信息。

C.3.1 链接的签名变元

如果 DUA 对一个 DAP 变元进行了签名,则该签名应在请求的生命周期内都被维护。当 DSA 执行访问控制验证时,该签名可被 DSA 验证和使用。如果 DSA 决定该请求需要链接到另一个 DSA 来处理时,它应当在必要的链接变元中,包含此 DUA 签名的请求。如果该 DSA 准备支持签名的 DSP 操作(DSA 到 DSA),则 DSA 的许可证将被用于对 DSP 的ChainingArguments 进行签名,且 DUA 的签名应当与原始的 DAP 请求一起被维护。

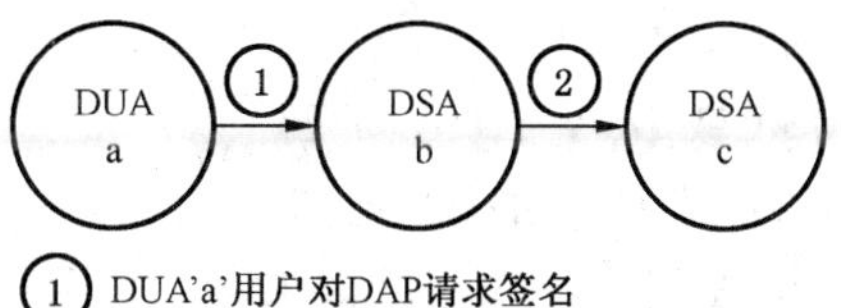

C.3.2 链接的签名结果

如果 DUA 用户希望从目录中接收到签名的结果,则SecurityParameters. ProtectionRequest 字段应当被设置为SIGNED。远端 DSA 应当有能力被配置为可以发送数字签名后的ChainingResults。可选地,远端 DSA 能够对 DAP 结果和 DSP 的ChainingResults 进行签名,以便支持端到端的签名。DSA 'b'将负责验证远端 DSA 的 DSP 签名,而 DUA 'a'将负责验证 DSA 的 DAP 结果签名。

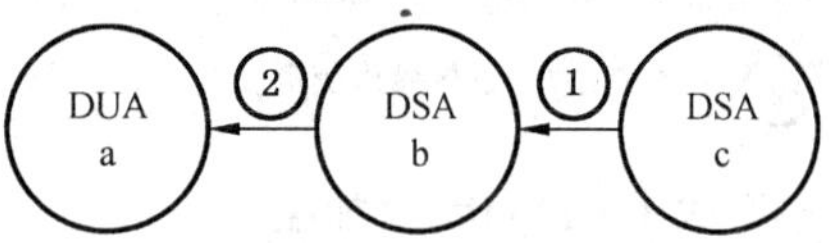

C.3.3 合并签名的列表或搜索结果

如果使用一个分布式环境来产生列表或搜索结果,则要求 DUA 有能力验证来自多个 DSA 的数字签名。将列表和搜索操作的结果合并起来是 DUA 的责任。DSA 不必代表 DUA 来合并这些结果。在某些情况下,DUA 可从多个不同的 DSA 中接收信息,而每个 DSA 支持不同级别的鉴别和数字签名。这种时候由 DUA 来决定当数字签名非法时,是否使用所返回的信息。

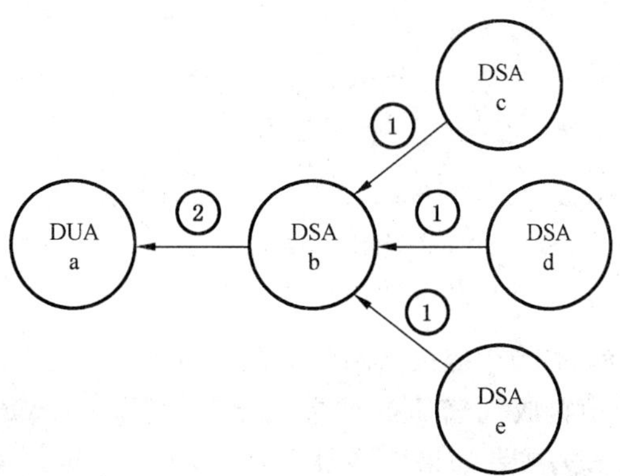

1 DSA'c','d','e'对DSP链接结果(由DSA'c','d','e'签名的DAP结果)签名

2 DSA'b'返回由DSA'c','d'和'e'签名的部分DAP结果,DSA'b'不合并DAP结果

注:DSA 到 DSA 的 DSP 协议也能够被签名,被加密或被签名并加密。

C.3.4 多链接请求

如果DSA判断DAP请求需要被链接到多个其他DSA时，它能够将请求进行多链接，或者以并行方式，或者以顺序方式。有两种分解模式被描述：非特定下级引用（NSSR）分解，或请求分解。在NSSR分解中，DSA向其他指定的DSA发送相同的请求。在请求分解中，DSA向其他的每个DSA发送一个部分的（可能是不同的）并发的请求。

C.4 加密的链接操作

如果支持加密，则在目录的每个组件之间需要提供等同的保护。要形成一个有关策略等同性的协定，需要使用映射，但此映射不在本目录规范的定义范围之内。

C.4.1 对请求的点到点（DUA→DSA或DSA→DSA）加密

如果一个DUA用户想对DAP请求进行加密，则加密仅能够基于点到点方式出现。DUA将为DSA 'b'加密该DAP请求；然而，DUA用户不知道该请求最终是否会被链接到一个远端DSA来处理。DSA 'b'将解密该请求，并且尝试满足该请求。如果DSA 'b'判断该请求应当被链接到另一个DSA（DSA 'c'）来处理，则DSA 'b'为DSA 'c'加密该链接操作。为DSP请求和响应（链接的操作变元和结果）选择点对点保护是由DSA 'b'和DSA 'c'之间在DSP绑定中建立的dirqop来指示的。

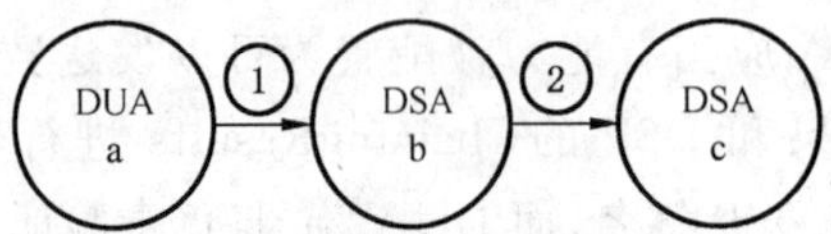

C.4.2 对结果的点到点（DUA←DSA或DSA←DSA）加密

如果DUA用户希望从目录中接收加密的结果或差错，则SecurityParameters.ProtectionRequest字段应当被设置为ENCRYPTED，或者如果该字段不存在，则处于链接操作变元中的SecurityParameters.ProtectionRequest字段将被设置为可以体现DAP BindArgument中的DIRQOP。远端DSA（DSA 'c'）应当有能力被配置为可以发送加密后的链接操作结果。在这个场景中，DSA 'c'系统判断出它能够满足该请求，于是它产生一个DAP结果和DSP链接操作结果。通过DSA 'c'为DSA 'b'加密DSP的链接操作结果，则能够实现点到点加密。DSA 'b'能够解密DSP链接操作结果，并且为DUA 'a'用户加密DAP结果。这就提供了结果的点到点加密。DUA 'a'将负责对它的本地DSA（DSA 'b'）的DAP结果进行解密。

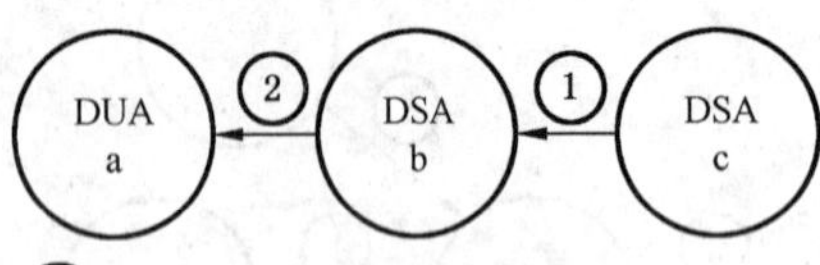

C.4.3 对DAP结果的端到端加密和对DSP链接结果的点到点加密

如果DUA 'a'用户希望从目录中接收加密后的结果或差错，则SecurityParameters.ProtectionRequest字段应当被设置为ENCRYPTED，或者如果该字段不存在，则处于链接操作变元中的SecurityParameters.ProtectionRequest字段应当被设置为可以体现DAP绑定中的DIRQOP。远端DSA 'c'应当有能力被配置为可以发送加密后的链接操作结果。在这个场景中，DSA 'c'系统判断出它能够满足该请求，于是它对DAP结果（为DUA用户）产生一个端到端加密，并对DSP链接操作结果产生一个点到点加密。端到端加密可被DSA 'c'执行，因为它知道谁将是DUA 'a'用户。通过DSA 'c'为DSA1加密DSP链接操作结果，则能够实现对DSP链接操作结果的点到点加密。DSA 'b'能够解密DSP，并且将加密后的 DAP 结果传递到 DUA 'a'用户。DUA 'a'将负责解密它通过 DSA 'b'从 DSA 'c'接收到的 DAP 结果。

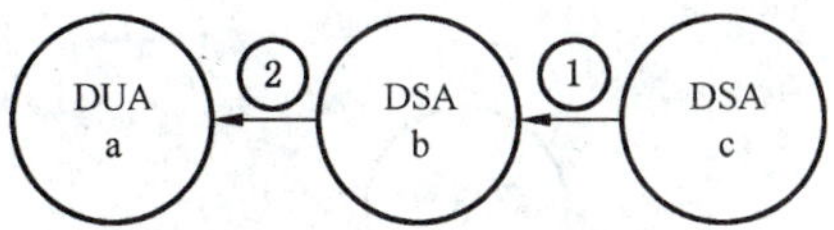

① DSA'c'为DSA'b'加密DSP链接操作结果；这包括来自DSA'c'的为DUA'a'加密的DAP结果

② DSA'b'返回DSA'c'为DUA'a'加密的DAP结果

C.4.4 合并列表/搜索结果(与 DSA 1 的重新加密合并)

如果 DUA 'a'用户希望从目录中接收加密的列表或搜索结果或差错，则SecurityParameters. ProtectionRequest 字段应当被设置为ENCRYPTED，或者如果该字段不存在，则处于链接操作变元中的SecurityParameters. ProtectionRequest 字段应当被设置为可以体现 DAP 绑定中的DIRQOP。本地 DSA(DSA 'b')可以选择将此列表/搜索请求多链接到多个其他 DSA 处(或者是并行的，或者是顺序的)。远端 DSA(DSA 'c'、'd'和'e')应当有能力被配置为可以发送加密后的链接列表/搜索结果。在本模型中，每个远端 DSA('c'、'd'和'e')都满足请求，并产生 DAP 结果和加密的 DSP 链接操作结果。由远端 DSA('c'、'd'和'e')产生的链接操作结果被传递到 DSA 'b'。DSA 'b'接收到每个链接操作结果，解密结果并将这些结果整理或合并为一个公共结果。DSA 'b'于是便加密此新的公共列表/搜索结果，并将其发送到 DUA 'a'用户。点到点加密的完成是通过远端 DSA 为 DSA 'b'加密 DSP 链接操作结果，然后 DSA 'b'为 DUA 'a'用户加密 DAP 结果而实现的。DUA 将负责解密一个合并后的 DAP 结果。

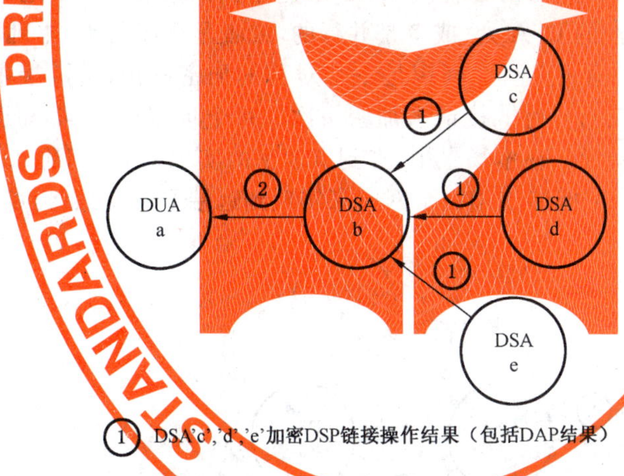

① DSA'c','d','e'加密DSP链接操作结果（包括DAP结果）

② DSA'b'解密来自DSA'c',DSA'd'和DSA'e'的DSP链接操作结果，然后合并DAP结果，并为DUA'a'重新加密DAP结果

C.4.5 不允许合并列表/搜索结果

(提供端到端的 DAP 列表/搜索结果加密的 DSA 'b'不执行合并)

如果 DUA 用户希望从目录中接收加密的列表或搜索结果或差错，则SecurityParameters. ProtectionRequest 字段应当被设置为ENCRYPTED，或者如果该字段不存在，则处于链接操作变元中的SecurityParameters. ProtectionRequest 字段应当被设置为可以体现 DAP 绑定中的DIRQOP。本地 DSA 可以选择将此列表/搜索请求多链接到多个其他的 DSA 处(或者是并行的，或者是顺序的)。远端 DSA (DSA 'c'、'd'和'e')应当有能力被配置为可以发送加密后的链接列表/搜索结果。在本场景中，每个远端 DSA('c'、'd'和'e')都满足请求，并产生加密的 DAP 结果(为 DUA 'a'用户)和加密的 DSP 链接操作结果(为 DSA 'b')。由远端 DSA('c'、'd'和'e')产生的链接操作结果被传递到 DSA 'b'。DSA 'b'将列表/搜索结果(由'c'、'd'和'e'加密)不做任何改变地转送并发送到 DUA 'a'。端到端加

密的完成是通过远端 DSA 为 DUA 'a'用户加密 DAP 列表/搜索结果而实现的,而点到点加密的完成是通过远端 DSA 为 DSA 'b'加密 DSP 链接操作结果而实现的。DUA 'a'将负责解密每一个返回的 DAP 列表/搜索结果。

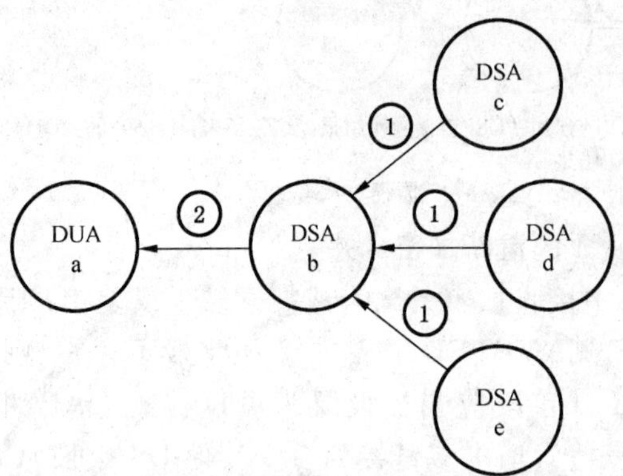

① DSA'c','d','e'为DSA'b'加密DSP链接操作结果；这包括那些已经为DUA'a'用户加密的内容

② DSA'b'解密来自DSA'c',DSA'd'和DSA'e'的DSP链接操作结果，然后不执行解密或合并便将DAP结果（该结果由'c','d'和'e'为DUA'a'加密）传递到DUA'a'

C.4.6 使用一个加密密钥(网钥)多链接一个 DAP 请求

如果 DUA 'a'用户希望从目录中接收加密的结果或差错,则SecurityParameters. ProtectionRequest 字段应当被设置为ENCRYPTED,或者如果该字段不存在,则链接操作变元中的SecurityParameters. ProtectionRequest 字段应当被设置为可以体现 DAP 绑定中的DIRQOP。本地 DSA 可以选择将此列表/搜索请求多链接到多个其他的 DSA 处(或者是并行的,或者是顺序的)。本地 DSA(DSA 'b')可以被配置为支持一个加密密钥或网钥。一个网钥是一个对称的加密密钥,由链接中的所有 DSA 共享。通过使用一个网钥,DSA 'b'仅需要对链接请求加密一次。每个远端 DSA 都知道此网钥,并能够使用此网钥来解密 DSP 链接操作变元。在本场景中,点到点加密的实现是通过 DUA 用户为 DSA 'b'加密 DAP 请求来实现的,而 DSA 'b'能够使用一个网钥来实现到远端 DSA 的点到点加密。

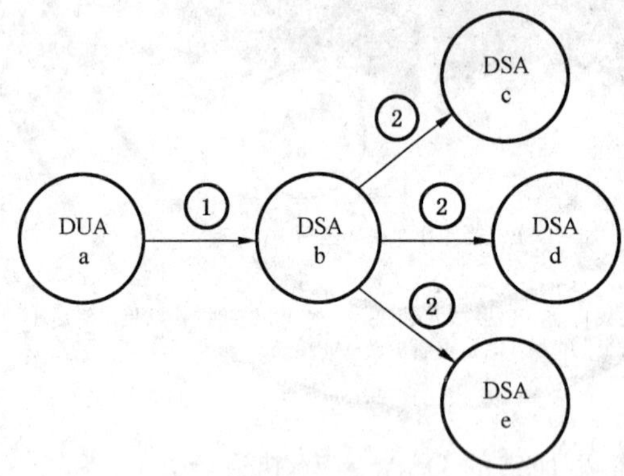

① DUA'a'为DSA'b'加密一个DAP变量

② DSA'b'解密此请求，并尝试满足此请求；如果DSA'b'不能满足请求，它使用一个“净密钥”来加密DSA链接操作请求（包括DAP请求）。链接请求被发送到DSA'c','d'和'e'

C.5 签名并加密的分布式操作

C.5.1 端到端签名与点到点加密

如果一个 DUA 'a'用户希望对 DAP 请求进行签名并加密,则签名可以被端到端提供,而加密仅能够基于点到点方式出现。DUA 'a'能够为 DSA 'b'签名并加密 DAP 请求;然而,DUA 'a'用户不知道

该请求最终是否会被链接到一个远端 DSA(DSA 'c')来处理。DSA 'b'将解密该请求并验证签名。然后它将尝试满足该请求。如果 DSA 'b'判断该请求应当被链接到另一个 DSA(DSA 'c')来处理,则 DSA 'b'为 DSA 'c'加密该 DSP ChainingArguments。原始签名的 DAP 请求将保持,并与加密的 DSP ChainingArguments 一起传递。

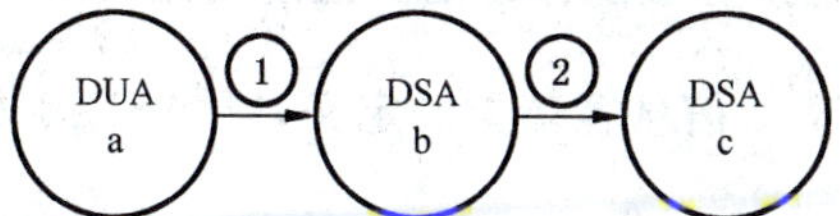

① DUA'a'用户为DSA'b'签名并加密DAP请求

② DSA'b'解密此DAP请求并验证签名；在尝试本地满足此请求后，DSA'b'判断该请求需要被链接到DSA'c'。DSA'b'发送原始签名的DAP请求（由DUA'a'用户签名），并为DSA'c'产生和加密DSP链接变量

C.5.2 对 DAP 结果的端到端签名并加密,对 DSP 的点到点签名并加密

如果 DUA 'a'用户希望从目录中接收签名并加密的结果,则SecurityParameters. ProtectionRequest 字段应当被设置为SIGNED-AND-ENCRYPTED,或者如果该字段不存在,则ChainingArguments 中的SecurityParameters. ProtectionRequest 字段应当被设置为可以体现 DAP 绑定中的DIRQOP。远端 DSA 应当有能力被配置为可以发送签名并加密后的链接操作。在本模型中,DSA 'c'系统能够满足请求,并且对 DAP 结果产生并执行一个端到端加密(为 DUA 'a'用户),同时对 DSP ChainingResults 产生并执行一个点到点加密。端到端的签名并加密能够由 DSA 'c'执行,因为它知道谁将是 DUA 'a'用户。对 DSP ChainingResults 进行点到点的签名并加密可以通过 DSA 'c'为 DSA 'b'签名并加密 DSP ChainingResults 来实现。DSA 'b'能够解密并验证 DSA 'c'对签名的DSPChainingResults 的签名,并且将签名并加密后的 DAP 结果传递到 DUA 'a'用户。DUA 'a'将负责对通过 DSA 'b'接收到的来自 DSA 'c'的 DAP 结果进行解密并对签名进行验证。

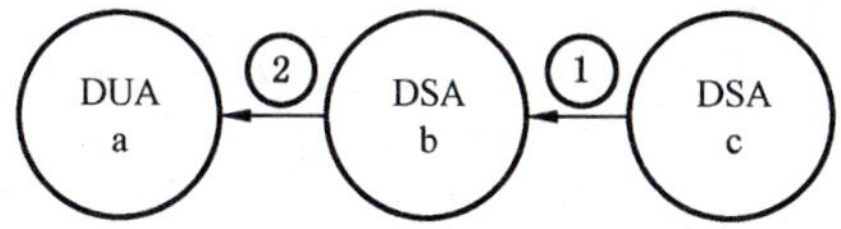

① DSA'c'为DSA'b'签名并加密DSP链接结果；这包括为DUA'a'用户签名并加密的DAP结果

② DSA'b'解密来自DSA'c'的DSP链接结果，并且为DUA'a'转发签名并加密后的DAP结果

C.5.3 对 DAP 的端到端签名,对 DSP 和 DAP 结果的点到点加密

如果 DUA 'a'用户希望从目录中接收签名并加密后的结果,则SecurityParameters. ProtectionRequest 字段应当被设置为SIGNED-AND-ENCRYPTED,或者如果该字段不存在,则ChainingArguments 中的SecurityParameters. ProtectionRequest 字段应当被设置为可以体现 DAP 绑定中的DIRQOP。远端 DSA(DSA 'c')应当有能力被配置为可以发送签名并加密后的链接操作结果。在此模型中,DSA 'c'系统能够满足请求,则它会产生一个签名后的 DAP 结果,并且为了 DSA 'b',对 DAP 结果和 DSP 的 ChainingResults 进行签名并加密。DSA 'b'能够解密并验证 DSA 'c'对 DSP ChainingResults 的签名,并且为 DUA 'a'用户重新加密已签名(由 DSA 'c'签名)后的 DAP 结果。DUA 'a'将负责对从 DSA 'b'接收到的 DAP 结果进行解密,并且对通过 DSA 'b'接收到的来自 DSA 'c'的 DAP 结果的签名进行验证。

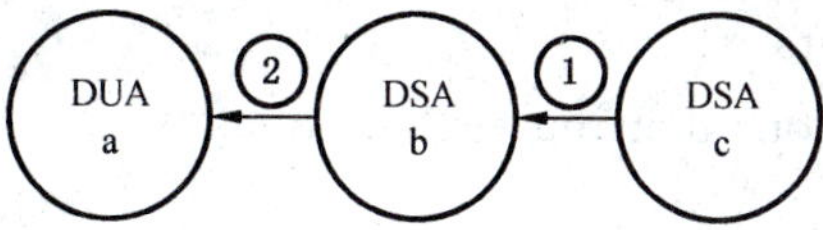

① DSA'c'为DSA'b'签名并加密DSP链接结果；这包括DAP结果

② DSA'b'解密来自DSA'c'的DSP链接结果(以及在DSP链接结果中接收到的 DAP 结果)，并且将签名后的 DAP 结果转发到DUA'a'

附 录 D
（规范性附录）
分等级和非特定分等级操作绑定类型的规范

本附录包含了本目录规范中引入的 ASN.1 信息客体类的定义，以 ASN.1 模块 HierarchicalOperationalBindings 的形式提供。

```
HierarchicalOperationalBindings
        {joint-iso-ITU-T ds(5) module(1)
hierarchicalOperationalBindings(20) 5} DEFINITIONS ::=
BEGIN

--EXPORTS All --
——本模块中定义的所有类型与值都可被输出到本系列目录规范所包含的其他的 ASN.1 模块中，供其使用。
——也可以被其他应用所使用，这些应用将使用本模块中的定义来访问目录服务。
——其他应用可以将本模块中的定义用于其自身目的，但是不会限制为了维护和改进目录服务而进行
   的扩展和修改。

IMPORTS

——来自GB/T 16424.2

      directoryOperationalBindingTypes, directoryOSIProtocols,
      distributedOperations, informationFramework,
      opBindingManagement
          FROM UsefulDefinitions {joint-iso-ITU-T ds(5) module(1) usefulDefinitions(0) 5}

      Attribute, DistinguishedName, RelativeDistinguishedName
          FROM InformationFramework informationFramework

      OPERATIONAL-BINDING
          FROM OperationalBindingManagement opBindingManagement

——来自GB/T 16424.4

      MasterAndShadowAccessPoints
          FROM DistributedOperations distributedOperations

——来自GB/T 16424.5

      directorySystemAC
```

```
        FROM DirectoryOSIProtocols directoryOSIProtocols

    id-op-binding-hierarchical, id-op-binding-non-specific-hierarchical
        FROM DirectoryOperationalBindingTypes directoryOperationalBindingTypes;

--类型--

HierarchicalAgreement ::= SEQUENCE {
        rdn                         [0]  RelativeDistinguishedName,
        immediateSuperior           [1]  DistinguishedName }
SuperiorToSubordinate ::= SEQUENCE {
        contextPrefixInfo           [0]  DITcontext,
        entryInfo                   [1]  SET SIZE (1..MAX) OF Attribute OPTIONAL,
        immediateSuperiorInfo       [2]  SET SIZE (1..MAX) OF Attribute OPTIONAL }

DITcontext ::= SEQUENCE OF Vertex

Vertex ::= SEQUENCE {
        rdn                     [0]  RelativeDistinguishedName,
        admPointInfo            [1]  SET SIZE (1..MAX) OF Attribute OPTIONAL,
        subentries              [2]  SET SIZE (1..MAX) OF SubentryInfo OPTIONAL,
        accessPoints            [3]  MasterAndShadowAccessPoints OPTIONAL }
SubentryInfo ::= SEQUENCE {
        rdn                     [0]  RelativeDistinguishedName,
        info                    [1]  SET OF Attribute }
SubordinateToSuperior ::= SEQUENCE {
        accessPoints            [0]  MasterAndShadowAccessPoints OPTIONAL,
        alias                   [1]  BOOLEAN DEFAULT FALSE,
        entryInfo               [2]  SET SIZE (1..MAX) OF Attribute OPTIONAL,
        subentries              [3]  SET SIZE (1..MAX) OF SubentryInfo OPTIONAL }
SuperiorToSubordinateModification ::= SuperiorToSubordinate (
        WITH COMPONENTS { ..., entryInfo ABSENT})
NonSpecificHierarchicalAgreement ::= SEQUENCE {
        immediateSuperior        [1]  DistinguishedName }
NHOBSuperiorToSubordinate ::= SuperiorToSubordinate (
        WITH COMPONENTS { ..., entryInfo ABSENT})

NHOBSubordinateToSuperior ::= SEQUENCE {
        accessPoints            [0]  MasterAndShadowAccessPoints OPTIONAL,
        subentries              [3]  SET SIZE (1..MAX) OF SubentryInfo OPTIONAL }

--操作绑定信息客体--
```

```
hierarchicalOperationalBinding OPERATIONAL-BINDING ::= {
    AGREEMENT        HierarchicalAgreement
    APPLICATION CONTEXTS {
                    {directorySystemAC} }
    ASYMMETRIC
        ROLE-A   {        ——上级DSA
            ESTABLISHMENT-INITIATOR           TRUE
            ESTABLISHMENT-PARAMETER        SuperiorToSubordinate
            MODIFICATION-INITIATOR           TRUE
            MODIFICATION-PARAMETER          SuperiorToSubordinateModification
            TERMINATION-INITIATOR            TRUE }
        ROLE-B {           ——下级DSA
            ESTABLISHMENT-INITIATOR           TRUE
            ESTABLISHMENT-PARAMETER  SubordinateToSuperior
            MODIFICATION-INITIATOR      TRUE
            MODIFICATION-PARAMETER          SubordinateToSuperior
            TERMINATION-INITIATOR      TRUE }
    ID                    id-op-binding-hierarchical }
nonSpecificHierarchicalOperationalBinding OPERATIONAL-BINDING ::= {
    AGREEMENT
                    NonSpecificHierarchicalAgreement
    APPLICATION CONTEXTS {
                    { directorySystemAC } }
    ASYMMETRIC
        ROLE-A   {       ——上级 DSA
            ESTABLISHMENT-PARAMETER NHOBSuperiorToSubordinate
            MODIFICATION-INITIATOR        TRUE
            MODIFICATION-PARAMETER     NHOBSuperiorToSubordinate
            TERMINATION-INITIATOR      TRUE }

        ROLE-B {       ——下级 DSA
            ESTABLISHMENT-INITIATOR          TRUE
            ESTABLISHMENT-PARAMETER  NHOBSubordinateToSuperior
            MODIFICATION-INITIATOR         TRUE
            MODIFICATION-PARAMETER            NHOBSubordinateToSuperior
            TERMINATION-INITIATOR      TRUE }
    ID              id-op-binding-non-specific-hierarchical }
END - HierarchicalOperationalBindings
```

附 录 E
(资料性附录)
知识维护示例

本附录以一个简单的示例举例说明了第23章定义的知识维护。在图E.1中,使用了下列符号来描述五个DSA的DSA信息树。

图 E.1 用于描述DSA信息树的符号

在图E.2中,DSA 1是命名上下文{A}的属主,由两个条目{A}和{A, B}组成。DSA 1拥有命名上下文{A, B, C}的一个下级引用,该引用通过一个与DSA 3之间的HOB来维护。DSA 1是DSA 2的一个影像提供者,向其提供命名上下文{A}的用户信息的拷贝,以及指向命名上下文{A, B, C}的下级引用的拷贝,该引用标识了DSA 3,DSA4和DSA5的访问点,其中前者是下级命名上下文的属主。

DSA 3是命名上下文{A, B, C}的属主。除了拥有该命名上下文的单独条目{A, B, C}外,DSA 3还拥有命名上下文{A}的一个直接上级引用,该引用通过一个与DSA 1的HOB来维护。DSA 3是DSA 4的一个影像提供者,向其提供命名上下文{A, B, C}的用户信息的拷贝,以及指向命名上下文{A}的直接上级引用的拷贝,该引用标识了DSA 1和DSA 2的访问点,其中前者是上级命名上下文的属主。DSA 4是DSA 5的一个(二次)影像提供者,向其提供从DSA 3中接收到的信息的拷贝。

图E.2举例说明了用于表示和维护知识的DSA操作属性。

DSA 1使用它的myAccessPoint属性的值(与其根DSE相关联)与它的consumerKnowledge属性的公共可用值(与上下文前缀{A}相关联)来构造MasterAndShadowAccessPoints类型的一个值,用于与DSA 3的HOB交互。DSA 3随之使用它的myAccessPoint属性的值(与其根DSE相关联)与它的consumerKnowledge属性和secondaryShadows属性的公共可用值(两个值都与上下文前缀{A, B, C}相关联)来构造MasterAndShadowAccessPoints类型的一个值,用于与DSA 1的HOB交互。两个DSA,共同使用DOP,来维护DSA 1所拥有的一个下级引用,以及DSA 3所拥有的一个直接上级引用。DSA 1的下级引用,由一个与处于{A, B,C}中的DSE相关联的specificKnowledge属性来表示,是基于它从DSA 3中接收到的MasterAndShadowAccessPoints值构造的;DSA 3的直接上级引用,由一个与处于{A}中的DSE相关联的specificKnowledge属性来表示,类似的,是基于它从DSA 1中接收到的MasterAndShadowAccessPoints值构造的。

DSA 1和DSA 2在影像操作绑定交互中使用它们的myAccessPoint值来维护DSA 1中的consumerKnowledge的值(该值标识了DSA 2的访问点)以及DSA 2中的supplierKnowledge的值(该值标识了DSA 1的访问点),两个属性都与上下文前缀{A}相关联。两个DSA,共同使用DOP,维护DSA 1所拥有的消费者引用,以及DSA 2所拥有的提供者引用。

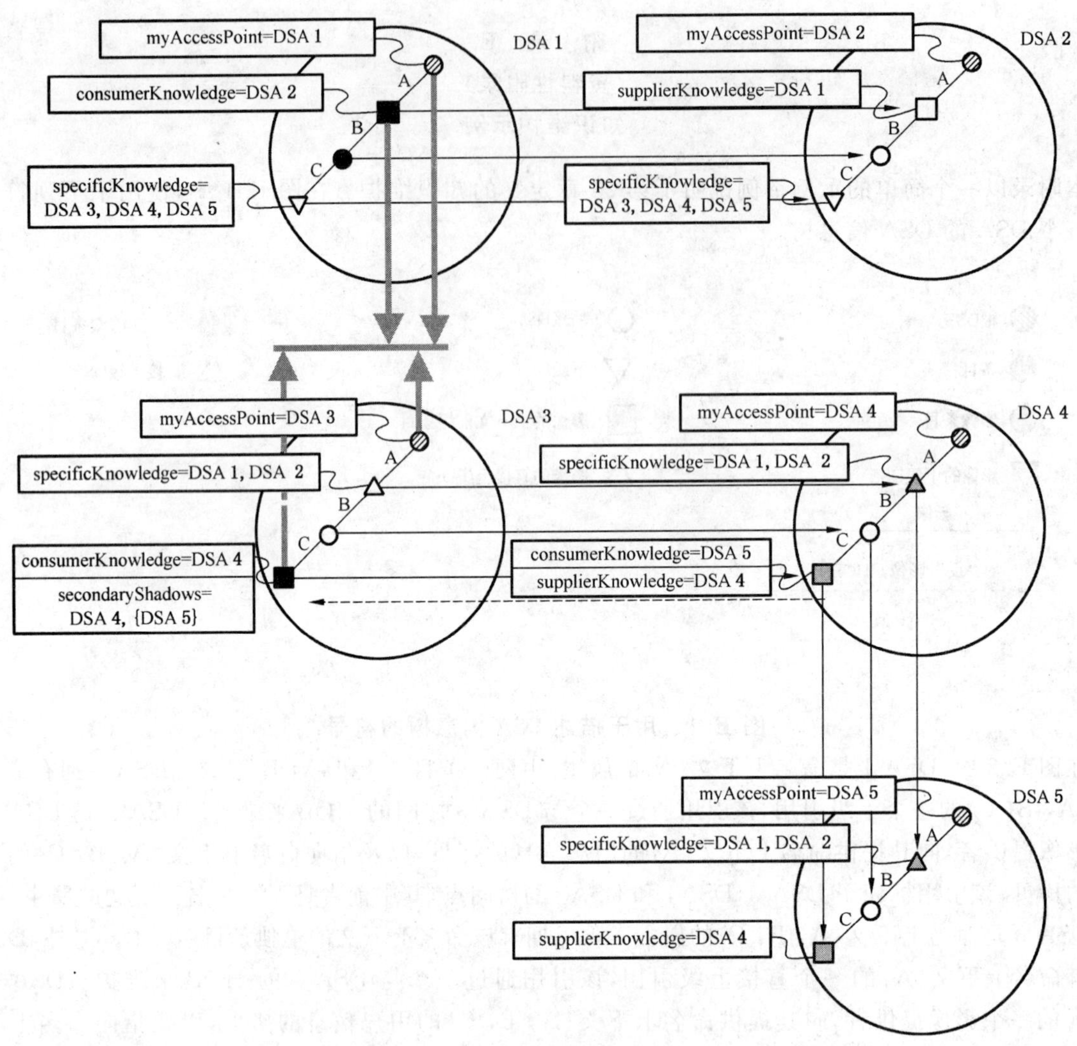

图 E.2 知识维护示例

DSA 2 在与 DSA 1 的 DISP 交互中，从 DSA 1 处接收到一个与上下文前缀{A, B, C}相关联的 specificKnowledge 属性的拷贝。这种交互用于维护 DSA 2 中的指向上下文前缀{A, B, C}的下级引用。

DSA 3 和 DSA 4(以及类似的 DSA 4 和 DSA 5)以一种同 DSA 1 和 DSA 2 之间的交互类似的方式，分别维护消费者引用和提供者引用。

DSA 4 在与 DSA 3 的 DISP 交互中，从 DSA 3 处接收到一个与上下文前缀{A4}相关联的specificKnowledge 属性的拷贝。这种交互用于维护 DSA 4 中的指向上下文前缀{A}的直接上级引用。

DSA 4 向 DSA 3 传送在它的myAccessPoint 和consumerKnowledge 属性中所发生的任何变化(以及secondaryShadows 属性，在本例中该属性值为空)，方法是使用 DOP 的修改操作绑定操作。DSA 4 向 DSA 3 提供了SupplierAndConsumers 的一个值，其中仅包含了consumerKnowledge 属性的一些值，那些值标识了具有公共可用影像的 DSA 的访问点；DSA 4 所提供的secondaryShadows 属性的值，如果有的话，将被设计为都是公共可用的(在本例中，DSA 5 被假设拥有处于{A, B, C}中的命名上下文的一个公共可用的拷贝)。DSA 3 使用该信息来维护它的secondaryShadows 属性中的与上下文前缀{A, B, C} 相关联的一个值。正如上述描述的那样，这个属性被用于与 DSA 1 的 DOP 交互，来维护

DSA 1 中的指向上下文前缀{A，B，C}的下级引用。

DSA 5 使用与 DSA 4 的 DISP 交互来维护它的指向上下文前缀{A}的直接上级引用，采用一种同 DSA 3 和 DSA 4 之间的交互相类似的方式。

ICS 35.100.70
L 79

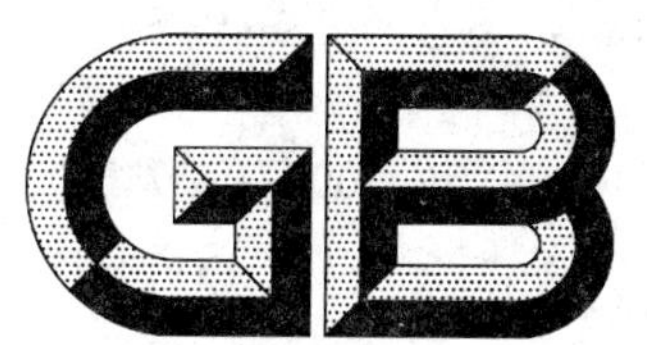

中华人民共和国国家标准

GB/T 16264.5—2008/ISO/IEC 9594-5:2005
代替 GB/T 16264.5—1996

信息技术 开放系统互连 目录 第5部分:协议规范

Information technology—Open Systems Interconnection—The Directory—Part 5: Protocol specifications

(ISO/IEC 9594-5:2005 Information technology—Open Systems Interconnection—The Directory: Protocol specifications, IDT)

2008-08-06 发布　　　　2009-01-01 实施

中华人民共和国国家质量监督检验检疫总局
中国国家标准化管理委员会　发布

前　言

GB/T 16264《信息技术　开放系统互连　目录》包括以下10个部分：

——第1部分：概念、模型和服务的概述；

——第2部分：模型；

——第3部分：抽象服务定义；

——第4部分：分布式操作规程；

——第5部分：协议规范；

——第6部分：选定的属性类型；

——第7部分：选定的客体类；

——第8部分：公钥和属性证书框架；

——第9部分：复制(待发布)；

——第10部分：公用目录管理机构的系统管理用法(待发布)。

本部分是GB/T 16264的第5部分。

本部分等同采用ISO/IEC 9594-5:2005《信息技术　开放系统互连　目录　协议规范》，仅有编辑性修改。

本部分代替GB/T 16264.5—1996。

本部分与GB/T 16264.5—1996的差异如下：

——增加了对TCP/IP协议的支持；

——增加了对OSI和TCP/IP两种协议共存的支持；

——增加了互联网直接映射；

——增加了版本及扩展规则。

本部分的附录A、附录B、附录C、附录D、附录E、附录F是规范性附录。

本部分由中华人民共和国信息产业部提出。

本部分由全国信息技术标准化技术委员会归口。

本部分起草单位：中国电子技术标准化研究所。

本部分主要起草人：徐冬梅、郑洪仁、郭楠、胡顺。

本部分于1996年首次发布，本次为第一次修订。

引　言

GB/T 16264 的本部分连同本标准其他部分是为方便信息处理系统之间的互连以提供目录服务而制定的。所有这些系统的集合，连同它们所拥有的目录信息可被视为一个整体，被称为“目录”。目录所拥有的信息，总称为目录信息库(DIB)，典型地被用于方便客体之间的通信、与客体的通信或有关客体的通信等，这些客体如应用实体、个人、终端和分布列表等。

目录在开放系统互连中扮演了重要角色，其目标是，在它们自身的互连标准之外做最少的技术约定的情况下，允许下述各种信息处理系统之间的互连：

——来自不同生产厂商；

——具有不同的管理；

——具有不同的复杂程度，以及

——有不同的年代。

本部分规定了两个协议——目录访问协议(DAP)和目录系统协议(DSP)的应用服务元素和应用上下文。DAP 供访问目录之用，以便检索或修改目录信息。DSP 供链接请求之用，以便对可以拥有相应信息的分布式目录系统的其他部分进行目录信息的检索或修改。

此外，本部分还规定了目录信息影像协议(DISP)和目录操作绑定管理协议(DOP)的应用服务元素和应用上下文。DISP 将某个 DSA 中拥有的信息影像到另一个 DSA。DOP 在 DSA 对之间提供绑定的建立、修改和终止功能，以便管理 DSA 之间的关系(例如影像关系或等级关系)。

本部分提供了一个基础框架，在此框架基础上，其他标准化组织和业界论坛可以定义工业配置集。在本框架中定义为可选的许多特性，可通过配置集的说明，在某种环境下作为必选特性来使用。ISO/IEC 9594 的第 5 版是原有国际标准第 4 版的修订和增强，但不是替代。在系统实现时仍可以声明为遵循第 4 版。然而，在某些方面，将不再支持第 4 版(即不再消除一些报告上来的差错)。建议在系统实现时尽快遵循第 5 版。

第 5 版详细定义了目录协议的第 1 版和第 2 版。

第 1 版和第 2 版仅定义了协议第 1 版。本版本(第 5 版)中定义的许多服务和协议被设计为可运行在第 1 版下。然而，一些增强的服务和协议，如署名差错，只有包含在操作中的所有的目录条目都协商支持协议第 2 版时才可运行。无论协商的是哪一版，第 5 版中所定义的服务之间的差异和协议之间的差异，除了那些特别分配给第 2 版的外，都可以使用 GB/T 16264.5—2008 中定义的扩展规则调节。

本部分使用术语“第 1 版系统”来指遵循国际标准第 1 版的所有系统，即 ISO/IEC 9594:1990 版本；本部分使用术语“第 2 版系统”来指遵循国际标准第 2 版本的所有系统，即 ISO/IEC 9594:1995 版本；本部分使用术语“第 3 版系统”来指遵循国际标准第 3 版的所有系统，即 ISO/IEC 9594:1998 版本；本部分使用术语“第 4 版系统”来指遵循国际标准第 4 版的所有系统，即 ISO/IEC 9594:2001 版本的第 1 部分到第 10 部分；本部分使用术语“第 5 版系统”来指遵循国际标准第 5 版的所有系统，即 ISO/IEC 9594:2005 版本。

GB/T 16264—1996 是参照 ISO/IEC 9594:1990 而制定的。我国没有制定与国际标准第 2 版、第 3 版、第 4 版对应的国家标准。本部分提到的版本号是指国际标准的版本号。

附录 A 是规范性附录，提供了目录协议公共规范的 ASN.1 模块定义。

附录 B 是规范性附录，提供了 OSI 协议规范的 ASN.1 模块定义。

附录 C 是规范性附录，提供了目录 OSI 协议的 ASN.1 模块定义。

附录 D 是规范性附录，提供了 IDM 协议规范的 ASN.1 模块定义。

附录 E 是规范性附录，提供了目录 IDM 协议的 ASN.1 模块定义。

附录 F 是规范性附录，提供了 ASN.1 模块定义，包含了为标识本系列部分中的操作绑定类型而分配的所有的 ASN.1 客体标识符。

信息技术 开放系统互连 目录 第5部分:协议规范

1 范围

GB/T 16264的本部分规定了目录访问协议、目录系统协议、目录信息影像协议和目录操作绑定管理协议,用以实现在GB/T 16264.2—2008、GB/T 16264.3—2008、GB/T 16264.4—2008以及ISO/IEC 9594-9:2005中规定的抽象服务。

2 规范性引用文件

下列文件中的条款通过GB/T 16264的本部分的引用而成为本部分的条款。凡是注日期的引用文件,其随后所有的修改单(不包括勘误的内容)或修订版均不适用于本部分,然而,鼓励根据本部分达成协议的各方研究是否可使用这些文件的最新版本。凡是不注日期的引用文件,其最新版本适用于本部分。

GB/T 9387.1—1998 信息技术 开放系统互连 基本参考模型 第1部分:基本模型(idt ISO/IEC 7498-1:1994)

GB/T 12453—2008 信息技术 开放系统互连 运输服务定义(ISO/IEC 8072:1996,IDT)

GB/T 15126—2008 信息技术 开放系统互连 网络服务定义(ISO/IEC 8348:2002,IDT)

GB/T 16262.1—2006 信息技术 抽象语法记法一(ASN.1) 第1部分:基本记法规范(ISO/IEC 8824-1:2002,IDT)

GB/T 16262.2—2006 信息技术 抽象语法记法一(ASN.1) 第2部分:信息客体规范(ISO/IEC 8824-2:2002,IDT)

GB/T 16262.3—2006 信息技术 抽象语法记法一(ASN.1) 第3部分:约束规范(ISO/IEC 8824-3:2002,IDT)

GB/T 16262.4—2006 信息技术 抽象语法记法一(ASN.1) 第4部分:ASN.1规范的参数化(ISO/IEC 8824-4:2002,IDT)

GB/T 16263.1—2006 信息技术 ASN.1编码规则 第1部分:基本编码规则(BER)、正则编码规则(CER)和非典型编码规则(DER)规范(ISO/IEC 8825-1:2002,IDT)

GB/T 16263.2—2006 信息技术 ASN.1编码规则 第2部分:紧缩编码规则(PER)规范(ISO/IEC 8825-2:2002,IDT)

GB/T 16264.1—2008 信息技术 开放系统互连 目录 第1部分:概念、模型和服务的概述(ISO/IEC 9594-1:2005,IDT)

GB/T 16264.2—2008 信息技术 开放系统互连 目录 第2部分:模型(ISO/IEC 9594-2:2005,IDT)

GB/T 16264.3—2008 信息技术 开放系统互连 目录 第3部分:抽象服务定义(ISO/IEC 9594-3:2005,IDT)

GB/T 16264.4—2008 信息技术 开放系统互连 目录 第4部分:分布式操作规程(ISO/IEC 9594-4:2005,IDT)

GB/T 16264.6—2008 信息技术 开放系统互连 目录 第6部分:选定的属性类型(ISO/IEC 9594-6:2005,IDT)

GB/T 16264.7—2008 信息技术 开放系统互连 目录 第7部分:选定的客体类(idt ISO/IEC 9594-7:2005,IDT)

GB/T 16688 信息处理系统 开放系统互连 联系控制服务元素服务定义(GB/T 16688—1996,idt ISO/IEC 8649:1988)

GB/T 16975.1—2000 信息技术 远程操作 第1部分:概念、模型和表示法(idt ISO/IEC 13712-1:1995)

GB/T 16975.2—1997 信息技术 远程操作 第2部分:OSI实现 远程操作服务元素(ROSE)服务定义(idt ISO/IEC 13712-2:1995)

GB/T 17965—2000 信息技术 开放系统互连 高层安全模型(idt ISO/IEC 10745:1995)

GB/T 18237.1—2000 信息技术 开放系统互连 通用高层安全 第1部分:概述、模型和记法(idt ISO/IEC 11586-1:1996)

GB/T 18794.2—2002 信息技术 开放系统互连 开放系统安全框架 第2部分:鉴别框架(idt ISO/IEC 10181-2:1996)

GB/T 18794.3—2002 信息技术 开放系统互连 开放系统安全框架 第3部分:访问控制框架(idt ISO/IEC 10181-3:1996)

ISO/IEC 8327-1:1996 信息技术 开放系统互连 面向连接的会话协议:协议规范

ISO/IEC 8650-1:1996 信息处理系统 开放系统互连 联系控制服务元素协议规范

ISO/IEC 8823-1:1994 信息技术 开放系统互连 面向连接的表示协议:协议规范

ISO/IEC 8825-4 信息技术 ASN.1编码规则:XML编码规则(XER)

ISO/IEC 9594-8:2005 信息技术 开放系统互连 目录:公钥和属性证书框架

ISO/IEC 9594-9:2005 信息技术 开放系统互连 目录:复制

ISO/IEC 9594-10:2005 信息技术 开放系统互连 目录:公用目录管理机构的系统管理用法

ISO/IEC 10646:2003 通用多八位编码字符集(UCS)

ITU-T 建议 E.164:2005 国际公共远程通信编号计划

ITU-T 建议 X.121:2000 公共数据网的国际编号方案

IETF RFC 793:1981 运输控制协议 DARPA网际协议 DARPA网际程序 协议规范

IETF RFC 1277:1991 在非OSI较低层支持操作的网络地址编码

IETF RFC 1738:1994 统一资源地址(URL)

IETF RFC 2025:1996 简单公钥GSS-API机制(SPKM)

IETF RFC 2246:1999 TLS协议版本1.0

IETF RFC 2251:1997 轻量级目录访问协议(v3)

IETF RFC 3546:2003 运输层安全性(TLS)扩展

3 术语和定义

下列术语和定义适用于GB/T 16264的本部分。

3.1 基本目录定义

下列术语在GB/T 16264.2—2008中规定:

a) **目录** the directory;

b) **(目录)用户** (directory) user;

c) **目录系统代理** directory system agent(DSA);

d) **目录用户代理** directory user agent(DSA)。

3.2 分布式操作定义

下列术语在GB/T 16264.4—2008中规定:

a) 链接 chaining；

b) 转向推荐 referral。

3.3 协议规范定义

下列术语在 GB/T 16264 的本部分中规定。

注：本条定义的术语是通用定义，可适用于 OSI 和 TCP/IP 环境，除非有明确说明。

3.3.1

抽象语法 abstract syntax

使用独立于编码技术的记法规则来表示的数据类型和/或数据值的规范。

3.3.2

应用联系 application-association

通过绑定操作建立的两个应用实体之间的一种协作关系。

3.3.3

应用上下文 application-context

(仅适用于 OSI)两个应用实体为了支持某个应用联系而共享的规则集。

3.3.4

应用上下文名称 application-context-name

标识(或命名)某个应用上下文的一个 ASN.1 客体标识符。

3.3.5

应用层 Application Layer

OSI 七层模型中的顶层，用以表示通信语义。

3.3.6

应用实体 application-entity

某个应用进程外部行为的一种表示，以通信能力的形式表示。

3.3.7

应用实体标题 application-entity title

某个应用实体，尤其是一个表示目录应用进程的应用实体的目录可辨别名。

3.3.8

应用进程 application process

系统内的一个进程，该进程出于某种特定的目的而执行信息处理，尤其是处理目录操作。

3.3.9

绑定操作 Bind operation

一种用于建立一个应用联系的操作类型。

3.3.10

目录操作 Directory operation

一种用于交换目录信息的操作类型。

3.3.11

目录协议数据单元 directory protocol-data-unit

某种目录协议的数据单元，包括控制信息，一般情况下还包括目录操作所规定的应用数据。

注 1：OSI 环境中的一个目录 PDU 包含 OSI 表示层的所有协议元素，并且如果相关的话，除了目录特定的协议元素外还包含 ACSE 协议元素。

注 2：术语“应用协议数据单元(APDU)”是 OSI 应用协议定义的一种数据单元。该术语不用于本系列目录规范的第 5 版本和后续版本。然而，该缩略语可以出现在某些 ASN.1 元素中。

3.3.12

发起者 initiator

通过发出一个绑定请求而发起一个应用联系的应用进程。

3.3.13

操作 operation

两个应用进程之间为了执行一个特定任务而进行的交换。它包括从一个应用进程向另一个应用进程的请求,以及零个或多个响应(结果和/或差错)的返回。一个操作意味着接收请求的应用进程将执行某种处理。

3.3.14

协议数据单元 protocol-data-unit

由一个目录协议数据单元的表示协议元素或 ACSE 协议元素组成。

3.3.15

表示层 Presentation Layer

OSI 参考模型的第 6 层。

3.3.16

协议差错 protocol error

表示接收到的未识别的或非期望的协议数据单元,或者带有非期望的或无效参数的协议数据单元。

3.3.17

响应者 responder

接收到一个绑定请求的应用进程,该进程或者接受或者拒绝此应用联系。

3.3.18

会话层 session layer

OSI 参考模型的第 5 层。

3.3.19

会话协议数据单元 session-protocol-data-unit

(仅适用于 OSI)OSI 会话层的一个数据单元,包括控制信息,一般情况下还携带目录协议数据单元。

4 缩略语

下列缩略语适用于 GB/T 16264 的本部分:

AC	应用上下文	(Application Context)
ACSE	联系控制服务元素	(Association Control Service Element)
AE	应用实体	(application-entity)
APDU	应用协议数据单元	(application-protocol-data-unit)
DAP	目录访问协议	(Directory Access Protocol)
DISP	目录信息影像协议	(Directory Information Shadowing Protocol)
DOP	目录操作绑定管理协议	(Directory Operational Binding Management)
DSA	目录系统代理	(Directory System Agent)
DSP	目录系统协议	(Directory System Protocol)
DUA	目录用户代理	(Directory User Agent)
IDM	互联网直接映射	(Internet Directly Mapped)
LDAP	轻量级目录访问协议	(Lightweight Directory Access Protocol)
PDU	协议数据单元	(protocol-data-unit)

PPDU	表示协议数据单元	(presentation-protocol-data-unit)
SPDU	会话协议数据单元	(session-protocol-data-unit)
TCP/IP	传输控制协议/网际协议	(Transmission Control Protocol/Internet Protocol)
TSDU	运输服务数据单元	(transport-service-data-unit)

5 约定

术语“目录规范(或本目录规范)”指的是 GB/T 16264.5。术语“系列目录规范”指的是GB/T 16264(或者 ISO/IEC 9594)的所有部分。

本目录规范使用术语“第 1 版系统”来指遵循系列目录规范第 1 版的所有系统,即 GB/T 16264—1996 版本。本目录规范使用术语“第 2 版系统”来指遵循系列目录规范第 2 版本的所有系统,即 ISO/IEC 9594:1995 版本。本目录规范使用术语“第 3 版系统”来指遵循系列目录规范第 3 版的所有系统,即 ISO/IEC 9594:1998 版本。本目录规范使用术语“第 4 版系统”来指遵循系列目录规范第 4 版的所有系统,即 2001 年版本的 ISO/IEC 9594:2001 年版本的第 1 到第 10 部分。

本目录规范使用术语“第 5 版系统”来指遵循系列目录规范第 5 版的所有系统,即 GB/T 16264—2008 版本的第 1 到第 7 部分以及 ISO/IEC 9594-8:2005、ISO/IEC 9594-9:2005 和 ISO/IEC 9594-10:2005。

本目录规范使用粗体字来表示 ASN.1 记法。若在常规文本中要表示 ASN.1 的类型和值时,为了区别于常规文本,使用了粗体字表示。为了表示过程的语义而引用过程名时,为了区别于常规文本,使用了粗体字表示。访问控制许可使用斜体字表示。

6 公共协议规范

6.1 目录联系和操作

本系列目录规范中的协议被描述为一系列的*操作*。操作被定义为从一个系统向另一个系统所发送的请求,并且期望后者来执行此请求,如果后者可应用,则返回一个或多个构成结果的答复。一个操作可以是一个*绑定操作*,或者是一个被调用来访问目录信息的操作(即一个*目录操作*)。

如果遇到异常条件,则可返回一个或多个差错,以代替或附加于可能的结果。

注 1:当前定义的操作将返回一个或多个结果或单个差错。

本系列目录规范中定义的目录协议可以使用 OSI 协议栈、TCP/IP 协议栈或者两种协议栈均使用。本章提供的规范独立于特定的协议栈。OSI 特定的规范在第 7 章和第 8 章提供,而 TCP/IP 特定的规范在第 9 章和第 10 章提供。

系统内处理目录操作的进程被称为*应用进程*。*应用实体*是某个应用进程外部行为的一种体现。

在两个目录应用进程之间发起目录操作调用之前,须在相应的两个应用实体间首先建立应用联系。应用联系是两个应用实体之间的一种协作关系,其建立是通过在一个绑定操作的请求和结果中交换控制信息,并且通过使用一个共同的底层服务而完成的。

注 2:这是对 GB/T 16688 中定义的应用联系的一种修改定义,以备既可适用于底层 OSI 协议栈也可用于底层 TCP/IP 协议栈。

一个应用联系通过一个解绑定的交换来终止。一个应用联系的解绑定没有被定义为一种操作。

6.2 目录操作规范

本系列目录规范定义了多种操作类型。操作类型通过 ASN.1 的**OPERATION** 信息客体类来规定。与某种操作类型联系的可能的差错通过 ASN.1 的**ERRORS** 信息客体类来定义。

```
OPERATION ::= CLASS {
        &ArgumentType,
        &ResultType OPTIONAL,
```

```
        &Errors         ERROR OPTIONAL,
        &operationCode Code UNIQUE OPTIONAL}
WITH SYNTAX{
        ARGUMENT    &ArgumentType
        [RESULT        &ResultType]
        [ERRORS        &Errors]
        [CODE          &operationCode]}

ERROR ::= CLASS {
        & ParameterType,
        &errorCode Code UNIQUE OPTIONAL}

WITH SYNTAX {
        PARAMETER & ParameterType
        [CODE          &errorCode]}

Code ::= CHOICE {
        local          INTEGER,
        global   OBJECT IDENTIFIER }
```

信息客体类OPERATION 是一种表示某个特定操作类型的目录请求、结果和差错的语法的便捷方法。

此 ASN.1 信息客体类具有下列字段：

a） 字段&ArgumentType 为一个操作的请求部分规定了一种开放的数据类型；

b） 字段&ResultType 为组成请求结果的一个或多个答复规定了一种开放的数据类型。如果该字段不存在，则此操作没有相关的结果；

c） 字段&Errors 规定了处理请求的结果可以出现的一个或多个差错。如果该字段不存在，则此操作没有相关的差错；

d） 字段&operationCode 规定了将要执行的目录操作的类型。对于绑定操作，此字段不存在。目前定义的操作代码见 6.4。

目录操作大致可通过两种不同的方式执行：

a） 如果一个目录操作应在发起另一个新的目录操作之前完成，则操作方式为同步；或者

b） 如果多个操作可以在同一时间进行，则操作方式为异步。

如果为某种特定类型的应用联系所定义的所有目录操作：

a） 既包含一个请求，又包含一个或多个结果和/或差错；以及

b） 仅允许被一个指定的系统所调用。

则这样的操作可以同步或异步方式执行。否则，操作的方式总是异步的。

信息客体类OPERATION 本身并不隐含任何顺序。某个目录请求可以没有结果和/或差错，或者某个请求可具有多个结果和/或差错。它是通过携带相同的操作代码和相同的调用 ID(见下)，将一个请求与可能的响应(结果和差错)系在一起。然而，某种特定操作类型的规范也可规定顺序上的限制。

差错是对某个操作不成功执行的一种报告。差错由ERROR 的ASN.1 信息客体类来表示。不同的字段描述如下：

a） 字段&ParameterType 规定了差错参数的数据类型，这些参数规定了差错的性质；

b） 字段&errorCode 规定了标识差错的代码(所定义的差错代码见 6.5)。

尽管没有体现在信息客体类OPERATION或ERRORS中，但一个目录操作的每次调用都被分配了一个InvokeId，该调用标识符携带在协议中。这使得指明一个特定的请求、结果或差错属于哪个目录操作成为可能。

InvokeId的定义如下所述：

```
InvokeId ::= CHOICE {
        present INTEGER,
        absent NULL}
```

如果操作类型没有规定&operationCode，则这种类型的操作不能被分配InvokeId。

6.3 目录协议概述

6.3.1 底层服务的使用

当来自不同开放系统的两个应用进程交互时，应用联系被由或者使用OSI或者使用TCP/IP底层服务的应用层协议来实现。

使用OSI服务的详细信息见第8章，而使用TCP/IP服务的详细信息见第10章。

6.3.2 目录访问协议(DAP)

当来自不同开放系统的DUA和DSA能进行交互之前，应在它们之间调用绑定操作来建立应用联系，用以支持目录协议，此目录协议被称为目录访问协议(DAP)。

建立一个DAP应用联系的绑定操作(directoryBind)在GB/T 16264.3—2008的第8章中定义。

本版本以及本系列目录规范的所有之前版本都仅允许一个DUA来调用一个绑定操作，并且发起后续的目录操作。如果使用的是OSI底层协议栈，则目录操作可以以同步方式或异步方式被调用。如果使用的是TCP/IP底层协议栈，则目录操作将总是以异步方式被调用。

所有的目录操作都要求返回单个答复或单个差错。

6.3.3 目录系统协议(DSP)

当来自不同开放系统的一对DSA进行交互之前，应在它们之间调用绑定操作来建立应用联系，用以支持目录协议，此目录协议被称为目录系统协议(DSP)。

建立DSP应用联系的绑定操作(dSABind)在GB/T 16264.4—2008的第11章中定义。

任意DSA都可以调用绑定操作。发起方DSA和响应方DSA都可以调用后续的目录操作。DSP上的目录操作将总是以异步方式被调用。

所有的目录操作都要求返回单个答复或单个差错。

6.3.4 目录信息影像协议(DISP)

当来自不同开放系统的一对DSA出于交换影像信息的目的进行交互之前，须在它们之间调用绑定操作来建立应用联系，用以支持目录协议，此目录协议被称为目录信息影像协议(DISP)。

建立一个DISP应用联系的绑定操作(dSAShadowBind)在ISO/IEC 9594-9:2005的7.4.1中定义。

如果使用的是OSI底层协议栈，则操作模式是同步方式或异步方式依赖于为绑定操作所选择的应用上下文。如果使用的是TCP/IP底层协议栈，则目录操作将总是以异步方式被调用。

所有的目录操作都要求返回单个答复或单个差错。

6.3.5 目录操作绑定管理协议(DOP)

当来自不同开放系统的一对DSA出于维护操作绑定的目的进行交互之前，应调用绑定操作来建立应用联系，用以支持目录协议，此目录协议被称为目录操作绑定管理协议(DOP)。

可以在绑定操作中担任发起者角色的DSA，依赖于在应用联系中使用目录操作为被管理的操作绑定所分配的DSA角色。仅有发起者可以发起目录操作调用。只有当不同类型的DSA角色是兼容的(例如，一个DSA为每种绑定类型都担任角色A)时，才可以有多于一个的操作绑定类型在此应用联系内被管理。

所有的目录操作都要求返回单个答复或单个差错。

6.4 操作代码

6.4.1 DAP 和 DSP 的操作代码

下列操作代码用于 DAP 和 DSP 中。

```
id-opcode-read                Code     ::= local: 1
id-opcode-compare             Code     ::= local: 2
id-opcode-abandon             Code     ::= local: 3
id-opcode-list                Code     ::= local: 4
id-opcode-search              Code     ::= local: 5
id-opcode-addEntry            Code     ::= local: 6
id-opcode-removeEntry         Code     ::= local: 7
id-opcode-modifyEntry         Code     ::= local: 8
id-opcode-modifyDN            Code     ::= local: 9
```

这些操作代码的用法在 GB/T 16264.3—2008 中规定。

6.4.2 DISP 的操作代码

下列操作代码用于 DISP 中。

```
id-opcode-requestShadowUpdate       Code     ::= local: 1
id-opcode-updateShadow              Code     ::= local: 2
id-opcode-coordinateShadowUpdate    Code     ::= local: 3
```

这些操作代码的用法在 ISO/IEC 9594-9:2005 中规定。

6.4.3 DOP 的操作代码

下列操作代码用于 DOP 中。

```
id-op-establishOperationalBinding     Code     ::= local: 100
id-op-modifyOperationalBinding        Code     ::= local: 102
id-op-terminateOperationalBinding     Code     ::= local: 101
```

这些操作代码的用法在 GB/T 16264.2—2008 中规定。

6.5 差错代码

6.5.1 DAP 和 DSP 的差错代码

下列差错代码用于 DAP 和 DSP 中。代码id-errcode-referral 仅用于 DAP 中。代码id-opcode-dsaReferral 仅用于 DSP 中：

```
id-errcode-attributeError      Code     ::=  local: 1
id-errcode-nameError           Code     ::=  local: 2
id-errcode-serviceError        Code     ::=  local: 3
id-errcode-referral            Code     ::=  local: 4
id-errcode-abandoned           Code     ::=  local: 5
id-errcode-securityError       Code     ::=  local: 6
id-errcode-abandonFailed       Code     ::=  local: 7
id-errcode-updateError         Code     ::=  local: 8
id-errcode-dsaReferral         Code     ::=  local: 9
```

6.5.2 DISP 的差错代码

下列差错代码用于 DISP 中：

```
id-errcode-shadowError         Code     ::=  local: 1
```

6.5.3 DOP 的差错代码

下列差错代码用于 DOP 中：

id-err-operationalBindingError Code ::=local: 100

6.6 抽象语法

协议规范包括数据类型的规范，这些数据类型可作为协议交换的一部分被传递。数据类型使用一种类似于 ASN.1 记法的抽象记法来定义，并由此组成协议的抽象语法。抽象语法对于 OSI 通信和 TCP/IP 通信是非常类似的，尽管还是有所区别。相对应四种不同的目录协议，为这些通信类型分别定义了四种抽象语法。抽象语法仅对 OSI 通信分配客体标识符。当建立 OSI 应用联系时，抽象语法的相关客体标识符在绑定中被告知(见 7.6.1)。

7 使用 OSI 栈的目录协议

本章定义了目录协议，以及它们如何映射到 OSI 的会话协议。它将 ISO/IEC 8823-1 中定义的 OSI 表示协议的相关元素与 ISO/IEC 8650-1 中定义的联系控制服务元素(ACSE)相结合起来。这些元素结合的方式确保与国际标准第 5 版之前的系统编码兼容。

OSI 会话协议的相关部分在 8.3 中定义。

7.1 OSI-PDU

基于 OSI 的协议消息在一个 OSI 应用联系中作为目录协议数据单元被传递，此协议数据单元由下述的 OSI-PDU 数据类型表示：

```
OSI-PDU {APPLICATION-CONTEXT:protocol}::= TYPE-IDENTIFIER.&Type (
        OsiBind {{protocol}}|
        OsiBindResult {{protocol}} |
        OsiBindError {{protocol}}|
        OsiOperation {{protocol.& Operations}} |
        PresentationAbort)
```

7.2 目录 PDU 结构

OSI 环境中的一个目录 PDU，包含 ISO/IEC 8823-1 中定义的 OSI 表示层的协议元素，如果相关的话，还包含 ISO/IEC 8650-1 中定义的 ACSE 协议元素，以及正讨论的协议的目录特定的协议元素。

OsiBind、OsiBindResult 和OsiBindError 除了具有目录特定的协议元素外，还具有表示协议元素和 ACSE 协议元素，而OsiOperation 除了具有目录特定的协议元素外，仅具有表示协议元素。PresentationAbort 仅具有表示协议元素。

在一个特定的目录 PDU 中包含的表示层协议元素包含 PPDU。

注 1：术语 PPDU(表示协议数据单元)在此引入，当讨论表示协议差错时被Abort-reason 数据类型所引用。否则，此术语与本系列目录规范无关。

在一个特定的目录 PDU 中包含的 ACSE 协议元素组成一个 ACSE PDU。

注 2：在 ISO/IEC 8650-1 中为 ACSE PDU 使用术语 APDU(应用协议数据单元)。但由于一个特定的目录 PDU 中的目录特定的协议元素在原则上也包含一个 APDU，因此这里使用术语 ACSE PDU 以避免混淆。

本目录规范使用下列 PPDU：

a) CP PPDU，由 ISO/IEC 8823-1 中定义的数据类型CP-type 来反映。它是数据类型OsiBind 的一部分。

b) CPA PPDU，由 ISO/IEC 8823-1 中定义的数据类型CPA-PPDU 来反映。它是数据类型OsiBindResult 的一部分。

c) CPR PPDU，由 ISO/IEC 8823-1 中定义的数据类型CPR-PPDU 来反映。它是数据类型OsiBindError 的一部分。

d) TD PPDU,由 ISO/IEC 8823-1 中定义的数据类型User-data 来反映。它是数据类型OsiOperation 的一部分。

e) ARU PPDU,由 ISO/IEC 8823-1 中定义的ARU-PPDU 来反映。它是本目录规范中定义的数据类型ARU-PPDU 的一部分;以及

f) ARP PPDU,由 ISO/IEC 8823-1 中定义的ARP-PPDU 来反映。它组成了本目录规范中定义的数据类型ARP-PPDU 。

没有为应用联系的释放(OsiUnbind 和OsiUnbindResult)定义 PPDU。然而,ISO/IEC 8823-1 中定义的User-data 数据类型被用于携带OsiUnbind 和OsiUnbindResult 。

本目录规范使用如下 ACSE PDU:

a) AARQ-apdu 是数据类型OsiBind 的一部分;

b) AARE-apdu 是数据类型OsiBindResult 和数据类型OsiBindError 的一部分;

c) RLRQ-apdu 是数据类型OsiUnbind 的一部分;

d) RLRE-apdu 是数据类型OsiUnbindresult 的一部分;以及

e) ABRT-apdu 是数据类型ARU-PPDU 的一部分。

7.3 会话 PDU

除了目录 PDU 外,本目录规范还定义了会话协议数据单元(SPDU)。所有的目录 PDU 都包含在一个 SPDU 中。

本目录规范使用了如下 SPDU:

a) CONNECT SPDU 用于携带OsiBind ;

b) ACCEPT SPDU 用于携带OsiBindResult ;

注:根据 ISO/IEC 8650-1:1998 的 8.1.3,AARE ACSE PDU(表示为AARE-apdu 和AAREerr-apdu)被映射为 P-CONNECT 响应/证实,并且结果被设置为'user rejection(用户拒绝)'。根据 ISO/IEC 8823-1:1994 的 6.2.5.6, CPR PPDU 应当在表示层发出。另外,根据 ISO/IEC 8823-1:1994 的 7.1.3,CPR PPDU 在 S-CONNECT 响应和证实会话原语中携带。

c) REFUSE SPDU 用于携带OsiBindError ,并且用于根据会话层条件拒绝一个应用联系;

d) FINISH SPDU 用于携带OsiUnbind 来发起一个应用联系的终止;

e) DISCONNECT SPDU 用于携带OsiUnbindResult 来完成一个应用联系的终止;

f) ABORT SPDU 除了根据会话层问题而夭折时可以独立使用外,还用于携带 ARU-PPDU 和 ARP-PPDU;

g) ABORT ACCEPT SPDU 不携带上层信息,但它指示了对端系统已经接收到一个夭折;以及

h) DATA TRANSFER SPDU 用于携带OsiOperation 。

关于 SPDU 的详细信息在 8.3 中给出。

7.4 OSI 编址

OSI 为网络层及以上各层,包括表示层,都定义了地址。网络层上的地址被称为网络服务访问点(NSAP)地址。NSAP 地址的结构在 GB/T 15126—2008 中定义。运输层上的运输地址被定义为 NSAP 地址加上一个可选的运输选择因子。会话层上的会话地址被定义为运输地址加上一个可选的会话选择因子。一个表示地址被定义为会话地址加上一个可选的表示选择因子。本目录规范中仅涉及到会话选择因子和表示选择因子。

7.5 规程与排序

两个应用进程之间的一个应用联系通过其中一个应用进程调用 7.6.1 定义的OsiBind 而发起。始发的应用进程在此应用联系上发送任意目录 PDU 前,须等待一个OsiBindResult 来证实此应用联系已经建立。

独立于任何排序规则,始发的应用进程在调用一个OsiBind 后,可以在任意时间点发起一个ARU-

PPDU 或ARP-PPDU（见 7.6.7）。类似的，响应的应用进程在接收到一个OsiBind 后，可以在任意时间点发起一个ARU-PPDU 或ARP-PPDU 。

如果接收到一个OsiBindResult，则始发的应用进程根据正在讨论的协议，可以发送包含OsiReq，OsiRes，OsiErr 和OsiRej 的 OsiOperation 。

如果作为OsiBind 的响应而接收到一个OsiBindError（见 7.6.3)，或者应用联系在会话层被拒绝（见 8.3.5)，则一个应用联系将不能够被建立。

两个应用进程可能几乎同时向对方发起OsiBind 。这将被认为是两个独立的应用联系建立尝试。如果两个都成功，则结果是有两个应用联系被建立。

协议差错可以在会话协议元素、表示协议元素、ACSE 协议元素，以及目录特定的协议元素中发生。

一个协议差错可以由如下情况引起：

a) 接收到一个未识别的或非期望的 PDU；或者

b) 在所接收的 PDU 中有一个或多个参数是无效的或非期望的。

注 1：根据第 12 章所规定的扩展规则，未知参数应当被忽略。ISO/IEC 8823-1:1994 的 8.5 和 ISO/IEC 8650-1:1996 的 7.4 也规定了类似的规则。

注 2：ISO/IEC 8823-1:1994 的 6.4.4.2 和 6.4.4.3 区分了协议差错和无效 PPDU。由于这两种情况都引起相同类型的夭折，因此本目录规范对此不做区分。ISO/IEC 8650-1:1996 的 7.3.3.4 也没有对此进行区分。

在这两种情况下，应用联系或处于建立/终止阶段的应用联系都应夭折。

如果此问题是在会话协议中检测到的，则应当发出一个ABORT SPDU（见 8.3.8)，不携带用户数据。

如果此问题是在表示协议中检测到的，则应当发出一个ARP-PPDU（见 7.6.7.2)。

如果此问题是在 ACSE 协议中检测到的，则应当发出一个ARU-PPDU，且abort-source 被设置为acse-service-provider（见 7.6.7.1)。

如果此问题是在目录协议中检测到的，则应当发出一个ARU-PPDU，且abort-source 被设置为acse-service-user 。

7.6 目录 PDU 规范

7.6.1 OSI 绑定请求

```
OsiBind {APPLICATION-CONTEXT:Protocols}::= SET {
      mode-selector              [0] IMPLICIT SET {mode-value [0] IMPLICIT INTEGER
(1)},
      normal-mode-parameters     [2] IMPLICIT SEQUENCE {
         protocol-version              [0] IMPLICIT BIT STRING {version-1(0)}
                                                  DEFAULT(version-1},
         calling-presentation-selector  [1] IMPLICIT Presentation-selector OPTIONAL,
         called-presentation-selector   [2] IMPLICIT Presentation-selector OPTIONAL,
         presentation-context-definition-list
                                        [4] IMPLICIT Context-list,
         user-data                          CHOICE {
            fully-encoded-data                  [APPLICATION 1] IMPLICIT SEQUENCE SIZE
(1) OF
                                                SEQUENCE {
               transfer-syntax-name             Transfer-syntax-name OPTIONAL,
               presentation-context-identifier  Presentation-context-identifier,
```

```
                presentation-data-values        CHOICE {
                    single-ASN1-type            [0] AARQ-apdu {{Protocols}}}}}}}

Presentation-selector∷= OCTET STRING(SIZE(1..4,…, 5..MAX))
Context-list∷= SEQUENCE SIZE (2) OF
        SEQUENCE {
            presentation-context-identifier  Presentation-context-identifier,
            abstract-syntax-name             Abstract-syntax-name,
            transfer-syntax-name-list        SEQUENCE OF Transfer-syntax-name}

Presentation-context-identifier∷= INTEGER(1..127, …, 128..MAX)

Abstract-syntax-name∷= OBJECT IDENTIFIER

Transfer-syntax-name∷= OEMECT IDENTIFIER

AARQ-apdu {APPLICATION-CONTEXT: Protocols} ∷ = [APPLICATION 0] IMPLICIT SE-
QUENCE {
        protocol-version                    [0] IMPLICIT BIT STRING {version1(0)} DEFAULT
{version1},
        application-context-name            [1] Application-context-name,
        called-AP-title                     [2] Name                          OPTIONAL,
        called-AE-qualifier                 [3] RelativeDistinguishedName     OPTIONAL,
        called-AP-invocation-identifier     [4] AP-invocation-identifier      OPTIONAL,
        called-AE-invocation-identifier     [5] AE-invocation-identifier      OPTIONAL,
        calling-AP-title                    [6] Name                          OPTIONAL,
        calling-AE-qualifier                [7] RelativeDistinguishedName     OPTIONAL,
        calling-AP-invocation-identifier    [8] AP-invocation-identifier      OPTIONAL,
        calling-AE-invocation-identifier    [9] AE-invocation-identifier      OPTIONAL,
        implementation-information          [29] IMPLICIT Implementation-data OPTIONAL,
        user-information                    [30]
                IMPLICIT SEQUENCE SIZE(1) OF [UNIVERSAL 8] IMPLICIT SEQUENCE {
          direct-reference                        OBJECT IDENTIFIER OPTIONAL,
            indirect-reference                    Presentation-context-identifier,
            encoding                                  CHOICE {
                single-ASN1-type                  [0] TheOsiBind {{Protocols}}}}}
```

注：在 ISO/IEC 8823-1:1994 中，user-information 组件被定义为一个 EXTERNAL。由于 external 的内容是已知的，因此如果提供了 EXTERNAL 的确切编码，则它可以用来辅助实现者。这里，external 的记法根据的是 GB/T 16263.1、GB/T 16263.2 和 GB/T 16263.4 中定义的编码。这不是一个完全合法的 ASN.1。使用 EXTERNAL 记法的正式、合法的 ASN.1 规范在附录 B 中提供。

```
Application-context-name∷= OBJECT IDENTIFIER

AP-invocation-identifier∷= INTEGER
```

AE-invocation-identifier::= INTEGER

Implementation-data::= GraphicString

TheOsiBind {APPLICATION-CONTEXT:Protocols}::=
[16] APPLICATION-CONTEXT. &bind-operation. &ArgumentType ({Protocols})

OsiBind 被用来发起一个应用联系。OsiBind 包含表示协议元素(见 7.6.1.1),ACSE 协议元素(见 7.6.1.2)和目录绑定协议元素(见 7.6.1.3)。绑定请求的格式应当按照这些条中给出的规范进行约束。

OsiBind 在会话CONNECT SPDU (见 8.3.3)的用户数据参数或扩展的用户数据参数中携带。

应用联系的响应者应当按照如下顺序检测协议元素:

1) 会话协议元素应被检测。如果有一个或多个这些协议元素是不可接受的,则应当返回一个 REFUSE SPDU (见 8.3.5)。否则,继续。
2) 表示协议元素应被检测。如果有一个或多个这些协议元素是不可接受的,则应当返回一个 OsiBindError ,且包含一个provider-reason 组件,同时不包含user-data 组件(见 7.6.3.1)。否则,继续。
3) ACSE 协议元素应被检测。如果有一个或多个这些协议元素是不可接受的,则应当返回一个 OsiBindError ,且AAREerr-apdu 中的resulresult-source-diagnostic 组件存在,同时user-information 组件不存在,如 7.6.3.2 中的规定。否则,继续。
4) 目录绑定应当根据正在讨论的目录协议的规则来进行检测。如果响应者能够接收目录绑定,则应当返回一个OsiBindResult (见 7.6.2)。否则,应当返回一个OsiBindError ,且AAREerr-apdu 中的user-information 组件存在。

如果在上述顺序中,任何时刻检测到一个协议差错,则应当按照 7.5 的规定发出相应的夭折。

7.6.1.1 表示协议元素

组成一个CP PPDU 的表示协议元素是由上述的OsiBind 数据类型来定义的,除了内嵌的AARQ-apdu 之外。

mode-selector 组件应当总是被设置为 1。

注 1:ISO/IEC 8823-1:1994 定义了表示连接的两种方式。本系列目录规范总是使用其中的normal-mode 。

normal-mode-parameters 组件具有下列子组件:

a) protocol-version 子组件应当被忽略,或者被设置为version-1。如果有不同的指定,则响应者应当返回一个OsiBindError ,其中provider-reason 被设置为protocol-version-not-supported。
b) calling-presentation-selector 子组件,如果提供的话,其值应当从本地拥有的信息中获取。关于表示选择因子的定义,见 7.4。
c) called-presentation-selector 子组件,如果提供的话,其值应当从下述方式中获取:
   ——作为之前目录操作结果的一个ContinuationReference 中的AccessPoint 值中获取到的信息(见 GB/T 16264.4—2008);或者
   ——本地拥有的信息。

   如果响应者不使用表示选择因子编址,或者如果所提供的表示选择因子不是目录应用进程的,则响应者应当返回一个 OsiBindError ,且 provider-reason 被设置为 called-presentation-address-unknown 。
d) presentation-context-definition-list 子组件应当具有两个元素,每个都是一个序列(sequence)类型,包括:

——一个由发起者选择的presentation-context-identifier 。它应是一个奇数整数，且为两个元素所分配的应当是不同的。

——一个abstract-syntax-name :

i) 对于其中一个元素，它应当是一个客体标识符，标识了 ACSE 抽象语法（id-acseAS）；并且

ii) 对于另一个元素，它应当是与要建立的应用联系类型相对应的目录抽象语法的客体标识符（相应的，为id-as-directoryAccessAS ,id-as-directorySystemAS ,id-asdirectoryShadowAS 或者id-as-directoryOperationalBindingManagementAS）；

——一个transfer-syntax-name-list，它应当由一个单独元素组成，此元素为基本编码规则（BER）的客体标识符；

注 2：ISO/IEC 8823-1:1994 允许建议多个传送语法，在这些传送语法中，响应者可以选择其一。在第 12 章中定义的扩展规则中要求使用 BER。

关于抽象语法和传送语法的详细信息见 8.1。

e) user-data 子组件具有下列元素：

注 3：user-data 子组件体现了 ISO/IEC 8823-1:1994 中定义的 CP PPDU 的user-data 的fully-encoded-data 选项。fully-encoded-data 包括一个PVD-list 的序列。本目录规范精确地要求仅有一个PVD-list 。因此，此序列类型规定了有且仅有一个值。

——transfer-syntax-name 子组件，如果存在的话，应当是基本编码规则（BER）的客体标识符；

注 4：根据 ISO/IEC 8823-1:1994 的 8.4.2.7:"当为表示数据值的表示上下文提议了多个传送语法的名字时，应当出现传送语法的名字"。

——presentation-context-identifier 子组件应当给定一个值，其值与规定了 ACSE 抽象语法的presentation-context-definition-list 中的元素的presentation-context-identifier 相同；

——presentation-data-values 子组件应当拥有 7.6.1.2 规定的 ACSE 协议元素。

7.6.1.2 ACSE 协议元素

ACSE 协议元素是上述AARQ-apdu 数据类型所定义的那些元素，除了内嵌的TheOsiBind 之外。

注 1：ACSE 协议元素是 ISO/IEC 8650-1:1996 中定义的AARQ-apdu 中的相关组件。本系列目录规范中仅使用了 ACSE 的核心功能单元。根据 ISO/IEC 8650-1:1996 的 9.1，组件 sender-acse-requirements，mechanism-name，calling-authentication-value 和application-context-namelist 是不适用的。

protocol-version 组件应当被忽略，或者被设置为version1，即比特 0 被设置。如果该组件存在，则发起者不能在比特 0 后包含任何比特。如果响应者接收到一个绑定请求，其中该组件存在，且比特 0 被设置，同时有一个或多个其他比特也都被设置，则这些比特应当被忽略。如果比特 0 未被设置，但是其他某些比特被设置，则响应者应用进程应当以一个OsiBindError（见 7.6.3）作为答复，其中Associate-source-diagnostic 被设置为no-common-acse-version 。

application-context-name 组件应当：

a) 对于 DAP，被设置为id-ac-directoryAccessAC ；

b) 对于 DSP，被设置为id-as-directorySystemAC ；

c) 对于 DISP，被设置为如下之一：

——id-ac-shadowConsumerInitiatedAC ；

——id-ac-shadowSupplierInitiatedAC ；

——id-ac-shadowSupplierInitiatedAsynchronousAC ；或者

——id-ac-shadowConsumerInitiatedAsynchronousAC ；

d) 对于 DOP，被设置为id-ac-directoryOperationalBindingManagementAC 。

如果响应者不支持规定的application-context-name，则它应以一个OsiBindError(见7.6.3)来答复，其中Associate-source-diagnostic被设置为application-context-name-not-supported。

called-AP-title组件，如果存在的话，其值应当从如下方式中获取：

——作为之前目录操作结果的ContinuationReference中返回的信息中；或者

——本地拥有的信息中。

如果响应者不能识别called-AP-title，则它应当以一个OsiBindError(见7.6.3)来答复，其中Associate-source-diagnostic被设置为called-AP-title-not-recognized。

called-AE-qualifier组件，如果存在的话，其值应当从如下方式中获取：

——作为之前目录操作结果的ContinuationReference中返回的信息中；或者

——本地拥有的信息中。

如果响应者不能够识别called-AE-qualifier，则它应当以一个OsiBindError(见7.6.3)来答复，其中Associate-source-diagnostic被设置为called-AE-qualifier-not-recognized。

called-AP-invocation-identifier组件可以可选地被提供，如果关于其值的信息从之前的应用联系中还保留的话。如果响应者不能够识别called-AP-invocation-identifier，则它应当以一个OsiBindError(见7.6.3)来答复，其中Associate-source-diagnostic被设置为called-AP-invocation-identifier-not-recognized。

called-AE-invocation-identifier组件可以可选地被提供，如果关于其值的信息从之前的应用联系中还保留的话。如果响应者不能够识别called-AE-invocation-identifier，则它应当以一个OsiBindError(见7.6.3)来答复，其中Associate-source-diagnostic被设置为called-AE-invocation-identifier-not-recognized。

calling-AP-title组件，如果被提供的话，应当从本地所拥有的信息中获得。如果响应者希望确信发起者的身份，但又不识别calling-AP-title时，则它可以通过一个OsiBindError(见7.6.3)来拒绝此应用联系，其中Associate-source-diagnostic被设置为calling-AP-title-not-recognized。

calling-AE-qualifier组件，如果被提供的话，应当从本地所拥有的信息中获得。如果响应者希望确信发起者的身份，但又不识别calling-AE-qualifier时，则它可以通过一个OsiBindError(见7.6.3)来拒绝此应用联系，其中Associate-source-diagnostic被设置为calling-AE-qualifier-not-recognized。

calling-AP-invocation-identifier组件可以可选地被提供。一个接收系统可以忽略其值，如果该组件存在的话。如果响应者希望确信发起者的身份，但又不识别calling-AP-invocation-identifier时，则它可以通过一个OsiBindError(见7.6.3)来拒绝此应用联系，其中Associate-source-diagnostic被设置为calling-AP-invocation-identifier-not-recognized。

calling-AE-invocation-identifier组件可以可选地被提供。一个响应系统可以忽略其值，如果该组件存在的话。如果响应者希望确信发起者的身份，但又不识别calling-AE-invocation-identifier时，则它可以通过一个OsiBindError(见7.6.3)来拒绝此应用联系，其中Associate-source-diagnostic被设置为calling-AE-invocation-identifier-not-recognized。

implementation-information组件可以拥有与实现相关的特定信息。该信息不影响应用联系的建立规程。

user-information组件具有下述子组件：

a) direct-reference，如果存在的话，应当具有基本编码规则(BER)的客体标识符；

b) indirect-reference应当标识7.6.1.1的d)中定义的presentation-context-definition-list内的目录抽象语法；以及

c) single-ASN1-type应当具有7.6.1.3中规定的绑定协议元素。

注2：user-information组件对应于ISO/IEC 8650-1:1996中定义的AARQ-apdu中的user-information组件。该组件是一个SEQUENCE OF EXTERNAL。本系列目录规范要求仅存在一个EXTERNAL(见7.6.1中的注)。

7.6.1.3 绑定协议元素

TheOsiBind 应当是为讨论中的目录协议所定义的绑定请求参数。

注：绑定参数起始于 GB/T 16975.1—2000 中定义的[16]标签。

7.6.2 **OSI 绑定结果**

如果OsiBind 被接受，且响应者决定参与到此应用联系中时，响应者将会返回一个OsiBindResult 。

```
OsiBindResult {APPLICATION-CONTEXT:Protocols}::= SET {
        mode-selector               [0] IMPLICIT SET {mode-value [0] IMPLICIT INTEGER
(1)},
        normal-modeparameters       [2] IMPLICIT SEQUENCE {
            protocol-version        [0] IMPLICIT BIT STRING {version-1(0)}DEFAULT {ver-
sion-1},
            responding-presentation-solector
                                    [3] IMPLICIT Presentation-selector OPTIONAL,
            presentation-context-definition-result-list
                                    [5] IMPLICIT SEQUENCE SIZE (2)OF SEQUENCE {
                result                      [0] IMPLICIT Result (acceptance),
                transfer-syntax-name        [1] IMPLICIT Transfer-syntax-name},
            user-data               CHOICE {
                fully-encoded-data          [APPLICATION 1] IMPLICIT SEQUENCE SIZE
(1) OF SEQUENCE {
                    transfer-syntax-name            Transfer-syntax-name OPTIONAL,
                    presentation-context-identifier Presentation-context-identifier,
                    presentation-data-values        CHOICE {
                        single-ASN1-type            [0] AARE-apdu {{Protocols}}}}}}}

Result::= INTEGER {
        acceptance              (0),
        user-rejection          (1),
        provider-rejection      (2)}

AARE-apdu {APPLICATION-CONTEXT: Protocols}::= [APPLICATION 1] IMPLICIT SE-
QUENCE {
        protocol-version                        [0]
                    IMPLICIT BIT STRING {version1 (0)} DEFAULT {version1},
        application-context-name                [1] Application-context-name,
        result                                  [2] Associate-result (accepted),
        result-source-diagnostic                [3] Associate-source-diagnostic,
        responding-AP-title                     [4] Name                        OPTIONAL,
        responding-AE-qualifier                 [5] RelativeDistinguishedName   OPTIONAL,
        responding-AP-invocation-identifier     [6] AP-invocation-identifier    OPTIONAL,
        responding-AE-invocation-identifier     [7] AE-invocation-identifier    OPTIONAL,
        implementation-information              [29] IMPLICIT Implementation-data OPTIONAL,
        user-information                        [30]
```

```
        IMPLICIT SEQUENCE SIZE(1) OF [UNIVERSAL 8] IMPLICIT SEQUENCE {
    direct-reference                    OBJECT IDENTIFIER OPTIONAL,
    indirect-reference                  Presentation-context-identifier,
    encoding                            CHOICE {
        single-ASN1-type        [0] TheOsiBindRes {{Protocols}}}}}
```

注：见 7.6.1 中的注。

```
Associate-result::= INTEGER {
    accepted                (0),
    rejected-permanent      (1),
    rejected-transient      (2)}(0..2, …)
Associate-source-diagnostic::= CHOICE {
    acse-service-user       [1]    INTEGER {
                            null                                             (0),
                            no-reason-given                                  (1),
                            application-context-name-not-supported           (2),
                            calling-AP-title-not-recognized                  (3),
                            calling-AP-invocation-identifier-not-recognized  (4),
                            calling-AE-qualifier-not-recognized              (5),
                            calling-AE-invocation-identifier-not-recognized  (6),
                            called-AP-title-not-recognized                   (7),
                            called-AP-invocation-identifier-nor-recognized   (8),
                            called-AE-qualifier-not-recognized               (9),
                            called-AE-invocation-identifier-not-recognized   (10)}(0..10, …),
    acse-service-provider   [2] INTEGER{
                            null                                             (0),
                            no-reason-given                                  (1),
                            no-common-acse-version                           (2)} (0..2, …)}

TheOsiBindRes {APPLICATION-CONTEXT:Protocols}::=
                [17] APPLICATION-CONTEXT.&bind-operation.&ResultType ({Protocols})
```

OsiBindResult 被携带在会话 ACCEPT SPDU(见 8.3.4)的用户数据参数中。

7.6.2.1 表示协议元素

组成一个 CPA PPDU 的表示协议元素是由上述的OsiBindResult 数据类型来定义的，除了内嵌的 AARE-apdu 之外。

mode-selector 组件应当总是被设置为 1。

normal-mode-parameters 组件具有下列子组件：

a) protocol-version 子组件应当被忽略，或者被设置为version-1；

b) responding-presentation-selector 子组件，如果被提供，其值应当从本地拥有的信息中获取；

c) presentation-context-definition-result-list 子组件应当具有两个元素，其顺序对应于绑定请求的presentation-context-definition-list 中所提供的元素顺序，每个元素都为相应元素提供上下文协商的结果，如下所述：

——result 应当存在，并且被设置为acceptance 。

——transfer-syntax-name 应当存在，并且指定了基本编码规则(BER)的客体标识符。

d) user-data 子组件具有下列元素：

——transfer-syntax-name 子组件，如果存在的话，应当是基本编码规则(BER)的客体标识符。

——presentation-context-identifier 子组件应当被给定一个值，其值应与规定了 ACSE 抽象语法名字的绑定请求中的presentation-context-definition-list 中元素的presentation-contextidentifier 具有相同的值。

——presentation-data-values 子组件应当拥有 7.6.2.2 规定的 ACSE 协议元素。

7.6.2.2 ACSE 协议元素

protocol-version 组件应当被忽略，或者被设置为version1 ，即比特 0 被设置。如果该组件存在，则响应者不应当在比特 0 之后包含任何比特。

result 组件应当被响应者设置为accepted 。

result-source-diagnostic 组件应当选取acse-service-user 选项，并且取值为null 或者no-reason-given 。

application-context-name 组件应当存在，并且被设置为绑定请求中相应组件的值。

responding-AP-title 组件，如果被提供，则应当从本地拥有的信息中获取。

responding-AE-qualifier 组件，如果被提供，则应当从本地拥有的信息中获取。

responding-AP-invocation-identifier 组件可以可选地被提供。响应者可以忽略此组件，如果此组件存在的话。

responding-AE-invocation-identifier 组件可以可选地被提供。响应者可以忽略此组件，如果此组件存在的话。

implementation-information 组件可以拥有与实现相关的特定信息。这些信息不会影响应用联系的建立规程。

user-information 组件具有下列子组件：

a) direct-reference ，如果存在的话，应当为 ASN.1 基本编码规则(BER)分配的客体标识符。

b) indirect-reference 应当标识 7.6.1.1 的 d)中定义的presentation-context-definition-list 内的目录抽象语法。

c) single-ASN1-type 应当拥有 7.6.2.3 中规定的绑定结果协议元素。

7.6.2.3 绑定结果协议元素

TheOsiBindRes 应当是为讨论中的目录协议所定义的绑定结果类型。

注：绑定结果以 GB/T 16975.1—2000 中定义的[17]标签开始。

7.6.3 OSI 绑定差错

```
OsiBindError {APPLICATION-CONTEXT:Protocols}::= CHOICE {
        normal-mode-parameters SEQUENCE {
                protocol-version [0] IMPLICIT BIT STRING {version-1(0)} DEFAULT {version-1},
                responding-presentation-selector
                                        [3] IMPLICIT Presentation-selector OPTIONAL,
                presentation-context-definition-result-list
                                        [5] IMPLICIT Result-list OPTIONAL,
                provider-reason  [10] IMPLICIT Provider-reason OPTIONAL,
                user-data              CHOICE {
                        fully-encoded-data          [APPLICATION 1] IMPLICIT SEQUENCE SIZE (1)OF
```

```
SEQUENCE {
                    transfer-syntax-name              Transfer-syntax-name OPTIONAL,
                    presentation-context-identifier   Presentation-context-identifier,
                    presentation-data-values          CHOICE {
                        single-ASN1-type               [0] AAREerr-apdu {{Protocols}}}}} OP-
TIONAL}}

Result-list::= SEQUENCE SIZE (2)OF SEQUENCE {
        result                          [0] IMPLICIT Result,
        transfer-syntax-name            [1] IMPLICIT Transfer-syntax-name OPTIONAL,
        provider-reason                 [2] IMPLICIT INTEGER {
            reason-not-specified                            (0),
            abstract-syntax-not-supported                   (1),
            proposed-transfer-syntaxes-not-supported        (2)} OPTIONAL}

Provider-reason::= INTEGER {
        reason-not-specified                    (0),
        temporary-congestion                    (1),
        local-limit-exceeded                    (2),
        called-presentation-address-unknown     (3),
        protocol-version-not-supported          (4),
        default-context-not-supported           (5),
        user-data-not-readable                  (6),
        no-PSAP-available                       (7)}

AAREerr-apdu {APPLICATION-CONTEXT:Protocols}::= [APPLICATION 1] IMPLICIT SE-
QUENCE {
        protocol-version                    [0] IMPLICIT BIT STRING {version1(0)}
                                                DEFAULT {version 1},
        application-context-name            [1] Application-context-name,
        result                              [2] Associate-result (rejected-permanent..rejected-transi-
ent),
        result-source-diagnostic            [3] Associate-source-diagnostic,
        responding-AP-title                 [4] Name                          OPTIONAL,
        responding-AE-qualifier             [5] RelativeDistinguishedName     OPTIONAL,
        responding-AP-invocation-identifier [6] AP-invocation-identifier      OPTIONAL,
        responding-AE-invocation-identifier [7] AE-invocation-identifier      OPTIONAL,
        implementation-information          [29] IMPLICIT Implementation-data OPTIONAL,
        user-information                    [30]
                IMPLICIT SEQUENCE SIZE(1)OF [UNIVERSAL 8] IMPLICIT SEQUENCE {
          direct-reference                      OBJECT IDENTIFIER OPTIONAL,
          indirect-reference                    Presentation-context-identifier,
          encoding                              CHOICE {
```

single-ASN1-type [0] TheOsiBindErr {{Protocols}}} OPTIONAL}}

注：见 7.6.1 中的注。

TheOsiBindErr {APPLICATION-CONTEXT:Protocols}::=

[18] APPLICATION-CONTEXT. &bind-operation. &Errors. &ParameterType ({Protocols})

OsiBindError 被携带在会话 REFUSE SPDU(见 8.3.5)的原因代码字段中。

7.6.3.1 **表示协议元素**

组成一个 CPR PPDU 的表示协议元素是由上述的OsiBindError 数据类型来定义的，除了内嵌的 AAREerr-apdu 之外。

normal-mode-parameters 组件具有下列子组件：

注 1：CPR-PPDU 可在 X.410 方式和常规方式之间进行选择。本系列目录规范仅使用常规方式。但依然保留 CHOICE 声明，以便确保当使用非 BER 或其他类似编码时可以按位后向兼容。

a) protocol-version 子组件应当按照 7.6.2.1 的规定。

b) responding-presentation-selector 子组件，如果被提供，则应当按照 7.6.2.1 的规定。

c) presentation-context-definition-result-list 子组件应当按照如下规定：

——如果拒绝是与表示上下文协商无关的，则result 元素应当被设置为acceptance，transfer-syntax-name 应当存在，并指定基本编码规则(BER)的客体标识符，同时provider-reason 元素应当不存在；

——如果讨论中的抽象语法不被任何提议的传送语法所支持，则result 元素应当被设置为provider-rejection，且provider-reason 元素应当存在，并具有适当的值；或者

——如果讨论中的抽象语法根本不被支持，且之前的项都不适用时，则result 元素应当被设置为user-rejection，且provider-reason 元素应当存在，并具有适当的值。

d) 如果是由于在绑定请求的表示协议元素内检测到问题而使得应用联系被拒绝时，provider-reason 子组件应当存在。否则，该组件应当不存在。

注 2：ISO/IEC 8823-1:1994 的 6.2.4.9 对provider-reason 的声明如下："如果该字段存在，则表明拒绝是由响应方表示服务提供者提出的；如果该字段不存在，则表明拒绝是由响应方 PS 用户提出的。"

e) 如果provider-reason 子组件存在，则user-data 子组件应当不存在。否则，该子组件应当存在，且具有下列元素：

——transfer-syntax-name 子组件，如果存在，则应当是 ASN.1 基本编码规则(BER)的客体标识符。

——presentation-context-identifier 子组件应当被给定一个值，其值应与规定了 ACSE 抽象语法名字的绑定请求中的presentation-context-definition-list 中元素的presentation-contex-tidentifier 具有相同的值。

——presentation-data-values 子组件应当拥有 7.6.3.2 中规定的 ACSE 协议元素。

7.6.3.2 **ACSE 协议元素**

protocol-version 组件应当按照 7.6.2.2 的规定。

application-context-name 组件应当存在，并且被设置为绑定请求中相应组件的值。

result 组件应当基于本地考虑，被设置为rejected-permanent 或者rejected-transient。

注：根据 GB/T 16975.1—2000 中的 11.1.1，一个绑定差错被携带在 A-ASSOCIATE 响应/证实中，其中 A-ASSOCIATE 服务原语中的结果参数值被设置为"rejected (permanent)"或者"rejected (transient)"，且绑定操作中的差错值被映射到这些服务原语的用户信息参数中。在协议级别，则被翻译为result 组件，该组件或者被设置为 rejected-permanent，或者被设置为rejected-transient。大多数绑定差错都反映了一种永久条件。然而，问题为 unavailable 的serviceError 可以被认为是暂时的。

result-source-diagnostic 组件应当根据条件，具有下述取值：

a) 如果拒绝是在一个目录协议之内，则应当选取acse-service-user 选项，且取值为null 或者no-reason-given；或者

b) 如果拒绝是与 ACSE 相关的，或者是由于指定的应用进程名称，应用实体标题或应用上下文中的差错而引起的，则应当选取acse-service-user 选项，且取适当的值。

responding-AP-title 组件，如果存在，则其值应当从本地拥有的信息中获取。

responding-AE-qualifier 组件，如果存在，则其值应当从本地拥有的信息中获取。

responding-AP-invocation-identifier 组件，如果存在，则可以被忽略，或者为将来与该 DSA 进行连接而保留。

responding-AE-invocation-identifier 组件，如果存在，则可以被忽略，或者为将来与该 DSA 进行连接而保留。

implementation-information 组件可以拥有与实现相关的特定信息。

user-information 组件具有下列子组件：

a) direct-reference，如果存在，应当拥有 ASN.1 基本编码规则(BER)的客体标识符；

b) indirect-reference 应当标识 7.6.1.1 的 d)中定义的presentation-context-definition-list 内的目录抽象语法；

c) single-ASN1-type 应当拥有 7.6.3.3 中规定的绑定差错协议元素。

7.6.3.3 绑定差错协议元素

TheOsiBindErr 应当是与差错类型相关的绑定差错类型。

注：绑定差错起始于 GB/T 16975.1—2000 中定义的[18]标签。

7.6.4 OSI 解绑定请求

```
OsiUnbind::= CHOICE {
        fully-encoded-data      [APPLICATION 1] IMPLICIT SEQUENCE SIZE (1) OF SE-
QUENCE {
            presentation-context-identifier Presentation-context-identifier,
            presentation-data-values    CHOICE {
                single-ASN1-type      [0] TheOsiUnbind}}}

TheOsiUnbind::= [APPLICATION 2] IMPLICIT SEQUENCE {
        reason [0] IMPLICIT Release-request-reason OPTIONAL}

Release-request-reason::= INTEGER {
        normal      (0)}
```

OsiUnbind 被携带在会话 FINISH SPDU(见 8.3.6)的用户数据中。

仅有应用联系的发起者才可以调用一个解绑定请求。

注 1：GB/T 16975.1—2000 的 8.5 定义了一个 CONNECTION-PACKAGE 信息客体类，其中的字段&responderCanUnbind 规定了响应者是否可以发起一个解绑定请求。其缺省值为FALSE。本目录规范的第 4 版没有为任何协议增加&responderCanUnbind 字段。IDM 协议允许响应者发起一个解绑定请求，除了 DAP 协议之外(见 9.2.2)。

注 2：GB/T 16975.1—2000 的 8.5 还在CONNECTION-PACKAGE 信息客体类中定义了一个&unbindCanFail 字段，其缺省值为FALSE。本目录规范的第 4 版没有为任何协议增加&unbindCanFail 字段。

7.6.4.1 表示协议元素

表示协议元素仅指那些由 ISO/IEC 8823-1:1994 定义的数据类型User-data 所定义的协议元素。

presentation-context-identifier 组件应当被给定一个值，其值应与规定了 ACSE 抽象语法的绑定请

求中的presentation-context-definition-list 中元素的presentation-context-identifier 具有相同的值。

presentation-data-values 组件应当拥有 7.6.4.2 中规定的 ACSE 协议元素。

7.6.4.2 ACSE 协议元素

reason 组件应当被设置为normal 或该组件不存在。reason 组件的不存在表示正常释放。

注 1：根据 GB/T 16975.2—1997 的 11.1.2，reason 应当总是被设置为normal 。

注 2：根据 ISO/IEC 8823-1：1994，一个连接的正常释放是没有表示协议元素的。正常释放是通过底层会话连接的正常释放而完成的。

7.6.5 OSI 解绑定结果

```
OsiUnbindResult::= CHOICE {
        fully-encoded-data          [APPLICATION 1] IMPLICIT SEQUENCE SIZE (1) OF SE-
QUENCE {
            presentation-context-identifier Presentation-context-identifier,
            presentation-data-values   CHOICE {
                single-ASN1-type      [0] TheOsiUnbindRes}}

TheOsiUnbindRes::= [APPLICATION 3] IMPLICIT SEQUENCE {
        reason [0]   IMPLICIT Release-response-reason OPTIONAL}

Release-response-reason::= INTEGER {
        normal      (0)}
```

注：第 5 版之前的规范规定了 GB/T 16688 中定义的 A-RELEASE 服务的结果参数应当被设置"affirmative"。

OsiUnbindResult 被携带在会话 DISCONNECT SPDU(见 8.3.7)的用户数据中。

7.6.5.1 表示协议元素

表示协议元素仅指的是那些被 ISO/IEC 8823-1：1994 中定义的User-data 数据类型所定义的协议元素。

presentation-context-identifier 组件应当被给定一个值，其值应与规定了 ACSE 抽象语法的绑定请求中的presentation-context-definition-list 中元素的presentation-context-identifier 具有相同的值。

presentation-data-values 组件应当拥有 ACSE 释放请求。

7.6.5.2 ACSE 协议元素

原因(reason)组件的不存在表示正常释放。

7.6.6 OSI 操作

```
OsiOperation {OPERATION:Operations}::= CHOICE {
        fully-encoded-data       [APPLICATION 1] IMPLICIT SEQUENCE SIZE (1) OF SE-
QUENCE {
            presentation-context-identifier Presentation-context-identifier,
            presentation-data-values     CHOICE {
                single-ASN1-type      [0] CHOICE {
                    request  OsiReq {{Operations}},
                    result   OsiRes {{Operations}},
                    error    OsiErr {{Operations}},
                    reject   OsiRej}}}}
```

OsiOperation 被携带在会话 DATA TRANSFER SPDU(见 8.3.10)的用户信息字段中。

7.6.6.1 表示协议元素

presentation-context-identifier 组件宜给定一个值，其值与绑定请求中presentation-context-definition-list 元素的presentation-context-identifier 具有相同的值，该绑定请求规定了有关问题的目录协议的目录抽象语法名(称)。

presentation-data-values 组件应保持目录请求、结果、差错或拒绝。

7.6.6.2 **OSI 请求**

```
OsiReq{OPERATION:Operations}::= [1] IMPLICIT SEQUENCE {
        invokeId        InvokeId,
        opcode          OPERATION. &operationCode ({Operations}),
        argument        OPERATION. &ArgumentType ({Operations} {@opcode})}
```

注 1：请求起始于 GB/T 16975.1—2000 中定义的[1]标签。

invokeId 组件标识了一个特定的调用。它的取值不应是已经用于先前请求的值，该请求要求一个响应(结果和/或差错)并仍在进行过程中。如果出现了这种情况，则接收者应当发出一个OsiReject，其中InvokeProblem 被设置为duplicateInvocation 。如果该请求不是应要求有响应，则在多长时间后可以重用invokeId 是由内部进行选择的。

注 2：所有目前定义的目录操作都要求有一个响应。

opcode 组件的取值应为特定操作类型的操作代码。如果指定了一个未知的操作代码，则接收者应当发出一个OSIReject，其中InvokeProblem 被设置为unrecognizedOperation 。

argument 组件应持有变元，该变元由所涉及协议的 opcode 组件标识的操作类型中的&ArgumentType 字段形成。

7.6.6.3 **OSI 结果**

```
OsiRes {OPERATION:Operations}::= [2] IMPLICIT SEQUENCE {
        InvokeId InvokeId,
        result   SEQUENCE {
            opcode OPERATION. &operationCode ({Operations}),
            result OPERATION. &ResultType ({Operations} {@opcode})}}
```

注：结果起始于 GB/T 16975.1—2000 中定义的[2]标签。

invokeID 组件的取值应当与相应请求中指定的值相同。

opcode 组件的取值应当与相应请求中指定的值相同。

result 组件的取值应当是根据所讨论协议的opcode 组件指定的操作类型中的&ResultType 字段来构造的结果。

7.6.6.4 **OSI 差错**

```
OsiErr {OPERATION:Operations}::= [3] IMPLICIT SEQUENCE{
        invokeID        InvokeId,
        errcode         OPERATION . &Errors. &errorCode ({Operations}),
        error           OPERATION. &Errors. &ParameterType ({Operations} {@. errcode})}
```

注：差错起始于 GB/T 16975.1—2000 中定义的[3]标签。

invokeID 组件的取值应当与相应的OsiRequest 中指定的值相同。

errcode 组件的取值应当被设置为某种差错代码，该差错是由相应的OsiRequest 中的opcode 所标识的OPERATION 信息客体中的ERRORS 字段所标识的差错之一。

error 组件持有由errcode 组件所标识的参数。

7.6.6.5 **OSI 拒绝**

类型OsiRej 被用于报告其他目录 PDU 的差错使用。它被规定如下：

```
OsiRej::= [4] IMPLICIT SEQUENCE {
        InvokeId InvokeId,
```

```
    problem CHOICE {
        general          [0] GeneralProblem,
        invoke           [1] InvokeProblem,
        returnResult     [2] ReturnResultProblem,
        returnError      [3] ReturnErrorProblem}}
```

注：拒绝起始于 GB/T 16975.1—2000 中定义的[4]标签。

invokeId 组件的取值应当与被拒绝的 PDU 中指定的调用号相同，除非如果invokeId 不能够被终止，则该字段应当选取absent 选项(见 6.2)。

problem 组件应当拥有 7.6.6.6 中定义的拒绝问题。

7.6.6.6 拒绝问题

```
GeneralProblem::= INTEGER {
    unrecognizedPDU          (0),
    mistypedPDU              (1),
    badlyStructuredPDU       (2)}
```

GeneralProblem 是目录 PDU 的具有格式或结构的基本问题。其可能性规定如下：

a) unrecognizedPDU：PDU 的引导标签指示出它不是一个OsiRequest，OsiResult，OsiError 或 OsiReject；

b) mistypedPDU：PDU 的结构与相应的定义不符合；或者

c) badlyStructuredPDU：基于所期望的抽象语法，PDU 的结构不能被确定。

```
InvokeProblem::= INTEGER {
    duplicateInvocation          (0),
    unrecognizedOperation        (1),
    mistypedArgument             (2),
    resourceLimitation           (3),
    releaseInProgress            (4)}
```

InvokeProblem 指示OsiRequest 中的某些组件是错误的。其可能性规定如下：

a) duplicateInvocation：见 7.6.6.2；

b) unrecognizedOperation：操作代码不在所涉及的目录协议定义的代码之内；

c) mistypedArgument：变元没有按照opcode 组件所标识的操作的&ArgumentType 字段所要求的那样组织；

d) resourceLimitation：由于资源的限制，预期的执行者不愿意执行此操作；或者

e) releaseInProgress：由于正准备释放应用联系，预期的执行者不愿意执行此操作。

```
ReturnResultProblem::= INTEGER {
    unrecognizedInvocation          (0),
    resultResponseUnexpected        (1),
    mistypedResult                  (2)}
```

ReturnResultProblem 指示一个OsiResult 中的某些组件是错误的。其可能性规定如下：

a) unrecognizedInvocation：InvokeId 没有标识正在执行中的某个请求；

b) resultResponseUnexpected：为某个操作接收到了一个结果，而这个操作并没有定义结果；

注 1：所有当前定义的目录操作类型都规定了一个结果。

c) mistypedResult：结果没有按照opcode 组件标识的操作中的&ResultType 字段所要求的那样组织。

```
ReturnErrorProblem::= INTEGER {
```

```
        UnrecognizedInvocation          (0),
        errorResponseUnexpected         (1),
        unrecognizedError               (2),
        unexpectedError                 (3),
        mistypedParameter               (4)}
```

ReturnErrorProblem 指示一个OsiError 中的某些组件是错误的。其可能性规定如下：

a） unrecognizedInvocation：InvokeId 没有标识正在执行中的某个请求；

b） errorResponseUnexpected：为某个操作接收到了一个差错，而这个操作并没有定义差错；

注 2：所有当前定义的目录操作类型都规定了一个或多个差错。

c） unrecognizedError：接收到了一个差错，但该差错不是本系列目录规范所规定的差错之一；

d） unexpectedError：接收到了一个差错，但该差错不是opcode 组件标识的操作中的&Errors 字段所标识的差错之一；或者

e） mistypedParameter：差错结果的参数没有按照 errcode 组件标识的差错中的&ParameterType 字段所要求的那样组织。

7.6.7 表示夭折

夭折可以由于某种应用问题(ARU-PPDU)而引起，或者由于某个表示层问题(ARP-PPDU)而引起。

```
PresentationAbort ::= CHOICE {
        aru-ppdu ARU-PPDU,
        arp-ppdu ARP-PPDU}
```

7.6.7.1 OSI 应用夭折

```
ARU-PPDU:: = CHOICE {
        normal-mode-parameters   [0] IMPLICITSEQUENCE {
            presentation-context-identifier-list   [0] IMPLICIT Presentation-context-identifier-list,
            user-data                               CHOICE {
            fully-encoded-data [APPLICATION 1] IMPLICIT SEQUENCE SIZE (1) OF SEQUENCE {
                    presentation-context-identifier      Presentation-context-identifier,

                    presentation-data-values             CHOICE (
                        single-ASN1-type                 [0] ABRT-apdu}}}}}

Presentation-context-identifier-list::=
        SEQUENCE SIZE (1) OF SEQUENCE {
            presentation-context-identifier     Presentation-context-identifier,
            transfer-syntax-name                Transfer-syntax-name}

ABRT-apdu ::= [APPLICATION 4] IMPLICIT SEQUENCE {
        abort-source ABRT-source}

ABRT-source::= INTEGER {
        acse-service-user        (0),
        acse-service-provider    (1)}
```

如果夭折是由于目录协议层的问题或是在 ACSE 内部引起的，而不是在表示协议元素内部引

起的，则ABRT-PPDU 将被使用。

ABRT-PPDU 被携带在会话 ABORT SPDU 的用户数据内，且“Transport Disconnect”字段的第 2 个比特应当被置位，而第 3 个比特应当被复位(见 8.3.8)。

ABRT-PPDU 可以引起运输中信息的丢失。

在一个支持 DAP 的连接上接收到一个ABRT-PPDU，则会终止所有的请求处理。但在 GB/T 16264.4—2008 中描述的某些条件外，这一点对于 DSP 也是正确的。确认对 DIB 所要求的修改是否已经发生，是目录用户的责任。

在一个支持 DISP 的连接上接收到一个ABRT-PPDU，其行为在 ISO/IEC 9594-9:2005 中描述。

在一个支持 DOP 的连接上接收到一个ABRT-PPDU，其行为在 GB/T 16264.4—2008 中描述。

7.6.7.1.1 表示协议元素

normal-mode-parameters 组件具有下列子组件：

a) presentation-context-identifier-list 子组件指示了为用户数据采用哪种传送语法。在用户数据中仅包含 ACSE 信息。它应当仅具有一个元素，该元素为序列类型，包括：
   ——presentation-context-identifier 子组件应当被给定一个值，其值应与规定了 ACSE 抽象语法名字的绑定请求中的presentation-context-definition-list 中元素的presentation-context-identifier 具有相同的值；
   ——transfer-syntax-name 取值应当是基本编码规则(BER)的客体标识符。

b) user-data 子组件具有下列元素：
   ——presentation-context-identifier 子组件当被给定一个值，其值应与规定了 ACSE 抽象语法的presentation-context-definition-list 中元素的presentation-context-identifier 具有相同的值；
   ——presentation-data-values 子组件应当拥有 7.6.7.1.2 中定义的 ACSE 协议元素。

7.6.7.1.2 ACSE 协议元素

如果夭折是在目录协议层引起的，则ABRT-source 应当被设置为acse-service-user 。如果夭折是在 ACSE 层引起的，则ABRT-source 应当被设置为acse-service-provider 。

注：ISO/IEC 8650-1:1996 中定义的ABRT-apdu 具有两个附加的参数。如果仅有 Kernel 被使用，这意味着夭折的使用仅仅是为了标识一个协议差错，则abort-diagnostics 不应当出现。由于本系列目录规范没有提供夭折信息，因此user-information 没有被使用。

7.6.7.2 OSI 表示夭折

```
ARP-PPDU::= SEQUENCE{
        provider-reason         [0] IMPLICIT Abort-reason OPTIONAL,
        event-identifier        [1] IMPLICIT Event-identifier OPTIONAL}

Abort-reason::= INTEGER{
        reason-not-specified                    (0),
        unrecognized-ppdu                       (1),
        unexpected-ppdu                         (2),
        unexpected-session-service-primitive    (3),
        unrecognized-ppdu-parameter             (4),
        unexpected-ppdu-parameter               (5),
        invalid-ppdu-parameter-value            (6)}

Event-identifier:: = INTEGER {
```

```
    cp-PPDU                  (0),
    cpa-PPDU                 (1),
    cpr-PPDU                 (2),
    aru-PPDU                 (3),
    arp-PPDU                 (4),
    td-PPDU                  (7),
    s-release-indication     (14),
    s-release-confirm        (15)}
```

如果夭折是由于表示协议层内的问题而引起的,则ARP-PDU将被使用。

ARP-PDU 被携带在会话 ABORT SPDU 的用户数据中,且“Transport Disconnect”字段的第 2 个比特应当被置位,而第 3 个比特应当被复位(见 8.3.8)。

ARP-PDU 可引起运输中信息的丢失。

接收到一个ARP-PDU 应当同 7.6.7.1 中为ARU-PDU 规定的那样处理。

provider-reason 组件可以取如下的值之一:

a) reason-not-specified ;

b) unrecognized-ppdu 指示接收到一个未知的 PPDU;

注:这可以是 ISO/IEC 8823-1:1994 中定义的 PPDU,但本目录规范中并没有使用。

某些实现中可以标识为一个unexpected-ppdu 。然而,在实现时并不要求,应识别出本目录规范中没有定义的PPDU。

c) unexpected-ppdu 指示接收到一个由Event-identifier 所标识的 PPDU,而且是无序的;

d) unexpected-session-service-primitive 同Event-identifier 指示的一样;

e) unrecognized-ppdu-parameter :根据扩展规则(见 7.5 的注 1),不应当被使用;

f) unexpected-ppdu-parameter 指示尽管有一个参数被识别出来了,但是该参数并不是在此特定时间或地点所期望出现在Event-identifier 所标识的 PPDU 中的;

g) invalid-ppdu-parameter-value 指示某个参数在Event-identifier 所标识的 PPDU 中具有一个无效值。

当述涉及如上情况时,Event-identifier 字段应当出现。否则应当不出现。

a) s-release-indication 指示应用联系被对端系统的会话层功能意外地终止了;

b) s-release-confirm 指示应用联系被本地会话层功能意外地终止了。

8 目录协议映射到 OSI 服务

8.1 抽象语法和传送语法

作为应用联系的一部分,支撑协议的协议元素应在通信双方之间达成一致。这是通过将相关的抽象语法标识为绑定请求的一部分而完成的。每个抽象语法被分配了一个客体标识符,该标识符携带在绑定请求中。

每个目录协议都要求有两个抽象语法,一个体现的是 ACSE 协议的协议元素,而另一个体现的是实际的目录协议(即目录抽象语法)。

注:ACSE 的协议元素是第 5 版及后续版本系列目录规范的一部分。然而,为了后向兼容,还是有必要在绑定操作中标识出两种抽象语法。

目录抽象语法的客体标识符为:

```
id-as-directoryAccessAS      OBJECT IDENTIFIER ::=    {id-as 1}
id-as-directorySystemAS      OBJECT IDENTIFIER ::=    {id-as 2}
id-as-directoryShadowAS      OBJECT IDENTIFIER ::=    {id-as 3}
```

```
id-as-directoryOperationalBindingManagementAS     OBJECT IDENTIFIER ::=     {id-as 4}
```

ACSE 抽象语法的标识如下：

```
id-acseAS                                         OBJECT IDENTIFIER::=
        {joint-iso-itu-tassociation-control(2) abstract-syntax(1) apdus(0) version(1)}
```

一个抽象语法的 ASN.1 编码规则由一个客体标识符来标识。

ASN.1 编码规则的客体标识符在 GB/T 16263.1—2006 中定义。为了方便起见，在这里提供了 BER 的客体标识符：

```
{joint-iso-itu-t asn1(1)basic-encoding(1)}
```

8.2 应用上下文

一个应用上下文是两个应用实体间为了支持某个应用联系而共享的一些公共规则的集合。一个应用上下文由一个应用上下文名字来标识，其格式是一个客体标识符。应用上下文名字由绑定操作来告知。

一个应用上下文使用如下 ASN.1 信息客体类来定义：

```
APPLICATION-CONTEXT::= CLASS {
        &bind-operation              OPERATION,
        &Operations                  OPERATION,
        &applicationContextName      OBJECTIDENTIFIER UNIQUE}
WITH SYNTAX {
        BIND-OPERATION                     &bind-operation
        OPERATIONS                         &Operations
        APPLICATION CONTEXT NAME           &applicationContextName}
```

&bind-operation 字段用于提供告知应用上下文的绑定操作的类型。

&Operations 字段被用来列出所有的与应用上下文相关的目录操作。

&applicationContextName 字段被用来提供应用上下文的客体标识符。

注：这个 ASN.1 信息客体类是 GB/T 16975.2—1997 中定义的信息客体类的一个简化版本，在这里提供是因为某些规范使用此 ASN.1 信息客体引用，而不使用所分配的客体标识符。

8.2.1 DAP 的应用上下文

```
directoryAccessAC APPLICATION-CONTEXT::= {
        BIND-OPERATION                directoryBind
        OPERATIONS                         {read | compare | abandon | list | search| addEntry
                                           | removeEntry | modifyEntry | modifyDN}
        APPLICATION CONTEXT NAME id-ac-directoryAccessAC}
```

directoryAccessAC 应用上下文是一个定义 DAP 的应用上下文。支持该应用上下文则要求支持 id-acseAS 和id-as-directoryAccessAS 抽象语法。

对于一个 DUA，它意味着除可能的放弃(Abandon)操作类型外，还至少应支持一种 DAP 操作类型。对于一个 DSA，它意味着应支持所有的 DAP 操作。

8.2.2 DSP 的应用上下文

```
directorySystemAC APPLICATION-CONTEXT::= {
        BIND-OPERATION         dSABind
        OPERATIONS                          {chainedRead | chainedCompare | chainedAbandon
                                            | chainedList | chainedSearch
                                            | chainedAddEntry | chainedRemoveEntry
                                            | chainedModifyEntry | chainedModifyDN}
```

```
    APPLICATION CONTEXT NAME id-ac-directorySystemAC}
```

directorySystemAC 应用上下文是一个定义 DSP 的应用上下文。支持该应用上下文则要求支持 id-acseAS 和id-as-directorySystemAS 抽象语法。

它意味着支持上面所列的所有 DSP 操作。

8.2.3 DISP 的应用上下文

shadowSupplierInitiatedAC 应用上下文是某个应用联系的一个 DISP 应用上下文,在此应用联系上,影像更新由提供者发起,且操作方式为同步方式。

注:术语"消费者"和"提供者"用来指定两种角色。这些角色分别对应于 ISO/IEC 9594-9:2005 中使用的两个术语"影像消费者"和"影像提供者"。

```
shadowSupplierInitiatedAC APPLICATION-CONTEXT::= {
    BIND-OPERATION          dSAShadowBind
    OPERATIONS                      {updateShadow
                                    | coordinateShadowUpdate}
    APPLICATION CONTEXT NAME id-ac-shadowSupplierInitiatedAC}


shadowConsumerInitiatedAC APPLICATION-CONTEXT::= {
    BIND-OPERATION          dSAShadowBind
    OPERATIONS                      {requestShadowUpdate
                                    | updateShadow}
    APPLICATION CONTEXT NAME id-ac-shadowConsumerInitiatedAC}
```

shadowConsumerInitiatedAC 应用上下文是某个应用联系的一个 DISP 应用上下文,在此应用联系上,影像更新由消费者发起,且操作方式为同步方式。

```
shadowSupplierInitiatedAsynchronousAC APPLICATION-CONTEXT::= {
    BIND-OPERATION          dSAShadowBind
    OPERATIONS                      {updateShadow
                                    | coordinateShadowUpdate}
    APPLICATION CONTEXT NAME id-ac-shadowSupplierInitiatedAsynchronousAC}
```

shadowSupplierInitiatedAsynchronousAC 应用上下文是某个应用联系的一个 DISP 应用上下文,在此应用联系上,影像更新由提供者发起,且操作方式为异步方式。

8.2.4 DOP 的应用上下文

```
directoryOperationalBindingManagementAC APPLICATION-CONTEXT::= {
    BIND-OPERATION          dSAOperationalBindingManagementBind
    OPERATIONS                      {establishOperationalBinding
                                    | modifyOperationalBinding
                                    | terminateOperationalBinding}
    APPLICATION CONTEXT NAME id-ac-directoryOperationalBindingManagementAC}
```

directoryOperationalBindingManagementAC 应用上下文是一个定义 DOP 的应用上下文。

8.3 会话层规范

8.3.1 会话协议数据单元(SPDU)的结构

会话协议数据单元(SPDU)包含一个 SPDU 标识符(SI)以及零个或多个参数,每个参数都通过参数标识符(PI)来标识,可能还包括一个参数值(PV)字段。相关的参数可以组合起来,因此可以通过一个参数组标识符(PGI)来标识。

一个 SPDU 的第一部分是 SPDU 标识符(SI)字段。它由一个单独的八位位组组成。其值为一个二进制数。

长度标识符(LI)用来指示一个 SPDU 的长度、一个参数的长度或者一个参数组的长度。指示长度在 0～254 范围内的 LI 字段应当由一个八位位组组成。指示长度在 255～65535 范围内的 LI 字段应当由三个八位位组组成。

第 1 个八位位组编码为 1111 1111，而第 2 个和第 3 个八位位组应当包含相关参数字段的长度，其中高阶比特在两个八位位组中的前一个。

LI 字段的值不包括自身的长度，或者任何后续的用户信息字段的长度。

注：对于本目录规范所使用的 SPDU，仅有 DATA TRANSFER SPDU 具有一个用户信息字段。

八位位组的比特编号从 1 到 8，其中第 1 比特是最低有效位。

图 1 显示了 SPDU 不含参数的情况。ABORT ACCEPT SPDU 是一个示例。LI 字段因此取值为 0。

图 1　不带参数的 SPDU

图 2 显示了 SPDU 具有两个不同参数的情况，这两个参数每个都通过一个 PI 来标识。第一个 LI 字段指示的是 SPDU 的长度，不包括 SI 字段和 LI 字段本身。另两个 LI 字段指示的是参数的长度。

例如一个示例：如果第一个 PV 是 3 个八位位组，第二个 PV 是 4 个八位位组，则第一个 LI 字段的值为 11，第二个 LI 字段的值为 3，第三个 LI 字段的值为 4。

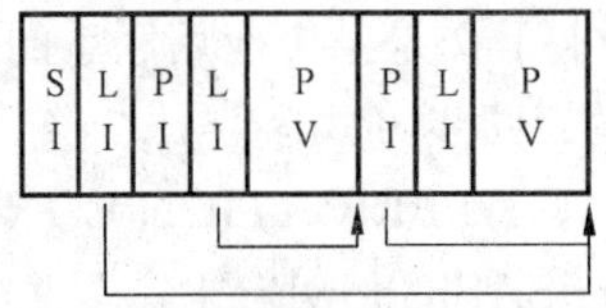

图 2　带参数的 SPDU——不成组的

图 3 显示了 SPDU 具有两个参数组合在一起的情况，每个参数都通过一个 PI 来标识。参数组通过一个 PGI 字段来标识。第一个 LI 字段指示了 SPDU 的长度，不包括 SI 字段和 LI 字段本身。下一个 LI 字段指示了参数组的长度，不包括 PGI 字段和 LI 字段本身。另两个 LI 字段指示了参数的长度。

例如一个示例：如果第一个 PV 是 5 个八位位组，第二个 PV 是 3 个八位位组，则第一个 LI 字段的值为 14，第二个 LI 字段的值为 12，第三个 LI 字段的值为 5，第四个 LI 字段的值为 3。

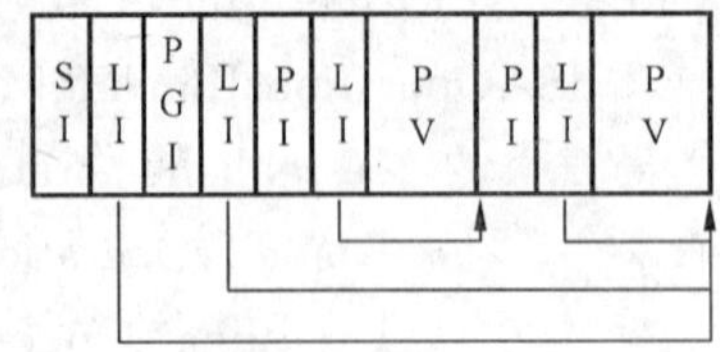

图 3　带参数的 SPDU——成组的

8.3.2　TSDU 尺寸和分段

运输服务数据单元(TSDU)的最大尺寸表示的是可以提交给运输层准备传输的最大八位位组数目。TSDU 的最大尺寸是在应用联系建立期间协商的，且在两个传输方向都需要进行协商(见 8.3.3 和 8.3.4)。如果一个包含了会话协议开销的目录 PDU 超出了此最大值，则有必要将目录 PDU 分段为多个 SPDU。

每个应用进程都会建议一个发起者被允许发送的最大 TSDU 的尺寸。在两个数目中，使用其中较小的一个。值为 0 被解释为对 TSDU 尺寸没有限制。如果有任意一个应用进程提议值为 0，则发起者不能够在此应用联系上发送分段数据。

每个应用进程都会提议一个响应者被允许发送的最大 TSDU 的尺寸。在两个数目中，使用其中较小的一个。值为 0 被解释为对 TSDU 尺寸没有限制。如果有任意一个应用进程提议值为 0，则响应者不能够在此应用联系上发送分段数据。

8.3.3 会话 CONNECT SPDU

表 1 CONNECT SPDU 的参数

PGI	M/O	代码	PI	M/O	代码	长度
连接标识符	O	1	主呼 SS 用户引用	O	10	最大 64 个八位位组
			公共引用	O	11	最大 64 个八位位组
			附加的引用信息	O	12	最大 4 个八位位组
连接/接受项	M	5	协议选项	M	19	一个八位位组
			TSDU 最大尺寸	O	21	4 个八位位组
			版本号	M	22	一个八位位组
			会话用户需要	M	20	2 个八位位组
			主呼会话选择因子	O	51	最大 16 个八位位组
			被呼会话选择因子	O	52	最大 16 个八位位组
用户数据	M	193				最大 512 个八位位组
扩展的用户数据	M	194				最大 10240 个八位位组
注：M——必备的，O——可选的。						

SI 字段给定值是 13（"0D"H）。

连接标识符是一个可选的参数组，由本地产生的数据来填写，允许对此会话连接进行标识。它可以具有下列可选的参数：

a) 主呼 SS 用户引用，即一个由发起者所选择的引用；

注 1：SS 用户或会话服务用户，是按照 GB/T 9387.1—1998 的表示层功能使用会话服务。

b) 公共引用；以及

c) 附加的引用信息。

连接/接受项是一个必选的参数组，具有下列参数：

a) 协议选项 ：在本目录规范中未使用 ISO/IEC 8327-1:1996 中定义的扩展级联，所以该字段不存在，或者应当将其置为"00" H（缺省值）。然而，实现时应当接受取值为"01"H。

b) 如果提议了一个 TSDU 最大尺寸，则 TSDU 最大尺寸的 PV 字段应当存在。如果 TSDU 最大尺寸 PV 字段存在，则：

   i) PV 字段的前两个八位位组应当包含所提议的最大 TSDU 尺寸，以八位位组来表示，其方向是从发起者到响应者，被编码为一个二进制数，其中两个八位位组中的第一个是数目的高阶部分。

   ii) PV 字段的下两个八位位组应当包含所提议的最大 TSDU 尺寸，以八位位组来表示，其方向是从响应者到发起者，被编码为一个二进制数，其中两个八位位组中的第一个是数目的高阶部分。如果该参数不存在，则对 TSDU 的最大尺寸没有限制。如果有任意一对八位位组取值为 0，则 TSDU 尺寸在这一对八位位组相关的传输方向上没有限制。

c) 版本号——该字段应当被赋值为"02"H。

会话用户需求字段应当被设置为"0002"H。

注 2：本目录仅使用了会话双工功能单元。

主呼会话选择因子字段取值为发起方的会话选择因子值,如果该值被分配的话,并且其值应当是根据本地拥有的信息来获取到的。如果发起方在其表示地址中没有会话选择因子,则该字段应当不存在。

如果已知被呼会话选择因子是对接收系统进行编址的一部分时,该字段应当存在。否则该字段应当不存在。如果存在,则其值宜从如下方式中获取:

- 作为之前某个目录操作结果的ContinuationReference 中返回的信息;或者
- 本地拥有的信息。

用户数据参数和扩展的用户数据参数都应当被支持,但在一个通信实例中,这两个参数中仅有一个可被使用。如果要包含的用户数据长度小于或等于 512 个八位位组,则应使用用户数据参数。如果用户数据大于 512 个八位位组,则应使用扩展的用户数据参数,而不能使用用户数据参数。

OSI 绑定请求被携带在会话 CONNECT SPDU(见 7.6.1)的用户数据中。OSI 绑定请求不应超过 10240 个八位位组。

8.3.4 会话 ACCEPT SPDU

表 2 ACCEPT SPDU 的参数

PGI	M/O	代码	PI	M/O	代码	长度
连接标识符	O	1	主呼用户 SS 引用	O	10	最大 64 个八位位组
			公共引用	O	11	最大 64 个八位位组
			附加的引用信息	O	12	最大 4 个八位位组
连接/接受项	O	5	协议选项	M	19	一个八位位组
			TSDU 最大尺寸	O	21	4 个八位位组
			版本号	M	22	一个八位位组
			会话用户需要	M	20	2 个八位位组
			主呼会话选择因子	O	51	最大 16 个八位位组
			响应方会话选择因子	O	52	最大 16 个八位位组
用户数据	M	193				

SI 字段给定值是 14("0E"H)。

连接标识符是一个可选的参数组,其中填入由本地产生的、标识会话连接的数据。它可以具有下列可选的参数:

a) 被呼 SS 用户引用;
b) 公共引用;以及
c) 附加的引用信息。

连接/接受项是一个必选的参数组,具有下列参数:

a) 协议选项——该字段应当不存在,或者应当被设置为"00"H(缺省值)。然而,实现时应当接受取值为"01"H。
b) TSDU 最大尺寸——如果响应者提议了一个 TSDU 最大尺寸,则该字段应当存在。该字段的编码和缺省值同 CONNECT SPDU(见 8.3.3)。
c) 版本号——该字段应当被赋值为"02"H。

会话用户需求字段应当被设置为"0002"H。

如果在 CONNECT SPDU 中存在主呼会话选择因子字段,则该字段应当存在,且其值应当与相应字段的值相同。否则该字段应当不存在。

响应方会话选择因子字段,如果被提供,其值应当从本地拥有的信息中获取。

用户数据参数应当被支持。它应被用来携带OsiBindResult（见 7.6.2）。

ACCEPT SPDU 的长度不应超过 65 539 个八位位组。

8.3.5 会话 REFUSE SPDU

会话 REFUSE SPDU 被响应者用于拒绝一个应用联系。

表 3 REFUSE SPDU 的参数

PGI	M/O	代码	PI	M/O	代码	长度
连接标识符	O	1	被呼用户 SS 引用	O	9	最大 64 个八位位组
			公共引用	O	11	最大 64 个八位位组
			附加的引用信息	O	12	最大 4 个八位位组
			运输断开连接	O	17	1 个八位位组
			会话用户需求	O	20	2 个八位位组
			版本号	O	22	1 个八位位组
			原因代码	M	50	见下

SI 字段应当被赋值为 12（“0C”H）。

连接标识符是一个可选的参数组，由本地产生的数据来填写，允许对此会话连接进行标识。它可以具有下列可选的参数：

a） 被呼 SS 用户引用；

b） 公共引用；以及

c） 附加的引用信息。

运输断开连接字段指示了底层的运输连接是应当被释放还是要保留。该字段的编码应当为：

a） 比特 1 ＝ 0：运输连接保留；

b） 比特 1 ＝ 1：运输连接被释放。

比特 2～8 保留。

如果该字段不存在，则运输连接被释放。

如果原因代码字段没有被设置为 2，则会话用户需求字段不应当存在。如果原因代码字段被设置为 2，则该字段应当存在，且被设置为“0002”H。

原因代码字段应当在第一个八位位组中包含一个原因代码。依赖于此第一个八位位组，可以需要使用后续的八位位组。下面的值是为第一个八位位组定义的：

a） 0：被被呼 SS 用户拒绝；原因未指定。

b） 1：由于临时拥塞被被呼 SS 用户拒绝。

c） 2：被被呼 SS 用户拒绝。后续的八位位组可被用于用户数据，如果选择的是协议版本 1，则最多可为 512 个八位位组，如果选择的是协议版本 2，则最多可使得 SPDU 的总长度（包括 SI 还 LI）不超过 65539 个八位位组即可。

d） * 128 ＋ 1：会话选择因子未知。

e） * 128 ＋ 2：SS 用户不能附加到 SSAP。

f） * 128 ＋ 3：在连接时间，会话协议机拥塞。

g） * 128 ＋ 4：不支持所提议的协议版本。

h） * 128 ＋ 5：被会话协议机拒绝，原因未指定。

i） * 128 ＋ 6：被会话协议机拒绝；在协议实现一致性声明中声明的实现限制。

注：标识了星号（*）的原因可被认为是永久性的，而其他可被认为是暂时的。

所有其他值都被保留。

8.3.6 会话 **FINISH SPDU**

表 4 FINISH SPDU 的参数

PGI	M/O	代码	PI	M/O	代码	长度
			运输断开连接	O	17	
用户数据	M	193				

SI 字段应当被赋值为 9。

运输断开连接字段指示了底层的运输连接是应当被释放还是要保留。该字段的编码应当为:

a) 比特 1 = 0:运输连接保留;或者

b) 比特 1 = 1:运输连接被释放。

如果该字段不存在,则运输连接被释放。

用户数据字段应当拥有OsiUnbind (见 7.6.4)。用户数据参数的长度被限制,使得 SPDU 的全部长度(包括 SI 和 LI)不超过 65 539 个八位位组。

注:ISO/IEC 8327-1:1996 中为 FINISH SPDU 定义的附录项(Enclosure Item)参数不适用,因为仅有一个有限数目的用户数据被传递。

8.3.7 会话 **DISCONNECT SPDU**

表 5 DISCONNECT SPDU 的参数

PGI	M/O	代码	PI	M/O	代码	长度
用户数据	M	193				

SI 字段应当被赋值为 10。

用户数据字段应当拥有OsiUnbindResult (见 7.6.5)。用户数据参数的长度被限制,使得 SPDU 的全部长度(包括 SI 和 LI)不超过 65 539 个八位位组。

注:ISO/IEC 8327-1:1996 中为 DISCONNECT SPDU 定义的附录项(Enclosure Item)参数不适用,因为仅有一个有限数目的用户数据被传递。

8.3.8 会话 **ABORT SPDU**

表 6 ABORT SPDU 的参数

PGI	M/O	代码	PI	M/O	代码	长度
			运输断开连接	M	17	
			反射参数值	O	49	最大 9 个八位位组
用户数据	O	193				

SI 字段应当被赋值为 25。

运输断开连接字段指示了运输连接是否应当被保留,并跟随一个可选的原因代码。该字段的编码应当为:

a) 比特 1 = 0:运输连接保留;

b) 比特 1 = 1:运输连接被释放;

c) 比特 2 = 1:用户夭折;

d) 比特 3 = 1:协议差错;

e) 比特 4 = 1:无原因;

f) 比特 5 = 1:在协议实现一致性声明中声明的实现限制。

比特 6~8 保留。

只有当运输断开连接字段指示为协议差错时，反射参数值字段才应当存在，并且应包含一个实现时定义的值和语义。

只有当运输断开连接字段指示为用户夭折时，用户数据字段才应当存在，并且应包含 ARU-PPDU(见 7.6.7.1)或者 ARP-PPDU(见 7.6.7.2)。用户数据参数的长度被限制，使得 SPDU 的全部长度(包含 SI 和 LI)不超过 65 539 个八位位组。

注：ISO/IEC 8327-1:1996 中为 ABORT SPDU 定义的附录项(Enclosure Item)参数不适用，因为仅有一个有限数目的用户数据被传递。

8.3.9 会话 ABORT ACCEPT SPDU

SI 字段应当被赋值为 26。

该 SPDU 没有相关联的参数字段。

8.3.10 会话 DATA TRANSFER SPDU

会话数据运输 SPDU 在原则上包含两个级联的 SPDU，其中第一个被称为 GIVE TOKEN SPDU。在本目录规范中，它仅以一个 SI 字段和一个长度字段的形式出现，且 SI 字段取值为 1，长度字段取值为 0。

注：ISO/IEC 8327-1:1996 定义了基本的和扩展的级联。本目录规范没有使用扩展的级联。基本级联仅适用于 DATA TRANSFER SPDU，且 ISO/IEC 8327-1:1996 的表 7 规定了 DATA TRANSFER SPDU 应当与 GIVE TOKEN SPDU 进行级联。由于我们仅使用了全双工功能单元，因此 Token 和用户数据项都不必要。

表 7 DATA TRANSFER SPDU 的参数

PGI	M/O	代码	PI	M/O	代码	长度
			附录项	O	25	1 个八位位组
用户信息字段						

DATA TRANSFER SPDU 的 SI 字段应当被赋值为 1。

用户信息字段拥有一个目录 PDU 的全部或部分。在 SI 字段之后的 LI 字段的值不包括用户信息字段。

附录项 PV 字段，如果存在的话，应当指示该 SPDU 是否是目录 PDU 的起始或终止。如果可以用到分段的话，则该字段应当存在。如果不使用分段，该字段不应当存在。该字段的编码应当为：

a) 比特 1 = 1：目录 PDU 的起始；
   比特 1 = 0：不是目录 PDU 的起始；

b) 比特 2 = 1：目录 PDU 的终止；
   比特 2 = 0：不是目录 PDU 的终止。

比特 3～8 被保留。

如果该字段不存在，则不允许使用分段，且该 SPDU 包含一个完整的目录 PDU。

编码示例如下：

如果不包含附录项，则级联 SPDU 的编码为："01 00 01 00"H。

如果包含附录项，则 SPDU 包含一个完整的目录 PDU，级联 SPDU 的编码为："01 00 01 03 19 01 03"H。

8.4 运输服务的使用

在一个应用联系能够被建立之前，一个 GB/T 12453—2008 中定义的运输连接应首先被建立。

只有运输连接的发起者才被允许发起一个应用联系。

注：此限制在 ISO/IEC 8327-1:1996 的 6.1.4 中规定。

所有的会话 SPDU 都被映射为 T-DATA 请求和 T-DATA 指示。

当应用联系被拒绝时，或者已经成功连接但后来由于夭折或有序释放而被断开连接后，所支持的运输连接或者被断开，或者被重用。

在如下情况下，运输连接可被保留重用：

a） 建立运输连接的应用进程通过 ABORT SPDU 或 FINISH SPDU 中的参数请求保持运输连接；或者

b） 建立运输连接的应用进程接收到一个 REFUSE SPDU 或者一个 ABORT SPDU，而且其中的参数指示了运输连接将被保留。

为了避免引起对所保留的运输连接的争夺，仅有运输连接的发起者在通过一个绑定请求建立一个新的应用联系时才可重用此运输连接。

没有使用运输加速流。

9 IDM 协议

本章定义了互联网直接映射协议（IDM），即将请求－响应服务元素直接映射到互联网的 TCP/IP 协议，而跨越了 OSI 模型的 ACSE，表示层，会话层和运输层。协议被明显地简化，这样设计是为了实现的简单性。它是面向连接的，并且是完全异步的。

本协议使用了一定数量的协议数据单元来传送绑定、请求、响应和差错消息。

9.1 IDM-PDU

互联网直接映射协议的消息作为一种协议数据单元在 TCP/IP 连接上传递，该协议数据单元被称为 IDM-PDU，并且如 9.6 规定的那样被映射到 TCP/IP 上。可选的，TCP/IP 连接可通过使用 TLS 而被保护，如 9.8 规定的那样。TLS 是在 RFC 2246 和 RFC 3546 中规定的。一个 IDM-PDU 的 ASN.1 定义如下。

```
IDM-PDU {IDM-PROTOCOL:protocol}::= CHOICE {
        bind                [0] IdmBind{{protocol}},
        bindResult          [1] IdmBindResult{{protocol}},
        bindError           [2] IdmBindError{{protocol}},
        request             [3] Request{{protocol.&Operations}},
        result              [4] IdmResult{{protocol.&Operations}},
        error               [5] Error{{protocol.&Operations}},
        reject              [6] IdmReject,
        unbind              [7] Unbind,
        abort               [8] Abort,
        startTLS            [9] StartTLS,
        tLSResponse         [10] TLSResponse}

IdmBind {IDM-PROTOCOL:Protocols}::= SEQUENCE {
    protocolID                  IDM-PROTOCOL.&id ({Protocols}),
        callingAETitle      [0] GeneralName OPTIONAL,
        calledAETitle       [1] GeneralName OPTIONAL,
        argument            [2] IDM-PROTOCOL.&bind-operation.&ArgumentType
                                ({Protocols}{@protocolID})}

IdmBindResult {IDM-PROTOCOL:Protocols}::= SEQUENCE{
        protocolID                  IDM-PROTOCOL.&id ({Protocols}),
        respondingAETitle       [0] GeneralName OPTIONAL,
        result                  [1] IDM-PROTOCOL.&bind-operation.&ResultType
```

```
                              ({Protocols} {@protocolID})}

IdmBindError{IDM-PROTOCOL:Protocols}::= SEQUENCE {
        protocolID                 IDM-PROTOCOL. &id ({Protocols}),
         errcode                     IDM-PROTOCOL. &bind-operation. & Errors. & error-
Code
                              ({Protocols} {@protocolID}),
        respondingAETitle        [0] GeneralNameOPTIONAL,
        aETitleError                ENUMERATED {
                              callingAETitleNotAccepted (0),
                              calledAETitleNotRecognized (1)} OPTIONAL,
        error                      [1] IDM-PROTOCOL. &bind-operation. & Errors. & Parame-
terType
                              ({Protocols} {@protocolID,@errcode})}

Request {OPERATION:Operations}::= SEQUENCE {
        invokeID        INTEGER,
        opcode          OPERATION. &operationCode ({Operations}),
        argument        OPERATION. &ArgumentType ({Operations} {@opcode})}

IdmResult {OPERATION:Operations}::= SEQUENCE {
        invokeID        INTEGER,
        opcode          OPERATION. &operationCode ({Operations}),
        result          OPERATION. &ResultType ({Operations} {@opcode})}

Error {OPERATION:Operations}::= SEQUENCE {
        invokeID        INTEGER,
        errcode         OPERATION. &Errors. & errorCode ({Operations}),
        error           OPERATION. & Errors. & ParameterType
                              ({Operations} {@errcode})}

IdmReject::= SEQUENCE {
        invokeID        INTEGER,
        reason ENU MERATED{
                mistypedPDU                         (0),
                duplicateInvokeIDRequest            (1),
                unsupportedOperationRequest         (2),
                unknownOperationRequest             (3),
                mistypedArgumentRequest             (4),
                resourceLimitationRequest           (5),
                unknownInvokeIDResult               (6),
                mistypedResultRequest               (7),
                unknownInvokeIDError                (8),
```

```
                    unknownError                        (9),
                    mistypedParameterError              (10)}}

Unbind::= NULL

Abort::= ENUMERATED{
            mistypedPDU               (0),
            unboundRequest            (1),
            invalidPDU                (2),
            resourceLimitation        (3),
            connectionFailed          (4),
            invalidProtocol           (5),
            reasonNotSpecified        (6)}

StartTLS::= NULL

TLSResponse::= ENUMERATED {
                    success                (0),
                    operationsError        (1),
                    protocolError          (2),
                    unavailable            (3)}
```

一个bind PDU是在发起者和响应者之间传递一个绑定请求。protocolID标识了将要使用的IDM-PROTOCOL 协议(见9.4)。argument是所标识的协议中BIND-OPERATION中的ARGUMENT字段的值。callingAETitle是发送bind PDU的本地应用实体的名字。calledAETitle是bind PDU要发送到的远端应用实体的名字。

一个bindResult PDU是一个成功的绑定请求所返回的响应。protocolID的取值与相应的bind PDU中的值相同。result是所标识的协议中BIND-OPERATION中的RESULT字段的值。respondingAETitle是发送bindResult的远端应用实体的名字。

一个bindError PDU是一个不成功的绑定请求所返回的响应。protocolID的取值与相应的bind PDU中的值相同。errcode是所标识的协议中BIND-OPERATION中的ERRORS字段所列出的差错代码之一。error是errcode所标识的ERROR中PARAMETER字段的值。respondingAETitle是发送bindError的远端应用实体的名字。如果被呼系统接收到一个bind PDU,且所提供的callingAETitle不被被呼系统所接受,则aETitleError将被设置为callingAETitleNotAccepted。如果远端应用实体接收到一个bind PDU,且远端应用实体已知正在绑定的应用,但不接受在bind PDU中发送的calledAETitle作为自己的名字,则aETitleError将被设置为calledAETitleNotRecognized。

一个request PDU被发送用来请求一个操作。invokeID标识了一个特定的请求以及相应的响应,它是一个正整数,且取值与之前在此TCP/IP连接上所发送的任何请求都不同。opcode的取值是所选协议的OPERATIONS字段中列出的操作代码之一。argument是opcode所标识的OPERATION中的ARGUMENT字段的值。

注:X.500系统中的InvokeId在语义上与RFC 2251的4.1.1.1中定义的LDAP系统中的messageID是等价的。

一个result PDU是一个成功的操作请求所返回的响应。invokeID和opcode的取值与相应的请求PDU中的值相同。result是opcode所标识的OPERATION中的RESULT字段的值。

一个error PDU是一个不成功的操作请求所返回的响应。invokeID的取值与相应的请求PDU中的值相同。

errcode 是在请求 PDU 的操作中的ERRORS 字段所列出的差错代码之一。error 是errcode 所标识的ERROR 中PARAMETER 字段的值。

如果在所接收的request ,result 或error PDU 中检测到一个协议差错,但调用 ID 能够被恢复,则返回一个reject PDU 作为响应。invokeID 是所接收到的出错 PDU 的调用 ID。reason 是一个代表差错的整数代码,在 9.4 中描述。

一个unbind PDU 被发送是以一种有序的方式关闭一个绑定,正如在 9.2 中描述的那样。它没有参数。

一个startTLS PDU 被 TCP/IP 的发起者发送,用来请求 TLS 的建立。

一个tLSResponse PDU 是 TCP/IP 的响应者在接收到一个startTLS PDU 后所发送的。一个成功的tLSResponse 指示响应者愿意也能够协商 TLS。一个非成功的tLSResponse 指示响应者或者不愿意,或者不能够协商 TLS。当响应者检测到不正确的操作顺序时,如在 TLS 已经被建立后又接收到一个startTLS PDU,在这种情况下,响应者应当返回一个operationsError 。如果由于设计原因或目前的配置原因等,响应者不支持 TLS,则响应者应当返回一个protocolError 。如果响应者支持 TLS,但它在startTLS 请求的时间点不能够建立 TLS,则响应者应当返回一个unavailable 。

9.2 顺序需求

9.2.1 绑定

TCP/IP 连接的发起者应当向响应者发出bind PDU。响应者通过发送一个bindResponse 或一个bindErrorPDU 来作为答复。一旦接收到bindResponse PDU,则可以说发起者和响应者之间的一个联系就准备好了。

在发送request PDU 之前,发起者应当首先发送一个bind PDU。它在发出bind PDU 之后,但在接收到bindResponse 或bindError 之前,就可发出request PDU。响应者应当在处理并响应所接收到的requestPDU 之前,首先处理并响应一个接收到的bind PDU。

如果协议允许响应者发起一个请求,则响应者可以在它一发送完某个bindResponse PDU 后,就发出这样一个请求。此时发起者应当在对所接收到的request PDU 进行答复之前,首先处理bindResponse 。

如果收到一个bindError ,则发起者可选择或者通过发送一个新的绑定 PDU 请求来尝试另一个绑定,或者选择关闭 TCP/IP 连接。

如果两个应用实体都使用绑定 PDU 中的AETitle 信息,则作为对绑定 PDU 的响应,可收到一个bindError PDU,其中 aETitleError 被设置为 callingAETitleNotAccepted 或 calledAETitleNotRecognized 。

9.2.2 解绑定

当使用 DAP 协议时,仅有绑定的发起者才可以发出一个unbind PDU。对于其他任何协议,发起者或响应者都可发出一个unbind PDU。一个unbind 是破坏性的,即任何未完成操作的结果都将被丢失(未定义)。为了避免数据的丢失,发起者应当在所有的请求都有响应后才能发出解绑定请求。

发起者或响应者在任何时间都可关闭底层的 TCP/IP 连接。任何未完成的请求都将丢失。

9.2.3 请求和响应

在发出一个bind PDU 或一个bindResult PDU 后,可在任何时间发出一个request PDU,请求该PDU 的接收者执行所指示的操作。request PDU 的接收者应当以一个result ,error 或者reject PDU 来进行答复。

请求是异步的,并不能保证响应的顺序与发出请求的顺序相同。

响应的接收者应当使用调用 ID 作为主要指示符,来判断响应属于哪个请求,如果调用 ID 是差错的,则应当拒绝此响应。

9.2.4 拒绝

应当使用reject PDU 来指示在处理一个request，result 或error PDU 时，遇到了某种问题。

如果发生了任何其他协议差错，或者如果调用 ID 不能被识别，则连接将被关闭。

9.3 协议

在 IDM 协议内所使用的协议通过使用IDM-PROTOCOL 信息客体类来定义，定义如下：

```
IDM-PROTOCOL::= CLASS {
        &bind-operation        OPERATION,
        & Operations           OPERATION,
        &id                    OBJECT IDENTIFIER UNIQUE}
WITH SYNTAX {
        BIND-OPERATION         &bind-operation
        OPERATIONS             & Operations
        ID                     &id}
```

IDM-PROTOCOL 类的每个实例都定义了 IDM 协议内使用的绑定操作和请求/响应操作。bind-Operation 字段定义了绑定所使用的操作；该操作的ARGUMENT 字段与标识该协议的bind PDU 一起使用，RESULT 字段与bindResult PDU 一起使用，并且该操作的ERRORS 字段中给定的差错之一与bindError PDU 一起使用。

Operations 字段定义了在 IDM 协议的request，result 和error PDU 内可以使用的操作。id 字段是协议标识符。

它还隐含地为一个绑定请求决定了应用上下文。因而，为每个必需的应用上下文都定义了一个单独的IDM-PROTOCOL。

9.4 拒绝原因

一个reject PDU 是为了响应各种差错条件而返回的。它们所表示的差错条件和原因代码描述如下：

当 PDU 被无效地构造时，返回一个mistypedPDU 原因。

当接收到一个请求 PDU，但在连接建立后，此invokeID 在之前已经被使用过了，则返回一个duplicateInvokeIDRequest 原因。

当接收到一个请求 PDU，但所请求的操作不支持时，则返回一个unsupportedOperationRequest 原因。

当接收到一个请求 PDU，但所请求的操作未知时，则返回一个unknownOperationRequest 原因。

当接收到一个请求 PDU，但argument 被无效的构造时，则返回一个mistypedArgumentRequest 原因。

当接收到一个请求 PDU，但由于资源限制不能执行操作时，则返回一个resourceLimitationRequest 原因。

当接收到一个结果 PDU，但其invokeID 与期望接收响应的操作的invokeID 不匹配时，则返回一个unknownInvokeIDResult 原因。

当接收到一个结果 PDU，但result 被无效的构造时，或者opcode 与相应的请求 PDU 的opcode 不匹配时，则返回一个mistypedResultRequest 原因。

当接收到一个差错 PDU，但其invokeID 与期望接收响应的操作的invokeID 不匹配时，则返回一个unknownInvokeIDError 原因。

当接收到一个差错 PDU，但所指示的差错不属于指定的协议，或者不允许作为操作的响应时，则返回一个unknownError 原因。

当接收到一个差错 PDU，但parameter 被无效的构造时，或者opcode 与相应的请求 PDU 的opcode

不匹配时，则返回一个mistypedParameterError 原因。

9.5 夭折原因

一个Abort PDU 是为了响应Reject 或BindError PDU 所不能涵盖的各种差错条件而返回的。它们所表示的差错条件和原因代码描述如下：

当所接收到的 PDU 具有一个无效结构时，则返回一个mistypedPDU 原因。

如果在连接建立之前就接收到一个请求 PDU，则返回一个unboundRequest 原因。

当一个 DSA 获得一个非IDM-PDU 的 PDU 时，则返回一个invalidPDU 原因。

当接收到一个绑定 PDU，但由于资源限制不能执行操作，如超出了最大的连接数量，则返回一个resourceLimitation 原因。

当 DSA 不能创建一个 TCP/IP 连接以便发出一个绑定 PDU 时，则返回一个connectionFailed 原因。

当接收到一个resultBind，一个BindResult 或一个BindError PDU，但protocolID 未知或不支持时，则返回一个invalidProtocol 原因。

当发起者或响应者由于其他任何原因希望关闭连接时，则返回一个reasonNotSpecified 原因。

注：夭折可以由于发起者的底层服务而引起，这样会导致协议不能够经过连接，例如返回一个原因为unboundRequest 的夭折，可以由于底层服务不能访问到目标系统而引起的。

9.6 映射到 TCP/IP

每个 IDM-PDU 都不受限地使用 ASN.1 的基本编码规则进行编码。然后，编码后的二进制数据被分段，并被放置在一个或多个分段中通过 TCP/IP 连接发送出去。每个分段都具有一个头，并且携带了已编码数据的下一个片段或部分。将一个IDM-PDU 分割为片段，以及任意片段的尺寸都是由发送者来选择的，并且是无关紧要的。在另一个IDM-PDU 被发送之前，一个 IDM-PDU 的所有片段都应当被发送完成。

一个分段的格式(一个IDM-PDU 的头加上片段)如下所示：

版本 (1 个八位位组)	结尾 (1 个八位位组)	长度 (4 个八位位组)	数据 (长度指定的八位位组)

版本字段指示了 IDM-PDU 以及到 TCP/IP 映射的版本。在本目录规范中描述的版本应当取值为1。一个连接中的所有分组都应当具有相同的版本值。

注：通信双方如何协商版本号待研究。

结尾字段指示了数据是拥有一个未结束的 IDM-PDU 片段(值为 0)，还是拥有完整的值或者是结尾片段(值为 1)。

长度字段指示了数据字段的长度，以八位位组为单位。它以“网络八位位组顺序”来发送，即高位有效八位位组在低位有效八位位组前发送。长度的最小值为 1。出于性能的考虑，如果长度能够使用长度字段中的 4 个八位位组来表示，则建议整个 IDM-PDU 都包含在一个分段中；如果 IDM-PDU 的长度使用 4 个八位位组还不能表示的话，则只能使用 IDM 分段了。

数据字段拥有被传递的 IDM-PDU 的下一个片段，或者如果整个值都在一个片段中传递的话，则拥有完整的 IDM-PDU。

9.7 编址

一个 IDM 风格的通信端点通过其 IP 地址和端口号来定义，并且可以以 IETF RFC 1738 的记法来表示，如：

idm://host:port

本条为这样的一个端点定义了一个等价的 OSI 网络地址格式，以便允许 IDM 协议可以与引用了 OSI 表示地址的服务定义(如目录服务定义)一起使用。一个支持 IDM 访问的系统，其表示地址的构造正如为OSI访问所构造的地址那样，只是除了P选择因子、S选择因子和T选择因子被忽略，如果它们存在的话，且网络地址采用如下规定的格式。既支持OSI又支持IDM协议栈的系统可以只拥有一个OSI表示地址，其中包含OSI和IDM网络地址。

为一个IDM端点定义的OSI网络地址格式遵循在IETF RFC 1277中所定义的地址格式。表述为一个八位位组串，由29个二进制编码的十进制数字以及一个填充数字组成，如下所述：

——AFI(前两个数字)为“54”(F.69格式，十进制，先导O是有意义的)。

——IDI(下8个数字)为“00728722”。

——DSP(下20个数字)构造如下：

a) 前两个数字构成了DSP前缀，为IDM赋值为“10”。

注1：值01,02,03和06都已经在IETF RFC 1277中分配过了。03是为RFC 1006协议栈赋的值。

a) 下12个数字是一个4部分的点分十进制IP地址，每个部分包含3个数字。

b) 下5个数字是端口号。

注2:端口号在IETF RFC 1277中是可选的，但在IDM中是必选的。

c) 最后一个数字是一个最后的单独十六进制的“F”，将DSP填充为一个完整的八位位组。

如果一个DSA能够在两个不同的协议栈上通信(例如基于TCP/IP的IDM，或者使用IETF RFC 1006的基于TCP/IP的OSI)，则此DSA在其表示地址上拥有两个网络地址。例如，如果DSA为IDM协议栈使用端口1200，而为OSI协议栈使用缺省端口102，则DSA的myAccessPoint将拥有一个表示地址，包含如下：

——IDM的网络地址1，具有如下编码(包含自身回路IP地址127.0.0.1和端口号1200)：“54007287221012700000000101200F”H

——基于IETF RFC 1006的OSI的网络地址2，具有如下编码(包含自身回路IP地址127.0.0.1；端口号102是缺省分配给IETF RFC 1006的，因此不显式地包含在编码中，之所以允许如此，是因为在DSP的前缀中，使用了03来表示IETF RFC 1006，而不再是表示IDM的10)：“5400728722031270000000001”H

9.8 TLS的使用

9.8.1 TLS建立

TCP/IP连接的发起者可在任何时候通过发出一个StartTLS PDU来请求建立TLS。在此请求之后，直至接收到一个TLSResponse PDU之前，发起者不应当再发出任何PDU。

9.8.2 TLS关闭

支持两种格式的TLS关闭：文雅关闭和粗鲁关闭。

9.8.2.1 文雅关闭

TCP/IP的发起者或响应者都可通过发出一个TLS关闭警报而终止TLS连接。在发送此警报时，它应当停止发送任意的TLS记录协议PDU，并且在它从另一方接收到一个TLS关闭警报之前，对接收到的任意TLS记录层PDU都应当忽略。只有在它已经接收到TLS关闭警报后，才可以继续发出或接收IDM PDU。

如果接收到一个未经请求的TLS关闭警报时，则接收方可选择是否保留底层的TCP/IP连接完好无损。如果选择保留此连接，则它应当立即以一个TLS关闭警报来响应，并在此后它可发送或接收IDM PDU。

在一个TLS连接被关闭之后，DSA不应当对TLS连接关闭之前所接收到的任何请求进行响应。

任意一方都可以在发送或接收到一个TLS关闭警报后，选择结束底层TCP/IP连接。

9.8.2.2 粗鲁关闭

TCP/IP的发起者或响应者都可通过关闭底层的TCP/IP连接而粗鲁地关闭一个TLS连接。

10 目录协议映射到 IDM 协议

本章给出了将目录协议映射到 IDM 协议的定义。完整的DirectoryIDMProtocols 模块在附录 E 中给出。

为清晰起见，本章重复了这些组件。

10.1 DAP-IP 协议

DAP-IP 协议dap-ip (基于 TCP/IP 的目录访问协议)被用于调用DirectoryAbstractService 抽象服务中的操作。它的定义如下：

```
DAP-IDM-PDUs::= IDM-PDU (dap-ip)

dap-ipIDM-PROTOCOL ::= {
        BIND-OPERATION            directoryBind
        OPERATIONS                     {read | compare | abandon | list | search
                                          | addEntry | removeEntry | modifyEntry | modi-
fyDN}
        ID                             id-idm-dap}
```

本协议的操作代码和差错代码与 6.4.1 和 6.5.1 中给定的一样。

仅有 DUA 才能够使用此协议发起连接。仅有连接的发起者才能够请求此协议中的操作。

10.2 DSP-IP 协议

DSP-IP 协议dsp-ip (基于 TCP/IP 的目录系统协议)被用于调用DistributedOperations 抽象服务中的操作。它的定义如下：

```
DSP-IDM-PDUs::= IDM-PDU (dsp-ip)

dsp-ip IDM-PROTOCOL::= {
        BIND-OPERATION            directoryBind
        OPERATIONS                   {chainedRead | chainedCompare | chainedAbandon
                                          | chainedList | chainedSearch
                                          | chainedAddEntry | chainedRemoveEntry
                                          | chainedModifyEntry | chainedModifyDN}
        ID                           id-idm-dsp}
```

本协议的操作代码和差错代码与 6.4.1 和 6.5.1 中给定的一样。

DSA 可以使用此协议，且连接的发起者和响应者都可以请求此协议中的操作。

10.3 DISP-IP 协议

DISP-IP 协议disp-ip (基于 TCP/IP 的目录信息影像协议)被用于调用DirectoryShadowAbstractService 抽象服务中的操作。它的定义如下：

```
DISP-IDM-PDUs::= IDM-PDU (disp-ip)

disp-ip IDM-PROTOCOL::= {
        BIND-OPERATION              directoryBind
        OPERATIONS                     {requestShadowUpdate
                                            | updateShadow
                                            | coordinateShadowUpdate}
        ID                             id-idm-disp}
```

本协议的操作代码和差错代码与6.4.2和6.5.2中给定的一样。

DSA可以使用此协议，且连接的发起者和接收者都可以请求此协议中的操作。

10.4 DOP-IP 协议

DOP-IP 协议dop-ip（基于TCP/IP的目录操作绑定协议）被用于调用OperationalBindingManagement 抽象服务中的操作。它的定义如下：

```
DOP-IDM-PDUs::= IDM-PDU (dop-ip)

dop-ip IDM-PROTOCOL::= {
        BIND-OPERATION          directoryBind
        OPERATIONS                  {establish OperationalBinding
                                        | modifyOperationalBinding
                                        | terminateOperationalBinding}
        ID                      id-idm-dop}
```

本协议的操作代码和差错代码与6.4.3和6.5.3中给定的一样。

DSA可以使用此协议，且连接的发起者和接收者都可以请求此协议中的操作。

11 协议栈共存

9.7为一个IDM通信端点定义了一个OSI网络地址格式。本章推荐了一种方法，可以在支持不同协议栈的DSA之间共存，所支持的协议栈如OSI，IDM和LDAP。为了允许在转向推荐中包含LDAP访问点，本章还为一个LDAP通信端点规范了OSI网络地址格式。

11.1 OSI和IDM协议栈之间的共存

遵循此规范的实现应当实现第7章和第8章定义的OSI协议栈，或者第9章和第10章定义的IDM协议栈，或两者均实现。

如果一个链接DSA需要将某个请求转发到一个目标DSA，且两个DSA所支持的协议栈没有共同的，则链接DSA应当返回一个转向推荐。该转向推荐将通过每个链接请求的DSA返回。如果在这些DSA中间，有某个DSA支持目标DSA的协议栈，则该DSA可以选择将请求直接发送给转向推荐所标识的目标DSA。

如果没有一个链接DSA支持目标DSA的协议栈，则转向推荐应当返回给DUA。该DUA可以将请求直接发送给目标DSA。

如果在一个域中，混合配置了多种DSA产品，而某些DSA仅支持一种协议栈，则建议如下：

a) 掌握仅支持一种协议栈的DSA知识的那些DSA，宜支持该协议栈；或者

b) DUA所绑定的DSA应当支持两种协议栈。

11.2 存在LDAP时的共存

支持OSI高层协议栈或者IDM协议栈的DSA可能也会选择支持LDAP。这些DSA之间的协同工作可以通过使用链接或转向推荐来完成。而这些DSA与DUA之间的协同工作可以通过使用LDAP或DAP来完成。

对于DSA来说，要想为某个仅支持LDAP的DUA提供有用的转向推荐，则它应在OSI表示地址中表示某个潜在目标DSA的LDAP访问点。11.3为LDAP定义了一个NSAP格式。如果一个DSA获得的转向推荐中包含这种类型的NSAP，则该DSA能够将其转换为一个LDAP转向推荐，并将其返回到已连接的LDAP客户端。

11.3 为LDAP定义一个NSAP格式

本章为一个LDAP通信端点定义了一个OSI网络地址格式，以便允许此NSAP与引用了OSI表示地址的服务定义（如目录服务定义）共同使用。一个支持LDAP访问的系统，其表示地址的构造正如

为OSI访问所构造的地址那样，只是除了P选择因子、S选择因子和T选择因子被忽略，如果它们存在的话，且网络地址采用如下规定的格式。同时支持OSI，IDM以及LDAP协议栈的系统可以只拥有一个单独的OSI表示地址，其中包含OSI，IDM以及LDAP网络地址。

为一个LDAP端点定义的OSI网络地址格式遵循在IETF RFC 1277中所定义的地址格式。表述为一个八位位组串，由29个二进制编码的十进制数字以及一个填充数字组成，如下所述：

——AFI(前两个数字)为“54”(F.69格式，十进制，先导O是有意义的)。

——IDI(下8个数字)为“00728722”。

——DSP(下20个数字)构造如下：

a) 前两个数字构成了DSP前缀，为LDAP赋值为“11”。

注1：值01,02,03和06都已经在IETF RFC 1277中分配过了。03是为RFC 1006协议栈赋的值。10是为IDM协议栈赋的值。

b) 下12个数字是一个4部分的点分十进制IP地址，每个部分包含3个数字。

c) 下5个数字是端口号。

注2：端口号在IETF RFC 1277中是可选的，但在LDAP中是必选的。

d) 最后一个数字是一个最后的单独十六进制的“F”，将DSP填充为一个完整的八位位组。

如果一个DSA能够在三个不同的协议栈上通信(例如基于TCP/IP的IDM，或者使用IETF RFC 1006的基于TCP/IP的OSI，或者LDAP)，则此DSA在其表示地址上拥有三个网络地址。例如，如果DSA为IDM协议栈使用端口1200，为OSI协议栈使用缺省端口102，为LDAP使用端口389，则DSA的myAccessPoint将拥有一个表示地址，包含如下：

——一个IDM的网络地址1，具有如下编码(包含自身回路IP地址127.0.0.1和端口号1200)：“540072872210127000000000101200F”H

——一个基于IETF RFC 1006的OSI的网络地址2，具有如下编码(包含自身回路IP地址127.0.0.1；端口号102是缺省分配给IETF RFC 1006的，因此不显式地包含在编码中，之所以允许如此，是因为在DSP的前缀中，使用了03来表示IETF RFC 1006，而不再是表示IDM的10)：“540072872203127000000001”H

——一个LDAP的网络地址3，具有如下编码(包含自身回路IP地址127.0.0.1和端口号389)：“540072872211127000000000100389F”H

12 版本及扩展规则

本章描述了版本协商规则，以及第7章定义的OSI映射协议和第10章定义的IDM映射协议的扩展规则。

目录可以是分布式的，可以有多于两个的目录应用实体(AE)进行协作来服务于一个请求。目录AE的实现可以遵循不同的目录服务规范的版本，这些版本可以使用不同的版本号来表示，也可以不使用。在两个直接绑定的目录AE中，将对版本号进行协商，协商结果为某个最高的公共版本号。

注1：目前每个目录协议都有两个版本。1988版和1993版是属于版本1。在第4版以及后续版中增加的大多数特性在第1版本中也是可用的。然而，某些增强的服务和协议，如签名差错，则要求在所有包含的成员中都协商为版本2。

一个DUA可发出一个请求，此请求遵循该DUA所实现的最新目录规范的版本。使用下面定义的扩展规则，该请求应当被转发到适当的响应此请求的DSA，而不考虑中间所经过的DSA。响应方DSA应当按照下面的定义来工作。

注2：一个仅仅链接请求的中间DSA可以选择对需要执行功能的目录PDU中的所选元素进行检查，如名字解析。

12.1 DUA到DSA

12.1.1 版本协商

当接收到一个使用了DAP的连接时，如绑定，则协商后的版本将仅影响DUA和它相连的DSA之间交换协议的点对点方面。在此连接上的后续请求或响应都不受此协商后的版本的约束。

注：目前，不同的协议版本并没有指示出 DAP 中的点对点方面。

12.1.2 请求和响应处理

DUA 可以使用它所支持的规范的最高版本来发起一个请求。如果此请求中的一个或多个元素是关键的，则它应当在criticalExtensions 参数中指示出扩展号。

注 1：如果某个扩展所定义的值被编码为CHOICE，ENUMERATED，或INTEGER（用作ENUMERATED）类型，且如果此类型对于一个按照本规范的较早前版本所实现的 DSA 中的正常操作是必须的，则建议该扩展被标记为关键的。

当处理一个来自 DUA 的请求时，DSA 应当遵循 12.2.2 所定义的规则。

当处理一个响应时，DUA 应当：

a) 在一个比特串中，忽略所有未知的比特名字分配；以及

b) 如果在一个SET 或SEQUENCE 中，数字是作为一个可选元素出现的，则忽略ENUMERATED 中的所有未知的已命名数字，或者忽略被用作枚举类型的INTEGER 类型中的所有未知数字；以及

c) 忽略 SET 中的所有未知元素，或者SEQUENCE 结尾处的所有未知元素，或者CHOICE 中的所有未知元素，若此CHOICE 本身是SET 或SEQUENCE 中的可选元素时；

注 2：作为一种本地选项，实现时可以忽略一个目录 PDU 中的某些附加元素。尤其是，SET 或SEQUENCE 中的作为必选元素的某些未知已命名数字和未知CHOICE 能够被忽略，而不会判断此操作为无效。这些元素的标识待研究。

d) 不认为接收到未知属性类型和属性值是一种协议违例；以及

e) 可选地，向用户报告未知的属性类型和属性值。

12.1.3 差错处理的扩展规则

当处理一个已知的差错类型，但所指示的问题和参数未知时，一个 DUA 应当：

a) 不认为接收到未知问题和参数是一种协议违例（即它不应当发出一个相应的OsiReject 或Reject，或者夭折应用联系）；且

b) 可选地，向用户上报附加的差错信息。

当处理一个未知的差错类型时，一个 DUA 应当：

a) 不认为接收到未知差错类型是一种协议违例（即它不应当发出一个相应的OsiReject 或Reject，或者夭折应用联系）；且

b) 可选地，向用户上报此差错。

12.2 DSA 到 DSA

12.2.1 版本协商

当建立或接收一个使用了 DSP 的连接时，如绑定，则协商后的版本将仅影响 DSA 之间交换协议的点对点方面。在此连接上的后续请求或响应都不受此协商后的版本的约束。

注 1：目前，不同的协议版本并没有指示出 DSP 中的点对点方面。

当建立或接收一个使用了 DISP 的连接时，如绑定，则协商后的版本将影响 DSA 之间交换协议的所有方面。在此连接上的后续请求或响应都受此协商后的版本的约束。

注 2：目前 DISP 协议仅有一种版本。

当建立或接收一个使用了 DOP 的连接时，如绑定，则协商后的版本将影响 DSA 之间交换协议的所有方面。在此连接上的后续请求或响应都受此协商后的版本的约束。

注 3：目前 DOP 协议仅有一种版本。

12.2.2 操作处理的扩展规则

如果任何一个处理某操作的 DSA（在名字解析完成后）检测到criticalExtensions 的一个元素，其语义是未知的，则它应当返回一个unavailableCriticalExtension 指示作为一个serviceError，或者放在一个

PartialOutcomeQualifier 中。

注：如果接收到一个具有一个或多个零值的criticalExtensions 字符串，则表示对应于该值的扩展在操作中不存在，或者不是关键的。在一个criticalExtensions 字符串中出现一个零值，不应当被推断为相应的扩展在目录 PDU 中是存在还是不存在。

否则，当处理一个目录 PDU 时，一个 DSA 应当：

a) 在一个比特串中，忽略所有未知的比特名字分配；以及

b) 如果在一个SET 或SEQUENCE 中，数字是作为一个可选元素出现的，则忽略ENUMERATED 中的所有未知的已命名数字，或者忽略被用作枚举类型的INTEGER 类型中的所有未知数字；以及

c) 忽略SET 中的所有未知元素，或者SEQUENCE 结尾处的所有未知元素，或者CHOICE 中的所有未知元素，若此CHOICE 本身是 SET 或SEQUENCE 中的可选元素时。

12.2.3 链接的扩展规则

如果 PDU 是一个请求，则 DSA 应当根据名字解析过程的判断，将此包含未知类型和值的请求转发到任意的另一个 DSA。

如果 PDU 是一个响应，则 DSA 应当如同处理已知类型和值一样来处理未知类型和值（见分布式操作的目录规范中，有关结果合并的章节），并且将其转发到发起方 DSA 或 DUA。

一个按照第 5 版或后续版实现的 DSA，如果它仅仅是作为一个中间 DSA 来链接一个请求，则它应当转发具有未知操作的请求。一个按照第 5 版前的版本实现的 DSA 可以可替代地转发一个包含未知操作的请求。

12.2.4 差错处理的扩展规则

当处理一个已知的差错类型，但所指示的问题和参数未知时，一个 DSA 应当：

a) 不认为接收到未知问题和参数是一种协议违例（即它不应当发出一个相应的OsiReject 或Reject，或者夭折应用联系）；且

b) 可以尝试恢复到它所理解的差错类型，或者可以仅仅是向下一个适当的 DSA 或 DUA 返回此差错（以及未知的指示问题和参数）。

当处理一个未知差错类型时，一个仅包含在链接请求中的 DSA 应当：

a) 不认为此未知差错类型是一种协议违例（即它不应当发出一个相应的OsiReject 或Reject，或者夭折应用联系）；以及

b) 不尝试改正或恢复此差错以及所指示的问题和参数；以及

c) 向下一个适当的 DSA 或 DUA 返回此未知差错类型。

当处理一个未知差错时，正在关联多个响应的 DSA 应当：

a) 不认为此未知差错类型是一种协议违例（即它不应当发出一个相应的OsiReject 或Reject，或者夭折应用联系）；以及

b) 不尝试改正或恢复此差错以及所指示的问题和参数；以及

c) 将未知差错放在PartialOutcomeQualifier 中；以及

d) 继续照常将结果关联起来。

12.3 客体类的扩展规则

可选的用户属性可以被加入到一个已存在的客体类中，但不分配一个新的客体标识符。

一个不支持客体类扩展的 DSA 可以拒绝这种操作，即在操作中尝试创建或修改一个条目，使得在条目中出现一个扩展的属性。

12.4 用户属性类型的扩展规则

用户属性类型的定义可以以这样一种不改变其匹配特性的方式进行扩展。这可以包括：

——向 ENUMERATED 类型和作为枚举类型使用的 INTEGER 类型中增加值；

——向一个比特串中增加比特。

不要求DSA处理包含此扩展的属性值。

DUA不应当认为接收到这样一个扩展的属性值是一种差错。

13 一致性

本章定义了对本目录规范的一致性要求。

13.1 DUA的一致性

一个声明遵循本目录规范的DUA实现，应当满足13.1.1到13.1.3规定的要求。

13.1.1 声明要求

下面内容应当被声明：

a) 对DUA有能力调用的directoryAccessAC应用上下文和/或dap-ip协议的操作进行一致性声明；

b) 对绑定安全级别(无安全、简单安全和强安全——如果是简单安全，则需要说明是否无口令，或是有口令，或是具有被保护的口令)进行一致性声明；并说明DUA是否能够产生签名参数或是否能够对已签名结果进行检测；

c) 对在GB/T 16264.3—2008的表1中列出的，DUA有能力发起的扩展进行一致性声明；

d) 是否对基于规则的访问控制进行了一致性声明；以及

e) 如果已经对强鉴权或签名操作声明了一致性，则应对证书和CRL扩展的标识进行一致性声明。

13.1.2 静态要求

一个DUA应当：

a) 具备能力支持第7章的抽象语法所定义的directoryAccessAC应用上下文；和/或第10章定义的dap-ip协议；

b) 遵循13.1.1的c)中声明了一致性的扩展；

c) 如果对基于规则的访问控制声明了一致性，则应当具备能力支持GB/T 16264.2—2008的19.4中标识的安全标签；以及

d) 遵循ISO/IEC 9594-8:2005的第8章和第15章中的证书和CRL扩展，其一致性在13.1.1的e)中进行了声明。

13.1.3 动态要求

一个DUA应当：

a) 遵循第8章或第10章中定义的对已用服务的映射，或者同时遵循；以及

b) 遵循12.1定义的扩展规程的规则。

13.2 DSA的一致性

一个声明遵循本目录规范的DSA实现，应当满足13.2.1到13.2.3规定的要求。

13.2.1 声明要求

下面内容应当被声明：

a) 对如下应用上下文和IDM协议进行一致性声明：directoryAccessAC，directorySystemAC，directoryOperationalBindingManagementAC，dap-ip，dsp-ip，dop-ip或它们的组合。一个在支持分等级的操作绑定时声明了遵循directoryOperationalBindingManagementAC或dop-ip的DSA，应当也支持directorySystemAC或dsp-ip。如果一个DSA的知识被分散，使得到此DSA的知识引用被分布到多个DSA中，而这些DSA不属于此DSA的DMD时，则此DSA应当声明遵循directorySystemAC或dsp-ip。

注1：除了这里所说明的情况外，一个应用上下文不应当被分割；尤其是不能对特定的操作进行一致性声明。

b) 对如下操作绑定类型进行一致性声明：shadowOperationalBindingID，specificHierarchicalBindingID，non-specificHierarchicalBindingID 或它们的组合。一个声明了遵循 shadowOperationalBindingID 的 DSA，应当也支持在 13.3 和 13.4 指示的影像提供者和/或影像消费者的一个或多个应用上下文。
c) 一个 DSA 是否有能力承担在 GB/T 16264.4—2008 中定义的第一级 DSA 的角色。
d) 如果对 directorySystemAC 所指定的、并/或与dap-ip 协议相关的应用上下文声明了一致性，则需要说明是否支持 GB/T 16264.4—2008 中定义的操作链接模式。
e) 如果对 directoryAccessAC 所指定的、并/或与dap-ip 协议相关的应用上下文声明了一致性，则需要对绑定安全级别进行一致性声明（无安全、简单安全和强安全——如果是简单安全，还需要说明是否无口令，或是有口令，或是具有被保护的口令）；需要说明 DSA 是否能够执行 GB/T 16264.4—2008 的 22.1 中定义的发起者鉴权；如果可以，需要说明是基于身份的，还是基于签名的；并且还需要说明 DSA 是否能够执行 GB/T 16264.4—2008 的 22.2 中定义的结果鉴权。
f) 如果对 directorySystemAC 所指定的、并/或与dsp-ip 协议相关的应用上下文声明了一致性，则需要对绑定安全级别进行一致性声明（无安全、简单安全和强安全——如果是简单安全，还需要说明是否无口令，或是有口令，或是具有被保护的口令）；需要说明 DSA 是否能够执行 GB/T 16264.4—2008 的 22.1 中定义的发起者鉴权；如果可以，需要说明是基于身份的，还是基于签名的；并且还需要说明 DSA 是否能够执行 GB/T 16264.4—2008 的 22.2 中定义的结果鉴权。
g) 对 GB/T 16264.6—2008 中定义的选定的属性类型，以及其他属性类型进行一致性声明，同时需要说明对于基于语法 DirectoryString 的属性，是否对 UniversalString，BMPString 或 UTF8String 选项进行了一致性声明。
h) 对 GB/T 16264.7—2008 中定义的选定的客体类，以及其他任何客体类型进行一致性声明。
i) 对在 GB/T 16264.3—2008 的表 1 中所列的，DSA 有能力响应的扩展进行一致性声明。
j) 是否对 GB/T 16264.2—2008 的 8.9，以及 GB/T 16264.3—2008 的 7.6，7.8.2 和 9.2.2 中定义的集合属性进行了一致性声明。
k) 是否对 GB/T 16264.3—2008 的 7.6，7.8.2 和 9.2.2 中定义的分等级属性进行了一致性声明。
l) 对 GB/T 16264.2—2008 中定义的操作属性类型，以及其他任何操作属性类型进行一致性声明。
m) 是否对 GB/T 16264.3—2008 的 7.7.1 所描述的别名返回进行了一致性声明。
n) 是否对 GB/T 16264.3—2008 的 7.7.1 所描述的指示返回的条目信息是否完整进行了一致性声明。
o) 是否对 GB/T 16264.3—2008 的第 11.3.2 所描述的修改客体类属性，以便增加和/或删除标识辅助客体类的值，进行了一致性声明。
p) 是否对基本访问控制进行了一致性声明。
q) 是否对简单访问控制进行了一致性声明。
r) DSA 是否有能力为其 DIT 的一部分管理子模式，正如在 GB/T 16264.2—2008 中定义的那样。

注 2：管理一个子模式的能力不应当被分割；尤其是管理特殊子模式定义的能力不应当被声明。

s) 对 GB/T 16264.7—2008 中定义的选择名字绑定，以及其他任何名字绑定进行一致性声明。
t) DSA 是否有能力管理集合属性，正如在 GB/T 16264.2—2008 中定义的那样。
u) 对 GB/T 16264.6—2008 中定义的选择上下文类型，以及其他任何上下文类型进行一致性声明。

v) 是否对 GB/T 16264.2—2008 的 8.8,8.9 和 12.8,以及 GB/T 16264.3—2008 的 7.3 和 7.6 中定义的上下文进行了一致性声明。

w) 是否对 GB/T 16264.2—2008 的 8.5 和 9.3,GB/T 16264.3—2008 的 7.7,以及 GB/T 16264.4—2008 定义的 RDN 中上下文的使用进行了一致性声明。

x) 是否对 GB/T 16264.3—2008 的 7.13 定义的 DSA 信息树的管理进行了一致性声明。

y) 是否对 ISO/IEC 9594-10:2005 定义的目录主管部门系统管理的使用进行了一致性声明。

z) 对 ISO/IEC 9594-10:2005 中定义的选择被管客体类和管理属性类型,以及其他任何被管客体类和属性进行一致性声明。

aa) 是否对基于规则的访问控制进行了一致性声明。

注 3:对安全标签的支持要求对下列上下文的最小支持:GB/T 16264.2—2008 的 8.8 中列出的上下文,以及 GB/T 16264.3—2008 的 7.6 中的returnContexts 。

bb) 是否对目录操作的完整性进行了一致性声明。

cc) 是否对 DSA 能够拥有加密和数字签名后的信息,并可对其提供访问进行了一致性声明。

dd) 如果对强鉴权,签名操作,或者被保护操作声明了一致性,则对证书和 CRL 扩展的识别也应进行一致性声明。

13.2.2 静态要求

一个 DSA 应当:

a) 具备能力支持在第 7 章定义了抽象语法的应用上下文,以及第 10 章定义的 IDM 协议,这些内容的一致性已经被声明;

b) 具备能力支持在 GB/T 16264.2—2008 中的抽象语法所定义的信息框架;

c) 遵循 GB/T 16264.4—2008 中定义的最小知识需求;

d) 如果在一致性声明中,可作为第一级的 DSA,则应遵循 GB/T 16264.4—2008 中定义的支持跟上下文的需求;

e) 具备能力支持声明了一致性的属性类型,并且按照其抽象语法的定义;

f) 具备能力支持声明了一致性的客体类,并且按照其抽象语法的定义;

g) 遵循在 13.2.1 的 i)中声明了一致性的扩展;

h) 如果对 GB/T 16264.2—2008 中定义的管理子模式的能力声明了一致性,则 DSA 应当能够行使这种管理;

i) 如果对集合属性声明了一致性,则应具备能力执行 GB/T 16264.3—2008 的 7.6,7.8.2 和 9.2.2 中定义的相关规程;

j) 如果对分等级属性声明了一致性,则应具备能力执行 GB/T 16264.3—2008 的 7.6,7.8.2 和 9.2.2 中定义的相关规程;

k) 具备能力支持已经声明了一致性的操作属性类型;

l) 如果对基本访问控制声明了一致性,则应具备能力拥有遵循基本访问控制定义的 ACI 项;

m) 如果对简化的访问控制声明了一致性,则应具备能力拥有遵循简化的访问控制定义的 ACI 项;

n) 具备能力支持已经声明了一致性的上下文类型,并且按照它们抽象语法的定义;

o) 如果对上下文声明了一致性,则应具备能力执行 GB/T 16264.3—2008 中定义的相关规程;

p) 如果对在 RDN 中使用上下文声明了一致性,则应具备能力执行 GB/T 16264.2—2008 的9.3,GB/T 16264.3—2008 的 7.7,以及 GB/T 16264.4—2008 中定义的相关规程;

q) 如果对 DSA 信息树的管理声明了一致性,则应具备能力执行 GB/T 16264.3—2008 的 7.5 和 7.13 中定义的相关规程;

r) 如果对条目特性族的支持声明了一致性，则应具备 GB/T 16264.3—2008 的 7.3.2，7.6.4 和 7.8.3 中定义的能力；

s) 如果对搜索放宽特性声明了一致性，则应具备 GB/T 16264.2—2008 的 13.6.2 和 GB/T 16264.3—2008 的 10.2.2 中定义的能力。特别地，一个实现应当指定：

——它是否支持在一个搜索请求中包含RelaxationPolicy 结构；

——它是否支持基于映射的匹配，匹配规则替代，或是两种均支持；以及

——如果它支持基于映射的匹配，则支持什么映射；

t) 如果对分等级分组特性声明了一致性，则应具备 GB/T 16264.3—2008 的 7.5 中定义的能力；此外，实现还应声明：

——支持哪些分等级选项；

u) 如果对服务的基本管理声明了一致性，则应具备 GB/T 16264.2—2008 的第 16 章中定义的能力，以及在 GB/T 16264.3—2008 的第 13 章中定义的基本检测规程。这种支持包括：

——支持条目计数；

——支持服务控制选项entryCount 和performExactly；

——支持 GB/T 16264.3—2008 的 7.4 中定义的notification 扩展；

此外，实现还应声明它是否支持：

——不同于自治管理点的服务特定管理点；

——搜索规则内的上下文特性；

——搜索规则内的条目工具族，同时也要求遵循该特性；

——上述 s)中详述的搜索规则内的搜索扩展特性，同时也要求实现时要对对搜索扩展特性进行一致性声明；

——搜索规则内的分等级分组；

v) 如果对目录主管部门系统管理的使用声明了一致性，则应具备能力为声明了一致性的被管客体执行 ISO/IEC 9594-10:2005 中定义的相关规程；

w) 如果对基于规则的访问控制声明了一致性，则应具备能力拥有遵循基于规则的访问控制定义的 ACI 项；

x) 如果对目录操作的完整性声明了一致性，则有能力为所有支持的目录操作进行签名；

y) 如果对所存储的目录信息的完整性声明了一致性，则有能力支持attributeValueIntegrityInfo-Context 来保护目录信息；

z) 遵循 ISO/IEC 9594-8:2005 的第 8 章中的证书和 CRL 扩展，其一致性在 13.2.1 的 dd)中进行了声明。

13.2.3 动态要求

一个 DSA 应当：

a) 如果对 8.2.2，8.2.3 和 8.2.4 中定义的任何应用上下文声明了一致性，则应遵循第 8 章中定义的到已用 OSI 服务的映射；

b) 遵循与转向推荐相关的目录分布式操作规程，正如在 GB/T 16264.4—2008 中定义的那样；

c) 如果对directoryAccessAC 所规定的，和/或与dap-ip 协议相关的应用上下文声明了一致性，则应遵循 GB/T 16264.4—2008 中的与 DAP 的转向推荐模式相关的规程；

d) 如果对directorySystemAC 所规定的，和/或与 dsp-ip 协议相关的应用上下文声明了一致性，则应遵循交互的转向推荐模式，正如在 GB/T 16264.4—2008 中定义的那样；

e) 如果对交互的链接模式声明了一致性，则应遵循交互的链接模式，正如在 GB/T 16264.4—2008 中定义的那样；

注：仅在这种情况下，对于一个 DSA 而言，能够调用directorySystemAC 和/或dsp -ip 的操作才是必须的。

f) 遵循12.2定义的扩展规程的规则；

g) 如果对基本访问控制声明了一致性，则应具备能力按照基本访问控制的规程来保护DSA内的信息；

h) 如果对简化的访问控制声明了一致性，则应具备能力按照简化的访问控制的规程来保护DSA内的信息；

i) 如果对shadowOperationalBindingID声明了一致性，则应遵循ISO/IEC 9594-9:2005和GB/T 16264.2—2008中与DOP相关的规程；

j) 如果对specificHierarchicalBindingID声明了一致性，则应遵循GB/T 16264.4—2008和GB/T 16264.3—2008中与特定的分等级操作绑定相关的规程；

k) 如果对non-specificHierarchicalBindingID声明了一致性，则应遵循GB/T 16264.4—2008和GB/T 16264.2—2008中与非特定分等级操作绑定相关的规程；

l) 如果对在RDN中使用上下文声明了一致性，则应遵循GB/T 16264.2—2008的9.4，GB/T 16264.4—2008的10.3,10.4,10.6,10.10,10.11和15.5.4中定义的包含上下文的名字解析；

m) 如果对基于规则的访问控制声明了一致性，则应具备能力按照基于规则的访问控制的规程来保护DSA内的信息；

n) 如果对服务的基本管理声明了一致性，则应具备能力处理GB/T 16264.4—2008的19.3.2中规定的搜索规则。

13.3 影像提供者的一致性

一个声明遵循本目录规范的，并承担影像提供者角色的DSA实现，应当满足13.3.1到13.3.3规定的要求。

13.3.1 声明要求

下面内容应当被声明：

a) 对下列作为影像提供者的应用上下文进行一致性声明：shadowSupplierInitiatedAC，shadowConsumerInitiatedAC，shadowSupplierInitiatedAsynchronousAC，shadowConsumerInitiatedAsynchronousAC和disp-ip。一个在一致性声明中声明为影像提供者，但不支持disp -ip的DSA实现，应当最少或者支持shadowSupplierInitiatedAC，或者支持shadowConsumerInitiatedAC。如果该DSA支持shadowSupplierInitiatedAC，则它可以可选地支持shadowSupplierInitiatedAsynchronousAC。如果该DSA支持shadowConsumerInitiatedAC，则它可以可选地支持shadowConsumerInitiatedAsynchronousAC。如果声明了遵循disp-ip，则它应当被声明其实现是否有能力调用requestShadowUpdate操作，或是否有能力响应coordinateShadowUpdate，或者两者均可。

b) 对安全级别进行一致性声明(无安全、简单安全和强安全)。

c) 支持UnitOfReplication的级别。尤其是，应声明下面的可选特性(如果存在的话)哪些被支持：

——基于objectClass进行条目过滤；

——通过AttributeSelection进行属性的选择/排除；

——在复制域中包含下级知识；

——除下级知识外，还包含扩展的知识；

——基于上下文进行属性值的选择/排除。

13.3.2 静态要求

一个DSA应当：

a) 具备能力支持在第7章定义了抽象语法的应用上下文，以及在第10章定义的IDM协议，这些内容的一致性已经被声明；

b) 提供对modifyTimestamp 和createTimestamp 操作属性的支持。

13.3.3 动态要求

一个 DSA 应当：

a) 如果对 8.2.3 定义的任何应用上下文声明了一致性，则应遵循在第 8 章定义的到已用 OSI 服务的映射；

b) 遵循 ISO/IEC 9594-9:2005 中与 DISP 相关的规程。

13.4 影像消费者的一致性

一个声明遵循本目录规范的，并承担影像消费者角色的 DSA 实现，应当满足 13.4.1 到 13.4.3 规定的要求。

13.4.1 声明要求

下面内容应当被声明：

a) 对下列作为影像消费者的应用上下文进行一致性声明：shadowSupplierInitiatedAC，shadowConsumerInitiatedAC，shadowSupplierInitiatedAsynchronousAC，shadowConsumerInitiatedAsynchronousAC 和disp-ip。

一个在一致性声明中声明为影像消费者，但不支持disp-ip 的 DSA 实现，应当最少或者支持shadowSupplierInitiatedAC，或者支持 shadowConsumerInitiatedAC。如果该 DSA 支持 shadowSupplierInitiatedAC，则它可以可选地支持shadowSupplierInitiatedAsynchronousAC。如果该 DSA 支持 shadowConsumerInitiatedAC，则它可以可选地支持 shadowConsumerInitiatedAsynchronousAC。如果声明了遵循disp-ip，则它应当被声明其实现是否有能力响应requestShadowUpdate 操作，或者有能力请求coordinateShadowUpdate，或者两者均可；

b) 对安全级别进行一致性声明(无安全，简单安全，强安全)；

c) DSA 是否能够作为一个二次影像提供者(即作为一个中间 DSA，参与到二次影像中)；

d) DSA 是否支持对复制的重叠单元进行影像。

13.4.2 静态要求

一个 DSA 应当：

a) 具备能力支持在第 7 章定义了抽象语法的应用上下文，以及在第 10 章定义的 IDM 协议，这些内容的一致性已经被声明；

b) 如果支持复制的重叠单元，则提供对modifyTimestamp 和createTimestamp 操作属性的支持；

c) 提供对copyShallDo 服务控制的支持。

13.4.3 动态要求

一个 DSA 应当：

a) 如果对任何应用上下文声明了一致性，则应遵循第 8 章定义的到已用 OSI 服务的映射；

b) 遵循 ISO/IEC 9594-9:2005 中与 DISP 相关的规程。

附 录 A
（规范性附录）
用 ASN.1 描述的公共协议规范

```
CommonProtocolSpecification {joint-iso-itu-t ds(5) module (1) commonProtocolSpecification (35) 5}
DEFINITIONS::=
BEGIN
--EXPORTS All--
——本模块中定义的类型和值输出可用于目录规范包含的其他 ASN.1 模块，
——以及使用它们访问目录服务的其他应用。
——其他应用可把它们用于自己的目的，
——但这并不限制为维护或改进目录服务所需的扩充和修改。
IMPORTS
——来自GB/T 16264.2—2008
        opBindingManagement
            FROM UsefulDefinitions {joint-iso-itu-t ds(5)module(1) usefulDefinitions(0)5}

        establishOperationalBinding, modifyOperationalBinding, terminateOperationalBinding
            FROM OperationalBindingManagement opBindingManagement;

OPERATION::= CLASS {
        &ArgumentType       OPTIONAL,
        &ResultType         OPTIONAL,
        &Errors             ERROR OPTIONAL,
        &operationCode      Code UNIQUE OPTIONAL}
WITH SYNTAX {
        [ARGUMENT   &ArgumentType]
        [RESULT     &ResultType]
        [ERRORS     &Errors]
        [CODE       &operationCode]}

ERROR::= CLASS {
        &ParameterType,
        &errorCode      Code UNIQUE OPTIONAL}
WITH SYNTAX {
        PARAMETER   &ParameterType
        [CODE       &errorCode]}

Code ::= CHOICE {
        local       INTEGER,
        global      OBJECTIDENTIFIER}
```

```
InvokeId::= CHOICE {
        present INTEGER,
        absent NULL}
—— 用于DAP 和DSP 的操作代码
id-opcode-read                          Code    ::=    local: 1
id-opcode-compare                       Code    ::=    local: 2
id-opcode-abandOn                       Code    ::=    local: 3
id-opcode-list                          Code    ::=    local: 4
id-opcode-search                        Code    ::=    local: 5
id-opcode-addEntry                      Code    ::=    local: 6
id-opcode-removeEntry                   Code    ::=    local: 7

id-opcode-modifyEntry                   Code    ::=    local: 8
id-opcode-modifyDN                      Code    ::=    local: 9
—— 用于DISP 的操作代码
id-opcode-requestShadowUpdate           Code    ::=    local: 1
id-opcode-updateShadow                  Code    ::=    local: 2
id-opcode-coordinateShadowUpdate        Code    ::=    local: 3
—— 用于DOP 的操作代码
id-op-establishOperationalBinding       Code    ::=    local: 100
id-op-modifyOperationalBinding          Code    ::=    local: 102
id-op-terminateOperationalBinding       Code    ::=    local: 101
—— 用于DAP 和DSP 的差错代码
id-errcode-attributeError               Code    ::=    local: 1
id-errcode-nameError                    Code    ::=    local: 2
id-errcode-serviceError                 Code    ::=    local: 3
id-errcode-referral                     Code    ::=    local: 4
id-errcode-abandoned                    Code    ::=    local: 5
id-errcode-securityError                Code    ::=    local: 6
id-errcode-abandonFailed                Code    ::=    local: 7
id-errcode-updateError                  Code    ::=    local: 8
id-errcode-dsaReferral                  Code    ::=    local: 9
—— 用于DISP 的差错代码
id-errcode-shadowError                  Code    ::=    local: 1
—— 用于DOP 的差错代码
id-err-operationalBindingError          Code    ::=    local: 100

DOP-Invokable OPERATION::=     {establishOperationalBinding |
                                  modifyOperationalBinding |
                                  terminateOperationalBinding}
```

```
DOP-Returnable OPERATION::=   {establishOperationalBinding |
                                modifyOperationalBinding |
                                terminateOperationalBinding}

END--CommonProtocolSpecification
```

附 录 B
（规范性附录）
用 ASN.1 描述的 OSI 协议

```
OSIProtocolSpecification {joint-iso-itu-t ds(5) module (1) oSIProtocolSpecification (36) 5}
DEFINITIONS::=
BEGIN
--EXPORTS All--
——本模块中定义的类型和值输出可用于目录规范包含的其他 ASN.1 模块，
——以及使用它们访问目录服务的其他应用。
——其他应用可把它们用于自己的目的，
——但这并不限制为维护或改进目录服务所需的扩充和修改。
IMPORTS
—— 来自GB/T 16264.2—2008
        commonProtocolSpecification, directoryAbstractService, directoryOSIProtocols,
        enhancedSecurity, informationFramework
            FROM UsefulDefinitions {joint-iso-itu-t ds(5) module(1) usefulDefinitions(0) 5}

        Name, RelativeDistinguishedName
            FROM InformationFramework informationFramework

        OPTIONALLY-PROTECTED
            FROM EnhancedSecurity enhancedSecurity
—— 来自GB/T 16264.3—2008
        SecurityProblem, ServiceProblem, Versions
            FROM DirectoryAbstractService directoryAbstractService
—— 来自GB/T 16264.5—2008
        InvokeId, OPERATION
            FROM CommonProtocolSpecification commonProtocolSpecification

        APPLICATION-CONTEXT
            FROM DirectoryOSIProtocols directoryOSIProtocols;
--OSI 协议 1--
OSI-PDU {APPLICATION-CONTEXT:protocol}::= TYPE-IDENTIFIER.&Type(
        OsiBind {{protocol}}|
        OsiBindResult {{protocol}}|
        OsiBindError {{protocol}}|
        OsiOperation {{protocol.& Operations}}|
        PresentationAbort)

OsiBind {APPLICATION-CONTEXT:Protocols}::= SET {
        mode-selector                   [0] IMPLICIT SET {mode-value [0] IMPLICIT IN-
```

```
TEGER (1)},
        normal-mode-parameters              [2] IMPLICIT SEQUENCE {
            protocol-version                        [0] IMPLICIT BIT STRING {version-1(0)}
                                                        DEFAULT {version-1},
            calling-presentation-selector   [1] IMPLICIT Presentation-selector OPTIONAL,
            called-presentation-selector    [2] IMPLICIT Presentation-selector OPTIONAL,
            presentation-context-definition-list
                                    [4] IMPLICIT Context-list,
            user-data               CHOICE {
                fully-encoded-data  [APPLICATION 1] IMPLICIT SEQUENCE SIZE (1)OF
                                    SEQUENCE {
                    transfer-syntax-name            Transfer-syntax-name OPTIONAL,
                    presentation-context-identifier Presentation-context-identifier,
                    presentation-data-values        CHOICE {
                        single-ASN1-type            [0] AARQ-apdu {{Protocols}}}}}}}

Presentation-selector::= OCTET STRING(SIZE (1..4, ..., 5..MAX))

Context-list::= SEQUENCE SIZE (2) OF
        SEQUENCE {
            presentation-context-identifier     Presentation-context-identifier,
            abstract-syntax-name                Abstract-syntax-name,
            transfer-syntax-name-list           SEQUENCE OF Transfer-syntax-name}

Presentation-context-identifier::= INTEGER(1..127, ..., 128..MAX)

Abstract-syntax-name   ::= OBJECT IDENTIFIER

Transfer-syntax-name   ::= OBJECT IDENTIFIER

AARQ-apdu {APPLICATION-CONTEXT: Protocols} ::= [APPLICATION 0] IMPLICIT SE-
QUENCE {
        protocol-version                    [0] IMPLICIT BIT STRING {version1(0)} DEFAULT
{version1},
        application-context-name            [1] Application-context-name,
        called-AP-title                     [2] Name                        OPTIONAL,
        called-AE-qualifier                 [3] RelativeDistinguishedName   OPTIONAL,
        called-AP-invocation-identifier     [4] AP-invocation-identifier    OPTIONAL,
        called-AE-invocation-identifier     [5] AE-invocation-identifier    OPTIONAL,
        calling-AP-title                    [6] Name                        OPTIONAL,
        calling-AE-qualifier                [7] RelativeDistinguishedName   OPTIONAL,
        calling-AP-invocation-identifier    [8] AP-invocation-identifier    OPTIONAL,
        calling-AE-invocation-identifier    [9] AE-invocation-identifier    OPTIONAL,
```

```
        implementation-information        [29] IMPLICIT Implementation-data        OPTIONAL,
        user-information                  [30] IMPLICIT Association-informationBind {{Proto-
cols}}}

Association-informationBind {APPLICATION-CONTEXT:Protocols} ::=SEQUENCE SIZE(1)OF
EXTERNAL (
        WITH COMPONENTS {
            identification (WITH COMPONENTS {syntax ABSENT}),
            data-value-descriptor ABSENT,
            data-value (CONTAINING TheOsiBind {{Protocols}}})})

Application-context-name::= OBJECT IDENTIFIER

AP-invocation-identifier::= INTEGER

AE-invocation-identifier::= INTEGER

Implementation-data::= GraphicString

TheOsiBind {APPLICATION-CONTEXT:Protocols}::=
                [16] APPLICATION-CONTEXT. &bind-operation. &ArgumentType ({Protocols})

OsiBindResult {APPLICATION-CONTEXT:Protocols}::= SET {
        mode-selector                   [0] IMPLICIT SET {mode-value [0] IMPLICIT INTEGER
(1)},
        normal-modeparameters           [2] IMPLICIT SEQUENCE {
            protocol-version                [0] IMPLICIT BIT STRING {version-1(0)} DE-
FAULT {version-1},
            responding-presentation-selector
                            [3] IMPLICIT Presentation-selector OPTIONAL,
            presentation-context-definition-result-list
                            [5] IMPLICIT SEQUENCE SIZE (2)OF SEQUENCE {
                result                      [0] IMPLICIT Result (acceptance),
                transfer-syntax-name        [1] IMPLICIT Transfer-syntax-name),
            user-data                   CHOICE {
                fully-encoded-data              [APPLICATION 1] IMPLICIT SEQUENCE SIZE
(1) OF SEQUENCE {
                transfer-syntax-name            Transfer-syntax-name OPTIONAL,
                presentation-context-identifier Presentation-context-identifier,
                presentation-data-values          CHOICE {
                    single-ASN1-type              [0]AARE-apdu {{Protocols}}}}}}}

Result::= INTEGER {
```

```
        acceptance              (0),
        user-rejection          (1),
        provider-rejection      (2)}

AARE-apdu {APPLICATION-CONTEXT: Protocols} ::= [APPLICATION 1] IMPLICIT SE-
QUENCE {
        protocol-version                     [0]
                    IMPLICIT BIT STRING {version1(0)} DEFAULT {version1},
        application-context-name             [1] Application-context-name,
        result                               [2] Associate-result (accepted),
        result-source-diagnostic             [3] Associate-source-diagnostic,
        responding-AP-title                  [4] Name                        OPTIONAL,
        responding-AE-qualifier              [5] RelativeDistinguishedName   OPTIONAL,
        responding-AP-invocation-identifier  [6] AP-invocation-identifier    OPTIONAL,
        responding-AE-invocation-identifier  [7] AE-invocation-identifier    OPTIONAL,
        implementation-information           [29] IMPLICIT Implementation-data   OPTIONAL,
        user-information                     [30] IMPLICIT Association-informationBindRes {{Protocols}})

Association-informationBindRes {APPLICATION-CONTEXT:Protocols}::= SEQUENCE SIZE(1)
OF EXTERNAL (
        WITH COMPONENTS {
            identification (WITH COMPONENTS {syntax ABSENT}),
            data-value-descriptor ABSENT,
            data-value (CONTAINING TheOsiBindRes {{Protocols}})})

Associate-result::= INTEGER {
        accepted                (0),
        rejected-permanent      (1),
        rejected-transient      (2)}(0..2,…)

Associate-source-diagnostic::= CHOICE {
        acse-service-user       [1] INTEGER {
                                  null                                              (0),
                                  no-reason-give                                    (1),
                                  application-contex-name-not-supportecd            (2),
                                  calling-AP-title-not-recognized                   (3),
                                  calling-AP-invocation-identifier-not-recognized   (4),
                                  calling-AE-qualifier-not-recognized               (5),
                                  calling-AE-invocation-identifier-not-recognized   (6),
                                  called-AP-title-not-recognized                    (7),
                                  called-AP-invocation-identifier-not-recognized    (8),
                                  called-AE-qualifier-not-recognized                (9),
                                  called-AE-invocation-identifier-not-recognized    (10) } (0..10,…),
```

```
acse-service-provider [2]  INTEGER {
                    null                                    (0),
                    no-reason-given                         (1),
                    no-common-acse-version                  (2)} (0..2, …)}

TheOsiBindRes {APPLICATION-CONTEXT:Protocols}::=
            17] APPLICATION-CONTEXT. & bind-operation. &ResultType({Protocols})
OsiBindError{APPLICATION-CONTEXT:Protocols}::= CHOICE {
    normal-mode-parameters SEQUENCE {
        protocol-version        [0] IMPLICIT BIT STRING {version-1(0)} DEFAULT{version-1},
        responding-presentation-selector
                                [3] IMPLICIT Presentation-selector OPTIONAL,
        presentation-context-definition-result-list
                                [5] IMPLICIT Result-list OPTIONAL,
        provider-reason         [10] IMPLICIT Provider-reason OPTIONAL,
        user-data                       CHOICE {
            fully-encoded-data          [APPLICATION 1] IMPLICIT SEQUENCE SIZE (1)
OF SEQUENCE {
                transfer-syntax-name                Transfer-syntax-name OPTIONAL,
                presentation-context-identifier     Presentation-context-identifier,
                presentation-data-values            CHOICE {
                    single-ASN1-type                    [0] AAREerr-apdu {{Protocols}}}}}
OPTIONAL}}
AAREerr-apdu (APPLICATION-CONTEXT: Protocols} ::= [APPLICATION 1] IMPLICIT SE-
QUENCE {
    protocol-version                    [0] IMPLICIT BIT STRING {version1(0)}
                                            DEFAULT {version1},
    application-context-name            [1] Application-context-name,
    result                              [2] Associate-result (rejected-permanent..rejected-transient),
    result-source-diagnostic            [3] Associate-source-diagnostic,
    responding-AP-title                 [4] Name                            OPTIONAL,
    responding-AE-qualifier             [5] RelativeDistinguishedName       OPTIONAL,
    responding-AP-invocation-identifier [6] AP-invocation-identifier        OPTIONAL,
    responding-AE-invocation-identifier [7] AE-invocation-identifier        OPTIONAL,
    implementation-information          [29] IMPLICIT Implementation-data   OPTIONAL,
    user-information                    [30]
            IMPLICIT Association-informationBindErr {{Protocols}} OPTIONAL}

Association-informationBindErr {APPLICATION-CONTEXT:Protocols}::= SEQUENCE SIZE(1)
OF EXTERNAL (
    WITH COMPONENTS {
      identification (WITH COMPONENTS {syntax ABSENT}),
      data-value-descriptor ABSENT,
```

```
        data-value (CONTAINING TheOsiBindErr {{Protocols}})}}

TheOsiBindErr {APPLICATION-CONTEXT:Protocols}::=
                        [18] APPLICATION-CONTEXT. &bind-operation. &Errors. &ParameterType
({Protocols})

Result-list::= SEQUENCE SIZE (2)OF SEQUENCE {
        result                      [0] IMPLICIT Result,
        transfer-syntax-name        [1] IMPLICIT Transfer-syntax-name OPTIONAL,
        provider-reason             [2] IMPLICIT INTEGER {
            reason-not-specified                        (0),
            abstract-syntax-not-supported               (1),
            proposed-transfer-syntaxes-not-supported    (2)} OPTIONAL}

Provider-reason::= INTEGER {
        reason-not-specified                    (0),
        temporary-congestion                    (1),
        local-limit-exceeded                    (2),
        called-presentation-address-unknown     (3),
        protocol-version-not-supported          (4),
        default-context-not-supported           (5),
        user-data-not-readable                  (6),
        no-PSAP-available                       (7)}

OsiUnbind::=CHOICE{
        fully-encoded-data          [APPLICATION 1] IMPLICIT SEQUENCE SIZE (1) OF SE-
QUENCE {
            presentation-context-identifier Presentation-context-identifier,
          presentation-data-values      CHOICE {
                single-ASN1-type        [0] The OsiUnbind}}}

TheOsiUnbind::= [APPLICATION 2] IMPLICIT SEQUENCE {
        reason      [0] IMPLICIT Release-request-reason OPTIONAL}

Release-request-reason::= INTEGER {
        normal      (0)}

OsiUnbindResult::= CHOICE {
        fully-encoded-data          [APPLICATION 1] IMPLICIT SEQUENCE SIZE (1) OF SE-
QUENCE {
          presentation-context-identifier Presentation-context-identifier,
          presentation-data-values      CHOICE {
                single-ASN1-type        [0] The OsiUnbindRes}}}
```

```
TheOsiUnbindRes::= [APPLICATION 3] IMPLICIT SEQUENCE {
        reason      [0] IMPLICIT Release-response-reason OPTIONAL}

Release-response-reason::= INTEGER {
        normal      (0)}

OsiOperation {OPERATION:Operations}::= CHOICE{
          fully-encoded-data        [APPLICATION 1] IMPLICIT SEQUENCE SIZE (1) OF SE-
QUENCE {
            presentation-context-identifier      Presentation-context-identifier,
            presentation-data-values             CHOICE {
                single-ASN1-type                 [0] CHOICE {
                    request    OsiReq {{Operations}},
                    result     OsiRes {{Operations}},
                    error      OsiErr {{Operations}},
                    reject     OsiRej}}}}

OsiReq {OPERATION:Operations}::= [1] IMPLICIT SEQUENCE {
        invokeld  Invokeld,
        opcode    OPERATION. &operationCode ({Operations}),
        argument     OPERATION. &ArgumentType ({Operations} {@opcode})}

OsiRes {OPERATION:Operations}::= [2] IMPLICIT SEQUENCE {
        invokeld Invokeld,
        result   SEQUENCE {
            opcode  OPERATION. &operationCode ({Operations}),
            result  OPERATION. &ResultType ({Operations} {@opcode})}}

OsiErr {OPERATION:Operations}::= [3] IMPLICIT SEQUENCE {
        invokelD      Invokeld,
        errcode       OPERATION. &Errors. &errorCode ({Operations}),
        error         OPERATION. &Errors. &ParameterType ({Operations} {@. errcode})}

OsiRej::= [4] IMPLICIT SEQUENCE {
        invokeld Invokeld,
        problem CHOICE {
            general          [0] GeneralProblem,
            invoke           [1] InvokeProblem,
            returnResult     [2] ReturnResultProblem,
            returnError      [3] ReturnErrorProblem}}
GeneralProblem:: = INTEGER   {
      unrecognizedPDU              (0),
```

```
    mistypedPDU                 (1),
    badlyStructuredPDU          (2)}

InvokeProblem::= INTEGER {
        duplicateInvocation             (0),
        unrecognizedOperation           (1),
        mistypedArgument                (2),
        resourceLimitation              (3),
        releaseInProgress               (4)}

ReturnResultProblem::= INTEGER {
        unrecognizedInvocation          (0),
        resultResponseUnexpected        (1),
        mistypedResult                  (2)}

ReturnErrorProblem::= INTEGER {
        unrecognizedInvocation          (0),
        errorResponseUnexpected         (1),
        unrecognizedError               (2),
        unexpectedError                 (3),
        mistypedParameter               (4)}

PresentationAbort::= CHOICE {
        aru-ppdu ARU-PPDU,
        arp-ppdu ARP-PPDU}

ARU-PPDU::= CHOICE {
        normal-mode-parameters  [0] IMPLICIT SEQUENCE {
          presentation-context-identifier-list    [0] IMPLICIT Presentation-context-identifier-list,
          user-data                               CHOICE {
              fully-encoded-data [APPLICATION 1] IMPLICIT SEQUENCE SIZE (1) OF SE-
QUENCE {
                presentation-context-identifier     Presentation-context-identifier,
                presentation-data-values            CHOICE {
                    single-ASN1-type                [0] ABRT-apdu}}}}}

Presentation-context-identifier-list::=
        SEQUENCE SIZE (1) OF SEQUENCE {
            presentation-context-identifier  Presentation-context-identifier,
            transfer-syntax-name             Transfer-syntax-name}

ABRT-apdu::= [APPLICATION 4] IMPLICIT SEQUENCE {
        abort-source ABRT-source}
```

```
ABRT-source::= INTEGER {
        acse-service-user      (0),
        acse-service-provider (1)}

ARP-PPDU::= SEQUENCE {
        provider-reason     [0] IMPLICIT Abort-reason OPTIONAL,
        event-identifier    [1] IMPLICIT Event-identifier OPTIONAL}

Abort-reason::= INTEGER {
        reason-not-specified                     (0),
        unrecognized-ppdu                        (1),
        unexpected-ppdu                          (2),
        unexpected-session-service-primitive     (3),
        unrecognized-ppdu-parameter              (4),
        unexpected-ppdu-parameter                (5),
        invalid-ppdu-parameter-value             (6)}

Event-identifier::= INTEGER {
        cp-PPDU                  (0),
        cpa-PPDU                 (1),
        cpr-PPDU                 (2),
        aru-PPDU                 (3),
        arp-PPDU                 (4),
        td-PPDU                  (7),
        s-release-indication     (14),
        s-release-confirm        (15)}

END--OSIProtocolSpecification
```

附　录　C
（规范性附录）
用 ASN.1 描述的目录 OSI 协议

```
DirectoryOSIProtocols {joint-iso-itu-t ds(5)module(1) directoryOSIProtocols(37)5}
DEFINITIONS::=
BEGIN
--EXPORTS All--
——本模块中定义的类型和值输出可用于目录规范包含的其他 ASN.1 模块，
——以及使用它们访问目录服务的其他应用。
——其他应用可把它们用于自己的目的，
——但这并不限制为维护或改进目录服务所需的扩充和修改。
IMPORTS
—— 来自GB/T 16264.2—2008
    commonProtocolSpecification，directoryAbstractService，distributedOperations，
    directoryShadowAbstractService，id-ac，id-as，id-idm，iDMProtocolSpecification，
    opBindingManagement，oSIProtocolSpecification
        FROM UsefulDefinitions {joint-is o-itu-t ds(5) module(1) usefulDefinitions(0) 5}

    dSAOperationalBindingManagementBind，establishOperationalBinding，modifyOperational-
Binding，
    terminateOperationalBinding
        FROM OperationalBindingManagement opBindingManagement
—— 来自GB/T 16264.3—2008
    abandon，addEntry，compare，directoryBind，list. modifyDN，modifyEntry，read，re-
moveEntry ，search
        FROM DirectoryAbstractService directoryAbstractService
—— 来自GB/T 16264.4—2008
    chainedAbandon，chainedAddEntry，chainedCompare，chainedList，chainedModifyDN，
    chainedModifyEntry，chainedRead，chainedRemoveEntry，chainedSearch，dSABind
        FROM DistributedOperations distributedOperations
—— 来自GB/T 16264.5—2008
    OPERATION
        FROM Common ProtocolSpecification commonProtocolSpecification

    OSI-PDU {}
        FROM OSIProtocolSpecifications oSIProtocolSpecification
—— 来自ISO/IEC 9594-9:2005
    coordinateShadowUpdate，dSAShadowBind，requestShadowUpdate，updateShadow
        FROM DirectoryShadowAbstractService directoryShadowAbstractService;


--OSI protocols--
```

```
DAP-OSI-PDUs::= OSI-PDU {directoryAccessAC}

DSP-OSI-PDUs::= OSI-PDU {directorySystemAC}

DOP-OSI-PDUs::= OSI-PDU {directoryOperationalBindingManagementAC}

ShadowSupplierInitiatedDISP-OSI-PDUs::= OSI-PDU {shadowSupplierInitiatedAC}

ShadowSupplierInitiatedAsynchronousDISP-OSI-PDUs::=
        OSI-PDU {shadowSupplierInitiatedAsynchronousAC}

ShadowConsumerInitiatedDISP-OSI-PDUs::= OSI-PDU {shadowConsumerInitiatedAC}

ShadowConsumerInitiatedAsynchronousDISP-OSI-PDUs::=
        OSI-PDU {shadowConsumerInitiatedAsynchronousAC}

APPLICATION-CONTEXT::= CLASS {
    &bind-operation                 OPERATION,
    &Operations                     OPERATION,
    &applicationContextName         OBJECT IDENTIFIER UNIQUE}
WITHSYNTAX {
    BIND-OPERATION                  &bind-operation
    OPERATIONS                      &Operations
    APPLICATION CONTEXT NAME        &applicationContextName}

directoryAccessAC APPLICATION-CONTEXT::= {
    BIND-OPERATION          directoryBind
    OPERATIONS              {read | compare | abandon | list | search
                            | addEntry | removeEntry | modifyEntry | modifyDN}
    APPLICATION CONTEXT NAME id-ac-directoryAccessAC}

directorySystemAC APPLICATION-CONTEXT::= {
    BIND-OPERATION          dSABind
    OPERATIONS              {chainedRead | chainedCompare | chainedAbandon
                            | chainedList | chainedSearch
                            | chainedAddEntry | chainedRemoveEntry
                            | chainedModifyEntry | chainedModifyDN}
    APPLICATION CONTEXTNAME id-ac-directorySystemAC}

shadowSupplierInitiatedAC APPLICATION-CONTEXT::={
    BIND-OPERATION          dSAShadowBind
    OPERATIONS              {updateShadow
```

```
                                    | coordinateShadowUpdate}
      APPLICATION CONTEXT NAME id-ac-shadowSupplierInitiatedAC}

shadowConsumerInitiatedAC APPLICATION-CONTEXT::= {
      BIND-OPERATION          dSAShadowBind
      OPERATIONS              {requestShadowUpdate
                              | updateShadow}
      APPLICATION CONTEXT NAME id-ac-shadowConsumerInitiatedAC}

shadowSupplierInitiatedAsynchronousAC APPLICATION-CONTEXT::= {
      BIND-OPERATION          dSAShadowBind
      OPERATIONS              { updateShadow
                              | coordinateShadowUpdate}
      APPLICATION CONTEXT NAME id-ac-shadowSupplierInitiatedAsynchronousAC}

shadowConsumerInitiatedAsynchronousAC APPLICATION-CONTEXT::= {
      BIND-OPERATION          dSAShadowBind
      OPERATIONS              {requestShadowUpdate
                              | updateShadow}
      APPLICATION CONTEXT NAME id-ac-shadowConsumerInitiatedAsynchronousAC}

directoryOperationalBindingManagementAC APPLICATION-CONTEXT::= {
      BIND-OPERATION          dSAOperationalBindingManagementBind
     OPERATIONS               { establishOperationalBinding
                              | modifyOperationalBinding
                              | terminateOperationalBinding}
     APPLICATION CONTEXT NAME id-ac-directoryOperationalBinding ManagementAC}
--抽象语法--
id-as-directoryAccessAS                            OBJECT IDENTIFIER ::=   {id-as 1}
id-as-directorySystemAS                            OBJECT IDENTIFIER ::=   {id-as 2}
id-as-directoryShadowAS                            OBJECT IDENTIFIER ::=   {id-as 3}
id-as-directoryOperationalBindingManagementAS      OBJECT IDENTIFIER ::=   {id-as 4}
--id-as-directoryReliableShadowAS                  OBJECT IDENTIFIER ::=   {id-as 5}
--id-as-reliableShadowBindingAS                    OBJECT IDENTIFIER ::=   {id-as 6}
--id-as-2or3se                                     OBJECT IDENTIFIER ::=   {id-as 7}

id-acseAS                OBJECT IDENTIFIER ::=

--application context object identifiers

id-ac-directoryAccessAC                            OBJECT IDENTIFIER ::=   {id-ac 1}
id-ac-directorySystemAC                            OBJECT IDENTIFIER ::=   {id-ac 2}
id-ac-directoryOperationalBindingManagementAC      OBJECT IDENTIFIER ::=   {id-ac 3}
```

```
id-ac-shadowConsumerInitiatedAC                                 OBJECT IDENTIFIER ::=  {id-ac 4}
id-ac-shadowSupplierInitiatedAC                                 OBJECT IDENTIFIER ::=  {id-ac 5}
--id-ac-reliableShadowSupplierInitiatedAC                       OBJECT IDENTIFIER ::=  {id-ac 6}
--id-ac-reliableShadowConsumerInitiatedAC                       OBJECT IDENTIFIER ::=  {id-ac 7}
id-ac-shadowSupplierInitiatedAsynchronousAC                     OBJECT IDENTIFIER ::=  {id-ac 8}
id-ac-shadowConsumerInitiatedAsynchronousAC                     OBJECT IDENTIFIER ::=  {id-ac 9}
--id-ac-directoryAccessWith2or3seAC                             OBJECT IDENTIFIER ::=  {id-ac 10}
--id-ac-directorySystemWith2or3seAC                             OBJECT IDENTIFIER ::=  {id-ac 11}
--id-ac-shadowSupplierInitiatedWith2or3seAC                     OBJECT IDENTIFIER ::=  {id-ac 12}
--id-ac-shadowConsumerInitiatedWith2or3seAC                     OBJECT IDENTIFIER ::=  {id-ac 13}
--id-ac-reliableShadowSupplierInitiatedWith2or3seAC             OBJECT IDENTIFIER ::=  {id-ac 14}
--id-ac-reliableShadowConsumerInitiatedWith2or3seAC             OBJECT IDENTIFIER ::=  {id-ac 15}
--id-ac-directoryOperationalBindingManagementWith2or3seAC       OBJECT IDENTIFIER ::=  {id-ac 16}

END--DirectoryOSIProtocols
```

附 录 D
（规范性附录）
用 ASN.1 描述 IDM 协议

本附录包含了本目录规范中的所有 ASN.1 类型和值定义，以 ASN.1 模块IDMProtocolSpecification 的形式描述。

```
IDMProtocolSpecification {joint-iso-itu-t ds(5)module (1)iDMProtocolSpecification (30)5}
DEFINITIONS::=
BEGIN
-- EXPORTS All --
——本模块中定义的类型和值输出可用于目录规范包含的其他 ASN.1 模块，
——以及使用它们访问目录服务的其他应用。
——其他应用可把它们用于自己的目的，
——但这并不限制为维护或改进目录服务所需的扩充和修改。
IMPORTS
—— 来自GB/T 16264.2—2008
        certificateExtensions, commonProtocolSpecification, directoryAbstractService, directory-
IDMProtocols,
        enhancedSecurity
            FROM UsefulDefinitions {joint-iso-itu-t ds(5)module(1) usefulDefinitions(0)5}
—— 来自ISO/IEC 9594-8:2005
        GeneralName
            FROM CertificateExtensions certificateExtensions
—— 来自GB/T 16264.3—2008
        SecurityProblem, ServiceProblem, Versions
            FROM DirectoryAbstractService directoryAbstractService
—— 来自GB/T 16264.5—2008
        InvokeId, OPERATION
            FROM CommonProtocolSpecification commonProtocolSpecification ;
—— IDM 协议信息客体类 ——
IDM-PROTOCOL ::= CLASS {
        &bind-operation             OPERATION,
        &Operations                 OPERATION,
        &id                         OBJECT IDENTIFIER UNIQUE }
WITH SYNTAX {
        BIND-OPERATION              &bind-operation
        OPERATIONS                  &Operations
        ID                          &id }
-- IDM 协议 --
IDM-PDU {IDM-PROTOCOL:protocol} ::= CHOICE {
        bind                [0]       IdmBind{ {protocol} },
```

```
        bindResult          [1]      IdmBindResult{ {protocol} },
        bindError           [2]      IdmBindError{ {protocol} },
        request             [3]      Request{ {protocol. &Operations} },
        result              [4]      IdmResult{ {protocol. &Operations} },
        error               [5]      Error{ {protocol. &Operations} },
        reject              [6]      IdmReject,
        unbind              [7]      Unbind,
        abort               [8]      Abort,
        startTLS            [9]      StartTLS,
        tLSResponse         [10]     TLSResponse }
IdmBind {IDM-PROTOCOL:Protocols} ::= SEQUENCE {
        protocolID                   IDM-PROTOCOL. &id ({Protocols}),
        callingAETitle      [0]      GeneralName OPTIONAL,
        calledAETitle       [1]      GeneralName OPTIONAL,
        argument            [2]      IDM-PROTOCOL. &bind-operation. &ArgumentType
        ({Protocols} {@protocolID}) }
IdmBindResult {IDM-PROTOCOL:Protocols} ::= SEQUENCE {
        protocolID                   IDM-PROTOCOL. &id ({Protocols}),
        respondingAETitle[0]         GeneralName OPTIONAL,
        result              [1]      IDM-PROTOCOL. &bind-operation. &ResultType
                                     ({Protocols} {@protocolID}) }
IdmBindError {IDM-PROTOCOL:Protocols} ::= SEQUENCE {
        protocolID                   IDM-PROTOCOL. &id ({Protocols}),
        errcode                      IDM-PROTOCOL. &bind-operation. &Errors. &errorCode
                                     ({Protocols} {@protocolID}),
        respondingAETitle   [0]      GeneralName OPTIONAL,
        aETitleError                 ENUMERATED {
                                     callingAETitleNotAccepted (0),
                                     calledAETitleNotRecognized (1) } OPTIONAL,
        error               [1]      IDM-PROTOCOL. &bind-operation. &Errors. &ParameterType
                                     ({Protocols} {@protocolID, @errcode}) }
Unbind ::= NULL
Request {OPERATION:Operations} ::= SEQUENCE {
        invokeID            INTEGER,
        opcode              OPERATION. &operationCode ({Operations}),
        argument            OPERATION. &ArgumentType ({Operations} {@opcode}) }
IdmResult {OPERATION:Operations} ::= SEQUENCE {
        invokeID            InvokeId,
        opcode              OPERATION. &operationCode ({Operations}),
        result              OPERATION. &ResultType ({Operations} {@opcode}) }
Error {OPERATION:Operations} ::= SEQUENCE {
        invokeID            INTEGER,
        errcode             OPERATION. &Errors. &errorCode ({Operations}),
```

```
        error                   OPERATION.&Errors.&ParameterType
                               ({Operations} {@errcode}) }
IdmReject ::= SEQUENCE {
        invokeID INTEGER,
        reason ENUMERATED {
                        mistypedPDU                     (0),
                        duplicateInvokeIDRequest        (1),
                        unsupportedOperationRequest     (2),
                        unknownOperationRequest         (3),
                        mistypedArgumentRequest         (4),
                        resourceLimitationRequest       (5),
                        unknownInvokeIDResult           (6),
                        mistypedResultRequest           (7),
                        unknownInvokeIDError            (8),
                        unknownError                    (9),
                        mistypedParameterError          (10) } }
Abort ::= ENUMERATED {
                        mistypedPDU                     (0),
                        unboundRequest                  (1),
                        invalidPDU                      (2),
                        resourceLimitation              (3),
                        connectionFailed                (4),
                        invalidProtocol                 (5),
                        reasonNotSpecified              (6) }
StartTLS ::= NULL
TLSResponse ::= ENUMERATED {
                        success                         (0),
                        operationsError                 (1),
                        protocolError                   (2),
                        unavailable                     (3) }
END --IDMProtocolSpecification
```

附 录 E
（规范性附录）
用 ASN.1 描述的目录 IDM 协议

本附录包含了本目录规范中的所有相关的 ASN.1 类型和值定义，以 ASN.1 模块DirectoryIDMProtocols 的形式描述。

```
DirectoryIDMProtocols {joint-iso-itu-t ds(5) module(1) directoryIDMProtocols(31) 5}
DEFINITIONS ::=
BEGIN
-- EXPORTS All --
——本模块中定义的类型和值输出可用于目录规范包含的其他 ASN.1 模块，
——以及使用它们访问目录服务的其他应用。
——其他应用可把它们用于自己的目的，
——但这并不限制为维护或改进目录服务所需的扩充和修改。
IMPORTS
—— 来自GB/T 16264.2—2008
        directoryAbstractService, distributedOperations, directoryShadowAbstractService, id-idm,
        iDMProtocolSpecification, opBindingManagement
            FROM UsefulDefinitions {joint-iso-itu-t ds(5) module(1) usefulDefinitions(0) 5}

        establish OperationalBinding, modifyOperationalBinding, terminateOperationalBinding
            FROM OperationalBindingManagement opBindingManagement
—— 来自GB/T 16264.3—2008
          abandon, addEntry, compare, directoryBind, list, modifyDN, modifyEntry, read, re-
moveEntry, search
            FROM DirectoryAbstractService directoryAbstractService
—— 来自GB/T 16264.4—2008
        chainedAbandon, chainedAddEntry, chainedCompare,chainedList, chainedModifyDN,
        chainedModifyEntry, chainedRead, chainedRemoveEntry, chainedSearch
            FROM DistributedOperations distributedOperations
—— 来自GB/T 16264.5—2008
        IDM-PDU, IDM-PROTOCOL
            FROM IDMProtocolSpecification iDMProtocolSpecification
—— 来自ISO/IEC 9594-9:2005
        coordinateShadowUpdate, requestShadowUpdate, updateShadow
            FROM DirectoryShadowAbstractService directoryShadowAbstractService;
-- IDM 协议--
DAP-IDM-PDUs::= IDM-PDU {dap-ip}

dap-ip IDM-PROTOCOL::= {
        BIND-OPERATION      directoryBind
```

```
	OPERATIONS			{read | compare | abandon | list | search
					|addEntry | removeEntry | modifyEntry | modifyDN}
	ID			id-idm-dap}

DSP-IDM-PDUs::= IDM-PDU {dsp-ip}
dsp-ipIDM-PROTOCOL::= {
	BIND-OPERATION		directoryBind
	OPERATIONS			{chainedRead | chainedCompare | chainedAbandon
					| chainedList | chainedSearch
					| chainedAddEntry | chainedRemoveEntry
					| chainedModifyEntry | chainedModifyDN}
	ID			id-idm-dsp}

DISP-IDM-PDUs::= IDM-PDU {disp-ip}

disp-ip IDM-PROTOCOL::= {
	BIND-OPERATION		directoryBind
	OPERATIONS			{requestShadowUpdate
					| updateShadow
					| coordinateShadowUpdate}
	ID			id-idm-disp}

DOP-IDM-PDUs:: = IDM-PDU {dop-ip}

dop-ip IDM-PROTOCOL::= {
	BIND-OPERATION		directoryBind
	OPERATIONS			{ establishOperationalBinding
					| modifyOperationalBinding
					| terminateOperationalBinding}
	ID			id-idm-dop}

--协议客体标识符--
id-idm-dap		OBJECTIDENTIFIER	::=	{id-idm 0}
id-idm-dsp		OBJECTIDENTIFIER	::=	{id-idm 1}
id-idm-disp		OBJECTIDENTIFIER	::=	{id-idm 2}
id-idm-dop		OBJECTIDENTIFIER	::=	{id-idm 3}
END--DirectoryIDMProtocols
```

附 录 F
（规范性附录）
目录操作绑定类型

本附录包含了为标识本系列目录规范中的操作绑定类型而分配的所有 ASN.1 客体标识符，以 ASN.1 模块DirectoryOperationalBindingTypes 的形式提供。

```
DirectoryOperationalBindingTypes
{joint-iso-itu-t ds(5) module (1) directoryOperationalBindingTypes(25) 5 }
DEFINITIONS ::=
BEGIN
--EXPORTS All --
——本模块中定义的类型和值输出可用于目录规范包含的其他 ASN.1 模块，
——以及使用它们访问目录服务的其他应用。
——其他应用可把它们用于自己的目的，
——但这并不限制为维护或改进目录服务所需的扩充和修改。
IMPORTS
—— 来自GB/T 16264.2—2008

    id-ob
        FROM UsefulDefinitions{joint-iso-itu-t ds(5) module(1) usefulDefinitions(0) 5} ;
id-op-binding-shadow                         OBJECT IDENTIFIER   ::=   { id-ob 1 }
id-op-binding-hierarchical                   OBJECT IDENTIFIER   ::=   { id-ob 2 }
id-op-binding-non-specific-hierarchical      OBJECT IDENTIFIER   ::=   { id-ob 3 }
END --DirectoryOperationalBindingTypes
```